国外核燃料后处理

Foreign Nuclear Fuel Reprocessing

任凤仪　周镇兴　编著
袁良本　审校

中国原子能出版社

图书在版编目(CIP)数据

国外核燃料后处理 / 任凤仪,周镇兴编著. —北京:中国原子能出版社,2004.9(2012.11 重印)
ISBN 978-7-5022-3207-8

Ⅰ. 核… Ⅱ. ①任… ②周… Ⅲ. 国外核燃料后处理 Ⅳ. TL248

中国版本图书馆 CIP 数据核字(2004)第 077283 号

内容简介

这是一本比较全面系统地论述国外核燃料后处理成就和经验的书籍。全书共十五章,前四章为首端处理,包括乏燃料的运输、贮存、剪切、溶解芯块,以及溶剂萃取料液的制备;第五章到第十章概述了磷酸三丁酯(TBP)萃取、分离、纯化钚、铀、镎的主要成就和工厂操作经验;第十一章到第十四章介绍了工厂的主要设备、监测与控制、辐射防护与临界安全,以及三废治理的进步和发展;最后一章扼要叙述了工厂设施的去污和维修。为了比较全面系统地了解核燃料后处理技术发展的最新成就,本书在附录中介绍了法国 UP3 厂和英国 THORP 厂的概况。

本书主要为动力堆核燃料后处理厂职工培训和安全生产操作而编著的。

本书也可供放射化工、放射化学、放化分析、仪器仪表与控制、核安全、三废治理、环境保护、核工程设计、核技术开发与应用的工程技术人员、科研设计人员参考,也可供大专院校的有关专业师生参考。

国外核燃料后处理(Foreign Nuclear Fuel Reprocessing)

出版发行 中国原子能出版社(北京市海淀区阜成路 43 号 100048)
责任编辑 刘 朔
技术编辑 徐淑惠
责任印制 丁怀兰
印　　刷 保定市中画美凯印刷有限公司
经　　销 全国新华书店
开　　本 787 mm×1092 mm 1/16
印　　张 28.625　　**字　数** 707 千字
版　　次 2006 年 8 月第 1 版 2012 年 11 月第 3 次印刷
书　　号 ISBN 978-7-5022-3207-8
印　　数 1501—2500　　**定　价** **66.00 元**

网址:http://www.aep.com.cn　　**E-mail:atomep123@126.com**
发行电话:010-68452845

序

在讨论核能、环境和安全等问题时，如何处置从核电厂卸出的乏燃料，一直是人们关注的焦点之一。

目前，全世界每年产生的乏燃料数量超过1万吨重金属(tHM)。截止到2002年底累计产生的乏燃料总量已达25万tHM，其中大部分仍贮存在水池或干式贮存设施中。

怎样处置这些放射性强、毒性大的乏燃料，长期存在着争议。分歧主要集中在经济性、安全性和核扩散这几方面上。于是，不同国家制订出了适应各自战略需求的技术路线：一种是采取开环式或称"一次通过"式燃料循环，即将乏燃料在经过一段时间的贮存后，作为最终废物直接深埋在地质处置库中，以防止乏燃料中的钚的扩散；另一种是采取闭合式燃料循环，即对乏燃料进行化学处理(或称后处理，以区别于核燃料在进入反应堆前的化学处理过程)，从中回收总量占96%左右的铀和1%左右的钚，并通过再循环加以充分利用，而只占总量3%左右的长寿命裂变产物和次锕系核素(镎、镅、锔等)才作为高放废物经玻璃固化后作最终地质处置。两种技术路线中，前者是美国卡特政府1977年的决策，后者是英、法、德、俄、日等国家坚持不变的政策。

这一争议至今虽尚未结束，但不难看出，已有愈来愈多的人们倾向于后一种，即乏燃料后处理和铀钚再循环的技术路线，因为不这样做，全世界已探明的铀资源在不到一百年之内就会枯竭，核裂变能利用的可持续发展就无法实现。况且，在不断再循环中使用的钚要比分散埋存在各废物处置库中的钚更易于控制和管理，从而更难于搞非法的核扩散。尤其是随着科学技术的进步，相信在不久的将来，可以通过嬗变技术把那些在后处理过程中分离出来的^{99}Tc，^{129}I等裂变产物和次锕系核素"焚毁"，使之转变为短寿命或稳定的核素，从而大大地减少或消除放射性对环境的危害，使核能变得更加清洁。

我国早在1983年就已做出决定，采用乏燃料后处理的政策，走核燃料闭合循环之路。

由于乏燃料的放射性很强，有些核素的毒性又大，所以整个后处理过程必须在屏蔽和密闭的条件下远距离操作运行，这就给后处理过程带来很大的难度。

后处理技术的研发始于20世纪40年代，首先是为军用服务的，即从低燃耗的生产堆乏燃料中提取军用钚。由于不扩散核武器条约的限制，军用钚已不准再生产了，于是后处理的对象转向动力堆(首先是核电站)的乏燃料以及各类研究堆的少量乏燃料，所以后处理技术的发展从未停止过。核电站乏燃料的后处理迄今也有近40年的历史了。40年来，这方面的技术取得了长足的进步。今天，我们有充分的理由说，乏燃料后处理技术是完全成熟的技术。美国虽在20世纪70年代放弃了，但法、英、俄、日等国一直在运行着大型的商业性后处理工厂。从它们的运行业绩看，这些工厂的工艺、技术、安全、管理、经济性等各方面都是成功的。通过大型后处理厂的长期实践已积累了十分丰富和宝贵的运行经验。

我们的核电事业正在稳步、健康地发展中。到2005年，我国将有11个核电机组(870万千瓦装机容量)投入运行。当然，这样的核电规模还不能算大。但到2020年，当我国的核电规模发展到3 000～4 000万千瓦时，建设一座与之配套的、年处理能力为几百吨乏燃料的后处理厂实为必要。由此看来，建设中国第一座大型后处理工厂并不是一件十分遥远之事，而建厂之前要做的准备工作又非常之多。当前，我们的第一个后处理中试厂即将建成，这对于掌握后处理技术、培养后处理专业人才十分必要。

为配合后处理中试厂的建成投运，任凤仪、周镇兴等同志大量、广泛地收集了世界各国后处理厂的技术和经验，编著了《国外核燃料后处理》一书，我认为很有意义，很有实用价值，他们为我国的核能事业做了一件十分有益的工作。在此，我谨向编著者、审校者以及为出版此书而忙碌过的同志们表示感谢。同时，我也衷心地希望有更多的人士来共同关心我国核燃料后处理事业的发展。

黄齐陶

2003年盛夏

前言

我们在编著《核燃料后处理工学》一书时，中国科学院院士、著名的化学与核工程专家姜圣阶先生曾多次强调，在写完《核燃料后处理工学》一书后，要把世界各国核燃料后处理的经验收集起来，进行分类整理，写成一本较全面介绍乏燃料处理经验方面的书籍是很有意义的。因为，经过50多年的发展，无论是生产堆乏燃料的处理，还是动力堆乏燃料的处理都积累了大量丰富的经验。可是，这些宝贵的经验却分散在各种专业会议的会议报告、各种核科技文献以及各种核科技书籍之中，目前，还没有见到比较全面系统地介绍核燃料后处理经验的书籍。为此，我们编著了这本以动力堆(包括生产堆)乏燃料处理经验为主要内容的书籍。

现在，正值我国核电事业蓬勃发展之际，动力堆核燃料后处理中试厂即将建成运营之时，为进行职工技术培训，提高生产操作的质量和效率，也是我们编著本书的目的之一。

本书按照普雷克斯工艺流程的安排，将乏燃料的运输和贮存、剪切与溶芯、溶剂萃取分离、纯化易裂变材料钚、铀、镎，工厂的主体设备、监测与控制、辐射防护与临界安全、三废治理，以及工厂设施的去污与维修等内容分为15个专题，将我们收集到的美国、俄罗斯、法国、英国、日本、德国、比利时、印度等国家的核燃料后处理工程技术资料和生产实践经验汇编于其中，构成本书的主题。

英国原子能管理局 J. H. Miles 先生认为，英国的 THORP 厂和法国的 UP3 厂投入运营应是核燃料后处理技术发展的里程碑。为比较全面系统地理解这样大范围的技术发展，本书特将 UP3 厂和 THORP 厂的概况编为附录，以馈读者。

在编写本书时，原核工业副部长、国家科委副主任、著名的核专家黄齐陶先生给予了热忱的鼓励和支持；中国核工业集团公司核燃料局、科技局、核科技信息与经济研究院、原子能出版社、中国原子能科学研究院、核二院、核四院的领导、专家和同事们给予了大力支持和帮助；袁良本、蒋云清等先生提供了许多专业技术资料，侯朝勤先生审校了本书第十二章书稿；严叔衡、蒋云清、郑华铃、马艳钦、施进、苏广莉、黄润平、贾国顺等先生给予许多指导和帮助，在此我们一并表示衷心的感谢。

在此，我们还应特别感谢核工业兰州核燃料厂的赞助和支持。

由于本书涉及的专业面很广，加之我们的水平有限，书中缺点和错误之处在所难免，尚盼读者不吝批评指正。

编著者

2003年6月于北京

目　录

第一章　乏燃料的运输和贮存

本章主要论述经过核反应堆辐照并且经过一定时间冷却的乏燃料的基本特性；乏燃料的运输方法、运输容器；乏燃料的接收和贮存技术。

第一节　乏燃料的基本特性

核燃料按其物理状态可分为固体、液体和气体三类。应用最广泛的为固体燃料元件，固体燃料元件有棒状、棒束、板（片）状、管状、球状、环状等。使用得最多的当属棒状和棒束状燃料元件。某些核反应堆所用燃料的形状及其基本结构如图 1-1 和图 1-2 所示[1,2]。

对于后处理，人们最关注的是乏燃料的组成、裂变物质的含量和放射性活度值等参数。乏燃料的这些特性主要取决于反应堆类型、装料、反应堆的功率、运行时间、燃料在反应堆中的燃耗深度、次级裂变材料的增殖系数和卸出后的冷却时间等因素。表 1-1 给出了热中子堆各种燃料的若干基本数据[1,3]。轻水堆（LWR）包括压水堆（PWR）、沸水堆（BWR）和水-水堆（VVER）；重水堆（HWR）包括加拿大重水铀反应堆（CANDU）和阿根廷阿图查堆（Atucha）；气冷堆（GCR）包括镁诺克斯燃料堆（Magnox）和改进型气冷堆（AGR）。

众所周知，核燃料在反应堆中燃烧是指铀或钚核在中子的轰击下发生裂变，释放出能量并生成裂变产物的过程。易裂变的^{235}U 吸收一个中子发生裂变释放出新的中子和能量，这是主要的核反应，但是，也进行一些俘获反应生成不可裂变的^{236}U 等。^{236}U 是一种中子“毒物”，它能吸收中子生成^{237}U，再衰变为易裂变的^{237}Np。

^{235}U 裂变产生的中子被^{238}U 吸收经两次 β 衰变生成易裂变的^{239}Pu。^{239}Pu 吸收一个中子后主要的反应是裂变，但也有一些原子俘获中子生成可转换的^{240}Pu，^{240}Pu 再吸收一个中子生成易裂变的^{241}Pu。^{241}Pu 吸收一个中子既可发生裂变又可能生成^{242}Pu，^{241}Pu 也可能衰变为易裂变的^{241}Am。^{242}Pu 再吸收中子生成的也是一种“毒物”，它生成的^{243}Pu 可很快衰变为易裂变的^{243}Am。

表 1-2 给出了锕系核素在热中子堆和快中子堆乏燃料中的浓度[4]。

在反应堆中易裂变的^{235}U 和^{239}Pu 发生裂变反应，生成一系列的裂变产物。现已观察到的裂变产物有 300 多种。由反应堆卸出的乏燃料经过一段时间的冷却，才能送去后处理。这是因为在裂变产物中有大量短寿命的放射性核素。因此乏燃料在后处理前经过长时间冷却，使短寿命的核素尽可能多地衰变掉，降低乏燃料元件的总活度。这样可以减少后处理过程中操作的困难，降低辐射防护要求和各种试剂（包括 TBP—稀释剂等）的辐射损伤。经过 2～5 年的冷却后，乏燃料的放射性活度仅取决于长寿命的裂变产物和 α 放射性核素。表 1-3 给出了轻水堆乏燃料中裂变产物的放射性活度[4]。表 1-4 给出了在不同冷却时间下，主要裂变产物在乏燃料中的含量[4]。

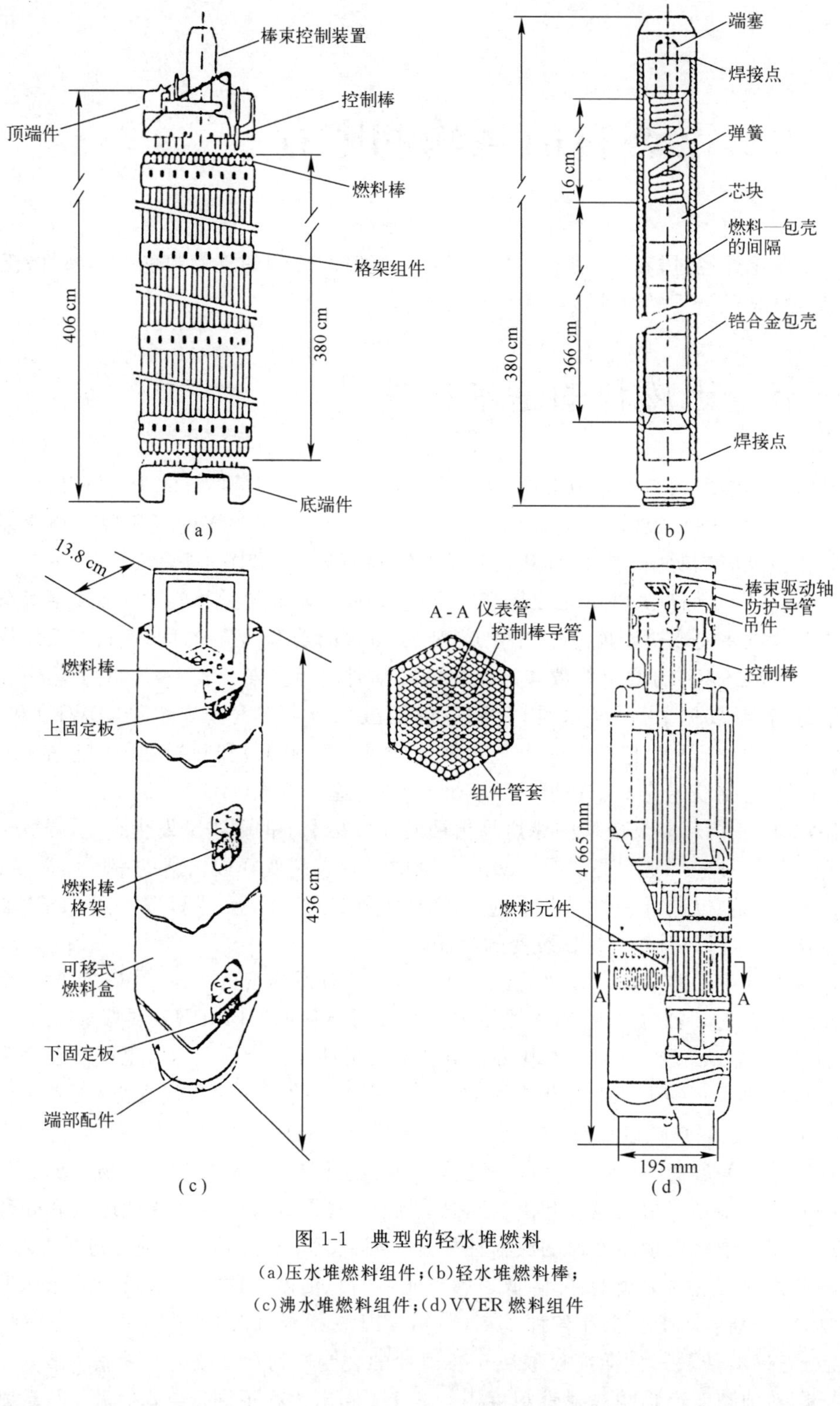

图 1-1　典型的轻水堆燃料

(a)压水堆燃料组件;(b)轻水堆燃料棒;

(c)沸水堆燃料组件;(d)VVER 燃料组件

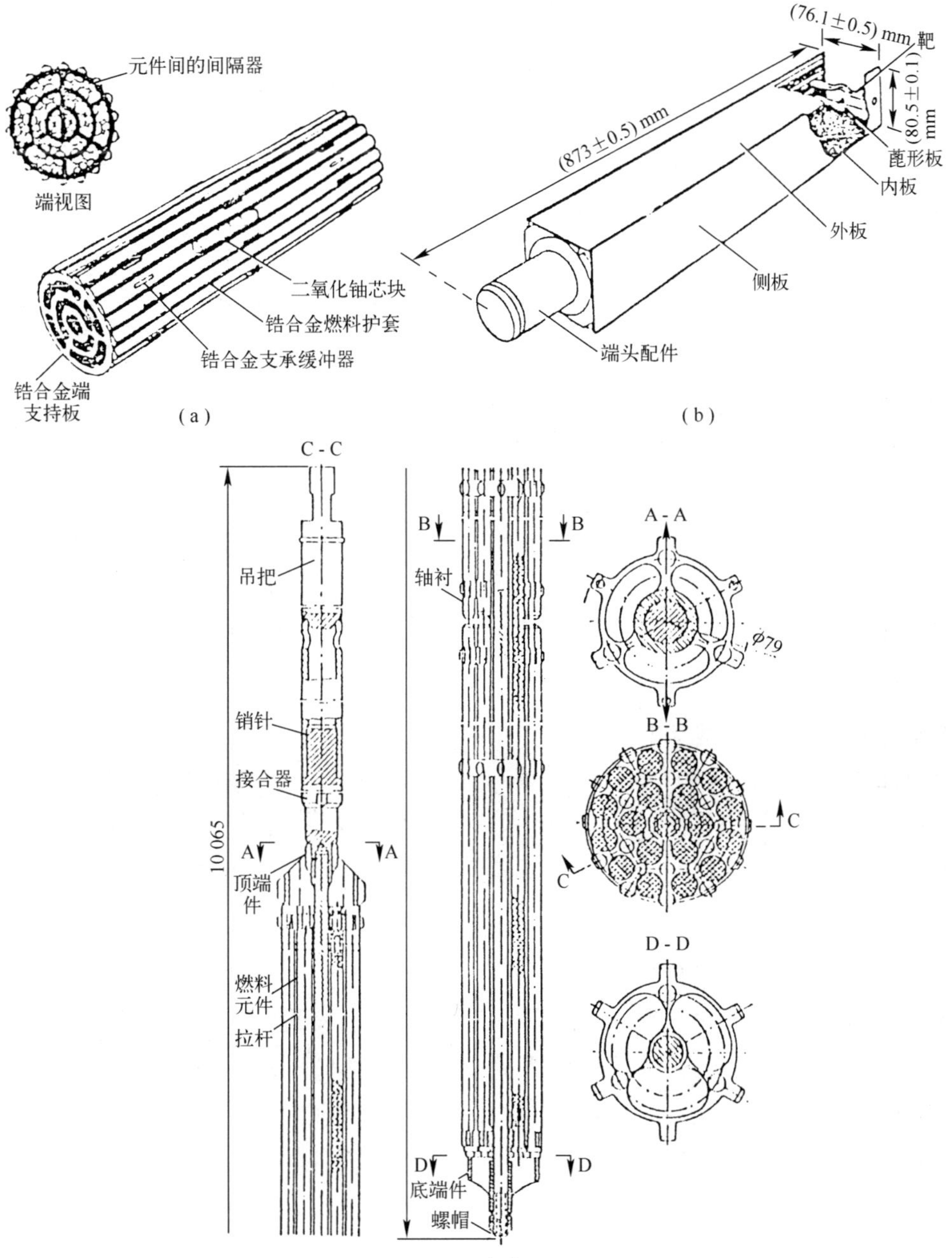

图 1-2 其他堆型典型的燃料

(a)HWR(重水堆)燃料;(b)试验堆燃料;(c)沸水冷却石墨慢化堆(RBMK)燃料

表 1-1　各种燃料的基本数据

特性	LWR		HWR		GCR	
	PWR	BWR	CANDU	Atucha	Magnox	AGR
物理数据						
总长/mm	3 200～4 827	4 470	495～500	6 000	1 152	1 049
边宽/mm	197～230	135～152.5				
直径/mm			81.4～102.5	108	95.2	238
组件总重/kg	480～840	250～307	15.4～26.7	210	14	80～84
每组件重金属重量/kg	122～548	172～194	11.5～21.0	152.5	12.1	52
每组件燃料棒数	126～331	47～64	18～37	37	1	36
芯直径/mm	8～9.6	10.4～12.7	12.4～18.7	10.7	28	14.5
芯长/mm	11～18	10～13	23～25	12		12.7～17.8
壳　材	Zr-4	Zr-2	Zr-4	Zr-4	镁合金	20/25 铌
核性质						
燃料类型	UO_2	UO_2	UO_2	UO_2	金属铀	UO_2
比功率/(MW/t)	33～37	22～28	23～31	28.5	5	11～14
最初浓缩度^{235}U/(%)	2.5～4.4	2.2～3.5	0.71	天然铀	0.71	2.0～3.5
最后浓缩度总 Pu/(g/kg)	9～11	8～10	1.68～3.82	3.3	无数据	无数据
易裂变 Pu/(g/kg)	6～7	5～7	1.44～2.61		无数据	无数据
在堆辐照后^{235}U/%	0.8～1.26	0.8～1.0	0.23～0.50	0.25	0.39	0.80
总活度/($\times 10^{10}$Bq/kg)						
150 天后	$1.7\times 10^4$②	$1.4\times 10^4$③	$5.6\times 10^3$④～2.9×10^3	0.7×10^3	1.7×10^3	8.5×10^3
1 年后	$8.5\times 10^3$②	$7.0\times 10^3$③	$2.9\times 10^3$④～1.18×10^3	2.7×10^3	8.5×10^2	4.4×10^3
10 年后	$1.18\times 10^3$②	$1.07\times 10^3$③	$3.1\times 10^2$④～9.99	2.8×10^1	1.7×10^2	8.5×10^2
衰变热/(W/kg)						
150 天后	24.3②	18.7③	6.4～3.3④		2.0	8.6～10.3
1 年后	10.4②	8.2③	3.54～1.3④	2.9	1.2	5.1～5.7
10 年后	2.3①	2.2③	0.24～0.74④	0.2	0.24	0.75

注:①现有反应堆的范围;

②燃耗 32.2 GW·d/t;

③燃耗 30 GW·d/t;

④燃耗 7.917～2.337 GW·d/t。

表 1-2 锕系元素在乏燃料中的浓度 单位:g/tU

核素	热中子堆[1)]	快中子堆[2)]	核素	热中子堆[1)]	快中子堆[2)]
^{235}U	8 000	7 000	^{242}Pu	340	9 020
^{236}U	4 520	1 000	^{237}Np	450	180
^{238}U	940 000	719 000	^{241}Am	50	1 460
^{238}Pu	168	1 840	^{243}Am	92	711
^{239}Pu	5 300	117 000	^{242}Cm	8	42.3
^{240}Pu	2 140	52 400	^{244}Cm	31	41.9
^{241}Pu	1 100	14 400			

注:1)燃耗深度 33 GW·d/t;
2)燃耗深度 80 GW·d/t。

表 1-3 轻水堆乏燃料中裂变产物的放射性活度
(燃耗深度为 33 GW·d/t)

核素	半衰期	活度/(Bq/t)		
		冷却 0.5 年	冷却 1 年	冷却 10 年
^{85}Kr	10.8 a	4.1×10^{14}	4.1×10^{14}	2.3×10^{14}
^{90}Sr	29 a	2.96×10^{15}	2.9×10^{15}	2.3×10^{14}
^{90}Y	2.6 d	2.96×10^{15}	2.9×10^{15}	2.3×10^{4}
^{91}Y	57 d	4.8×10^{15}	5.5×10^{14}	
^{95}Zr	65 d	8.1×10^{15}	1.1×10^{15}	
^{95}Nb	35 d	1.6×10^{16}	2.4×10^{15}	
^{106}Ru	369 d	1.4×10^{16}	9.6×10^{15}	2×10^{13}
^{106}Rh	30 s	1.4×10^{16}	9.6×10^{15}	2×10^{13}
^{125}Sb	2 a	2.7×10^{14}	2.4×10^{14}	2.4×10^{13}
$^{125}Te^{m}$	58 d	1.1×10^{14}	1×10^{14}	9.6×10^{12}
$^{127}Te^{m}$	105 d	1.9×10^{14}	5.9×10^{13}	
^{129}I	1.7×10^{7} a	1.2×10^{9}	1.2×10^{9}	1.2×10^{9}
^{134}Cs	2.3 a	7.0×10^{14}	5.9×10^{14}	2.8×10^{14}
^{137}Cs	30 a	3.7×10^{15}	3.6×10^{15}	2.9×10^{14}
$^{137}Ba^{m}$	156 s	3.7×10^{15}	3.6×10^{15}	2.9×10^{15}
^{144}Ce	284 d	2.9×10^{16}	1.8×10^{16}	6.3×10^{12}
^{144}Pr	17 min	2.9×10^{16}	1.8×10^{16}	6.3×10^{12}
^{147}Pr	720 s	4×10^{15}	3.5×10^{15}	3.2×10^{14}
^{154}Eu	8.8 a	2.2×10^{14}	2.1×10^{14}	1.4×10^{14}
^{155}Eu	1.7 a	2.1×10^{14}	1.7×10^{14}	5.5×10^{12}
其他核素		1.6×10^{16}	6.7×10^{14}	6.3×10^{13}
合计		1.5×10^{17}	8.5×10^{16}	1.2×10^{16}

表 1-4　不同冷却时间下,某些裂变产物在水-水堆燃料中的含量(燃耗深度为 33 GW·d/t)　单位:g/t 燃料

元素	90 天	150 天	1 年	10 年
Tc	835	835	835	835
Ru	2 280	2 260	2 220	2 140
Rh	384	389	392	392
Pd	1 280	1 290	1 330	1 410
Ag	60	60	60	60
Ce	2 920	2 880	2 760	2 660
Pr	1 190	1 200	1 200	1 200
Nd	3 870	3 910	4 000	4 150
Pm	12	107	96	8.7
Sm	803	808	824	904
Eu	182	182	180	164
Gd	102	103	105	123

第二节　乏燃料的运输

为安全地运输放射性物质,国际原子能机构(IAEA)制定并多次修订了《放射性物质安全运输条例》。条例已被所有与放射性运输有关的国家和国际组织采纳,并且成为各国和各国际组织制定放射性物质运输规范的基础。

IAEA 对乏燃料的运输也做出了具体规定。运输乏燃料的货包属于 B 型货包。B 型货包又分为 B(U)型和 B(M)型两种。对于 B(U)型和 B(M)型货包的设计、制造、包装和运输的规定和要求请参阅有关的书籍和资料,这里不详述。

目前,世界上有三种运输乏燃料的形式:即汽车运输、铁路运输和海上运输。具体采用何种运输方式,主要取决于各国的情况,取决于运出地和接收地的条件。乏燃料运输量较大的法国 1997 年宣布,铁路运输占 50%,船运占 40%,其余 10%为公路运输[5]。

乏燃料运输沿途可能要经过居民区,因此保证运输安全具有非常重要的意义。不但要保证货包在正常状态下完好无损,而且还应保证其在可能发生事故的条件下不泄漏放射性物质。

运输容器是乏燃料运输的关键设备。它具有安全要求高、结构复杂、质量大等特点。运输容器系统包括:(1)容器壳体;(2)运输系统(载重汽车或拖车、铁路车厢或船只);(3)外壳顶盖;(4)内部燃料支承结构(篮框、套筒或间隔壁);(5)辅助部件,它包括:冲撞限制器,保护外套,提升轭,拴系部件,专用工具,如容器排泄、干燥、充惰性气体和检漏的设备,以及部分备品备件[6]。

容器壳体包括结构材料、γ 屏蔽材料和中子屏蔽材料。美国推荐用 304 不锈钢、铁素体钢、特体钢、球墨铸铁作壳体材料。英国在 20 世纪 60 年代就使用铸铁来制作容器壳体。德国已用球墨铸铁制作了 2 000 多个 B 型运输容器。

目前,在运输容器中多用铅和贫铀作 γ 屏蔽材料。过去多用水或硼化水作中子屏蔽材料。随着燃耗的加深,乏燃料中超铀核素的增多,不得不给运输容器增加屏蔽层。硼化树脂、硼化

聚乙烯等固体材料均可用作中子屏蔽[6]。

在运输时，乏燃料放在运输容器的篮筐中。燃料篮筐的作用为：盛放并保护燃料组件；促进衰变热的消散；控制临界。目前多用含硼不锈钢或铝-硼合金来制作燃料篮筐。

由于对运输容器的安全性能要求特别高，内部结构又很复杂，所以运输容器要经过严密的设计，精心的制作，严格的测试，合格后经主管机构批准方能投入运营。

国际原子能机构的《放射性物质安全运输条例》对容器的试验要求作了具体规定。乏燃料运输容器除了接受正常的运输条件的试验外，还必须通过假想事故条件的考验。文献[6]，[7]给出了假想事故条件下测试的内容和要求。

美国的汉福特厂生产堆的天然铀棒是装在充水的容器内运输的[8]。乏燃料棒装在内腔为673 mm×572 mm×457 mm的有孔的不锈钢吊篮内，吊篮内径有318 mm的铅屏蔽层。空容器约重22 t。充水管道穿过屏蔽层，由水的自然对流对内腔中装载的乏燃料进行冷却。

在水下6.1 m处设有燃料装料槽，用桥式吊车将运输容器放入水中，下降到3.35 m时贮存池中的固定梁将容器顶塞上的延长杆托住，使顶塞同容器脱开。然后再继续将容器下放到6.1 m处，并水平移动使容器口躲开顶塞停放处，以便于装料。接着用吊车将已经装好燃料棒的吊篮装入容器中，移动顶塞将容器盖好。将装好乏燃料的容器吊出贮存水池并装入火车敞车上的大桶里运往后处理厂。

萨凡那河厂设计了一种70 t重的远程运输容器[8]。容器充水内腔为4.57 m×0.76 m×0.76 m。为保证临界安全，用镉板将容器内腔分隔为若干小室。它采用常压水将乏燃料发出的热量传给屏蔽层的内壁，再传导到外壁，热量通过外壁上的散热片，借助空气的自然对流释放到大气中。为降低重心，保证运输安全，将容器装在设有凹型底的铁路敞车上。

运输容器的内外壁是钢包壳，中间是铅屏蔽层，为了使得传热良好，包壳要同屏蔽层密切相接，包壳的碳钢面朝向铅层，外壳的最外层是不锈钢，以便于清洗去污。容器的外壁每隔51 mm的中心距加装一个高102 mm厚51 mm的散热片，以利于散热。运输容器上方设有遮阳板用以避免夏季运输时烈日的照射，这样更有利于散热片散热。卸掉乏燃料元件后要将冷却水放掉，避免冬季运输时冻坏容器。

Tucson型运输容器是远程运输辐照天然铀元件的容器。这个容器由三部分组成：本体、底板和顶塞。这几部分的铅屏蔽层均为229 mm厚。在底板和顶塞上均设有供冷却水流动的开口。燃料元件在带散热片的贮罐内靠水的对流而冷却。元件竖放在栅格上，冷却水在栅格板上的小孔中流动。运输时，装燃料元件的容器浸入带散热片的充水的贮罐中，如图1-3所示[8]。在周围空气的温度为32 ℃时，贮罐的散热能力约为5 kW。

美国通用电气公司为莫里斯设计了能装多种乏燃料元件（如沸水堆和压水堆等燃料组件）的IF—300火车运输容器，如图1-4所示[9]。IF—300是用贫铀作为γ屏蔽材料，水作为中子屏蔽材料[6]。

英国积极发展乏燃料运输业务。在英国有三家乏燃料运输公司。核燃料有限公司的运输部负责本国国内核燃料的运输。核运输有限公司（NTL）承担欧洲核电厂乏燃料运输业务。太平洋核运输有限公司（PNTL）主要承担将日本乏燃料运往欧洲后处理厂的任务。

英国早期设计和使用的乏燃料运输容器有两种。一种是将批量2 t的Magnox乏燃料装在钢桶中，此钢桶置于47 t重的充水钢罐中，再通过铁路运往温茨凯尔厂进行后处理[10]。第二种容器是用于运送长达3.35 m的轻水堆乏燃料的Excellox-1型，该容器可以装7束压水堆

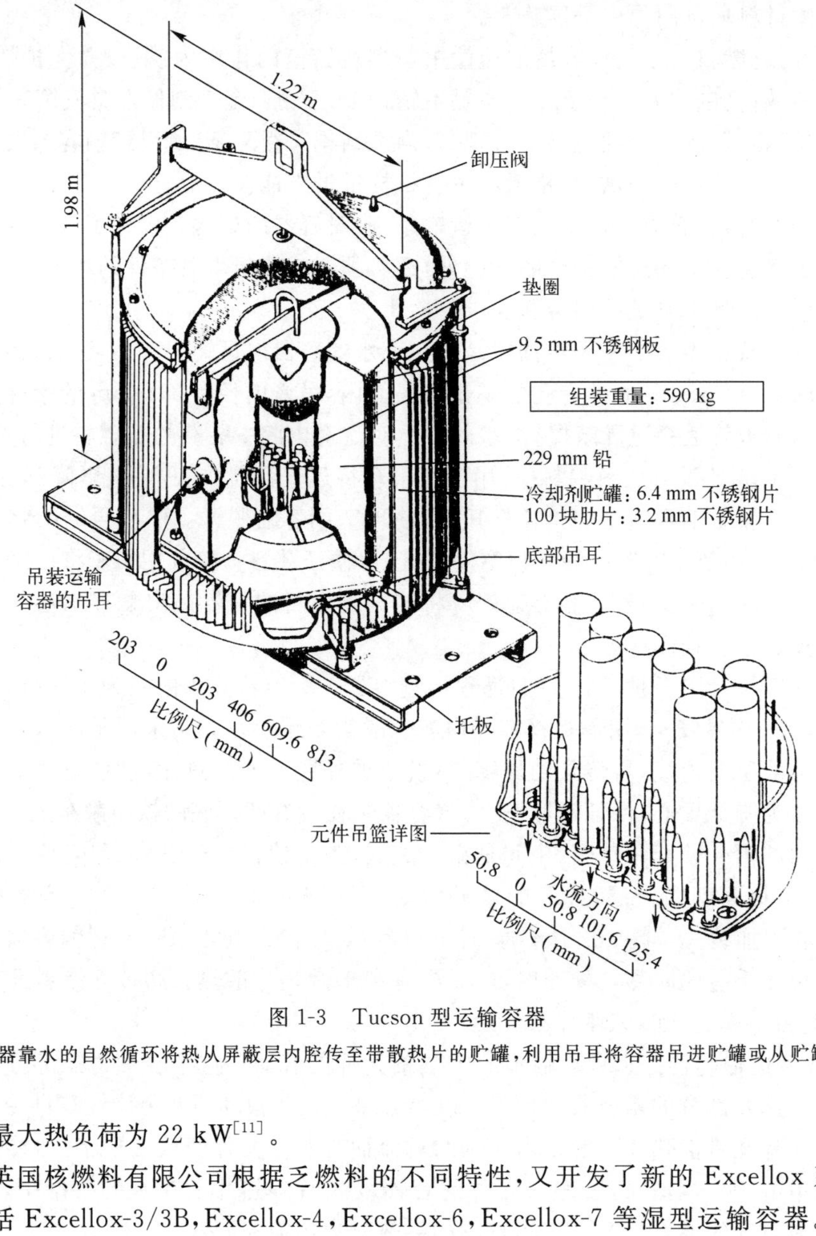

图 1-3 Tucson 型运输容器

注：容器靠水的自然循环将热从屏蔽层内腔传至带散热片的贮罐，利用吊耳将容器吊进贮罐或从贮罐吊出

燃料组件，最大热负荷为 22 kW[11]。

此后，英国核燃料有限公司根据乏燃料的不同特性，又开发了新的 Excellox 系列运输容器，其中包括 Excellox-3/3B，Excellox-4，Excellox-6，Excellox-7 等湿型运输容器。还制造了 TN 系列干型运输容器，其中包括 TN12/1，TN12/2 和 TN17 等。图 1-5 为新开发的 Excellox-6/7 运输容器[12]。

英国核燃料有限公司(BNFL)用于乏燃料运输的几种容器的主要特性如表 1-5 所示[13]。

英国乏燃料运输专用船现正在服役的有两种船型：一种为远洋运输用的 5 000 吨级；另一种为欧洲近海运输用的 3 000 吨级。表 1-6 和表 1-7 为这两种船型的主要参数[13]。

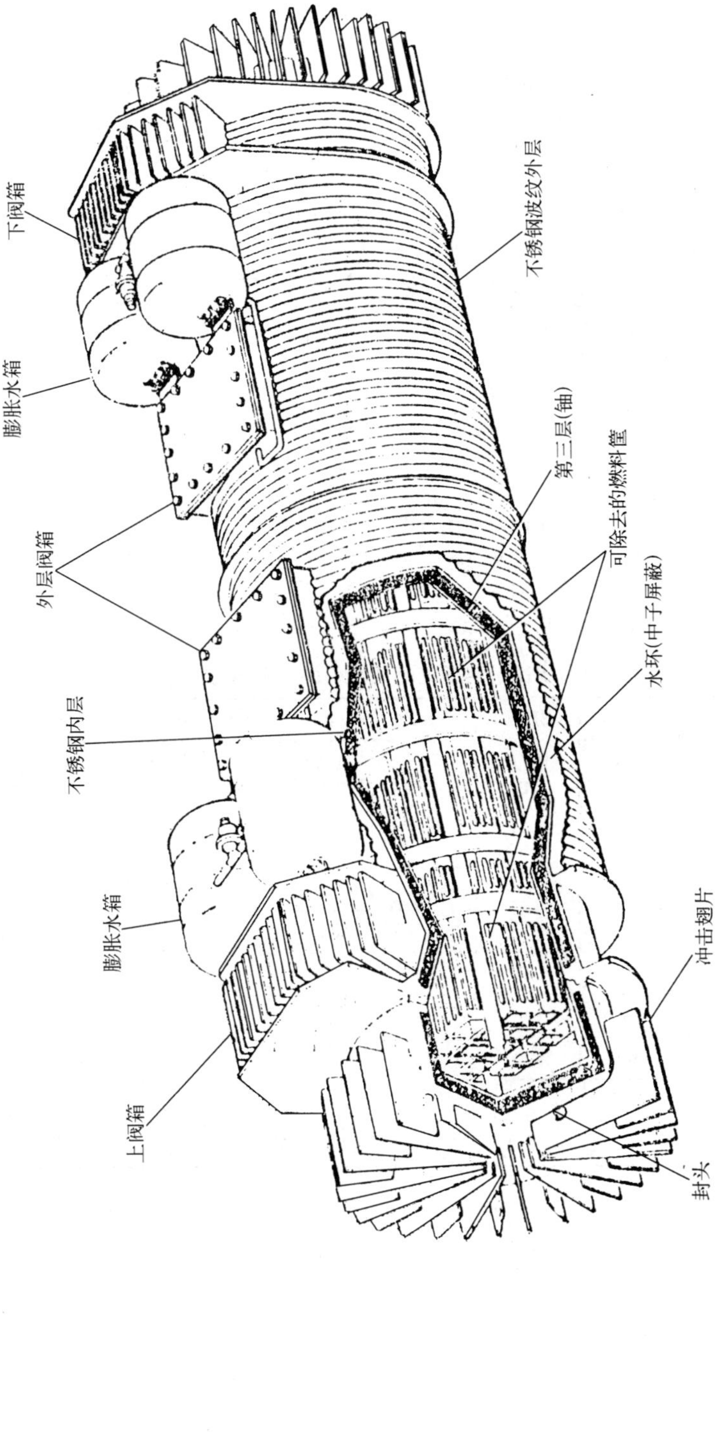

图1-4　IF-300辐照燃料运输容器(剖视图)

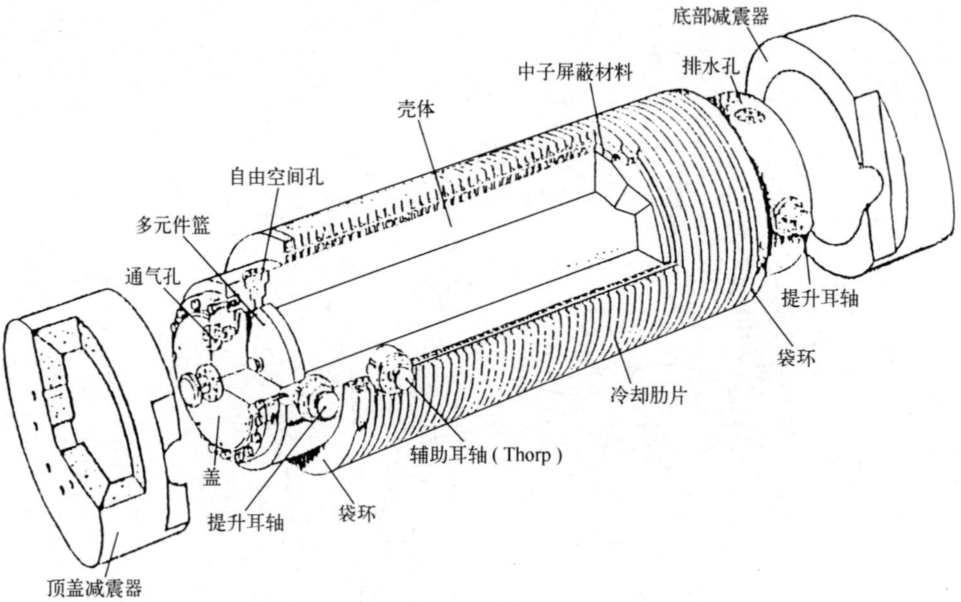

图 1-5 Excellox-6/7 运输容器

最大质量:Excellox-6,97 t

Excellox-7,89 t

表 1-5 英国(BNFL)用于乏燃料运输的几种容器的主要特征

	Excellox-3B		Excellox-4		Excellox-6	TN-12	TN-17
	BWR	PWR	BWR	PWR	PWR	PWR	PWR
装载重/t	75.2	73.7	93.4	92.6	97	97	80
容器长/mm	5 994	5 994	6 269	6 269	6 685	5 285	6 000
容器最大直径/mm	2 114	2 114	2 362	2 362	2 150	2 285	2 000
装燃料组件数	14	5	15	7	6	12	7
最大热负荷/kW	24	30	40	40	40		
燃料平均燃耗/(GW•d/tU)	30	40	30	40	50	45	55
冷却时间/d	300	400	180	400	360	14 个月	180

表 1-6 3 000 t 级船主要参数

总　长	80 m	吃水	5.0 m
宽	12.5 m	额定载重量	1 540 t
深	7.5 m	船舶总吨	2 486 t
主机	双桨 双舵 1.49 MW	航速	11 kn(节)

表 1-7　5 000 t 级船主要参数

总　长	103.9 m	船舶总吨	5 084 t
宽	16.5 m	船舶净吨	1 526 t
深	10.0 m	货舱	5 个,载 24 个货包
吃水(最大)	6.047 m	主机功率	2.77 MW
(服务)	5.647 m		双桨
额定载重量	3 865 t		双舵
航速(经济)	13.5 kn(节)	电机功率	2 260 kW
续航力	77 d	应急电机功率	100 kW
	24 000 海里	货舱冷却机功率	1 280 kW

法国是核电事业和核燃料后处理工业很发达的国家之一。随着 UP3 和 UP2-800 先后投入运营以来,法国对轻水堆乏燃料的处理能力大大提高,因此乏燃料的运输量也迅猛增加。据报道[4]在 UP2-800 投入运营之前就有 90 个长 5 m、重 100 t 的大型运输容器和约 30 辆载重 150 t 的专用火车车厢为阿格厂的乏燃料运输服务。

法国已经决定只用大装载量的容器而不用小型和中型容器。TN12 和 TN13 就是由锻钢制作的大载量的容器,图 1-6 展示了 TN13/1 运输容器。TN12/1,TN12/2 和 TN13/2 的主要参数如表 1-8 所示[14]。

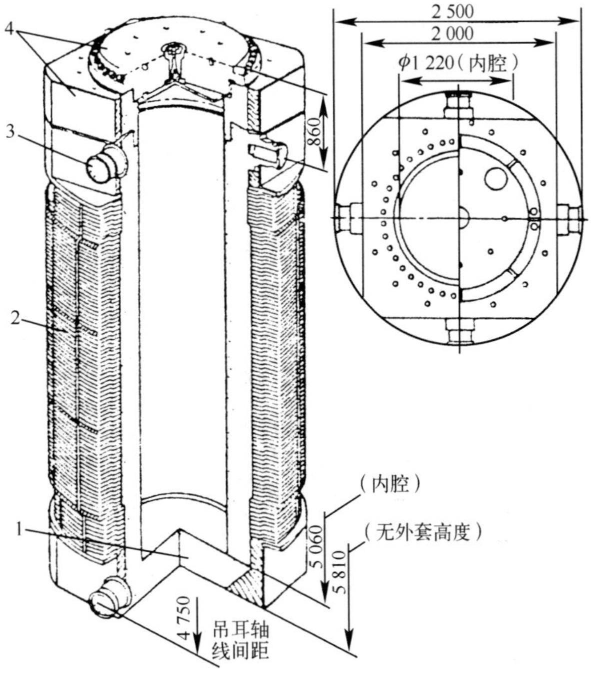

图 1-6　TN13/1 运输容器(单位为 mm)

1—罐体;2—肋条;3—吊耳;4—盖

表 1-8　法国 TN12 和 TN13 运输容器的主要参数

容器 / 参数	T12/1,TN12/2	TN13/2
装载量	12 个 PWR_{900} 燃料组件	12 个 PWR_{1300} 燃料组件
燃　耗	最大 45 GW·d/tU	最大 45 GW·d/tU
最大浓缩度	3.75%	3.75%
内腔尺寸 长度/mm	4 630	5 150
内腔尺寸 直径/mm	1 220	1 220
未装料时重量/t	1 型为 93,2 型为 98	102
γ 屏蔽材料	303 mm 厚锻钢	300 mm 厚锻钢
中子 屏蔽材料	100～135 mm 厚树脂	100 mm 厚树脂
热功率	每个燃料组件 6.3～10 kW	每个燃料组件 7～8 kW

经过改进后的TN12/2和TN13/2容器可以装运燃耗达到50 GW・d/tU和加浓度达4.30%的乏燃料组件[14]。

法国采用FS69和FS74两种容器运输混合氧化物(MOX)燃料组件。FS69可装2个压水堆(PWR)组件,装料后总重5 t。FS74可以装4个沸水堆(BWR)组件,装料后总重6.7 t[14]。此外,TN12由于增加了中子屏蔽,这种改进后的容器已被批准可以运输混合氧化物燃料组件。

近些年来,法国大力发展了运输—贮存两用容器。这种容器由法国设计,日本神户制钢有限公司制造。表1-9给出了三种TN24运输—贮存两用容器的特征。日本神户制钢有限公司为使TN24能够更好地用于日本,提出了许多改进意见。表1-10列出了TN24日本改进型容器的基本参数[15]。

俄罗斯的乏燃料后处理厂主要是处理本国和原来经互会国家的乏燃料。他们认为用铁路运输乏燃料最方便和最经济[4]。

表1-9　一些TN24运输-贮存容器的特征

	TN24D	TN24XL	TN24G
用户	Synatom	Synatom	KKG
核电站	比利时多伊尔	比利时多伊尔	瑞士哥斯根
容量	28PWR组件 (17×17,活性区长3.6 m)	24PWR组件 (17×17,活性区长4.2 m)	37PWR组件 (15×15,活性区长3.6 m)
铀装料量/t	13	13	16
负载容器重/t	112	112	125
热功率/kW	20	20	30
燃料特征			
浓缩度	3.4%	3.4%	3.8%
燃耗/(MW・d/tU)	36 000	40 000	42 000
冷却期/a	8	6	9
容器特征	锻钢壳体	锻钢壳体	锻钢壳体
	零释放	零释放	双盖连续监测泄漏
燃料篮类型	硼化铝	硼化铝	硼化铝
已订货数	9	6	4
第一次交货时间	1995	1996	1998
审批情况	法国批准用于运输 比利时批准用于运输和贮存	法国批准用于运输 比利时批准用于运输和贮存	法国批准用于运输 瑞士批准用于运输和贮存

表 1-10　TN24 的日本改进型

	A 型	B 型
内容物		
组件类型	BWR	BWR
组件数	52	37
热功率/kW	约 30	约 20
容器尺寸/mm		
空腔直径	约 1 500	约 1 200
空腔长	约 4 500	约 4 500
燃料隔室	约 150×150	约 150×150
容器外径	约 2 400	约 2 200
贮存时高	约 5 600	约 5 600
重量/kg		
本体	88 000	76 000
主盖	4 000	3 000
辅盖	5 000	4 000
篮筐	3 000	2 000
减震器盖	6 000	5 000
燃料组件	14 000	10 000
运输时总重	120 000	100 000
贮存时总重	115 000	95 000

俄罗斯用铁路运输核电站 VVER 和 RBMK 堆的乏燃料时，采用专列火车容器车厢。容器可垂直放置，也可水平放置。图 1-7 就是容器水平放置的 TK-10 容器车厢[4]。表 1-11 给出了俄罗斯乏燃料运输容器的特性[6]。图 1-8 为反应堆 VVER-440 乏燃料运输容器示意图。乏燃料运输包装体外套如图 1-9 所示[4]。

表 1-11　乏燃料运输容器特性

容器		TK-11	TK-6	TK-10	TK-13
型式		立式	立式	卧式	卧式
外型 $D\times L(H)$/(m×m)		2.195×4.455	2.800×4.795[1)]	2.400×6.130	2.430×6.035
容器重/t		86.5	90	103	116
乏燃料	堆　型	RBMK-1000	VVER-400	VVER-1000	VVER-1000
	燃料重/t	5.0	3.8	2.9	6.0
	燃耗/(GW・d/t)	18.5	28	41	41
内部尺寸 $D\times I(H)$/(m×m)			1.485×3.790	1.000×5.030	1.320×4.955

注：1)原文有误，已按文献[2]的数据改正。——编者注

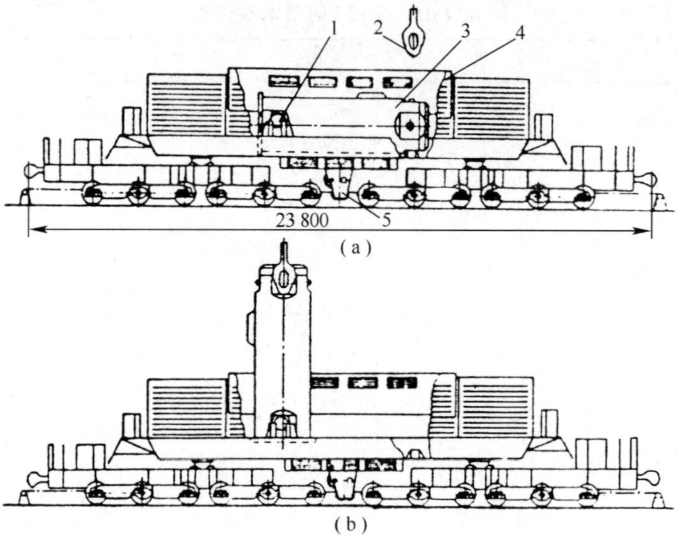

图 1-7 TK-10 容器车厢

(a)放置容器时车厢的状态;(b)取出容器时车厢的状态

1—旋转支架;2—系楔;3—容器;4—负载车厢;5—通风机

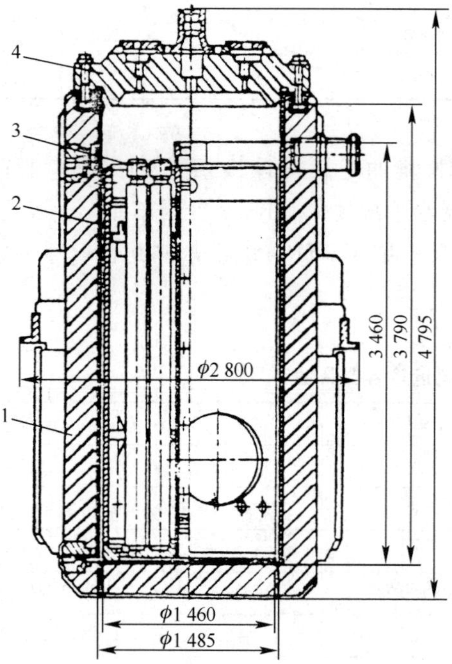

图 1-8 反应堆 VVER-440 乏燃料的运输容器(单位为 mm)

1—容器;2—外套;3—盒;4—容器盖

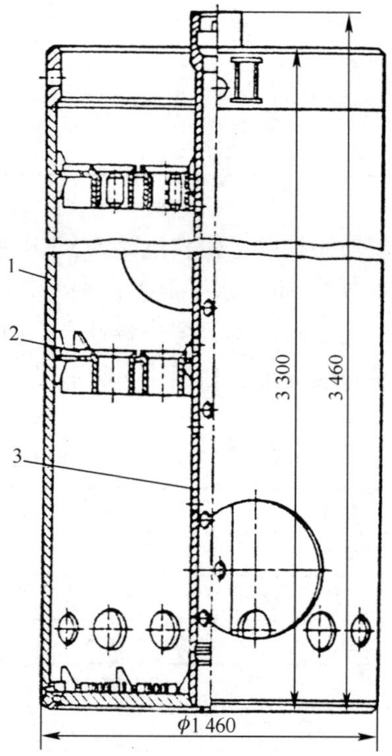

图 1-9 反应堆 VVER-440 乏燃料的运输包装体外套(单位为 mm)

1—套筒;2—横格;3—夹具下中央管

众所周知，为维持反应堆的正常运行，为了临时贮存或者进行后处理，绝大部分辐照燃料都应从在堆贮存装置中运输到离堆贮存装置中去。对这些放射性燃料的安全装卸是实现安全运输的关键。国际原子能机构的调查显示，通过海洋、公路和铁路装运乏燃料已经超过88 000 tHM重金属，创造了连续25年最佳的安全运输记录。表1-12汇总了一些国家辐照燃料的运输情况，这些国家都具有从动力堆运输辐照燃料的实际经验[16]。例如，英国核燃料公司及其负责船运业务的子公司——太平洋核运输公司创下了超过两亿次的核材料运输(包括转移)而没发生一起向环境释放放射性物质的事件。这一记录的创造是多方面的，从容器设计阶段和运输(包括转移)到船只本身质量的提高[17]。

表 1-12　辐照燃料运输的经验

国家	HM/t		容器数		燃料类型	容器类型	容器名称
	其他燃料	LWR 燃料	其他燃料	LWR 燃料			
比利时		630		350	LWR	干式 湿式	TN NTL-15
加拿大	100		187		CANDU	干式	
捷　克		230		65	VVER-440	湿式	TK-6，CASTOR
芬　兰		233		65	VVER-440	湿式/干式	TK-6
法　国	10 507	9 006		1 570	LWR	湿式	NTL-3，NTL-11，NTL-14
						干式	Excellox3B，LK100，TN-8，TN-9，TN-10，TN-12，TN-13，TN-17
德　国	7	4 540	305	1 307	LWR	干式 湿式	CASTOR NTL-11，Excellox-6
匈牙利		258		72	VVER-440	湿式/干式	TK-6
日　本	2 188	4 185	200	1 199	LWR	干式 湿式	HZ-75T，TN-12，TN-17 Excellox 3A，3B 及 4 型
俄罗斯	1 000	2 500	100	400	BN-600 VVER-440 VVER-1000	干式 湿式/干式 干式	TK-11 TK-6 TK-10，TK-13
斯洛伐克	60	320	600	100	VVER-440 其他	湿式/干式	TK-6，CASTOR84 TK-15
西班牙	1 900	154	380	100	LWR		NTL-5，NTL-7，NTL-11
瑞　典		2 700		900	LWR	干式	NTL-97
瑞　士		649		267	LWR	干式 湿式	NTL-9 Excellox-6，NTL-11
英　国	43 177		28 854		Magnox AGR		AGR NL1-1/2
美　国	9	2 200	125	2 300	LWR		AAC-1，TN-8，TN-9，IF-300
合　计	58 948	29 162 (含荷兰，乌克兰)	30 751	9 290			

第三节 接收乏燃料

火车或汽车将乏燃料运输容器送入后处理厂的接收厂房。卸下乏燃料，再将其转入贮存厂房贮存。图 1-10 和图 1-11 是乏燃料接收和贮存厂房建筑布置方案图之一种。

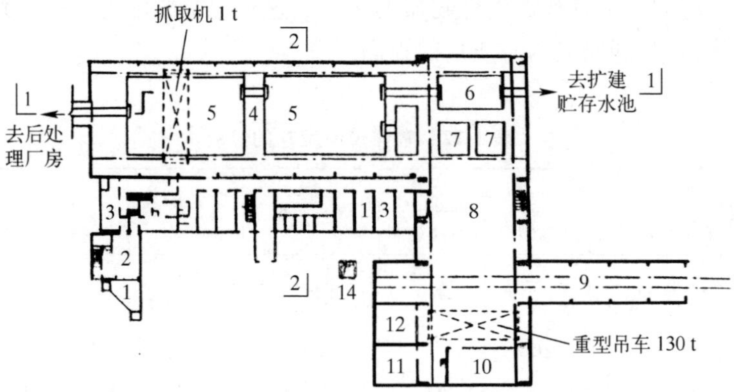

图 1-10 燃料接收和贮存厂房例图(平面)

1—门斗；2—门厅；3—卫生出入口；4—贮存水池大厅；5—贮存水池；6—卸料水池；7—准备坑；8—接收大厅；9—门斗；10—检修间；11—备品备件库；12—操作工值班室；13—辅助用房；14—排风塔

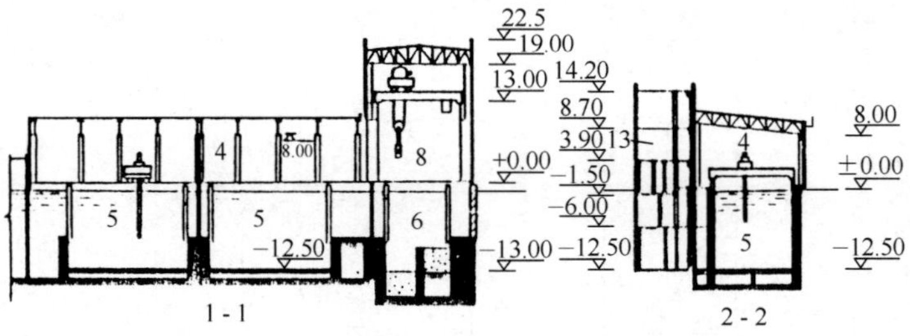

图 1-11 燃料接收和贮存厂房剖面图例

接收大厅、卸料间和贮存水池的布置方式基本上有两种：第一种是直线式布置；第二种是相互垂直式布置。图 1-11 就属于第二种方式。这两种布置方案在国外均有应用。

文献[18,19,24]报道，美国埃克松核燃料回收和再循环中心的燃料接收区由三个互相连通的小区组成。装有运输容器的火车或卡车首先驶入冲洗站。该冲洗站长 51.8 m，宽 15 m，高 7.6 m，能同时容纳两节火车车厢。在冲洗站内用高压水冲洗拖车和运输容器外表面，经剂量测量合格后，再将运输车辆经过气闸门驶入长 42.7 m，宽 35 m，高 15 m 的燃料接收站。该燃料接收站可以接收长 6.9 m，直径 3.05 m，重 125 t 的乏燃料运输容器。在接收站里检查容器有无损伤，并且再次冲洗。然后用接收站里的 135 t 桥式吊车将容器吊到卸料坑，对容器进行去污。文献[20]指出，这时要进行抽气检查，如果发现燃料元件有破损，可将此元件容器退回发货单位，如果元件完好无损才可以接收。桥式吊车将容器吊到位于转运通道的轨道运输小车上。用 15 t 的轨道吊车取下容器外顶盖，然后将加压循环水通入容器内腔，将容器冷却到 50 ℃左右。再开动轨道运输小车将容器送入卸料间。

卸料间长宽各为 17.7 m，高 21.3 m，屏蔽墙厚 1.5 m，地下 11 m。在卸料间用 2 t 的桥式轨道机械手从容器中取出燃料组件，每次取 1 个组件。组件经检测后放入清洗坑内清洗，经清洗的完好的燃料组件放入贮存篮筐里，篮筐在装料水池中装好后通过转运水道用 20 t 的吊车送入贮存水池。如果发现有破损的燃料组件，就把它拣到盛破损燃料用的容器中，盖好盖子，放在装料水池中暂存。排净空容器中的水，吊运到去污站，循环漂洗空容器的内腔。用高压水冲洗容器的外表面。经过清洗去污后将空容器与真空系统相连，使空容器内腔形成负压加速其干燥。然后对容器的内外进行剂量监测合格后，将其送入容器维修暂存区，在这里对容器的性能经过全面的检查和维修确认无误后，再将空容器和运输车辆退出接收区。

上面论述的是湿法卸料工艺过程。图 1-12 是湿法卸料的一种方案图[20]。湿法卸料是乏燃料卸料应用最广泛的一种方法。另外一种方法是干法卸料。干法卸料也不只是一种方案，图 1-13 是方案之一[21]。载有乏燃料容器的车厢驶入接收卸料厂房后，用吊车将容器从车厢上卸下来。然后操作人员通过防护窥视窗远距离操作吊车卸下容器盖子，再从容器中吊出盛放乏燃料的吊篮，放到吊篮运输小车上，最后再转送到贮存水池。由此可见，这种干式卸料是比较容易实现的。但是存在着比较多的缺点，诸如造成接收卸料大厅的环境污染，同时污染了大厅内的设备和运输容器的外表面等。俄罗斯的 RT-1 后处理厂就采用这种卸料方案，由于其缺点较多，所以在 RT-2 的设计中就否定了这种方案[21]。

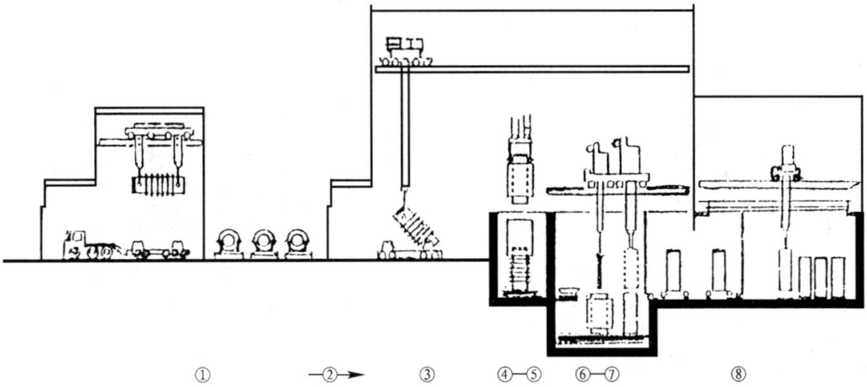

图 1-12　湿法卸料步序

文献[20]，[21]报道了一种比较先进的干法卸料方案——热室卸料，如图 1-14 所示。装载运输容器的车厢通过运输通道驶入接收大厅，操作人员用吊车把容器吊装到转运车上。转运车将容器送到卸料热室的底部，将容器对准热室底部的开口，卸料热室的吊车将容器盖子打开并逐个取出燃料组件放入水池中。这种热室卸料方案受污染的只是热室，可以避免接收大厅和运输容器外表面的污染。

法国阿格厂既采用湿式卸料，也采用干式卸料[1]。

湿式水下卸料车间有两条作业线，每条线都有下列设施：接收大厅、卸料前的准备室、卸料水池、卸料后的准备室。

湿式卸料按下列步骤进行。

(1)接收并检查运输容器。将装有运输容器的车辆驶入接收平台，检查容器外沾污情况，

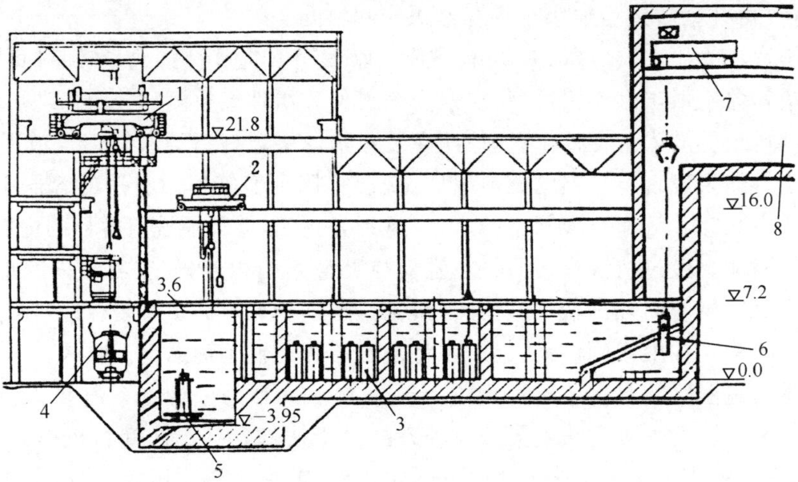

图 1-13　干式卸料和湿式贮存厂房剖面图

1—125 t/20 t 桥式吊车(遥控和就地操作);2—15 t 抓取机;3—乏燃料组件(或吊篮);4—火车容器车厢;5—吊篮运输小车;6—吊篮提升机;7—吊篮运输吊车;8—通往后处理首端通道(供运输组件)

去掉保护套,用吊车将容器转入卸料前准备室。

(2)卸料前的准备工作。给容器套上防止沾污的防护罩。将容器与检查^{85}Kr的管线相连,检查容器内压。部分地打开容器端塞,再用吊车将容器送入卸料池。

(3)卸料。去掉容器的盖子,把乏燃料从容器中取出,装入贮存吊篮里,然后将吊篮转入贮存水池。

(4)卸料后的工作。将卸除燃料的容器转入卸料后的准备室,接通高压水对容器去污。去污后盖好容器盖子,对容器进行泄漏检查。

(5)运走空容器。

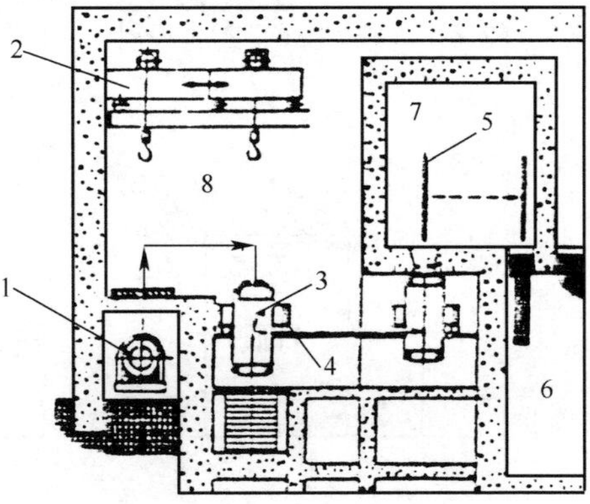

图 1-14　干式热室卸料厂房剖面图

1—火车容器车厢;2—吊车;3—容器;4—转运车;5—乏燃料组件;6—水池;7—热室;8—接收大厅

阿格厂的干式卸料设施同湿式卸料中只有一项不同,即干式卸料中由燃料转移室取代了湿式卸料中的卸料水池。

干式卸料的步骤如下:

(1)接受并检查容器。前几步的做法同湿式卸料,最后用吊车把容器吊到运输带上。

(2)卸料前的准备工作。检查完容器内压后,去掉容器的端塞,将容器与底下热室相连接。

(3)把容器运入底下热室。接着第二步之后,打开容器的盖子和热室的门,将容器转移到热室中。

(4)在热室中转移燃料。从容器中取出燃料组件,转移到热室中的冷却管内,检查燃料组件是否有泄漏,将完好的燃料组件转移到贮存篮筐中,最后放入贮存池。

(5)卸料后的准备工作。对容器进行真空干燥并检查是否泄漏。

(6)运走空容器。将空容器运回接收大厅,然后从大厅将容器运走。

法国阿格厂乏燃料贮存装置示意图如图 1-15 所示。装置的运行情况如表 1-13 所示[1]。

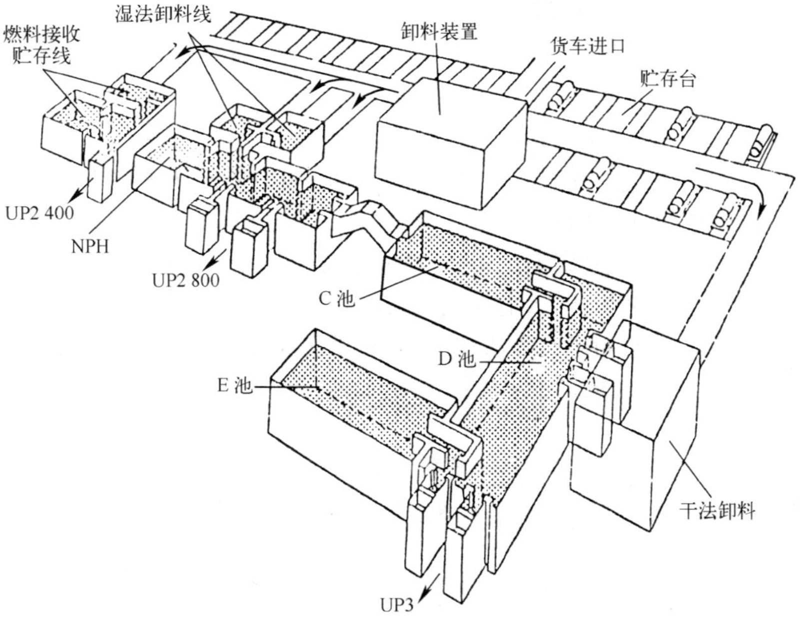

图 1-15　阿格后处理厂的水法贮存装置

表 1-13　阿格贮存装置的运行情况

		NPH 池	C 池	D 池	E 池
开始运行时间		1981	1984	1986	1988
容量/tU		2 000	2 000	2 000	2 000
冷却	方　法	湿塔，池外热交换器	干塔，池内热交换器	干塔，池内热交换器	干塔，池内热交换器
	热功率/MW	15	8	16	10
	温度/℃	25～35	25～35	25～35	25～35
水处理	方　法	阴/阳离子交换柱（池外）	阴/阳离子交换柱（池内）	阴/阳离子交换柱（池内）	阴/阳离子交换柱（池内）
	放射性活度/(Bq/m^3)	1.85×10^7	1.85×10^7	1.85×10^7	1.85×10^7

法国还对干法卸料与湿法卸料的优劣进行了比较。湿法卸料每个容器平均产生液体废物 10 m^3，其放射性活度为 1.85×10^9 Bq/m^3。每卸一个容器平均产生 1.2 m^3 的低放固化废物。干法卸料有着明显的优点：产生的废物少，液体废物为湿法的 1/3，固体废物减少 1/2；操作人员所受放射性剂量为湿法的 1/4，并且比湿法卸料安全[1]。

但是，文献[22]报道的数据与上述数据略有不同。法国阿格厂容器卸料设施的平均个人剂量很小。湿法卸料为 0.5 mSv/a，干法卸料为 0.3 mSv/a。

第四节 乏燃料的贮存

目前世界各国普遍采用两种方法贮存乏燃料，即湿法贮存和干法贮存。直到20世纪70年代末，各国采用的主要贮存方法还是湿法。1977年，美国对后处理的商业意义提出了疑问，政府对后处理迟迟不予决策。实际上主张乏燃料不进行后处理，从反应堆卸出后就作为废物，最后贮存于废物处置库中，即所谓的一次性通过策略。包括美国在内，由于最终处置库未建成投入使用，但是有大量的乏燃料需要贮存，这样不但又有许多新的贮存水池建成并投入使用，而且促进了干法贮存技术的发展，人们发现干法贮存在某些方面优于湿法贮存。目前干法贮存已经成为一种重要的乏燃料贮存方法，在十几个国家得到了应用和发展。

表1-14列出了世界上一些国家采用的乏燃料贮存技术[1]。

表1-14 世界各国采用的乏燃料贮存技术

国 家	干法贮存	运 输	燃料棒调整密集化	湿法贮存
阿根廷	√			√
比利时				√
保加利亚				√
加拿大		√	√	√
捷 克		√		√
芬 兰				√
法 国	√	√		√
德 国	√	√	√	√
匈牙利				√
日 本	√	√		√
西班牙	√	√		√
瑞 典				√
瑞 士	√	√		√
英 国	√	√	√	√
美 国	√	√	√	√
俄罗斯	√	√		√

一、湿法贮存

湿法贮存是当前乏燃料贮存的主要方法。反应堆卸料绝大部分都贮存在水池中。湿法贮存又可分为堆址贮存，离堆中间贮存和后处理前的原料仓库贮存。这里主要论述后处理前的贮存。

1. 贮存水池

乏燃料的水池贮存法是一门比较成熟的工艺技术[9]，是一种安全可靠的贮存方法[1~3]。

因为水具有良好的热传导性能，池水不断地循环冷却，把乏燃料产生的衰变热导出。因为水也是一种屏蔽材料，同时水也是透明度很高的物质。所以在可直视的条件下在贮存水池中可完成乏燃料的卸料、转运等工作[21,23]。

贮存水池的贮存容量通常为核燃料后处理能力的3倍左右。有的后处理厂不但在水池中贮存乏燃料，而且还暂存放射性浓缩废液罐、废物罐，所以贮存水池设计得较大，如埃克松核燃料回收和再循环中心[17]的两个贮存水池，各为长61 m、宽46 m，水深9.5 m。美国通用电气公司莫里斯核燃料贮存处，乏燃料卸料坑长7.925 m、宽3.66 m、深14.6 m，两个相连的贮存水池，一个为长12.8 m、宽10.36 m、深8.53 m，另一个为长12.8 m、宽11 m、深8.53 m。同时还留有足够的扩建场地[24,25]。有些大型贮存水池，还将其分成若干个小池，通过水下密封门隔断或连通，以便提高贮存水池的利用率和维修的灵活性。

贮存水池敷有不锈钢覆面。通常在贮存水池中设有两套池水冷却和净化装置，互为备用。冷却和净化装置可以串联操作，也可各自独立运行。冷却系统通常是维持水温在40 ℃左右运行，最高不超过60 ℃。净化系统主要是由过滤器和离子交换树脂柱组成。用混合离子交换树脂吸附辐照腐蚀产物^{58}Co，^{60}Co和裂变产物^{134}Cs，^{137}Cs等放射性核素，保持池水中放射性活度值为1.85×10^4 Bq/L[21]。文献[9]报道，控制贮存水池化学物质浓度和放射性浓度的措施如下：(1)用离子交换法除去离子态物质，使水池中水为去离子水；(2)用过滤器除去固体微粒；(3)用撇渣器除去水池中的表面污物；(4)用真空抽吸器去除池底的颗粒。

不同的燃料元件对于贮存水池中池水水质的要求也不尽相同。沸水堆、加压重水堆的乏燃料贮存水池要求池水pH值为5.3～7.5，氯离子浓度<0.5 ppm①，用氧饱和了的去离子水。压水堆乏燃料贮存在pH值为4.0～6.0、含硼2 000 ppm、氯离子浓度<0.5 ppm的去离子水中。

乏燃料贮存水池水质的典型成分如表1-15所示[1]。

表1-15　乏燃料贮存池水质的典型成分

元　素	平均值/10^{-6}	数据范围/10^{-6}
Cr	0.02	0.2～<0.01
Cu	0.06	0.001～<0.1
F	0.1	0.01～0.6
Fe	<0.1～5.0	<0.1～20
Mg	<0.1	<0.1
Na	0.1～0.6	0～0.6
Ni	0.02	0.02～<0.1
浊度	0.4JTUs	0.05～0.7JTUs(杰克逊浊度单位)

乏燃料贮存水池也处于不断地发展和完善之中。1943年美国使用的第一批水池是钢筋混凝土水池。早期水池也没有水纯化系统，直接使用经过处理的河水或湖水。后来，给水池墙

① 1 ppm＝1×10^{-6}。

壁涂上油漆或环氧树脂，使墙壁减少了对污染物的吸附并易于清除它们。在实践中遇到池水渗漏问题，于是采用焊接金属衬里，从 1956 年之后，贮存水池采用不锈钢衬里已成为通用的做法。

随着燃料燃耗的提高，特别是轻水堆卸出的乏燃料余热甚高，这就要求贮存水池要装备冷却系统。

现在新设计和建造的贮存水池又有一些新的特性。例如：在钢筋混凝土结构和不锈钢内衬之间留有空隙，用以收集可能出现的泄漏。增加了抗震措施，水池结构由胶质弹性垫板支撑。采用不同构形和不同浓度的硼中子吸收物来提高池子的贮存容量。目前还倾向于将贮存池建成为模块式的，这样，通过增加模块可以增加贮量，也可以接收不同的乏燃料。例如瑞典的 CLAB 设施的第一部分建有 4 个模块，每个模块的贮存能力为 750 t 重金属，水的纯化和冷却系统是共用的[23]。

2. 贮存装置

从运输容器中卸下的乏燃料送往贮存水池中，通常贮存在两种装置中，一种是格架，另一种是吊篮。格架如图 1-16 所示[21]。格架的结构比较稳定，抗震性能良好，易于制造和安装，便于调整栅距尺寸，不需要维修。

吊篮的结构如图 1-17 所示[21]。通常吊篮具有贮存和运输两种功能。用吊篮可将其中的乏燃料组件直接送到后处理的首端。由于吊篮的高径比较大，所以在存放过程中其稳定性和抗震性能较差。吊篮是按一定的顺序排列的，只能按一定的顺序吊进和吊出，因此其操作灵活性较差[21]。

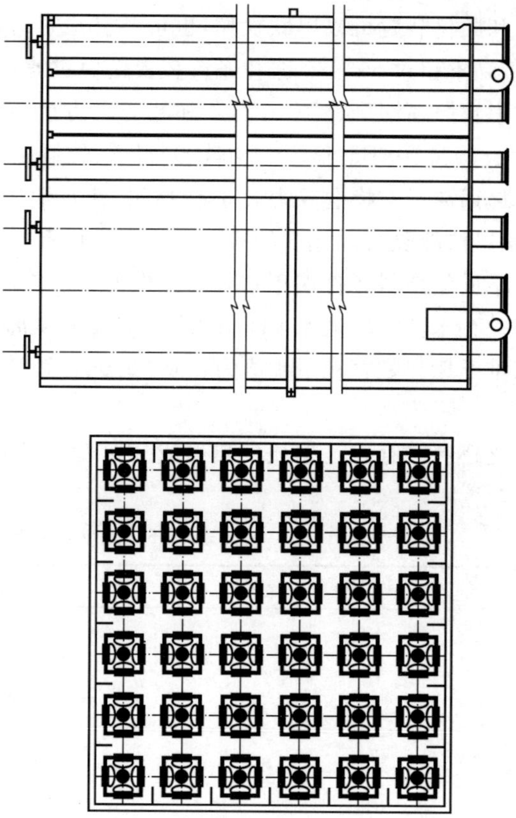

图 1-16　格架结构方案图

各国不同的后处理厂设计使用的贮存装置也是不尽相同的。文献[26]报道，每个燃料贮存吊篮的尺寸约为 1.067 m×1.067 m×4.57 m。在贮存水池中每个吊篮所占位置的面积约为(1.422×1.18)m^2。吊篮内部结构分为两种：一种是 3×3 排列，用于压水堆燃料组件；另一种为 4×4 排列，用于沸水堆燃料组件。美国莫里斯使用的燃料贮存系统[26]是带有支承结构的可移动的篮筐，如图 1-18 所示。由图可见有两种篮筐，用于沸水堆乏燃料的篮筐由 9 根(以 3×3 排列)直径为 215.9 mm 的不锈钢管组成，用于压水堆乏燃料的篮筐由 4 根(2×2 排列)直径为 304.8 mm 的不锈钢管组成。这两种篮筐所占面积相同，均为 660.4 mm^2。

3. 密集贮存

为提高水池的贮存能力，可采用分区贮存的方式。就是设计并制作不同结构的格架贮存

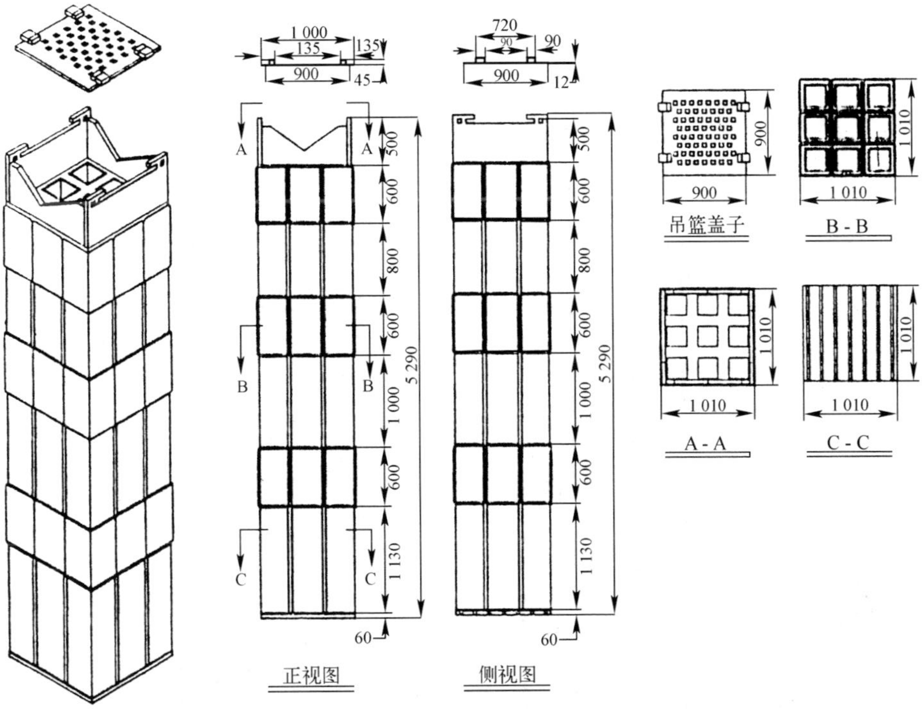

图 1-17　吊篮结构方案图(单位为 mm)

不同浓度的燃料组件,这样也可提高单位面积水池的贮存能力。目前,为提高水池贮存能力,主要的措施是采用含中子吸收剂组分的不锈钢作格架材料。美国莫里斯用于沸水堆乏燃料密集贮存的模件如图 1-19 所示[25]。每个模件的底面约为 2.2 m^2,高 4.4 m,以 13×13 排列,可以贮存 169 束沸水堆燃料组件,按 165.10 mm 的中心距提供贮存空间。这样得到的填充密度为 3.4 束/0.093 m^2。莫里斯密集贮存模件的基本部件是贮存管。在不锈钢外壁(壁厚 2.3 mm)和内壁(壁厚 0.76 mm)之间包封一层碳化硼铝[25]。

从 1959 年起,轻水堆燃料就使用了贮存架。在使用硼化水的贮存池中,几乎毫无例外地使用了不锈钢贮存架。老的贮存架或贮存篮系统典型的贮存密度约为 2.5 t/m^2。为了解决贮存能力不足而采取增加贮存密度的措施。对于那些贮存池的深度具备安装双层贮存架能力的池子,当使用特种不锈钢作中子吸收剂的贮存架时,压水堆的贮存密度能达到 3.9 t/m^2,沸水堆乏燃料的贮存密度能达到 4.7 t/m^2。而对于用硼毒化的贮存架来讲,压水堆的贮存密度可达到 5.2 t/m^2,沸水堆可达到 5.8 t/m^2[23]。

许多国家用改架的方法来提高乏燃料贮存密度,提高贮存能力的情况如表 1-16 所示[23]。

乏燃料组件密集化贮存积累的经验表明,这种方法不仅适用于堆址水池的乏燃料贮存,而且对离堆的湿法和干法贮存装置都有希望得到工业规模的应用[23]。

瑞典克拉布(CLAB)离堆贮存水池用新设计和制造的含硼不锈钢贮存乏燃料。原贮存容器和新容器的容积是相同的,原容器只能分别贮存 16 个沸水堆和 5 个压水堆乏燃料组件,而新容器可以分别贮存 25 个沸水堆和 9 个压水堆乏燃料组件,即贮存能力分别提高了 56%和 80%[27]。

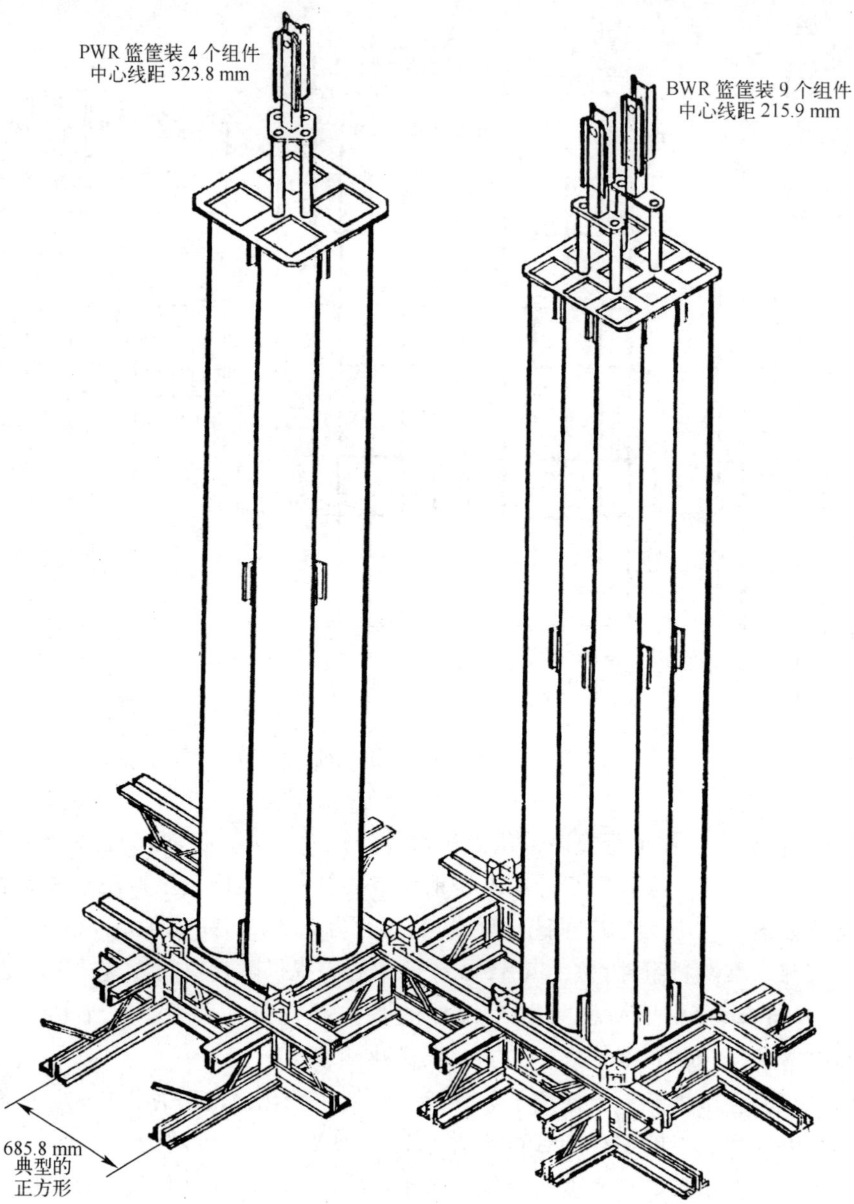

图 1-18　在莫里斯使用的燃料贮存系统

国际原子能机构于 1997 年 5 月发布的乏燃料湿法贮存的国际经验总结指出，对于大多数轻水堆乏燃料来讲，湿法贮存继续是主要的贮存方法。湿法贮存能够满足乏燃料屏蔽和冷却的要求。对于锆合金包壳的燃料，已有连续在水池中贮存 30 多年的记录，包壳受到的腐蚀实际上测不出来。在受控条件下，镁诺克斯乏燃料在水池中的贮存情况也是好的，但是只能贮存几年。用铌稳定的不锈钢包壳的改进型气冷堆乏燃料，已在水池中成功地贮存了 17 年[21]。

国际原子能机构又于 1999 年 7 月公布了辐照燃料的湿法和干法贮存的调查报告[16]。报告指出，离堆辐照燃料有 92％是采用湿法贮存的，只有 8％是干法贮存。锆合金包壳的乏燃料已经满意地在水池中湿法贮存 40 年以上。

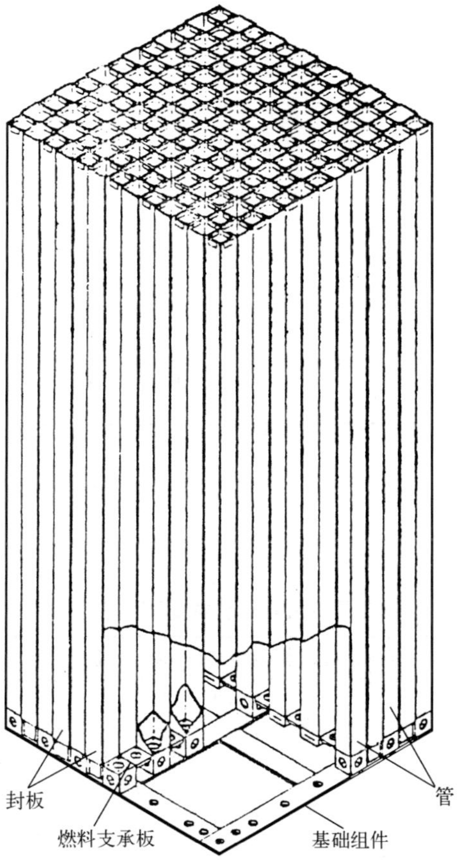

图 1-19　燃料密集贮存模件

表 1-16　用改架方法提高燃料的贮存密度

池　名	国　家	改进情况	所用的中子吸收剂	注　释
多伊尔	比利时		*	
蒂昂热	比利时		含硼合金钢	
*	加拿大	60％	天然铀，无中子吸收剂	扩充池子使其可贮存 9.5 年
*	芬兰	改架		扩充池子使其可贮存 4～5 年
阿格	法国		*	
*	德国	从 3 年贮存时间增加到 7～12 年，直至满池为止	*	采用高密的密集架
	匈牙利	100％	*	密集架
	日本			
何塞・卡夫雷拉	西班牙	贮存容量从 92 组燃料增至 310 组		新的贮存架
	瑞典			
莱布城	瑞士			密集架

续表

池　名	国　家	改进情况	所用的中子吸收剂	注　释
戈斯根	瑞士	200 多个位子用新架	*	
贝兹瑙	瑞士	单位贮存容量从 167 组增至 560 组	*	
米勒贝格	瑞士		*	自 1982 年以来没有改变
塞拉菲尔德 B27	英国	16%	*	新设计代替老的架子，双层代替单层架
	美国		含硼架板和硼化不锈钢	几乎所有美国贮存池都改架成最大的贮存密集

注：* 表示无资料。

表 1-17 为世界上辐照燃料离堆贮存的概况。

表 1-17　世界范围辐照燃料离堆湿法贮存的总汇

国　家	贮存装置数目	正在运行的离堆贮存水池的设计能力	现存量/tHM
阿根廷	1	1 100	766
比利时	1	1 000	35
保加利亚	1	600	356
芬　兰	2	1 450	700
法　国	4	14 500	9 159
德　国	1	560	526
印　度	1	27	27
日　本	3	4 300	3 500
俄罗斯	6	12 960	6 046
斯洛伐克	1	600	523
瑞　典	1	5 000	2 703
乌克兰	1	2 000	1 695
英　国	4	10 350	7 031
美　国	1	780	700
合　计	28	55 227	33 767

二、干法贮存

从 20 世纪 70 年代末期以来，乏燃料的干法贮存在世界范围得到了很迅速的发展。

目前，通用的干法贮存基本上有三种：贮存室、容器贮存和干井贮存。容器贮存又分为混凝土容器和金属容器两类。表 1-18 列出了 20 世纪 80 年代已有的干法贮存装置[1]。

表 1-18　世界各种类型的干法贮存装置

类　型	国　家	地　址	状　态（开始年份）	燃料类型	技术数据		最高的外壳温度/℃	预先冷却的时间/a
					贮存气体	燃耗/(GW·d/tU)		
贮存室贮存	法国	Phenix	1986	FBR	空气	40		2
	英国	Wylfa	1971	Magnox	CO_2	6～8	365	0
	英国	Wylfa	1979	Magnox	空气	6～8	150	0.5
	美国	EMAD	1980	PWR	He	27	278	2～4
	美国	INEL	1964	LMFBR HTGR	He/空气			
干井	日本	JRR 研究堆	1982	JRR-3	He	1.0	53	5～9
	美国	EMAD	1980	PWR	He	27	145	3～4
	美国	NTS/Climax	1980	PWR	He	27	233	3～4
	美国	INEL	1985	LWBR	He	45	120	3～4
混凝土容器	加拿大	Whiteshell	1974	CANDU	空气 He	7～15	<150	1.5～9
	加拿大	Gentilly	1985	CANDU	He	3.0	<150	7
	美国	EMAD	1978	PWR	He	27	168	3～4
金属容器	瑞士	Wurenlingen	1983	Diorit	He	8.7	410	6～8
	德国	Wurgassen	1982	BWR	He	28	250～450	1
	美国	Surry	1986	PWR	He			
	美国	Morris	1985	BWR	He,N_2	25～28	250	3～4

法国 CASCAD 干法贮存的乏燃料贮存程序和贮存室的概貌如图 1-20 所示[1]。

干法贮存最关键的问题是乏燃料的衰变热的导出问题。由于气体的导热性能较差，因此，乏燃料将比在水中贮存时具有较高的温度。在开始贮存时，衰变热释出率很高，这时主要的危害来自空气（氧气）的侵入。燃料和包壳与空气接触而发生氧化，并且氧化速率随着温度的升高而增加。因此，许多干法贮存系统都使用高纯度的惰性气体，如氩和氦等。

从轻水堆卸出的乏燃料，经过大约 5 年的贮存后，燃料的释热率和放射性活度可衰减为约 1%[7]。所以人们普遍认为，在乏燃料移去进行干法贮存之前，最好经过适当时间的冷却。从表 1-17 可以看出，采用干法贮存装置的国家基本上都采用了预先冷却的办法，预先冷却时间 0.5～9 年[1,23]。

1. 贮存室

贮存室即由混凝土屏蔽墙围筑起来的大房间，里面设有乏燃料接收、转运和预处理设施。

贮存室采用的冷却系统可分为两类。一类是闭合回路系统，通过人工的或自然的对流使气体流经乏燃料或者盛乏燃料的容器，然后通过热交换器将释热能量释放到大气里去。第二类为开式回流系统，乏燃料的释放的衰变热能通过辐射、对流和传导方式从乏燃料流向容器外壁，由排风烟囱抽吸贮存室中的空气，该流动的空气流经盛燃料的容器将热能带走并从烟囱排出。这种自然对流的冷却系统是受欢迎的。

英国威尔法（Wylfa）核电站镁诺克斯乏燃料的干法贮存室是 1972 年开始运行的。设施的第一部分（容量为 240 tU），乏燃料封装在充满 CO_2 的、压力略高于大气压的竖管内。通过自然热虹吸空气冷却系统把乏燃料的释热导出。设施的第二部分（容量为 700 tU）是 1979 年

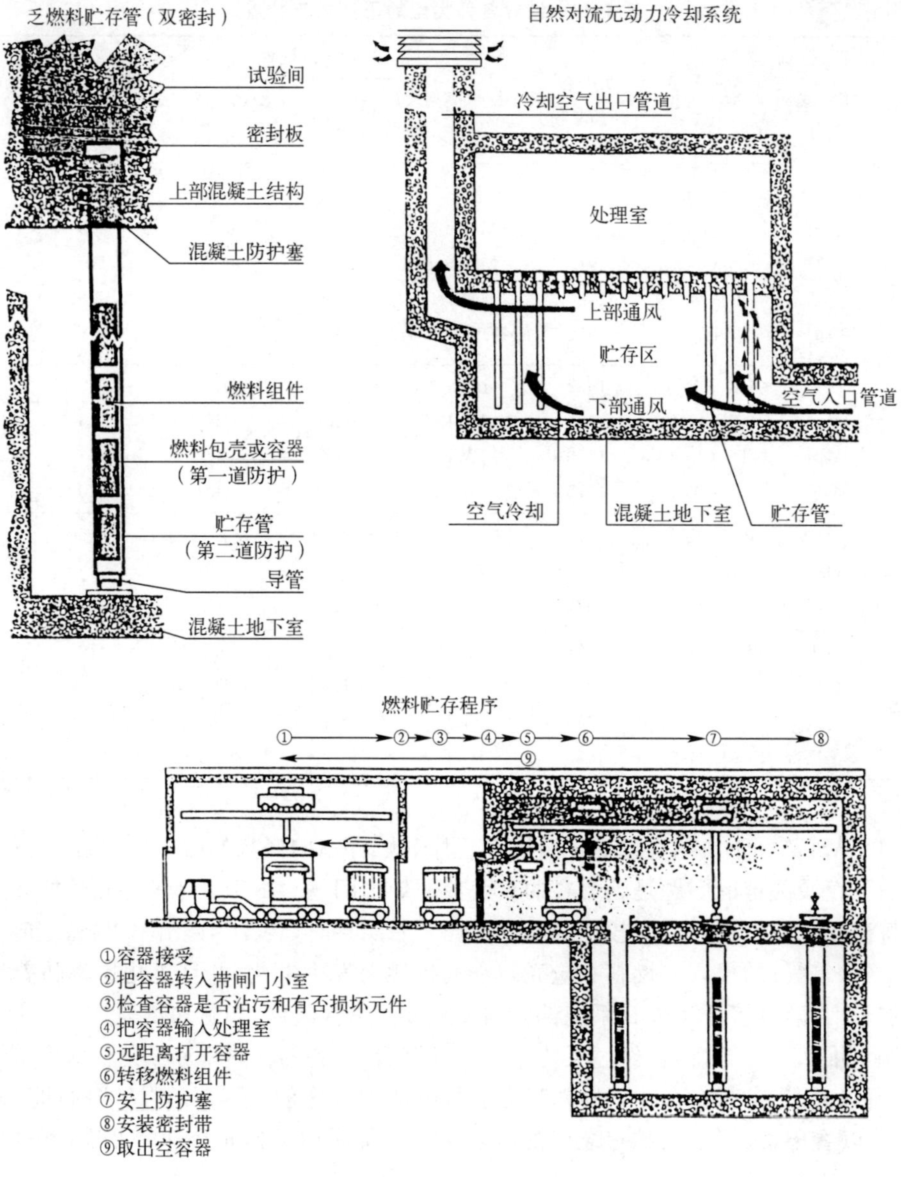

图 1-20　法国 CASCAD 干法贮存

运行的。乏燃料是通过自然对流的空气冷却的。贮存室内保持微负压，废气通过过滤器排向大气。该系统运行状况良好，人员辐射剂量也保持在非常低的水平上[23]。

2. 干井[23]

干井实际上就是在地面下开个洞，或者说是在地下打口井。它的典型尺寸为：深 7.5 m，直径 0.5～0.95 m。干井既可位于地表下，也可修建在矿井坑道中，由地质层来屏蔽乏燃料的辐射。从 1964 年至今，美国爱达荷国家工程实验室一直进行高温气冷堆和液态金属冷却快中子增殖堆乏燃料的干井贮存试验。试验证明，乏燃料既可安全地放入，又可方便地取回，并且辐射水平也很低。

干井贮存适用于地下水位很低的地区或者沙漠地带。

3. 混凝土贮存罐

混凝土罐是容器贮存的一种类型。当然也可以看作为一种微型贮存室。其典型的尺寸为:高 5.3 m,外径 2.3 m,重量 50～70 t。每个罐的热容量为 2～5 kW,可用于贮存经过 5 年冷却的 7.5 GW·d/tU CANDU(坎杜型反应堆)乏燃料约 4.5 t。贮罐内部用钢和铅衬里,垂直地放在露天的混凝土基座上。贮罐的外表面温度在+40～−40 ℃之间,罐内温度可能达到 150 ℃。这是加拿大设计并投入运行的混凝土容器的情况[1,23]。

4. 金属容器

目前,许多核燃料公司对用于装运和贮存乏燃料的金属容器具有浓厚的兴趣。它的主要优点是:这种容器可以放入堆址贮存水池内,并可以用于冷却前后的运输,这样可以避免额外的装载和搬移工序。

德国开发的 CASTOR 型容器是由球墨铸铁制造的,总长度为 5.5 m,直径约为 2 m。它的容量为 9 个压水堆燃料组件或 16 个沸水堆燃料组件(4.8 t),释热率可高达 50 kW。它由防泄漏的盖子密封,内部充氮气[23]。

德国的研究认为,在惰性气氛下的干法贮存,400 ℃是安全和可靠贮存的温度极限,超过这个温度对于干法贮存是不可取的[1]。

美国主张搞一体化系统,即将贮存、运输和处置这三者一体化。主张设计和制造用于贮存、运输和处置的通用厚壁金属容器。这种多用途的容器约有 10 t 的贮存容量[28]。

最近十多年来,干法贮存技术得到了迅速的发展,表 1-19 汇总了世界上干法贮存辐照燃料的数据[16]。

表 1-19 世界上干法贮存辐照燃料的总汇

国 家		贮存装置数目	设计能力/tHM	现存量/tHM
阿根廷		1	200	64
比利时		1	800	142
加拿大	运行	7	8 567	1 930
	建设	1	14 500	
捷 克		1	600	232
法 国		1	180	180
德国	运行	3	7 768	58
	建设	1	585	
匈牙利		1	162	54
日 本		1	73	73
韩国	运行	1	609	609
	建设	1	812	0
立陶宛		1	419	0
乌克兰		1	50	0
英 国		1	958	680
美国	运行	10	4 700	1 270
	建设	6	2 155	
合 计		39	43 138	5 292

通过上面的论述可见,世界上有核国家分别使用着各种不同的干法和湿法贮存设施。国际原子能机构于 2001 年公布了世界各地区乏燃料的贮存情况,如表 1-20 所示。目前乏燃料贮存能力略高于 23.9 万吨重金属,比到 2000 年底所需的贮存能力多 9.4 万吨。

表 1-20 以不同方式贮存的乏燃料

区　域	核电站水池贮存能力/tHM	离堆湿法贮存能力/tHM	离堆干法贮存能力/tHM	总贮存能力/tHM
西欧	28 265	32 270	10 416	70 951
东欧	11 913	20 788	1 471	34 172
美洲	94 662	1 712	6 342	102 716
亚非	27 924	1 725	1 737	31 386
总计	162 764	56 495	19 966	239 225

国际原子能机构经过调查得出结论,认为乏燃料贮存 30 年经验表明,乏燃料贮存技术不存在重大问题。目前的乏燃料贮存能力是足够的[17]。

三、几种乏燃料贮存技术的比较

从上面的论述可见,目前世界上应用最为广泛的乏燃料离堆贮存方法有水池贮存、金属容器贮存及贮存室贮存三种。表 1-21 列出了这三种贮存技术的主要特点[1]。

表 1-21 三种贮存技术的特点

项　　目	水池贮存	金属容器贮存	贮存室贮存
1.密封性	以水池中的水和厂房进行密封	以双盖进行容器密封	以容器进行密封
2.辐射屏蔽	以水池中的水进行屏蔽	以金属容器进行屏蔽	以混凝土建筑进行屏蔽,由于是地下贮存,人员直接辐照的可能性小
3.临界安全	以池中设计的贮存架的距离给予保证	以金属容器内设有的临界安全措施给予保证	以容器内设有的临界安全措施给予保证
4.热传递	以水来传热,设有防失水的应急装置	以自然对流传热	以自然对流传热
5.放射性废物	产生固体、液体废物	无废物	无废物
6.监测	监测水质和放射性剂量	监测双盖体系的压力,金属容器的表面温度	监测容器的放射性泄漏及其表面温度
7.乏燃料操作技术	已成熟	无需直接操作	乏燃料必须从容器中取出再装入另一个贮存容器中
8.乏燃料行为的监视	目视	取样	目视
9.贮存密度	最大	其次	最少
10.经济性			
(长期)	最好	其次	最少
(短期)	与金属容器相同	与水池贮存相同	最少

表 1-22 从经济性、安全性和影响环境等 8 个方面对湿法和干法贮存技术进行了综合比较和评价。

表 1-22　各种贮存技术的综合评价

评价项目	所占百分比/%	湿法水池	干　法		
			贮存室	干井	金属容器
经济性	16	13.9	14.9	13.9	16.0
安全性	16	13.6	13.2	14.8	15.4
许可程度	15	15.0	9.0	12.0	12.0
人们接受程度	13	12.2	11.1	11.5	13.0
运行特点	12	9.7	8.9	9.7	12.0
技术要求	11	11.0	9.0	7.5	10.7
环境影响	9	9.0	9.0	9.0	9.0
保障安全	8	7.1	8.0	4.7	7.5
合　计	100	91.5	83.1	83.1	95.6
名　次		2	3	3	1

从上述综合比较数据可见，水池贮存和金属容器贮存的优点更突出一些。水池贮存更适用于长期(50 年以上)贮存[1]。最近十几年设计和建造的干法贮存装置，有的还具有离堆运输的功能，并且可以连续操作，它的寿命可以超过电站的寿命(高于 50 年或 100 年)[16]。

第五节　乏燃料运输和贮存过程中的事故、事件与经验教训

一、乏燃料运输的实绩。乏燃料运输是乏燃料管理的一个重要方面，自 1969 年以来，已有十几个国家进行了几万次的乏燃料运输。到目前为止，没有发生过包括放射性泄漏在内的严重事故。30 多年的运输实践证明，乏燃料不论是在海上还是在铁路上和公路上运输都是安全的。这就是乏燃料运输业取得的最主要的经验和成就[1,6]。

二、在乏燃料的公路、铁路和海上运输过程中，也发生过一些事故，出现过一些意外事件。当然发生事故，出现意外事件是人们所不希望的，是坏事。但是人们在处理这些事故和事件中也取得了经验。

据文献[29]报道，美国从 1971 年到 1990 年间，运输包括商业和研究用辐照核燃料，包括装载和空载的汽车运输和铁路运输，共发生了 6 次运输事故和 47 次意外事件，如表 1-23 所示。

表中商业运输的载重汽车事故发生于 1978 年，当时一辆拖车拖着一个装有 6 个混合氧化物辐照燃料的容器。在运输时连杆弯曲了。没有造成放射性物质的释放。将运输容器转移到另外一辆车上才完成了这次运输任务。载重商业火车运输事故是，一辆装载两个容器的火车，

在铁路与公路的交叉路口同一辆汽车相撞，汽车驾驶员受了轻伤，火车发动机受到轻微的损伤。运输容器没有损伤，没有放射性释出。

在1971年发生了一起人员死亡事故，是一辆装载研究用乏燃料的汽车发生翻倒等一系列损伤事件造成的，没有发现放射性物质释出。

表1-23中还给出了乏燃料运输过程中出现的意外事件[29]。

表1-23　1971～1990年美国乏燃料运输事故和事件统计

货运类型	事故数目	意外事件数目			总　计
		表面污染	操作	前二者兼有	
商业装载					
汽车	1	12	3	0	16
铁路	1	1	1	0	3
空载					
汽车	1	19	0	1	21
铁路	1	0	0	0	1
合　计	4	32	4	1	41
研究装载					
汽车	1	2	0	0	3
铁路	0	0	0	0	0
空载					
汽车	0	6	0	1	7
铁路	1	0	0	1	2
合　计	2	8	0	2	12
总　计	6	40	4	3	53

法国每年大约运送450次乏燃料，从1978年到1995年，运送乏燃料共发生了25次事故或事件，其中15次为火车运输，9次为汽车运输，1次为海上运输。在这些事故和事件中，只有2起涉及货包本身。一次是1987年6月发生的交通事故，使运输容器掉入公路旁的沟里。另一次发生在1991年12月，在码头上卸乏燃料容器时，由于卸料吊链断裂，乏燃料容器掉到船的甲板上。这些事故都没有放射性泄漏[30]。

1997年2月4日，一列载有乏燃料运输容器的火车专列，从德国出发，途经法国运到英国去后处理。在德法边境的法国一侧，发生了火车出轨事故。经过检查，专家们证实，装有乏燃料的3个100 t重的容器(每个容器装有6.5 t乏燃料)未受到损坏。距离乏燃料容器货包1 m远的地方辐射剂量为2.5 μSv，低于法定限值。后来将出轨火车搬回到铁轨上。经过修理和安全测试，这列火车于事故后36 h又重新开赴英国[32]。

三、在乏燃料的装卸和搬运过程中，美国、瑞典和西班牙等国也发生过一些事故和事件。例如，1983年在美国，由于一根缆索断裂，使一组乏燃料组件掉落在一个贮存架上，没有发现可探测到的放射性泄漏，包壳也没有破损[1]。

根据对 9 起搬运事故的监测，其中 2 起有气体释出[9]。一束燃耗为 11 000 MW·d/tU 的沸水堆乏燃料从 8 m 处落下到燃料池底部，但未监测到有放射性物质释出。一束燃料的燃耗为 3 365 MW·d/tU 的沸水堆燃料从大约 9.2 m 的高度掉下来。虽然这束燃料在落地时有些东西释放出来，但是没有监测到放射性物质。

1972 年莫里斯曾发生过一次因运输容器在卸料坑中翻倒而碰裂水池覆面的事故。在这次事故中，有少量的池水漏进了水池覆面与混凝土壁之间的探测层中。事后，采用沉箱隔离的方法进行了处理，用沉箱对损伤部位实施隔离，然后对损伤的覆面进行补焊而得以修复[25]。

四、关于乏燃料运输的表面沾污问题

在前面表 1-23 中已经给出了美国从 1971 年至 1990 年间汽车和火车运输中出现的表面污染事件 40 起的情况。

1997 年 4 月，法国核主管部门向德国、瑞士和英国通报了乏燃料运输的表面沾污事件，后来四国成立了联合工作组，对沾污事件进行调查，弄清背景、原因和后果，并提出对策和建议。

法国公布的国内外运输沾污（超过限值 4 Bq/cm^2）事件如表 1-24 和 1-25 所示[32]。

表 1-24　阿格 Valognes 车站接受电力公司核电站运输容器及车辆沾污统计

总运输量及占总量的百分比	受沾污容器数目（以沾污点平均值计）				受沾污车辆数目（以沾污点平均值计）			
1988～1998 年总运输 1 618 次	总计/(Bq·cm^{-2})	4～50	50～150	>150	总计/(Bq·cm^{-2})	4～50	50～300	>300
	384	293	74	17	278	53	139	86
%	23.7	18.1	4.6	1.05	17.2	3.27	8.6	5.3

表 1-25　Valognes 车站接受一些欧洲国家核电站容器及车辆沾污统计

总运输量及占总量的百分比	受沾污容器数目（以沾污点平均值计）				受沾污车辆数目（以沾污点平均值计）			
1988～1998 年总运输 1 031 次	总计/(Bq·cm^{-2})	4～50	50～150	>150	总计/(Bq·cm^{-2})	4～50	50～300	>300
	77	45	20	12	120	7	46	67
%	7.5	4.36	1.94	1.16	11.6	0.68	4.46	6.5

德国公布了轻水堆运行期间共运输了 1 465 批次乏燃料组件，其中 1 267 批次运往法国（COGEMA），187 批次运往英国（BNFL），11 批次属于国内运输。从德国核电站装货运往法国和英国的运输沾污情况（从 1995 年 9 月以后）如图 1-21 下面两图所示。从 1988 年至 1998 年从法国和英国运回的空容器沾污情况表示在图 1-21 上面的两个图上[32]。

从瑞士核电站发往法国的乏燃料运输容器和车辆，从 1988 年至 1998 年空容器运输 70 次，容器沾污 2 次，车辆沾污 1 次，各占 2.86%和 1.43%。装有货物的运输 70 次，容器被沾污 10 次，占 14.3%，车辆被沾污 8 次，占 11.4%。

联合调查查明沾污的原因不是由容器内部物质的泄漏引起的。乏燃料组件运输容器表面

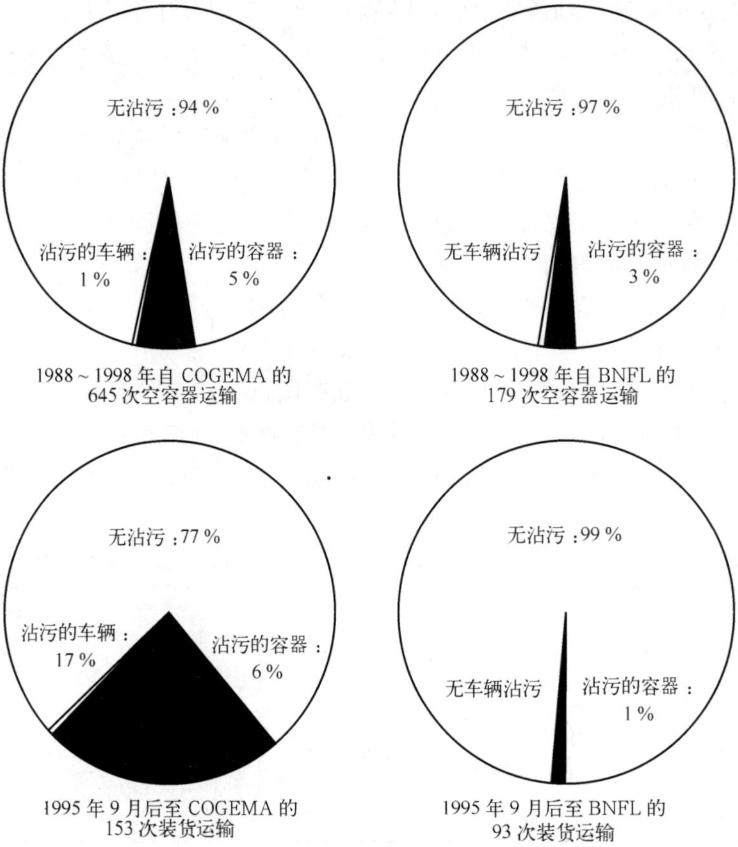

图 1-21　来自 COGEMA 与 BNFL 的空容器和装货容器运输中受沾污容器和运输车辆比例

和运输车辆上发现的沾污与运输容器在核电厂的乏燃料水池装料和乏燃料在后处理厂的卸料有关。在装卸过程中由于沉积在容积内部的燃料组件表面的放射性沉积物受到搅动或机械磨损，使之转移到容器表面或车辆上而造成沾污事件。

法国核安全和监测部门对与沾污事件有关的工作人员进行检测，结果证明，主要表面沾污未对公众健康造成不良影响的结论是真实的。

采取的技术改进措施是重新修订技术参数，改进监测和测量手段。提高对运输的监管，强化信息交流等。

五、关于带有缺陷的乏燃料元件的贮存。如加拿大等国家把有缺陷的乏燃料贮存在密闭容器中。包封后可以是湿式地也可以干式地贮存在容器中。美国对于大部分有缺陷的乏燃料不采取任何特殊措施而直接贮存也是很好的，例如，通用电气公司的莫里斯水池里贮存的几百束带有在反应堆引起的缺陷的乏燃料都未包封起来。水池净化系统将池水中的放射性活度保持在 1.48×10^4 Bq/L 水平。对于有缺陷的水堆乏燃料在水池中存放几年后作检查，未发现有剥蚀现象[25]。对一束含 2 根破损棒的锆合金包壳产气重水堆燃料，当燃耗为 1 900 MW·d/tU 时置于一密封罐中，9 年后罐内水中只含约 5×10^{-6} ^{137}Cs。对此燃料束在热室中作详细检查，发现只有在有缺陷的部位燃料棒直径稍有变大，没有发现燃料棒内的 UO_2 转化为 U_3O_8 的征候,也无证据说明锆合金包壳有剥蚀现象。

对于包壳有缺陷的乏燃料元件,曾做过贮存、搬运和后处理,均没有发现什么大问题[9]。

六、乏燃料元件水池贮存的完整性问题

文献[7]报道,曾对18座贮存水池作参观调查并同30座贮存水池的工作人员当面交谈讨论或通讯调查。美国、英国、加拿大、德国等国家的水池贮存乏燃料情况如下。

乏燃料在水池中有三种类型的损坏,一种是汉福特N堆锆合金包壳金属铀燃料。150多个有损伤的N堆元件由于在运输和在核燃料服务公司水池中贮存时的腐蚀而损坏了。第二种是气冷堆的不锈钢包壳乏燃料,在金属被敏化的温度范围内引起的在贮存水池中发生了被反应堆激活的不锈钢的晶间腐蚀现象。英国温茨凯尔也发生过类似的现象。第三种是英国镁诺克斯乏燃料元件在贮存水池中已有某些由于腐蚀而导致损坏的趋势。

那么,对于商用压水堆、沸水堆和加压重水堆的乏燃料元件在水池中贮存情况如何呢?调查报告[7]报道:(1)对一束在水池中贮存了11年的燃耗为6 500 MW·d/tU的加拿大锆合金包壳的乏燃料组件作金相检查,没有发现因水池贮存而引起的腐蚀或其他剥蚀现象。(2)对3根燃耗为20 000 MW·d/tU的锆合金包壳乏燃料元件,在水池中贮存了6年和3根燃耗为33 000 MW·d/tU的锆合金包壳燃料棒,在水池中贮存5年,作金相检查,均没有发现剥蚀现象。(3)将加拿大的锆合金包壳燃料束,在水池中分别贮存5、9、10年后再送回到反应堆中在正常工况下运行,证明这些燃料的性能良好。(4)定期从德国卡尔斯鲁厄后处理中间工厂的水池中取出一束燃耗达29 000 MW·d/tU的压水堆乏燃料作检查和拍照,没有发现贮存6年的燃料棒有剥蚀现象。

日本对贮存了20年的BWR-MOX燃料和PWR-UO_2燃料在LWR中进行辐照,然后进行测试。测试的5根BWR-MOX燃料棒,燃耗大约为20 GW·d/tU,其中3根为湿法贮存,另外2根是切成小段装入密封盒后置于干燥的环境(空气)中贮存。一根PWR-UO_2燃料棒放在干燥的条件下贮存了20年。对于BWR-MOX燃料棒进行目视法检测包壳表面、穿孔测试。对于干法贮存的BWR-MOX燃料,分析密封盒中的气体,陶瓷相法测试芯块和包壳的表面。对于PWR-UO_2燃料棒进行下列项目的测试:(1)目视法测试包壳表面;(2)穿孔法测试;(3)陶瓷相法测试芯块和包壳的表面;(4)电子探针微量分析检测表面;(5)分析包壳内氢的含量。

日本的初步研究结果表明,贮存20年后的乏燃料棒的性能与贮存前没有区别[33]。

第四次辐照燃料贮存讨论会一致的意见是,未测出辐照过的水堆燃料的包壳有剥蚀。会议认为在水中长期(至少几十年)贮存是安全可靠的[9,23]。

1997年国际原子能机构发表了乏燃料在长期贮存过程中的行为的协议研究计划总结报告。报告指出,在过去的40年收集到的数据,包括乏燃料连续在水池贮存33年取得的结果表明,在正常的贮存水池条件下,锆合金包壳的氧化速率接近于零。因科镍和不锈钢包壳的乏燃料在水池贮存时的腐蚀也是可以忽略不计的。燃料内部的压力在水池温度下是相当低的,包壳的蠕变也是可以忽略不计的[31]。

参考文献

1　黄钟编译.乏燃料中间贮存的现状与今后发展前景.核科学技术情报研究所.1991.6

2　Nuclear Engineering International. 1992 Fuel Review, 1992

3 2001 World Nuclear Industry Handbook. 2001

4 黄昌泰，李光鸿，魏连生译. 核电站燃料后处理. 北京：原子能出版社. 1996

5 乏燃料管理及后处理. 1997. No. 3

6 核电厂乏燃料的运输. 核科学技术情报研究所. 1991. 6

7 G. R. Choppin, J. Pydberg. Nuclear Chemistry Theory and Applications. 502～559

8 杨云鸿译. 核燃料后处理工程. 北京：原子能出版社. 1980，12

9 Nuclear Technology. Vol 43, Mid-Apr, 1979. 165～173

10 A/CONF. 49/P/492

11 A/CONF. 49/P/491

12 乏燃料管理及后处理. 1995. No. 1

13 乏燃料管理及后处理. 1997. No. 5

14 蒋云清主编. 乏燃料后处理'94. p392～398. 核科学技术情报研究所. 1995

15 乏燃料管理及后处理. 1996. No. 10

16 IAEA-TECDOC-1100. Survey of Wet and dry Spent fuel storage, 1999，7

17 乏燃料管理及后处理. 总第 111，112 期. 2001. 7

18 Nuclear Technology. Vol 43, Mid-Apr, 1979. 203～212

19 核工业第二研究设计院等编译. 埃克松核燃料回收和再循环中心初步安全分析报告. 1991

20 动力堆乏燃料后处理资料汇编. 1988. 10

21 姜圣阶主编. 柯友之副主编. 动力堆核燃料后处理厂设计. 北京：原子能出版社. 1996，12

22 IAEA-TECDOC-944. 1997

23 乏燃料中间贮存译文集. 核科学技术情报研究所. 1991. 7

24 蒋云清译. 轻水堆乏燃料后处理. 北京：原子能出版社. 1989，8

25 Nuclear Technology. Vol 43, Mid-Apr, 1979. 146～154

26 A/CONF. 49/P/601

27 乏燃料管理及后处理. 1994. No. 1

28 乏燃料管理及后处理. 1993. No. 8

29 Nevada Commercial Spent Nuclear Fuel Transportion Experience. 1991. 9

30 乏燃料管理及后处理. 1997. No. 3

31 乏燃料管理及后处理. 1997. No. 9

32 乏燃料管理及后处理. 2000. No. 1

33 乏燃料管理及后处理. 2001. No. 4

第二章　去　壳

本章主要论述乏燃料元件的除壳工艺。除了介绍化学法和电解法去壳外，重点阐述机械法去壳。同时还要介绍在去壳过程中遇到的问题及解决这些问题的方法。

第一节　化学法去壳

选用什么去壳方法，首先同包壳和燃料的组成有关，其次与包壳和燃料之间的黏结剂有关。在第一章第一节的表 1-2～表 1-4 给出了几种乏燃料的组成。表 2-1 给出了常用包壳材料的组成[1]。

表 2-1　常用包壳材料的组成

材料名称	成　分/%
2S 铝	Fe+Si<1，Cu<0.2，Mn 0.05～0.1，Zn<0.03，其他杂质 0.03～0.05，Al>99.0
Al80 镁合金	Al 0.75，Be 0.006，Fe 0.0027，Si 0.0067，Mn 0.0025，Zn 0.02，其他杂质 0.015，Mg 余量
锆-2 合金	Sn 1.2～1.7，Fe 0.07～0.20，Ni 0.03～0.08，Cr 0.05～0.15，Zr 余量
锆-4 合金	Sn 1.2～1.7，Fe 0.07～0.15，Cr 0.05～0.15，Ni 0.002，Zr 余量
316 不锈钢	Cr 16.0～18.0，Ni 10.0～14.0，C≤0.08，Mn≤2.00，Si≤1.00，Mo 2.00～3.00，S<0.030，P<0.045，Fe 余量
304L 不锈钢	Cr 18.0～20.0，Ni 8.0～12.0，C≤0.03，Mn≤2.00，Si≤1.00，S≤0.030，P≤0.045，Fe 余量
快堆元件用不锈钢	Cr 15，Ni 15，C 0.10，Mn<1.8，Si 0.5，Mo 1.2，Ti 0.45，B 0.006，Fe 余量

化学去壳法是利用化学试剂溶解包壳而不溶解燃料。美国第一座生产堆的燃料元件——金属铀棒，其包壳铝就是用混合碱液溶解的。总的反应式可以表示为[2]

$$Al+0.85NaOH+1.05NaNO_3 \longrightarrow NaAlO_2+0.9NaNO_2+0.15NH_3+0.2H_2O \quad (2\text{-}1)$$

加入硝酸钠是为了防止氢气逸出。在去壳过程中，金属铀与去壳试剂不发生反应。

镁或镁合金包壳通常是采用 6 mol/L H_2SO_4，在沸腾条件下溶解去除的[3]。

不锈钢包壳的二氧化铀或二氧化钚燃料元件，采用 4～6 mol/L 的热硫酸溶解其外壳，其化学反应式有

$$Fe+H_2SO_4 \longrightarrow H_2+FeSO_4 \quad (2\text{-}2)$$

$$Cr+1.5H_2SO_4 \longrightarrow 1.5H_2+0.5Cr_2(SO_4)_3 \quad (2\text{-}3)$$

$$Ni + H_2SO_4 \longrightarrow H_2 + NiSO_4 \qquad (2\text{-}4)$$

为了避免沉淀，需要200%过量的硫酸，同时要求在去壳废液中，不锈钢浓度不应超过约50 g/L[4]。

该法的缺点是，溶解速度缓慢，溶解过程不稳定，有氢气逸出，而且在去壳液中铀钚都有少量的损失。每次溶解完铀芯后，需要非常仔细地漂洗溶解器，以便除去可使下批乏燃料的包壳受到钝化的少量硝酸。漂洗液为软化水[3]。文献[5]指出，硝酸的钝化作用可以通过加入甲酸的办法解决。

对于锆和锆合金包壳的UO_2乏燃料元件，采用含硝酸铵的氟化铵沸腾溶液溶解包壳，生成氟锆酸铵，其中硝酸铵用于减少氢气的逸出。溶解反应式表示为

$$Zr + 6NH_4F + 0.5NH_4NO_3 \longrightarrow (NH_4)_2ZrF_6 + 5NH_3 + 1.5H_2O \qquad (2\text{-}5)$$

由于产生的氟锆酸铵的溶解度较小，因此控制氟化物和锆的初始摩尔比为6.5～7.0。加入5.5 mol/L的氟化铵进行溶解为最佳条件。

锆或锆合金包壳在氟化铵和硝酸铵混合液中的溶解存在下列问题。首先，由于化学侵蚀作用不均匀，因此当包壳被溶解90%左右时，就开始侵蚀UO_2，所以去壳时有0.1%～0.2%的铀和0.03%～0.06%的钚损失到溶壳废液中。由于锆量较大，因此最后剩下的10%左右的包壳处理起来就比较困难，需要较长的溶解时间。第二个问题是每批料带入硝酸溶芯阶段的氟量达到1 000 mol左右，这就需要加入硝酸铝用以络合氟。造成这种夹带的原因可能是形成了$NH_4^+/Zr/OH^-/F^-$化合物。这个问题的解决办法是在溶解包壳和溶芯之间，增加一次碱洗操作，可以解决这个问题[5]。第三个问题是在去壳过程中产生NH_3，这可使废气过滤器就有可能被堵塞。这个问题可以用浓硝酸吸收NH_3，这样做只能部分地克服堵塞问题，然而又增加了废液量。

第二节　电解法去壳

美国萨凡那河厂和爱达荷化学处理厂采用杜邦公司研制的电解法[2]溶解不锈钢包壳、锆合金包壳、铝包壳等多种包壳材料。电解时阳极和阴极都用铌制作，阳极上镀有0.25 mm厚铂层以便防腐。待去壳的乏燃料元件装在三氧化二铝框架里，框架由铌筐支撑，铌筐放于阴极和阳极之间并和电极绝缘。面对阴极的燃料表面进行下列阳极溶解反应

$$Fe \longrightarrow Fe^{3+} + 3e^- \qquad (2\text{-}6)$$

当溶液中硝酸浓度高于2 mol/L时，阴极反应为

$$NO_3^- + 3H^+ + 2e^- \longrightarrow HNO_2 + H_2O \qquad (2\text{-}7)$$

从上式可见，这就抑制了氢气的逸出。

镀铂的阳极会发生逆反应，并逸出氧气

$$2H_2O \longrightarrow 4H^+ + O_2 + 4e^- \qquad (2\text{-}8)$$

由于铌筐表面形成一层导电的氧化物膜，所以抑制了铌筐的阳极腐蚀。

电解溶解法的优点是，适用性很广，除硝酸根外无其他阴离子，并且几乎不放出氢气。它的缺点是，在溶解液中含有壳材料的硝酸盐进入高放废液。

采用电解法溶解锆合金包壳时，大部分锆转变成二氧化锆，这可用过滤的方法去除。

第三节　机械法去壳

化学去壳法的严重缺点是，去壳时产生大量的强腐蚀性中放废液，对溶解设备和贮存设备腐蚀性大；去壳废液的处理和贮存费用较高，燃料损失量大，并且难以实现连续操作等。为解决这些问题，许多国家开发了机械脱壳技术，采用切断—浸取法。该方法的优点是，机械切割产生的废包壳的处理和贮存费用约为化学去壳法产生的废液的处理和贮存等费用的5%左右；切断—浸取法适用于各种尺寸和形状的燃料组件。

一、切割机的发展概况[6,22]

1962年，美国橡树岭国家实验室首先研制成功了一台250 t的液压卧式切割机，用于单根燃料元件的切割。后来美国西谷核燃料后处理厂，英国温茨凯尔后处理厂和德国卡尔斯鲁厄后处理中间工厂都应用过这种切割机。由于这种剪切机切割前要解体燃料组件，切除两端的端头，而且要把元件一根根地抽出来再送入剪切机。还有切割时产生的粉尘易污染热室和切割机械。为解决这些问题，1967年法国圣戈班新技术公司研制成功了切割成捆燃料组件的卧式切割机。此后，美国、日本、印度等国家都从法国进口切割机。

后来，法国圣戈班新技术公司又设计并应用了第三代切割机——立式剪切机。它主要是改变了进料方式。通常乏燃料是垂直贮存于水池中的，抓具将燃料组件垂直地送入剪切机，这就减少了将组件放平并水平推进的工序。该切割机的主要性能有：每分钟切割次数1～5次；切割长度20～150 mm（可以调节）；最大切割截面290 mm×290 mm；切割组件的最大长度6 m。阿格厂[7]应用的立式切割机最大剪切力为200 t。在立式切割机使用过程中出现了一些问题，比如曾发生过几次未经剪切的元件掉入溶解器的事故；旋转分料器的齿轮传动系统被切割时产生的氧化铀粉尘覆盖到一定数量时就被卡住了，这时就必须停产进行系统清理；刀架滚轮磨损严重，需要经常更换。虽然针对出现的问题对立式切割机也进行了一些改进，但是法国在UP3厂还是应用了改进后的卧式切割机，即所谓的第四代剪切机。法国的实际经验引起了广泛的注意，现在世界上绝大多数国家都采用了卧式切割机。

卧式切割机在使用过程中也暴露出一些问题，对此也都进行了改进和发展。例如日本东海后处理厂[8]针对设备在运行中出现的问题进行了改进和整治。原来的剪切系统有两个问题，一是燃料碎屑问题，二是远距离维修困难。

首先，关于燃料碎屑问题。由于剪切机原来的料仓尺寸太大，与日本的乏燃料不相匹配。当燃料组件在被切成小段棒料时，产生大量压碎的芯块和碎片（在此将它们统称为碎屑）。这些碎屑有一些留在剪切室和料仓中，经常妨碍剪切系统正常运行。特别是当碎屑塞进窄边镶条与料仓之间的间隙时，有时会阻止燃料组件进入剪切机。去除这些碎屑要消耗大量的时间，妨碍了正常操作。因此作了如下的改进和整治，如图2-1所示。(1)安装了一个U形镶套，消除了镶条与料仓之间的间隙，防止了碎屑进入其中。(2)在推进器头上装配了一个刮板，推进器每移动一次，刮板就能把燃料碎屑刮掉了。(3)在剪切机上和端头抽斗处都安装了水冲洗装置，能够及时冲走碎屑。

第二，关于远距离维修遇到的困难问题。原来为了适应不同形状的燃料要更换推进器头，

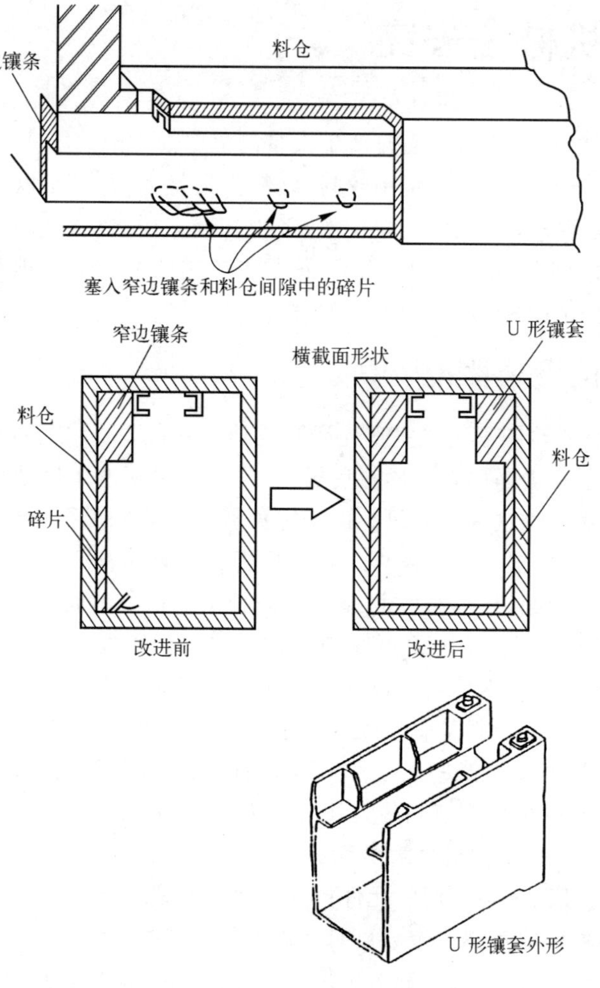

图 2-1　改进镶条防止碎片滞留

这时就需要把传动链室从剪切系统移开，这一操作需要较长时间。另外，原来是用螺栓连接伸缩杆和刀具拖板的，在每个生产周期都要进行拆、装，目的是清理燃料碎屑并更换刀具。为了减少维修时间和工作量，作了如下改进：(1)在刀具拖板和伸缩杆之间取消螺栓连接，改用销子连接，如图 2-2 所示[8]。(2)设计使用了可远距离更换的推进器头，因此不必移开传动链室，就能更换推进器头。

上述的改进在后来的生产操作中证明其效果是明显的。

1990 年以后，他们为提高剪切机的寿命，利用工厂生产的定期维修时间，从下列诸方面一直进行改造：减少剪切动作故障，提高远距离维修性能，以及提高运行操作性能等[9]。

为使剪切燃料时的剪切力分散，针对原来在刀刃处剪切力集中的问题，决定变更各刀的宽度和前后刀刃的间距，在 5 台阶的阶梯刀上设先行刀，成为 6 台阶刀。这样使作用在各刀的剪切力均匀分配，使剪切时的最大载荷降低 30％，从而延长了使用寿命。如图 2-3 所示[9]。

原来剪切时作用于刀架小车上的载荷通过加长杆原封不变地作用在轴承上，加速了轴承

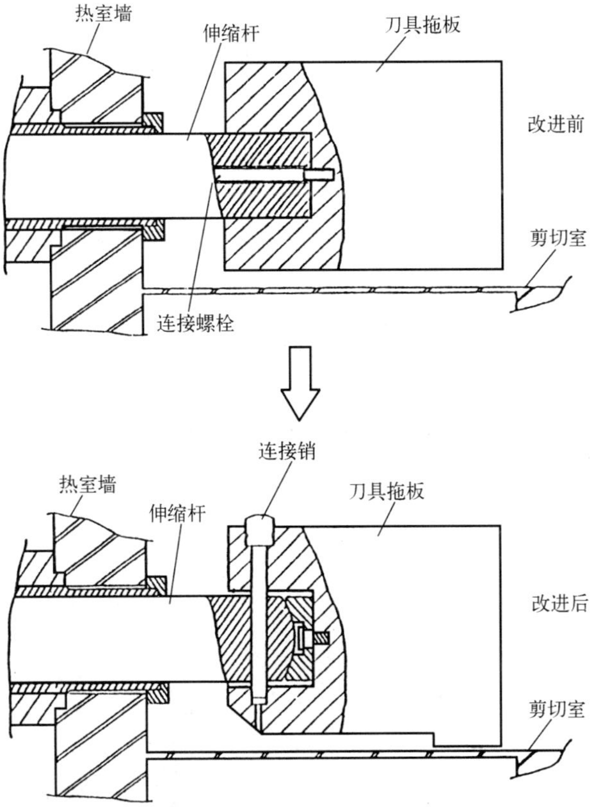

图 2-2　伸缩杆和刀具拖板连接方式的改进

的磨损。这也是连接螺栓变形、咬死的原因。改进措施是，在加长杆插入刀架小车的部位设了游隙、安装了球座，如图 2-4 所示[9]。这样比过去作用于轴承上的载荷减小了一半。

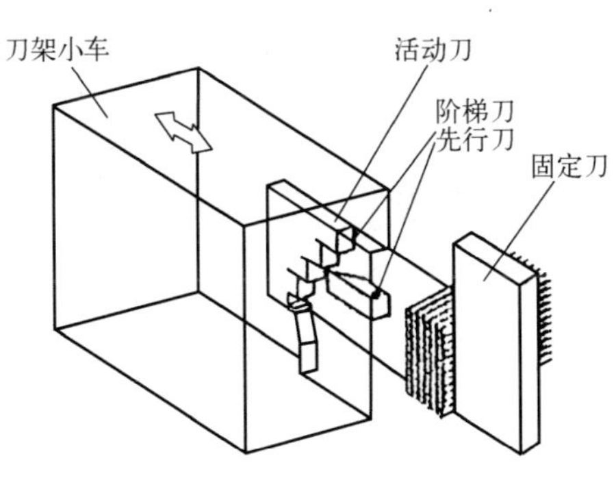

图 2-3　剪切刀的形状

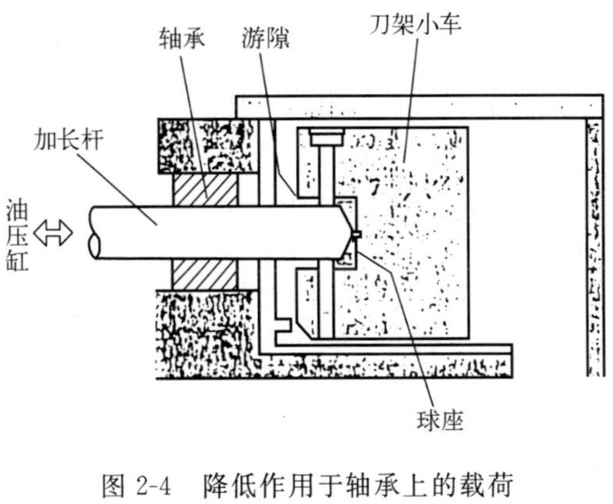

图 2-4　降低作用于轴承上的载荷

原来使用的剪切刀切割 40～50 t 燃料之后就发生了磨损和缺口。后来将合金工具钢改为在特种高速工具钢上喷涂耐磨氮化钛涂层并进行表面处理。这样改进后可处理 170～180 t 燃料。

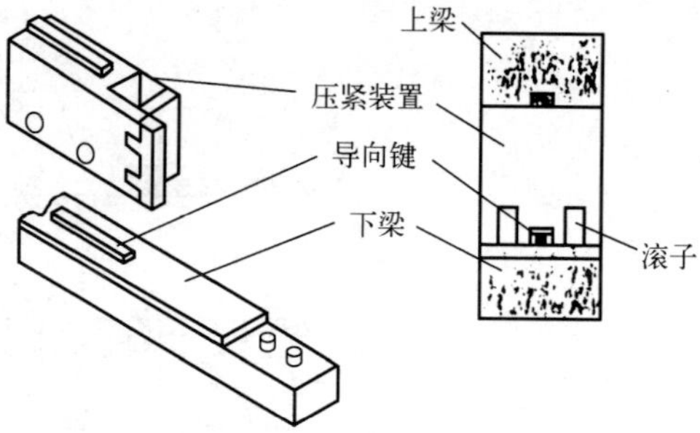

图 2-5　压紧装置的导向方法

原来的压紧装置是由设在上梁和下梁之间的导向槽进行导向而实现往复的压紧与松开。由于在下梁的导向槽里积累切碎的燃料碎末，使压紧装置不能正常地工作。后来把下梁的导向槽反过来改成突出构件——导向键，如图 2-5 所示[9]。这样就消除了该动作故障。

日本东海后处理厂为了提高远距离的维修性能，提高运行操作的主动性进行了一系列改进。例如，在剪切机机体和机盖的检查孔安装了三处电视摄像机可以详细观察剪切时的状况。这样就提高了操作的主动性和运行的安全性[9]。

日本东海后处理厂剪切机简图和剪切机内部的部件组成图分别如图 2-6[8] 和图 2-7 所示[9]。

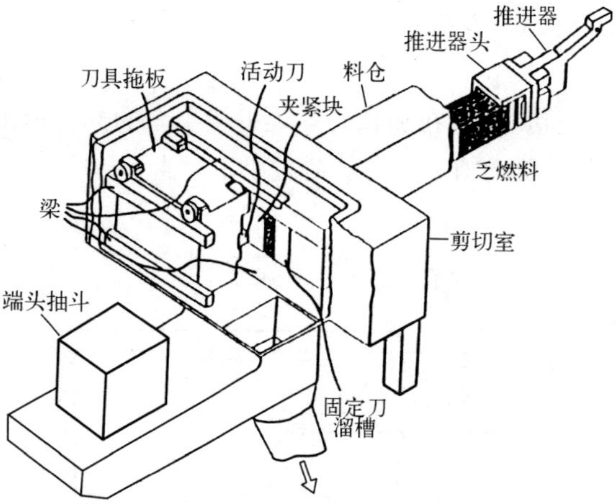

图 2-6　剪切机简图

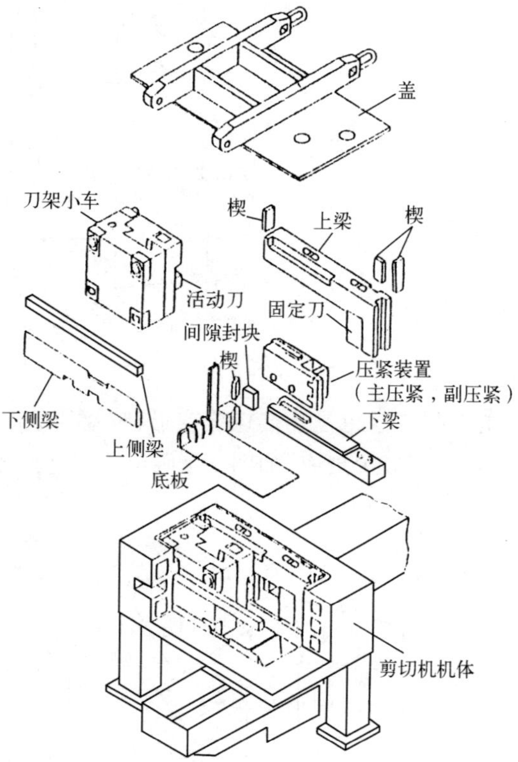

图 2-7　剪切机内的部件组成图

1973 年之前，英国核燃料有限公司[10]进行氧化物燃料后处理的首端车间采用刀具水平方向运行的剪切机，由于有碎屑滞留，使得有磨蚀作用的物料转移到轴承表面上，增加了冲洗去污操作。为了克服上述问题，进而设计应用了刀具垂直进退、燃料组件水平送进的剪切机。单台剪切力为 400 t，配有三套剪切单元。剪切单元可以遥控拆装和维修，这样可提高剪切机的利用率和工厂的开工率。

剪切单元由下列一些部件组成，如图 2-8 所示。(1)镶有固定刀片(副片)的压紧垫块，这里采用的是V形压紧垫块，它的优点是通用性强，可以接受多种形状及尺寸的燃料元件。(2)主刀片为活动刀片，它是可以更换的插件。(3)两根动刀导向柱，其水平位置是可以调节的，通过调节导向柱的位置，可以设定固定刀与活动刀之间的间隙。(4)压紧块的外压板起到初始压缩作用(副压紧)，内压板紧靠着切刀起主压紧作用，在进刀和退刀时均保持其压紧力。(5)盖板及冲洗装置。剪切单元上的盖板除了可防止剪切时产生的燃料粉末外泄进到热室之外，其上安装有供水管和喷嘴，以便清洗剪切部件上的粉尘。

英国热堆氧化物燃料后处理厂(THORP厂)备有三套剪切单元，可互为备用。对于更换磨损部件采用桅杆式专用工具从剪切机中将剪切单元拉出，然后送到维修区的三个维修站去拆装，以上操作都是远距离实现的。

英国THORP厂为了适应大截面的压水堆燃料组件，小截面的沸水堆燃料组件，以及由容器装载的改进型气冷堆燃料棒的剪切需要，配备了三套不同的压紧部件。这些压紧部件的更换和维修都是远距离操纵的。

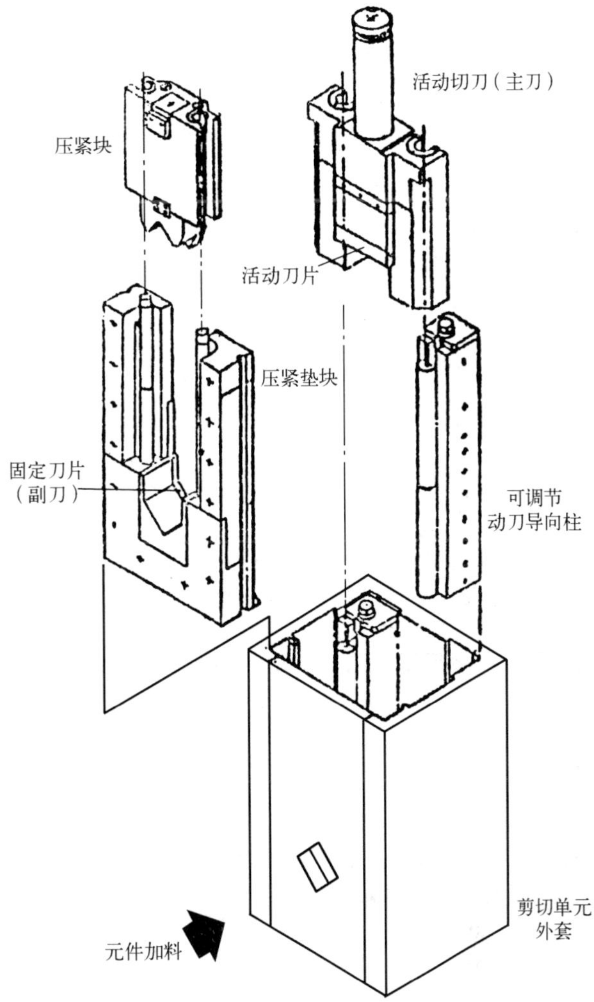

图2-8 剪切单元分部件

经过各国不断的改进，现在的切割机已适用于各种类型乏燃料组件的多用途切割机。现在的切割机已改进成一套可拆装的组合件，这样不但避免了维修方面的困难，而且通过部件拆装还可适应不同形状燃料组件的切割。

二、切割前的准备

在乏燃料组件剪切过程中，首先做好剪切前的准备工作是很重要的。它是实现有序切割的基础。各国动力堆乏燃料后处理厂的准备工作是大同小异的，各自的工艺路线也不尽相同。法国的UP3厂和日本的六个所后处理厂是用吊车把贮存水池中的盛乏燃料的吊篮装到吊篮运输车上，再运送到送料热室的下方，送料热室中的翻转机从吊篮中将燃料组件抓出并提升起来，将组件翻转到水平状态送入水平料仓，然后由推料装置将组件推向剪切机[11]。而日本的东海后处理厂就采用下述步骤，用提升机从贮存水池中把燃料组件提升送入机械处理热室，再用桥式抓取机将组件转送到装料台上，装料台上的运输小车把燃料送入水平料仓。料仓室关闭后，传动链室中的推进器将燃料组件推入剪切机[10]。

美国[12]、英国[13]和俄罗斯[16]在机械切割之前的准备工作上与法国和日本的后处理厂不太相同。例如，英国塞拉菲尔德后处理厂[10]，将镁诺克斯乏燃料组件运到进料水池中将其解体，将燃料束装入不锈钢套筒内，由升降滑车将该不锈钢套筒送入加料站，加料推杆将其推入干式剪切热室中的加料仓内。加料仓共有两个，位于剪切热室内的料仓转台上。当一个料仓中的燃料组件被剪切完毕后，转台就旋转一次，第二个料仓中的组件处于被剪切的位置[15]，如图 2-9 所示。

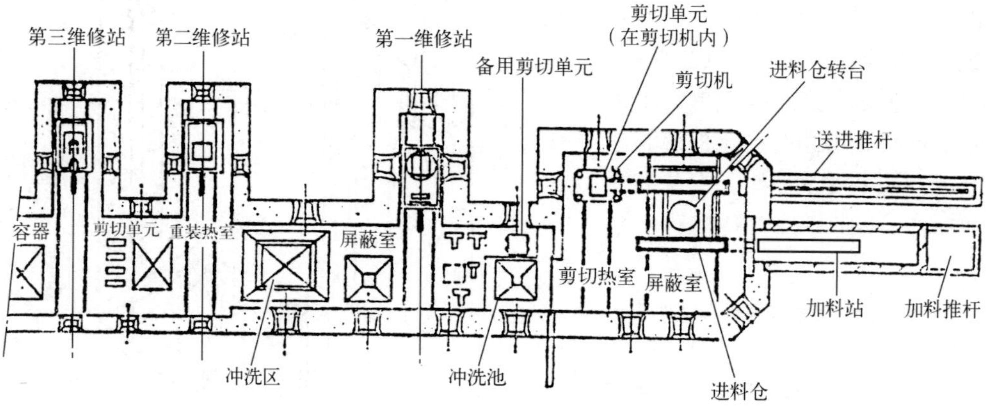

图 2-9　剪切热室及剪切单元维修热室

从上述可见，在切割前的准备工作中，提升机、升降滑车、准备热室或者机械处理热室、抓取机、推杆与进料仓、翻转机和剪切热室等都是做准备工作的重要设备和设施。下面简要介绍翻转机。翻转机除了法国的 UP3 厂和日本的六个所后处理厂应用外[11]。俄罗斯的 RT-1 后处理厂也应用翻转机[14]。日本六个所后处理厂的翻转机的作用是把乏燃料组件从吊篮中一组一组地抓上来，翻转到水平位置，把燃料送入料仓，如图 2-10 所示[8]。该翻转机重约 1.4 t，为焊接结构。为了提高燃料组件输送过程中的抗震可靠性，在组件导向管部分增加了导向柱。这是六个所厂采取的改进措施之一。

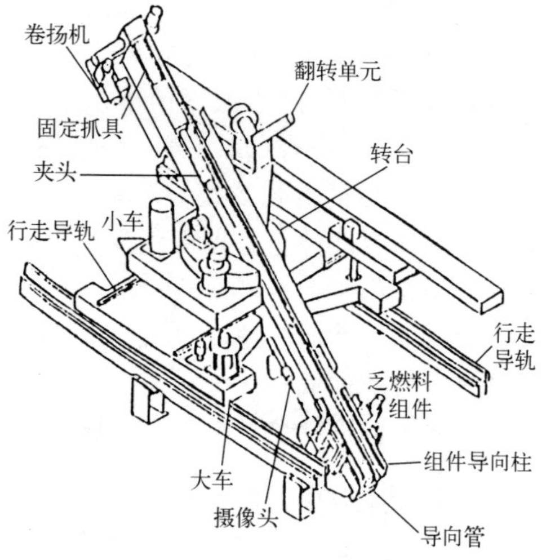

图 2-10　翻转机全视图

三、切割端头和燃料组件

首先要把组件两个端头切掉。目前有两种做法。一是美国和俄罗斯的一些后处理厂在水下用锯刀切割端头。二是法国和日本等国家的一些后处理厂，在惰性气氛下用剪切机首先切割端头，接着切割燃料。端头和燃料的切割工作由同一台剪切机完成。

俄罗斯燃料组件端头是在水下用锯刀切除的[15]，如图 2-11 所示。切割在水下进行是为了防止锯盘负重载而变形。切割工作在水中进行不产生火星，噪声也很小，气溶胶量比在空气中少得多。

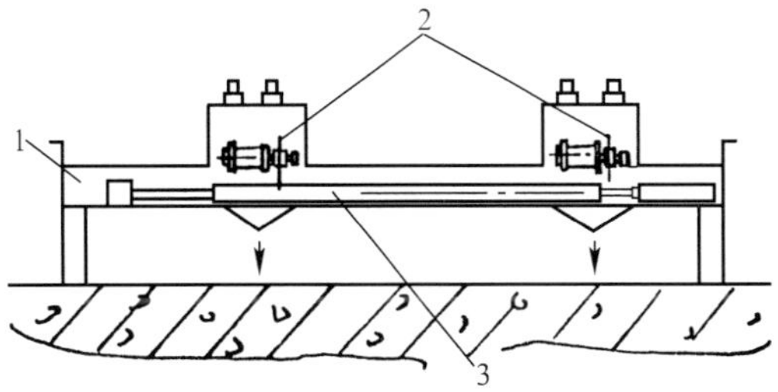

图 2-11 端体切割机

1—水池；2—切割锯；3—燃料组件

美国埃克松核燃料回收和再循环中心专门设计了端头切除站[12]。在端头切除站，燃料组件平放在水槽内，用端头夹钳将组件夹住并紧固牢，然后用砂轮锯刀锯下端头[17]。水槽中的水用以冷却燃料组件并捕集锯下端头时产生的碎屑，同时还有避免锆屑着火的危险。美国西谷后处理厂使用能做横向和纵向运行的锯刀切割燃料元件的端头[18]。

文献[14]报道，俄罗斯 RT-1 后处理厂用电接触式圆盘锯切割端头。把燃料组件和锯刀作为两个电极，当两者接近时就放电，使组件的金属熔化而被切断。用两台圆盘锯可同时将两个端头切掉。这种切割是在水下进行，可以防止气体和气溶胶逸出。

法国的 UP3 厂、日本的六个所后处理厂和东海后处理厂[8,11,19,20]应用的剪切机如图 2-6 和图 2-12 所示[11]。由图可见，该剪切机设有端头切刀。它装在刀具夹持拖板的前端。端头切刀还具有将切下的端头引入端头溜槽的功能。端头通过溜槽进入端头清洗系统。该系统由两个清洗槽组成，两槽之间用运输通道连通。第一个槽用热酸清洗，第二个槽用冷水清洗。每个槽都配备有一个开口吊篮及相关的操作系统。经过清洗后将端头排入废物桶里。端头清洗器如图 2-13 所示[20]。

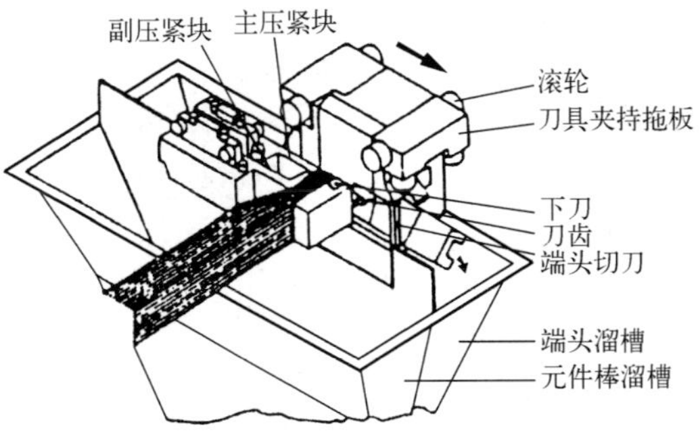

图 2-12 剪切机

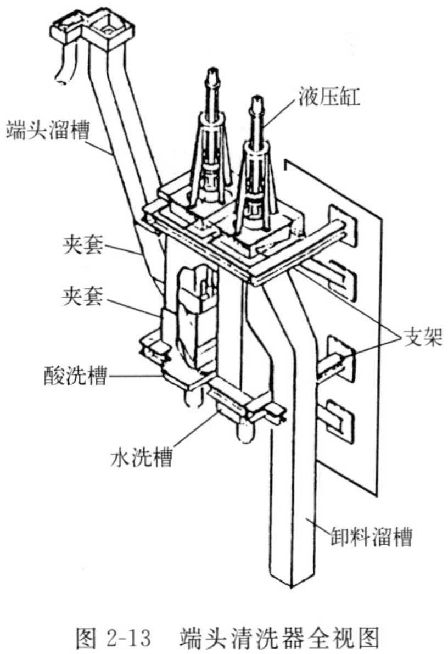

图 2-13 端头清洗器全视图

美国埃克松[12]用卧式吊具将切除了端头的燃料组件送入供料仓，然后由推料装置将燃料组件推进到由液压驱动的剪切机中，钳口夹具和固定刀片将组件卡牢，按照事先规定好的尺寸将燃料元件切割成小段。在剪切时要用惰性气体(氮气)吹洗剪切系统密闭室,防止锆粉粒着火。燃料元件剪切过程中释放出来的气体裂变产物要排入溶解器排气系统中去,随后进行处理和净化(这将在后续章节阐述)。剪切下来的燃料块,在重力的作用下,通过对粉尘是密封的斜槽与气闸进入燃料块冷却-收集桶里。该冷却-收集桶为卧式圆柱形转桶,长为 3.66 m,直径为 1.07 m,外围是冷却水套,筒内装有螺旋输送器,最多可以容纳燃料块数量约为 2 t。螺旋输送器按规定的速度旋转,将燃料块经过对粉尘密封的连接斜槽与气闸送入溶解器的吊篮里。然后用浓硝酸溶芯,将燃料从外壳中溶出(这将在第三章介绍)。俄罗斯 RT-1 后处理厂把切掉端头的燃料组件从水下端头切割机中取出,经过干燥后,用机械手送到批式操作的剪切机去剪切。燃料组件先被水平压平。剪切机是液压传动操作的,用两把三角形的垂直刀剪切组件。燃料组件被切成 30 mm 的小段。剪切操作是在 45～70 ℃的空气中进行的。被切碎的燃料小段、氧化铀粉末和结构材料碎块,通过一个特制的筛子和加料管进入批式操作的环形溶解器。在溶解器中用浓硝酸溶解二氧化铀。溶解结束后,抽出溶解料液。包壳、结构材料碎块和不溶性残渣经过清洗后,用气动脉冲法把它们从溶解器中卸出,随后用气动输送法输送出去做掩埋处置[14]。

英国塞拉菲尔德后处理厂[10]指出,在燃料组件剪切过程中要控制通风气流始终朝向溶解器,并且安装了冲洗系统,有效地防止了燃料粉尘的转移。

法国 UP3 厂和日本六个所后处理厂、UP2-800 后处理厂[8,11,19,20]使用多齿的棒束切刀剪切燃料组件,参阅图2-12。使用多齿刀能使剪切力平缓,被切下的 35 mm 长的燃料小段由导向板导入燃料溜槽再落入分配器。通过分配器将燃料小段装入溶解器中。当溶解器被装满后就用浓硝酸溶芯。UP3 厂和六个所后处理厂采用的是连续回转式溶解器。从溶解器排出的废包壳落入连续清洗器(见图 2-14[20])中。在包壳清洗器中用水清洗,经监测合格后,将废壳排入废物桶。

废包壳清洗器为一圆筒形容器,废包壳出口溜槽的末端浸入其中,从而形成液封,起到防止溶解尾气外泄的作用。在该清洗器内壁上有螺旋形滑道。该清洗器在驱动装置的牵引下,容器绕垂直轴线作往复旋转运动。废包壳在惯性力作用下沿着螺旋形滑道上升至其排出口,被排入废物桶中。

综上所述可见,用硝酸将燃料溶解出来,经过清洗并监测合格后,从溶解器中排出废包壳的方法有两种,一种是批式排出法,第二种是连续排出法。

用批式排出法又有两种不同的排出方式,一种是用吊篮装载乏燃料块的时候,溶芯完毕后,将吊篮中的废包壳倒入废物桶。第二种方式是俄罗斯后处理厂应用的方法[16]。不锈钢和锆包壳是借助于喷嘴喷入的 1.52～2.03 MPa 的压缩空气或氮气从溶解器底部吹出来,装入废包壳桶。

第二种方法就是上面介绍的法国和日本等国家的后处理厂利用的连续回转式溶解器,连续的溶解乏燃料,连续排出废包壳。

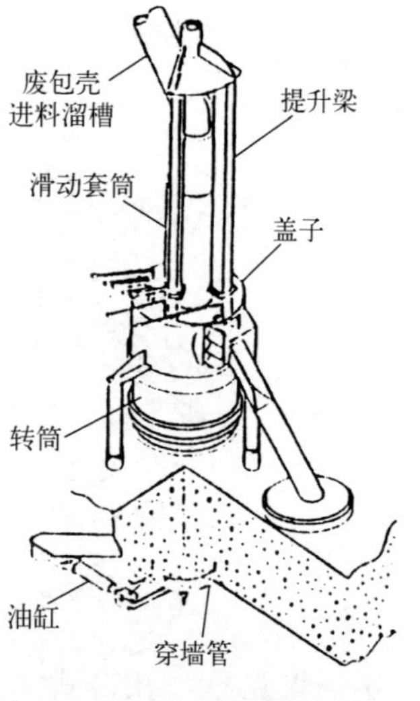

图 2-14　清洗器

第四节 废包壳的处理与处置

废包壳是乏燃料在切割—浸取过程中产生的固体废物。其中包括轻水堆乏燃料的锆包壳、快堆的不锈钢包壳,以及端头、格架等辅助部件。

由于包壳在反应堆内经过辐照而使材料活化,再加之在溶芯过程有很少量(例如 0.1%)的未溶燃料(含铀、钚和裂变产物)在其中,所以使废包壳有很强的放射性活度。又由于锆屑能自燃,所以还存在着火灾的危险。因此各国后处理厂对废包壳的处理和处置极为重视。欧洲共同体对乏燃料的包壳特性进行了大量研究和测试工作。

据报道一座年处理 500 t 轻水堆乏燃料的后处理厂,每年产生的废包壳量如表 2-2 所示[22]。

表 2-2　500 t/a 后处理厂产生的废包壳量

堆　型	压水堆(PWR)	沸水堆(BWR)
处理燃料芯	350 tU/a	150 tU/a
燃料组件数	657 组/a	811 组/a
包壳和结构材料	130 t/a	48 t/a
上下端头部件	18.4 t/a	4.9 t/a

对于燃耗为 33 000 MW·d/tU 的轻水堆燃料,粒度在 1 μm 到几十毫米的锆合金碎屑量为 3.5 kg/tU。

废包壳的总 α 放射性活度是在包壳全部溶解后进行测定的,结果如表 2-3 所示[22]。

表 2-3　包壳的 α 放射性活度

包壳材质	反应堆名称	$^{239}Pu+^{240}Pu$ 放射性活度/($\times 10^7$ Bq/m² 包壳)	总 α 放射性活度/($\times 10^7$ Bq/m² 包壳)
Zr-2	KRB	4.07	6.33
Zr-2	SGHWR	2.22	7.03
Zr-4	KWO	5.55	18.87
Zr-4	$KWO_{(2)}$	4.44	20.35
Zr-4	$KWO_{(3)}$	12.95	63.27
不锈钢	SCOF	18.5	—

研究得出,包壳的总 α 放射性活度相当于包壳上残余了 0.1%的未溶解的燃料。

德国卡尔斯鲁厄核研究中心对压水堆和沸水堆乏燃料进行的氚含量及其行为的研究得出

的结果，在压水堆中63%的氚滞留在锆包壳内，37%在燃料中；在沸水堆乏燃料中，包壳和燃料中的氚含量几乎各占50%[22]。

国外把轻水堆燃料包壳归类于固体超铀废物。欧洲共同体国家研究了四种包壳处理方法。第一种是水泥固化，将分类后的废包壳通过一个振动斜槽送入碾压装置，将压缩后的废包壳装入金属容器中，然后向容器里注入水泥并进行振荡，形成水泥固化块。这是法国UP3厂和英国THORP厂后处理实际应用的废包壳处理方法。另外，法国还建造了用压实法来减小废物体积的装置。其他还有玻璃固化，将压缩的包壳掺入铝合金中；用电炉熔化废包壳并且同低熔点合金共熔。这几种方法尚处于试验研究阶段。

1994年，法国、日本、德国和瑞士已批准了废包壳、端头水泥固化体的技术规范[23]。

各国核燃料后处理厂都根据本国的法规和实际情况对废包壳进行不同的处理。俄罗斯的RT-1后处理厂[14]、美国西谷后处理厂[18]都是使用特制的容器将废包壳封装好，掩埋在废物处置场。美国巴威尔厂[6]的包壳容器是由钢筋混凝土制成的。盖子是用33 mm厚的碳钢做的，盖子与容器之间采用橡胶石棉作垫片。该圆桶形容器壁厚102 mm，底厚152 mm。容器上口边缘浇入12个直径为12.7 mm的螺栓，用以同盖子连接。该废包壳容器具有一定的耐腐蚀能力，为了长期安全贮存，装满废包壳的容器还要装入防护容器中，然后才能送到地下废物贮存区贮存。防护容器内径为1.2 m，高3.66 m，周围的铝防护层厚为140 mm。废物贮存区在建筑时采取了防止地下水和雨水侵蚀的措施，为了防止人员误入，地下贮存区筑有围墙，并加派警卫。美国中西部后处理厂和埃克松公司的方法基本相同。埃克松是把废包壳装在高3.05 m，直径0.9 m的贮存容器中。包壳贮存容器内充水将包壳淹没，防止锆粉燃烧并起到将热量传导到容器壁上的作用。然后将该容器封闭送往乏燃料贮存水池贮存[10]。

英国温茨凯尔氧化物燃料后处理厂将不锈钢废包壳送到设备室下面的地下室里贮存，锆合金废包壳放入水下贮存[21]。唐瑞厂的废包壳送到高放废物地下室贮存[13]。

法国UP3厂[10]和德国卡尔斯鲁厄后处理厂[6]将废包壳装到不锈钢废物桶里，在热室里用水泥固化。水泥固化后的含废锆包壳的容器在废物贮藏室贮存一段时间后，放入岩盐矿垂直孔穴里。这是一种安全可靠的最终处置方法[22]。

根据法国的统计，每处理1 t轻水堆铀燃料约产生30 kg的端头和290 kg的废包壳。经水泥固化后得到600 L适于最终处置的废物[24]。

法国为了大大减少去最终处置的废物体积，开展了将废包壳和端头压实的试验研究工作。在200 MPa压力下，达到65%的理论密度，体积减少75%。再增加压力到400 MPa，可达到理论值的80%。而且发现，包壳中混有端头对总的压实率没有什么影响。

为了使后处理1 t铀只产生约150 L最终处置的废物，进行了1∶1规模的冷试验，并在德国卡尔斯鲁厄的热室中，两国合作进行了缩小体积的热试验。为了同UP2-800和UP3配套，法国设计了相当于每年处理1 600 t乏燃料的包壳压实装置。该装置分为四个工作站：(1)待压废物装料站；(2)加压站；(3)脱模和装桶站；(4)加压套维修站。如图2-15和图2-16所示[24]。

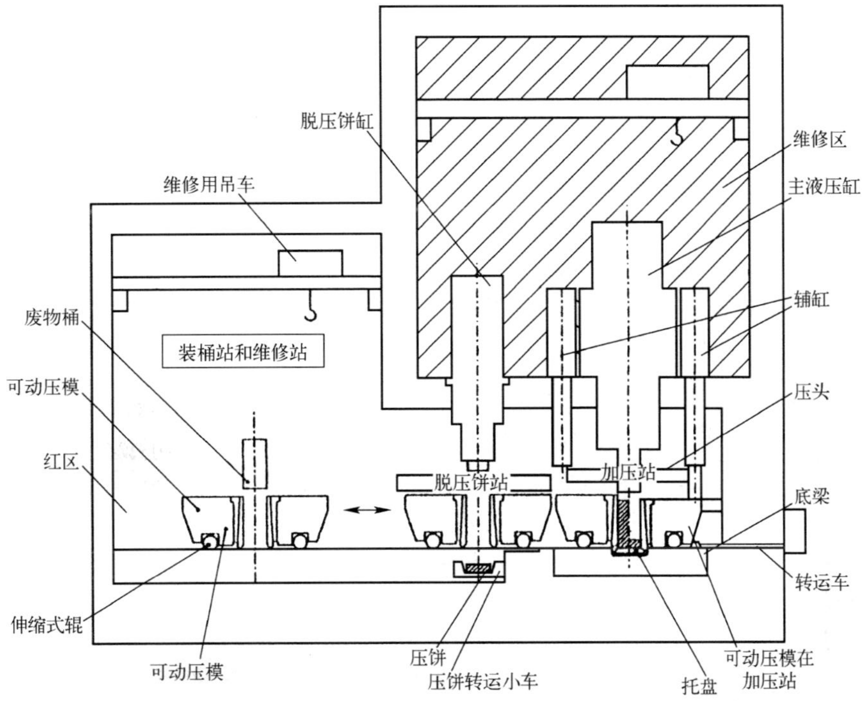

图 2-15　核用超级压机示意图

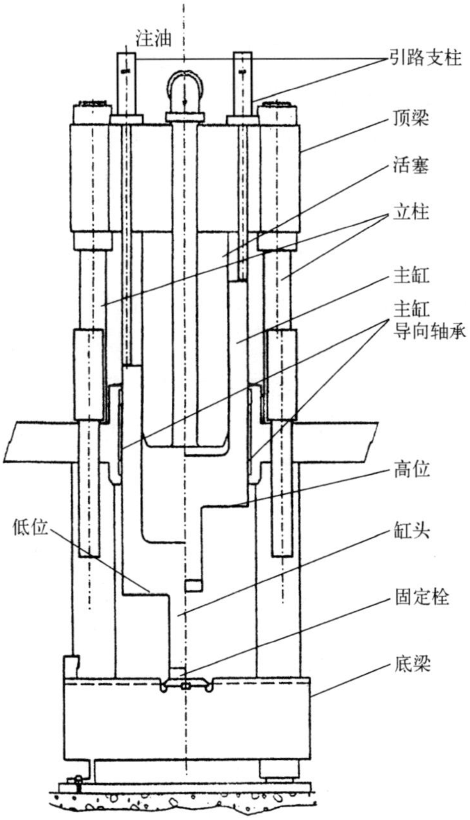

图 2-16　压机详图

第五节　乏燃料的激光切割及氧化挥发法预处理

上面阐述了广泛为工业规模生产实际应用的化学去壳法和机械去壳法。下面简单介绍一下许多国家正在研究的乏燃料的激光切割及氧化挥发法预处理技术[25]。

英国、法国、美国和俄罗斯正在研究利用激光束切割乏燃料组件的装置。装置示意图如图2-17所示[25]。英国唐瑞厂利用激光束切割快中子堆燃料元件的尾端，并且可以横向或纵向切开燃料组件的包壳，将燃料棒取出后，再将其余的构件切割成小块装入贮存容器。

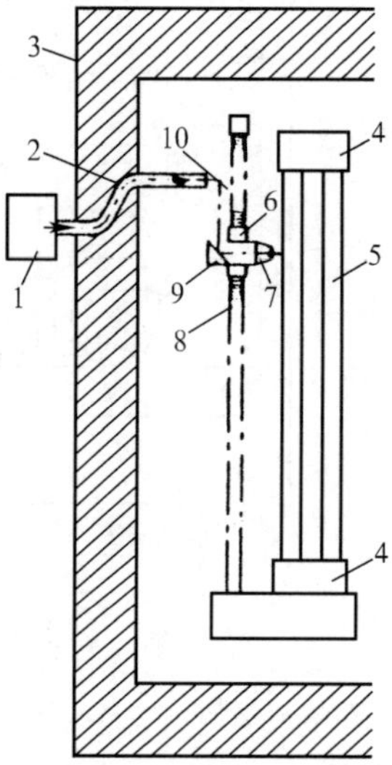

图 2-17　激光切割燃料组件的装置示意图

1—电机；2—导线；3—阀门；4—固定和旋转组件的装置；5—燃料组件；6，8—移动聚焦装置的器具；7—聚焦装置；9—移动镜；10—固定镜

用功率为400 W的激光器试验表明，可以纵向或横向切开厚为3.25 mm的包壳，切割速度为0.5 m/min，并且对于紧挨近外壳的燃料棒没有什么大的影响。

俄罗斯实验结果证明了激光切割法的原则可能性。一定能量的激光束可在0.5～1.0 s内切割单根VVER堆的燃料元件，切口宽度为0.8～0.9 mm。采用激光切割法造成燃料损失量、溶解速率、不溶性残渣的数量和损失于残渣中的铀和钚的量同机械去壳法的指标接近，处于允许的水平之内。

激光切割法的优点是，它不需要遥控操作与维修的复杂的设备。但是，主要的问题是要把激光束引入活性区，能实现光束的完善的传输、聚焦和定位，具备长时间连续稳定工作的激光装置，尚需要做许多工作[25]。

随着动力堆燃料元件燃耗的加深，在燃料元件中积累了大量气体放射性产物，主要是氚、碘和氪，它们对生物有严重的危害。在溶解过程中，这几种产物大部分逸出被气流带走。还有一部分留在溶液中，然后会散布到后处理的过程和产品中，其中氚的危害最甚。因此，在将乏燃料溶解之前，采取措施将大部分放射性气体分离出来，并将它们收集贮存起来。为此，美国、俄罗斯、日本和德国等国家开展了名为氧化挥发法的燃料预处理流程的研究。

俄罗斯在实验装置上验证氧化挥发流程，将40～50 mm长的燃料块在氧气气氛中加热到420～460 ℃；加热时间为6～8 h。这时约有99.5%的氚以HTO形式进入气相。进入气相的Kr为40%～70%，^{129}I为25%～40%，约有90%的Ru以RuO_4的形式升华。

在气体产物逸出，以及UO_2转变为U_3O_8时，这时燃料颗粒的表面积增加，总体积可提高30%左右，将包壳胀裂，燃料变得松散，有利于燃料元件的溶解[25]。

该流程需要解决的主要问题是设备腐蚀问题。

参考文献

1 核燃料后处理工艺编写组编.核燃料后处理工艺.北京:原子能出版社.1978
2 汪德熙,王方定等译.核化学工程.北京:原子能出版社.1988
3 Recent Eurochemic Reprocessing Experience. CONF-681101.275～287
4 DP-566(核化 1041)
5 A/CONF.49/P/028
6 核工业部第二研究设计院,核工业部科学技术情报研究所.动力堆乏燃料后处理资料汇编.1988.10
7 A/CONF.49/P/601
8 RECOD'91. 1 128～1 133
9 乏燃料管理及后处理.1995.No.5
10 RECOD'87. 533～540
11 RECOD'91. 95～99
12 核工业第二研究设计院等编.埃克松核燃料回收和再循环中心初步安全分析报告,1991
13 A/CONF.49/P/491
14 RECOD'91. 44～48
15 李庆芳等译.乏燃料后处理新进展.北京:原子能出版社.1990
16 A/CONF.49/P/435
17 Nuclear Technology. Vol.43, Mid-Apr.194～202
18 Nuclear Engineering-Part XX, Chemical Engineering Progress Symposium Series, Vol.65, No.04, 53～60
19 蒋云清主编.乏燃料后处理最新进展.核科学技术情报研究所,1992
20 RECOD'91. 141～145
21 A/CONF.49/P/492
22 核科学技术情报研究所等编.动力堆乏燃料后处理综合调研报告.1991
23 核科学技术情报研究所等编.放射性废物管理及核设施退役.1996
24 蒋云清主编.乏燃料后处理'94.核科学技术情报所,1995
25 黄昌泰,李光鸿,魏连生译.核电站燃料后处理(第二版).北京:原子能出版社.1996

第三章　溶解燃料芯

本章主要论述乏燃料元件中金属铀、氧化铀、铀钚混合氧化物、铀铝、铀钼燃料芯的溶解机理，影响溶解(浸取)的主要因素。介绍从溶解尾气中回收氮氧化物，复用硝酸的机理、主要装置及状况。介绍溶解尾气的净化方法和从中除去碘，氚，^{14}C，Ru 及 ^{85}Kr 的措施。阐述几种溶解器的性能、结构及运行状况。

第一节　溶解金属铀芯[1,2]

溶解金属铀芯，使燃料芯中的铀和钚完全溶解于硝酸水溶液；使铀、钚和裂变产物转变为有利于分离的化学形态。

一、溶解金属铀芯的化学原理

金属铀的化学性质很活泼。金属铀芯溶解于硝酸的反应，实质是氧化还原反应。金属铀被氧化为六价态，生成 $UO_2(NO_3)_2 \cdot 6H_2O$，而硝酸被分解还原，五价的氮转变为二价的 NO 和四价的 NO_2 放出。

在间歇式溶解过程中，硝酸溶解金属铀芯可分为三个阶段。

第一阶段。刚加入硝酸时，通常初始酸度为 50%(质量分数)(10.4 mol/L) 左右，溶解器的自由空间充满空气，溶液尚未沸腾，这时的主要化学反应为

$$U+8HNO_3 \longrightarrow UO_2(NO_3)_2+6NO_2+4H_2O \tag{3-1}$$

这时，溶解 1 mol 铀要消耗 8 mol 硝酸，由于反应产生了大量的气体，从而使排气量产生一个陡峰。排气峰通常在 85～95 ℃时出现。溶解反应开始 1 h 左右排出的气体量约为溶解过程平均排气量的 5～6 倍。

硝酸溶解铀的反应为放热反应，每 1 mol 铀与硝酸反应释放出近于 1.26 MJ 的热量。所以采用外加热溶解时，当溶液的温度升高到 85 ℃左右时就应停止供热，靠铀酸反应放热可使溶液逐渐升温达沸腾(100～105 ℃)。这时排气量显著下降，溶液中硝酸浓度下降到 45%(质量分数)以下，反应进入第二阶段。

第二阶段。这个阶段硝酸的浓度在 25%～45%(质量分数)之间，铀酸除了按式(3-1)继续进行反应外，同时还按下式进行反应

$$U+4HNO_3 \longrightarrow UO_2(NO_3)_2+2NO+2H_2O \tag{3-2}$$

同时，部分二氧化氮气体在冷凝器中与冷凝水发生反应

$$6NO_2+3H_2O \longrightarrow 3HNO_3+3HNO_2 \tag{3-3}$$

此时生成的亚硝酸又按下式分解

$$3HNO_2 \xrightarrow{\triangle} 1.5NO + 1.5NO_2 + 1.5H_2O \tag{3-4}$$

在这个阶段里，按式(3-3)回收的硝酸返回溶解器，使得实际酸耗显著降低。由于铀的不断溶解，溶液中硝酸浓度下降，铀的溶解速率变缓。当溶液中硝酸质量分数低于25%时，铀芯的溶解进入第三阶段。

第三阶段。铀的溶解主要按着式(3-2)进行，产生的气体主要是一氧化氮。这时的酸耗就有两种情况。一是，如果溶解过程中不通入空气或氧气，一氧化氮不被氧化为二氧化氮，氮氧化物不能被回收复用，这时溶解1 mol铀需要4 mol HNO_3。二是，在溶芯过程中不断地通入空气或氧气，使一氧化氮被氧化为二氧化氮，被回收的硝酸返回溶解器，约有2 mol HNO_3返回溶解器重新参加溶芯反应。所以溶解1 mol铀净耗硝酸2 mol。当然这是一种理想状态，实际上此时消耗的硝酸为3 mol左右。

硝酸溶解铀芯的三个阶段是依据生产条件和溶解状态人为划分的。实质上整个溶芯过程是连续的，如图3-1所示[1,2]。

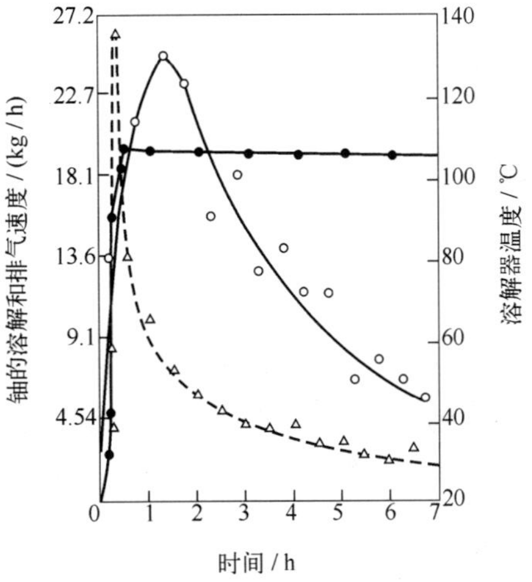

图3-1　溶芯过程中铀的溶解速度和排气速度的变化

平板元件；酸度10.4 mol/L；温度105 ℃；装料161.5 kg

●—溶解器温度；○—溶解速度；△—排气速度

在生产堆的铀芯中，钚的分布是不均匀的，它大多集中于元件表面附近。铀被溶解时，在溶液中大部分呈六价态，很少一部分呈四价态。正如上述，在硝酸溶解金属铀时，有亚硝酸生成，同时硝酸本身也是一种氧化剂。所以钚溶于硝酸时，绝大部分被氧化为四价态，主要是以简单的四价钚离子形式[如Pu^{4+}或$Pu(NO_3)_4$]存在于溶液中。

对于生产堆和低燃耗的生产-发电两用堆燃料元件，在溶芯过程中，只有微量的裂变产物不被溶解。挥发性的裂变产物，如^{85}Kr，^{133}Xe，^{129}I，^{131}I和^{3}H以及高价态^{106}Ru等，在溶芯过程中以不同的量排入溶解尾气中。

二、影响溶芯的主要因素

用硝酸溶解铀芯时，要求做到：溶解速度适中、酸耗较低、反应平稳、操作安全。

1. 铀芯溶解速度

这里提出的要求是溶解速度要适中。此处所谓的适中，首先要求溶解速度不能太快。如果溶解速度很快，就可能使得溶解排气峰值过高，如果处理尾气的能力不足，排气不畅，或者由于处理及操作不当，就有可能使溶解器呈正压状态，可能造成设备室或热室，以及溶解系统被污染。当然溶解速度也不能过低，太低就会影响工厂的生产能力。要求溶解速度适中就是要求溶解速度同工厂的生产能力相匹配。

那么,哪些因素影响溶芯速度呢?从式(3-1),(3-2)和表3-1可见,铀芯在硝酸溶液中的溶解速度是随着初始酸度的提高而增大的。深入的研究发现,在用较高的起始硝酸浓度时,溶解曲线的最后斜率较大,因而不能只认为和硝酸的浓度有关,似乎更直接地和总的硝酸根的浓度有关,如图3-2所示[2]。这也解释了溶液中硝酸铀酰浓度对溶解速度的影响。

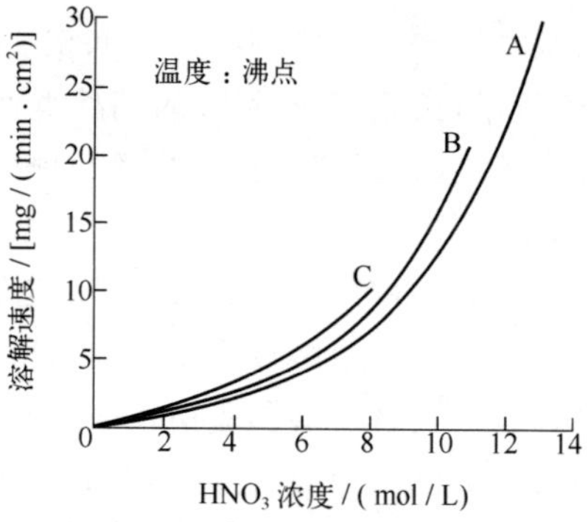

图3-2 $UO_2(NO_3)_2$ 及 HNO_3 浓度与铀溶解速度的关系
$UO_2(NO_3)_2$ 浓度:A—0.0 mol/L;B—0.5 mol/L;C—1.0 mol/L

表3-1 初始酸度对铀溶解速度的影响[2]

硝酸浓度/(mol/L)		加入的元件/kg			被溶解的铀/kg	平均溶解速度/(kg/h)
初始	终了	留底	初加入	共计		
10.3	1.1	40.4	127.6	168	82.2	10.45
6.44	0.14	38.5	135.7	174.2	81.8	6.54

铀芯被硝酸溶液溶解,是属于固液相之间的化学反应。铀的溶解速度与硝酸浓度、铀芯的表面积、铀的初始质量之间可用下述经验公式表示

$$\frac{\mathrm{d}W}{\mathrm{d}t}=\left(\frac{A}{A_0}\right)\left(\frac{W_0}{100}\right)[1.3+3.6\lg C_{HNO_3}] \tag{3-5}$$

式中:W_0——铀的初始质量,kg;

W——某时刻尚未溶解的铀质量,kg;

A_0——铀棒的起始表面积,m^2;

A——某时刻尚未溶解的铀棒表面积,m^2;

C_{HNO_3}——硝酸浓度,mol/L。

由式(3-5)可见,铀棒的表面积对溶芯的溶解速度有较大的影响。在其他工艺条件相同的情况下,铀棒总表面积越大,相对溶解速度越高。溶解过程进行到后期,铀的表面积减小了,再加上硝酸浓度降低了,所以溶解器中最后这部分铀芯要完全溶解掉是很缓慢的,这也就影响了平均溶解速度。解决这个问题的最好办法当然是用连续溶解了。除此之外,尚有两个办法可供使用。第一种办法是改变溶解过程中溶解试剂的浓度,可以使溶解速度较为恒定。将第一批溶解所得的溶解液,作为下一批溶解的初始溶解试剂,尽管该溶液中硝酸浓度较低,但是它同新加入的表面积很大的乏燃料芯反应,使得溶解保持较高的溶解速度。随着燃料芯表面积的减少,溶解速度逐渐降低,剩下大约25%的燃料时就停止溶解,将溶解液排出,这样可以得到较浓的溶解产品液。然后再加入新鲜的溶解试剂溶解剩下的燃料。新鲜溶解试剂的浓度较高,可以抵消因表面积减小给溶解带来的负面影响。溶解完毕后,将这批溶解液转入中间贮槽,作为下批新燃料溶解时的初始试剂。

第二种较好的办法，就是采用“留底”的方法来解决这个问题。采用留底的办法主要是增大铀芯的总表面积，使溶芯时保持较高的平均溶解速度。通常采用的留底量为50%。表3-2给出了溶解速度和金属留底之间的关系。

表3-2 燃料元件留底量对铀溶解速度的影响[2]

（平板燃料元件，溶解温度：105 ℃）

加入溶解器的铀量			硝酸浓度/(mol/L)		表观溶解速度/(kg/h)
留底量/%	新加元件量/%	总料量/kg	初始	最终	
0	100	136	10.3	0.15	6.67
24	76	168	10.3	1.1	10.4
56	44	161.5	10.3	0.15	15.4

留底量可在10%～200%之间变化[3]，要注意控制。

温度对铀芯的溶解速度有着较大的影响，随着温度的升高溶解速度加快，沸腾时溶解速度达到最大值。图3-3给出了在溶解铀芯过程中，硝酸浓度、铀浓度、温度和溶解速度之间的关系[2]。在溶解铀棒时，通常将温度控制在105 ℃左右。

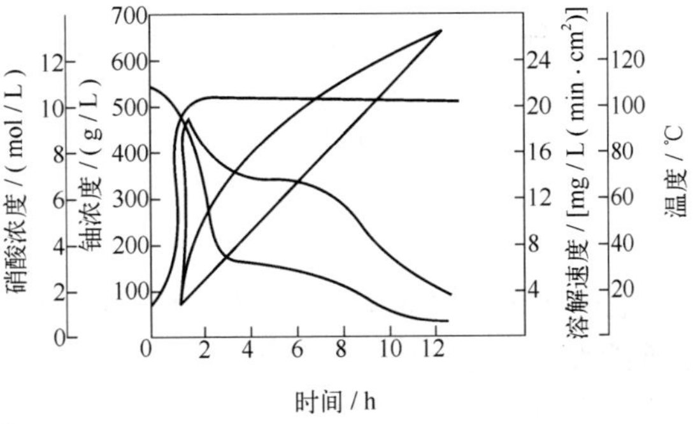

图3-3 铀芯溶解过程中，硝酸浓度、铀浓度、温度和铀溶解速度的变化

此外，在溶芯时通入的搅拌空气的强度也影响溶解速度，搅拌强度高，有利于传热和传质，可使溶解速度提高。同样，在溶芯时通入溶解器的稀释空气量也对溶解速度有影响。稀释空气的量主要影响一氧化氮氧化为二氧化氮的数量和浓度，继而影响返回溶解器的硝酸浓度。

2. 关于排气峰值

在溶解过程的第一阶段，溶芯反应生成大量气体，而且排气量出现一个陡峰。为了避免因排气不畅而使溶解器内呈现正压，造成放射性物质泄漏的危险，必须精心控制排气量，采取措施降低排气峰值。溶解铀芯时出现气峰值，是由于在溶解开始时酸度较高，铀芯表面积较大，溶液又未沸腾，反应所产生的大量二氧化氮气体不能被水吸收而造成的。

溶芯时初始硝酸浓度与排气量有密切的关系。从表3-3和图3-4可以看到，初始酸浓度越高，排气量越多，气峰值越大[2]。如果降低溶芯的初始酸浓度，可以降低排气峰值，甚至在初始酸浓度低于34%时不出现气峰，这时溶芯过程也比较平稳。但是，这将显著地降低溶解速度，降低设备的生产能力。在通常情况下并不采取这种措施。通常采用向溶解器上部空间喷入水蒸气的办法来降低气峰值。水蒸气会大量吸收二氧化氮，使气峰值大大降低，如图3-5所示[2]。吸收了二氧化氮的水蒸气在冷凝器中以硝酸形式冷凝下来又返流回溶解器。这样既降低了酸耗，又降低了气峰值。采用喷入雾化蒸汽的方法通常可以降低排气速度30%～50%。

表 3-3　初始酸浓度与气峰值的关系

初始硝酸浓度/(mol/L)	气峰值/(L/min)
10.71	1.93
9.0	1.32
8.15	0.93

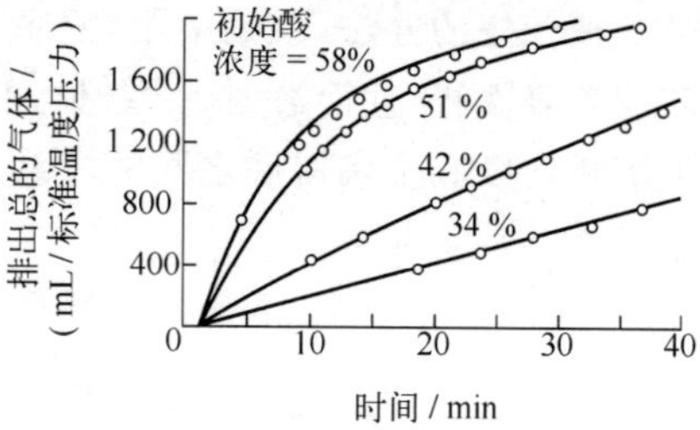

图 3-4　铀溶解于硝酸期间，在不同的初始酸度下，气体排放速率与时间的关系

在实际生产中，当溶液温度达到 50 ℃时，就以 40 kg/h 的速度向溶解器上空喷入水蒸气，直到溶解器内溶液开始沸腾。

3. 降低溶芯酸耗

影响溶芯经济性的主要因素之一是酸耗。这里所说的酸耗是指实际的酸耗。因为每溶解 1 mol 的铀需要 2 mol 的硝酸，生成 $UO_2(NO_3)_2$。这是理论的酸耗值，是一个定值，不可能再降低。那么，怎样降低超过理论值的酸耗值呢？

从上述溶解铀芯的化学反应过程可见，降低酸耗的关键是回收溶解过程中生成的氮氧化物并复用硝酸。这就要求在溶芯过程中，适时地向溶解器中通入适量的水蒸气、空气或氧气等，以便有利于氮氧化物的回收。这其中以通入氧气的效果最好。这种用氧气作为反应物的溶解叫做“无烟溶解”，可用下式表示

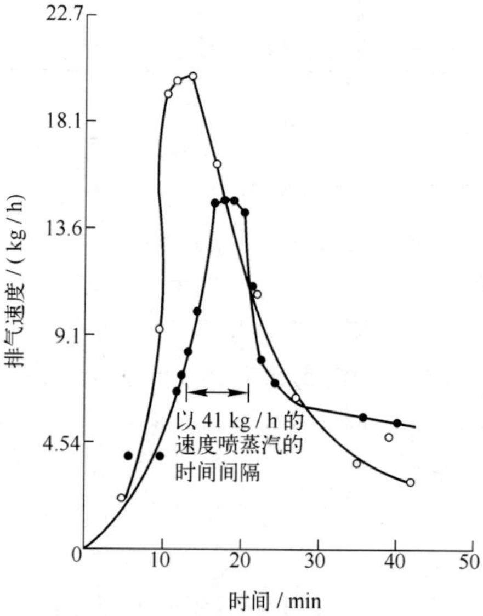

图 3-5　喷入水蒸气对排气峰值的影响

条件：装料量，121 kg 平板元件；加入 117 L 10.4 mol/L 硝酸；未通入空气

○—未喷入蒸汽；●—以 41 kg/h 的速度喷入蒸汽

$$U+2.1HNO_3+1.375O_2 \longrightarrow UO_2(NO_3)_2+0.05N_2+1.05H_2O \quad (3\text{-}6)$$

从这个反应式可见，“无烟溶解”不但酸耗最低，而且排气量也很少，是一种很好的方法。这将在本章第五节详细讨论。

除了强化氮氧化物的回收，提高复用硝酸的数量这个关键性的降低酸耗的措施外，在生产操作中还有一些因素影响实际酸耗量。首先，溶芯时的初始酸度影响酸耗值，如表 3-4 所示。为了使溶芯过程保持适中的溶解速度，使反应比较平稳，便于操作，又能使酸耗比较低，在生产过程中常采用分段加酸的办法。就是把溶芯的总酸量分为两次或三次加入溶解器中。第一次加酸量既要保证一定的初始酸浓

表 3-4　初始酸浓度与酸耗的关系[2]

初始酸浓度/(mol/L)	酸耗值
12.92	4.9
10.71	4.3～4.5
8.15	4.1

度，又要完全浸没燃料芯。加酸量通常为总量的50%～60%。如果用初始酸度为10.5 mol/L HNO_3 溶芯，开始升温2 h左右，或者溶解器中酸度降到6 mol/L左右时，加入第二批酸。这样不但使整个溶芯过程在较高的酸度条件下进行，而且有利于降低酸耗值。此外，除了上面谈及的用氧气作为反应物的无烟溶解外，在有些工厂中不用氧气而使用空气。在溶芯过程中通入空气的数量、喷入雾化蒸汽的数量，溶解器和冷凝器中的温度、压力等参数都影响酸耗值。一些影响酸耗的因素将在本章第五节讨论。

第二节　溶解二氧化铀芯块

目前，轻水堆已成为核电站的主导堆型[4]，它使用低加浓度的二氧化铀为燃料。重水堆使用的燃料为天然铀的二氧化物[4]。

溶解二氧化铀芯块的目的，除了与本章第一节溶解金属铀芯的目的相同外，它还要达到的另一个目的就是尽可能完全地分离燃料与包壳。

二氧化铀溶解在硝酸中的主要化学反应为

$$3UO_2+8HNO_3 \longrightarrow 3UO_2(NO_3)_2+2NO+4H_2O \tag{3-7}$$

$$UO_2+4HNO_3 \longrightarrow UO_2(NO_3)_2+2NO_2+2H_2O \tag{3-8}$$

在通常情况下，这两个反应以某种程度在同时进行，当硝酸浓度较低时，第一个反应占优势，高于8 mol/L时，第二个反应占优势[5]。如果在溶芯过程中直接向溶解器中通氧气，从理论上讲可以避免NO和NO_2的生成，反应将按下式进行

$$2UO_2+4HNO_3+O_2 \longrightarrow 2UO_2(NO_3)_2+2H_2O \tag{3-9}$$

式(3-9)是一种理想状态，实际上，此溶解反应会产生少量的氮、氮氧化物和气体裂变产物。欧洲的一些后处理厂就应用了这种无烟溶解工艺。如法国的马库尔厂和阿格厂，英国的塞拉菲尔德厂，在80～100 ℃下将UO_2芯块溶于6～8 mol/L HNO_3[6]中。

二氧化铀芯块的溶解速率与燃料芯块暴露出来的表面积、溶液中硝酸根的总浓度和溶解温度等因素成正比[7]。

用ϕ14.5 mm×20 mm的UO_2芯块在温度为95 ℃和105 ℃条件下，溶解于初始硝酸浓度为5 mol/L、6 mol/L或7 mol/L中。实验结果表明，UO_2的溶解速率随着铀酰离子浓度增加而加快，如图3-6所示[8]。图3-7[8]表示温度为95 ℃，31.5 g UO_2芯块的溶解曲线。在105 ℃、7 mol/L HNO_3中4个芯块(140.5 g)的溶解曲线如图3-8所示[8]。这些未辐照UO_2溶解实验结果与溶解速率方程式计算值，正如图3-7和图3-8

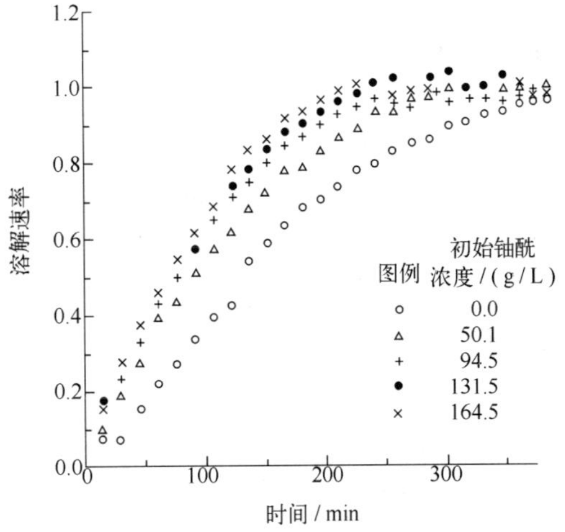

图3-6　在95 ℃和5 mol/L HNO_3中初始铀酰浓度对溶解速率随时间变化的影响

那样，二者相符合得很好。

日本研究了乏燃料的溶解行为[9]。认为沸水堆和压水堆乏燃料在辐照期间出现裂缝，易于引起辐照燃料芯块的破裂，所以，辐照燃料组件的剪切表面积和溶解表面积与未辐照燃料不同。做研究时把一根燃耗为 50 000 MW·d/tU 的压水堆燃料进行切割。通过溶解拟合曲线计算出该燃料芯块的初始表面积为未辐照燃料芯块的 1.5 倍。据此可预计粒度小于 590 μm 的粉状芯块约占该燃料重量的 30%。这与未辐照燃料剪切时粉状芯块占质量份额的 15.1% 相比，30%这个数值是合理的。

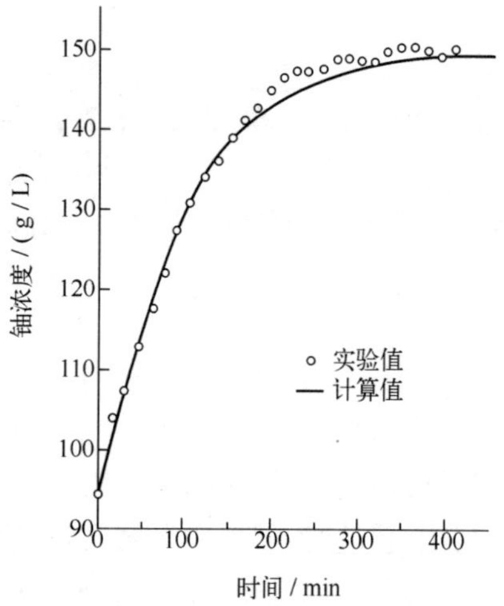

图 3-7　铀酰初始浓度为 94.5 g/L 时在 95 ℃和 5 mol/L HNO_3 中一个芯块(31.5 g)的溶解曲线

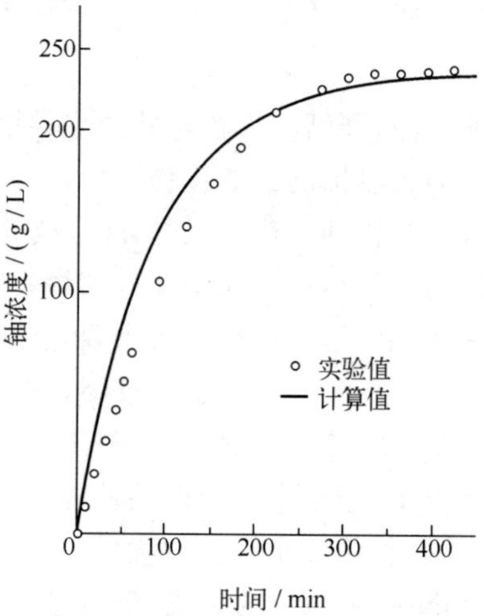

图 3-8　105 ℃的 7 mol/L HNO_3 中 4 个芯块(140.5 g)的溶解曲线

图 3-9(a)和(b)分别表示内径为 12.6 mm、长度为 44 mm、燃耗为 10 000 MW·d/tU 的沸水堆乏燃料芯块和内径为 9.4 mm、长 37 mm、燃耗为 20 000 MW·d/tU 的压水堆乏燃料芯块的溶解曲线，以及由溶解计算程序计算得到的拟合曲线。图 3-9 上给出了一些实际操作条件，即图中小图给出的硝酸进料速率、溶解液的总体积和溶解温度。图中箭线指明拟合曲线的数字 1,2,4 和 8 是假设辐照过的燃料芯块的剪切表面积和溶解表面积是未经辐照的燃料芯块的倍数。可以预料，辐照过的块状芯块的剪切表面积和溶解表面积均大于未辐照的燃料芯块的对应值[9]。

实际操作经验证明，经过辐照的燃料的溶解速率比未经辐照的高[10]。

初始硝酸浓度对溶解速率的影响是显著的。UO_2 在 8 mol/L HNO_3 中的瞬时溶解速率约为在 10 mol/L HNO_3 中的 1/2[10]。日本对轻水堆高燃耗[平均燃耗为 63 GW·d/t(UO_2)]二氧化铀燃料进行溶解研究指出，随着硝酸浓度从 4 mol/L 增大到 7 mol/L，溶解时间减少 2/3[11]。

在溶解二氧化铀时，乏燃料中的钚形成四价的硝酸钚和六价的硝酸钚酰混合物，它以可被 TBP 萃取的形态存在于溶解液中。镎可以被 TBP 萃取的六价镎的硝酸盐和不易被萃取的五价镎的硝酸盐混合物存在着。镅、锔以单一的价态被 TBP 萃取能力很弱的硝酸盐存在于溶液中。

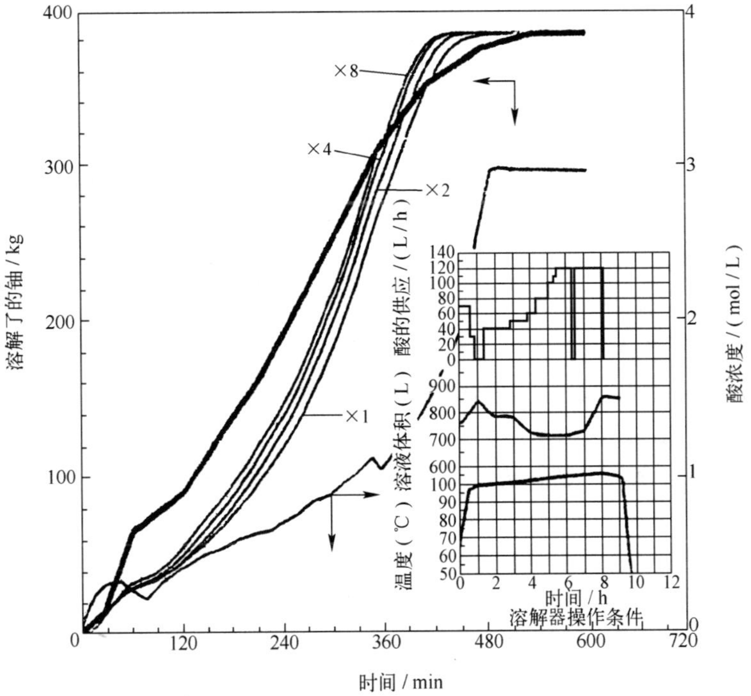

(a) 剪切过的 BWR 乏燃料的溶解曲线与拟合曲线

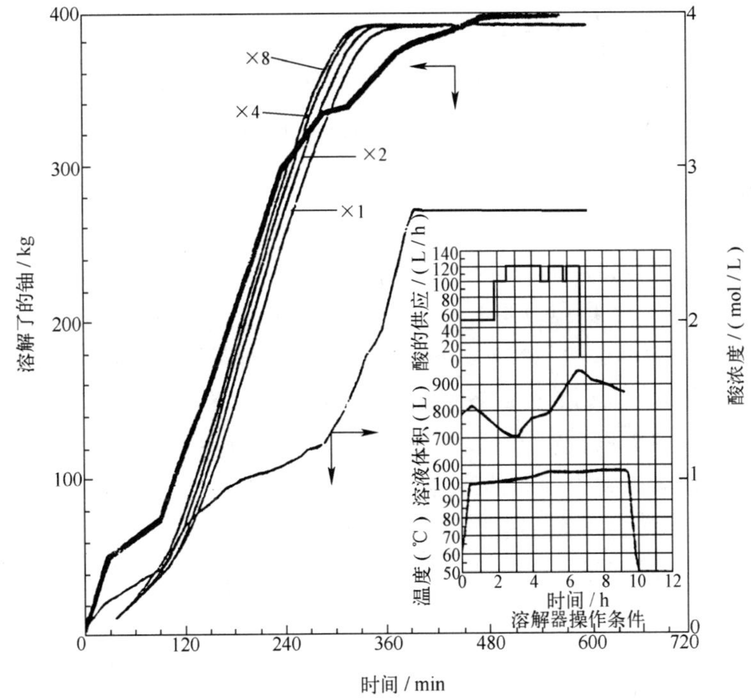

(b) 剪切过的 PWR 乏燃料的溶解曲线与拟合曲线

图 3-9　乏燃料的溶解曲线与拟合曲线

大部分裂变物都溶解于硝酸溶液中。但是当燃耗大于 30 000 MW·d/tU 时，有些元素，如钼、锆、钌、铑、钯、铌等在燃料中的含量可能高于该元素在溶解液中的溶解度，这样就会以不溶性的残渣存在。有些气体裂变产物，如^{85}Kr、^{129}I、^{131}I、^{133}Xe和^{3}H以及^{106}Ru等，在溶解时，有些进入溶解尾气，有些存在于溶解液中，其中以碘和钌的行为较为特殊。除了挥发进入尾气中的碘外，在溶液中的碘元素可被 TBP 萃取，碘还能形成不被萃取的碘化物或碘酸盐。钌可呈现出 0 价（不溶性金属）和八价之间的任何价态，四氧化钌是挥发性的，四价的钌能形成被萃取性能各不相同的亚硝酰钌化合物。

如果把 UO_2 加入到沸腾的硝酸中会产生大量的泡沫。所以在使用批式溶解器时，要将冷硝酸液加入到溶解器中，然后将溶液加热到近沸腾。溶解器中还要有冷却装置，以便及时导出化学反应和放射性衰变所放出的热量，使溶解操作能够平稳安全。

溶解结束后，用离心分离器处理溶解液。将溶解液送到下道工序去制备溶剂萃取料液（这将在下章介绍）。把溶解液中的包壳碎片、某些未被溶解的裂变产物和微量的铀钚等分离出来，进行专门的处理，以便回收其中的铀钚（这个问题在下节一并讨论）。废包壳经过清洗——通常用稀硝酸洗涤，然后送去监测残余的铀钚含量，合格后送去作固体废物处理（通常要求废包壳中的铀钚含量小于乏燃料中铀钚的 0.1%）。万一其中的铀钚含量超标，再返回溶解器作补充溶解处理。

第三节　二氧化铀和二氧化钚混合氧化物(MOX)燃料的溶解

上节叙述了二氧化铀燃料的溶解，在 UO_2 中的钚是由铀转变形成的，它的溶解速度几乎和 UO_2 一样快[10]。

在 UO_2-PuO_2 混合燃料中，UO_2 的溶解化学反应与式(3-7)和式(3-8)相同。在通常情况下，PuO_2 按下列反应生成溶解的四价和六价钚的硝酸盐混合物

$$PuO_2 + 4HNO_3 \longrightarrow Pu(NO_3)_4 + 2H_2O \tag{3-10}$$

$$3PuO_2 + 8HNO_3 \longrightarrow 3PuO_2(NO_3)_2 + 4H_2O + 2NO \tag{3-11}$$

UO_2-PuO_2 混合燃料在硝酸中的溶解速度，比纯 UO_2 燃料慢得多。它的溶解速度与钚含量、燃料制备方法、辐照历程和氧化挥发处理条件等有很大关系[10]。

在 UO_2-PuO_2 混合燃料中，以共沉淀法制备的$(U,Pu)O_2$固溶体燃料溶解得较快，也较完全，但是仍然留下一些富钚的难溶残渣[10]。

未烧结过的机械混合 UO_2-PuO_2 辐照燃料，经硝酸溶解后总会留下一些不溶性残渣，残渣含有钚和一些难溶的裂变产物（如钌、铌、钯、钼、锆）。

法国对混合氧化物燃料作了溶解试验[12]。燃料元件为经过共磨和机械混合的方法制备的。其燃耗为 30 000 MW·d/t。辐照前钚的含量为 5%（质量分数），辐照后为 3.9%。乏燃料被切成 30 mm 长的小段，用 6.2 mol/L HNO_3 进行溶解。溶解的起始温度为 45 ℃，在进料后 35 min 内将溶解温度提升到 70 ℃，经过 85 min 后溶液开始沸腾。溶液保持沸腾状态，溶解 3 h，燃料溶解了 80%。经过 6 h 的沸腾溶解后，燃料溶解了 92%。最后溶液的组分为：

[HNO_3]：3.1 mol/L；[U]：227 g/L；[Pu]：9.5 g/L。

在试验过程中，分析测定了溶解液中铀和钚的浓度，以及总β，γ放射性活度随溶解时间变化的情况，如图3-10所示[12]。由图可见，当溶液达到沸腾经过一段时间的溶解后，几乎所有的混合氧化物燃料都被溶解掉了，但是，由于难溶的固体残渣中的裂变产物（如Ru，Rh，Pd，Tc，Mo等）溶解得很慢，所以总β，γ放射性浓度缓慢增加。

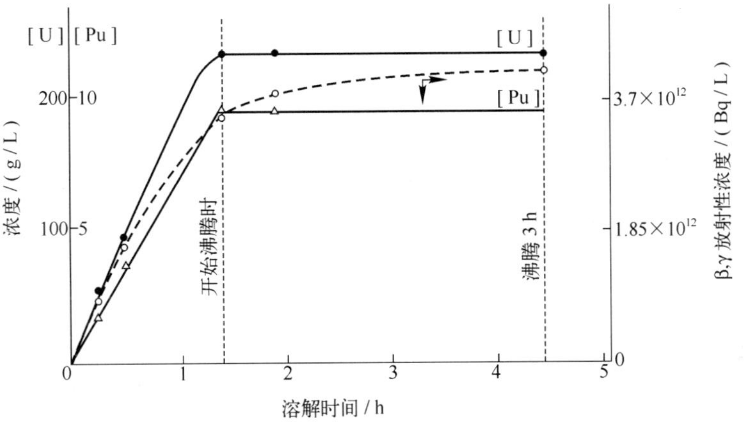

图3-10　U，Pu浓度和β，γ放射性浓度与溶解时间的关系

溶解结束后，将溶解液通过孔径为1.2 μm和0.3 μm的微孔滤膜过滤，将得到的固体残渣用稀硝酸洗涤，烘干后在400 ℃下煅烧8 h。然后把煅烧后的固体残渣溶解于11 mol/L HNO_3+0.05 mol/L HF中，在沸腾温度下溶解12 h。再用质谱法测定溶解液中铀和钚的含量。铀和钚的相对损失如表3-5所示[12]。

试验发现，混合氧化物燃料溶解时，钚的相对损失与燃料中钚的含量成正比，它比钚在UO_2燃料溶解时损失量约高5倍[12]。

文献[14]报道了美国液态金属快中子增殖反应堆PuO_2-UO_2乏燃料的溶解。在影响溶解的因素中，烧结温度、PuO_2的来源和PuO_2质量分数对溶解度的影响是主要的。混合氧化物燃料用12 mol/L HNO_3溶解两次，每次沸腾溶解6 h。

表3-5　铀钚的相对损失

沸腾状态下溶解的时间/h	相对的损失/%	
	U	Pu
3	0.009	0.028[1)]
6	0.009	0.017[1)]

注：1）每吨原始（U+Pu）混合燃料相应的钚的绝对损失量分别为5.3 g和3 g。

1.混合氧化物燃料烧结温度从1 400 ℃提高到1 700 ℃，燃料的溶解度增加约3%～5%（质量分数），发现UO_2-25%PuO_2燃料块的溶解度随温度的升高而增加得最多，如图3-11所示[14]。

2.PuO_2的来源不同，其溶解度也不同，溶解度增大的次序为：煅烧金属＞煅烧草酸盐＞煅烧硝酸盐。约增加原来的2%～3%。

3.燃料中初始PuO_2质量分数由15%增大到25%，溶解度约减小原来的1%～4.5%。

对所有燃料样品的溶解发现，均发生铀的优先溶解现象，所有样品中铀的溶解都大于

99%。在燃料块中 PuO_2 的质量分数分别为 15%、20% 和 25%，相应的初始 PuO_2/UO_2 比分别为 0.18，0.25 和 0.33，而溶解残渣中的 PuO_2/UO_2 比则为 3.9～16.0。

对于离心分离出的含固体颗粒的浆液，可用喷射器送入浸取槽，然后用添加有四价铈的4 mol/L HNO_3 溶液进行蒸煮，以便溶解回收其中的 PuO_2。试验表明，辐照过的混合氧化物燃料的残渣用 4 mol/L HNO_3 －0.05 mol/L Ce(Ⅳ)溶液溶解，2 h 溶解了 88%的 PuO_2，4 h 溶解了 99.94%的 PuO_2。结果表明，往硝酸溶液中添加 Ce(Ⅳ)可以大大提高 PuO_2 的溶解度。添加了 0.03～0.1 mol/L Ce(Ⅳ)离子，PuO_2 的溶解率可提高原来的 10^3～10^4 倍[13]。

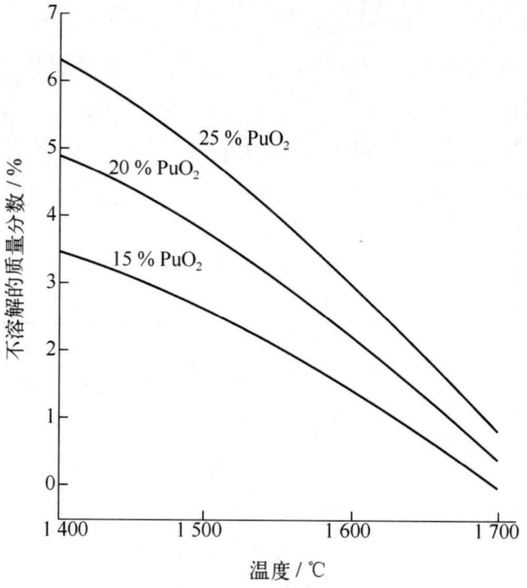

图 3-11　PuO_2 含量和烧结温度对含有 PuO_2(由煅烧草酸盐制得)的 PuO_2-UO_2 燃料的溶解度的影响

用四价铈的 4 mol/L HNO_3 沸腾液浸取残渣的缺点是，钚被氧化到六价，有些钌也会变成挥发性的 RuO_4[10]。

日本在轻水堆高燃耗 UO_2 燃料[平均燃耗为 63 GW · d/t(UO_2)]和混合铀—钚氧化物燃料[平均燃耗 43 GW · d/t(MOX)]的溶解研究中测定了溶解液中 U 和 Pu 的总浓度及同位素组成，如表 3-6 所示[11]。

表 3-6　溶解液中 U 和 Pu 的总浓度及同位素组成

	UO_2-A	UO_2-B	MOX-A	MOX-B
U 浓度/(mg/g)	123	116	113	116
^{234}U(%)	0.01	0.01	0.01	0.011
^{235}U(%)	0.2	0.2	0.3	0.3
^{236}U(%)	0.6	0.6	0.1	0.1
^{238}U(%)	99.2	99.2	99.6	99.6
Pu 浓度/(mg/g)	1.6	1.5	3.9	4.3
^{238}Pu(%)	4.4	4.6	3.2	3.1
^{239}Pu(%)	42.2	42.4	37.1	37.1
^{240}Pu(%)	26.9	26.7	32.4	32.5
^{241}Pu(%)	12.5	12.5	14.8	14.8
^{242}Pu(%)	14.1	13.9	12.4	12.4
溶解液/g	128.86	136.04	127.53	137.92

第四节　铀钼、铀铝合金燃料的溶解

欧化后处理厂是一座处理研究堆、动力堆和材料实验堆乏燃料的多用途的示范厂[15]。它接收并处理金属铀、二氧化铀、铀钼(钼的质量分数为3%~10%)合金、铀铝合金和铀锆合金燃料元件[15,16]。

U-Mo合金可以一起溶解于硝酸中,欧化后处理厂并测定了U-Mo合金在50 ℃时溶解于4 mol/L HNO_3 中的溶解速度约为10 mg/cm^2·min。一种含Mo≤3%的燃料和一种含Mo为10%的铀钼合金燃料的溶解情况如表3-7所示。

表3-7　U-Mo合金燃料的溶解工艺

燃　料	U-Mo(Mo≤3%)	U-Mo(Mo=10%)
初始试剂	3 mol/L HNO_3	3 mol/L HNO_3, 1.2 mol/L $Fe(NO_3)_3$
连续加料	9 mol/L $HNO_3$1)	9 mol/L $HNO_3$1)
温度	50 ℃	50 ℃
最终溶液	0.6 mol/L U 3.7 mol/L H^+ 2.9 g/L Mo	0.6 mol/L U 3.7 mol/L H^+ 1 mol/L Fe^{3+} 14 g/L Mo

注:1)控制加料的速度,使燃料的溶解速度保持为100 kg/h。

在溶解铀钼燃料时,要精心控制酸度条件,这对溶液的稳定性是非常重要的。有报道在溶解一批含3%Mo的铀燃料时,由于没能很好地控制酸度条件,结果产生了钼酸($H_2MoO_4 \cdot H_2O$)沉淀。针对这个问题,采用下列措施处理,取得了较好的效果。将溶解器中的物料抽出,用离心机分离,用NaOH溶解钼酸沉淀物。这时钼酸沉淀吸附的铀生成了重铀酸钠沉淀。经过第二次离心分离后,用硝酸溶解铀的沉淀物,回收铀。这样处理才使得铀钚没有明显的损失。

从表3-7可见,在溶解含10%Mo的铀钼燃料时,加入了硝酸铁。硝酸铁用于络合燃料中的钼防止其沉淀[17]。

欧化后处理厂大量溶解过高浓铀铝合金燃料,其Al/U质量比最小等于3,初始平均加浓度(^{235}U%)为90%,最终平均加浓度为81.6%。U-Al合金的溶解是在一个连续加入 HNO_3 + $Hg(NO_3)_2$ 溶解剂、半连续加入燃料元件的几何安全的溶解器内进行的[16]。

意大利尤勒克斯中间工厂处理的高浓铀铝燃料[18],燃料的初始平均加浓度(^{235}U%)为89.5%,最终平均加浓度为85.5%,燃耗为18.5%。用的溶解剂为7 mol/L HNO_3〔含0.05 mol/L $Hg(NO_3)_2$〕。向溶解器中连续加入溶解剂,产品溢流入料液接收槽。为了达到完全溶解,在连续操作之后,将接收槽中的产品液返回溶解器,再补加新鲜的试剂,将溶解器中的残留物再溶解两次,最后得到的产品液的组成详见表3-8。

表 3-8　高加浓铀燃料溶解工艺参数

工厂名称	溶解剂组成/(mol/L)	溶解产品液的组成		
		Al^{3+}/(mol/L)	H^+/(mol/L)	U/(g/L)
英国唐瑞厂	12 mol/L $HNO_3+Hg(NO_3)_2$	2.5	1.2	3.6
美国萨凡那河厂	7～8 mol/L $HNO_3+Hg(NO_3)_2$	1.4	1.7	≤6
美国爱达荷厂	6.3 mol/L HNO_3+0.3 mol/L $Hg(NO_3)_2$	1.6	1.5	2.7
欧化莫尔厂	6.2 mol/L HNO_3+0.015 mol/L $Hg(NO_3)_2$	1.65	0.5	1.5
意大利尤勒克斯厂	7 mol/L HNO_3+0.015 mol/L $Hg(NO_3)_2$	1.7	1.3	2

众所周知，铀易溶解于硝酸，而铝在硝酸中由于生成 Al_2O_3 薄膜，阻碍了铝的溶解。为了破坏燃料表面的 Al_2O_3 薄膜而加入 $Hg(NO_3)_2$，促使溶解过程连续进行。

Hg^{2+} 在铝表面上由于铝的还原作用生成了 Al-Hg 齐。这种汞齐并不稳定，容易被氧化性的硝酸溶解掉，这时汞又被氧化为 Hg^{2+}，然后 Hg^{2+} 又在铝表面被还原为铝汞齐。就这样反复循环，从而破坏了三氧化二铝薄膜，使得铝被完全溶解。这里 Hg^{2+} 起了催化作用[19]。铝被硝酸溶解的反应如下

$$Al+6HNO_3 \xrightarrow{Hg^{2+}} Al(NO_3)_3+3NO_2+3H_2O \tag{3-12}$$

$$Al+3.75HNO_3 \xrightarrow{Hg^{2+}} Al(NO_3)_3+0.225NO+0.15N_2O+0.1125N_2+1.875H_2O \tag{3-13}$$

反应过程和硝酸浓度有关。当硝酸浓度高时，反应按式(3-12)进行，当硝酸浓度低时，反应以式(3-13)为主。如果硝酸浓度过低，则生成的硝酸铝会发生如下的水解

$$Al(NO_3)_3+H_2O \longrightarrow Al(OH)(NO_3)_2+HNO_3 \tag{3-14}$$

$$Al(OH)(NO_3)_2+H_2O \longrightarrow Al(OH)_2NO_3+HNO_3 \tag{3-15}$$

由此可见，用 HNO_3-$Hg(NO_3)_2$ 溶解铀铝燃料时酸度不宜太低。

美国的研究认为，用硝酸溶解铀-铝合金时，溶解速度与酸加入速度的 0.8 次方成正比[3]。以 kgAl/d 表示的溶解速度 R 有下列关系式[20]

$$R = KN^{0.95}m_f^{0.2} \tag{3-16}$$

式中：N——溶解时加酸量，mol/h；

m_f——溶解试剂中 Hg^{2+} 浓度，mol/L；

K——速度常数，试验测定值为 0.82。

几个国家高加浓铀燃料溶解工艺参数如表 3-8 所示[20]。

第五节　回收氧化氮和复用硝酸

由上述溶解乏燃料芯的化学原理我们已经知道，在浓酸条件下产生大量的 NO_2，在低酸条件下以生成 NO 为主。如果这些氧化氮不被回收利用，则每溶解 1 mol 铀要消耗 5.5 mol 的硝酸。如果采取一些措施回收利用氧化氮气体，在实际生产中每溶解 1 mol 的铀平均消耗 3.3 mol 的硝酸，酸耗值在 2.6～3.8 之间变化[1]。回收利用氧化氮不但具有可观的经济效益，而且减少了废气处理量，降低了有害气体的排放量，这也是环境保护所要求的。

一、一氧化氮的氧化[21][22]

溶解反应产生的一氧化氮，在水中的溶解度甚小。因此要完全以 HNO_3 的形式回收 NO，就必须将 NO 氧化成 NO_2

$$2NO+O_2 \longrightarrow 2NO_2+1.13\times10^5\ J \tag{3-17}$$

这个反应的平衡常数（K）与温度和压力的关系可用下式表示

$$\lg K=\lg\frac{p_{NO}^2 p_{O_2}}{p_{NO_2}^2}=-\frac{5479}{T}+1.75\lg T-0.0005T+2.839 \tag{3-18}$$

一氧化氮的氧化程度与温度和压力的关系表示于图 3-12 上[22]。从图中我们可以看出，当温度降低和压力升高时，则反应向右方移动。在一个绝对大气压下温度低于 200 ℃时，NO 的氧化反应几乎达 100%；当温度高于 700 ℃时，二氧化氮几乎全部分解为一氧化氮和氧气。

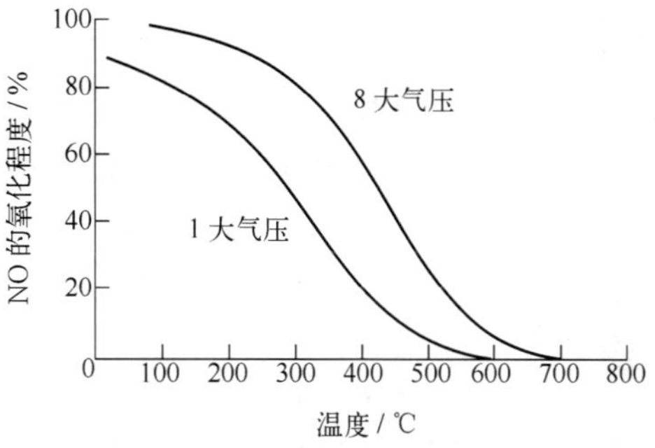

图 3-12　一氧化氮的氧化与温度和压力的关系

在 200 ℃以下，当一氧化氮被氧化时，可以认为反应是不可逆的。其反应速度表示为

$$\frac{dC_{NO_2}}{dt}=K_1C_{NO}^2C_{O_2} \tag{3-19}$$

一氧化氮氧化的速度常数（K_1）和温度的关系如表 3-9 所示[22]。

表 3-9　一氧化氮氧化的速度常数

温度/℃	0	30	60	100	140	200
$K_1\cdot10^{-6}$	1.05	0.79	0.66	0.54	0.47	0.393

从表中数据可知，温度越低越有利于一氧化氮的氧化。

此外，一氧化氮的氧化是需要反应时间的。表 3-10[22]给出了不同浓度的一氧化氮在不同的氧化度时的氧化时间。

表 3-10　不同浓度的一氧化氮在不同的氧化度时的氧化时间

含一氧化氮的气体成分	氧化度/%				
	25	40	50	75	95
	氧化时间/s				
$0.5\%NO+2.35\%O_2$	103	206	318	970	6 300
$1\%NO+3\%O_2$	48	97	149	457	5 100

由此可见一氧化氮的氧化是很慢的。由式(3-18)和式(3-19)得知，提高 NO 和 O_2 的分压

有利于生成 NO_2。因此许多国家的后处理厂在溶解燃料芯块过程中不是通入空气，而是通入氧气来氧化 NO，这样不但可以加快反应速度，而且减少了尾气体积。

二、二氧化氮的吸收[1,2,22]

在一氧化氮被氧化时，由于氧化和冷却的情况不同，可能有不同程度的氮的氧化物生成，除了 NO 外其他氮氧化物都能与水发生反应

$$2NO_2 + H_2O \longrightarrow HNO_3 + HNO_2 + 1.16 \times 10^5\ J \quad (3\text{-}20)$$

$$N_2O_4 + H_2O \longrightarrow HNO_3 + HNO_2 + 5.9 \times 10^4\ J \quad (3\text{-}21)$$

$$N_2O_3 + H_2O \longrightarrow 2HNO_2 + 5.57 \times 10^4\ J \quad (3\text{-}22)$$

由此可见，用水吸收氮氧化物的过程就是二氧化氮、四氧化二氮和三氧化二氮在水中的反应过程。水吸收二氧化氮和四氧化二氮生成等量的硝酸和亚硝酸。

表 3-11[22] 给出了水吸收二氧化氮变成硝酸的转化度。由表中的数据可以看出，在温度低时 NO_2 被吸收的比较完全。吸收 NO_2 的水溶液中硝酸的浓度越低则二氧化氮的转化度越高。当硝酸的浓度大于 65%时，二氧化氮的吸收几乎停止了。

表 3-11　大气压下水吸收二氧化氮变成硝酸时的转化度(%)

硝酸含量/%	温度/℃	$\lg \frac{p_{NO}}{p_{NO_2}}$	气体中 NO_2 的含量/%							
			0.1	0.6	1	2	4	6	10	12
5	10	8.45	59.8	64.5	65.1	65.7	66.1	66.2	66.3	66.4
	25	7.90	57.1	63.3	64.4	65.3	65.7	65.9	66.2	66.3
	50	6.90	48.8	60.0	61.0	63.7	64.8	65.2	65.6	66.0
	70	5.93	32.6	53.0	56.8	60.2	62.7	63.6	64.6	65.3
20	10	6.50	40.0	57.0	59.2	62.3	63.8	64.5	66.1	65.7
	25	5.75	26.3	51.3	55.0	59.4	62.1	63.1	64.2	65.0
	50	4.64	6.3	34.5	42.1	51.4	56.2	58.6	61.0	63.1
	75	3.55	0.71	13.1	21.7	35.0	44.4	49.0	54.0	58.1
30	10	5.62	24.4	48.4	53.3	57.6	60.8	62.1	63.5	64.6
	25	4.75	7.6	43.0	51.6	56.4	58.5	58.8	60.9	62.8
	50	3.55	0.7	13.1	21.2	34.6	44.2	48.8	53.6	58.3
	75	2.55		2.8	5.8	14.0	25.6	32.8	41.2	49.6
50	10	3.55	0.6	9.7	14.3	26.0	35.0	39.4	44.2	50.0
	25	2.66		2.8	5.0	9.6	20.8	26.6	34.3	42.0
	50	1.60		0.3	0.7	2.6	7.0	11.6	19.6	31.1
	75	0.71				0.4	1.5	3.0	6.7	15.9

表中的数据还告诉我们，低温有利于二氧化氮的吸收。

二氧化氮与硝酸之间达到平衡的速度是相当快的。在通常条件下，当浓度低的氮氧化物和硝酸作用时，其反应速度比一氧化氮被氧化为二氧化氮的速度高许多倍。

另外一种吸收二氧化氮和一氧化氮的方法是用 70%的硝酸做吸收剂

$$2NO_2 + HNO_3 + H_2O \xrightarrow[\text{过量}]{HNO_3} 3HNO_3 \tag{3-23}$$

$$2NO + HNO_3 + H_2O \xrightarrow[\text{过量}]{HNO_3} 2HNO_3 + HNO_2 \tag{3-24}$$

按照下列反应亚硝酸又可转变为硝酸

$$2HNO_2 + O_2(\text{空气}) \longrightarrow 2HNO_3 \tag{3-25}$$

在实际生产中从溶解器排出的是热的废气。废气中含有水蒸气，硝酸蒸气，NO_2，N_2O_4，NO，N_2O 以及加入的空气或氧气，还有挥发性的裂变产物等。溶解废气连续通过倒流式的冷凝器和水洗塔，以回收氧化氮和复用硝酸。在倒流式的冷凝器中，气体和冷凝液沿着冷凝器壁向下并流，这时气体能和最冷的冷凝液接触，从而有利于吸收。

另外，冷凝器的冷却水从下向上流动，废气从冷凝器底部排出处正是温度最低处，同样有利于二氧化氮被吸收。

要进一步回收氮氧化物，必须设置高效率的填料吸收塔或筛板吸收塔。对于填料塔，填料的表面积要大，以利于二氧化氮的吸收。填料容积占塔内全部容积的比例要小，以便使塔内留有较大的自由空间，以利于一氧化氮的氧化。为了提高回收硝酸的浓度，吸收过程常采用逆流吸收或循环吸收的方式。

从水吸收二氧化氮、四氧化二氮和三氧化二氮的反应式(3-20)到式(3-22)可见，二氧化氮的吸收是不完全的，在生成硝酸的同时亦生成了亚硝酸。亚硝酸大部分被分解掉

$$2HNO_2 \longrightarrow NO + NO_2 + H_2O \tag{3-26}$$

这样约有 1/3 的二氧化氮变成一氧化氮进入气相，不论经过多少次再氧化再吸收循环，一氧化氮总是存在的。按着气体行进的方向讲，越到后面的吸收塔，氮氧化物浓度越低，一氧化氮被氧化为二氧化氮越缓慢，所以回收氮氧化物复用硝酸需要有较庞大的吸收装置。

为从溶解尾气中回收有用的物质和净化环境，期望溶解尾气中不含氮氧化物。为此，往往在最后一个吸收塔里采用氢氧化钠作吸收剂，吸收氮氧化物，生成硝酸钠和亚硝酸钠[1]。

用氢氧化钠洗涤溶解尾气的另外一个重要作用是，尾气中的大部分碘可被氢氧化钠吸收，没有被洗涤下来的碘将在附银吸附剂上被除去[22]。关于固体吸附剂吸附除碘的机理将在下一节阐述。

从吸收塔排出的尾气再经过 NH_3 处理，并通过含氢丝光沸石催化剂，氮氧化物可被还原成 N_2 和 H_2O，使溶解尾气中的氮氧化物含量降低到 10 ppm①[10]。

第六节　溶解尾气的处理

表 3-12 给出了燃耗为 34 GW · d/t 的轻水堆燃料元件中主要放射性气体的组成[6]。也就是说每吨乏燃料中 ^{129}I 的含量为 270 g，^{85}Kr 为 100 L，T(或 ^{3}H)为 0.57 L 左右。在溶解时它们大多进入尾气。

① 1 ppm$=1\times10^{-6}$。

表 3-12　燃耗为 34 GW·d/t 轻水堆燃料组件中主要放射性气体的组成，Bq

核　素	半衰期，$T_{1/2}$	冷却时间			
		150 d	1 a	10 a	100 a
T(氚)	12.34a	2.7×10^{13}	2.5×10^{13}	1.5×10^{13}	9.3×10^{10}
^{14}C(碳)	5.7×10^{3}a	1.66×10^{10}	1.66×10^{10}	1.66×10^{10}	1.66×10^{10}
^{85}Kr(氪)	10.76a	4.1×10^{14}	4×10^{14}	2.2×10^{14}	6.8×10^{11}
^{129}I(碘)	1.7×10^{7}a	1.4×10^{9}	1.4×10^{9}	1.4×10^{9}	1.4×10^{9}
^{131}I(碘)	8.05d	8×10^{10}	—	—	—

溶解尾气排入周围环境会使得人体遭受放射性内外照射的危害，吸入受污染的空气，饮食含有放射性物质的水和食物，会损伤人身健康。因此，后处理厂的溶解尾气的排放应严格遵照辐射安全规定的每个核素的排放限值，对其进行严格处理，保证环境不受危害。

溶解尾气中的放射性物质通常以小液滴、气溶胶和挥发气体等形式存在。由于存在形式的不同，所以不能用一种方法处理尾气。为了去除尾气中的小液滴和气溶胶通常采用的方法是使用各种洗涤器、气液分离器和性能各异的高效过滤器。

图 3-13 给出了德国为商业后处理厂提供的溶解尾气处理流程[5]。在 NO_x 洗涤吸收塔之后用波纹板气液分离器，能去掉≥10 μm 的小液滴，去除率最高可达 90%。后面连接一个除雾器(其中填充纤维)，主要作用是去除气溶胶，能去除 1～5 μm 的液状雾滴、0.09～0.3 μm 的固体粒子，实测净化系数>500。经过除雾的尾气再进入高效微粒空气过滤器(HEPA)，以便除去≤0.3 μm 的微粒，去污系数为 3 000。

溶解尾气最后经过两级碘过滤器清除碘，并且经过再次高效微粒空气过滤器过滤，然后再经大烟囱排出。

对于溶解尾气的处理各国的做法是大同小异的。

美国巴威尔厂对元件切割和溶解的废气，首先通过除尘器、冷凝器、硝酸汞除碘洗涤器和 NO_x 吸收器进行处理，然后，再依次通过第二除碘洗涤器、含银沸石除碘吸收器和高效颗粒过滤器进行处理。最后，经由 100 m 烟囱排放出去[10]。

俄罗斯的 RT-1 后处理厂溶解器的气体净化系统，除了多管旋风分离器和过滤器之外，还配备了分凝器和喷淋塔(用以捕集 NO_x)，以及填充附银($AgNO_3$)硅胶的吸附柱(用以捕集 ^{129}I)。最后，经过过滤后从 150 m 高的大烟囱排入大气[24]。

一、除碘

从溶解尾气中清除放射性碘是非常必要的，这是因为碘的毒性大，在裂变产物中含量较高，危害时间长久。

日本原子能研究所研究了乏燃料芯块在溶解过程中碘的行为[25,26]。第一次溶解燃耗为 39.7 GW·d/t 的压水堆乏燃料芯块 2.250 g。第二次溶解了燃耗为 25.7 GW·d/t 的加钆(Gd_2O_3)的压水堆燃料芯块 1.382 g。溶解后用离心法将不溶残渣从溶解液中分离出来。将溶解液加热到 100 ℃，用 30%的 NO 从溶液中赶碘 2 h。为了进一步赶出剩余的放射性碘，将 1 mg 碘以 IO_3^- 形式加到溶解液中，在 100 ℃下加热 1 h，并用 30% NO 鼓泡 1 h，再次把碘从

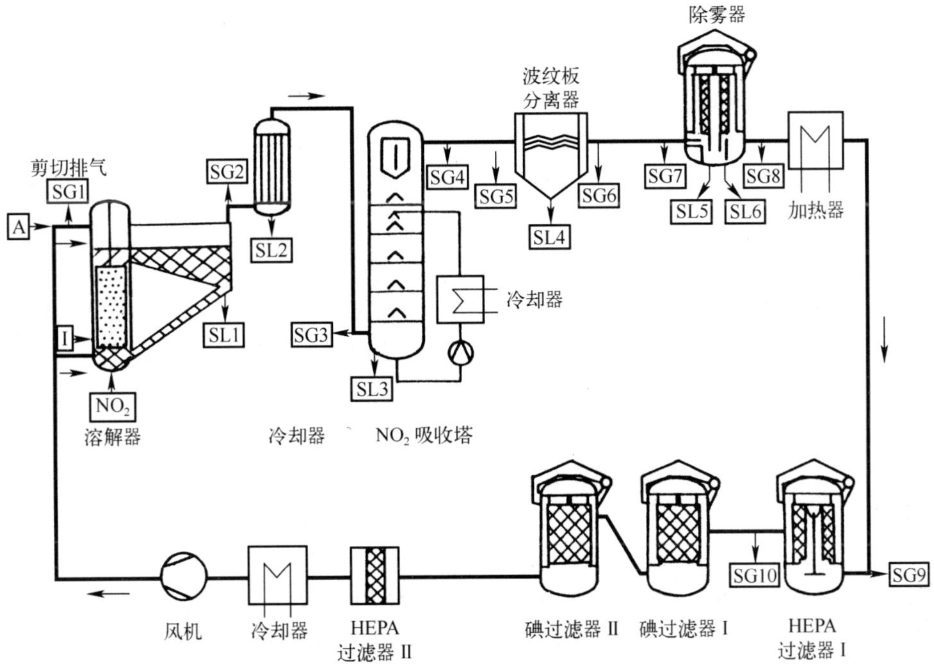

图 3-13　溶解尾气处理流程

溶解液中赶出去。

从不溶残渣中赶出碘的方法为，先将溶芯残渣放入含有 IO_3^-（6 mg 碘）的 30 mL 浓硝酸中，在 100 ℃下加热 2 h，以便把碘从残渣溶到溶液中。然后，用 15%NO 给溶液鼓泡 2 h，把碘赶到碘过滤器上。这样可将残渣中的 70%±20%的碘赶出来。

压水堆乏燃料芯块在溶解过程中碘的行为如表 3-13 所示[25]。

表 3-13　在溶解压水堆乏燃料芯块过程中挥发出的碘（^{129}I）

燃料样品类型（燃耗）质量（编号）	不溶残渣重/mg	挥发的碘（^{129}I）Bq/gU（%）						B 用 ORIGEN-Ⅱ计算，Bq/gU	$\frac{A}{B}\times 100$
		①溶解	自溶解液		自残渣		A 总计		
			②NO	③IO_3^-+NO	④IO_3^-+HNO_3	⑤NO			
UO_2 (39.7 GW·d/t) 2.250 g （编号 87H02）	7.8	968 (98.1)	8.5 (0.9)	3.2 (0.3)	未检出 (0.0)	6.8 (0.7)	986.5 (100.0)	1 388	71.7
Gd_2O_3-UO_2 (21.2 GW·d/t) 1.382 g （编号 89G05）	4.3	583 (88.1)	35.7 (5.4)	28.2 (4.3)	未检出 (0.0)	15.0 (2.3)	661.9 (100.0)	1 000	66.2

从表3-13中的数据可见，压水堆乏燃料块在100 ℃下溶解时，^{129}I除了进入溶解尾气和留在溶解液中以外，在不溶残渣中还存留有很少量的碘。

此外，在不同的条件下，碘以多种化学形态存在，所以清除碘是件复杂的事情。剪切时约有不到0.25%的碘挥发出来[6]。溶解时，直接从溶解器中挥发出来的碘为88%～98%，约有1.2%～9.7%的碘留在溶解液中[25]。如果料液中含有碘，萃取时碘能同有机溶剂发生反应，并形成难以去除的化合物，使之沾污整个系统。关于从溶解液中和从萃取料液中清除碘的方法将在后续章节介绍。

碘在尾气中可以以分子碘、碘化物、碘酸盐、有机碘化物及无机碘化物的形态存在，因此就难于用单一方法捕集，而需要相继利用不同的方法将其清除。除碘的方法是比较多的，这些方法大致可以归纳为两种类型，一是溶液洗涤法，二为吸附剂吸收法。

首先介绍洗涤法除碘。美国橡树岭国家实验室曾经研究了Iodox法。该法是在淋洗塔中用21～23 mol/L的沸腾硝酸捕集碘。在这种条件下各种形态的碘均被氧化为固体形式产物HI_3O_8，其浓度在20 mol/L HNO_3中为1 g/L。这种方法的净化系数可达10^4。该法的缺点是塔中必须维持极高的酸度，设备腐蚀严重，运行不易控制[5,8,10]。

HNO_3-$Hg(NO_3)_2$洗涤法。利用硝酸汞的吸收作用可以清除元素碘和有机碘。除碘效率为90%～99%。其产物为固体$Hg(IO_3)_2$。为了便于处置废物，可将$Hg(IO_3)_2$进一步转化为$NaIO_3$[5,27]。这种方法对于动力堆乏燃料后处理从溶解尾气中除碘来说，是一种良好的前期处理方法。

苛性碱洗涤法，即用KOH洗涤溶解尾气，这种方法能除去尾气中的碘和CO_2，洗涤后得到的K_2CO_3-KI-KIO_3-KOH为固体产物[28]。

俄罗斯曾建议用有机硅化合物洗涤溶解尾气。液体有机硅的优点在于化学性质不活泼，蒸汽压低，耐辐照。这种方法去除分子碘和有机碘化物的去污系数为10^2[6]。

第二，用吸附剂吸收碘。

这里主要是利用附银或硝酸银的固体吸附剂，例如附银沸石、附银硅胶、浸渍硝酸银的沸石或活性炭等。除碘的原理是碘及碘的化合物和硝酸银反应，生成不挥发的碘化银而被吸收于固体载体上。例如：

$$6AgNO_3 + 3I_2 \longrightarrow 4AgIO_3 + 2AgI + 6NO \tag{3-27}$$

$$CH_3I + AgNO_3 \longrightarrow AgI + CH_3NO_3 \tag{3-28}$$

从溶解尾气中最难以除去的就是元素碘(I_2)和甲基碘(CH_3I)，如上两反应式所示，附硝酸银的吸附剂清除它们是很有效的[1,27,28]。

各类固体吸附剂的除碘效率是较高的，为99%～99.99%(即去污系数为10^2～10^4)。但是，固体吸附剂吸收碘的容量是有限的，因此，如果直接用来处理含有高浓度碘的溶解尾气，很快就被饱和，使用寿命较短。所以固体吸附剂通常作为溶解尾气的终端除碘的方法。例如，法国的阿格厂首先采用HNO_3，NaOH洗涤溶解尾气除碘，然后再通过附银沸石吸收器进一步除碘[5]。

在后处理厂实际的尾气系统中，吸附剂暴露在NO_x，水蒸气和许多核素的辐照下，吸附性能下降。吸附剂上吸收的碘在排气的侵蚀下还面临着释放出来的危险。

为了降低放射性碘的排放量，为了提高吸附剂的使用寿命，提高吸附效率和吸附容量，以及为了减少除碘废物的体积，许多国家开展了多方面的实验研究工作，开发出一些新的吸附剂，有的已用于后处理厂。

日本实验了四种吸附剂，即银八面沸石（AgX）、银丝光沸石（AgZ）、浸渍硝酸银的二氧化硅（AgS）和浸渍硝酸银的活性氧化铝（AgA）。实验结果表明，沸石型的吸附剂 AgX 和 AgZ 捕集碘的效率优于浸渍硝酸银型的 AgS 和 AgA[27]。

德国和日本联合开发了采用敷银吸附剂的干法技术，目标是为了得到比原来湿法大的去污系数，并且减小二次废物体积[30]。

工艺实验发现，敷银活性氧化铝（AgA）具有与其他吸附剂同样优良的除分子碘和有机碘的能力。为了确定在实际工艺条件下 AgA 滞留碘的性能，在德国卡尔斯鲁厄后处理厂溶解尾气气氛中进行了实验。图 3-14[30]给出了运行时间为 35 天（吸附碘 6.2×10^8 Bq）和 95 天（吸附碘 1.2×10^9 Bq），AgA 的穿透和去污系数受吸附床床高的影响情形。从图 3-14 可见，在实际溶解尾气中，AgA 滞留碘的能力很高，5.0 cm 的吸附床运行 35 天后平均去污系数为 700，运行 95 天后约为 500。经过鉴定认为，AgA 几乎不受 H_2O 和 NO_x 等杂质的影响，吸附容量可达 230 mgI_2/gAgA，这相当于银的利用率为 80%；吸附了碘的 AgA 在空气中加热到 500 ℃不会释放出碘，经预热到 450 ℃处理后，AgA 在水中也不会释放出吸附的碘[29]。

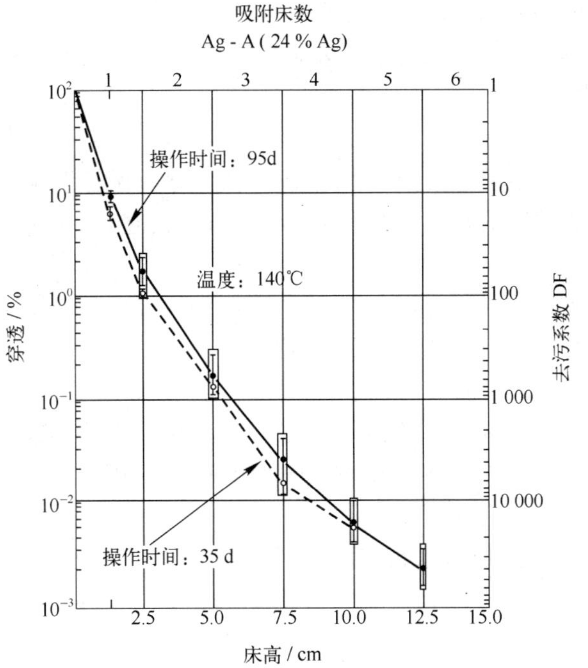

图 3-14　Ag-A 对实际溶解尾气的去污系数

日本新技术研究院等单位还研究了用硝酸银浸渍的苯乙烯二乙烯基苯共聚合物（SDB）等疏水浸银吸附剂的除碘性能[27]。

研究结果认为，减小浸渍在 SDB 上的 $AgNO_3$ 的晶粒粒度，可以有效地增加吸附率和吸附容量。高含银量吸附剂 SDB（0.71 g $AgNO_3$/g SDB），银的利用率可达 90%以上；对于吸附了碘的废吸附剂 SDB 加热，SDB 基体被分解，但是碘仍以 AgI 化合物形式保留下来。在 500 ℃

和 46.1 MPa 条件下，可使废吸附剂减容 85%，这样大大有利于除碘废物的贮存和处置[27]。

总之，通过使用溶液洗涤和采取固体吸附剂吸收这两者相结合的方法，可使后处理溶解尾气中碘的净化系数达到 10^7[6]。

对于除碘过程中所形成的含碘废物的处理，要根据不同的除碘方法来确定进一步的处理方案。正如前面介绍的那样，如果用溶液洗涤法除碘，得到的往往是固体产物。为了得到更稳定的固体形式，也可将有些产物进行转型，如将 Iodox 法得到的 HI_3O_8 转化为便于处置的 $Ba(IO_3)_2$，再进行水泥固化，这样得到的固化产物中碘的浸出率较低。如果在固化用水泥中添加 0.9%的硬脂酸甲酯，又可把碘的浸出率再降低 3 倍左右。

如果用吸附剂吸收除碘，当吸附剂被饱和后将其从碘塔中卸出，作为固体废物贮存或处置。用水泥或者特种玻璃将其固化，或者用脲醛或环氧树脂包容，待最后处置[6,27]。

二、除氚

乏燃料中的氚(T)来源于铀核和钚核的三裂变、^{235}U，^{239}Pu 和 ^{241}Pu 的热中子裂变以及 ^{238}U 的快中子裂变。氚的产额为 1.4×10^{12} Bq/(MW·a)。元素氚的比活度为 3.5×10^{14} Bq/g。

锆包壳轻水堆燃料元件中，锆包壳滞留氚的能力比不锈钢包壳强，约有 99.98%的氚被保留在包壳之内，分配在燃料芯和包壳之中。

在燃料被切割和溶解时氚转入气相和溶液中。由于与氢的同位素交换，氚很快转入液体物流之中，呈 HTO 的形式存在。

为了防止氚分散到工艺过程中去，减少氚的环境排放，许多国家积极研究捕集氚的方法。对于进入溶解液或溶剂萃取料液中的氚，在 Purex 第一萃取循环设立了除氚设备，以最小体积的硝酸水溶液捕集最大数量的氚。这个问题将在第五章阐述，因为本节论述的题目是从溶解尾气中除氚。

捕集气相中的氚可以采用钛、锆、铪、钍等金属制作的过滤器，可借助苯乙烯在催化氢作用下捕集氚。附镍的硅藻土和附铑的氧化铝均可用作捕集氚的催化剂。

捕集氚得到的含氚废水要转化为适于长期贮存和最终处置的形式。主要的方法是固化，多采用水凝水泥、硅胶、活性氧化铝、硫酸钙以及一些有机聚合物作固化体，其中以水泥固化、塑料固化法较为成熟。为了减少氚从水泥中的浸出率，常采用沥青、石蜡、有机聚合物包覆水泥固化体[1,6]。

美国采用过深井处置法将含氚废液注射到隔离水层的 60～3 000 m 深的钻井或废矿井之中[1,6]。

德国试验将氚化水注射到一个孤立的已经采尽的透镜状铀矿中[1,6]。

三、除^{14}C

燃料元件中的 N 经过 $^{14}N(n,p)^{14}C$ 反应生成 ^{14}C。估计 ^{14}C 在压水堆中的产额为 6.3×10^8 Bq/(MW·a)，在沸水堆中的产额为 3.4×10^9 Bq/(MW·a)。

在溶解乏燃料元件时，95%的 ^{14}C 以 CO_2 形式释放出来，其余为 CO 及碳氢化合物。

从溶解尾气中除去 ^{14}C 的主要方法有：氢氧化钠或氢氧化钙洗涤法，分子筛吸附法，以及碳氟化合物吸收法等。实验表明，在 −40 ℃～+4 ℃条件下，碳氟化合物可捕集高达 99.9% 的 ^{14}C[32]。用这些方法捕集的 ^{14}C，都将其转变为 $CaCO_3$。

这些包容^{14}C 的 $CaCO_3$ 废物，或者是直接包装进行处置，或者同水泥混合后再行包装和处置[6,27,33]。

四、除钌

日本采用安装于六个所后处理厂实际洗涤器原型 1/5 的装置，进行了除去挥发性钌的试验，其试验条件和实际操作条件相同，以确认该装置的除钌性能。

图 3-15 为尾气处理系统示意图[34]。

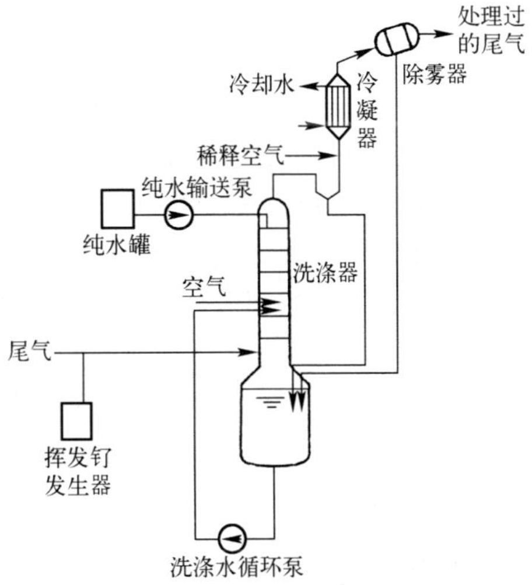

图 3-15　尾气处理系统示意图

在实际工厂中，洗涤器中每块塔板上分别有 10 个泡罩和 5 个文丘里喷嘴管。试验要求模型的尺寸、结构和操作条件同实际装置一致，以便获得同样的结果。试验气流速率为工厂值的 1/5，因为文丘里喷嘴管的数量已调为 1/5；其流体面积为工厂实用面积的 1/5，即在每块塔板上安装 2 个泡罩。

在模型装置上，按照设计的基本条件（气流速率、洗涤水流量、挥发性钌的浓度）重复地进行了 6 次测量试验。表 3-14 给出了验证结果[34]。

表 3-14　在设计条件下的除钌验证试验结果

编号	钌浓度			DF		
	洗涤器入口	洗涤器出口	冷凝器出口	洗涤器(a)	冷凝器(b)	$a+b$
1	4.4×10^{-4}	2.9×10^{-6}	$<8.9\times10^{-8}$	2.0×10^{2}	$>2.8\times10$	$>5.5\times10^{3}$
2	4.6×10^{-4}	4.2×10^{-6}	$<9.5\times10^{-8}$	1.0×10^{2}	$>3.8\times10$	$>4.0\times10^{3}$
3	4.9×10^{-4}	4.4×10^{-6}	$<1.0\times10^{-7}$	1.1×10^{2}	$>3.8\times10$	$>4.1\times10^{3}$
4	5.9×10^{-4}	4.4×10^{-6}	$<9.7\times10^{-8}$	1.3×10^{2}	$>3.9\times10$	$>5.0\times10^{3}$
5	5.3×10^{-4}	4.3×10^{-6}	$<9.3\times10^{-8}$	1.2×10^{2}	$>4.0\times10$	$>4.7\times10^{3}$
6	5.4×10^{-4}	3.7×10^{-6}	$<8.5\times10^{-8}$	1.4×10^{2}	$>3.7\times10$	$>5.3\times10^{3}$
平均	5.1×10^{-4}	4.0×10^{-6}	$<9.3\times10^{-8}$	1.3×10^{2}	$>3.7\times10$	$>4.8\times10^{3}$

验证试验已经证实，板柱型洗涤器与冷凝器相组合，其除钌的去污系数可高于 4×10^{3}。这个数值超过了设计要求的 5×10^{2}。

由于在冷凝器出口探测不到钌，所以提高了洗涤器入口的钌浓度高于 1×10^{-2} mg/标准立方米时，便可测出冷凝器出口的钌浓度，这时对于洗涤器和冷凝器组合装置的除钌去污系数约为 2×10^{4}。

五、除氪

因为^{133}Xe 的半衰期仅为 5.27 天，所以冷却一年以上的乏燃料中^{133}Xe 可以忽略不计。在溶解尾气中的放射性惰性气体主要是^{85}Kr。在^{235}U 热中子裂变过程中^{85}Kr 的产额为 1.9×

10^{13} Bq/(MW·a)，^{239}Pu 裂变过程中^{85}Kr 的产额为 9.4×10^{12} Bq/(MW·a)[35]。由此可见，^{85}Kr的产额是较高的。过去将其释放到大气中去，但是后来一些国家对其排放规定了限值，并计划对其进行净化处理[33]。法国从 1966 年执行气体的排放限值，由于对^{85}Kr 的批准限值太宽，基本上全部释放到大气中去了[35]。德国卡尔斯鲁厄从 1972 年起规定并执行了^{85}Kr 的排放限值[36]。据日本东海后处理厂 1991 年报道，东海后处理厂建设并运行了^{85}Kr 回收装置[37]。在 1994 年英国大型乏燃料后处理 THORP 厂投产时，英国环境部长也认为 THORP 厂应回收^{85}Kr，所以增加 1 亿英镑的投资来加装^{85}Kr 回收装置[38]。

为了从尾气中除氪，低温蒸馏法、活性炭或分子筛低温吸附或室温吸附法、氟里昂或者 CO_2 吸收法是各国研究和应用较多的方法。其他如选择性膜扩散法、热扩散法等尚处于开发阶段[6]。

由于在核电站气体净化系统中成功地应用了低温蒸馏和活性炭吸附，使得这两种方法变得较为完善和成熟。这两种方法对放射性惰性气体的净化系数分别可达 10^4 和 10^3[6]。下面主要介绍用这两种方法从溶解尾气中除氪。

1. 低温蒸馏法

低温蒸馏法是利用在同一温度下惰性气体与其他气体以及惰性气体本身之间具有不同的挥发性而使它们互相分离的。

表 3-15 给出了乏燃料溶解器排气的各组分的沸点和凝固点[39]。

表 3-15　乏燃料溶解器排气的各组分在 1 大气压下的沸点和凝固点

	H_2O	NO_2	CO_2	C_2H_2	N_2O	Xe	O_3	NO	Kr	CH_4	O_2	Ar	N_2	H_2
沸点/℃	100	21	−79	−84	−89	−108	−110	−152	−153	−162	−183	−186	−196	−253
凝固点/℃	0	−11	−79	−81	−91	−112	−193	−164	−157	−183	−218	−189	−210	−259

图 3-16 表明了一些国家采用低温蒸馏法的气体净化系统的各种方案[6]。

文献[40～42]报道了用液氮作制冷剂的中间工厂试验结果。日本建立了中间试验装置来开展低温蒸馏研究工作。图 3-17 表示了日本低温蒸馏装置的气体预处理部分；图 3-18 为该试验装置的低温蒸馏部分。溶解器的排气首先进入气体预处理部分，被预热至 500 ℃进入铂催化器，利用氧化反应从排气中除去甲烷和乙炔。然后在钯催化器，自动控制加入的氢与氧反应生成水，与氮氧化物反应生成氮、氨和水。铜催化剂用于除氧，碱洗塔用于除二氧化碳，酸洗塔用于除氨，分子筛干燥器用以除去其中所含的水分。

这套预处理装置除碳氢化合物的效率可达 99.5%，通过钯、铜催化器后的排气含氧量可降到 1×10^{-4}%，经过碱洗后的气体中二氧化碳含量可降低到 1×10^{-3}%，酸洗后排气的氨含量为 1.5×10^{-4}%，经过分子筛干燥后进入到蒸馏部分的气体露点可降低到 −70 ℃。

图 3-18 所示的低温蒸馏装置主要由两个蒸馏柱组成。其中第一个的尺寸为 ϕ150 mm×2 000 mm，连续操作，从溶解排气中分离氪。第二根柱子的尺寸为 ϕ50 mm×2 000 mm，间歇操作，主要作用是浓集氪。此装置连续运行三个月，结果证实，第一个蒸馏柱从溶解器排气中除氪的净化系数可达 10^7，第二个柱回收氪的浓度接近于 100%[39]。

美国爱达荷后处理厂从 20 世纪 50 年代末期用低温蒸馏法回收氪和氙，并一直使用到现

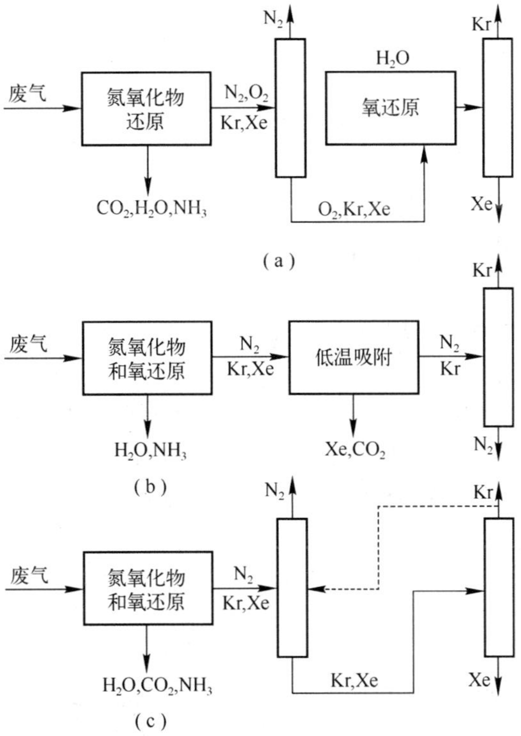

图 3-16　一些国家提取 Kr 的流程

(a)法国、日本、比利时;(b)美国、日本、德国;(c)德国

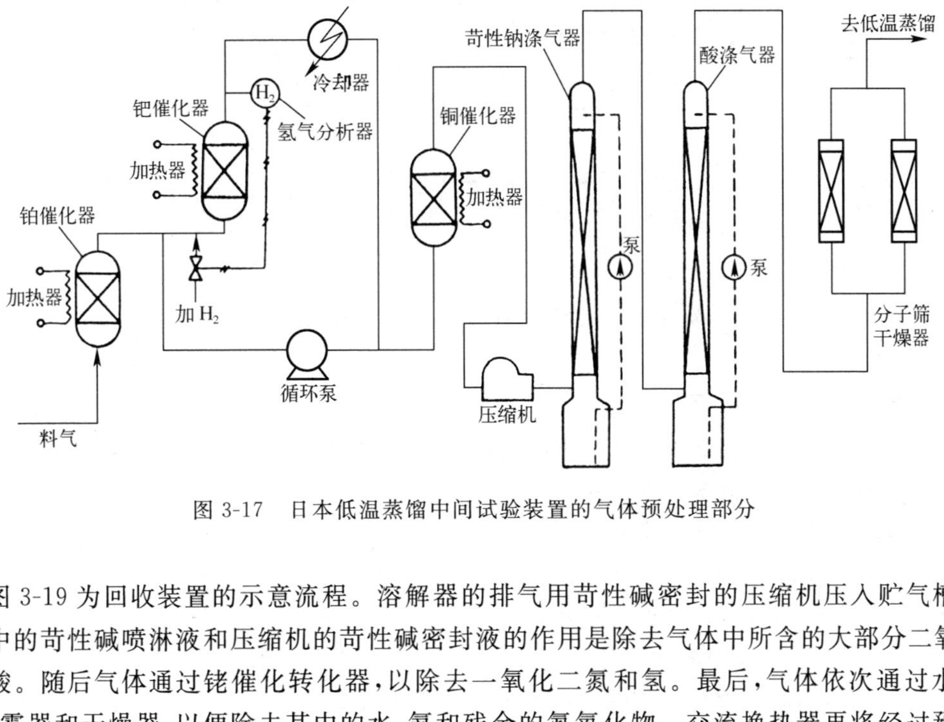

图 3-17　日本低温蒸馏中间试验装置的气体预处理部分

在。图 3-19 为回收装置的示意流程。溶解器的排气用苛性碱密封的压缩机压入贮气槽。贮气槽中的苛性碱喷淋液和压缩机的苛性碱密封液的作用是除去气体中所含的大部分二氧化氮和硝酸。随后气体通过铑催化转化器,以除去一氧化二氮和氢。最后,气体依次通过水冷却器、除雾器和干燥器,以便除去其中的水、氨和残余的氮氧化物。交流换热器再将经过预处理

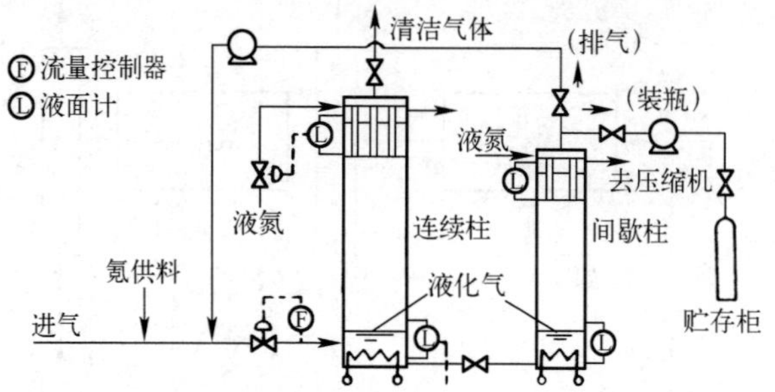

图 3-18 低温蒸馏单元中间工厂试验的流程示意图

的排气降温后，连续送入蒸馏塔，蒸馏塔底部收集的产品液分批地送入间歇式蒸馏釜。在蒸馏釜最先馏出的大部分是氧，因为其中含有相当多的氪和氙，所以应将其返至贮气槽使它再经过上述流程处理。随后馏出的是主要产品富氪气流，最终馏出的主要是氙。

爱达荷后处理厂惰性气体回收装置所采用的低温蒸馏流程可以回收相当纯的氪和氙为其产品[39]。

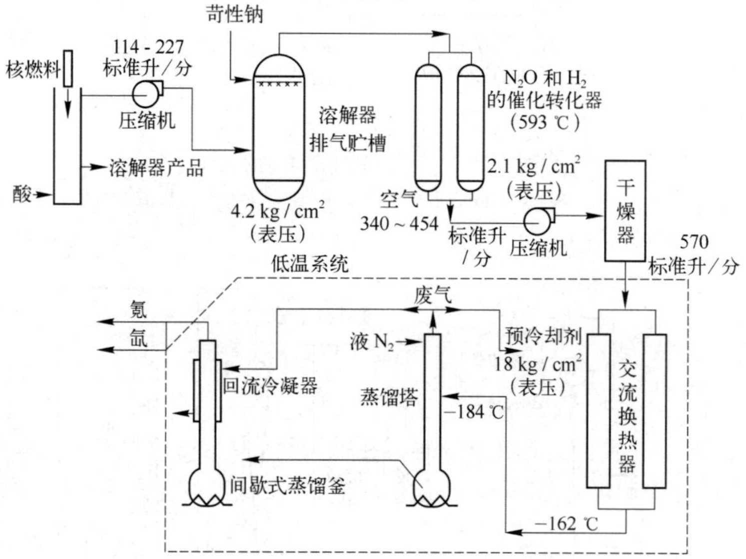

图 3-19 爱达荷工厂惰性气体回收装置的示意流程图(低温蒸馏)

2. 用活性炭吸附法回收氪

由用低温蒸馏法回收氪和氙的论述可知，同样对于溶解尾气(即上述的排气)必须经过一系列的预处理方可进入炭床。首先要从尾气中进一步除去氮氧化物。采用 H 型丝光沸石，用 NH_3 还原氮氧化物，可以获得满意的效果。NH_3 对氮氧化物的还原的转化率如图 3-20 所示[40]。

溶解尾气经过除氮氧化物和气液分离后，进行干燥处理，干燥后送入预冷器，然后进入活性炭床。在活性炭床，在液氮的冷却下，先将气体液化。利用氪和氙的沸点温度差，先后被活性炭吸附。但是用液氮液化气体时要注意控制温度不要低于－190 ℃，因为这时气体往往会发生凝固，以致堵塞设备的管道。活性炭可以完全吸附氪、氙而与空气主要组分（氧、氮）分离。接着对活性炭床进行加热，升高温度，除氪之外的杂气先后被解吸出来，作为尾气从烟囱排走。随着温度继续升高到 100 ℃左右，氪也被解吸出来，转送到冷阱或气柜储存。如果采用 U 形管吸附柱再进行多次活性炭吸附—解吸，进行精制操作，就可以得到较高浓度的^{85}Kr 产品。

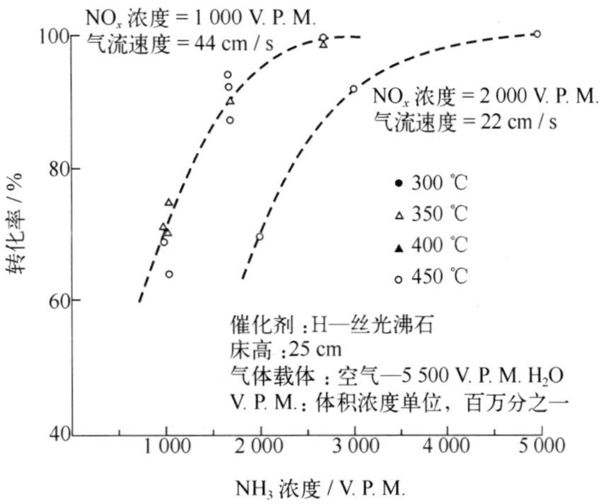

图 3-20　NH_3 对空气中的 NO_x 的选择还原

由于氪和氙这些惰性气体很难形成稳定的化合物，均以气体形式存在，因此从尾气中提取的氪，最好的处理方法就是将其贮存在加压钢瓶中。其他有些方法尚在开发之中，其中贮存惰性气体很有前途的新方法叫做“沸石封存”。沸石是一种硅酸铝的晶型化合物，在晶格间存在着规则排列的、大小均匀的空穴。如果给氪等惰性气体足够的活化能时，完全可以把它引入沸石晶体孔穴之中去。之后，再降温降压，把氪牢固地封闭在沸石中，直到^{85}Kr 衰变到无害为止[27]。

用活性炭吸附法回收氪时，存在着着火和爆炸的不安全问题。因为活性炭在空气或氧中能够燃烧，所以在美国的活性炭吸附器上发生过着火事故。为把活性炭着火的可能性减至最小，可采取下列措施：选用燃点较高的活性炭；在炭床上安装温度敏感装置，以便及时发现问题；为活性炭床提供冷却装置等。

在低温使用活性炭时，还可能产生爆炸的问题。美国橡树岭国家实验室发生过低温活性炭吸附床爆炸事故[39]。

爆炸的起因，首先是与臭氧有关，一般认为，液氮中的氧在辐射作用下形成臭氧。臭氧化学性质是不稳定的，在低温下也能自发分解。在低温区，氧和臭氧优先液化和浓集。因此，为了避免臭氧的积累而引起爆炸，必须通过预处理措施，在低温区优先排除氧和臭氧。橡树岭国家实验室低温活性炭吸附床发生爆炸的原因是由于活性炭与二氧化氮的化学反应引起的。因为气体中的氮氧化物含量达 6%时，活性炭就可以自燃。解决的办法是在活性炭床之前，增加一个活性炭反应器，将核燃料后处理送来的氪、氙粗产品气体进入操作温度达 900 ℃的反应器，使其中的二氧化氮与碳发生化学反应而除去。这样，进入低温活性炭吸附床的气体不含二氧化氮，故系统再没有发生爆炸事故[39]。

第七节　溶解器

溶解器必须满足下列要求：（1）能顺畅地加入乏燃料和溶解剂；（2）能保持燃料和溶解剂之间有良好的接触；（3）具有控制溶解速度的可靠的措施；（4）能够顺利地排出溶解产品液、废气、废包壳和残渣。

世界上许多国家的后处理厂设计采用了不同种类的溶解器。现在已经投入运行的溶解器种类繁多。按照投料和出料的方式来划分，有间歇溶解器、半连续溶解器和连续溶解器三种。按容器的形状来分，有罐式（或锅式）、柱式、板式和环式等。多数溶解器以立式为主，但也有卧式的。

对于生产堆乏燃料和金属铀的溶解，除了英国采用连续溶解器外，各国绝大多数后处理厂均采用间歇罐式溶解器[16]。对于动力堆乏燃料元件，多数后处理厂采用间歇篮筐式溶解器，如欧化后处理厂低加浓铀燃料的溶解，意大利尤勒克斯中间工厂，德国卡尔斯鲁厄中间工厂，俄罗斯的 RT-1 后处理厂，英国的 THORP 工厂，美国核燃料服务公司西谷厂等后处理厂都采用间歇篮筐式溶解器。法国马库尔和阿格厂的 UP2-400 开始时也是采用间歇溶解器，后来开发并应用了连续溶解器。有些国家的后处理厂采用回转式连续溶解器，如美国中西部厂采用全封闭的卧式连续溶解器，法国 UP3 厂、UP2-800 厂，日本的六个所后处理厂等采用回转式连续溶解器[6,10,38,42]

一、间歇溶解器

目前，投入使用的间歇溶解器除了有罐式、柱式、扁平式和环式外，还有溶解器内部有吊篮与无吊篮之分，以及还有锅式与循环式之别。

间歇罐式溶解器在乏燃料溶解中应用最广，特别是天然铀和低加浓铀、低加浓氧化铀燃料的溶解。间歇溶解器的优点是结构比较简单，加料和出料以及排出包壳和残渣比较容易，间歇溶解器还不存在启动和停车时出现的溶解料液不合格的问题[3,10]。

美国比较早期的间歇罐式（文献[3]称其为锅式）溶解器如图 3-21 所示[3]。

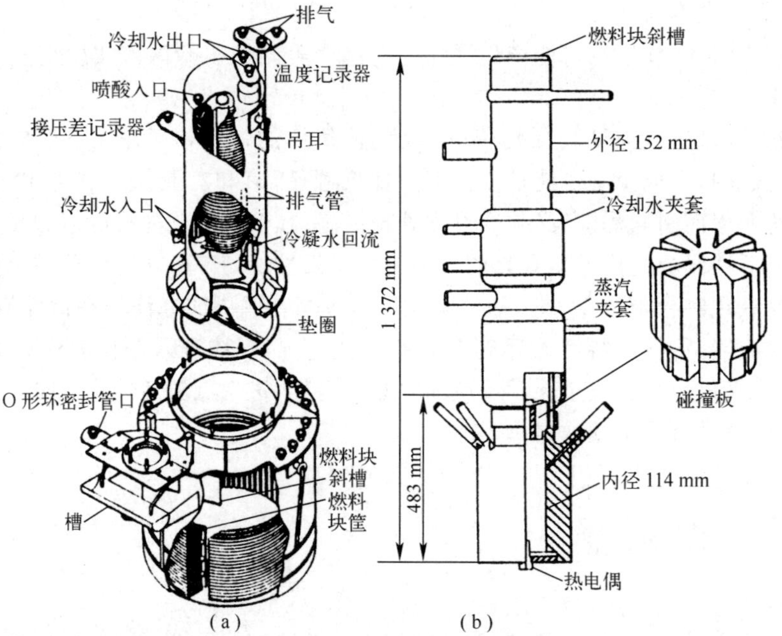

图 3-21　典型间歇溶解器简图

(a)用于非加浓燃料；(b)用于加浓燃料

溶解器安装有加燃料的斜槽和盛放燃料块的篮筐。燃料元件篮筐能够保护溶解器内的传热蛇管和仪表套管。当乏燃料从设备室顶上加入并落下时,由缓冲板吸收乏燃料下落的冲量,起到保护溶解器的作用。

间歇溶解一般是在沸腾温度下进行,所以溶解器内都安装有蒸汽夹套和蛇管,以便将物料预热到适当温度。当溶解反应太快,物料温度过高时,可以向夹套或蛇管通入冷却水,用以控制溶解速度。

从图 3-21 可见,早期为了确保临界安全,使用较小尺寸的溶解器〔如图 3-21(b)所示〕来溶解加浓燃料。后来利用几何尺寸控制临界安全,发展并应用了几何安全的溶解器。采用几何临界安全的溶解器,由于溶解器尺寸受到限制,所以使溶解速度变得缓慢,因而造成溶解时间过长,这样就影响了工厂的生产能力。解决这个问题的一个方法是采用间歇循环溶解法。图 3-22 是间歇循环式溶解器的一种类型[3],两个溶解器共用一个中间贮槽。溶解试剂从中间贮槽流向溶解器,由溶解器再流回中间贮槽,就是这样使溶解液循环起来。为了提高溶解速度,正如图示,采取了吹入空气鼓泡溶解的办法。为了强化循环溶解还采取了抽吸溶解液的方法来提高循环速度。

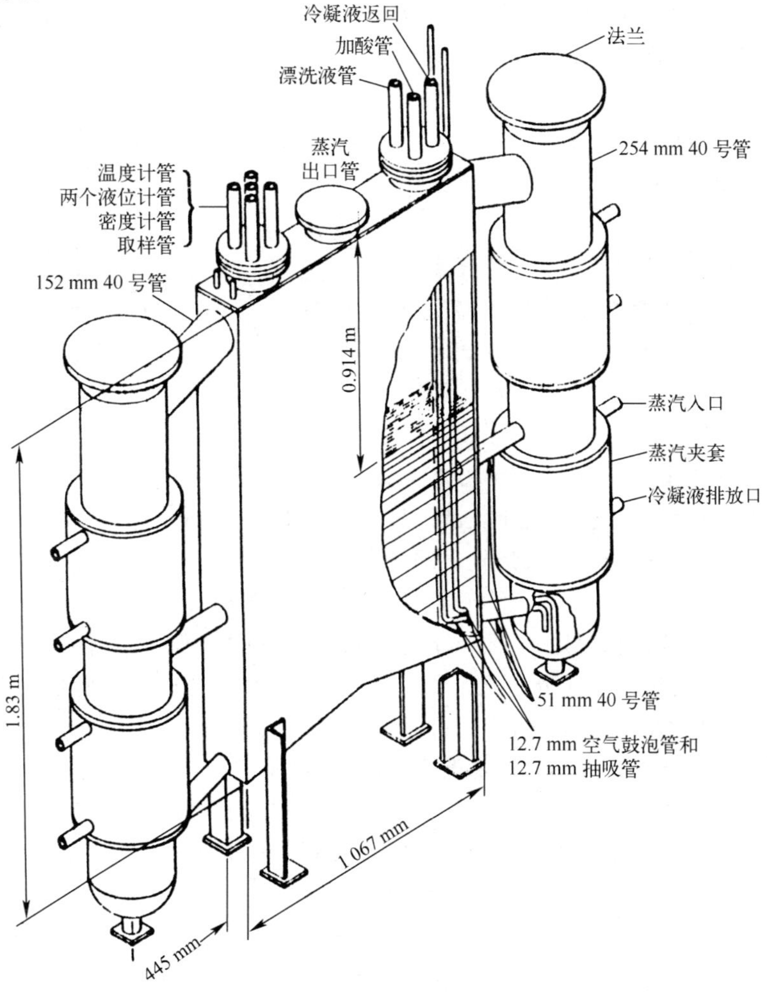

图 3-22　循环式溶解器简图

对循环溶解器的性能分析表明，当乏燃料加料量、循环速度和溶解反应速度都一定时，空气鼓泡搅拌可以提高溶解速度。

图 3-23 是间歇循环溶解器的另一种类型。它是由一个循环槽和一根溶解管组成的[4]。

欧化公司后处理厂[16]第一台溶解器就是采用带扁平容器形式的溶解器。这台溶解器是为溶解铀加浓度在 1.6%以下的乏燃料。这是一个自由高度为 7 m，内径为 300 mm 的立式管型溶解器。溶解器顶部和底部都与一个容积 3 m^3 的几何安全的扁平循环容器相连接。溶解器的总体积足以容纳 1 t 铀的去壳液或溶解液。在去壳和溶芯过程中反应产生的气体使料液在垂直管内上升，产生的乳状液溢流入扁平槽，气液分离后流体流回立管式溶解器底部，这样便形成了自然循环。在溶解的最后阶段，可用氮气升液器强化溶液循环，提高溶解速度。

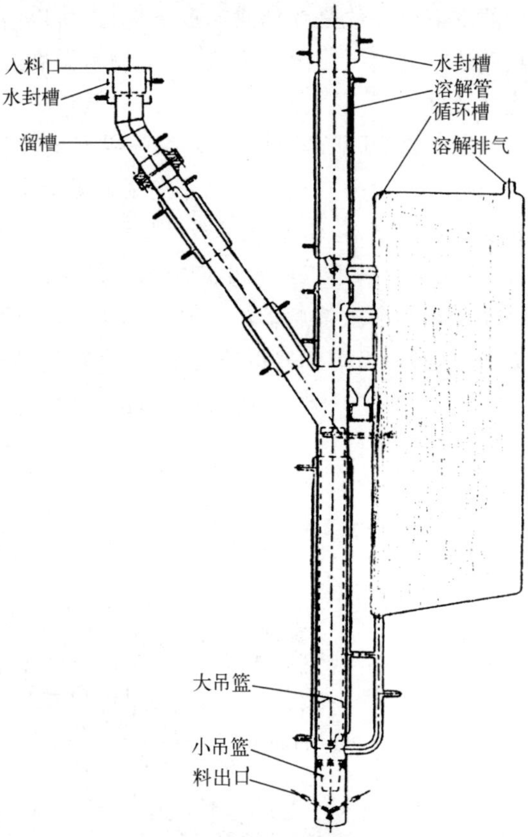

图 3-23　间歇循环溶解器

还有一种间歇溶解器，那就是间歇环形溶解器。美国和俄罗斯都发展和应用了这种溶解器[3,10,42,44]。

文献[3]报道了一种溶解 1%加浓度燃料的临界安全的环形溶解器。该溶解器高 4.267 m，直径为 2.236 m 的平底圆柱式容器。在这个圆柱的中心是一个中空的正圆形柱，柱体内装混凝土中子慢化剂，在正圆柱上面罩一个用于燃料块分配的锥形分布器。混凝土封在不锈钢内。在混凝土正圆形柱外边是用 50.8 mm 宽、12.7 mm 厚的不锈钢条做成的装燃料块的筐。筐子与正圆形柱之间为一条 267 mm 宽的环隙。筐底为厚度达 76 mm 的金属块。篮筐外侧是喷射器环、仪表套管、加热或冷却蛇管，以及浸泡管。

这台溶解器可以装入长度达 3.05 m 的乏燃料元件，也可以装内盛燃料块的篮筐，燃料块从两侧倒入，以便使其较均匀地分布在环形空间。该溶解器如图 3-24 所示。图 3-25 为俄罗斯应用的气动排除包壳的临界安全的环形间歇溶解器[44]。

为了利用具有次临界几何形状的容器来控制临界，美国研制成功了具有次临界直径的长筒形容器。核燃料服务公司西谷厂[10,45]采用兼有浓度控制的次临界环形溶解器，其横截面如图 3-26 所示。该溶解器燃料筐的高度为 2.13 m，直径为 203 mm。有 6 个直径为 254 mm 的圆筒。环形间隙为 76 mm。在 6 个圆筒之间填充的是含 0.5%(质量分数)天然硼的混凝土，用以防止核相互作用，两圆筒间距 762 mm。溶解器使用时，要针对乏燃料的燃耗和加浓度，选用不同尺寸的燃料筐盛装燃料块，要能保证溶解后在环隙之间和圆筒中的溶液浓度为临界值的 60%以下。

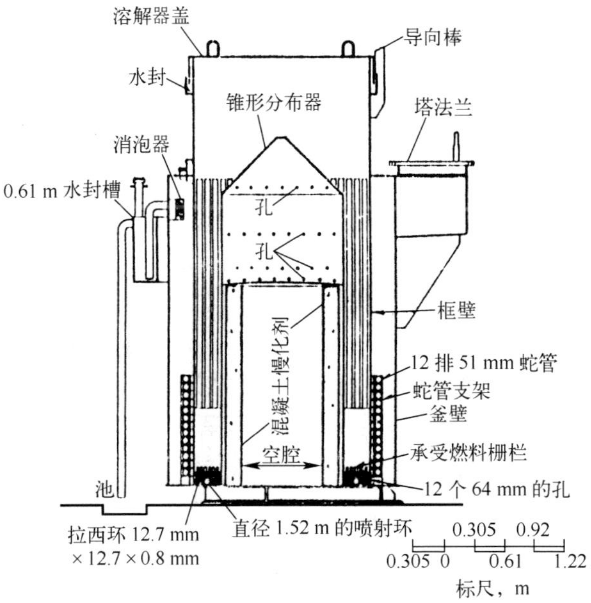

图 3-24　环形溶解器简图

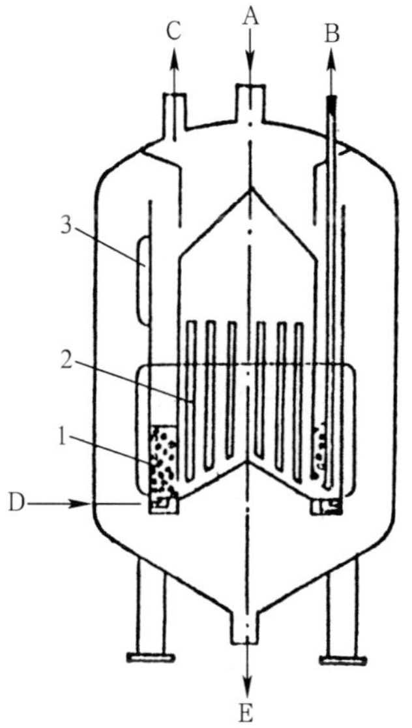

图 3-25　用气动排除包壳的溶解器

1—燃料片；2—中子吸收剂(插板)；3—蒸汽-水夹套；
A—进料口；B—溶液出口；C—气体出口；
D—压缩氮；E—包壳排出口

在大生产中，为了提高生产能力，采用可溶性中子毒物来预防临界。美国巴威尔厂在溶解时，在溶解液硝酸中加入浓度达 5.6 g/L 的硝酸钆溶液。当溶解器中铀和钚的浓度达到临界浓度时，也不会发生临界事故，甚至当溶液中全部核素都是^{235}U 时，仍然是安全的[10]。

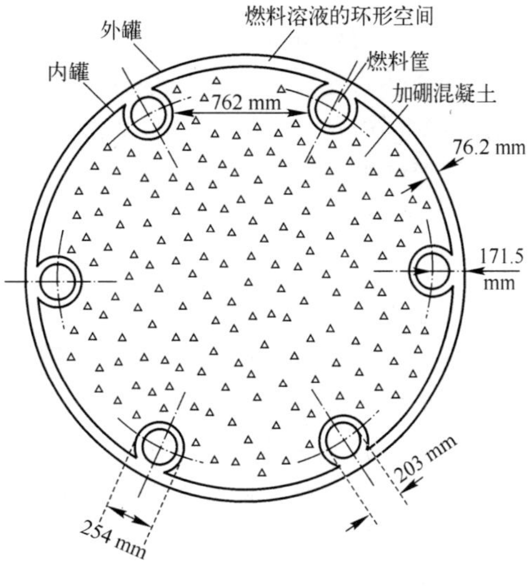

图 3-26　核燃料服务公司西谷厂用的环形溶解器横截面图

通过上面的论述我们会发现间歇溶解器存在着明显的缺点：(1)乏燃料的溶解速度不恒定。溶解开始时加入的新燃料外露表面积大，又是新鲜的溶解试剂，所以溶解速度高。在溶解结束之前的一段时间溶解得很缓慢。(2)在溶解过程中排气有明显的气峰。(3)在溶解时如果不使用中子毒物，受临界限制，溶解量较小。(4)间歇溶解过程不能做到连续稳定操作，过程中亚硝酸不是连续稳定生成，所以有挥发性钌生成，也不利于以元素碘形式解吸碘[4]。

为了适应动力堆乏燃料卸料量和贮存量不断增长的要求——扩大后处理能力，为了克服间歇溶解的上述缺点，许多国家已研究开发了连续溶解器。

二、连续溶解器

连续溶解器的运行中乏燃料的加入、溶解试剂的加入和溶解液的排出都是连续进行的。为了实现连续稳定的溶解，要自动地调整燃料的加入量，以便保持溶解速度与加料速度相平衡。连续溶解器的优点是：溶解液的组成较为恒定；排气速度稳定无气峰；气体吸收洗涤系统较小、效率较高、易于控制；对于相同的平均溶解速度而言，连续溶解器的体积约为间歇溶解器的1/20～1/10，这种溶解器用于溶解浓缩铀燃料特别有利，因为临界质量限制了溶解器的尺寸。

连续溶解器的总溶解速度与乏燃料的进料速度、溶解试剂的浓度和流量、溶解温度等因素有关。

无固体残渣的连续溶解器，固体必须向下供料[3]。溶解剂可以自上而下流动，也可自下而上流动。液体向下供料的溶解器被称为淌流式溶解器。这种类型的溶解器，废气最好在底部排出，防止发生液泛。溶解剂从下部加入向上运动，与燃料逆流的连续溶解器，称为溢流溶解器。这类溶解器的气液分离比淌流式简单些。

连续溶解器操作特别适合于乏燃料和包壳同时溶解的情况，所以早期发展的连续溶解器多用于铀-铝、铀-钼合金燃料的溶解[10,46]。图3-27给出了一种用硝酸—硝酸汞溶解加浓铀-铝燃料的连续溶解器[3]。关于用硝酸—硝酸汞溶解加浓铀-铝合金燃料的机理，在本章第四节已阐述，这里不再赘述。

在溶解过程中，如果有包壳和残渣排出，则连续溶解器的结构就要复杂得多了，因为要考虑洗下残渣上附着的溶解液，排出残渣，都要保证不逸出废气。美国橡树岭国家实验室已设计和试验了三种回转式连续溶解器。这种回转式溶解器是由一个水平的或略带倾斜的转鼓构成，转鼓沿轴向被隔板隔成若干仓室，如图3-28所示[7]。切断的燃料由加料溜槽进到溶解器的入口仓。只要转鼓按原来的方向旋转，燃料就在仓内翻转而被溶解。当转鼓向相反方向旋转时，就会使仓室中的挡板抄起固体并倒入传送管中，使燃料从一个浸取仓被送到下一个浸取仓。通过控制转鼓反向转动的次数，就可以控制燃料在溶解器中的溶解停留时间。燃料包壳经过漂洗仓再进入排出口被排出。

溶解剂从另一端（与燃料入口相对的那端）进入转鼓，沿着与燃料运动的反方向流动。在转鼓中溶解液的体积保持为转鼓总体积的10%左右。

橡树岭国家实验室研制了三台在实际尺寸和内部构形上均不相同的溶解器。

实验室规模溶解器的直径为0.3 m，转鼓分为5个0.13 m宽的仓室，这5个仓室按功能分为：1个入口段，3个溶解—漂洗段，一个出口段。

用这套装置的试验结果表明，总的性能是令人满意的，特别是对小粒子（$<44\ \mu m$）的总漂洗效率$>99.5\%$。用热硝酸做的UO_2溶解试验进行得很平稳，也很有效，加入的UO_2大约经过30 min就溶解了90%，剩余部分再经30 min就溶解完了。

在一台直径为1.2 m，分为3个宽度各为0.5 m的仓室的大溶解器里进行了试验。为了解决在实验室规模溶解器中发现有相当多的液体反混问题，在大溶解器中用水轮泵式装置代替了实验室溶解器中的多孔隔板。试验结果表明，水轮泵式结构消除了各仓室之间的液体交流，从而也就消除了反混现象。对于44 μm左右的细颗粒，单级漂洗效率约为65%，总漂洗效率约为98%。

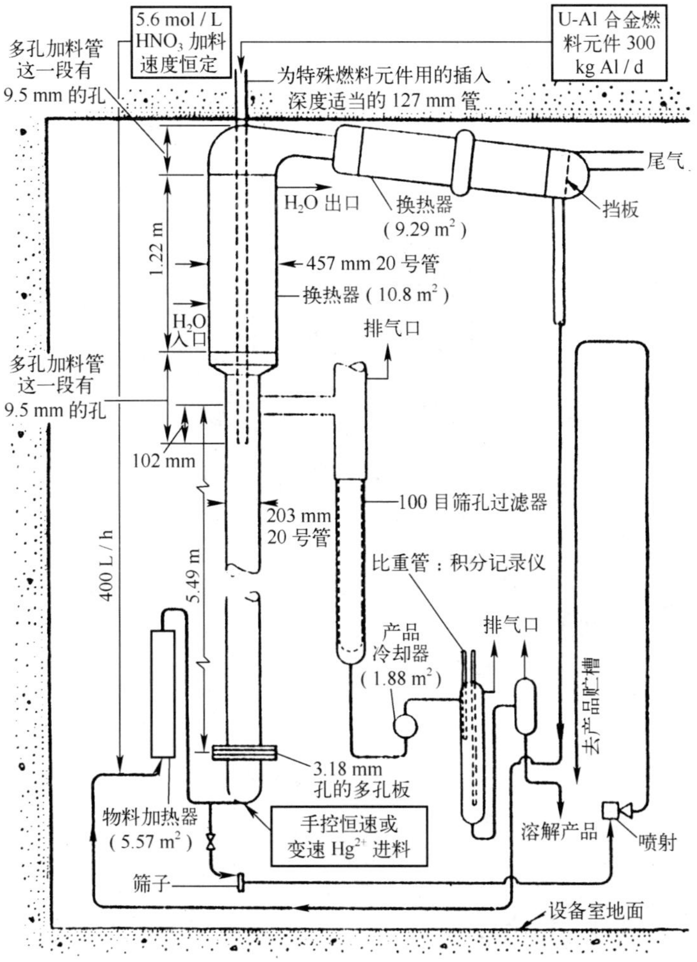

图 3-27　加浓铀燃料用的连续溶解器简图

每天能处理 0.5 t 重金属的中间工厂规模的回转溶解器，长约为 6 m，宽 1.2 m，高约为 1.5 m。圆筒形转鼓长约为 2.4 m，有 9 个仓室：1 个进料仓，7 个溶解仓，1 个出口仓。

美国中西部厂就曾采用全封闭的远距离维修震动卧式连续溶解器[42]。

法国阿格厂和日本六个所后处理厂都应用法国研制的连续回转式溶解器[6,42,47,48]。该溶解器如图 3-29[47]和图 3-30[48]所示。它是一个带 12 个戽斗的勺轮扁平槽。勺轮内径为 1 m，外径为 2.7 m，轮厚 16 cm。剪切下来的小段二氧化铀燃料连续有序地落入其中。槽体下部的戽斗浸没在硝酸溶解液中。勺轮步进式回转，每小时约转 1/12 周。回转的时间间隔是因乏燃料组件类型的不同而相异的。

连续回转式溶解器主要由下列一些部件构成，一个锆制的扁平槽，外部焊有加强肋，防止变形，槽体上设有工艺管道和溜槽、振荡器、泡沫破碎器，还有加热及冷却装置。活动部件及其主要作用为，不锈钢做的上盖，通过液封装置使得溶解尾气不外漏；支承在上盖之上的再循环空气提升装置，可将金属碎屑吸入并返回浸没在液体里的戽斗中；驱动机构用于驱动勺轮回转、角度定位并强制锁紧；勺轮用滚子支承，这些滚子作为勺轮定位机构。

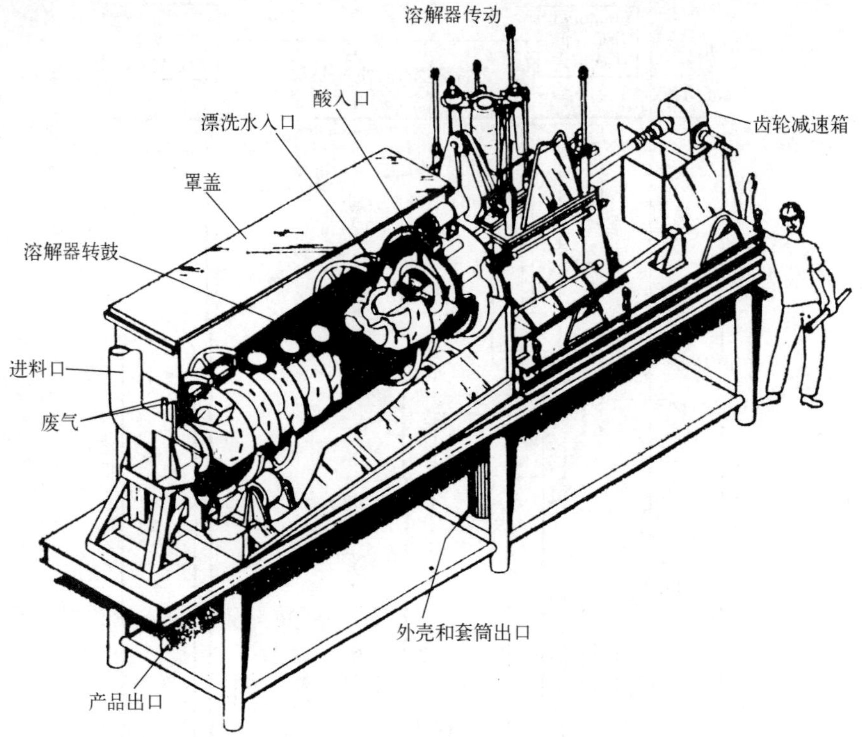

图 3-28 原型回转溶解器

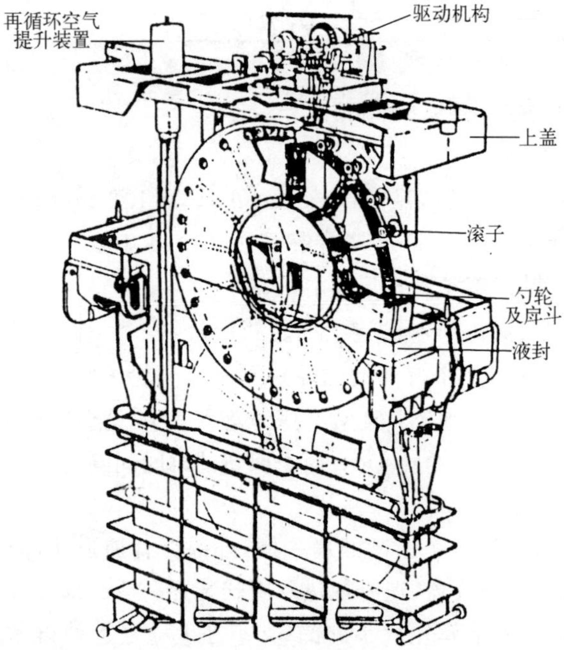

图 3-29 连续溶解器

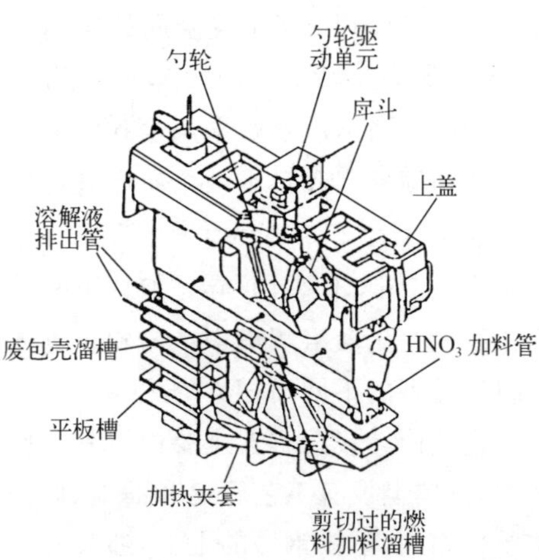

图 3-30 回转式溶解器全视图

三、溶解器的腐蚀问题

英国温茨凯尔二厂在其运行经验[17]中指出，在铀溶解器中有一个很棘手的问题，这与铀棒的质量有关，由于每根铀棒重达 13 kg，这些铀棒滑入与水平线成 30°角的装料管，在落入溶解器之前猛烈地撞击位于装料管尾端的制动器。制动器由于受到撞击而被腐蚀。每年需要更换装料管，换掉长 5 m、重 250 kg 的放射性很高的管子是很困难的。

德国卡尔斯鲁厄后处理中间工厂[36]报道，1980 年 5 月一台溶解器由于腐蚀而泄漏了，使加热用的蒸汽系统受到了污染。后来对溶解器进行了清洗再次启动时，被污染的蒸汽从止回阀泄漏出来，总共泄漏了 3×10^8 Bq β 放射性，污染了房间。去污时将被污染的砾石和地面除去，作为低放废物处理。后来将泄漏的溶解器用吊车和机械手拆除，对热室进行去污。到 1982 年 10 月完成了新溶解器和其他设备的安装，恢复了后处理厂的运行。

日本东海后处理厂从 1977 年热运行以来，到 1982 年 4 月两台溶解器之中的一台，在加热蒸汽冷凝液中发现了少量放射性，被迫中断运行。经调查其原因是溶解器的焊缝出现了沙眼。这样就只能用另外一台溶解器坚持生产，1983 年 2 月第二台溶解器也出现了几处与第一台溶解器类似的损伤，再次被迫中断运行。后来使用远距离检修装置就地修复了被腐蚀的溶解器。1984 年安装了第三台溶解器。1986 年又对两台修复过的溶解器进行了补焊[37,50,51]。

目前溶解器的腐蚀是一个较普遍发生的棘手问题，为了减少腐蚀，许多国家研究并试用更耐腐蚀的材质制造溶解器。

法国的报告[52,53]指出，通常，低碳奥氏体不锈钢在核燃料后处理的硝酸介质中具有良好的性能，因此得到了广泛的应用。但是，这类材质对晶间腐蚀特别敏感，特别是在有氧化性离子(如 Cr^{6+}、Pu^{6+} 等)的沸腾硝酸中腐蚀较为明显。因此法国对不同牌号的不锈钢、钛材和锆材进行了对比试验。试验结果表明，锆的性能优于不锈钢，也优于钛材(钛在沸腾的硝酸介质中存在着特殊的腐蚀危险性——氧化层剥离)。

锆不仅耐一般腐蚀，特别是对晶间腐蚀不敏感。锆的独特的抗腐蚀性能与其极高的氧化性和它所生成的氧化膜有关。这层氧化膜在很宽的 pH 值范围内具有极高的化学稳定性。锆在 98％的沸腾硝酸中也具有极好的耐腐蚀性。锆材在含碘的硝酸介质中，在任何试验条件下都没有出现点蚀[31](锆材对于含氟离子溶液，对于机械磨损和切口较为敏感)。因此，法国在 UP3 厂和 UP2-800 后处理厂使用了大量的锆材和锆管制造大量重要的设备和管路，其中包括回转式连续溶解器。UP3 工厂所有首端设施于 1990 年 8 月全部投入热运行。UP3 工厂的实用证明，选择锆材来制造大型复杂的后处理设备是正确的[52]。

日本对耐腐蚀材料，材料的配比，以及某些元素对耐腐蚀性能的影响，硝酸溶液中溶解物与不锈钢的电化学反应等方面进行了广泛的研究[53~59]后指出，采用钽钛合金(Ti 5％)、钛系合金作溶解器、蒸发浓缩器，利用高铬镍铌合金(25Cr-20Ni-20Nb)制作溶解器有较高的抗腐蚀性能。运行经验表明，一般不锈钢的腐蚀速率约为 0.1 $g/m^2\cdot h$，而锆合金和钽钛合金的腐蚀速率比一般不锈钢低两个数量级[42]。日本的研究认为，高纯 304L 型不锈钢在硝酸介质中都有极好的耐腐蚀性能，其腐蚀率稳定在 0.1 mm/a[60]。

日本原子能研究所对后处理用锆材在硝酸溶液中抗环境裂纹能力方面进行了评估。初步研究结果说明，锆在硝酸溶液中的应力腐蚀裂纹与结晶构造及裂纹沿着密排六方体中的最紧密的平面生长有密切关系[61,62]。为了解决锆的应力腐蚀裂纹问题，他们对用于后处理工艺硝酸溶液的新合金进行了开发，研究认为，具有体心立方晶格型晶体结构的Nb被选为又一种最有希望在严重腐蚀硝酸环境中使用的难溶材料。向Nb中加入少量W作为合金元素，可同时改善其耐腐蚀性和机械强度[62,63]。

参考文献

1 姜圣阶，任凤仪等编著. 核燃料后处理工学. 北京：原子能出版社. 1995
2 核燃料后处理工艺编写组编. 核燃料后处理工艺. 北京：原子能出版社. 1978
3 杨云鸿译. 核燃料后处理工程. 北京：原子能出版社. 1980
4 姜圣阶主编，柯友之副主编. 动力堆核燃料后处理厂设计. 北京：原子能出版社. 1996
5 动力堆乏燃料后处理综合调研报告. 核科学技术情报研究所. 1991
6 黄昌泰，李光鸿，魏连生译. 核电站燃料后处理. 北京：原子能出版社. 1996
7 蒋云清译. 轻水堆燃料后处理(译文集). 北京：原子能出版社. 1989
8 乏燃料管理及后处理. 1995. No.5. 核科学技术情报研究所
9 蒋云清主编. 乏燃料后处理'94. 核科学技术情报研究所，55～61.
10 汪德熙，王方定等译. 核化学工程. 北京：原子能出版社. 1988
11 蒋云清主编. 乏燃料后处理'98. 核科学技术情报研究所. 56～64
12 RECOD'89. 615～618
13 核工业第二研究设计院等译. 埃克松核燃料回收和再循环中心初步安全分析报告. 1991
14 A/CONF. 49/P/064
15 Aqueous Reprocessing in a Multipurpose Plant. Nucl. Eng. Pt20. 1～19
16 Recent Eurochemic Reprocessing Experience. CONF-681101. 275～287
17 A/CONF. 49/P/492
18 A/CONF. 49/P/182
19 陈与德，王文基，王志麟，周铭祖编. 核燃料化学. 北京：原子能出版社. 1985
20 清华大学工程物理系编. 辐照核燃料后处理. 1977
21 HW-46093
22 В. И. 阿托罗什科著. 硝酸工学. 72～112
23 RECOD'91. 83～88
24 RECOD'91. 44～48
25 RECOD'91. 678～681
26 蒋云清主编. 乏燃料后处理'98. 核科学技术情报研究所. 76～80
27 吴华武编. 核燃料化学工艺学. 北京：原子能出版社. 1989
28 蒋云清主编. 乏燃料后处理'94. 核科学技术情报研究所. 107～113
29 RECOD'91. 230～235
30 RECOD'91. 236～240
31 蒋云清主编. 乏燃料后处理'94. 核科学技术情报研究所. 202～208
32 Brown R. A. Management of tritium and Carbon－14. Proc. Intern. Symp. on the Management of Wastes from the LWR Fuel Cycle. Denver. Colorado，1976. 364～381
33 G. R. Choppin & J. Rydberg. Nuclear Chemistry Theory and Applications. 1980
34 蒋云清主编. 乏燃料后处理'98. 核科学技术情报研究所. 71～75
35 蒋云清主编. 乏燃料后处理'98. 核科学技术情报研究所. 45～53

36 RECOD'91. 55～63
37 RECOD'91. 49～54
38 乏燃料管理及后处理. 1994. No. 2
39 袁良本,谈德清编. 核工业中的氪和氙. 北京:原子能出版社. 1983
40 IAEA－209. 1978
41 IAEA－SM－207/8
42 IAEA－SM－207/14
43 动力堆乏燃料后处理资料汇编. 核工业第二研究设计院,核科学技术情报研究所. 1988
44 RECOD'91. 1 066～1 071
45 A/CONF. 49/P/435
46 A/CONF. 49/P/065
47 S. M. Stoller and R. B. Rachards. Reactor Handbook. Vol. 11. 1961
48 RECOD'91. 95～99
49 RECOD'91. 141～145
50 Proceedings ISEC'86. Vol. 1. 91～98
51 RECOD'87. 195～202
52 RECOD'87. 164～167
53 RECOD'91. 570～575
54 RECOD'91. 1054～1059
55 RECOD'91. 1049～1053
56 RECOD'91. 1060～1065
57 RECOD'91. 555～557
58 RECOD'91. 558～563
59 RECOD'91. 564～569
60 蒋云清主编. 乏燃料后处理'94. 核科学技术情报研究所. 215～220
61 蒋云清主编. 乏燃料后处理'94. 核科学技术情报研究所. 209～214
62 蒋云清主编. 乏燃料后处理'98. 核科学技术情报研究所. 241～247
63 蒋云清主编. 乏燃料后处理'98. 核科学技术情报研究所. 248～254

第四章　溶解液的预处理与萃取料液的制备

对溶解液进行多方面的预处理，制备清净的料液，对于改善后续操作，提高溶剂萃取效率，优化产品质量均有较大的意义。

第一节　溶解液中裂变产物与残渣的组分

乏燃料的组成是多种多样的，这与下列因素有关：进堆核燃料的组成；堆中核燃料辐照区的中子谱；核燃料的比功率或热功率；辐照时间和冷却时间等。在第一章第一节给出了几种反应堆乏燃料的组成。溶解液中裂变产物的组分不但与乏燃料中裂变产物含量有关，而且还同溶解的要求、溶解条件、溶解剂的加入浓度与数量等因素有关。表 4-1 给出了法国阿格厂燃耗为33 000MW·d/t 轻水堆乏燃料在冷却 3 年后溶解所得产品液中裂变产物的含量[1]。

裂变产物中含量较多的一些核素的浓度如表 4-2 所示[1]。这些元素在硝酸介质中溶解度最低的是锆、钼、钌、锝、钯等。这几种元素除了溶解的外，还有一部分存在于不溶性产物中。阿格厂处理的每吨乏燃料溶解液中大约含有 3 kg 不溶性物质[1]。

这些不溶性物质来自下列几个方面：辐照燃料中多组分的金属杂质，如 Ru-Rh-Pd 贵金属合金等；包壳的碎屑或燃料组件结构件的碎屑；存在于燃料中的杂质颗粒（如石墨、硅、铝等）；在硝酸介质中组成不稳定或难溶的裂变产物（如 Mo，Sn，Sb，Zr，Nb 等）。阿格厂在实验室里处理燃耗为 33 000 MW·d/t 燃料，由于是在实验室中进行研究，溶解液中不存在切割的碎屑。上述不溶性产物的生成量为 3.1 kg/tU，其密度在 5～6 g/cm^3 之间[2]。

分析结果表明，残渣中主要的组分是钌、钼，以及 Rh-Pd-Tc 和 Zr 的二次生成物。残渣主要由富含钌、钼的泥渣组成，而且非常细小（<50 μm），澄清分离极为困难。溶液中的微粒大部分属于胶体颗粒[2]。

美国萨凡那河实验室报道[3]，在实验室里溶解辐照过的轻水堆深燃耗的 UO_2 燃料得到的溶解液是一种暗黑色的溶液。用能够除去 5 μm 小颗粒的微孔烧结玻璃过滤，仍不能将溶液澄清，即使离心分离之后，溶液还是灰色的。用火花源质谱法对黑色残渣进行分析，发现其组成主要是质量数为 95～110 的裂变产物，如表 4-3 所示。

^{106}Ru 的浓度太低，火花源质谱法测不出来。用 8 mol/L HNO_3 浸取这种黑色残渣，发现^{106}Ru 对其强放射性的贡献是很大的。

德国卡尔斯鲁厄研究中心认为[4]，总的未溶解的残渣是未溶解的物质和硝酸溶液中再沉淀出来的物质之和。

表 4-1　乏燃料溶解时裂变产物的含量

乏燃料的燃耗:33 000 MW·d/t,冷却时间:1 095 d　　(单位:g)

裂变产物	每 t 初始铀中含	每 250 g 铀中含	裂变产物	每 t 初始铀含	每 250 g 铀中含
Ge	0.404	0.000 1	Sa	53.108	0.013 9
As	0.115	0.000 0	Sb	11.492	0.003 0
Se	53.879	0.014 1	Te	474.534	0.124 2
Br	20.110	0.005 3	I	211.640	0.055 4
Kr	349.102	0.091 4	Xe	4 308.313	1.127 5
Rb	340.500	0.089 1	Cs	3 623.590	0.948 3
Sr	817.352	0.213 9	Ba	1 560.935	0.408 5
Y	447.422	0.117 1	La	1 197.000	0.313 3
Zr	3 519.100	0.921 0	Ce	2 335.170	0.611 1
Nb	0.001	0.000 0	Pr	1 102.000	0.288 4
Mo	3 319.250	0.868 7	Nd	3 967.020	1.038 2
Tc	811.000	0.212 2	Pm	84.300	0.022 1
Ru	2 199.980	0.575 7	Sm	778.993	0.203 9
Rh	493.200	0.129 1	Eu	137.336	0.035 9
Pd	1 324.020	0.346 5	Gd	79.723	0.020 9
Ag	82.956	0.021 7	Tb	2.035	0.000 5
Cd	84.019	0.022 0	Dy	0.939	0.000 3
In	1.521	0.000 4	Ho	0.072	0.000 0

表 4-2　溶解产品液中某些裂变产物的浓度

裂变产物	Zr	Mo	Ru	Cs	Tc	Pd	Ba	La	Ce	Pr	Nd	Sm
浓度(g/L)	0.9	0.87	0.57	0.95	0.2	0.34	0.4	0.3	0.6	0.3	1	0.2

表 4-3　不溶性固体的组成[3]

核　素	质量分数/%
^{238}U	2
总稀土	<0.01
^{113}Cd,^{114}Cd	<0.5
^{109}Ag	2
^{105}Pd,^{106}Pd,^{107}Pd,^{108}Pd,^{110}Pd	7
^{103}Rh	7
^{101}Ru,^{102}Ru,^{104}Ru	42
^{99}Tc	3
^{95}Mo,^{97}Mo,^{98}Mo,^{100}Mo	16
^{90}Zr,^{91}Zr,^{92}Zr,^{94}Zr,^{96}Zr,	1
^{16}O	8

对四种不同类型的轻水堆乏燃料的未溶解的残渣用电子显微镜扫描、X射线显微分析和X射线衍射法分析，结果如表4-4所示。

表 4-4 溶解轻水堆辐照燃料所得残渣的组成[4]

(每 kg 燃料加 3～4 升 7 mol/L HNO_3，沸腾下)

反应堆	KWO	KWO	KWO	Biblis A
组件编号	BE	MOX-BE	HL-BE	BE
	104/127	251	247/365	4.191
燃料	UO_2	$U_{0.96}Pu_{0.04}O_2$	UO_2	UO_2
^{235}U 浓缩度/%	3.1	3.2	4.0	3.2
燃耗/MW·d/tM	30 650	38 700	40 500	55 900
辐照结束年份	1972	1976	1977	1983
分析年份	1978	1980	1982	1987
残渣占燃料质量分数/%	0.19	0.65	0.43(E7)	0.64
锕系占残渣质量分数/%	3.7	11.6	1.7	0.8
U/%	3.5	4.3	1.5	0.7
Pu/%	<0.18	6.9	0.2	0.1
Am/%		0.4		
裂变产物占残渣质量分数/%	70	81.5	95	81.9
Mo/%	19	14	23	15.0
Tc/%	3	7	8	4.1
Ru/%	33	28	45	34.2
Rh/%	6	9	7	4.4
Pd/%	5	20	11	6.5
Ag/%			<1	
Sr/%				0.4
Ba/%		0.2		3.3
Te/%	2	2		8.9
稀土/%		1		
Zr/%	2	0.3		4.1
Sn/%				1.0
结构材料占残渣质量分数/%	14		2.5	4.9
Zr/%	2		0.2	1.5
Sn/%	0.03			0.02
Ti/%	1			0.8
Fe/%	3		1.3	2.1
Cr/%	2		0.3	0.3
Ni/%	3		0.2	0.2
Al/%	1		0.3	
Si/%	2		0.2	
氧占残渣质量分数/%	12	6.9	0.8	12.4
Mo,Tc,Ru,Rh,Pd 的溶解分数/%	100	100	60	100
Mo,Tc,Ru,Rh,Pd 固体的最终化学态	氧化物	氧化物	金属	氧化物

溶解时，每千克乏燃料加3～4升7 mol/L HNO_3，沸腾5～8 h，这四种乏燃料的残渣量占

被溶解的乏燃料量的0.19%～0.65%不等。

在正常辐照的轻水堆乏燃料中，Mo-Tc-Ru-Rh-Pd金属残渣的直径大至1 μm，在硝酸中经过8 h全部被溶解。过一段时间其中部分裂变产物又会以氧化物或氧化物的水合物的形式再沉淀出来。钌再沉淀出来的份额最大，其次为铑、锝和钼[4]。

日本核燃料服务有限公司[5]对溶解乏燃料元件时金属残渣所做的元素分析表明，含钼约45%，锝约11%，钌约28%，铑约5%和钯约12%。对于低燃耗而且几乎没有裂变产物释放的乏燃料未见有残渣和气泡。实验发现：未溶杂质的量有随燃耗加深而增加的趋势，大约燃耗每加深10^4 MW·d/t，未溶杂质量约增加1.1 kg[5]。用硝酸溶解时未溶残渣的粒度也有随燃料燃耗和功率增加而变大的趋势。比功率低的乏燃料溶解时的残渣的最大直径范围为0.5～0.9 μm，在较高的比功率下，则为1.6～2.9 μm。

对于未溶残渣所做的元素分析证实是钼、锝、钌、铑和钯[5]。

日本原子能研究所对UO_2乏燃料和UO_2-6% Gd_2O_3乏燃料（此燃料的初始加浓度为1.7%，燃耗为25 700 MW·d/t）作了溶解实验，并对不溶性残渣进行了分析。不溶性残渣的量与燃料燃耗的关系示于图4-1[6]。通常的UO_2燃料（其^{235}U的加浓度一般为3.2%）随着燃耗的增加，不溶性残渣量几乎成正比地增多。当燃耗超过30 000 MW·d/t，不溶性残渣量增多得更快。UO_2-Gd_2O_3乏燃料中不溶性残渣大约比UO_2乏燃料中残渣的量高1倍。用扫描电子显微镜测得的不溶性残渣直径范围为5～50 μm。

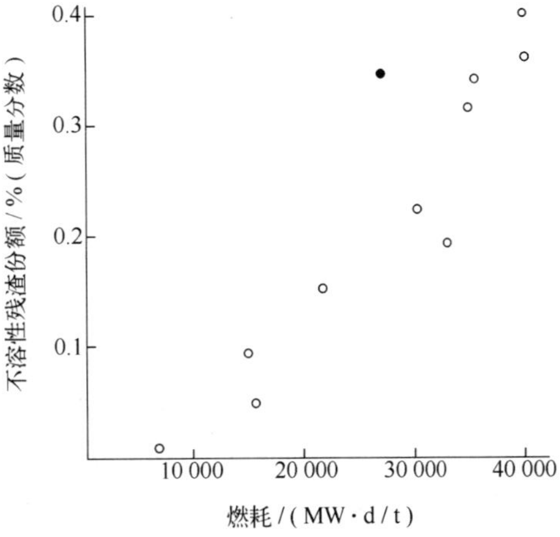

图4-1　压水堆燃料不溶性残渣量与燃耗的关系
○—UO_2燃料；●—UO_2-Gd_2O_3燃料

不溶性残渣的分析结果列入表4-5。不溶性残渣中，70%以上是由钌、铑、钯这些贵金属裂变产物和钼、锝组成的。

表4-5　不溶性残渣分析结果[6]

元素	UO_2		UO_2-Gd_2O_3	
	mg	%	mg	%
Mo	1.16	21.6	0.24	6.9
Tc	0.05	1.0	0.082	2.4
Ru	2.84	53.0	1.74	50.1
Rh	0.41	7.6	0.13	3.7
Pd	0.43	8.1	0.36	10.4
Cr	0.027	1.0	0.08	2.4
Fe	0.14	2.6	0.17	4.9
Ni	<0.01			
Zr	0.29	5.5	0.67	19.3
Pu	0.004	0.07	0.002	0.04
总和	5.36	100	3.47	100
测得燃耗/(MW·d/t)	34 100		25 700	
不溶性残渣量/mg	7.0		4.3	
初始U量/g	2.153		1.154	

欧洲超铀元素研究所和日本电力工业中央研究所共同研究了轻水堆的高燃耗(铀燃耗达 70 GW·d/kg)乏燃料溶解液中的残渣和沉淀物。研究结果认为,溶解液中的残渣量随燃耗呈指数关系增加,如图 4-2 所示[7]。

研究认为,除了切割时形成的包壳材料碎屑外,溶解残渣中主要有两种类型的固体微粒:一种是含有 Ru,Pd,Tc 和 Mo 的金属微粒;另一种是在操作过程中沉淀出来的固体微粒,主要由 Zr 和 Mo 组成。从溶解液中把残渣分离出来以后,发现溶解液中还会继续产生沉淀。这种再沉淀现象取决于溶液贮存条件,主要是温度和硝酸浓度。溶解样品中的残渣量、残渣的组成(质量分数)和再沉淀物中的组分如表 4-6,表 4-7 和表 4-8 所示[7,8]。

在这些残渣中,主要有 Ru、Rh、Pd、Mo、Tc(有时超过 90%)组成。从表 4-8 可见,与残渣量相比,再沉淀物的量是很少的。

文献[9]指出,在溶解残渣得到的溶液中,组成乏燃料中金属包合物的 5 种元素(Mo,Ru,Rh,Pd 和 Tc)的含量约占残渣总量的 80%。因此,可以推断,乏燃料中的金属包合物构成了残渣的主体,而且是不溶解的。

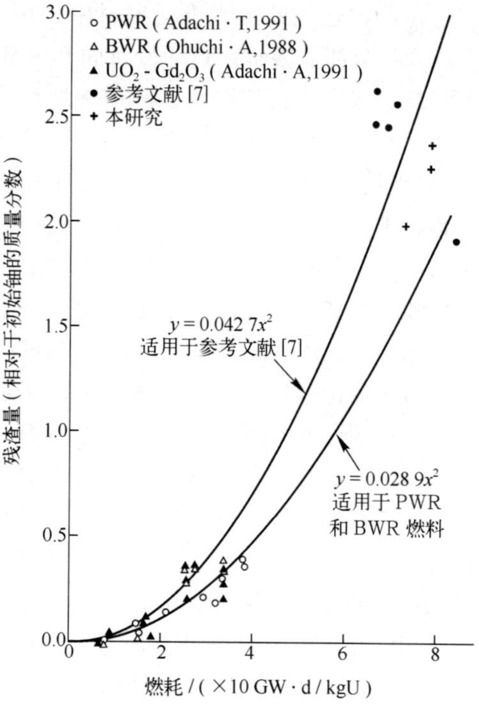

图 4-2 残渣量随燃耗的变化

(图中所指文献[7],即:DissoLution Beharior of Highly Burnt Fuel, Proc. of the 3rd Conf. on Nucl. and Radiochem.)

表 4-6 溶解的结果

溶解样品编号	溶解目的	样品质量/g	硝酸浓度/(mol/L)	残渣/mg	残渣占燃料的百分比/%
2	残渣特性测定	32.39	3[1)]	730	2.25
5		32.14	5	698	2.17
7		31.75	7	536	1.69
10		31.55	4	680	2.16
12		32.39	6	738	2.28
6.1	再沉淀的组成	32.63	7	693	2.12
6.2		32.66	7	650	1.99
9.1		36.44	4	825	2.26

注:1) 控制酸度下的溶解,即在不同的时间加入少量 7 mol/L HNO_3,总计加 15 ml,以保持酸度为 3 mol/L 左右。

表 4-7　残渣的组成(质量分数)[8]　　(单位:%)

	UO_2-A	UO_2-B	MOX-A	MOX-B
Zr	9.3	1.2	1.0	0.68
Mo	35	26	21	20
Tc	6.4	8.6	8.3	8.2
Ru	27	36	37	36
Rh	3.3	4.6	7.8	7.9
Pd	10	15	19	20
Ag	0.27	0.31	0.39	0.49
Cd	0.43	0.62	0.75	0.79
Te	0.23	0.14	0.14	0.12
U	2.3	2.8	1.7	1.7
Pu	1.3	0.08	0.17	0.13
Am	<0.01	0.01	0.02	0.02

表 4-8　再沉淀物的定量分析

元素	7 mol/L,室温	7 mol/L,50 ℃	4 mol/L,室温	4 mol/L,50 ℃
Zr	4.77	4.74	30.70	26.07
Mo	1.31	1.03	1.79	1.35
Tc	0.15	0.31	1.01	0.25
Ru	2.04	0.85	3.72	1.41
Ag1)	6.64	0.31	32.12	2.73
I	5.03	2.80	1.66	2.25
Cs	2.77	2.91	6.57	4.24
Ba	11.09	9.91	15.73	16.50
U	71.99	123.21	837.75	159.68
Pu	9.14	12.43	29.50	31.80
总计/μg	114.92	158.51	960.55	246.28
残渣/mg	650		825	
燃料/g	32.633		36.437	

注:1) 燃料液中的天然银可能来自燃料的制造。

第二节　溶解液的预处理

从本章第一节的讨论可见,在乏燃料溶解液中除了存在着少量切割包壳和结构件产生的碎屑外,还有不溶的固体残渣和胶体微粒。它们对于溶剂萃取法回收铀和钚将产生不利的影响,影响的大小决定于杂质的含量和性质。杂质的主要影响有:(1)在液—液萃取设备中形成乳化物,形成界面污物,从而妨碍生产操作,限制了设备中液体的通过能力,严重时甚至堵塞设备的管路或阀门。(2)这些杂质通过形成乳化物而在设备中积累,而且吸附裂变产物而形成很强的辐射场,加速了溶剂的辐射分解[10]。(3)降低了溶剂萃取的净化效率,进而影响到产品质量。

为尽可能多地除去这些固体杂质，为了在萃取之前除去一部分裂变产物或者将一部分裂变产物转变为不易被萃取的形态而采取的措施——预处理。

溶解液是否进行预处理,用什么方法预处理是根据所处理的燃料而定的。

过滤或离心分离是最强有力的预处理方法。而世界上许多国家在将溶解液过滤或离心分离之前,采取向溶解液中通氧、氧化氮、臭氧等,采取向溶解液中加入明胶、二氧化锰、有机絮凝剂、亚硝酸、络合剂等,这些预处理措施对于净化萃取料液,改善去污效果有一定的作用[11]。

一、明胶絮凝

金属铀乏燃料和铀铝合金乏燃料等,由于经常用铝—硅合金作为黏接剂,它又能缓慢地溶解于硝酸中,将产生二氧化硅的聚合物。为了从溶解液中除去硅及其化合物,经常使用明胶絮凝的办法来处理。影响明胶絮凝效果的因素较多,其中最主要的是温度的影响。当使用 0.5 mol/L HNO_3 溶液,100 mg/L 的明胶分别在 21 ℃,40 ℃,70 ℃和 98 ℃下絮凝 1 h,所得的过滤速度与絮凝温度成正比,如图 4-3 所示[12]。

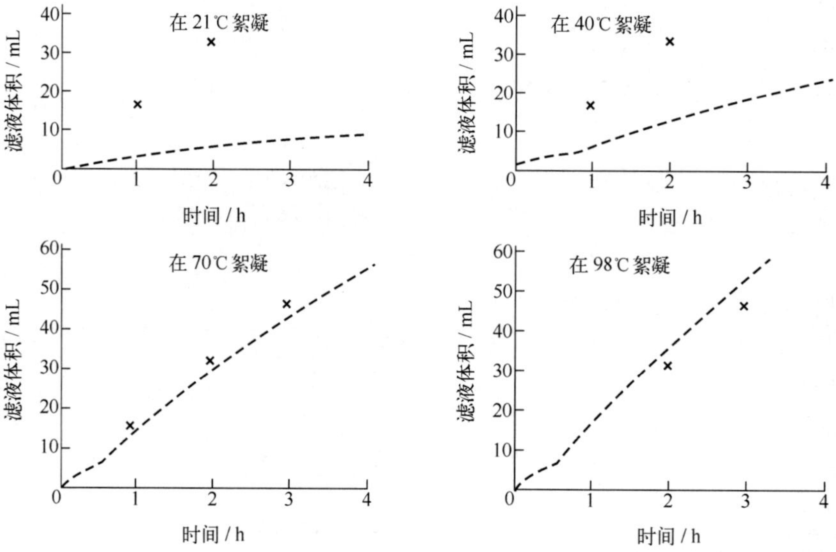

图 4-3　温度对明胶絮凝过滤的影响

×—代表标准过滤速度。

试验得出,硅—明胶的沉淀可从溶液中除去 5%的 Zr,Nb,明显地有利于去污[13]。

意大利尤勒克斯中间工厂[14]将高加浓铀铝合金溶解液经计量后,送到絮凝装置以除去硅。絮凝操作包括加入 0.5%(体积)的明胶,在 80 ℃下浸煮,然后进行离心分离。美国萨凡那河厂对加浓铀—铝燃料的溶解液用 MnO_2 和明胶两种方法处理[15]。

二、用气体处理溶解液

在法国阿格工厂，将辐照铀溶解之后的溶液转移至可以加热到100 ℃的容器中，用氧气搅拌该溶液，可以使某些易被萃取的钌的化合物转变为不易被萃取的状态[16]。用氧气搅拌以后，将溶液转移出来停留4 h，然后通过沙过滤器过滤。

另外一种用气体处理溶解液的办法是用氧化氮来搅拌溶解液。氧化氮在硝酸溶液中按式(3-20)及式(3-24)反应生成亚硝酸，使溶液中维持一定的亚硝酸浓度，可使亚硝酰钌的硝基络合物转变为亚硝基络合物[17]。英国研究了用氧化氮搅拌溶解液的效果，英国哈威尔采取逆流萃取体系用20%～30% TBP作萃取剂，用2～3 mol/L HNO_3 作洗涤剂进行研究，其结果如表4-9所示[18]。

表4-9　亚硝酰钌亚硝基络合物对钌净化的影响

实验	TBP浓度(体积分数)/%	RuNO络合物	相对流量			DF_{Ru}			总的净化系数的提高倍数
			AF	AS	SF	进料段	洗涤段	总的	
1A	20	硝基	1	0.46	5	65	1.4	90	10
1B	20	90%亚硝基	1	0.46	5	420	2.2	925	
2A	30	硝基	1.15	0.62	4	22.5	2.65	60	11
2B	30	90%亚硝基	1.15	0.62	4	180	3.6	650	
3A	30	硝基	3.75	2.2	12.5	21	1.3	27	4.5
3B	30	90亚硝基	3.75	2.2	12.5	—	—	120	

注：AF：水相料液，3.1 mol/L HNO_3，300 g/L U(Ⅵ)，2×10^{-3} mol/L Ru；

AS：水相洗涤液，2.4 mol/L HNO_3；

SF：溶剂。

从表4-9的数据可见，用氧化氮处理溶解液，可以改善溶剂萃取对钌的净化。

在第三章已经介绍到，用硝酸溶解乏燃料时，大部分碘都进入了溶解尾气系统，但是少量的碘在溶解液中。为了防止碘扩散到整个流程里去，因此要设法把碘从溶解液中赶出去。使用的方法就是将溶解液加热至沸腾，通入氧化氮鼓泡搅拌以便解吸溶解液中的碘。这里用氧化氮鼓泡搅拌是为了调整氧化还原电位，以便提高除碘的效果[19]。

由此可见，用氧化氮搅拌可以收到一举两得的效果。

第三种用气体处理溶解液的办法是通入臭氧，目的是使钌被氧化成 RuO_4 而挥发掉：

$$Ru^{4+} + 2O_3 + 2H_2O \longrightarrow RuO_4 + 2O_2 + 4H^+ \tag{4-1}$$

一般来讲除去钌的速度随着溶液温度的提高而增加，随着臭氧的浓度、流速和臭氧在溶液中传播速度的增加而增大。在通入臭氧搅拌过程中只有少量臭氧分解，剩余的臭氧可以作为 RuO_4 的稳定剂。

这个方法的主要缺点除了生产臭氧的费用较高外，由于 RuO_4 的稳定性较差，易从溶解液中挥发出来，就有一些重新还原成 RuO_2 而沉积在管道、设备的内表面。这样就造成设备、管道防护维修的困难。另外，挥发出来的 RuO_4 粒子只有几微米，为了净化废气，所以要求非常有效的过滤措施。

三、用清洁剂处理溶解液

这里主要是用氧化剂 $KMnO_4$ 处理溶解液，然后生成 MnO_2，其主要作用是生成 MnO_2 后的清洁作用。

高锰酸钾很容易把钌氧化为 RuO_4 而挥发掉。高锰酸钾的分解随着温度和酸度的升高而加速。而在实际过程中，高温有利于钌的氧化和挥发，高酸使产生的 MnO_2 容易过滤和离心。

文献[20]报道，在 MnO_2 沉淀过程中可以载带下来 90%以上的 Zr-Nb，使 Zr-Nb 的去污系数达到 10～30，并且没有发现有明显的钚损失。

溶解液用高锰酸钾处理，生成的 MnO_2 沉淀颗粒较细小，沉淀状况主要取决于处理条件，在 71 ℃下搅拌速度为 120 r/min，以及在 88 ℃下搅拌速度为 100 r/min 时，所获得的沉淀都易于过滤。当 $KMnO_4$ 的加入速度从 2.27 kg/min 增加到 9.07 kg/min，在良好的搅拌条件下，所得的沉淀体积几乎成倍增长[21～23]。

美国萨凡那河厂普雷克斯流程所使用的溶解液通常使用的澄清方法是 MnO_2 沉淀法[3]。MnO_2 是把 $KMnO_4$ 加到过量的 $Mn(NO_3)_2$ 中生成的。

$$3Mn(NO_3)_2 + 2KMnO_4 + 2H_2O \longrightarrow 5MnO_2 + 2KNO_3 + 4HNO_3 \quad (4\text{-}2)$$

在有明胶存在下，MnO_2 可被沉淀出来。

用离心过的轻水堆溶解液，即含铀 300 g/L，钚 2.4 g/L，HNO_3 2.8 mol/L，裂变产物 7 g/L 的溶解液进行了 MnO_2-明胶处理，而后离心分离。MnO_2 处理后离心分离，其试验结果如表 4-10 所示。

表 4-10 二氧化锰处理对溶剂萃取的影响[3]

澄清处理方法	乏燃料溶解后时间	观察到的现象
离心	立即	萃取段有大量黑色固体
MnO_2-明胶，离心	立即	加料级有黑色胶状固体
MnO_2，离心	16 d	未见固体
MnO_2，离心	立即	未见固体

试验结果表明，用 MnO_2 处理轻水堆乏燃料溶解液，使用或不用明胶，结果是一样的，明胶对该溶解液既无澄清作用，又无净化作用。MnO_2 对轻水堆乏燃料溶解液的澄清是有效的。为了在此酸度下有明显的净化效果，需要加入的 MnO_2 质量要相当于不溶性固体质量的 40%为佳。

用高锰酸钾产生二氧化锰的处理方法的主要缺点是必须从溶液中除去 MnO_2。但是，如果料液必须经过过滤除去固体不溶物时，则采用 MnO_2 澄清处理既可获得附加的去污效果又不增加费用。

四、用有机物处理溶解液

用丙酮和亚硝酸一起处理配制的普雷克斯流程 1AF 料液，加入 1%（体积分数）的丙酮，在90 ℃下浸煮 1 h 以上。最后调整到规定的进料组分，进行萃取和洗涤。发现经过这种处理可以有效地防止 Zr、Nb 和 Ru 被新鲜的或复用的 TBP-煤油所萃取。可以使铀对 Zr、Nb、Ru 的净化系数有较大的提高[24~27]，如表 4-11 所示[27]。

表 4-11　亚硝酸和丙酮处理水相料液对裂片萃取和净化的影响

有　机　相/(mol/L)TBP-Solvesso-100

水　　相 U:427 g/L,2 mol/L HNO_3,0.05 mol/L $NaNO_2$

水相洗涤 2 mol/L HNO_3　F(料液)∶S(洗涤液)∶O(有机相)=1∶0.75∶4.75

逆流级数	没有处理的料液	处理过的料液
	^{95}Zr-^{95}Nb 分配系数	
6S	4.3	1.73
2S	0.12	0.04
1E	0.012	0.000 5
5E	0.018	0.001 9
总的净化系数	1 130	11 900
	Ru 的分配系数	
6S	2.05	1.48
2S	0.343	0.047
1E	0.173	0.000 8
5E	0.177	0.000 9
总的净化系数	640	13 000

产生这种净化效果的原因是由于丙酮和亚硝酸反应生成了丙酮肟

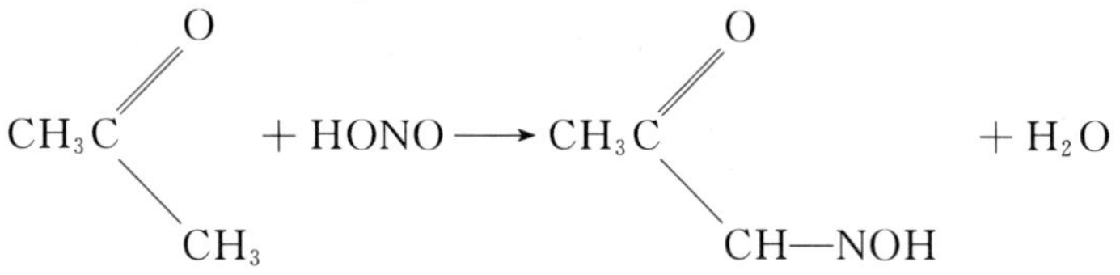

(4-3)

丙酮肟有效地抑制 TBP 萃取 Zr,Nb 和 Ru。

进一步的实验表明，酮肟在辐照分解时生成草酸。0.1 mol/L 的酮肟生成了 0.03 mol/L 的草酸。这种浓度的草酸在酮肟存在时就足以影响萃取。

用 30%TBP 萃取经 0.05 mol/L 草酸处理过的含 2 mol/L HNO_3 的 1AF 料液，发现不影响铀和钚的萃取，而使铀的总 γ 和总 β 净化系数增加为原来的 20～30 倍。

文献[28]报道，EDTA 也是一种有效的络合剂，其结果列于表 4-12。

美国萨凡那河厂对有机絮凝剂进行了研究，用有机絮凝剂来处理溶解液，凝聚其中的固体颗粒。从 40 种絮凝剂中筛选出 4 种对溶解液的澄清作用比 MnO_2 沉淀的澄清作用更好的絮凝剂。其中 Primafloc C-3 对轻水堆燃料溶解液的效果为：(1) 加入该絮凝剂后，铀浓度和钚浓度均无变化；(2)经过洗涤后溶解絮凝沉淀下来的固体，没有多少铀和钚；(3)絮凝 14 d 后，固体仍然呈凝聚状态，21 d 后，才发现有些散开；(4) 在 80～90 ℃下加热溶液 6 h，没有影响溶液的稳定性。

表 4-12 草酸和 EDTA 对 Zr 净化系数的影响

加到料液中的试剂	锆的净化系数		
	萃取	洗涤	总净化
	40	60	2 400
0.006 7 mol/L 草酸	570	45	26 000
0.01 mol/L EDTA	4 000	50	200 000
0.01 mol/L EDTA+0.017 mol/L Al	1 500	15	17 000
0.01 mol/L 草酸+0.017 mol/L Al	2 500	20	50 000
加到洗涤剂中的试剂			
0.001 mol/L 草酸		150	
0.001 mol/L EDTA		50	

因此认为，使用有机絮凝剂可以澄清轻水堆乏燃料溶解液，并且不增加固体废物量，澄清效果比 MnO_2 稍好些[3]。

俄罗斯大型后处理 RT-1 厂采用高分子有机絮凝剂处理溶解液[29,30]，一直用于实际生产之中。但是，使用何种絮凝剂，未见报道。

法国也在实验室里进行了试验，将乏燃料溶解液在离心之前加入絮凝剂，有可能提高澄清效率。选择了三种絮凝剂进行试验，试验结果显示，一种高阳离子化聚丙烯酰胺具有良好的絮凝作用。

实验室实验证明将絮凝作用和离心分离这两种方法结合起来可以提高澄清效率。用高阳离子化聚丙烯酰胺作絮凝剂对于工业离心分离比较合适。因为它与溶解液中的胶体微粒发生反应，变成了比较牢固的絮凝物。这种絮凝物不易被离心场的剪切力所破坏。

事实上，澄清效率由参考状态的 50%提高到了加入絮凝剂后的 99%。同时，没有发现絮凝剂由水相转移到有机相的现象，絮凝剂的降解产物对于 TBP 萃取铀和钚不产生定量的影响。因此，在离心分离之前加入絮凝剂是一种提高澄清效率的很好方法。[31]

第三节 制备萃取料液

制备合格的萃取料液是为下一步普雷克斯流程安全稳定运行，为提高产品质量创造良好的条件。

上一节论述了乏燃料溶解液的预处理。预处理的目的是为了尽可能多地除去溶解液中的固体杂质，提高净化效果。这些预处理措施，如明胶絮凝、高分子有机絮凝剂等在生产规模工厂的应用都是制备合格萃取料液的必要的有效步骤之一。

调整酸度是制备合格萃取料液的主要步骤之一。用硝酸溶解乏燃料芯时，为了防止钚的损失，通常要求溶解液中的剩余酸度大于 0.3 mol/L。所谓调整酸度就是在此基础上适当地调高溶解液中的硝酸浓度。这要根据后续溶剂萃取对料液的要求而定，在溶剂萃取 Purex 流程中有高酸流程和低酸流程之别。通常高酸流程要求萃取进料液 1AF 中酸度为 2.0 mol/L 以上，低酸流程 1AF 料液酸度为 0.5 mol/L 左右。

根据后续溶剂萃取的要求，在 1AF 进料液中不但要求有额定的酸度，通常还要求铀浓度为某一额定值。对于天然铀或稍加浓铀的萃取进料液通常要求硝酸铀酰的浓度为 1.5～1.8 mol/L，再通过控制萃取剂 1AX 与进料液 1AF 的流量比，使 TBP 达到较高的铀饱和度，以便提高铀钚产品的纯度。对于加浓铀燃料溶解液，由于受到临界的限制，通常料液中铀浓度较低。

调整溶解液中的铀浓度也是用不同浓度的硝酸溶液。在加入硝酸溶液调整铀浓度时，溶解液中的酸度也略有变化，同样在调整酸度时也会引起溶解液中铀浓度波动。因此，在调整溶解液的酸度和铀浓度时，要二者兼顾，切忌顾此失彼，防止只顾单值调节，越调节越使其他浓度偏离额定值。

制备合格的萃取料液的重要步骤之一是调整钚的价态，为了提高铀钚的回收率，期望铀钚分别处于易被 TBP 萃取的六价态 U(Ⅵ)和四价态 Pu(Ⅳ)。

早期，调整钚的价态使用最普遍的氧化剂是亚硝酸钠。因为亚硝酸钠对三价钚的氧化反应是自动催化的，反应速度很快，而且亚硝酸根还可将溶液中的少量 Pu(Ⅵ)还原为 Pu(Ⅳ)，同时亚硝酸钠也起到 Pu(Ⅳ)的稳定剂的作用。用亚硝酸钠调价的缺点是向系统中引入了盐类杂质。在酸性介质中过量的亚硝酸钠大部分以亚硝酸的形式被 TBP 萃入有机相中，而在进行钚的还原反萃取时，亚硝酸能破坏还原剂。严重时甚至能破坏整个还原反萃操作。

为了避免以上缺点，一些国家的后处理厂采用 NO_2 或 NO_2+NO 气体（称亚硝气体）作氧化剂。这同亚硝酸的作用是等效的，但是使用亚硝气体可不引入任何盐类杂质，而且调价后可用吹入空气的方法将过剩的亚硝气体吹除，避免对钚还原反萃的破坏作用。

有的后处理厂，如美国的巴威尔厂[32]还采用 N_2O_4 作为调价的氧化剂。

文献[33]报道了用硝酸羟胺调整钚的价态。在通常情况下，溶解料液中钚为三价、四价和六价态的混合体。因为三价钚不易被 TBP 萃取，而六价钚的萃取率也比四价态钚低。首先在室温下将硝酸羟胺溶液加到溶解液中，这时硝酸羟胺首先将 Pu(Ⅵ)完全还原为 Pu(Ⅳ)，而 Pu(Ⅳ)则以很低的速率被还原为 Pu(Ⅲ)，进行如下的反应

$$PuO_2(NO_3)_2 + 2NH_2OH + 2HNO_3 \longrightarrow Pu(NO_3)_4 + 4H_2O + N_2 \tag{4-4}$$

$$2Pu(NO_3)_4 + 2NH_2OH \longrightarrow 2Pu(NO_3)_3 + 2H_2O + N_2 + 2HNO_3 \tag{4-5}$$

然后将溶解液加热到 60 ℃，未反应的硝酸羟胺被硝酸破坏掉，这时 Pu(Ⅲ)又迅速被硝酸氧化为 Pu(Ⅳ)。即有下述反应

$$2NH_2OH + 2HNO_3 \longrightarrow N_2 + 4H_2O + 2NO_2 \tag{4-6}$$

$$Pu(NO_3)_3 + 2HNO_3 \longrightarrow Pu(NO_3)_4 + NO_2 + H_2O \tag{4-7}$$

在上述调整钚的价态过程中，铀仍以可被萃取的 UO_2^{2+} 形式存在。

为了提高还原反应速率，可以使用肼（N_2H_4）作支持还原剂。肼不会还原 Pu(Ⅳ)，它可以破坏溶解液中的亚硝酸，支持硝酸羟胺的还原作用。

$$HNO_2 + N_2H_4 \longrightarrow HN_3 + 2H_2O \tag{4-8}$$

$$HN_3 + HNO_2 \longrightarrow N_2O + N_2 + H_2O \tag{4-9}$$

第四节　料液的过滤或离心澄清

乏燃料溶解液经过预处理（也有的后处理厂不做预处理），经过调整酸度和价态后，再进行

澄清，目的是分离除去料液中的固体杂质和部分放射性裂变产物，以便获得较为清洁的溶剂萃取料液。

目前，料液澄清主要采用两种方法：离心分离法及介质过滤法。

图 4-4 给出了一种用于澄清料液的离心机示意图[34]。离心法处理能力大，澄清效率高，但是设备中有转动部件，维修较为困难。

介质过滤法，各国后处理厂采用的过滤介质是多种多样的，有烧结不锈钢、烧结钛、不锈钢丝网、玻璃纤维、聚丙烯腈、混装沙石、烧结玻璃、烧结金属陶瓷等[35,36]。

料液澄清问题受到了各国后处理厂的高度重视，这主要是由于料液澄清效果和料液中固体杂质的含量对萃取器的稳定操作，以及对溶剂萃取循环的净化效果都有很大的影响，因此许多国家都在研究采用性能更好的过滤器。许多后处理厂采用烧结不锈钢，过滤介质的孔径为20 μm左右，为了提高过滤效能，期望研究应用孔隙度更小的过滤介质，如 5 μm，3 μm，甚至 1 μm 孔径的过滤介质。提高过滤效果，以便改善萃取的净化效果并能稳定生产操作。

随着核电事业的发展，动力堆燃料元件燃耗的加深，裂变产物含量也越来越高，不溶性残渣的数量也较多，它们多是贵金属元素的微细颗粒。因此，要求过滤器不仅要提高过滤的效率，而且要能实现过滤器的有效反吹和排渣。

表 4-13 汇总了一些国家后处理厂料液澄清的方法。

从表 4-13 所列的 8 个国家 17 座后处理厂料液澄清的方法可见，不同国家不同的后处理厂根据各自的情况和要求，采用了不同的料液澄清方法。随着对料液澄清的要求的提高，不少国家的后处理厂研制并应用了澄清效率更高的设备。下面介绍几个国家后处理厂的料液澄清设备。

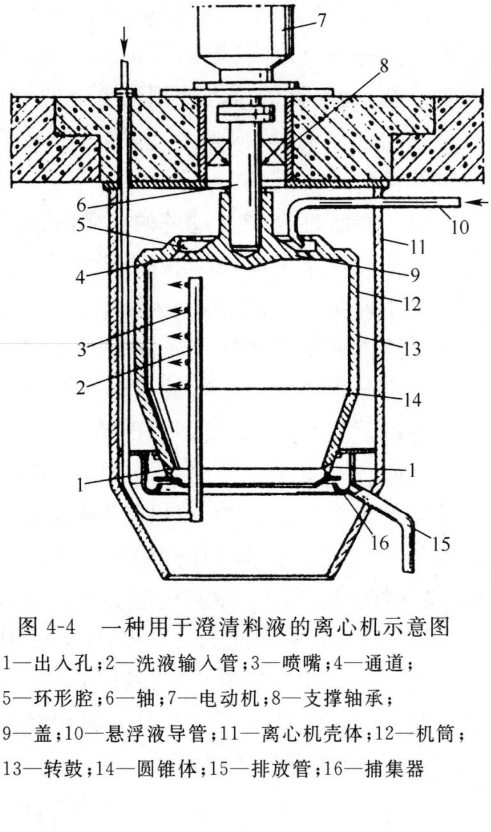

图 4-4　一种用于澄清料液的离心机示意图

1—出入孔；2—洗液输入管；3—喷嘴；4—通道；5—环形腔；6—轴；7—电动机；8—支撑轴承；9—盖；10—悬浮液导管；11—离心机壳体；12—机筒；13—转鼓；14—圆锥体；15—排放管；16—捕集器

表 4-13　各国后处理厂的料液澄清方法

国家	工厂	料液澄清方法
美国	萨凡那河厂	料液加明胶处理后离心分离
	汉福特厂	离心法
	爱达荷厂	烧结不锈钢过滤器
	巴威尔厂	离心法
英国	温茨凯尔厂	用多孔塑料过滤器或石墨过滤器
	THORP 厂	悬鼓式离心机

续表

国家	工厂	料液澄清方法
法国	马库尔厂 阿格厂(UP2-400) UP3,UP2-800	不经过滤,每8～10个月清洗萃取槽一次 砂过滤器,圆柱形设备,上面装细砂,下面装粗砂,设备的填充系数为3/4,将料液压入 DPC 900型悬挂离心机
日本	东海后处理厂 六个所后处理厂	烧结不锈钢脉冲过滤器 DPC 900型悬挂离心机
俄罗斯	VVER燃料后处理厂 (VVER-440)RT-1厂	有预涂层的钢丝网"烛型"过滤器 高分子有机物絮凝,金属陶瓷过滤器
比利时	欧化莫尔厂	砂过滤器和离心机
意大利	尤勒克斯厂	明胶絮凝离心,后来采用遥控离心机
德国	卡尔斯鲁厄厂	聚丙烯纤维过滤器

俄罗斯在处理VVER乏燃料时,首先调节料液的酸度和铀的浓度,再用絮凝剂处理,然后使料液通过具有弯曲金属丝的烛型过滤器过滤,如图4-5所示。过滤器用一种珍珠岩预涂层作为过滤层。定期地用"震击"法使滤渣从过滤器中排出,经过水洗后送去掩埋[30]。

俄罗斯处理VVER-440反应堆乏燃料的后处理厂(RT-1)从溶解器排出的溶解液是一种悬浮液,含有石墨、硅酸等组分,其含量可达1 g/L,颗粒度为0.2～5 μm,俄罗斯RT-1后处理厂采用一种综合处理方法成功地解决了料液澄清问题。该综合处理法包括:在料液过滤之前先加入一种高分子有机絮凝剂,在过滤时应用珍珠岩作助滤剂。过滤介质是用加压法以钢粉(40～60 μm)或钛粉(7～20 μm)制成的金属陶瓷过滤筒。料液澄清就是由这些过滤筒组成的批式过滤器来完成的。每个过滤周期后就用水锤法("冲击"再生法)使过滤器再生(如果需要,也可用化学试剂使过滤器再生)。在用该综合处理方法澄清后的料液中,固体物质的含量不会超过5 mg/L[29]。

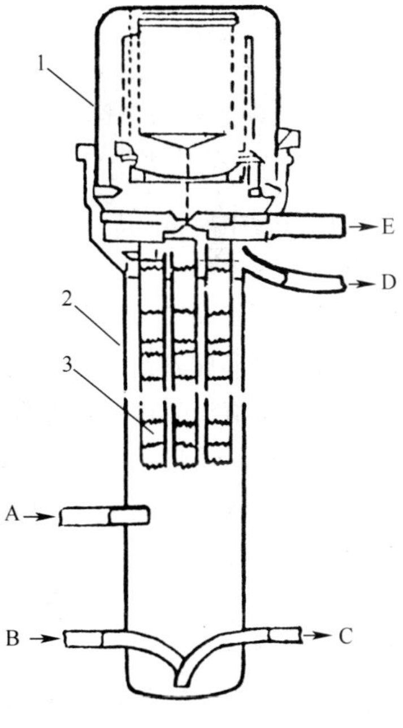

图4-5　"烛型"过滤器
1—过滤器头部;2—过滤器外壳;
3—过滤"烛"—过滤器组;
A—悬浮料液;B—料液;C—滤渣出口;
D—"震击"滤渣出口;E—滤液出口

俄罗斯的研究认为,要使轻水堆燃料料液澄清,就必须先对该料液进行特殊的预处理。通常是把絮凝剂和助滤剂联合使用,单独使用其中的一种都不能解决问题,不使用絮凝剂,则过滤的滤板将被堵塞,如果只用絮凝剂不用助滤剂，虽然解决了堵塞问题，但是过滤速度非常低，如图 4-6 所示。只有将絮凝剂和助滤剂以优化的比例联合使用才能获得良好的澄清效果，如图 4-7 所示。料液经过澄清后再用 30～50 μm 的烧结不锈钢或 7～10 μm 孔径的烧结钛组成的过滤器过滤，这种方法已应用在工业生产上[37]。

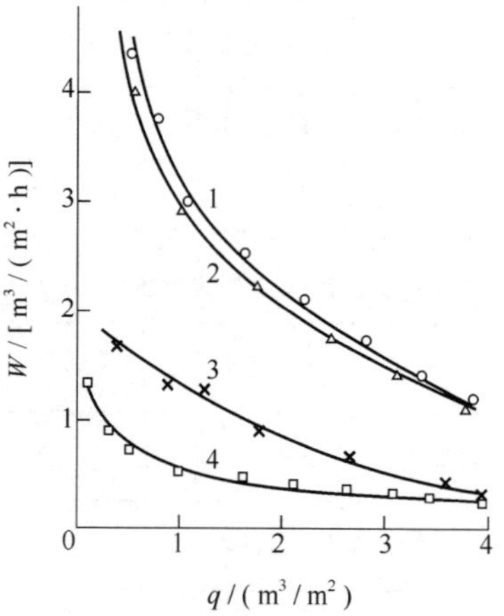

图 4-6 未辐照的LWR燃料溶液的过滤特性

(流速 W 对比过滤量 q，m^3/m^2)

图中曲线代表的溶液处理方式：

1,2—加入 150 mg/L 明胶和 2 g/L 磨碎的珍珠岩；

3—同上，只是珍珠岩未经磨碎；

4—加入 100 mg/L 明胶和 1 g/L 未经磨碎的珍珠岩

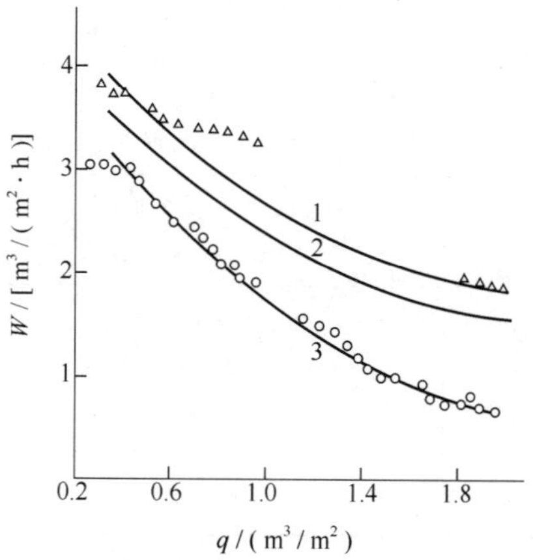

图 4-7 辐照过的LWR燃料溶液的过滤特性

1—未辐照的燃料(150 mg/L 明胶，2 g/L 珍珠岩)；

2—辐照过的燃料(150 mg/L 明胶，2 g/L 珍珠岩)；

3—辐照过的燃料(10 mg/L 明胶，2 g/L 珍珠岩)

德国卡尔斯鲁厄后处理中间工厂为了消除高燃耗燃料溶解液中的不溶性固体颗粒(燃耗达 40 GW·d/tU 的燃料中不溶物约为 10 kg/tU)，防止它们在溶剂萃取过程中形成界面污物，减少对溶剂的辐射损伤，开发了一种澄清泥浆用的过滤器。该过滤器的过滤介质为无机材料。用燃耗达 40 GW·d/tU 的乏燃料溶解液测试了这种无机材料过滤器的效率，用双层过滤时压力降很小，约为 2～9 kPa，而泥浆中颗粒滞留率高达 99%以上。过滤后的溶解液中几乎没有细小的固体颗粒。

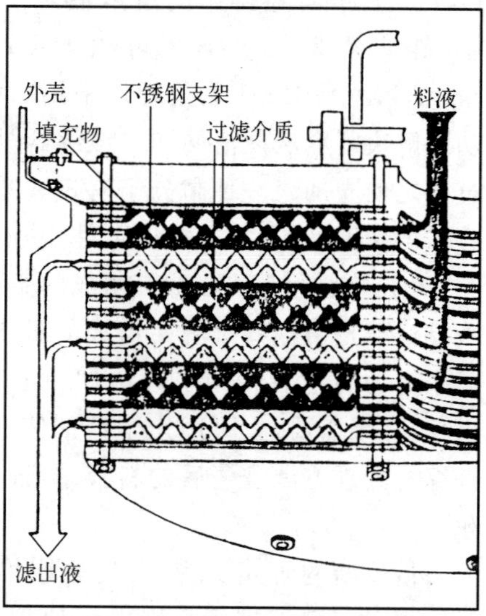

图 4-8 料液澄清

图 4-8 为一个 210 mm×280 mm 的过滤器筒，这种过滤器一个滤筒可以截留料液中 5 kg 泥浆。这种过滤器带有“自加热”功能，是泥浆的理想过滤装置[38]。

日本东海后处理厂使用烧结不锈钢为过滤介质的脉冲过滤器[39]。脉冲过滤器的结构如图 4-9 所示[40]。脉冲过滤器是去除动力堆乏燃料溶解液中不溶性残渣的另一类澄清设备。带有固体粒子的溶解液在外加压力下通过过滤介质，绝大部分的固体粒子被过滤介质截留，使得固液分离，达到澄清料液的目的。脉冲过滤的特点在于供料、反吹、排渣的脉动性，从而强化设备生产能力[13]。过滤介质使用时间长久后，孔隙也逐渐被堵塞，当使用逆流、反吹等措施疏通效果不好时，就得更换过滤介质。日本东海后处理厂先后安装了两台脉冲过滤器就是互为备用的[39]。

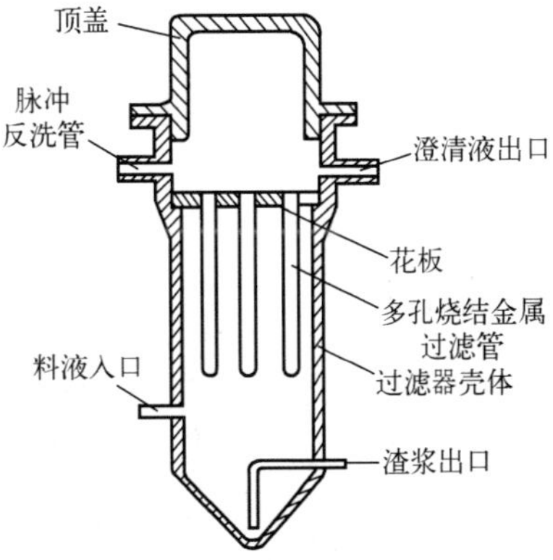

图 4-9 脉冲反洗过滤器示意结构

法国圣戈班新技术公司开发的 DPC 800 型离心机从 1976 年起就应用于 UP2-400 后处理厂。在此基础上又开发并广泛试验了一种新的 Robatel DPC 900 型悬挂式离心机。法国 UP3 厂、UP2-800 厂和日本六个所后处理厂都应用这种新的 DPC 900 型离心机。DPC 900 型悬挂式离心机具有以下特点：提高了离心加速场，这样就改进了机器的性能；在离心机内清洗滤渣，这样可以减少铀钚的损失，并且减少了废物体积。

UP3 两条生产线各装配了一台这种离心机。这两台离心机可以单独工作，也可以两台串联起来运行。试验证明，这种离心机的澄清效率是很高的，从离心机流出的澄清液在第一萃取循环的萃取器中没有明显的相界面污物积累[19]。

Robatel 型悬挂离心机的结构如图 4-10 所示[41]。以 DPC500 为基础经过改进而设计成的沉降式离心机如图 4-11 所示[41]。

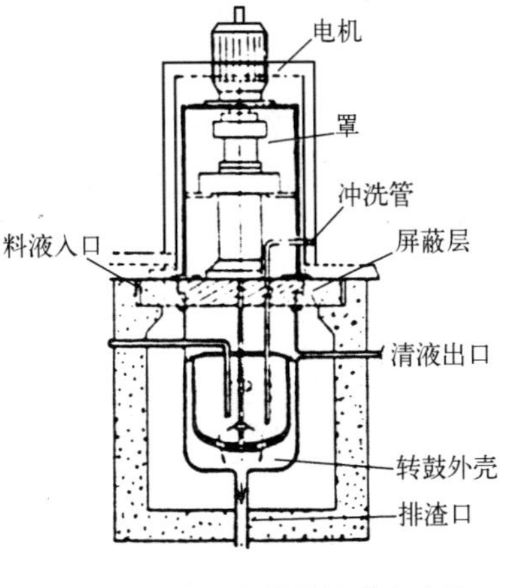

图 4-10 Robatel 型悬挂式离心机

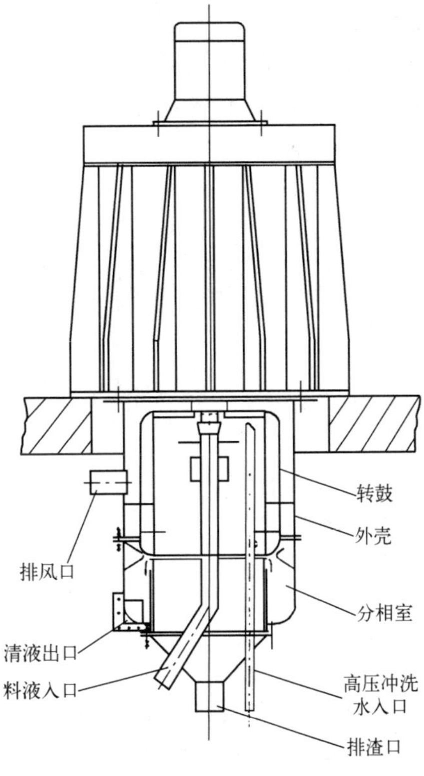

图 4-11 沉降式离心机

实践经验告诉我们，当料液过滤操作完毕后，一定要用压缩空气反吹过滤器，以便排除过滤器及管道里积存的料液，防止造成管道或过滤器的堵塞。

参考文献

1 P. Patigny, D. Pageron, J. Salom. 阿格厂处理LWR乏燃料的工艺化学经验. 见：李庆芳等译. 乏燃料后处理新进展. 北京：原子能出版社. 1990, 98～107
2 RECOD'87. 607～610
3 DP-MS-77～81
4 RECOD'87. 583～586
5 RECOD'87. 573～575
6 RECOD'91. 675～677
7 蒋云清主编. 乏燃料后处理'94. 核科学技术情报研究所. 68～74
8 蒋云清主编. 乏燃料后处理'98. 核科学技术情报研究所. 2000. 56～64
9 蒋云清主编. 乏燃料后处理'94. 核科学技术情报研究所. 77～91
10 任凤仪. 普雷克斯流程中界面污物的形成及降低其危害的措施. 核科学与工程. Vol. 13. No. 4. 北京：原子能出版社. 1993
11 动力堆乏燃料后处理资料汇编. 核工业第二研究设计院，核科学技术情报研究所. 1988
12 IDO—14468
13 DP—293
14 A/CONF・49/P/182
15 动力堆乏燃料后处理综合调研报告. 核科学技术情报研究所. 1991
16 ORNL—tr—1785
17 AERE—R—4769
18 AEAE—R—4786
19 RECOD'91. 83～88
20 李庆芳等译. 乏燃料后处理新进展. 北京：原子能出版社. 1990
21 KAPL—795
22 KAPL—809
23 HW—22076
24 ORNL—3404
25 ORNL—3314. 1962
26 ORNL—3153. 1961
27 ORNL—2993. 1960
28 BNWL—1573
29 RECOD'91. 44～48
30 A/CONF・49/P/435
31 乏燃料管理及后处理. 1996. No. 10
32 汪德熙，王方定等译. 核化学工程. 北京：原子能出版社. 1988
33 埃克松核燃料回收和再循环中心安全分析报告. 核工业第二研究设计院等译. 1991

34 黄昌泰,李光鸿．魏连生译．核电站燃料后处理．北京:原子能出版社.1996
35 杨云鸿译．核燃料后处理工程．北京:原子能出版社.1980
36 ORNL—2613
37 RECOD'91. 751～755
38 RECOD'91. 55～63
39 RECOD'91. 49～54
40 清华大学工程物理系编．辐照核燃料后处理.1977
41 姜圣阶主编,柯友之副主编．动力堆乏燃料后处理厂设计．北京:原子能出版社.1996

第五章 铀和钚的共去污

本章主要论述普雷克斯(Purex)流程中铀钚共去污的基本原理,影响铀和钚净化系数的主要因素,介绍从共去污萃取液中除去锝和氚的方法。

第一节 普雷克斯流程及其共去污循环

普雷克斯流程是根据J. C. Warf的试验结果在1949年提出的。1954年萨凡那河钚生产厂首先应用Purex流程于大生产,1956年汉福特厂用Purex流程取代了Redox流程[1]。

普雷克斯流程逐渐应用于世界各国的乏燃料后处理工业,经过50年的应用和发展,已经日臻完善,现在已经可以设计出能够处理各种乏燃料,生产出满足各种纯度、浓度要求的产品的Purex流程。目前,Purex流程还没有遇到强劲的竞争者,在可以预见的将来也不一定会有[2]。

对于生产堆乏燃料的后处理国内外多采用两个磷酸三丁酯(TBP)萃取循环的Purex流程。法国马库尔厂铀线和钚线均为两个TBP萃取循环。美国汉福特厂铀线是两个循环,钚线是三个循环,萨凡那河厂铀线是两个循环加硅胶吸附,钚线是两个循环加阴离子交换。一般来说,对于处理生产堆乏燃料的工厂,普遍认为,铀线和钚线均采用两个TBP萃取循环(包括共去污循环)是先进的工艺方案[3]。

由于动力堆燃料的燃耗深,比活度高,所以动力堆乏燃料的处理流程大多采用三个TBP萃取循环的Purex流程。早期,有的工厂,钚线采用四个萃取循环再加一个阴离子交换或胺类萃取作为尾端纯化手段。但是,实践证明,动力堆乏燃料后处理厂钚线采用离子交换是不适宜的;胺类萃取纯化钚给工厂的实际操作带来了不少麻烦。因此,后来设计建造的动力堆乏燃料后处理厂,多采用铀线和钚线均为三个TBP萃取循环。表5-1描述了各国后处理厂处理燃料的特征和所选用的加工工艺概况[1,4~9]。

从第五届(1998年)国际核燃料后处理与废物管理会议的报告获悉,1989年投产的法国UP3后处理厂,1994年9月启动的法国UP2-800后处理厂,以及1994年1月投入商业运营的英国塞拉菲尔德THORP厂,都是目前处理能力最大的动力堆乏燃料后处理厂(见表5-1)。

表 5-1 各国后处理厂采用 TBP 萃取的循环数

国家	后处理厂	处理燃料①	^{235}U 最大加浓度/%	最深燃耗/(MW·d/t)	处理能力/(t/d)	萃取循环数	
						铀线	钚线
美国	汉福特	铝包壳天然铀 Zr-2 包壳金属铀	0.947		数吨	2 加硅胶	2 加离子交换后改为 TBP 三循环
	萨凡那河	铝包壳天然铀		1 500	9～14	2 加硅胶	2 加离子交换
	西谷	主要是 LWR 燃料	5	约 30 000	1	3(最后硅胶)	2(最后离子交换)
	巴威尔	主要是 LWR 燃料	5	40 000	5	2(最后硅胶)	3
法国	马库尔	镁诺克斯包壳天然铀			4.5～6	2	2
	UP2-400				400 t/a	3	3
	阿格 UP3	GCR、LWR			800 t/a	3	3
	UP2-800	LWR	5	30 700	800 t/a	3	3
比利时	欧化	LWR GCR、HWR LWR	5	17 000	0.67(天然铀) 0.35(加浓铀)	2(最后硅胶)	2(最后离子交换)
德国	卡尔斯鲁厄	LWR、HWR	3	39 000	0.2	3(用过离心萃取,最后用硅胶柱)	2(最后离子交换)
日本	东海村 六个所	GCR、LWR LWR	4 >3.5	28 000 55 000	0.7 4.8	3	3
印度	特朗贝	研究堆、HWR	2.5		0.25	3	2
	塔拉普尔	LWR			0.5	3(硅胶)	3
俄罗斯	VVER 厂②	Nb-Zr 合金包壳 UO_2(VVER 燃料)	3.3	30 000		3(25%TBP)	3(二、三循环用 25%TAA)
	RT-1	VVER 燃料	加浓 UO_2		400 t/a	3(30%)TBP	3
英国	温茨凯尔二厂 THORP	GCR LWR、AGR	加浓 UO_2	40 000	5 1 200 t/a	3 2	4 2

① AGR:先进气冷堆;GCR:气冷反应堆;LWR:轻水堆;HWR:重水堆;VVER:水水型动力堆

② 这是前苏联建造的动力堆燃料后处理厂。实际上前苏联从 1949 年起就已开始后处理。最初采用沉淀法,后来用过离子交换法,最后于 20 世纪 50 年代开始用 TBP 溶剂萃取法。

法国由于不断地改进工厂操作工艺性能，同时又对操作条件进行了更新调整，所以 UP3 和 UP2-800 厂都保持着优良的工艺性能，产品的回收率非常高，尾端产品达到指标要求，并有很大的余地，表 5-2 给出了 UP3 厂的操作性能。UP3 和 UP2-800 在铀、钚分离后，铀线只用了一个纯化循环，UP3 的第三铀循环已经停止运行[10]。UP2-800 厂的钚纯化操作通过采用离心萃取器的一个液—液萃取循环（R4 设施）进行纯化。由于第一循环的去污系数高，对于硝酸钚纯化阶段所需要的去污系数已经降低，即 R4 设施只需要一个纯化循环即可满足要求[11]。

由此可见，法国 UP3 厂和 UP2-800 厂用两个溶剂萃取循环即可实现原设计三个循环的工艺性能，获得合格的尾端产品。

英国塞拉菲尔德 THORP 厂通过精心的流程设计，大量的科研开发和工艺性能验证工作，也使铀和钚的净化阶段只使用一个溶剂萃取循环。钚纯化循环采用脉冲柱和 30％TBP—煤油，从钚液流中除去主要的杂质 Tc 和残留的 U、Ru、Cs 和 Ce。一个铀纯化循环采用混合澄清槽和 20％TBP—煤油，以便除去铀产品中的 Np、Pu、Ru、Cs 和 Ce。

这就是说，英国的 THORP 厂通过两个溶剂萃取循环就可制得合格的铀、钚产品[12]。

表 5-2　UP3 厂的操作性能（萃取循环）[10]

工艺装置	工艺项目	实际达到的值	设计值
第一纯化分离循环	对裂片的去污系数 DF_{fp}	U：$>2\times10^5$	2 500
		Pu：$>8\times10^4$	1 250
	铀钚分离	<10 μg Pu/kgU	1 mg Pu/kg U
铀纯化循环	对镎的去污系数 DF_{Np}	100～250	指标：除铀以外的 α 活度＜15 000 dpm/gU
	对钚的去污系数 DF_{Pu}	不多	
	铀中的 β、γ 活度	$<7.4\times10^4$ Bq/kg	$<9.25\times10^6$ Bq/g Pu
钚纯化循环	对裂片的去污系数 DF_{fp}	100～1600	
	钚中的 β、γ 活度	$<3.7\times10^4$ Bq/g Pu	指标：$<2.96\times10^6$ Bq/gPu

通常，对于乏燃料后处理而言，Purex 流程主要包括铀钚共萃取共去污，铀、钚分离，铀、钚的纯化，制得合格的铀、钚产品溶液或者转化为铀、钚的固体产品。在 Purex 流程这些工艺过程中，铀、钚的共去污—分离循环是关键工序。下面简要介绍一下各国后处理厂共去污循环的特征。

表 5-3 给出了许多国家后处理厂共去污—洗涤循环的概况[4,5]。

表 5-3　各主要后处理厂共去污柱(槽)概况

国家	后处理厂名	萃取设备	萃取剂	稀释剂	1AF 组成		1AS 组成	流比	去污系数	备　注
					铀/(mol/L)	HNO_3/(mol/L)	HNO_3/(mol/L)	1AF∶1AX∶1AS	(DF)	
美国	汉福特	脉冲柱	30%TBP	正烷烃	1.8	0.7	2.0	1∶5.06∶1.06	$10^2 \sim 10^4$	核动力堆燃料
	萨凡那河	离心萃取器	30%TBP	正烷烃	1.2	1.1	3.0	1∶3.3∶0.66		
	西谷	脉冲柱	30%TBP	正十二烷	1.3	2.0	3.0	1∶3.9∶0.63		
	巴威尔	离心萃取器			1.21	2.5	3.0			
英国	温茨凯尔二厂	混合澄清槽	20%TBP	无臭煤油	300 g/L	3.0	3.0			第一共去污
			20%TBP	无臭煤油	60～70 g/L	3.0	3.0			第二共去污
	THORP 厂	环形脉冲柱	20%TBP	无臭煤油						
法国	马库尔	混合澄清槽	30%TBP	十二烷	1.7	1.7	2.5	1∶4.0∶0.35		GCR、ACR 燃料 LWR 燃料
	阿格 UP2-400	混合澄清槽	30%TBP	十二烷						
	UP3	环形脉冲柱	30%TBP	十二烷						
	UP2-800	环形脉冲柱	30%TBP	十二烷						
比利时	欧化	脉冲柱	30%TBP	壳牌煤油	0.85	3.0	4.0	1∶3.1∶0.5		低浓铀燃料
日　本	东海村	脉冲柱	28.3%TBP	正十二烷	1.1	3.0	3.0	1∶2.0∶0.2		
	六个所	环形脉冲柱	30%TBP							
俄罗斯	VVER 实验	混合澄清槽	25%TBP	磺化烃	1.3	3.0	4.0	1∶3.75∶0.6		V V E R 燃料
	RT-1	混合澄清槽	30%TBP	磺化烃	1.26	3.0	6～8			
德　国	卡尔斯鲁厄	脉冲柱	30%TBP	正十二烷		1.4	2.0	1∶3∶0.5		

从表中的数据可见，在处理天然铀乏燃料的工厂，如美国的汉福特厂，法国的马库尔厂，1AF 中的铀浓度达 420 g/L 左右。而其他处理低加浓铀的工厂，1AF 中的铀浓度通常为 200～300 g/L。对铀浓度的这种限制，主要是从临界安全的角度考虑的。根据燃料在辐照前的 ^{235}U 加浓度，而限制料液中的最高铀浓度，如表 5-4 所示。一般来讲，1AF 中铀浓度提高，工厂的处理能力就可以提高。美国西谷后处理厂，处理初始加浓度为 1.25%～1.5% 的德累斯顿燃料，1AF 料液中铀浓度为 320 g/L，处理能力为 1 t/d。当处理 ^{235}U 加浓度为 3.4%～4.1% 的扬基燃料时，1AF 料液中的铀浓度为 212～266 g/L，处理能力就下降到 0.64～0.77 t/d。

表 5-4　对 1AF 料液中铀浓度的限制[3]

燃料中初始 ^{235}U 加浓度	最高铀浓度/(g/L)
3	420
3.5	337
4.0	278
4.5	245
5.0	216

处理生产堆乏燃料的后处理厂（包括共去污循环）多采用二循环流程，或者二循环加铀、钚尾端处理流程，因此要求第一循环对 Zr 的净化系数要高，而 Ru 的净化可在钚线二循环采用较高的酸度萃取时得到补偿。另外，在 1AF 中采用较低酸度的原因是生产堆天然铀乏燃料中 Ru 的比放射性活度比 Zr，Nb 低，净化的主要焦点在于 Zr 和 Nb。

在动力堆乏燃料的共去污循环中，1AF 料液所选用的酸度都比较高，有的采用 2 mol/L HNO_3，有的采用 3 mol/L HNO_3，而且所使用的洗涤液酸度也都比较高，多为 3～4 mol/L HNO_3。这样在共去污循环中始终维持良好的除 Ru 条件，提高了对难以清除的 Ru 的净化系数。因为燃耗深的动力堆乏燃料中，Ru 的含量较高，Ru 又是最讨厌的、一经萃取就难以除掉的核素。这时 Zr 的净化系数较低，一方面 Zr 可以在后续纯化循环中被除掉，另一种办法是许多后处理厂都采用的办法，即对铀液流中的 Zr-Nb 通过硅胶吸附而得到净化。

由表 5-3 可见，除了英国用 20%TBP 作萃取剂外，目前处理 ^{235}U 加浓度 5% 以下的燃料均采用 30%TBP。法国在马库尔厂曾使用过 40%TBP，后来也改用 30%TBP 了。因为，虽然 40% TBP 可以提高生产能力，但是当 TBP 中铀的饱和度较高时，水力学性质变差。用 20% TBP 水力学性质很好，但是生产能力下降。所以，二者各有优缺点。实践经验证明，选用 30% TBP 比较好，既可获得较好的水力学性质，又有较高的物料通过能力。

共去污循环所选用的设备也是很不相同的。为减少溶剂的辐解，美国萨凡那河厂、法国阿格厂和德国卡尔斯鲁厄中间工厂都研制并应用了离心萃取器，但是通过实践发现，它的总净化系数并不高，不适合于处理含固体颗粒较多的料液，再加上设备造价高，要求精细操作，维修比较困难，所以对它的推广应用尚处于解决出现的问题阶段。由于溶剂的水解、化解和辐解，在混合澄清槽中形成的界面污物较多，而且污物排除困难，这样就影响了混合澄清槽在共去污循环中的应用。因此，国外动力堆乏燃料的大型后处理厂多采用脉冲柱作为共去污的萃取设备。

第二节　影响铀和钚萃取和去污的因素

对于天然铀或低加浓铀，通常是用 30% TBP—稀释剂进行萃取和分离的；而对于加浓度较高的铀燃料、二氧化铀燃料，以及二氧化铀和二氧化钚混合燃料，通常采用稀 TBP—稀释剂萃取流程。不管是常规 Purex 流程还是稀 TBP 流程，关键的工序都是共去污循环。铀和钚的回收率和对裂变产物的去污能力是衡量这个循环的主要指标。在通常情况下回收率指标比较容易实现，而产品的纯度即去污率往往成为主要矛盾。为提高共去污循环的去污率，国内外都采取了一系列措施，例如前面第四章已论述的各国后处理厂采取许多方法预处理料液。随着被处理乏燃料燃耗的增加，在共去污循环中主要是由裂变产物引起的界面污物的生成和对操作的干扰，成为一个突出的问题。为解决这些问题，许多国家的后处理厂从改进萃取设备，提高试剂质量，变化操作条件等许多方面做了大量工作。下面将重点介绍影响铀和钚净化的主要因素。

一、铀、钚、锆、铌、钌等核素在共去污循环中的萃取行为[3,13,14]

在料液中，铀主要以铀酰离子形式存在，UO_2^{2+} 是以中性络合物形式被 TBP 萃取的

$$UO_2^{2+} + 2NO_3^- + 2TBP \rightleftharpoons UO_2(NO_3)_2 \cdot 2TBP \tag{5-1}$$

UO_2^{2+} 被 TBP 从料液中萃取，其萃取分配系数 α 可以下式表示

$$\alpha_{U(VI)} = K_{U(VI)}[NO_3^-]^2[TBP]^2 \tag{5-2}$$

在经过调料的料液中，钚主要是以易被 TBP 萃取的四价离子状态存在。萃取反应可以表示为

$$Pu^{4+} + 4NO_3^- + 2TBP \rightleftharpoons Pu(NO_3)_4 \cdot 2TBP \tag{5-3}$$

TBP 萃取 Pu(Ⅳ)的分配系数为：

$$\alpha_{Pu(IV)} = K_{Pu(IV)} \cdot [NO_3^-]^4 \cdot [TBP]^2 \tag{5-4}$$

式(5-2)和(5-4)中 $K_{U(VI)}$ 和 $K_{Pu(IV)}$ 分别为萃取体系中铀和钚的平衡常数。

影响 TBP 萃取 U(Ⅵ)的主要因素简述如下。首先，水相中 $UO_2(NO_3)_2$ 浓度的影响。在通常情况下，当平衡水相中硝酸铀酰的浓度低于 0.1 mol/L，硝酸浓度低于 0.5 mol/L 时，铀的分配系数随着铀浓度的提高而上升；当硝酸浓度高于 0.5 mol/L 时，随着铀浓度的提高，其分配系数逐渐下降。第二，有机相中铀浓度的影响，也就是 TBP—稀释剂被铀饱和的程度显著地影响着铀的分配系数。当硝酸浓度一定时，随着有机相中铀饱和度的提高，铀的分配系数下降。例如，有机相中铀浓度从 33.6 g/L 逐渐增加到 104.2 g/L，即有机相中铀的饱和度从 28%逐渐提高到 86.8%，则铀的分配系数从 16.7 逐渐下降为 2.3。第三，硝酸浓度的影响。从式(5-2)可见，铀的分配系数与硝酸根浓度的平方成正比，可见硝酸浓度对铀的分配系数有着显著影响。硝酸浓度很低时，铀的分配系数也很小。随着硝酸浓度的提高，铀的分配系数也增大，但是，当硝酸浓度继续增加时，由于 TBP 萃取硝酸铀酰和硝酸的量增加了，从而使自由 TBP 浓度降低，又使铀的分配系数下降。第四，自由 TBP 浓度的影响。TBP 萃取铀的分配系数与 TBP 的浓度平方成正比，所以自由 TBP 浓度对其萃取硝酸铀酰的分配系数的影响是非常显著的，随着 TBP 浓度的提高，铀的分配系数增大。其他因素，如萃取体系中存在 DBP，MBP，PO_4^{3-}，$C_2O_4^{2-}$，SO_4^{2-} 等络合离子，对萃取均有不利影响，应设法避免或降低其影响。由于 TBP 萃取 $UO_2(NO_3)_2$ 为放热反应，随着温度的升高，反应的平衡常数 $K_{U(VI)}$ 减小，从而导致铀的分配系数下降。

此外，采用不同的萃取设备，使用不同的萃取条件，对铀的萃取都会有影响。

影响 TBP 萃取 Pu(Ⅳ)的主要因素有：萃取体系的硝酸浓度、六价铀浓度、自由 TBP 浓度、温度等。

由式(5-4)可见,Pu(Ⅳ)的分配系数与硝酸根浓度的四次方成正比,可见硝酸浓度对 TBP 萃取 Pu(Ⅳ)的影响最显著。在 Purex 流程的实用硝酸浓度范围内,即使有大量 U(Ⅵ)存在,Pu(Ⅳ)的萃取分配系数仍然随着硝酸浓度的提高而增大。这是由于在这种条件下,萃取 Pu(Ⅳ)的过程仍然是硝酸的盐析作用处于主导地位。

在相同的硝酸浓度条件下,U(Ⅵ)的萃取分配系数比 Pu(Ⅳ)的分配系数大得多。这说明当料液中 U(Ⅵ)和 Pu(Ⅳ)共存时,TBP 将优先萃取 U(Ⅵ)。随着有机相中铀饱和度的提高,Pu(Ⅳ)的分配系数降低。当水相硝酸浓度为 3 mol/L 和有机相:水相为 2∶1 时,30% TBP—煤油萃取 Pu(Ⅳ),有机相铀饱和度由 28%增加到 86.8%,Pu(Ⅳ)的分配系数由 4.0 逐渐下降为 0.57。

Pu(Ⅳ)的分配系数与自由 TBP 浓度的平方成正比,即随着 TBP 浓度的提高,Pu(Ⅳ)的分配系数增大。

德国研究了 Pu(Ⅳ)浓度对其分配系数(这里用 DC 表示分配系数)的影响,如图 5-1 所示。Pu(Ⅳ)的萃取分配系数,在溶液中硝酸浓度不变时,随着溶液中钚浓度的降低而减小。如果对水相中的钚进行多级连续萃取,钚的分配系数随着萃取级数的增多而逐渐下降。图 5-2 表明了萃取级数与水相钚浓度的关系[15]。

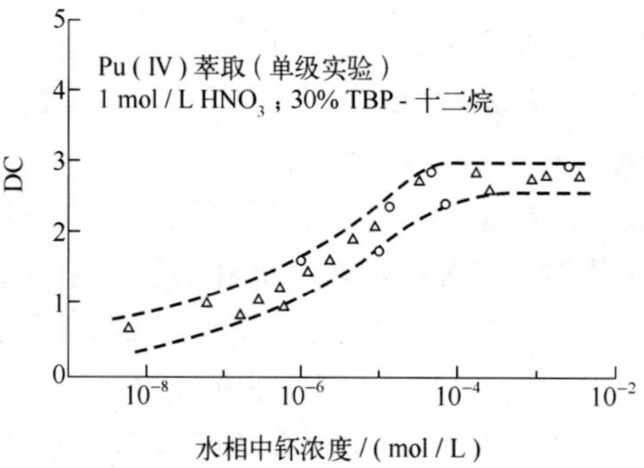

图 5-1 用 30%TBP—十二烷从 1 mol/L HNO_3 中,对不同初始钚浓度的 Pu(Ⅳ)离子(^{238}Pu 和 ^{239}Pu)进行单级萃取〔图中给出的是平衡水相中钚浓度对分配系数(DC)的影响〕
△——萃取;○——反萃。

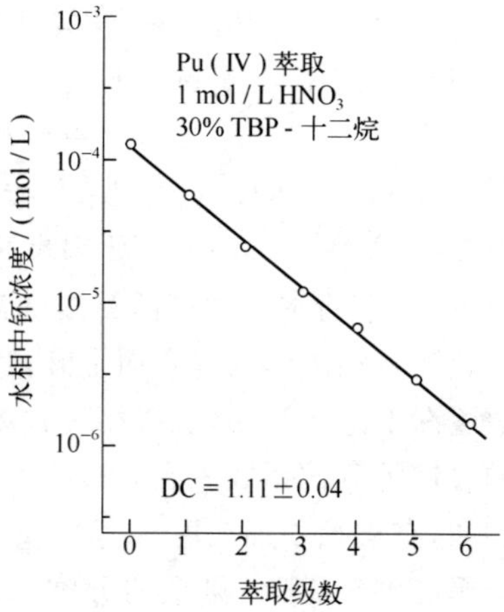

图 5-2 用 30%TBP-十二烷从 1 mol/L HNO_3 中,对 Pu(Ⅳ)做的多次连续萃取(图中给出的是萃取级数与水相中钚浓度的关系)

由于 Pu(Ⅳ)的上述萃取行为,就产生了一个不容忽视的问题,即总有很少量的钚随水相萃残液流失,通常小于钚进料量的 0.04%。

同样,萃取体系中的 DBP,MBP,$C_2O_4^{2-}$,PO_4^{3-} 等络合离子均不利于 Pu(Ⅳ)的萃取。

在 Purex 流程中,硝酸起着重要作用。硝酸具有盐析剂作用,其本身又能为 TBP 所萃取。硝酸的浓度对铀、钚和裂变产物的萃取行为有着重要的影响,因而硝酸的浓度是 Purex 工艺过程中最重要的参数之一。这将在以后的有关章节论述到它的作用。

关于铀、钚的萃取行为在许多核方面的书籍和资料中有许多详细的论述，此处只做上述简要的介绍。下面描述一下铀、钚，以及硝酸在萃取器中的态势。

德国卡尔斯鲁厄核研究中心在小型脉冲柱上进行了 U、Pu 和 HNO_3 共萃取和洗涤的浓度剖面测定，并用 VISCO 计算程序进行了计算。柱装置的总长度为7.7 m，其中萃取部分3 m，萃取柱的上扩大段和洗涤柱的下扩大段均为 1.2 m，洗涤部分为 3.5 m。脉冲柱直径均为26 mm。共去污循环的工艺条件如表 5-5 所示[16]。

按照表 5-5 的条件进行实验，并分析测定 U，Pu，HNO_3 的浓度剖面，如图 5-3 所示。实验值验证了 VISCO 程序，发现测量数据与计算值之间符合得很好。

表 5-5 共去污循环条件

物 流	相对流速	组 分			
		HNO_3/(mol/L)	U/(g/L)	Pu/(g/L)	TBP/%
AX	100	0.2	<0.06	$<5\times10^{-3}$	30
AF	34	2.83	247	2.07	
AS	0.78				

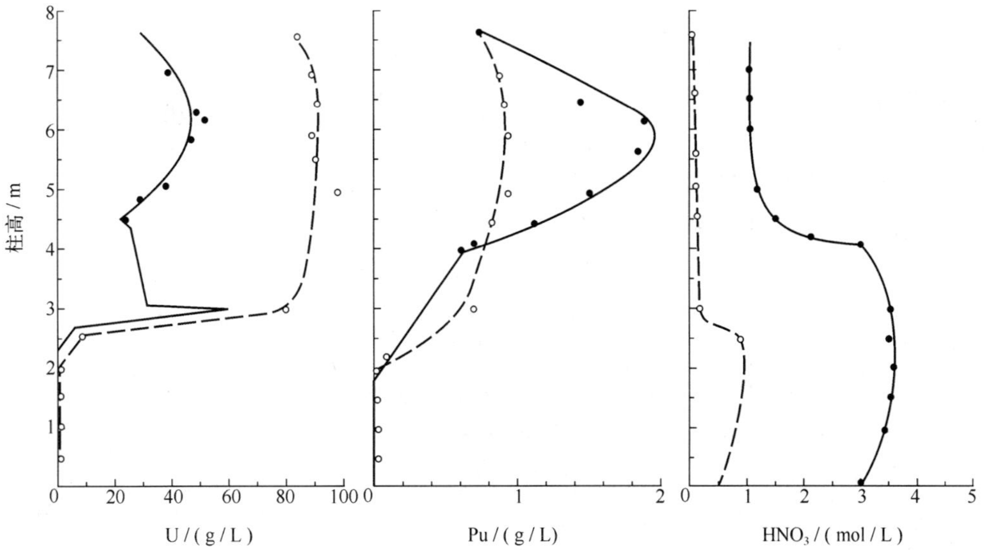

图 5-3 在共去污循环中 U，Pu，HNO_3 的浓度剖面

实验值：● —水相，○ —有机相；计算值：— —水相，--- —有机相

日本用 30% TBP—正十二烷在 20 级混合澄清槽从含 213 g/L U+1.3 g/L Pu+0.1 g/L Np+3.1 mol/L HNO_3 溶液中进行萃取，用 2 mol/L HNO_3 洗涤，流比(O∶F∶S)为 4.78∶2.15∶1.0。图 5-4 为在 20 级的 1A 混合澄清槽中，U、Pu 及 HNO_3 的浓度剖面。

图中线条值为用 ESCCAR 程序计算的结果，它能与实验值很好地符合[17]。

在料液中除了硝酸、铀和钚之外，主要的就是裂变产物了。正如表 4-2 所示的那样，其中

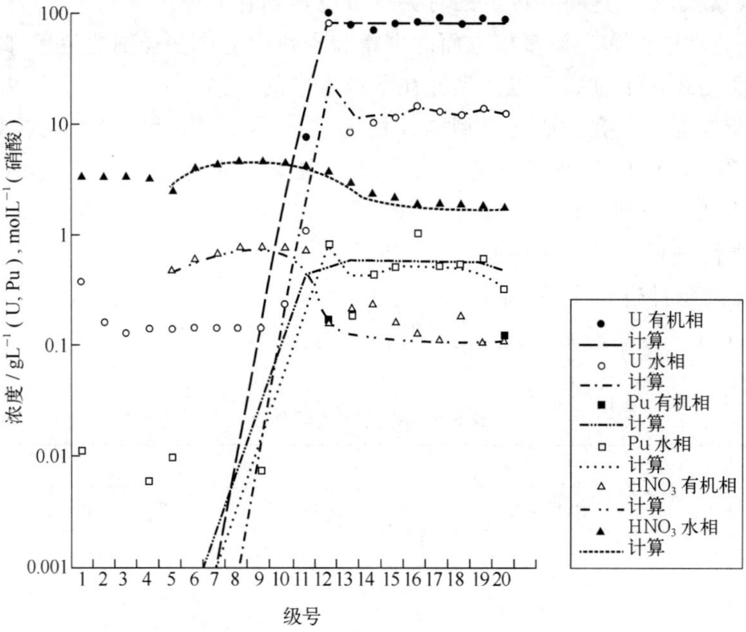

图 5-4 铀、钚和硝酸在 1A 萃取器各级水相和有机相中的浓度分布

（实验条件为，实验 Ex-2 降低了主溶剂的流速，图中线条值为用 ESCCAR 程序计算的结果）

含量较多，寿命较长，影响较大，而且最难以清除的是锆(^{95}Zr)和它的子体铌(^{95}Nb)，以及钌(^{103}Ru，^{106}Ru)。某些碱金属(如 Cs)，碱土金属(如 Sr，Ba)，以及 Mo 基本上不为 TBP 所萃取。稀土元素(如 Ce、Pr、Nd、Sm、La)和贵金属(如 Tc 和 Pd)在萃取体系中的分配系数也很小。用 30% TBP，在料液铀浓度为 200 g/L，保持 TBP 中铀的饱和度为 80%时，在不同的水相硝酸浓度下，铀、钚、锆、铌、钌等核素的分配系数如图 5-5 所示[3]。

由图 5-5 可见，在共去污萃取循环中，绝大部分裂变产物(>99%)不被 30% TBP 所萃取，然而，却有少量的 Zr、Nb、Ru 被 TBP 所萃取。究竟 Zr、Nb、Ru 以何种形式为 TBP 所萃取，这将随着萃取条件的不同，可能有较大的变化。这也是下面重点讨论的问题。

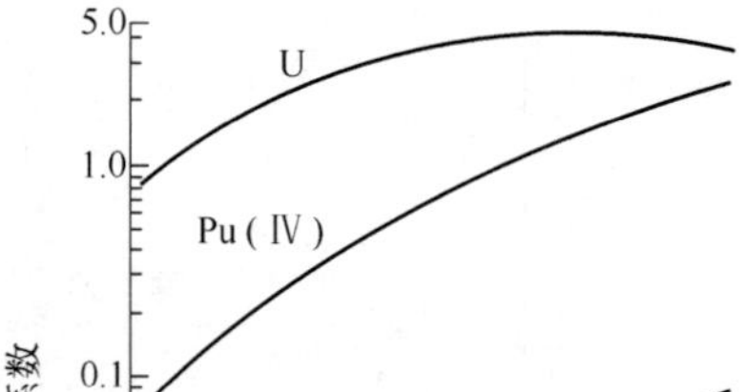

图 5-5 水相硝酸浓度对分配系数的影响

有机相：30%TBP，铀饱和度 80%；

水相：U 200 g/L，Pu 2×10^6 计数(α)/(min·mL)，总 β 10^8 计数/(min·mL)

下面以混合澄清槽为萃取接触器，讨论在萃取和洗涤过程中，Zr、Nb 和 Ru 的行为。美国萨凡那河工厂用一个 16 级的混合澄清槽，料液从第 8 级加入，有机相从第 16 级进入，洗涤液从第 1 级加入。工厂获得的 Zr、Nb 和 Ru 在第一循环 1A 萃取器中的分布情况如图 5-6 和图 5-7 所示。

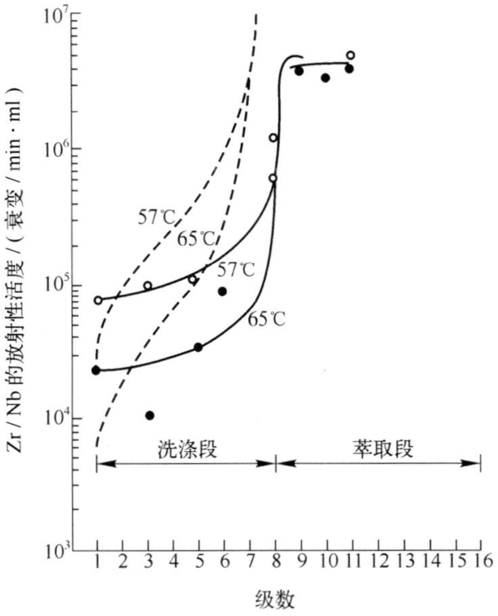

图 5-6　在普雷克斯一循环 1A 萃取器中 Zr/Nb 的分布

注:通常 1AF 中 Zr/Nb　1.1×10⁹ 计数/min · ml

－－－－水相　——有机相

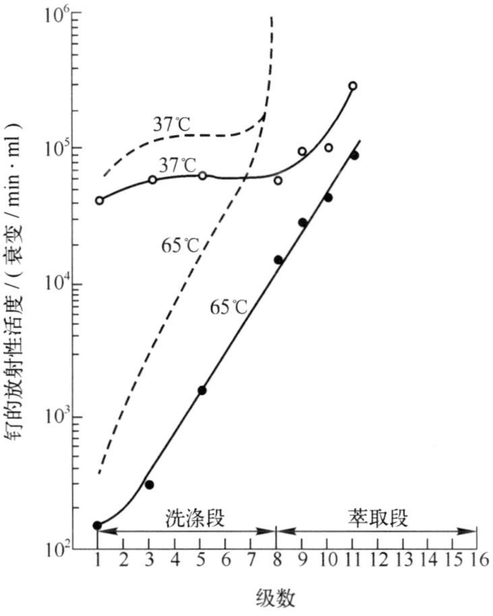

图 5-7　在普雷克斯一循环 1A 萃取器中 Ru 的分布

注:通常 1AF 中 Ru　1.1×10⁸ 计数/min · ml

－－－－水相　——有机相

在 1A 槽中,Zr,Nb 的净化系数在 200～3 000 之间。用 0.01 mol/L HNO_3 洗涤有机相,大量的 Zr,Nb 可以从有机相中除去,Zr 的净化系数是很大的。Nb 的净化系数是 Zr 的两倍,其净化和 Zr 不同,主要是在进料级获得净化。在洗涤段 Nb 的净化系数约为 20～40。这些说明酸度对 Zr,Nb 的分配系数的影响是很大的。

研究结果表明,Ru 的净化系数在 300～5 000 之间变化。主要净化是在进料级完成的,洗涤段的净化系数较小,只在5～50的范围内变化。

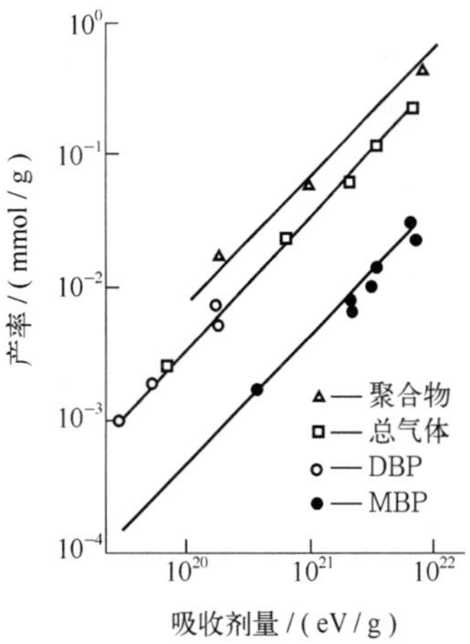

图 5-8　降解产物产率与吸收剂量关系[3]

二、料液放射性活度对净化的影响[13,14,18]

料液放射性对 TBP 萃取时的影响实质上是放射性对有机溶剂的作用,有机溶剂吸收辐射剂量,引起有机溶剂的降解,产生降解产物,如图 5-8 所示。有些降解产物又与某些裂变产物作用而影响铀钚的净化效果[3]。

表 5-6 和表 5-7 给出了 30% TBP 萃取乏燃料冷却时间为 100 天和 150 天不同燃耗的燃料料液时,在第一萃取循环 1A 萃取柱中 TBP 降解的估计值。

表 5-6 萃取冷却 100 天不同燃耗的燃料料液,1A 柱中 TBP 降解的估计

燃耗/(MW·d/tU)	锆浓度/(mol/L)	在停留时间内溶剂所受剂量/(eV/L)	DBP 形成量		TBP 降解量	
			mol/L	%	%	25%TBP 被降解,需在1A 柱中循环的次数
1 000	0.2×10^{-4}	2.0×10^{21}	0.2×10^{-4}	0.0004	0.003	7 500
10 000	0.2×10^{-3}	19.6×10^{21}	0.2×10^{-3}	0.004	0.03	750
16 000	0.3×10^{-3}	31.4×10^{21}	0.25×10^{-3}	0.005	0.05	540
25 000	0.4×10^{-3}	39.3×10^{21}	0.35×10^{-3}	0.008	0.06	400
27 000	0.45×10^{-3}	47.2×10^{21}	0.4×10^{-3}	0.009	0.07	350
30 000	0.5×10^{-3}	51.1×10^{21}	0.45×10^{-3}	0.010	0.08	280

注:有机相:30% TBP,含铀 140 g/L,密度:0.9 g/mL

水　相:2~3 mol/L HNO_3,密度:1.2 g/mL,有机相∶水相=1

有机相在 1A 柱中停留时间为 1 h。

表 5-7 萃取冷却 150 天不同燃耗的燃料料液,1A 柱中 TBP 降解的估计

铀燃耗/(MW·d/t)	锆浓度/(mol/L)	在停留时间内溶剂所受剂量/($eV/L\times10^{21}$)	DBP 形成量		TBP 降解量	
			mol/L	%	%	25%TBP 被降解,需在1A 柱中循环的次数
1 000	0.2×10^{-4}	1.62	0.15×10^{-4}	0.00025	0.0025	9 000
10 000	0.2×10^{-3}	16.2	0.15×10^{-3}	0.0025	0.025	900
16 000	0.3×10^{-3}	28.4	0.22×10^{-3}	0.0045	0.04	600
25 000	0.4×10^{-3}	32.34	0.25×10^{-3}	0.005	0.045	540
27 000	0.45×10^{-3}	40.5	0.35×10^{-3}	0.0075	0.06	400
30 000	0.5×10^{-3}	44.5	0.40×10^{-3}	0.008	0.07	320

注:有机相:30% TBP,含铀 140 g/L,密度:0.9 g/mL;

水　相:2~3 mol/L HNO_3,密度:1.2 g/mL

有机相在 1A 柱中停留时间 1 h。

从上述两表的数据可见,对于不同燃耗的乏燃料溶解制备的料液,用 30% TBP 在 1A 柱中萃取一次(停留时间为 1 h),有机相中形成的 DBP 数量和 TBP 降解的总量都不超过 1%。在燃耗 10 GW·d/tU 和 30 GW·d/tU 的情况下,DBP 形成量在$(0.2\sim0.5)\times10^{-3}$ mol/L之间变化。

DBP 对锆的络合能力比较强,甚至当锆的浓度比铀浓度小 1 000 倍时,DBP 仍优先与锆络合,当 DBP 浓度增加到 10^{-2} mol/L 时,锆的分配系数将提高 2~3 个数量级[3],使 Zr 和 Nb 的去污效果明显下降[19]。

美国萨凡那河厂的经验表明,进料料液的放射性高时,萃取溶剂中的放射性增高,经过反萃和洗涤过的溶剂中保留的放射性迅速增加。这主要是由于溶剂中降解产物增加,洗涤系统不能及时地将这些降解产物除去，其结果如图 5-9 所示。

洗涤过的溶剂中所保留的放射性活度与进料液中的放射性活度的平方成正比。根据萨凡那河厂的经验，要保持工厂能长期稳定运行，对溶剂萃取所投入料液的放射性活度有一上限限制。在 Purex 流程中，由于料液的放射性活度而造成溶剂中所荷放射性超过溶剂洗涤系统所能达到的净化能力时，溶剂的性能变坏，工厂的运行状况恶化。在萨凡那河工厂的条件下，如果不采取特殊措施，允许 1AF 料液中总裂变产物的放射性活度接近 5.55×10^{12} Bq/L，其 β 和 γ 辐射能量之和接近 1 W/L。如果采取一些措施，可以萃取处理放射性更高的料液。如果采用第四章论述的用二氧化锰预处理措施，所处理料液放射性活度可以增加 3～4 倍。如果在溶剂洗涤剂中加入高锰酸钾洗涤，也可以使所处理的料液放射性活度提高几倍。采取这些化学处理措施，使萃取处理的料液放射性活度达 3.7×10^{13} Bq/L 还是可能的。

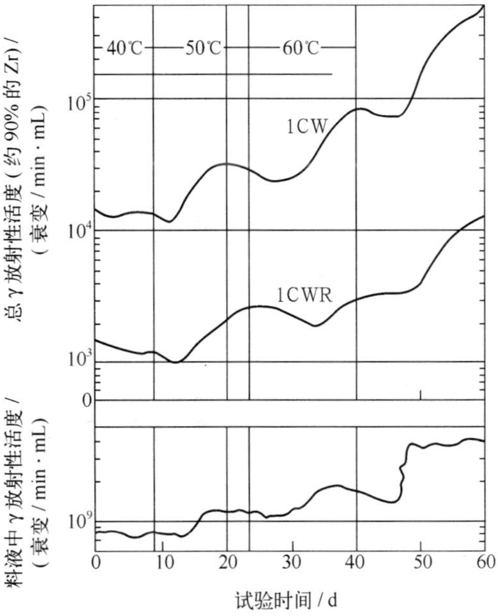

图 5-9　溶剂中保留的放射性与进料的放射性的关系

三、TBP 中铀饱和度对净化的影响[3,13,14,19,20]

随着 TBP 中铀饱和度的提高，裂变产物的分配系数都有不同程度的降低。这是由于 TBP 对 $UO_2(NO_3)_2$ 的络合能力远远大于对裂变产物的络合能力。铀的分配系数与裂变产物的分配系数之间相差 2～3 个数量级。因此提高 TBP 中铀的饱和度可以将裂变产物从溶剂相中排挤出去，即提高铀饱和度有利于净化。表 5-8 给出了在不同的饱和度下一些元素的分配系数值。

表 5-8　铀饱和度对元素分配系数的影响[20]

TBP 的铀饱和度 /%	25 ℃时的分配系数				
	U	Pu	Ru	Zr	稀土
28.0	16.7	4.0	0.067	0.041	0.009 6
45.6	12.1	2.3	0.028	0.025	0.004 8
61.7	7.9	1.6	0.009 6	0.010	0.002 1
72.0	5.4	1.1	0.003 7	0.012	0.001 1
82.4	3.6	0.79	0.001 6	0.009	0.000 4

注：平衡前水相为 3 mol/L HNO_3，有机相为 30% TBP，有机相：水相=2：1。

随着 TBP 中铀饱和度的提高，自由 TBP 浓度降低，铀的分配系数下降，其他裂变产物的分配系数也下降，但是降低的程度不同。表 5-9[3] 给出了当铀饱和度由 37%增加到 86.8%时，铀和裂变产物分配系数降低的倍数不同。由表中数据看出，除 Zr 外，都比铀的分配系数降低得多。这说明在萃取过程中提高 TBP 中的铀饱和度有利于除去裂变产物。

表 5-9　铀饱和度从 37%增加到 86.8%时，铀和裂片元素分配系数的降低情况

元　素	U	Zr	Ru	稀土	总 β
铀饱和度为 37%时的分配系数 / 铀饱和度为 86.8%时的分配系数	13	3.6	56	46	16

德国进行的关于 30% TBP—煤油的铀饱和度对某些裂变产物净化系数的影响试验结果列于表 5-10[21]。

表 5-10　TBP 的铀饱和度对第一萃取循环裂变产物净化的影响

饱和度	30%TBP 中的浓度		净化系数			
	U	Pu	^{137}Cs	^{144}Ce	^{106}Ru	^{95}Zr
低	42.6	9.26	3 630	100	3.5	10
高	91.4	18.8	11 400	33 000	500	310

工厂的实际运行经验表明，在只有 7 级的混合澄清槽中，要达到所要求的净化，维持 TBP 中高的铀饱和度是十分重要的，并且要求高铀饱和度的级数要多些，通常认为 4 级是满意的。在 1A 萃取槽中，高铀饱和度的级数对 Zr、Nb 和 Ru 净化系数的影响如图 5-10 所示。

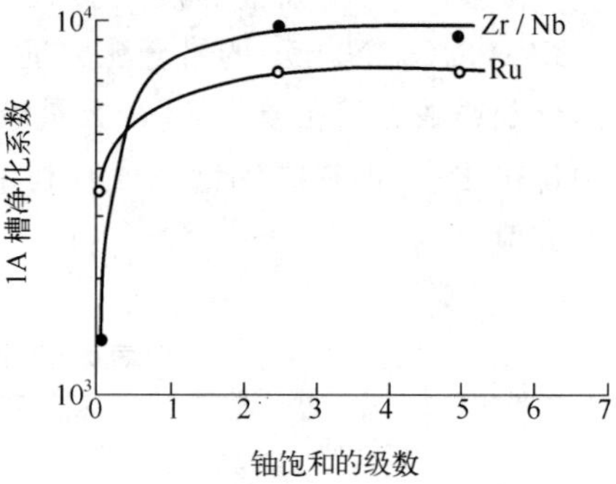

图 5-10　在 1A 槽中铀饱和度较高的级数对净化系数的影响（温度：55 ℃）

四、溶剂质量对净化的影响[3,19,22～26]

因为在 Purex 流程中，溶剂（包括 TBP 和稀释剂）是萃取铀和钚的载体。我们要求溶剂能尽量完全地从料液中萃取铀和钚，尽可能少的萃取裂变产物。能否达到这个要求和溶剂的质量有直接的关系。

众所周知，有机溶剂在同含有铀、钚和裂变产物的硝酸水溶液接触时，就会受到硝酸水溶液、α、β、γ 射线、搅拌等物理化学作用，必然要发生一系列物理化学变化，生成一系列降解产物，引起乳化，形成界面污物，使得溶剂质量变差，影响萃取性能。如果溶剂的质量好，上述物理化学作用引起的变化就缓慢，反之，如果溶剂的质量较差，其萃取性能变坏的速率就高些。

通过酸催化的 TBP 逐级水解，得到 TBP 的相应分解产物是磷酸二丁酯（HDBP）、磷酸一丁酯（H_2MBP）和磷酸（H_3PO_4）。影响 TBP 水解的主要因素是 TBP，HNO_3，U 和裂变产物的浓度、温度和反应接触时间。表 5-11 给出了在 30% TBP-正烷烃-HNO_3 体系中，水解形成 DBP 和 MBP 的产额[25]。

表 5-11　在 30%（体积分数）TBP-正烷烃-HNO_3（有机相/水相＝3/1）体系中水解形成的 HDBP 和 H_2MBP

组成的化合物	水　相	HNO_3 浓度/(mol/L)	形成速率/[mg/(L·h)] 23 ℃	50 ℃	75 ℃
HDBP	无铀	0.5	1.9×10^{-2}	3.8×10^{-1}	5.3
		3	8.5×10^{-2}	2.3	31.7
	120 g/L 铀	0.5	3.1×10^{-1}	4.25	41.3
		3	2.98×10^{-1}	3.37	49.7
	0.01 mol/L Zr	3	2.3×10^{-1}	4.33	31.9
H_2MBP 有机相	无铀	0.5		$<3\times10^{-3}$	$<3\times10^{-3}$
		3		$<3\times10^{-3}$	1.52×10^{-1}
	120 g/L 铀	0.5		$<3\times10^{-3}$	1.8×10^{-2}
		3		$<3\times10^{-3}$	4.75×10^{-2}
H_2MBP 水相	无铀	0.5		$<3\times10^{-3}$	6.4×10^{-2}
		3		$<3\times10^{-3}$	2.4×10^{-1}
	120 g/L 铀	0.5		$<3\times10^{-3}$	$<3\times10^{-3}$
		3		$<3\times10^{-3}$	1.7×10^{-2}

从表 5-11 中的数据可见，如果温度提高约 25 ℃，则 DBP 的形成速率就增大约 10 倍。当体系中硝酸浓度从 0.5 mol/L 增加到 3 mol/L，则 TBP 的水解速率约增加 6 倍。在 120 g/L U-HNO_3 体系中，在低酸条件下（0.5 mol/L HNO_3），铀导致生成 DBP 的速率高出原来的 8～10 倍。当 HNO_3 浓度为 3 mol/L 时，铀对 DBP 形成速率的影响仅高出原来的 1.5～3 倍。

表 5-11 中的结果表明，只在 75 ℃时才测得到 MBP，而且 MBP 的产额仅为 DBP 的 0.1%～1%。

试验结果还表明，TBP 在水相中水解约比在混合相中快 30～40 倍。当有机相与水相比为 1∶1 时，在有机相中产生的 DBP＞97%，而在水相中产生的 DBP＜3%。

在 Purex 共去污循环中，TBP 辐射分解形成 DBP，MBP，H_3PO_4 等。表 5-6 和表 5-7 给出了在 TBP 萃取燃耗不同的乏燃料溶解液时，TBP 的辐射降解和 DBP 的形成数据。图 5-8 的数据表明，随着 TBP 吸收辐射剂量的增加，降解产物（除了 DBP，MBP，H_3PO_4 外，还产生气体产物和高分子聚合物）的产率增加。

除了辐照剂量主要影响 TBP 降解外，体系的温度条件和硝酸浓度也影响 TBP 的降解，如表 5-12 所示[3]。

随着使用时间的增长，溶剂中 DBP 和 MBP 的含量也增多，如表 5-13 所示[26]。

表 5-12　在 30%TBP(体积分数)中 DBP 形成的速度

溶剂中的硝酸浓度/(mol/L)	DBP 形成速度/[%(体积分数)/d]		
	25 ℃	40 ℃	70 ℃
0.2	0.000 2	0.001 0	0.033
0.4	0.000 3	0.001 7	0.043
0.6	0.000 3	0.001 5	0.048
0.8	0.000 3	0.001 5	0.051

表 5-13　溶剂中 DBP+MBP 含量与使用时间的关系

使用时间/月	1	2	3	4	5	6	7
DBP+MBP 含量/(mol/L)	2.7×10^{-5}	4.9×10^{-5}	8.7×10^{-5}	1.2×10^{-4}	1.4×10^{-4}	1.6×10^{-4}	1.2×10^{-4}

在 Purex 流程中，稀释剂同样受到一系列的化学和辐照作用，产生多种的一次和二次降解产物。已经肯定地证实，由稀释剂分解产生的化合物是引起溶剂中裂变产物逐渐增高的主要原因之一。

稀释剂降解产物的组成如表 5-14 所示[25]。

美国萨凡那河厂对两种稀释剂进行了去污性能试验。一种稀释剂叫做欧特腊森(Ultrasene)，另一种是阿达肯(Adakane)。欧特腊森中含正烷烃 40%，异烷烃 25%，环烷烃 32%，芳香族 3%。阿达肯含正烷烃 99%，芳香族 0.1%。正烷烃中大部分为^{12}C。这两种稀释剂平均去污数据的比较如图 5-11 所示[19]。图中的数据表明，用阿达肯时，洗涤过的溶剂中 Zr 的放射性活度一般比较低。这表明阿达肯所形成的 Zr 配位基较少。当溶剂中 Zr 浓度一定时，阿达肯对 Zr，Nb 的平均去污系数比欧特腊森高出 3～5 倍。阿达肯和欧特腊森对 Ru 的去污的影响差别不显著。

表 5-14　在两相辐照情况下(3 mol/L HNO_3，120 g U/L)
稀释剂降解产物的组成

化合物类型	产额/[mol/(W·h)]
硝基烷 C—NO_2	7×10^{-5}(极谱法测定)
	3×10^{-5}(红外法测定)
酮 $>$C=O	1×10^{-3}
硝酸盐 C—ONO_2	2.3×10^{-4}(极谱法)
	2.1×10^{-4}(红外法)
羧酸—COOH	2.8×10^{-5}
烯醇	1×10^{-4}
长链有机磷酸	3×10^{-6}

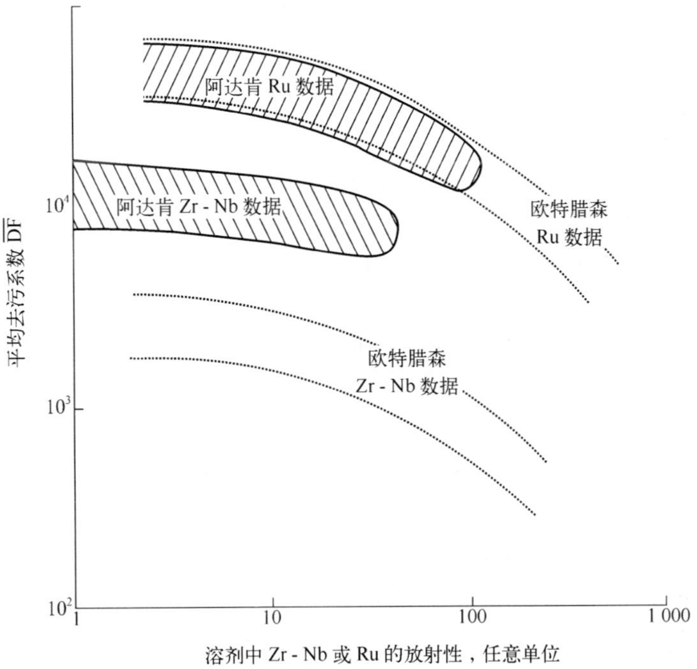

图 5-11　阿达肯和欧特腊森稀释剂的去污性能

在 Purex 共去污循环的工厂操作中，TBP 和稀释剂及其分解产物的影响绝非上述那样简单。在操作体系中，溶剂及其分解产物，料液中的金属物质、裂变产物及固体微粒等在搅拌作用下，还会形成一种更为复杂的物质——界面污物。放射性料液是形成界面污物的主要来源和成因之一。由于射线的作用和硝酸水溶液的参与致使溶剂发生分解，这些分解产物是界面污物的重要组分之一。欧化的经验认为，DBP 是形成沉积物和形成比水还重的重相的原因[27]。其次，在料液中含有数量不等的固体微粒也是界面污物中的组分之一[22]。同时，在系统中悬浮着的不溶性残渣对界面污物的发展起一种促进剂的作用。一旦它们被吸附在界面污物上，它们又成为一种稳定剂[24]。

由于溶剂的降解产物 DBP 与料液中的 Zr、Nb 和 Ru 等裂变产物，尤其是 Zr 的络合能力比较强，可生成稳定的化合物，在搅拌混合作用下会导致严重的乳化。Zr 与 MBP 的络合物和 Zr 与 H_3PO_4 的络合物也是生成稳定乳化层微粒的重要成分，对生成界面污物具有重要的作用[25]。

以混合澄清槽作为共去污循环的设备时，在混合澄清槽萃取段中最高放射性区出现在澄清室的相界面带[24]。由于界面污物积累了大量放射性物质，在萃取设备的萃取段形成很强的辐射场，这样更加速了有机溶剂的辐射损伤，使净化效果不断降低。

从上面的论述可见，溶剂质量是影响净化效果的主要因素之一。因此，为提高溶剂质量，许多国家一直在研制和开发性能更好的，稳定性更高的萃取剂和稀释剂而投入了大量的人力和物力。据报道两种磷酸三烷基酯（THP 和 TEHP）比 TBP 的性能更好。许多后处理厂采用正十二烷取代煤油。法国应用加氢丙烯四聚物作稀释剂，这些都是提高稀释剂质量的举措。

此外，采取措施提高复用溶剂的质量，也是提高净化效果的重要措施之一。例如，强化复用溶剂的洗涤，用大孔阴离子交换树脂净化污溶剂，用精馏法再生污溶剂等。这些将在后面的有关章节论述。

五、洗涤对净化的影响[19,20,26,27]

在共去污循环中，TBP萃取了铀和钚，但也有很少量的裂变产物被萃取，其中对净化和生产操作影响较大的是Zr，Nb，Ru等。对于以混合澄清槽作为共去污设备而言，萃取了铀和钚的溶剂离开萃取段进入洗涤段，进行洗涤。用脉冲萃取柱时，通常是萃取柱和洗涤柱分别设置。

在一般情况下，在共去污循环中，就对总的净化的贡献而言，往往洗涤比萃取更显著，如图5-12所示[19]。

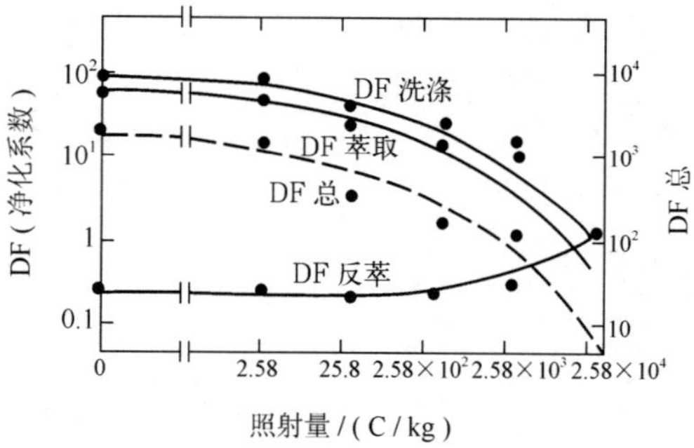

图 5-12　洗涤对总净化的贡献

萨凡那河工厂的经验证明了这一点。在运行过程中当发生不正常操作时，洗涤级数较多的混合澄清槽，可以防止过多的裂变产物随着有机相进入产品液流。用有9级萃取7级洗涤的16级小混合澄清槽和有12级萃取12级洗涤的24级大槽相比，大槽可以使Zr和Nb的净化效率提高2～3倍。

萨凡那河的经验也证明，采用较多的洗涤级数可以使1A槽的性能稳定。

另外一个影响洗涤段净化效果的重要因素是洗涤剂的酸度。在荷载了铀和钚的有机溶剂与洗涤剂的流比很大时，洗涤剂的酸度从2.4 mol/L增加到4.5 mol/L，Ru的净化系数增加了4倍。由于Zr和Nb的净化主要是在洗涤段，洗涤酸度保持在比较低的范围时(2.4～3 mol/L)，洗涤时总的净化效果最好。

为了改善Ru的净化而又不降低Zr和Nb的净化，有些后处理厂采用了双酸洗涤流程。在靠近进料级的洗涤酸度控制在2～2.5 mol/L，其他几级的洗涤酸度控制在4.3～5.0 mol/L，Ru的净化系数提高了2倍。在这样的洗涤条件下，Zr，Nb的净化系数保持不变。这种洗涤方式比只用2.4 mol/L HNO_3 作单酸洗涤的效果好得多。与此相反，如果在靠近进料级的几级采用较高的洗涤酸度，在其他几级采用较低的洗涤酸度，同样可以获得良好的Ru的净化效果，但是Zr，Nb的净化系数却降低了一半。这是由于在进料级前后的几级酸度较高，Zr和Nb的分配系数比较大，当有机相到出口的几级时，遇到了较低的洗涤酸而被洗涤下来，流回到进料级附近又被重新萃取，这样就使Zr和Nb在槽内循环，因而降低了净化效果。

此外，必须提及的是关于强化洗涤问题。由于温度对Zr和Nb和Ru的分配系数有不同的影响，温度高些有利于除Ru，低温对Zr和Nb的净化有利。例如，用3 mol/L HNO_3 在65 ℃进行10级洗涤，有机相与水相的流比为11∶1，与25 ℃时相比较，Ru的净化系数增加了3倍，Zr和Nb的净化系数也有所提高。

但是，随着温度的提高，TBP-稀释剂的水解、化解和辐解将加剧，分解产物增多，溶剂中保留的放射性活度增高，随着运行时间的增长，去污能力变差。因此，从长远的观点来看，在工厂运行中，维持通常的操作温度(30～50 ℃)范围即可。试图通过提高温度的办法来提高净化系数并不可取。

六、氟离子对共去污循环净化的影响[28~32]

为提高 Purex 流程共去污循环的净化系数，尽量把裂变产物留在 1AW 萃余液中，以便降低后面所有循环的辐照水平，美国、法国、欧化，在共去污循环的 1AF 料液或洗涤液中加入氟离子，进行了深入的研究，而且还以工厂规模进行了试验。这种方法对提高共去污循环中锆的净化系数效果十分显著。

将氟离子加入到 1AF 料液中或加入到 1AS 洗涤液中，对去污的影响，上述几个国家后处理厂取得的结果和经验可归纳如下。

(1) 用工厂溶解的乏燃料（铝壳或锆包壳）溶解液，向其中加入氟离子（例如从 0.003 到 0.03 mol/L），锆的净化系数随着氟离子浓度的增加而增大，可使锆的净化系数大于 10^4，而对钌的净化效果较小，对铌则没有影响。因此，这种方法对热中子反应堆燃料的处理效果十分明显，而在处理快中子反应堆燃料时，由于 Ru 和 Nb 的份额大大增加，效果就不那么明显了。

(2) 在 1AS 洗涤液中加入氟离子，也可以获得较高的锆的净化系数，而且还能克服由于有机相中 DBP 的存在而造成的锆净化系数的下降。但是，由于氟离子可以以一定的分配系数被萃取到有机相，这就有可能使氟离子扩散到以后的几个萃取循环，因此在实际生产中，这种方法不宜采用。

(3) 向 1AF 料液中加入氟离子，其浓度既要满足锆净化的要求，又不致影响钚的萃取。通常要坚持下述两个原则：一是使氟、锆的摩尔比要大于 1.3；二是将锆与氟络合物的生成度控制在 1.5～2.2 之间。

(4) 在 1AF 料液中加入氟离子对于回收镎是有利的，因为这时可以适当地降低铀饱和度，而不影响产品的净化。这样可使镎同铀、钚共萃取，而且有较高的收率（>90%）。

(5) 在蒸发 1AW 时，为了减少馏出液中 HF 的含量，采用含 Al^{3+} 的回流液是十分有效的。

(6) 在液体中有 Al^{3+}，Zr^{4+}，Fe^{3+} 等阳离子存在的情况下，氟离子的腐蚀问题是不大的。

第三节　1A 槽低酸进料和高酸进料运行效能的比较

在处理生产堆乏燃料燃料元件或低燃耗铀燃料元件时，有两种实用方案，一种是 1AF 进料液中为低酸度、高铀浓度〔0.5～1.0 mol/L HNO_3，1.7～2.0 mol/L $UO_2(NO_3)_2$〕；第二种是 1AF 进料液为高酸度、低铀浓度〔2.0～3.0 mol/L HNO_3，1.1～1.3 mol/L $UO_2(NO_3)_2$〕。文献[33,34]报道了上述两种方案的典型工艺条件和运行状况如表 5-15 所示。

表 5-15 1A 槽操作条件的比较

物 流	低酸进料(第一方案)	高酸进料(第二方案)
1AF		
相对流量	67.5	100
$UO_2(NO_3)_2$/(mol/L)	2.00	1.35
HNO_3/(mol/L)	0.5	2.0
$NaNO_2$/(mol/L)	0.1	0.1
KNO_3/(mol/L)	0.04	0.03
1AS		
相对流量	50	66.7
HNO_3/(mol/L)	2.0	3.0
1AX		
相对流量	333.3	333.3
TBP/%(质量分数)	30.0	30.0
1AP		
相对流量	346.4	347.5
$UO_2(NO_3)_2$/(mol/L)	0.390	0.387
HNO_3/(mol/L)	0.10	0.16
1AW		
相对流量	106.2	154.7
HNO_3/(mol/L)	0.95	2.22
$NaNO_2$/(mol/L)	0.06	0.06
KNO_3/(mol/L)	0.03	0.02
体积/(m^3/tU)	3.97	5.78
HNO_3/(kg/tU)	约 200	674

从表中数据可见,在这两种条件下,通过控制工艺参数,使得最后 1AP 中铀浓度基本相同,即为 0.39 mol/L,也就是有机相中为 93 gU/L。对比这两个方案,第一方案 1AF 中铀浓度比第二方案高 48%,酸度低 75%,相对流量低 32.5%。那么,这两种方案的运行效果如何呢?首先,在正常操作范围内,按两种方案的工艺条件在 1A 槽中操作是稳定的。第二,据报道,这两个方案铀、钚的收率均可达到 99.9%。第三,据采用 0.66 mol/L HNO_3、1.8 mol/L U 作为 1AF 料液的汉福特厂报道,在第一循环铀和钚的净化系数均可达到 2×10^4[35]。美国橡树岭中间工厂[33]采用高酸低铀方案,第一循环铀的净化系数为 10^4,钚的净化系数为 10^3。两者相差不大,也与低酸高铀方案所得结果基本相同。第四,两者的优劣主要表现在第一方案每处理 1 吨铀产生的 1AW 为 3.97 m^3,1AW 中带走硝酸近 200 kg/tU。第二方案每处理 1 吨铀产生 5.78 m^3 的 1AW,1AW 中含硝酸 674 kg/tU。从上述这两组数据对比中可见,第二方案产生的 1AW 废液比第一方案多 54%,如果不从中回收硝酸的话,第二方案是第一方案耗酸量的 2.4 倍。如果采取措施,在中和之前从 1AW 中回收 90%的硝酸的话,第二方案每吨铀的酸耗量仍比第一方案高 2 倍。这不但多消耗了硝酸,还加大了回收硝酸过程中的各项消耗和费用。即使是 90%的硝酸得以回收的话,第二方案产生的贮存废液的体积仍比第一方案多 1.2 倍。

从上述讨论可见,1AF 采用低酸进料(0.5～1.0 mol/L HNO_3),在净化方面和高酸进料是相似的，操作的稳定性也很好，尤其是大大减少了 1AW 的废液贮存体积和酸耗量，因此是个好的工艺生产方案。

那么，在 1AF 为低酸度高铀浓度的条件下，为什么可以达到良好的铀、钚收率和净化效果呢？首先，这是由于适当地调节并控制相关的工艺参数而实现的。比如，1AF 进料中为低酸高铀浓度时，控制其相对流量为 67.5%，同时控制 1AX 的相对流量为 333.3%，这样使得 1AX∶1AF 的流比为 4.94∶1。由于这样调节和控制，就使得两种方案中 1AP 中铀的浓度相同，这样也就使得两种方案所获得的铀和钚的收率基本相同，净化系数也基本相似。

第二个原因是恰当地利用了硝酸可被 TBP 萃取的性质，以及硝酸作为 Purex 流程中的盐析剂的作用。尽管低酸进料中只有 0.5 mol/L HNO_3，1AS 中的硝酸浓度也比高酸进料方案低，仅为 2.0 mol/L HNO_3。但是在第一方案中，在 1AW 出口的几级，TBP 首先萃取了其中的硝酸，因为在 1AW 出口几级的条件下，硝酸的分配系数比 Zr、Nb、Ru 和其他裂变产物的萃取分配系数高，起到了抑制裂变产物被萃取的作用。萃取了一些硝酸的 TBP 向进料级方向流动过程中，在铀、钚浓度很低时，在萃取铀、钚的同时仍然可萃取硝酸，在靠近进料级时，铀、钚被大量萃取，而 TBP 中的硝酸被排挤下来，使得进料级附近的硝酸浓度也比较高，这样不但有利于铀、钚的萃取，也对 Ru 的净化有利。

由于上述原因，采取 1AF 为低酸进料时，不但能大大减少 1AW 的贮存体积，还能获得较高的铀、钚收率和净化效果。

第四节　从共去污萃取液中除去氚和锝

本书第三章第六节介绍了溶解尾气净化过程中除氚的意义和采取的主要方法。燃耗为 33 000 MW·d/tU的轻水堆乏燃料，冷却 150 天后，每吨乏燃料中约含有 2.55×10^{13} Bq 的 ^3H[1]。法国阿格厂 33 000 MW·d/tU 的乏燃料，冷却 1 095 天后，溶解液中含 Tc 为 0.2 g/L[23]。

每吨铀大约含 2.6×10^{13} Bq 的 ^3H，其中大约有 50%集聚在乏燃料中。用硝酸溶解乏燃料芯时，氚就以氚化水（HTO）或氚化酸（TNO_3）的形式溶解在溶解液中（T 代表 ^3H）。在 Purex 共去污萃取过程中，试验结果表明，^3H 的分配系数在 $10^{-2}\sim10^{-3}$ 数量级，大部分 ^3H 随着 1AW 走了，只有一小部分被 30% TBP 萃取或者被有机溶剂夹带了[36]。

用模拟的共去污循环的水相料液和经过辐照的 TBP 进行共去污循环的萃取和洗涤，以及洗氚的操作。在共去污循环中氚的分布如图 5-13 所示[37]。由图可见，氚在萃取、洗涤过程中的行为是比较简单的。在混合澄清槽中没有氚积累的现象，只是在洗氚段稍有拖尾，当氚在有机相中的浓度降至 3.7×10^4 Bq/L 时，拖尾现象才变得较为明显。

如果水相夹带很少的话，只经过几级洗涤氚的去污系数就可大于 100[37]。

为改善工厂的维修条件，提高废液管理的安全性，期望把氚限制在一个尽可能小的范围内，防止氚扩散到后继工序里去，所以一些国家的后处理厂，在共去污萃取之后，采取措施，研制设备，洗涤除氚。

德国卡尔斯鲁厄研究中心试验研制了两种洗涤除氚的设备。其中一种是利用一个总体积为2 600 L，混合室体积为 70 L，澄清室体积为 360 L 的 5 级混合澄清槽，以 0.8 mol/L HNO_3

为洗涤液，维持水相为连续相，如果洗氚的平均效率为 80%，则总去污系数为 120 是有保证的，这是有机相：水相为 40 时的结果。如果有机相：水相为 20 时，总的去污系数达到 1 000。有机相在此混合澄清槽中平均停留时间大约为 30 min。第二种是一根脉冲喷嘴筛板柱，柱高 6.4 m，柱径355 mm，喷嘴4.5 mm，自由截面积为 23%，脉冲频率 1 Hz，脉冲振幅 15 mm。有机相在柱内的停留时间大约为5 min，在有机相：水相为 20 和 40 的情况下，用 0.8 mol/L HNO_3 洗涤除氚。脉冲筛板柱洗涤除氚的去污系数虽然不及 5 级混合澄清槽高，但是还是能够满足工厂去污要求的[36,38]。

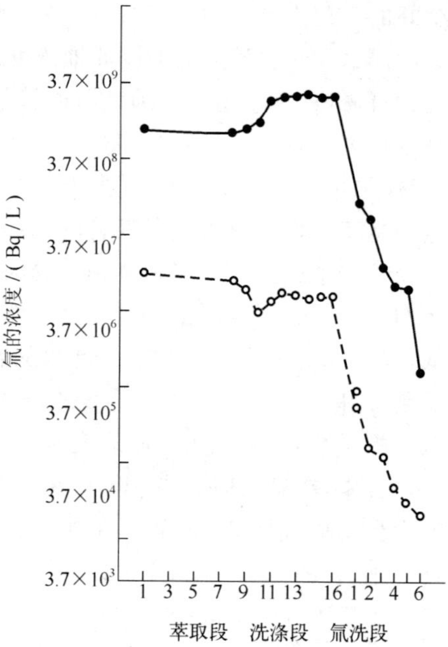

图 5-13 共去污循环氚的分布

●——水相中的氚；

○——有机相中的氚

日本也进行了洗涤除氚的工艺和设备的试验研究工作[37]。为了在较高的有机相与水相流比条件下获得较高的洗涤效率，研制了一种带有水相内循环功能的专用混合澄清槽。槽体有 6 级，有机相流量为 50 L/h，外部最大的相比达 100，槽内相比为 1。在有机相：水相流比分别为 25 和 100 时，6 级混合澄清槽总的去污系数为 $10^2 \sim 10^3$。要保持良好的洗涤效果的最重要的条件是保持水相连续。

日本还在同混合澄清槽类似的工艺条件下，用直径为 50 mm，有效高度为 4 m 的标准筛板脉冲柱中进行了洗涤除氚的试验。有机相在柱顶部分相室内的停留时间为 10 min。在给定的条件下全柱的总去污系数可达 400。

日本也研究了溶剂降解对洗涤除氚的影响，测定了氚在溶剂中的保留量。先用 HNO_3 洗涤再用 Na_2CO_3 洗涤，然后进行测量，发现保留在溶剂中的氚很稳定，以至用碱洗都不能够将其除去。但是，保留在溶剂中的氚量与该过程所处理的氚量相比，这部分氚少到可以忽略不计，而且它在溶剂中很稳定。在这种情况下可以将溶剂返循环使用而不会造成氚的扩散[37,39]。

用硝酸溶解乏燃料，Tc 以 7 价状态(高锝酸根)存在于硝酸溶液中。用 30%TBP-正十二烷作萃取剂，当水溶液中有 1 mol/L $UO_2(NO_3)_2$ 存在时，Tc(Ⅶ)的萃取分配系数和溶液中硝酸浓度的关系如图 5-14 所示[40]。

由于 TcO_4^- 与可被 TBP 萃取的金属阳离子 UO_2^{2+}，Pu^{4+} 和 Zr^{4+} 形成络合物而被萃取，并且分配系数增加[41]。

$$UO_2(NO_3)_2 \cdot 2TBP_{(有)} + TcO_4^- \longrightarrow UO_2(NO_3)(TcO_4) \cdot 2TBP_{(有)} + NO_3^- \tag{5-5}$$

$$Pu(NO_3)_4 \cdot 2TBP_{(有)} + TcO_4^- \longrightarrow Pu(NO_3)_3(TcO_4) \cdot 2TBP_{(有)} + NO_3^- \tag{5-6}$$

$$Zr(NO_3)_4 \cdot 2TBP_{(有)} + TcO_4^- \longrightarrow Zr(NO_3)_3(TcO_4) \cdot 2TBP_{(有)} + NO_3^- \tag{5-7}$$

日本原子能研究所研究开发出了 Purex 过程模拟程序系统(EXTRA)，其中一个子程序 EXTRA·M3 专门用于分析 Tc 的行为。德国卡尔斯鲁厄核研究中心(KfK)报道了分离 Tc 的实验数据，结果如图 5-15 所示。日本用 EXTRA·M3 计算程序得出了计算结果。Tc 进入

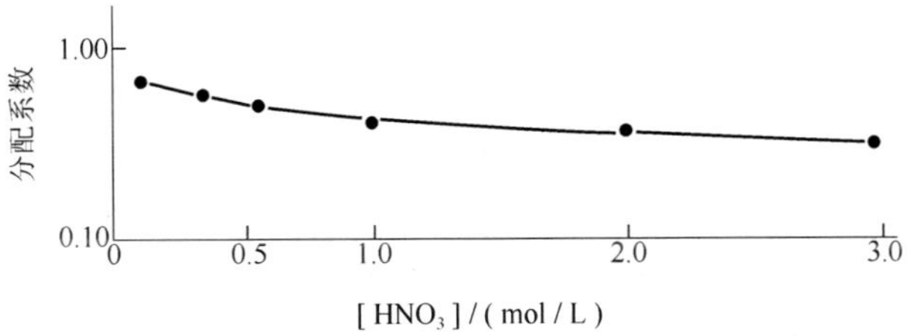

图 5-14 20 ℃下有 $UO_2(NO_3)_2$ 存在时，TcO_4^- 在 30%TBP-正十二烷与 HNO_3 之间的分配系数与硝酸浓度的关系

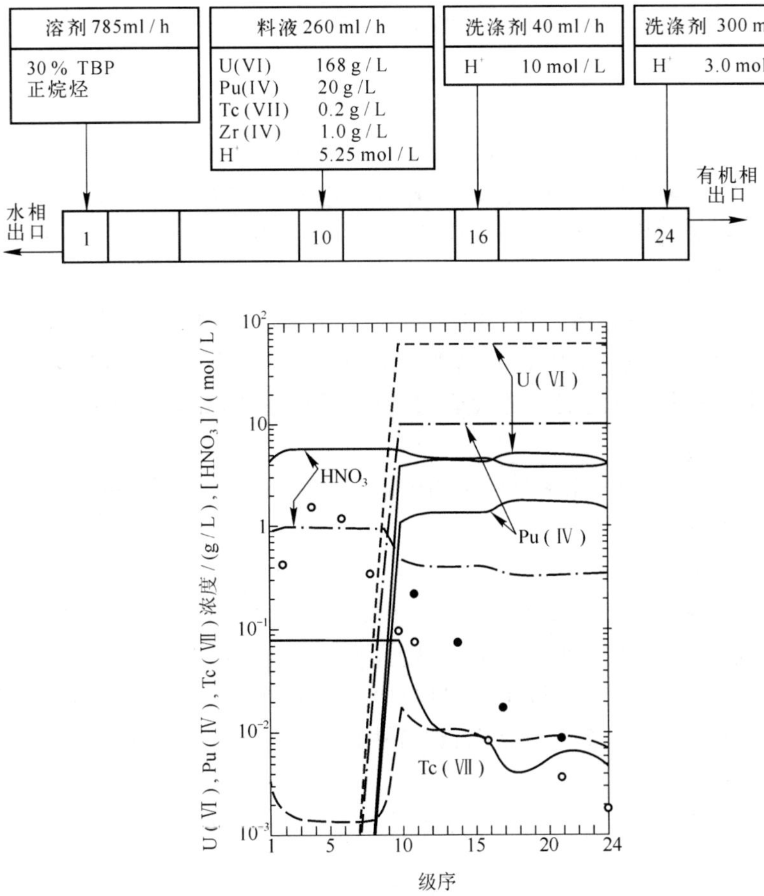

图 5-15 KfK 萃取过程中 Tc(Ⅶ)浓度分布的比较

计算结果：实线代表水相；虚线代表有机相

实验结果：黑圆点代表水相；空心圆代表有机相

萃取剂的比例按照 EXTRA · M3 的计算约为 10%，而卡尔斯鲁厄核研究中心的实验值为 2.5%。实验结果表明，在萃取段水相和有机相中 Tc 的浓度分布都超过计算值。Tc 的这种积

累在 EXTRA 计算程序中没有表现出来，Tc 的积累是由于上面所述的 Tc 与 Zr 的共萃取，而在该计算程序上没有考虑 Tc 与 Zr 的共萃取问题，所以出现图 5-15 中两种结果的差异[42]。

上面已经讨论了 Tc 在共去污萃取器中的萃取行为，由于 Tc 与 U 的共萃取，所以 Tc 以较高的分配系数与 U、Pu 一道被萃取到有机溶剂中，如果在 U、Pu 分离时采用肼（N_2H_4）作还原剂或者作为支持还原剂的话，由于 Tc 能催化 HNO_3 使之氧化 N_2H_4，破坏了 N_2H_4 的效能。随着 N_2H_4 被 Tc 破坏，就破坏了系统中的还原气氛，进而 Tc 有可能同作为还原剂的四价铀［U(Ⅳ)］或硝酸羟胺（HAN）起反应。由于支持还原剂被破坏，还原剂也受到不同程度的损伤，所以 Tc 有可能与已还原的三价钚［Pu(Ⅲ)］起反应，降低了铀、钚分离的效率，即铀、钚的分离系数下降，严重时有可能破坏铀和钚的分离。

文献［42］给出了 Tc 与 N_2H_4、HNO_3、U(Ⅳ)、Pu(Ⅲ)及 HAN 的反应历程。

在含肼的硝酸体系中有下列反应

$$N_2H_5^+ + Tc(VII) \longrightarrow Tc(IV) + N_2 \tag{5-8}$$

还有

$$Tc(V) + NO_3^- \longrightarrow Tc(VII) + NO \tag{5-9}$$

NO 又与 HNO_3 反应生成 HNO_2，从而加速了 N_2H_4 分解[43]。

从上述反应式(5-8)、式(5-9)可见，Tc 与硝酸反应在系统中生成 NO_2^-。由于 NO_2^- 的存在，就会破坏还原剂，甚至使 Pu(Ⅲ)自动催化氧化为 Pu(Ⅳ)。尤其是使用 U(Ⅳ)作还原剂时，对 NO_2^- 的氧化作用更敏感[3]。

从上面的论述可见，Tc 对铀、钚分离时的干扰和破坏还是比较严重的。随着乏燃料燃耗的提高，料液中 Tc 的含量增多，被 TBP 萃取的数量增加，这样它的干扰破坏作用也就增大。因此，萃取了铀、钚、锝的有机溶剂在进入铀、钚分离循环之前，比较彻底地将 Tc 清除掉是很重要的。

从图 5-14 可见，Tc 的分配系数是随水相中硝酸浓度的提高而下降的，因此采用比较高的硝酸溶液可把 Tc 洗涤下来。

法国采用一根单独的脉冲柱，用洗涤法除去 ^3H 和 Tc。在该脉冲柱的上部用 1.5 mol/L 的不含 ^3H 的 HNO_3 洗涤 ^3H；在脉冲柱的中央处用 10 mol/L HNO_3（含 ^3H 的）溶液调节从柱子上端流下来的洗 ^3H 液的酸度达 4 mol/L 以上，用以洗涤 Tc。在 UP3 厂的运行中测得 Tc 的去污系数为 3。由于在洗涤 ^3H 和 Tc 的过程中少量 U、Pu 也被洗涤下来，为了避免 U、Pu 的损失，需增加一个补充萃取段。萃取了洗涤液中的 U、Pu 之后再返循环到共萃取共去污柱（如 1A 柱）中去。

法国 UP3 厂、UP2-800 厂和日本的六个所后处理厂所采用的洗涤 Tc 和 ^3H 的工艺流程如图 5-16 所示。[44]

日本也研究了一种与图 5-16 流程相似的洗锝工艺，并对锝的行为进行模拟，取得了较好的结果[39]。日本的研究结果表明，Tc 在 Tc 分离段可用 6 mol/L HNO_3 反萃下来，高酸洗 Tc 是令人满意的[45]。

英国设计了一套用 5mol/L HNO_3 从含铀和钚的 TBP/稀释剂液流中除锝的单一接触器装置。

除锝流程如图 5-17 所示。对于该流程，先用铀和锝作了冷试验。最后用真实的压水堆乏燃料（冷却 12 年的 30 000 GW · d/tU）溶解液进行热试验。热试验在两个接触器中进行。在除锝

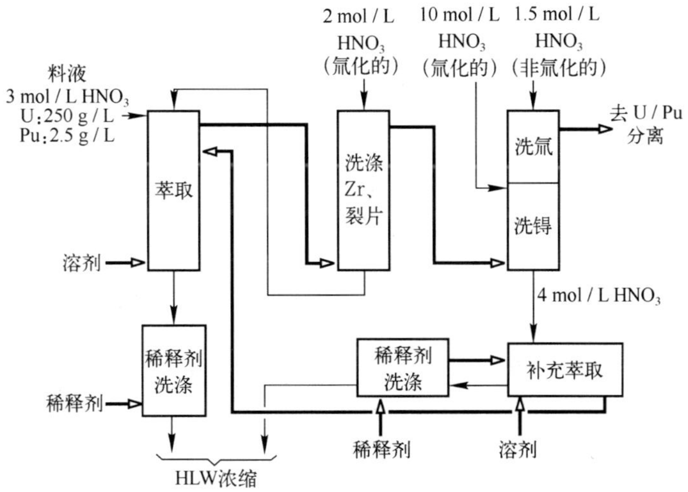

图 5-16　第一萃取循环：Tc 和^{3}H 的洗涤

接触器，最初用 5 mol/L HNO_3 洗涤，没有使用低酸洗涤液(0 级)。在第二阶段使用了低酸洗涤，将高酸洗涤液的酸度提高到 5.5 mol/L，以使接触器中有 1～2 级保持酸度为5 mol/L。

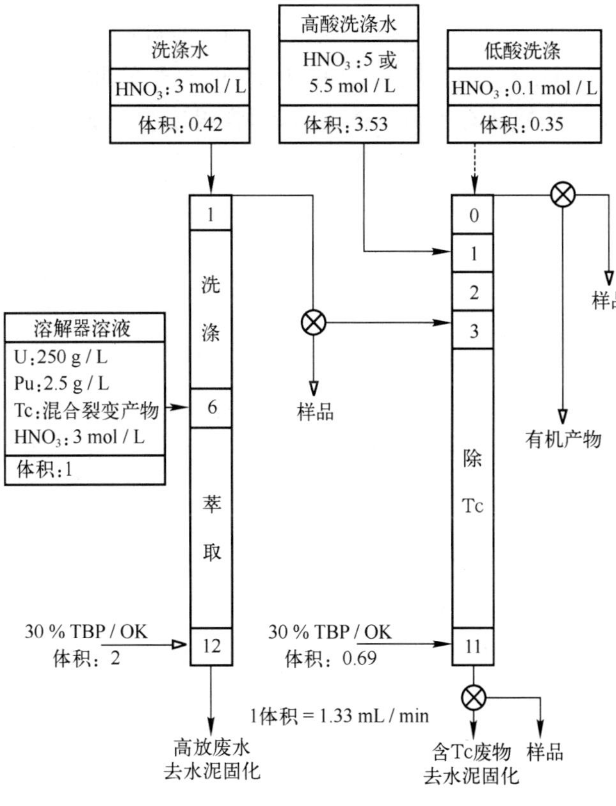

图 5-17　热实验流程

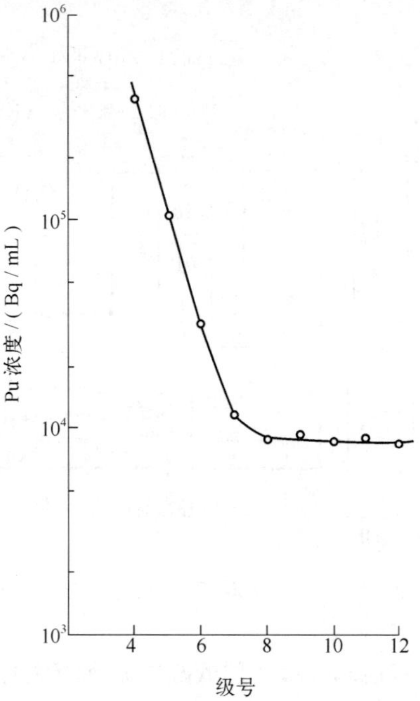

图 5-18　U+Tc+Pu实验除锝柱的钚浓度分布图

除锝接触器各级水相的铀浓度分布从0级的7 g/L逐渐降低到第5级的4 g/L,然后非常快地降到第10级的0.3 mg/L。在洗锝柱中水相钚浓度的分布如图5-18所示。

试验结果,约有97%的锝从有机相中被去除,而含锝废物中的铀和钚一般都低于原始液流中含量的0.04%[46]。

参考文献

1　汪德熙,王方定等译.核化学工程.北京:原子能出版社.1988

2　马栩泉,蒋云清,吴仲尧,邰德荣译.后处理中的溶剂萃取.北京:原子能出版社.1989

3　姜圣阶,任凤仪等编著.核燃料后处理工学.北京:原子能出版社.1995

4　动力堆乏燃料后处理资料汇编.核工业第二研究设计院、核科学技术情报研究所.1988

5　蒋云清主编.乏燃料后处理最新进展.核科学技术情报研究所.1992

6　RECOD'91.38~43

7　RECOD'91.44~48

8　G. R. Choppin and J. Rydbery. Nuclear Chemistry Theory and Applications. 1981

9　仲吉译.核化学理论与应用.(文献[8]中译本)原子能出版社.1988

10　蒋云清主编.乏燃料后处理'98.核科学技术情报研究所.2000,1~6

11　蒋云清主编.乏燃料后处理'98.核科学技术情报研究所.2000,7~12

12　蒋云清主编.乏燃料后处理'98.核科学技术情报研究所.2000,20~26

13 Solvent Extraction Chemistry of metals. 3～24,81～99
14 DPSPU—64—30—28
15 Proceedings ISEC'86. Vol. 1. 293～300
16 Proceedings ISEC'86. Vol. 1. 399～404
17 乏燃料管理及后处理．总第 108 期．2001. 3. 核科学技术情报研究所
18 ORNL—tr—1902
19 Nucl. Sci. and Engin. ,Vol. 17,No. 4,593～612
20 NP—7866
21 黄昌泰,李光鸿,魏连生译．[俄]核电站燃料后处理．北京:原子能出版社．1996
22 Proceedings ISEC'86. Vol. 1. 253～260
23 RECOD'87. P1593—1600
24 Proceedings ISEC'86. Vol. 1. 91～98
25 Nukleare Entsorgung Band 2. 333～350. 1983
26 任凤仪．普雷克斯流程中界面污物的形成及降低其危害的措施．核科学与工程．Vol. 13. No. 4. 1993
27 Proceedings ISEC 71. Vol. 1. 577～592
28 BNWL—1573
29 Proceedings ISEC 71. Vol. 1. 565～576
30 BNWL—1588
31 TID—25955
32 BNWL—1237
33 ORNL—846
34 KAPL—1534
35 HW—60116
36 Proceedings ISEC'86. Vol. 1. 393～398
37 RECOD'87. 511～515
38 RECOD'87. 507～510
39 李庆芳等译．乏燃料后处理新进展．北京:原子能出版社．1990
40 邰德荣,李光鸿,王仍陶,刘秋生译．核燃料后处理研究进展．北京:原子能出版社．1989
41 乏燃料后处理'94. 核科学技术情报研究所．144～151
42 RECOD'91. 核科学技术情报研究所．1992,611～616.
43 乏燃料管理及后处理．1994. No. 6. 核科学技术情报研究所
44 RECOD'91. 83～88
45 蒋云清主编．乏燃料后处理'98. 核科学技术情报研究所．2000,123～128
46 乏燃料管理及后处理．1998. No. 1．核科学技术情报研究所

第六章 铀和钚的分离

普雷克斯(PUREX 为英文“Plutonium Uranium Redox Extraction”的缩写)流程从其英文原意就可看出它的实质在于，利用磷酸三丁酯(TBP)对铀、钚的高萃取性，利用钚的易氧化还原性质，实现铀、钚的萃取及相互分离。

本章主要论述铀和钚的分离方法，并对各方法的优劣及应用情况予以述评。

目前，工业规模实现铀和钚分离的仍然是还原分离法，非还原分离法尚在实验阶段[1]。还原分离法可以分为化学试剂还原法和电解(有的称为电化学)还原法。通常对还原法有下列要求：(1)还原钚的选择性要高；(2)还原反应速率要快，反应要彻底；(3)成本低；(4)不给最终废液带入盐分或带入的盐分量要少；(5)不腐蚀设备或对设备的腐蚀性较小。

第一节 亚铁离子还原分离铀和钚

用亚铁离子还原法分离铀和钚是世界上许多国家核燃料后处理厂较普遍采用的方法，如表 6-1 所示[2]。

表 6-1 亚铁离子还原剂的应用情况

国家	工厂	还原剂
美国	萨凡那河	0.03 mol/L $Fe(NH_2SO_3)_2$
	汉福特	0.03 mol/L $Fe(NH_2SO_3)_2$
	核燃料服务公司西谷厂	0.03 mol/L $Fe(NH_2SO_3)_2$
英国	温茨凯尔	0.03 mol/L $Fe(NH_2SO_3)_2$
印度	特朗贝	$Fe(NH_2SO_3)_2$

一、亚铁离子还原 Pu(Ⅳ)的机制

Fe^{2+} 是被广泛应用于 Pu(Ⅳ)的一种还原剂，而且当有铀存在时也不还原 U(Ⅵ)。四价钚吸收电子被还原为三价钚：

$$Pu^{4+} + e^- = Pu^{3+} \tag{6-1}$$

二价铁失去电子被氧化为三价铁：

$$Fe^{2+} \longrightarrow Fe^{3+} + e^- \tag{6-2}$$

Pu^{4+}—Pu^{3+} 电子对的标准还原电位 $E^0_{Pu}=1.017$ V。

在非标准状态下，根据能斯特方程，其电位表示为

$$E_{Pu} = E^0_{Pu} + \frac{RT}{nF}\ln\frac{[\text{氧化态}]}{[\text{还原态}]} \tag{6-3}$$

Fe^{3+}—Fe^{2+} 电子对的标准还原电位 $E^0_{Fe}=0.771$ V。

在非标准状态下，其电位表示为

$$E_{Fe} = E^0_{Fe} + \frac{RT}{nF}\ln\frac{[\text{氧化态}]}{[\text{还原态}]} \tag{6-4}$$

由于 E^0_{Fe} 比 E^0_{Pu} 偏负，表示 Fe^{2+} 比 Pu^{3+} 容易失去电子，因此在 Fe^{3+}-Fe^{2+}-Pu^{4+}-Pu^{3+} 的体系中，只能是 Fe^{2+} 失去电子，而 Pu^{4+} 得到电子，即下列反应能自发地进行

$$Fe^{2+} + Pu^{4+} \longrightarrow Fe^{3+} + Pu^{3+} \tag{6-5}$$

在同一溶液中，当反应达到平衡时，则所有氧化还原反应达到等电位。这时就有下列等式：

$$E^0_{Pu} + \frac{RT}{nF}\ln\frac{[Pu^{4+}]}{[Pu^{3+}]} = E^0_{Fe} + \frac{RT}{nF}\ln\frac{[Fe^{3+}]}{[Fe^{2+}]} \tag{6-6}$$

上式可以改写为

$$\frac{F}{RT}(E^0_{Pu} - E^0_{Fe}) = \ln\frac{[Pu^{3+}]\cdot[Fe^{3+}]}{[Pu^{4+}]\cdot[Fe^{2+}]} = \ln K \tag{6-7}$$

该反应为单电子转移，当体系处于 25 ℃时，$\frac{RT}{F}=0.059$。

将上述已知数代入式(6-7)，就可以得到 Fe^{2+} 还原 Pu^{4+} 的反应平衡常数为 1.48×10^4。

上述反应在高氯酸($HClO_4$)介质中，当酸度等于常数时，则 Fe^{2+} 还原 Pu^{4+} 的反应速率方程可表示为

$$-\frac{d[Pu(\text{Ⅳ})]}{dt} = -\frac{d[Fe(\text{Ⅱ})]}{dt} = K_1[Pu(\text{Ⅳ})]\cdot[Fe(\text{Ⅱ})] \tag{6-8}$$

从式(6-8)可见，反应速率与参与反应的反应物的浓度成正比。

如果在还原反应过程中，体系中氢离子浓度改变时，则反应速率为

$$-\frac{d[Pu(\text{Ⅳ})]}{dt} = K_2\frac{[Pu^{4+}][Fe^{2+}]}{[H^+]} \tag{6-9}$$

从式(6-9)可见，反应速率除了同参与反应的反应物的浓度成正比外，还同氢离子浓度成反比。因此低酸有利于还原反应的进行。

亚铁还原四价钚的反应为简单的电子转移过程。Pu^{4+}—Fe^{2+} 反应的主要途径可假设为

$$Pu^{4+} + Fe^{2+} + H_2O \longrightarrow (PuOHFe)^{5+} + H^+ \tag{6-10}$$

在生成的活化络合物中实现电子的转移。此假设机制与反应速率表示式是一致的[3]。

在 HNO_3 介质中，Pu^{4+}-Fe^{2+} 反应速率与上面叙述的 $HClO_4$ 介质差别不大。

二、氨基磺酸亚铁的应用

在第四章第三节已经介绍了用 $NaNO_2$ 调整溶解液中钚的价态，将三价钚氧化为四价钚，将六价钚还原为四价钚，以便提高钚的萃取率。为了避免亚硝酸钠向系统中引入盐类

杂质，而且多余的亚硝酸钠在酸性介质中，相当多的部分以亚硝酸的形式被 TBP 萃取而进入铀钚分离循环，进而破坏还原剂。许多国家的后处理厂采用 NO_2 或 NO_2+NO 气体调整钚的价态，调价后通过吹入空气而破坏亚硝气，尽管是这样，料液中仍有很少量的亚硝酸存在。

据文献[4]报道，在射线辐照下，料液中的硝酸根分解，有机相中萃入的 $UO_2(NO_3)_2$ 和 HNO_3 均是产生亚硝酸的条件。尽管系统中亚硝酸的浓度是有限的，但是其破坏作用却是很大的。

当还原反萃系统中有亚硝酸根存在时，亚铁将与亚硝酸根反应，变成三价铁，其反应为

$$Fe^{2+}+NO_2^-+2H^+=NO+Fe^{3+}+H_2O \tag{6-11}$$

亚硝酸根还能把三价钚重新氧化为四价钚

$$Pu^{3+}+HNO_2+H^+=Pu^{4+}+H_2O+NO \tag{6-12}$$

研究结果表明，Pu^{3+} 被亚硝酸氧化的速率取决于体系中的酸度、亚硝酸浓度和钚自身的浓度。

从反应式(6-11)和式(6-12)不难看出，反应中有 NO 生成。在稀 HNO_3 溶液中，NO 与硝酸反应又可生成亚硝酸，而且每消耗 1 mol 的亚硝酸就又生成 1.5 mol 的亚硝酸

$$2NO+HNO_3+H_2O \rightleftharpoons 3HNO_2 \tag{6-13}$$

因此，要求用亚铁还原四价钚时，必须加入一种物质，能够迅速地和亚硝酸起反应，而且反应后不再有亚硝酸生成。这种物质被称为支持还原剂，或称为稳定剂，也有称之为还原保护剂的。经研究发现，氨基磺酸和肼对亚硝酸的破坏是迅速的，在其自身被消耗完以前，亚铁没有被氧化[5]。

还原剂氨基磺酸亚铁中的氨基磺酸可破坏系统中的亚硝酸，其反应为

$$NH_2SO_3H+HNO_2 \longrightarrow N_2+H_2SO_4+H_2O \tag{6-14}$$

氨基磺酸亚铁的稳定性也很高，在 20 ℃的 3 mol/L HNO_3 中，Fe^{2+} 离子的分解速率每小时约为 0.2%[6]。在酸度小于 1.0 mol/L 时，氨基磺酸亚铁和还原制得的三价钚的稳定性都很高，经 100 多天的存放均无任何改变[7]。

应用氨基磺酸亚铁作还原剂，最适宜的酸度为 0.5～1.5 mol/L[7]。

用 0.02～0.04 mol/L $Fe(NH_2SO_3)_2$ 作还原剂从有机相中反萃钚，可以获得良好的铀、钚分离系数，铀中去钚的分离系数可达 10^4，钚中去铀的分离系数可达 10^6[6]。

由反应式(6-5)可见，从理论上讲用 Fe^{2+} 还原 Pu^{4+} 时，$Fe^{2+}:Pu^{4+}$ 的摩尔比为 1∶1 即可，但是，在实际应用时，Fe^{2+} 要过量，为了能完全还原反萃钚，减少钚的损失，提高铀、钚分离系数，有时氨基磺酸亚铁的过剩量还要很高才行。$Fe^{2+}:Pu^{4+}$ 的摩尔比与下列因素有关：钚的含量、亚硝酸的含量、体系酸度、还原时间、铀钚分离的要求，此外，还同还原反萃所用设备种类有关，即使用混合澄清槽还是脉冲柱[6]。

表 6-1 中所列举的一些后处理厂，实际应用的 $Fe^{2+}:Pu^{4+}$ 摩尔比一般为 15 左右，但也不尽然，要根据还原反萃的具体情况而定。如法国的封特耐奥罗兹(Fontenay-aux Roses)中间工厂，曾采用 $Fe^{2+}:Pu^{4+}=10$，在脉冲柱中正常运行，同时还做过 $Fe^{2+}:Pu^{4+}$ 为更低值的试验，结果如表 6-2 所示[8]。

表 6-2　封特耐奥罗兹中间工厂 Fe^{2+} ：Pu^{4+} 的试验

Fe^{2+} ：Pu^{4+} 摩尔比	水相硝酸浓度/(mol/L)	钚的损失/%
10	0.5	0.1～0.2
3	0.5	0.2
1.5	0.5	0.4～0.5
1.1	0.5	>1.0

欧化厂分别采用 Fe^{2+} 和 U(Ⅳ)作还原剂进行了对比试验。用氨基磺酸亚铁在分离脉冲柱中还原反萃钚，采用 Fe^{2+} ：Pu^{4+} =2，结果如表 6-3 所示[9]。

表 6-3　欧化厂采用 Fe^{2+} ：Pu^{4+} =2 时，还原反萃的效果
(燃料中含 ^{235}U 2.5%，燃耗约 15 000 MW·d/tU，含钚 5 g/kgU)

Fe^{2+} ：Pu^{4+} 摩尔比	铀中去钚的分离系数	钚中去铀的分离系数
2	2×10^3	约 10^5

从上面的论述可见，用氨基磺酸亚铁还原反萃四价钚时，氨基磺酸亚铁要过量 1 倍以上，有时要多达 15 倍以上，那么，必须过量使用氨基磺酸亚铁的原因何在呢？

据文献[10]报道，用含氨基磺酸亚铁的 3 mol/L HNO_3 与 20%TBP-正烷烃作用，使之达到萃取平衡，测得氨基磺酸亚铁的分配系数小于 3×10^{-4}。这说明用氨基磺酸亚铁还原反萃钚时，反应不是发生在有机相，而是发生在两相混合时的相界面。这样就可看到两相混合的状况对反应的影响程度，此外，还可看到必须有较高浓度的还原剂，保持较高的浓度梯度，才能推动相界面的反应比较迅速彻底地进行下去。这是必须过量使用氨基磺酸亚铁的原因之一。

原因之二是，在用氨基磺酸亚铁还原反萃钚之后，通常反萃产品液要经过补充萃取段，以便把被反萃入钚液流中的少量铀萃取回有机相。这时，在 1～2 mol/L HNO_3 的条件下，尽管 Pu^{3+} 的萃取分配系数很低，但总有很少量被萃取回有机相，进而又被溶剂中的少量亚硝酸氧化成 Pu^{4+}，再遇到还原剂又可被还原为 Pu^{3+}。这就是说在还原反萃取和补充萃取过程中有一定量的钚内循环，这一过程的反复进行即造成了氨基磺酸亚铁的过量消耗[6]。

氨基磺酸亚铁是最有效的还原剂之一，也是使用较早、较普遍为许多国家的后处理厂成功应用了多年的还原剂。但是，氨基磺酸亚铁的缺点也是显著的。首先，它向系统中引入了铁离子，使废液中的含盐量增加，增加了废液浓缩和贮存的费用。例如，美国萨凡那河厂应用氨基磺酸亚铁作还原剂，结果每处理 1 吨铀约产生 45 kg 的固体废物。其二，作为支持还原剂的氨基磺酸根在破坏亚硝酸后生成 SO_4^{2-}，对设备有较强的腐蚀性，而且由于 SO_4^{2-} 对 Pu^{4+} 有着较强的络合作用，从而影响钚净化循环的回收率。

随着动力堆的发展，由于燃料中钚含量提高，所用还原剂的量也要大大增加，这样，氨基磺酸亚铁的缺点就越来越突出了。所以世界各国都在研究和发展不引入或少引入杂质的还原方法。

三、硝酸亚铁的应用

用硝酸亚铁-肼作还原剂可避免用氨基磺酸带来的某些缺点。

用硝酸亚铁-肼还原反萃钚在实验室试验结果是很好的。用单级反萃，Fe^{2+} ∶ $Pu^{4+}=2$ 时，钚的反萃收率达 99%。如果采用 4 级还原反萃，5 级铀的补充萃取，每级两相接触时间为 1 min，可以得到很好的结果：钚的收率大于 99.98%，铀中去钚的分离系数为 5×10^5，钚中去铀的分离系数为 1×10^4[11,12]。

美国汉福特厂曾在工厂的 1BX 脉冲柱中进行过硝酸亚铁还原剂的应用试验工作[13]。应用 0.03 mol/L $Fe(NO_3)_2$—0.075 mol/L N_2H_4 作还原剂，开始先加入 1/3 量的 $Fe(NO_3)_2$ 到 $Fe(NH_2SO_3)_2$ 中，然后逐渐降低 $Fe(NH_2SO_3)_2$ 的量，以 $Fe(NO_3)_2$ 代替之，这样逐渐转变为 $Fe(NO_3)_2$-N_2H_4。这样运行的前 6 天都是正常的。后来由于 2BW 废有机相带有过量的亚硝酸进入 1BX 柱，使得试验失败。

通过试验发现，硝酸亚铁-肼对亚硝酸是很敏感的。在共萃取的料液中，HNO_2 含量的多少，是用硝酸亚铁-肼取代氨基磺酸亚铁能否成功的关键因素[2]。

用硝酸亚铁-肼代替氨基磺酸亚铁，主要是从还原反萃成品液中除去了硫酸根。这样使得许多设备不再同稀硫酸接触，减小了设备腐蚀速度，延长了设备寿命。

第二节　四价铀还原分离铀和钚

一、U(Ⅳ)还原 Pu(Ⅳ)的机制

四价铀[U(Ⅳ)]作还原剂，其自身被氧化：

$$U^{4+}+2H_2O \longrightarrow UO_2^{2+}+4H^{+}+2e^{-} \tag{6-15}$$

其标准还原电位为 0.319 V。它比 Fe^{2+}-Fe^{3+} 电子对的标准还原电位 0.771 V 更偏负。因此从电位值来看 U^{4+} 比 Fe^{2+} 的还原能力更强。U^{4+} 能快速、定量地还原 Pu^{4+}，反应平衡式为

$$2Pu^{4+}+U^{4+}+2H_2O \longrightarrow 2Pu^{3+}+UO_2^{2+}+4H^{+} \tag{6-16}$$

该反应的平衡常数为

$$K=\frac{[Pu^{3+}]^2[UO_2^{2+}]}{[Pu^{4+}]^2[U^{4+}]} \tag{6-17}$$

在 2 mol/L HNO_3 体系中，$K=4\times10^8$。从反应平衡常数来看，该反应可以进行得更彻底。因此，四价铀是一种优良的还原剂。

用分光光度法研究了 U(Ⅳ)-Pu(Ⅳ)反应的动力学，得出该反应速率与参加反应物的一次方成正比，与氢离子浓度的二次方成反比，即为：

$$-\frac{d[Pu(Ⅳ)]}{dt}=K\frac{[Pu^{4+}][U^{4+}]}{[H^{+}]^2} \tag{6-18}$$

在不同的温度下，测得的 K 值如表 6-4 所示[3]。

表 6-4　在不同温度下测得的反应速度常数值

t/℃	2.8	10.4	20.3	29.8
K/(mol/L·min^{-1})	139	461	2 175	7 831

根据反应动力学方程式(6-18)可以断定,反应生成活化络合物

$$Pu^{4+} + U^{4+} + H_2O = [PuOU^{6+}]^{*} + 2H^{+} \qquad (6\text{-}19)$$

在此活化络合物中实现电子转移。

实验得知,在硝酸溶液中,U(Ⅳ)-Pu(Ⅳ)反应的动力学规律性和在 $HClO_4$ 溶液中相同,实验得到的结果如表 6-5 所示。测得的反应速度常数平均值为(当溶液中离子强度 μ=2.25 时)K=(172±22)mol/L·min^{-1}。

表 6-5　在 HNO_3 溶液中 U(Ⅳ)-Pu(Ⅳ)反应速度常数值(0 ℃)

离子强度 μ	HNO_3 浓度/(mol/L)	U(Ⅳ)浓度/($\times10^{-3}$ mol/L)	K/(mol/L·min^{-1})
0.5	0.492	0.5	136
0.5	0.492	1.0	150
0.5	0.492	2.0	156
2.25	2.245	0.85	209
2.25	2.245	8.5	176
2.25	2.245	8.5	160
2.25	2.245	8.5	156
2.25	2.245	8.5	160

从式(6-18)可以看出,U(Ⅳ)还原 Pu(Ⅳ)的速度与 U(Ⅳ)浓度的一次方成正比,与酸度的平方成反比。因此采取低酸、高 U(Ⅳ)可以加速还原反应。

在下列条件下,实验了酸度和 U(Ⅳ)浓度对还原 Pu(Ⅳ)的影响。有机相:(20%TBP-煤油)含有 0.2 mol/L U(Ⅵ),Pu(Ⅳ)为 0.15 g/L;水相:HNO_3 浓度>1 mol/L,U(Ⅳ)<0.1 mol/L;有机相∶水相=10∶1,两相用桨式搅拌器搅拌混合。

在上述条件下,传质速度相当快,钚在有机相中减少的速度应该代表氧化-还原反应速度。钚在有机相中减少的速度如图 6-1 和图 6-2 所示[14]。

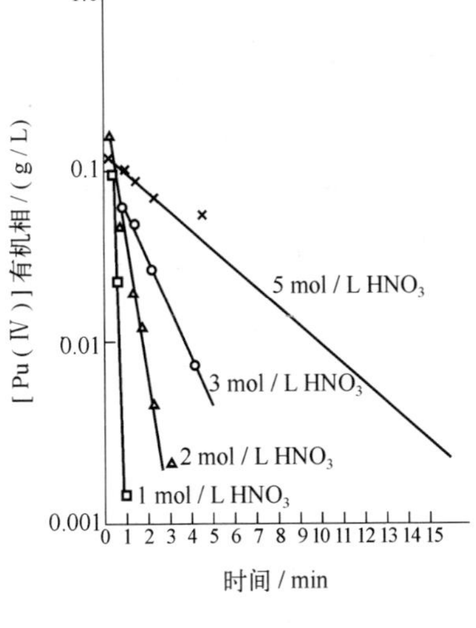

图 6-1　酸度对 U(Ⅳ)还原 Pu(Ⅳ)速度的影响

[U(Ⅳ)]=0.03 mol/L

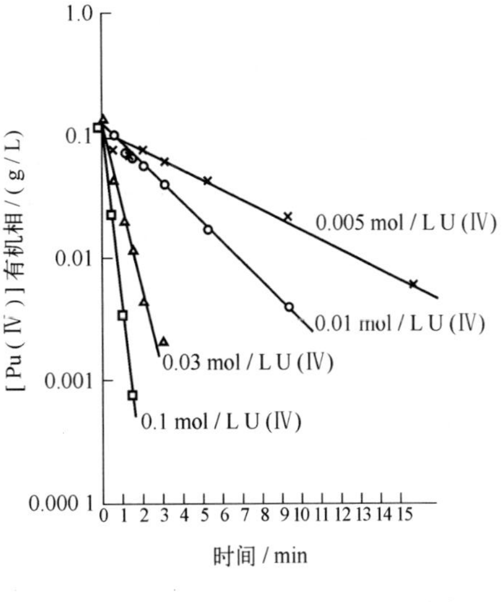

图 6-2　U(Ⅳ)浓度对 Pu(Ⅳ)还原速度的影响

[HNO_3]=2 mol/L

从上面的讨论可见，用U(Ⅳ)还原分离铀和钚时，如果是还原反应速度成为该分离过程的控制因素，为了强化分离过程，可以适当地使用低酸度、较高U(Ⅳ)浓度的还原剂。

C. S. Schlea用0.02 mol/L U(Ⅳ)+0.2～1.0 mol/L HNO_3+0.2 mol/L N_2H_4 从萃取了U(Ⅵ)和Pu(Ⅳ)的30%TBP中还原反萃Pu(Ⅳ)，采用转动搅拌器使两相混合，混合强度(搅拌输入功率)有低、中、高之分。研究认为：Pu(Ⅳ)从有机相中的分离速度由传质速度控制。分离速度几乎只取决于两相混合的效果，而基本不受U(Ⅳ)浓度和酸度制约[15]。

研究认为用U(Ⅳ)使Pu(Ⅳ)被还原反萃到水相，这个过程是由下列4个过程构成的。(1)U(Ⅳ)进入有机相中；(2)有些Pu进入水相中；(3)有机相中的Pu(Ⅳ)被还原成Pu(Ⅲ)后转入水相中；(4)Pu(Ⅳ)在有机相中和在水相中都可被还原成Pu(Ⅲ)而进入水相。以上前3个过程为传质过程，第4个过程为氧化-还原反应过程。

正如上面所介绍的那样，在不同的条件下，铀-钚分离过程可能由传质速度控制，也可能取决于还原反应速度。

二、U(Ⅳ)-N_2H_4的应用

大型核燃料后处理厂最早应用U(Ⅳ)作为共去污分离循环还原剂的是法国马库尔厂，从1963年起使用。1967年以后，又将钚的二循环改用U(Ⅳ)作还原剂[16]。

1968年以前，欧化厂在1BX柱应用氨基磺酸亚铁作还原剂，从1969年开始改用肼稳定的硝酸铀(Ⅳ)作还原剂。1971年将钚二循环改为产品回流流程，2B柱由稀酸反萃改为四价铀还原反萃[9,17]。

德国卡尔斯鲁厄中间工厂，从1969年起就用U(Ⅳ)作Pu(Ⅳ)的还原剂，还原剂硝酸浓度为1.3～1.7 mol/L，U(Ⅳ)过量8～10倍，能获得满意的铀钚分离，钚在铀中的残留量为总量的0.04%[18]。并且指出，肼:钚≥1.65时，还原过程稳定，把肼∶钚比减少到1.5以下，还原过程开始失灵[19]。

实践证明，四价铀是不向系统引入杂质的还原剂，控制合适的工艺条件，四价铀是可以满足工业规模的生产要求的，因此得到了越来越广泛的应用，如表6-6所示[2,9,17,18]。

表6-6 U(Ⅳ)-N_2H_4还原剂的应用情况

国家	后处理厂	还原剂
比利时	欧化厂	0.7 mol/L $U(NO_3)_4$-0.2 mol/L N_2H_4
法国	马库尔	0.04 mol/L $U(NO_3)_4$
	阿格UP-2	0.04 mol/L $U(NO_3)_4$
	UP3	$U(NO_3)_4$
	UP2-800	$U(NO_3)_4$
德国	卡尔斯鲁厄	$U(NO_3)_4$
俄罗斯	VVER燃料后处理	20 g/L U(Ⅳ)+0.5 mol/L N_2H_4
	RT-1厂	$U(NO_3)_4$-N_2H_4
日本	东海后处理厂	U(Ⅳ)-N_2H_4
	六个所后处理厂	U(Ⅳ)-N_2H_4
英国	THORP厂	U(Ⅳ)-N_2H_4
印度	塔拉普尔厂	U(Ⅳ)-N_2H_4

欧化厂在共萃取分离循环中，用 U(Ⅳ)-N_2H_4 代替氨基磺酸亚铁，在 1BX 柱(反萃柱)和 1BS 柱(补充萃取铀，或称洗涤反萃产品液)进行了试验。欧化厂一循环流程及工艺参数如图 6-3所示。表 6-7 给出了处理低加浓铀(^{235}U 含量约为 2.5%)时运行条件的变化对分离效果的影响。从表中数据可见，铀—钚分离效果能够满足工艺要求[7,8,9]

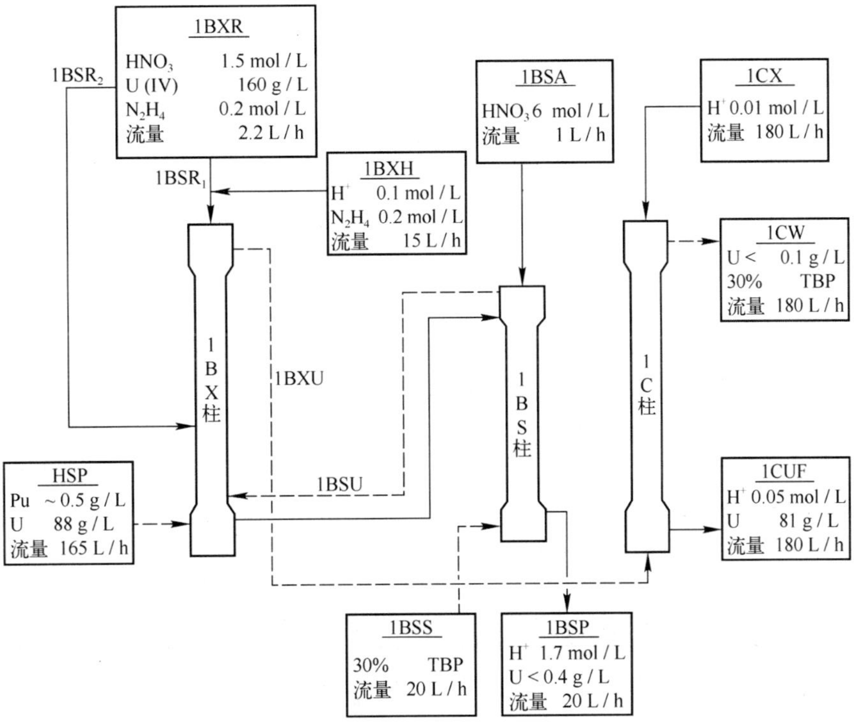

图 6-3　欧化厂一循环流程及工艺参数

—— —水相　－－－ —有机相

表 6-8 比较了用 U(Ⅳ)取代氨基磺酸亚铁，二者的铀—钚分离效果。由此看出 U(Ⅳ)的分离效果低于氨基磺酸亚铁的分离效果。1BXU 中钚含量较高(0.2%～1%)，这在铀二循环中仍用 U(Ⅳ)作进一步分离，其中的钚在后续工序中加以回收，并不造成钚的流失。

欧化厂应用 U(Ⅳ)作为铀—钚分离的还原剂，取得了一些经验：(1)要使钚在 1BXU 中的量小于 1%，使 U(Ⅳ)过量 8 倍已经足够。实验表明，再增加 U(Ⅳ)的过剩量效果不大；(2)采用两股还原液流进料，一股由柱顶加入，另一股在柱底以上 1/4 处加入，这对还原是有利的。$1BXR_1$ 与 $1BXR_2$ 的流比在 0.6～1.5 之间变化时，对分离效果影响不大；(3)实践证明，将还原剂液流与 HSP 流液一起从 1BX 柱的底部进入将产生负作用，发现损失到 1BSP 中的铀量增加；(4)降低 1BX 柱中的酸度和提高 1BS 柱中的酸度都可以改善铀—钚分离效果[9]。

从上面的讨论可见，用 U(Ⅳ)-N_2H_4 还原反萃 Pu(Ⅳ)，其关键在于如何提高铀—钚分离效果，为此就应选取最佳工艺参数。

表 6-7　处理低浓铀(LEU)时 1BX 和 1BS 柱的分离效果

序号			1	2	3	4
HSP	Pu 浓度/(g/L)		0.25	0.45	0.5	0.1
HSP	流量/(L/h)		180	80	70	70
U(Ⅳ)水相流量	$1BXR_1$/(L/h)		2	1.7	1.5	0.5
U(Ⅳ)水相流量	$1BXR_2$/(L/h)		2.2	1.5	1.0	0.5
1BX 柱酸化液 1BSA 的硝酸浓度/(mol/L)			1	1	2	2
U(Ⅳ)和 Pu 的摩尔数比			8.2	8.2	8	8
1BSP	流量/(L/h)		20	20	20	20
1BSP	Pu/(g/L)		2.2	2	2	0.7
1BSP	U	g/L	0.135	0.06	0.01	0.03
1BSP	U	ppm	6.1×10^4	3.0×10^4	5×10^3	4.3×10^4
1BXU	流量/(L/h)		160	90	80	100
1BXU	U/(g/L)		50	35	40	30
1BXU	含钚 α 衰变	α 衰变/min·L	4×10^8	2.6×10^8	2×10^8	3×10^7
1BXU	含钚 α 衰变	α 衰变/min·gU	8×10^6	7.5×10^6	5×10^6	1×10^6
分离效果	1BSP,SFu		5×10^3	7×10^3	3×10^4	2×10^4
分离效果	1BXU,SF_{Pu}		1.1×10^2	3×10^2	5×10^2	5.6×10^2

表 6-8　欧化厂应用不同还原剂时分离性能的比较

还原剂	1BXU SF_{Pu}	1BSP SFu
氨基磺酸亚铁　Fe/Pu≈2	2×10^3	约 10^5
硝酸铀(Ⅳ)　U^{4+}/Pu≈8	3×10^2	6×10^3

注:燃料特性:初始 ^{235}U 含量约 2.5%;燃耗 15 000MW·d/t; Pu 含量约 5 gPu/kgU;β 比放(1.1～2.2)×10^{13} Bq/kgU。

1. U(Ⅳ)的用量和加入方式

为了保证 Pu(Ⅳ)被还原完全,显然是 U(Ⅳ)的加入量多些好。根据欧化厂[9,17],德国卡尔斯鲁厄厂[18]和美国萨凡那河厂[15]等的研究结果认为,U(Ⅳ):Pu(Ⅳ)的摩尔比为 3～8 为宜,U(Ⅳ)的过量再多些对分离效果的影响并不大。

U(Ⅳ)还原 Pu(Ⅳ)与氨基磺酸亚铁不同之处是 U(Ⅳ)可被 TBP 萃取。随着水相中酸度的提高,U(Ⅳ)的分配系数增大,如图 6-4 所示[5,20]

由于 U(Ⅳ)能被 TBP 萃取,因此在还原反萃钚的过程中将有一部分 U(Ⅳ)进入有机相,这也是 U(Ⅳ)过量的原因之一。由于 U(Ⅳ)能被 TBP 萃取,为了充分发挥 U(Ⅳ)的还原作用,不因 U(Ⅳ)被萃取而引起钚的还原反萃不完全,就需要从多点加入 U(Ⅳ)还原反萃剂,其中在靠近 1AP 进料口附近加入,效果较好。

2. 还原反萃剂的酸度

上面已经叙述到,在还原反萃时,为了提高还原速度以便提高钚的分离系数,宜采用较低的酸度。但是，为了防止空气的氧化作用，反萃段的硝酸浓度不应低于 0.5 mol/L[5]。德国卡尔斯鲁厄认为 U(Ⅳ)还原剂的酸度为 1.3～1.7 mol/L 为最好[18]。在补充萃取段，为了提高钚中去铀的分离系数，水相应有较高的酸度，宜采用 2～3 mol/L HNO_3[5]。因为酸度过高将使Pu(Ⅲ)再氧化，造成钚的内循环。影响铀—钚的分离效果。

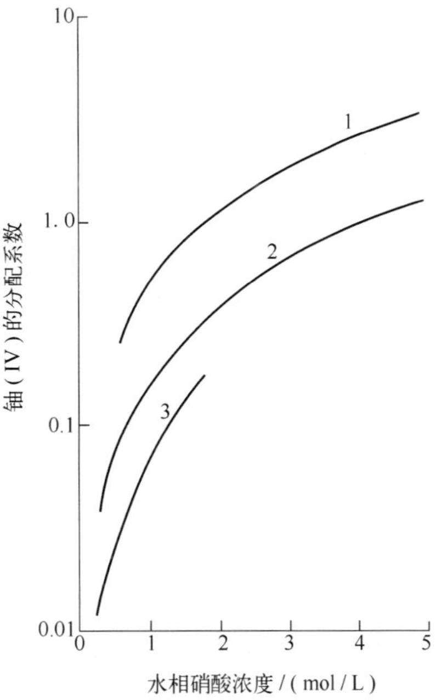

图 6-4　硝酸浓度对铀(Ⅳ)分配系数的影响

有机相：30%TBP-正烷烃；有机相中六价铀浓度：1—0 mol/L；2—0.22 mol/L；3—0.30 mol/L

3. 支持还原剂-N_2H_4 及其使用浓度

在硝酸溶液中，U(Ⅳ)易被亚硝酸氧化

$$U^{4+} + 2HNO_2 \longrightarrow UO_2^{2+} + NO + 2H^+ \quad (6\text{-}20)$$

当溶液中硝酸浓度高于 3 mol/L 时，硝酸根也可使 U(Ⅳ)氧化

$$U^{4+} + NO_3^- + H_2O \longrightarrow UO_2^{2+} + HNO_2 + H^+ \quad (6\text{-}21)$$

生成的亚硝酸又按式(6-20)与 U(Ⅳ)反应。在硝酸浓度较低时，NO 与 HNO_3 反应生成 HNO_2

$$2NO + HNO_3 + H_2O \longrightarrow 3HNO_2 \quad (6\text{-}22)$$

由此可见，用 U(Ⅳ)作还原反萃剂时，也需要加入支持还原剂，常用肼(N_2H_4)作U(Ⅳ)的支持还原剂。通常采用的肼浓度为 0.1～0.2 mol/L[5,15]。

4. 进料液与反萃剂的流比

由于 U(Ⅳ)-N_2H_4 还原剂一般都是多级加入，因此各股流比多由实验确定。为了使铀与钚的分离效果好些，进料液与反萃剂的流比不能太高，通常小于或等于 10。

应用 U(Ⅳ)作为铀—钚分离的还原剂，其最大优点是不引入任何外来杂质，而且可被 TBP 萃取。从表 6-6 可以看出，U(Ⅳ)已经得到了比较普遍的应用。但是在实际应用过程中也发现了 U(Ⅳ)的一些缺点，即 U(Ⅳ)的还原速度和铀—钚分离效果都不如氨基磺酸亚铁。此外，如果还原系统的工艺条件控制不当，Pu(Ⅲ)还可能再氧化。如果处理加浓铀燃料时，采用 U(Ⅳ)作还原剂，还有^{235}U 被稀释的问题。

三、电解法制备 U(Ⅳ)

U(Ⅳ)的制备方法很多，除了直接电解法之外，还有化学还原法，UO_2 溶解沉淀法，金属还原法，以及光化学还原法等。但是后面这些过程都很复杂，产率低，产生腐蚀性废液，因此只处于研究和实验阶段。

直接电解 $UO_2(NO_3)_2$ 水溶液的方法制备 U(Ⅳ)，目前已经在许多后处理厂获得生产规模的应用。该方法具有过程简单，产率高，不增加废液，不引入杂质等优点。

在酸性溶液中电解 UO_2^{2+} 的过程为，开始时在阴极生成 U(Ⅴ)，随后 U(Ⅴ)歧化生成 U(Ⅵ)和 U(Ⅳ)。在酸性溶液中这种电解过程一直进行到全部 U(Ⅵ)被还原为 U(Ⅳ)。在阴

极上的反应为

$$UO_2^{2+} + 2e \longrightarrow 2UO_2^{+} \quad (6\text{-}23)$$

然后，UO_2^{+} 很快按下式歧化：

$$2UO_2^{+} + 4H^{+} + 4H_2O \longrightarrow UO_2^{2+} + U^{4+} + 6H_2O \quad (6\text{-}24)$$

发生在阴极上总的反应为：

$$UO_2^{2+} + 4H^{+} + 2e^{-} \longrightarrow U^{4+} + 2H_2O \quad (6\text{-}25)$$

同时，在阳极有氧气逸出

$$H_2O - 2e^{-} \longrightarrow \frac{1}{2}O_2 + 2H^{+} \quad (6\text{-}26)$$

生成的氧大部分从溶液中逸出，只有一部分消耗在氧化 U(Ⅳ)上。为了完全消除 U(Ⅳ)在阳极上的氧化，可采用半透膜把阳极区与阴极区隔开。

在电解池中要采用对氢具有较高超电压的阴极材料，如汞、石墨、铌、钛、铂等。

同时，在电解液中要加入破坏亚硝酸的所谓“稳定剂”如肼。这样可使电解在硝酸介质中进行。

在实际工作中曾经用汞阴极电解法制备 U(Ⅳ)。现以汞为阴极、铂为阳极的电解装置为例(如图 6-5 所示)，对电解条件的选择及影响因素介绍如下[3,7,10]。

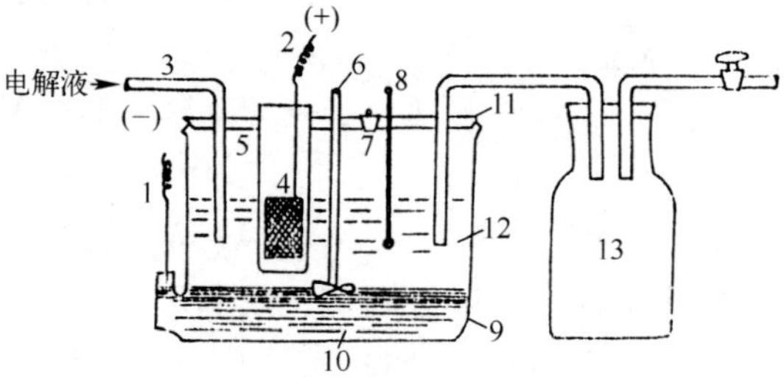

图 6-5 实验室生产 U(Ⅳ)的电解槽装置

1—汞阴极引线(Φ2 mm 不锈钢棒)；2—铂阳极引线；3—进液管 4—铂网阳极(长 16 cm、宽 8 cm 的细密铂网，卷成圆筒形)；5—隔膜(素瓷管，相当于 4 号玻璃漏斗的透孔度，内径 6 cm)；6—搅拌器；7—取样孔(有盖)；8—温度计；9—电解槽(高 33 cm、内径 25 cm 陶瓷缸)；10—汞(25 kg)；11—有机玻璃盖；12—电解液；13—产品收集瓶

1. 电流密度

在汞用量为 100 g 的小型实验中，在 100 gU/L，2 mol/L HNO_3，0.3 mol/L N_2H_4 电解液中，电解 150 min，在 25 ℃下电解。使电流密度在 4～40 mA/cm² 之间变化，电流密度对电解产率和电流效率的影响如表 6-9 所示。

表 6-9 电流密度对电解的影响

电流强度/A	0.04	0.08	0.10	0.20	0.30	0.40
电流密度/(mA/cm²)	4.06	8.13	10.3	20.4	30.6	40.8
电解产率/%	92.4	94.8	92.2	92.9	92.8	84.7
电流效率/%	79.2	81.3	79.1	83.2	81.5	75.8

当电流密度为 4.06～30.6 mA/cm² 时，电解产率和电流效率均可达到较高水平。电流密度太低，需要的电解时间太长，生产效率低。如果电流密度太高，虽然反应很快，但是影响产率和电流效率。

2. 电解液中六价铀的浓度

当将其他条件固定时，观察在不同的六价铀浓度下，达到较高的电解产率所需要的时间。

表 6-10 的数据说明，六价铀浓度在 40.8～262 g/L 之间时，随着浓度的提高，电解产率和电流效率均有所提高，当然电解时间要成比例地增加。通常在电解液中选择六价铀浓度为 100～200 g/L。

表 6-10　六价铀浓度与电解的关系

六价铀浓度/(g/L)	48.1	100.5	151.3	262.2
电解时间/min	75	150	225	375
电解产率/%	86.8	92.9	95.3	98.2
电流效率/%	77.7	83.2	86	88.2

注：其他条件为：电流密度 20.4 mA/cm^2，汞量 100 g，N_2H_4 浓度 0.3 mol/L，HNO_3 2 mol/L，25 ℃。

3. 电解液的酸度

电解液中酸度的选择，需要考虑以下因素，如式(6-25)所示，在阴极还原 1 mol U(Ⅵ)为 U(Ⅳ)，需要 4 mol 的 H^+ 离子。同时，从式(6-26)可知，由于水在阳极的氧化反应又会释放析出2 mol H^+ 离子。因此，电解液中氢离子的浓度应不小于六价铀酰离子浓度的 2 倍。当酸度太低时，电解产生的四价铀可水解为黑棕色的 $U(OH)_4$ 沉淀。电解液酸度为 0.5 mol/L 时，电解情况较正常，但是溶液最后也变为黑色不透明状，这可能是 $U(OH)_4$ 沉淀引起的。因此，电解液中的酸度不宜太低，通常为 2～2.5 mol/L HNO_3。酸度对电解的影响如表 6-11 所示。

表 6-11　电解液中酸度对电解的影响

硝酸浓度/(mol/L)	1.15	1.50	2.00	2.50
电解产率/(%)	90.2	87.8	89.6	90.0
电流效率/(%)	77.4	75.3	76.9	77.5

注：其他条件同表 6-10。

4. 肼浓度

在电解液中肼主要起稳定剂的作用。由表 6-12 可见，肼的浓度由 0.1 mol/L 增加到 0.5 mol/L对电解产率和电流密度均无明显影响。在 U(Ⅳ)产率不超过 90%时，肼对 U(Ⅳ)起稳定作用，但是，当电解还原接近完全时，肼被大量消耗，这可能是由于 NO_3^- 开始被还原为 NO_2^- 所致，即

$$NO_3^- + 3H^+ + 2e^- \longrightarrow HNO_2 + H_2O \qquad (6\text{-}27)$$

肼离子($N_2H_5^+$)除了同 NO_2^- 反应外，还在阳极被氧化。

$$N_2H_5^+ \longrightarrow N_2 + 5H^+ + 4e^- \qquad (6\text{-}28)$$

因此，电解液中的肼浓度迅速降低，见表 6-12。

表 6-12　肼浓度对电解的影响

肼的浓度/(mol/L)	0.05	0.10	0.20	0.30	0.40	0.50
电解产率/%	89.6	91.2	95.1	93.8	94.5	93.8
电流效率	76.9	78.3	81.6	80.5	81.1	80.4
肼的消耗/(mol/L)			0.089	0.101	0.121	0.126

注：其他条件同表 6-10。

通常在电解液中肼浓度为 0.3 mol/L 是可以满足要求的。

5. 电解终点的判断

在电解到达终点之前，电解率达 90%时，电解液中肼浓度、汞阴极电位均无什么波动。当快要到达电解终点时，肼浓度开始显著下降，这主要是由于硝酸根按照式(6-27)生成亚硝酸，这时肼与 HNO_2 按下式反应

$$N_2H_5^+ + HNO_2 \longrightarrow HN_3 + 2H_2O + H^+ \tag{6-29}$$

$$HN_3 + HNO_2 \longrightarrow H_2O + N_2 + N_2O \tag{6-30}$$

所以肼被迅速消耗，浓度显著下降。这时四价铀浓度基本不再变化，电解液中酸度下降得很缓慢，汞阴极电位开始突跃，约由 0.5 V 跃升为 1.0 V 左右，并保持不变时，说明电解已到达终点。

用图 6-5 所示的电解槽装置进行电解。首先向电解槽中加入 5 L 电解液，电解液的组成为：$UO_2(NO_3)_2$ 浓度 110 g/L，HNO_3 2mol/L，N_2H_4 0.2 mol/L。同时向阳极室注入 150 mL 2 mol/L HNO_3。接着，开动搅拌器，使电解液和汞都能被搅动。通入直流电 5A，10A 和 20A。在电解过程中，电解液逐渐由黄变绿，最后电位上升，电解液中有气体逸出时，可停止电解。电解完毕时，将电解液抽到产品瓶(13)中，再用蒸馏水洗涤电解池数次，并将汞面上的蒸馏水抽尽，电解槽可继续使用。

由上述三种电流强度电解得到的结果如表 6-13、表 6-14 和表 6-15 所示。由表中数据可见，拟制得 95%以上的 U(Ⅳ)产品液，所需用的电解时间随着施加电流强度的增高而缩短。

因为提高电流强度，可以缩短生产周期和提高生产效率，所以在工业生产上可以根据生产的需要来确定电解的电流强度和电解时间。例如欧化厂[9]，电解槽的结构是以石墨为阴极，铂为阳极。两极用陶瓷隔膜隔开。电解液组成为：150 g/L 铀，2 mol/L HNO_3，0.3 mol/L N_2H_4，体积为 115 L。最大电流强度为 300 A，电压为 7.5 V。电解 15 h 后 U(Ⅳ)产率达 90%。

美国萨凡那河实验室曾用图 6-6 所示的电解还原槽，该槽用铌作阴极，铂作阳极，在恒定电流(20A)下电解制备 U(Ⅳ)溶液，结果如表 6-16 所示[21]。

表 6-13　用 5 A 电流(10 mA/cm²)电解时的结果

电解时间/h	温度/℃	电解产率/%	电流效率/%	酸度/(mol/L)	肼浓度/(mol/L)
0	22.5	0	0	2.06	0.21
4	25	16.4	100	1.88	0.197
7	26	27.9	97.2	1.75	0.190
9	27	36.0	97.6	1.72	0.218
11	27.9	44.8	99.3	1.63	0.208
13	28	52.6	98.2	1.57	0.207
15	28.5	60.9	99.1	1.47	0.187
17	28.2	68.7	100	1.37	0.201
19	27.5	76.0	99.6	1.33	0.182
21	27	85	100	1.09	0.183
23	26.7	89.5	97.1	1.20	0.185
25	26.9	99.5	99.1	1.11	0.179
27	28.2	100	92.8	1.15	0.159
28.5	30	99.5	87.0	1.06	0.133

表 6-14　用 10 A 电流(20 mA/cm²)电解时的结果

电解时间/h	温度/℃	电解产率/%	电流效率/%	酸度/(mol/L)	肼浓度/(mol/L)
0	23	0	0	1.98	0.22
2	29.9	15.7	98.6		
3	31	24	100	1.7	0.22
4	32.2	31.5	98.6		
5	32.6	39.1	98		
6	33.2	45.3	102	1.47	
7	33.6	59.3	106		
8	34	66.9	105		0.22
9	34.1	70.1	101		
10	33.5	80.7	105	1.24	0.20
12	33.9	93	101	1.06	0.19
13	33.9	96.5	96.5	1.05	0.17
14	35.3	97.5	88.8	0.98	0.13
16	36.8	97.9	79.7	0.93	0.09

表 6-15　用 20 A 电流（40 mA/cm²）电解时的结果

电解时间/h	温度/℃	电解产率/%	电流效率/%	酸度/(mol/L)	肼浓度/(mol/L)
0	24.5	0	0	2.5	0.203
1	38	18.1	111	2.26	0.200
2	40.5	24.3	103	2.23	0.198
3	45	49.9	102	1.97	0.186
4	47	67.7	104	1.87	0.189
5	48	84.7	105	1.59	0.181
6	48.5	91.0	94.4	1.61	0.169
7	50.5	101	90.1	1.42	0.134
7.5	51.5	99.6	82.6		0.109

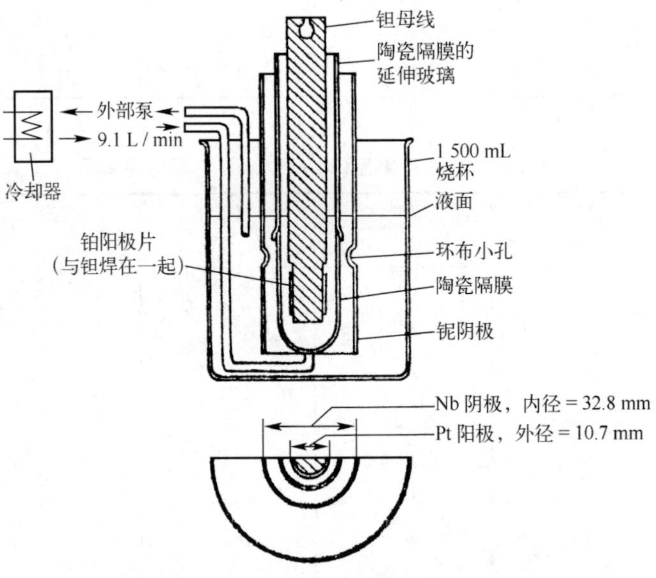

图 6-6　制备硝酸铀(Ⅳ)的小型转化器

用半工业规模的电解还原槽（1 500 L 电解液），用钛作阴极，用镀铂的钛作阳极。由于没有隔膜（Al_2O_3），所以这个电解槽的电流效率相当低，得到 U(Ⅳ)浓度仅为总铀浓度的 40%左右。表 6-17 给出了电解槽的操作参数和所获得的结果[21]。

表 6-16 小型转化器得到的数据

电解开始后时间/h	电流/A	安培·小时·槽数/L	铀(Ⅳ)/(g/L)	总电流效率[占 U(Ⅳ)理论值]/%
0.5	20.0	7.6	23.8	70
1.0	20.0	15.1	49.0	73
1.5	20.0	22.7	74.8	74
2.0	20.0	30.4	100	74
2.5	20.0	37.9	123	73
3.0	20.3	46.2	140	71
3.5	20.2	53.6	163	68
4.0	20.2	61.3	179	66
4.5	20.1	68.6	192	63
5.0	20.1	76.2	204	60
5.25	19.9	79.3	209	59

注:条件:阴极面积:$3.16\times10^{-3}m^2$;平槽式;液体流速 0.183 m/s;多孔陶瓷隔膜;容量 1.32 L,45 ℃;铀(Ⅵ)初始浓度 275 g/L(1.15 mol/L),硝酸初始浓度 6.0 mol/L,肼初始浓度 0.38 mol/L(仅在阴极室有)。

表 6-17 半工业规模转化器得到的数据

电解开始后时间/h	电流/A	安培·小时槽数/升	铀(Ⅳ)/g/L	肼耗量/摩尔数	总电流效率[占 U(Ⅳ)理论值]/%
1	4 000	16	39	290	55
3	4 000	48	76	750	36
5	2 500	67	88	1 220	30
7	2 500	87	104	1 470	27
9	2 500	107	108	1 850	23
11	2 500	127	113	2 200	20

条件:每个电极的面积 0.465 m^2;6 个槽串联;液体流速 0.12 m/s,40~50 ℃,容量 151.5 L;铀(Ⅵ)的初始浓度 320 g/L(1.35 mol/L);补加 HNO_3 维持在 1.7 mol/L;补加肼维持在 0.3 mol/L。

四、U(Ⅳ)水溶液的稳定性[22,23]

电解制备好的 U(Ⅳ)溶液在什么条件下存放?使用之前允许存放多长时间?哪些因素影响 U(Ⅳ)水溶液的稳定性?这些都是应用中的实际问题,现在简要介绍如下。

首先介绍稳定剂对 U(Ⅳ)水溶液稳定性的影响。在 10 g/L U(Ⅳ),3 mol/L HNO_3 溶液中,在室温和通常光线下,改变溶液中的 N_2H_4 浓度,即 0.1 mol/L、0.5 mol/L、1.0 mol/L 和 2.0 mol/L,观察 5%的 U(Ⅳ)被氧化所需要的时间。结果如图 6-7 所示。由图中数据可以看出,当肼浓度为 0.1 mol/L 时,U(Ⅳ)氧化 5%需要 100 h,肼浓度为 0.5 mol/L 时需 200 h,等等。在上述溶液中 U(Ⅳ)的半寿期在1 000 h以上。U(Ⅳ)的稳定性随着肼浓度的增加而提高。

在 0.5～0.7 mol/L HNO_3，0.1～0.5 mol/L N_2H_4 溶液中，在室温下的暗室中，U(Ⅳ)的浓度由30 g/L增加到 80 g/L，观察 U(Ⅳ)的浓度对其自身稳定性的影响。由图 6-8 可以看出，U(Ⅳ)初始浓度为30.5 g/L时，其半寿期为 100 天，即氧化 5%需 10 天。当U(Ⅳ)浓度为 85 g/L 时，其半寿期为 158 天，氧化5%需要 16 天。因此，在上述条件下，U(Ⅳ)溶液的稳定性随着溶液中 U(Ⅳ)浓度的增加而提高。

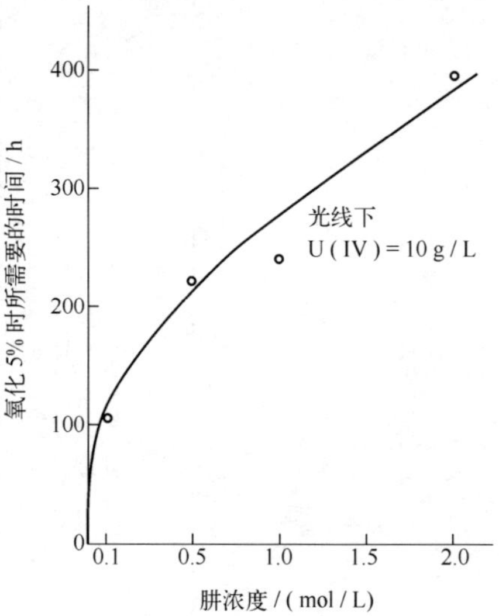

图 6-7　在 3 mol/L HNO_3 中 U(Ⅳ)被氧化 5%所需的时间与肼浓度的关系

在 10 g/L U(Ⅳ)，2 mol/L HNO_3，0.1 mol/L N_2H_4 溶液中，在环境温度下，对上述的溶液，在 N_2 气氛下或在空气气氛下用空气鼓泡或用 N_2 鼓泡，观察该溶液的稳定性。从图 6-9 可以看出，U(Ⅳ)的氧化速度受到鼓泡搅拌的影响，但是与 N_2 气氛还是空气气氛的关系不大。

在 10 g/L U(Ⅳ)、0.1 mol/L N_2H_4 和 3 mol/L $NaNO_3$ 溶液中，在环境温度下，溶液中硝酸浓度接近零时，由于 U(Ⅳ)的水解，因而促进了空气中氧气的催化氧化作用。由图 6-10 可见，在空气气氛下，U(Ⅳ)的氧化比较显著，而 NO_3^- 的来源的影响并不明显。因此由电解制得的U(Ⅳ)溶液的酸度以保持在 0.5 mol/L 以上为宜。

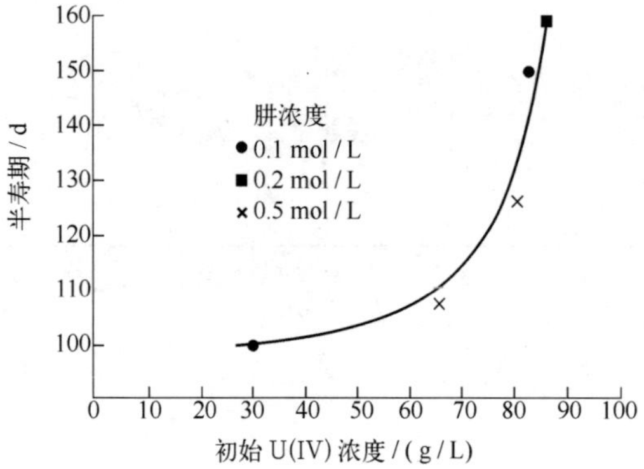

图 6-8　U(Ⅳ)初始浓度与半寿期的关系

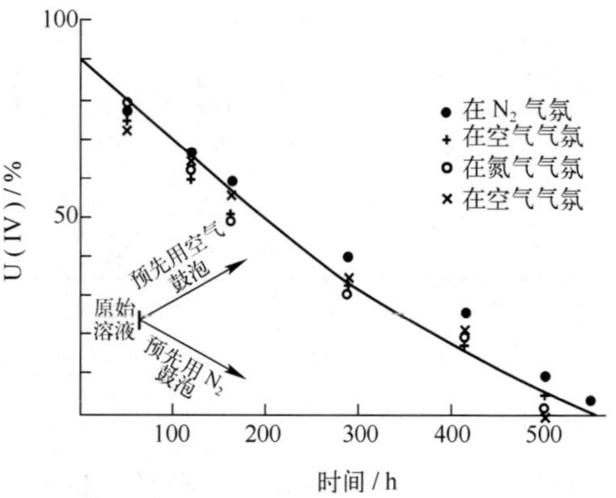

图 6-9　气氛对 $U(NO_3)_4$ 溶液稳定性的影响

第三节　硝酸羟胺还原分离铀和钚

由于硝酸羟胺在还原过程中的反应产物是气体，不存在固体杂质的问题，被称为“无盐”还原剂，因此引起了广泛的关注，经过实验研究，逐步应用于工业生产。

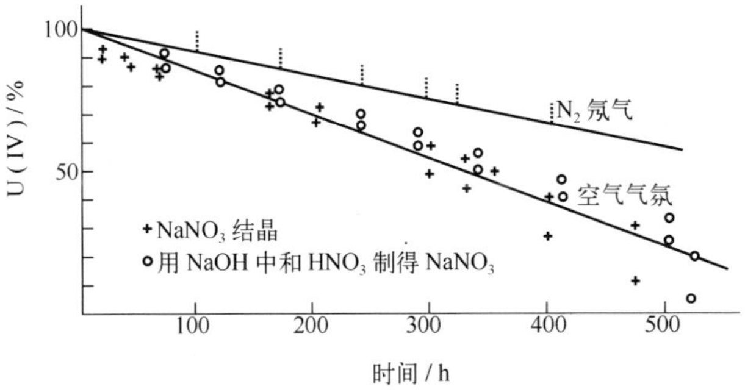

图 6-10　气氛和 NO_3^- 离子来源对 U(Ⅳ)稳定性的影响

一、影响硝酸羟胺还原 Pu(Ⅳ)的因素

硝酸羟胺(HAN)还原 Pu(Ⅳ)的反应为

$$2NH_3OH^+ + 4Pu^{4+} \longrightarrow 4Pu^{3+} + N_2O + H_2O + 6H^+ \tag{6-31}$$

其还原反应的反应速度与氢离子浓度四次方成反比[24,25]。随着溶液中酸度的降低，将加速硝酸羟胺对 Pu(Ⅳ)的还原速度，如图 6-11 所示。所以在应用硝酸羟胺还原 Pu(Ⅳ)时，宜在较低的酸度下进行。如果在还原系统中酸度较高，就有可能造成钚的损失。萨凡那河实验室用

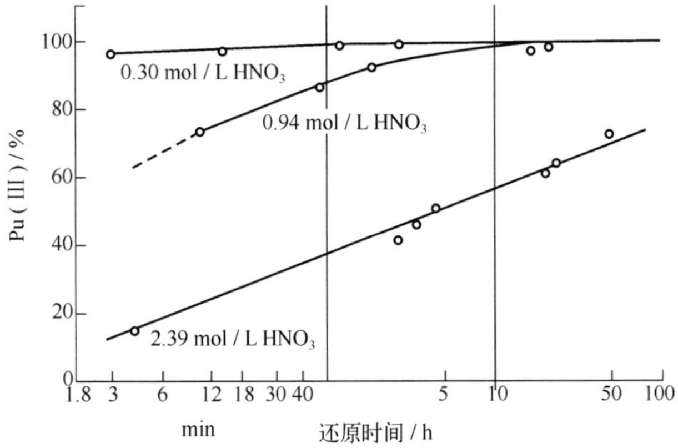

图 6-11　硝酸浓度对硝酸羟胺还原 Pu(Ⅳ)的速度的影响

Oconee 1 号堆的燃料(燃耗为 14 000 MW・d/tU)溶解液做了试验，在第一次试验中，反萃分离效果很差，钚的损失很大，如图 6-12 和表 6-18 所示[26]。为了方便比较，图 6-12 也给出了用模拟料液试验时的钚浓度分布曲线。

究其原因是硝酸羟胺反萃剂中初始酸度为1.0 mol/L HNO_3，在还原反萃槽(B 槽)的后面几级的酸度为 1.6～1.7 mol/L。在此酸度下，Pu(Ⅳ)的还原就慢得多了，只有部分 Pu(Ⅳ)被还原。在第二次和第三次试验中降低了反萃剂的酸度，铀—钚分离效果就很好，钚的损失量也很低。

所以，用硝酸羟胺还原反萃 Pu(Ⅳ)时，在还原反萃系统中应该维持较低的酸度，通常为 0.5～1.5 mol/L。

硝酸羟胺的浓度对其还原 Pu(Ⅳ)的速度的影响比较显著，还原速度与硝酸羟胺浓度的平方成正比[24]。由图 6-13 可见，当硝酸羟胺的浓度提高 1 倍时，还原反应速度增大很多。

为了有效完全地还原 Pu(Ⅳ)，硝酸羟胺应过量多少为宜。萨凡那河进行了试验，在恒定的硝酸根浓度下，硝酸羟胺与钚的摩尔比为 2.8～21 时，各次试验中钚在铀产品中的损失均小于 0.03%，如表 6-19 所示。钚在还原反萃槽(B 槽)有机相中的浓度分布如图 6-14 所示，在水相中的分布如图 6-15 所示[26]。

表 6-18　Oconee 1 号堆燃料试验结果

试验号	钚损失/%	钚浓缩倍数
1	27.2	
2	0.015	10.2
3	0.009	12.5

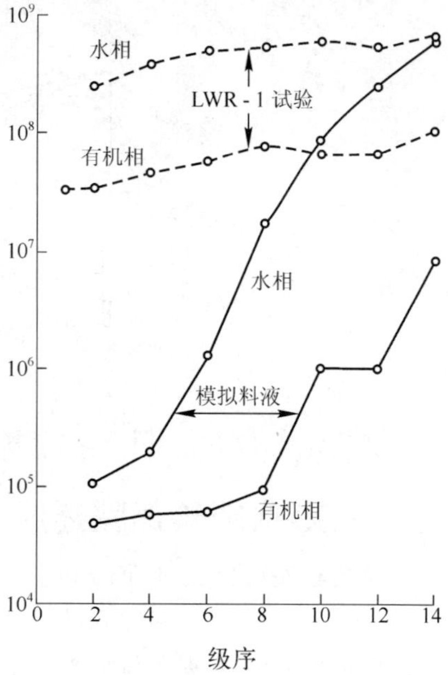

图 6-12　B 槽中的钚浓度分布

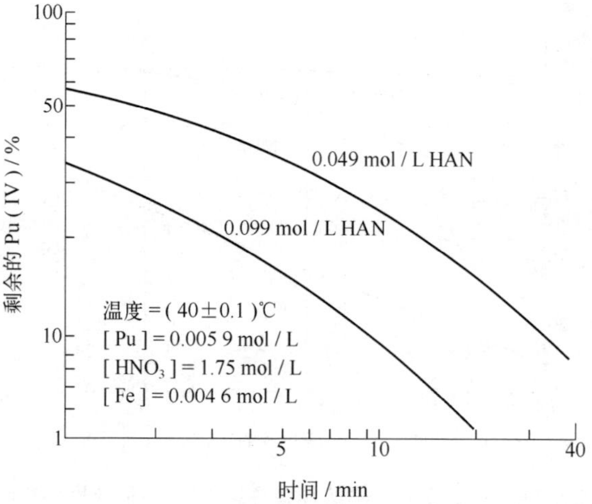

图 6-13　硝酸羟胺(HAN)浓度对 Pu(Ⅳ)还原速度的影响

表 6-19　HAN/Pu 之比对钚损失百分数的影响

试验号	HAN/Pu 比	钚损失/%
1	21	<0.03
2	13	<0.03
3	7.4	<0.03
4	2.8	0.005

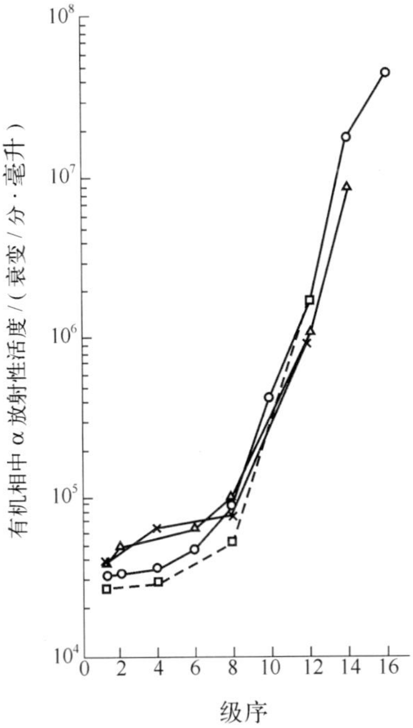

图 6-14 B槽中不同 HAN/Pu 比下有机相中钚的浓度分布

△—HAN/Pu=21；□—HAN/Pu=13；×—HAN/Pu=7.4；○—HAN/Pu=2.8

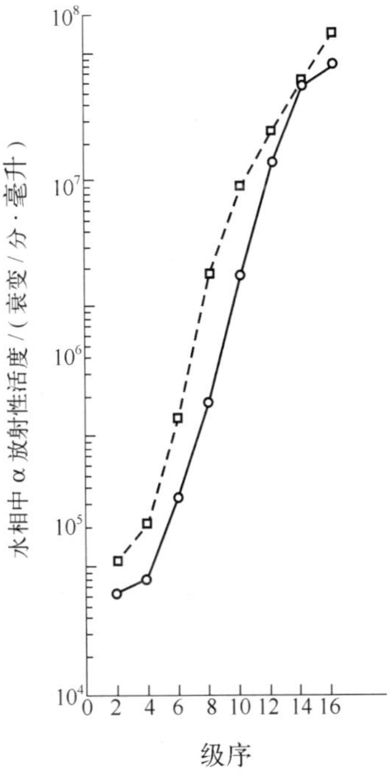

图 6-15 不同 HAN/Pu 比下水相中钚的浓度分布

○—HAN/Pu=21；□—HAN/Pu=2.8

温度对硝酸羟胺还原 Pu(Ⅳ)有着很显著的影响，如图 6-16 所示。由该图看出，温度每提高 10 ℃，还原反应速度就增加 5 倍。但是，在通常情况下，通过提高温度来强化还原反应是不太适宜的，因为硝酸羟胺的稳定性受温度的影响较大。如硝酸羟胺在 1.0 mol/L HNO_3 中，在室温下放置几天分解得很少，但加热时影响就较大。硝酸羟胺在温热的硝酸中开始分解后，反应即"自催化"进行下去，直到全部变为气体为止[27]。

$$4NH_2OH + 2HNO_3 \longrightarrow 3N_2O + 7H_2O \tag{6-32}$$

亚硝酸能破坏硝酸羟胺，所以用硝酸羟胺还原 Pu(Ⅳ)时要过量，即用过量的硝酸羟胺来破坏亚硝酸。萨凡那河厂就亚硝酸对硝酸羟胺还原 Pu(Ⅳ)的影响进行了试验研究[26]。当 HAN∶Pu=2.8 时，向 1BF 料液中加入 0.007 mol/L HNO_2，这时，钚损失到铀中的量增加了 4 倍，如表 6-20 所示。但是当 HAN∶Pu=7.1 时，上述亚硝酸的加入量对钚的损失就没有什么影响了。

亚硝酸对硝酸羟胺还原反萃钚的影响不只表现在引起钚的损失上，还表现在引起还原反萃槽中钚的浓度分布发生变化，钚在混合澄清槽中的积存量显著增加，如图 6-17 所示。

这是因为亚硝酸破坏了羟胺：

$$HNO_2 + NH_3OH^+ \longrightarrow N_2O + 2H_2O + H^+ \tag{6-33}$$

Pu^{3+} 被亚硝酸再氧化

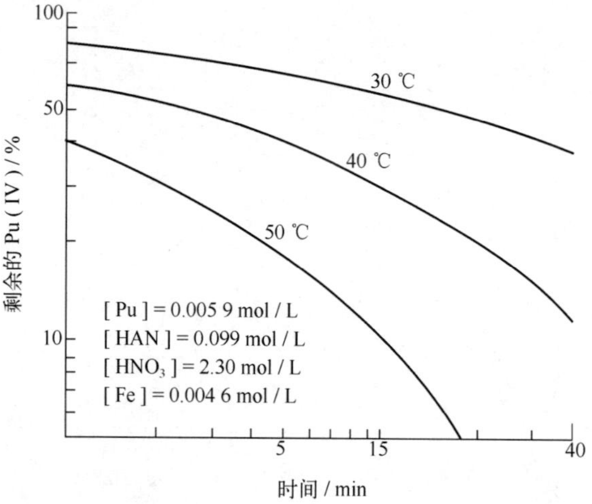

图 6-16　温度对 Pu(Ⅳ)还原速度的影响

$$Pu^{3+} + HNO_2 + H^+ \longrightarrow Pu^{4+} + NO + H_2O \tag{6-34}$$

反应中生成的 NO 又按式(6-13)生成亚硝酸。由于硝酸羟胺与亚硝酸的反应比较慢，所以硝酸羟胺必须有较多的过剩量才能克服亚硝酸的影响，以保证有良好的铀钚分离效果[26]。

表 6-20　料液中亚硝酸根(0.007 mol/L・HNO_2)的影响

初始 HAN/Pu 比	钚损失/%
2.8	0.026
7.1	0.005

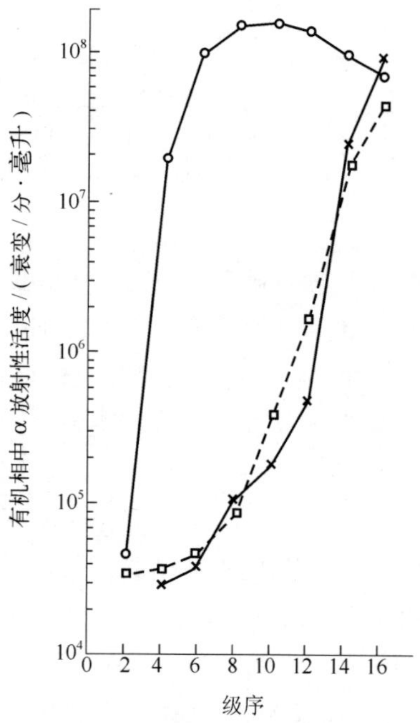

图 6-17　B 槽中亚硝酸根对钚浓度分布的影响

○—HAN/Pu=2.8；HNO_2 为 0.007 mol/L；
□—HAN/Pu=2.8，无 HNO_2；
×—HAN/Pu=7.1，HNO_2 为 0.007 mol/L

二、硝酸羟胺的应用

硝酸羟胺首先应用于美国萨凡那河后处理厂的钚二循环的铀-钚分离过程。1968 年之前该厂应用硫酸羟胺从 2AP 中还原反萃 Pu(Ⅳ)。后来改用硝酸羟胺取代硫酸羟胺进行试验和常规的生产运行一直是完全成功的。生产过程及工艺参数如图 6-18 所示[27]。

用硝酸羟胺取代硫酸羟胺是一种改进。首先，应用硝酸羟胺就避免了不希望的硫酸根的干扰。第二，用硝酸羟胺比用硫酸羟胺还原速度快，并且还原得完全。表 6-21[27] 的数据说明硫酸羟胺对钚的还原缓慢又不完全。第三，用

硝酸羟胺比用硫酸羟胺还原对下步阳离子交换过程减少钚的损失有利。因为用硫酸羟胺还原

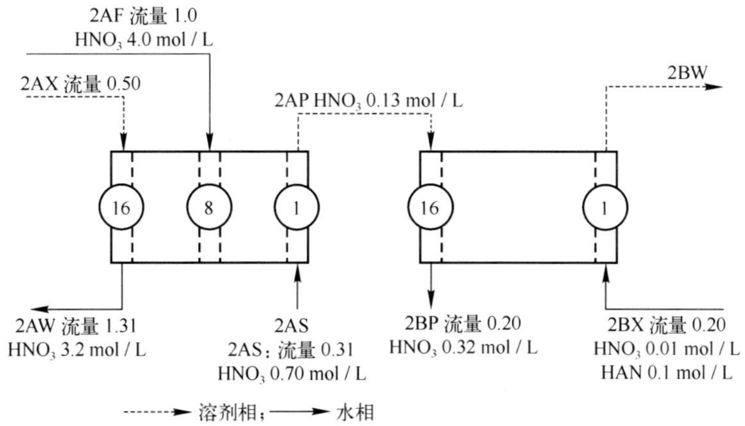

图 6-18　普雷克斯第二钚循环典型流程图

反萃时可能有 1%～5%的 Pu(Ⅳ)以硫酸根络合物形式被反萃下来。该络合物不被阳离子交换剂所吸附，所以造成钚的损失。应用硝酸羟胺就可使这种损失减少为原值的 30%，如表 6-22 所示[28]。

表 6-21　硫酸羟胺对钚的还原(0.03 mol/L HNO_3，0.1 mol/L 硫酸羟胺，22 ℃)

还原时间/h	在含有 1.58 g Pu/L 溶液中的 Pu(Ⅲ)/%	在含有 3.04 g Pu/L 溶液中的 Pu(Ⅲ)/%
1.5	76.2	74.4
25.5	92.5	90.9
95	92.8	90.7
336	95.3	91.5

表 6-22　2BP 在阳离子交换时钚的损失(应用硝酸羟胺与硫酸羟胺的比较)

应用的还原剂		HAN(硝酸羟胺)	HAS(硫酸羟胺)
料液(2BP)中的 Pu(Ⅲ)/%		>98	90～95
料液通过后 Pu(Ⅲ)的损失/%	平均值	0.006 2	0.021 5
	最大值	0.018 8	0.059 4
	最小值	0.001 3	0.004 6

硝酸羟胺在钚二循环中的成功应用，促使人们考虑可否应用于一循环的铀与钚分离，取代氨基磺酸亚铁。试验发现，单独应用硝酸羟胺是有问题的，因为随着反萃系统中硝酸浓度的增

加，硝酸羟胺还原钚的速度急剧降低（参见图 6-11）。而在 1B 槽中间几级酸度能达到 2.3 mol/L左右，硝酸羟胺不能有效地还原反萃 Pu(Ⅳ)。为了解决这个问题，萨凡那河厂采用加入三价铁离子的办法，因为 Fe^{3+} 可以催化硝酸羟胺的还原反应

$$2NH_2OH + 4Fe^{3+} \longrightarrow 4Fe^{2+} + N_2O + H_2O + 4H^+ \tag{6-35}$$

$$Fe^{2+} + Pu^{4+} \longrightarrow Pu^{3+} + Fe^{3+} \tag{6-36}$$

由于铁离子的这种催化作用就可以使硝酸羟胺在较高的酸度时也能有效又完全地还原 Pu(Ⅳ)，如图 6-19 所示[27]。

萨凡那河厂还将硝酸羟胺—硝酸亚铁的混合物作为一循环的还原反萃剂同氨基磺酸亚铁做了比较，结果如表 6-23 所示。他们得出的结论是两者同样有效[27]。

由上述可见，用硝酸羟胺—硝酸亚铁代替氨基磺酸亚铁，取得的显著效果是避免了硫酸根的不良影响，但是废液中的铁盐问题依然存在。

美国汉福特厂在钚二循环和铀二循环中，在脉冲柱上试验并成功地应用了硝酸羟胺—肼作 Pu(Ⅳ)的还原剂[13]。钚二循环流程图如图 6-20 所示。工艺参数和部分结果如表 6-24 所示。

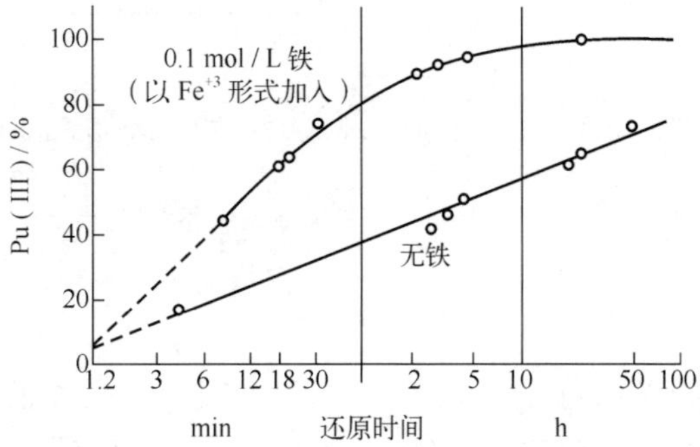

图 6-19　铁对 0.1 mol/L 硝酸羟胺还原钚的速度的影响

(Pu:1.6 g/L; HNO_3:2.4 mol/L)

表 6-23　硝酸羟胺—硝酸亚铁同氨基磺酸亚铁的比较

(溶液中钚浓度:2 g/L,2.5 mol/L HNO_3)

还原剂	分析项目	Δ天后的浓度						
		开始	Δ=1	Δ=2	Δ=5	Δ=7	Δ=19	Δ=28
氨基磺酸亚铁	Fe^{2+}/(mol/L)	0.102	0.092	0.086	0.079	0.076	0.052	0.041
	$NH_2SO_3^-$/(mol/L)	0.72	0.71		0.66	0.67	0.065	0.527
	Pu(Ⅲ)/%	100	100	100	100	100	100	100
硝酸羟胺—硝酸亚铁	总还原当量	0.152	0.120	0.121	0.108	0.102	0.068	0.050
	Pu(Ⅲ)/%	100	100	100	100	100	100	100

汉福特用硝酸羟胺—肼作钚二循环还原剂试验时，取得的主要经验是要严格控制 2AF 中亚硝酸钠的加入量，避免由 2AP 带入过量的亚硝酸而造成钚的内循环。

法国的 UP3、UP2-800 和日本的六个所后处理厂的钚纯化循环都选用了硝酸羟胺作还原剂。UP3 第一次运行时在脉冲柱中应用了硝酸羟胺，事实证明这种还原剂既可靠，效率又高[29]。文献[30]报道，UP3 钚纯化循环对裂片的实际去污系数可达 100～1 600，钚中 β，γ 活度＜3.7×10^4 Bq/gPu。

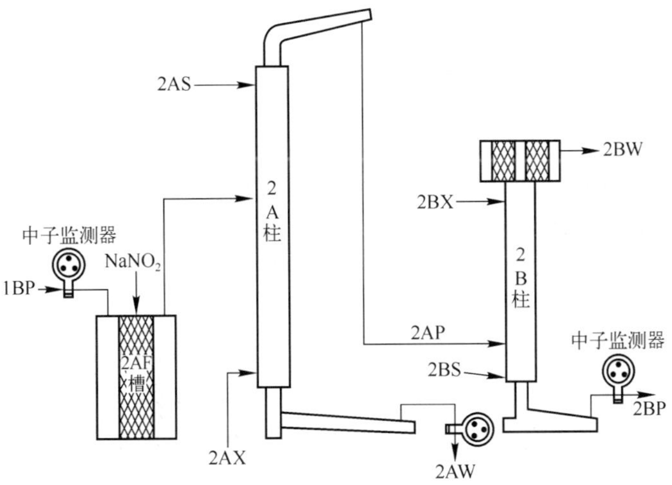

图 6-20　汉福特钚二循环示意图

表 6-24　汉福特钚二循环应用硝酸羟胺时的有关数据

项目＼液流	2AP	2BX	2BS1)	2BW	2BP
流　量	6.0	2.3	2.0	8.0	2.3
温　度/℃	约 45	环境温度	45	环境温度	环境温度
25 ℃时的比重	0.82	1.015	0.81	0.811	1.04
HNO_3/(mol/L)	0.2	0.3	0.01	0.06	0.6
硝酸羟胺/(mol/L)		0.1			
N_2H_4/(mol/L)		0.05			
U/ppm	20～2 300				2～5
Pu/%	100			<0.01	约 100
对 U 的分离系数					15～950

注:1)30%TBP——正烷烃。

三、硝酸羟胺的制备

汉福特为了满足生产的需要,发展了一种用阳离子交换法制备硝酸羟胺的方法[29,31]。

1. 基本原理

汉福特首先在实验室进行实验,所选用的阳离子交换树脂为 Dowex 50 WX-8 型,树脂粒度为 50～100 目。实验用的离子交换柱内径为 2.54 cm,树脂填充高度为 127 cm。柱子有水夹套,控制温度为(10±2)℃。离子交换操作主要有三个步骤:吸附、洗涤(起净化作用)和解吸(或称淋洗,或称洗提)。

在离子交换柱使用之前,阳离子树脂上吸附的是 H^+,加入硫酸羟胺溶液后,H^+ 被 NH_3OH^+ 置换,发生下列离子交换反应

$$\overline{2H^+} + 2NH_3OH^+ + SO_4{}^{2-} \rightleftharpoons \overline{2NH_3OH^+} + 2H^+ + SO_4{}^{2-} \qquad (6\text{-}37)$$

NH_3OH^+ 被吸附到树脂上。

式(6-37)中的化学符号上的横线用以表示的是树脂上吸附的离子。树脂吸附达到饱和之前，流出物中主要是 H^+ 和 $SO_4{}^{2-}$。当进料达到树脂饱和度的 110％～120％时，通过分析就可得知羟胺浓度迅速增加，这时就应停止吸附，转入洗涤操作。在实验室里通常用蒸馏水将未被吸附的羟胺和不被吸附的 $SO_4{}^{2-}$ 洗涤除去，以便提高制备液的纯度。这时如发现洗涤液中羟胺浓度较高，就应将其返回原料液中去以便回收。

洗涤完毕后转入解吸过程。实验用 2 mol/L HNO_3 洗提羟胺为宜，在离子交换树脂上发生下列反应

$$\overline{NH_3OH^+} + H^+ + NO_3^- \rightleftharpoons \overline{H^+} + NH_3OH^+ + NO_3^- \qquad (6\text{-}38)$$

这时羟胺离子又被 H^+ 置换下来，这样就得到了硝酸羟胺溶液。

图 6-21 表明了用阳离子交换树脂制备硝酸羟胺的基本原理和主要的工艺过程[29]。

2. 生产装置

汉福特厂建立了一套生产硝酸羟胺的中间生产装置，其工艺流程如图 6-22 所示[31]。

生产过程如下。

吸附：将 750 L 的 1 mol/L $NH_2OH \cdot H_2SO_4$ 溶液以 50 L/min 的速度从 H-7 贮槽中注入树脂柱中(树脂柱中装有 900 L 50～100 目的阳离子交换树脂)。这时 NH_3OH^+ 被树脂吸附。约有 450 L 含硫酸根的溶液作为废液排掉。树脂夹套以 75 L/min 排出冷却水可用于冲稀废硫酸。在吸附阶段约有 300 L 硫酸羟胺滞留在树脂床中。

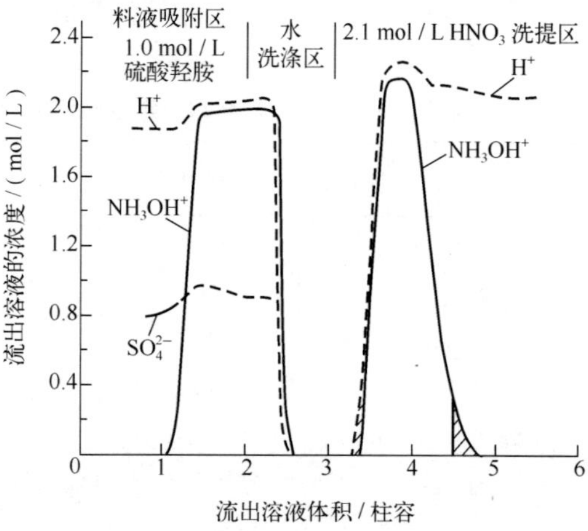

图 6-21　离子交换的吸附与洗提曲线

洗涤：吸附结束后用 750 L 去离子水，以 50 L/min的流速洗涤树脂，洗涤树脂中的 SO_4^{2-} 并将其稀释。洗涤结束时约有 300 L 去离子水留在树脂床中。

洗提(解吸)：将 1 650 L 2 mol/L HNO_3 溶液以 50 L/min 的流速泵入树脂床，最初流出的 400 L 放入废液槽。接着流出的 150 L 为稀产品，流入 RVC 贮槽。后面流出的 900 L 作为产品液流入 G-11 贮槽。最后流出的 100 L 稀产品液也流入 RVC 贮槽。

最后得到的 900 L 产品液平均含硝酸羟胺为 1.4 mol/L，0.5 mol/L HNO_3，可用于生产。

第四节　电解还原分离铀和钚

氧化还原剂四价铀、硝酸羟胺和亚硝气($NO_2 + NO$)已在铀和钚的分离过程中得到了比较广泛的应用。但是，这几种氧化还原剂制备比较复杂，反应过程消耗量大，因此并不理想。特别是处理钚含量高的高燃耗动力堆乏燃料，化学还原剂的缺点愈来愈显著，因此电解氧化还原法已成为重点的研究项目。

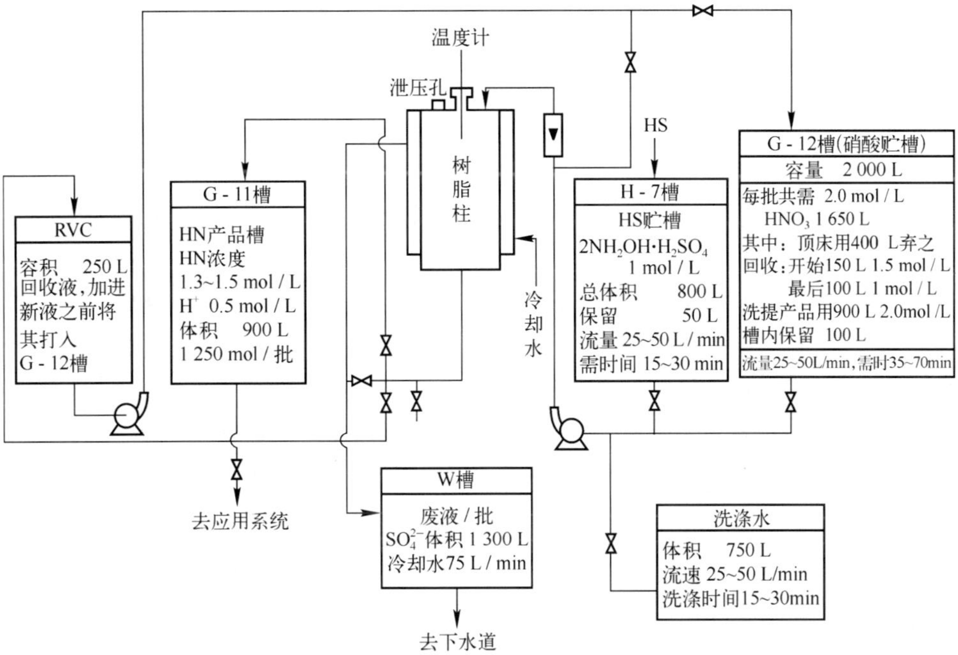

图 6-22 汉福特用阳离子交换法生产硝酸羟胺的流程图

一、基本原理

要想使某种阳离子在电解池的阴极上得到电子被还原，就必须使该阴极的电压低于这种离子的还原电位，低到一定的值才行。这个电位差值称为这种离子的超电压。

例如，Pu(Ⅳ)得到电子被还原为 Pu(Ⅲ)的反应为

$$Pu^{4+} + e^- \rightleftharpoons Pu^{3+} \tag{6-39}$$

在 1 mol/L HNO_3 中测得的标准电位为＋0.932 V。如果在钛阴极上发生上述还原，这时测得的超电压约为 0.43 V。

若在第一分离循环中应用电解还原，还要求伴有 $UO_2{}^{2+}$ 的还原反应，在阴极上 UO_2^{2+} 的还原反应为

$$UO_2^{2+} + 4H^+ + 2e^- \rightleftharpoons U^{4+} + 2H_2O \tag{6-40}$$

还原 UO_2^{2+} 的超电压约为 0.3 V。由于 UO_2^{2+} 还原生成 U^{4+}，因此可以把 U^{4+} 看作 Pu(Ⅳ)还原的催化剂，这样可以大大提高 Pu(Ⅳ)的还原速度[32]。

在阴极上还可能发生 H^+ 的放电反应

$$H^+ + e \rightleftharpoons \frac{1}{2}H_2 \uparrow \tag{6-41}$$

该反应的标准电位等于零。

为了避免在电解反应过程中产生氢气，就必须选择对于氢有较高超电压的阴极材料。铂和钛是良好的阴极材料，氢在钛阴极上的超电压为 0.45 V。

电解时在阳极发生下列反应

$$H_2O - 2e \rightleftharpoons 2H^+ + \frac{1}{2}O_2 \qquad (6\text{-}42)$$

测得该反应的标准电位为+1.23 V。该反应在铂电极上的超电压为0.6 V。

在实际工作上是通过测定电压—电流曲线来确定超电压和阴极电压的。例如，使用钛作阴极，对电解液电解，电解液的组成为：Pu 7.95 g/L，其中，Pu(Ⅳ)77.1%，Pu(Ⅲ)22.2%，Pu(Ⅵ)0.7%；0.57 mol/L HNO_3；0.005 mol/L N_2H_4。电解液流速为2.41 cm/s。首先测定了电压—电流曲线，如图6-23所示[33]。由该图可见，当电压从+0.5 V向减小的方向变化时，电流开始升高，这时就进行着Pu(Ⅳ)的还原。当电压为+0.24 V时，电流达到平稳状态。当电压降低到−0.45 V时氢离子开始还原。因此，电解上述电解液选用阴极电压+0.22 V为宜。

对于上述图6-23所示的这种电解液，通电并控制阴极电压为0.22 V，可以得到电流、Pu(Ⅳ)和Pu(Ⅲ)浓度与时间的关系曲线，如图6-24所示[33]。由此图看出，电流的对数值随着时间直线下降。这说明该电解还原过程是受传质速度控制。Pu(Ⅳ)浓度的对数值也随还原时间而直线下降，这说明Pu(Ⅳ)的电解还原是遵循一级还原速度定律的。

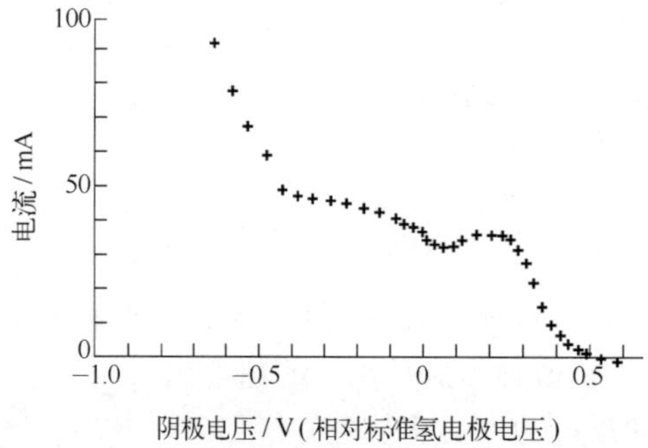

图6-23　电解还原硝酸钚溶液时电流—电压曲线

(液体流速2.41 cm/s，Pu 6.1 g/L)

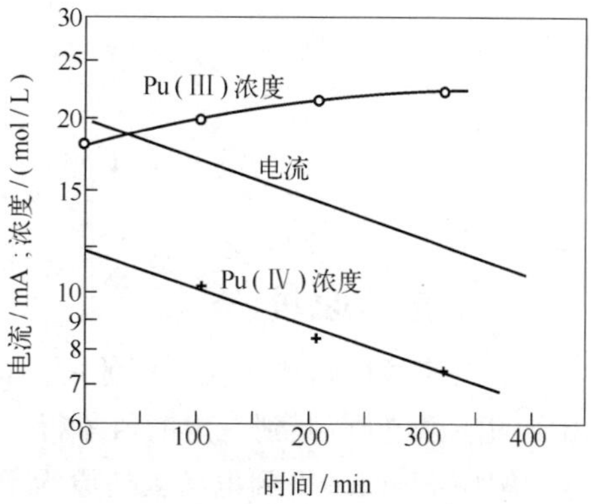

图6-24　钚的电解还原速度

(阴极电压+0.22 V)，流速2.41 cm/s)

二、影响电解还原的因素

1. 反萃液酸度的影响

德国卡尔斯鲁厄在图6-25所示的电解槽上进行了下列一系列条件对Pu(Ⅳ)还原影响的实验[34]。阴极和槽体为钛，90 cm^2；阳极为铂，3.7 cm^2；电解液体积为90 cm^3；实验参数为：电解液组成为：5 g/L Pu(Ⅳ)，20 g/L U(Ⅵ)，改变HNO_3浓度0.1～0.5 mol/L；阴极电流密度：1 mA/cm^2；温度为30 ℃。实验发现，当电解液中酸度为0.1～0.3 mol/L时，Pu(Ⅳ)被还原生成100%Pu(Ⅲ)并且可积累，一直到实验结束仍为这种情况；当电解液酸度为0.4 mol/L时，Pu(Ⅲ)则达到100%就发生再氧化；而当电解液酸度为0.5 mol/L时，Pu(Ⅲ)在尚未达到100%之前就发生了再氧化。这是因为当电解液中硝酸浓度较高时电解产生的亚硝酸量增多[2]。实验还发现只要电解液中亚硝酸浓度不超过2×10^{-3} mol/L，U(Ⅳ)和Pu(Ⅲ)不发生再氧化[35]。

2. 电流密度的影响

一些实验参数为：电解液由 5 g/L Pu(Ⅳ)，20 g/L U(Ⅵ)，0.7 mol/L HNO_3 组成；温度为 20 ℃；阴极电流密度为 0.5～5 mA/cm^2。实验认为，较高的电流密度能使 Pu(Ⅳ)得到较完全的还原。若使 Pu(Ⅳ)被 100%还原，最低的阴极电流密度必须大于 2 mA/cm^2。

3. 温度的影响

与上述实验参数相同，只是电解液中的酸度为 0.4 mol/L HNO_3，在无肼条件下研究温度对电解还原的影响发现，温度是一个极为重要的参数。当温度为 20 ℃时，生成的 Pu(Ⅲ)始终保持在 100%；当温度为 25 ℃时，1.5 h 后，Pu(Ⅲ)开始由 100%逐渐降低到 50%；当温度升为30 ℃时，0.75 h 后生成的 Pu(Ⅲ)开始由 100%降到 50%。当电解还原体系的温度为 40～50 ℃时，电解还原得到的 Pu(Ⅲ)只能达到 50%左右。这说明，在无肼条件下，温度对 Pu(Ⅲ)的再氧化起重要作用[35]。

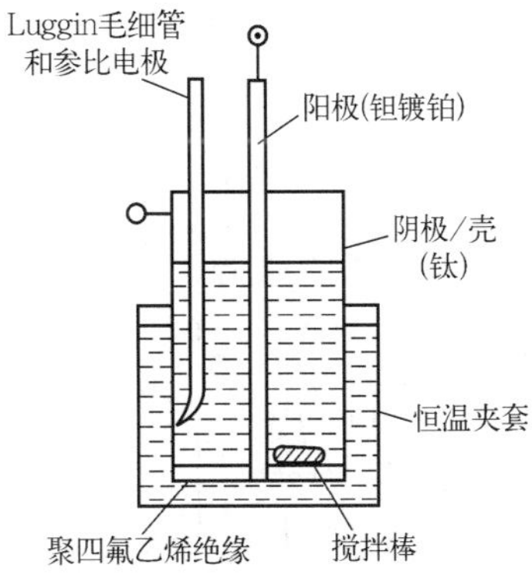

图 6-25 实验设备

4. U/Pu 比的影响

实验的参数：电解液之一：5 g/L Pu(Ⅳ)，20 g/L UⅥ)，0.3 mol/L HNO_3；电解液之二：20 g/L U(Ⅵ)，Pu(Ⅳ)为 58.1 mg/L 0.3 mol/L HNO_3；阴极电流密度：1 mA/cm^2；温度为40 ℃。在 40 ℃下电解第一种电解液，Pu(Ⅳ)不能 100%生成 Pu(Ⅲ)。电解第二种电解液，由于改变了 U/Pu 比可使 Pu(Ⅳ)完全被还原。

在一外壳为玻璃，总高 8.5 m，板段高 6 m，其中反萃段高为 5 m，补充萃取段为 1 m 的电还原柱上，进行了改变 U/Pu 比的试验，结果如表 6-25 所示[35]。

表 6-25 铀浓度对 U/Pu 分离的影响

BX 柱流比 o/a	总流量/(L/h)	AP 中 U+Pu /(g/L)	脉冲 Af/(cm/min)	反萃柱高度/m 1BX	反萃柱高度/m 1BS	$[Pu]_{1BU}$ /(mg/L)	U-DF	Pu-DF	温度/℃
6	42	66	140	5	1	3.00	595	151	25
6	42	78	140	5	1	3.03	311	184	～
6	42	86	140	5	1	1.65	141	441	45

注：实验柱：玻璃电柱(K06)；
BF：U/Pu=100，HNO_3=0.2 mol/L；
BXS：HNO_3=0.1 mol/L，$N_2H_5^+$=0.05～0.15 mol/L；
BS 段 o/a=1，1BP 中 U/Pu 比(1m 1BS 段)=0.3～1.0；
电密：i_c=0.5～3.0 mA/cm^2。

在电解液中有肼与无肼条件下的实验比较表明，肼对 Pu(Ⅳ)还原效率有着显著的影响。在电解液中有 10^{-4}～10^{-3} mol/L N_2H_4 时，生成 100% Pu(Ⅲ)时，还约有 30%的 U(Ⅳ)积累。这样少量的肼就足以抑制亚硝酸再氧化 Pu(Ⅲ)。

三、电解还原四价钚的研究与应用概况

德国卡尔斯鲁厄从1970年起就用混合澄清槽和脉冲萃取柱进行电解氧化还原实验[18,35]。最早是用16级混合澄清槽，用TBP—烷烃作萃取剂，料液是来自快中子增殖堆和轻水堆乏燃料溶解液，电解还原分离铀与钚的结果如表6-26所示。

表6-26　16级混合澄清槽电解还原试验结果

试验目的	流比 $\frac{BF有}{BX水}$	钚产品浓度/(g/L)	分离系数		级效率	电压/V
			Pu	U		
快中子增殖堆燃料，U，Pu分离	5～6.7	≤22	≤4 500	约3 000	低	2.8～8
轻水堆燃料U，Pu分离	7.1～9.3	≤4.8	≤2 000	约3 800	低	2.8～8

注：16级槽，9级用于反萃分离，7级用于铀的补充萃取。

卡尔斯鲁厄还对电解分离铀与钚时，铀与钚在混合澄清槽中的浓度分布进行了监测，结果如图6-26所示[36]。试验认为，通过对各室输入电流的调节，可比较容易地控制还原分离过程。每级输入电流得到Pu(Ⅲ)的比产率达20%，在多级混合澄清槽中也是如此。试验结果：钚的总收率为99.9%，铀中去钚的分离系数约为10^3，钚中去铀的分离系数$>10^4$[18]。

德国卡尔斯鲁厄后处理厂于1980年在钚净化循环安装了一套12级的电还原混合澄清槽。这套装置一直在可靠地运行。钚产品液中裂变产物含量平均小于3.7×10^7 Bq/L。厂家对2B槽的运行表示满意[37]。同时，他们研究发现，在混合澄清槽中，总体积流量的变化对钚的分离影响最显著。其他的工艺参数在一定的范围内变化对分离的影响较小。减少总体积流量，由于延长了两相接触时间，使萃取器内出现了复杂的相互影响[37]。

美国在脉冲柱中进行了U(Ⅵ)和Pu(Ⅳ)的电还原的研究[38]。实验室规模的电脉冲柱如图6-27所示。进行U(Ⅳ)的电解还原试验是在直径为2.5 cm和直径为13 cm的两种脉冲柱中实现的，用多孔陶瓷材料制成的圆柱形隔膜隔开内阴极室和外阳极室。2.5 cm直径的柱子的隔膜高度为55 cm，13 cm直径的柱子为75 cm。隔膜壁厚约为6 mm。电还原段高度相同，均为2 m。

铀和钚的分离试验是在2.5 cm的柱子上进行的。前四个铀—钚分离实验是用金作阴极筛板，其余实验用钛作阴极筛板。在这两种情况下，都得到了很好的分离效果。

最后的数据表明，铀还原率>2.4%，有机相中99%以上的钚都被反萃入水相，这说明分离过程是很有效的。

美国通用电气公司还成功地进行了直径为20 cm的中间规模脉冲柱和直径为55 cm的工厂规模柱子的电解还原实验[38]。

德国卡尔斯鲁厄在实验室规模和工厂规模应用混合澄清槽进行电解还原反萃钚成功之后，又进行了一系列的脉冲柱的电氧化和电还原的研究[34～40]。

电还原脉冲柱柱体和筛板由钛制成，作阴极，中心杆为阳极是由镀铂的钽制作，不使用隔膜，只是用高度烧结的陶瓷材料作为阴阳极之间的绝缘体。德国在电还原装置结构上不断改

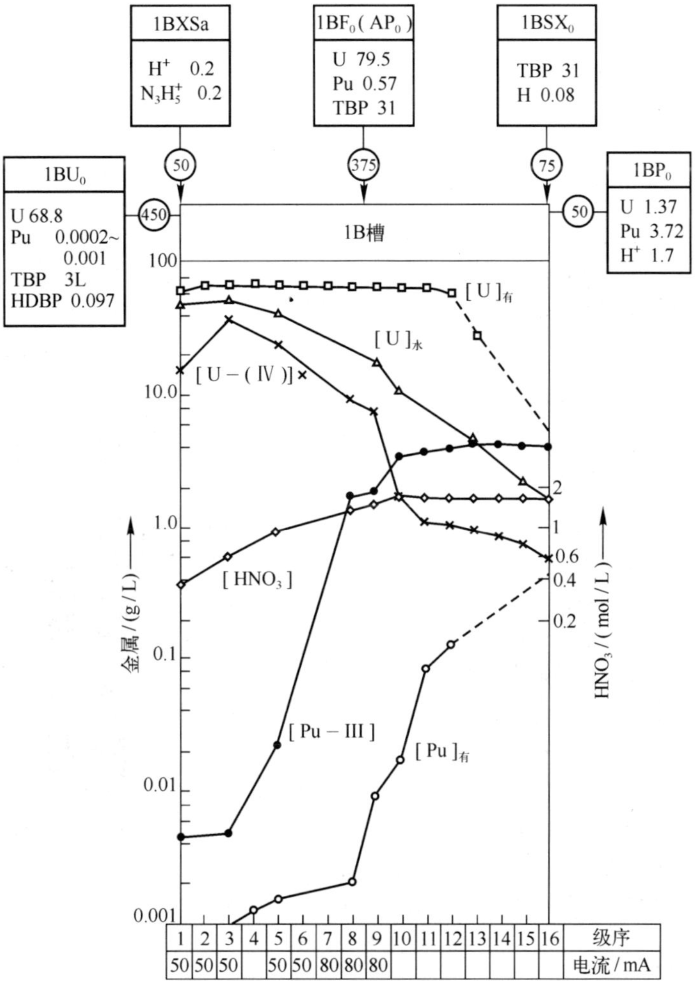

图 6-26　铀钚分离(实验号 33)

注:16 级电解还原混合澄清槽[MILLI-EMMA]中的浓度分布

单位:[HNO_3]、[$N_2H_5NO_3$]—mol/L;[U]、[Pu]、[HDBP]—g/L;

[TBP]—%(体积分数);流量—cm^3/h

进,图 6-28 是改进后的一种电还原脉冲柱[36]。

德国用于电还原的脉冲柱的板段高度为 8 m。实验进行了 8 次,结果如表 6-27 所示[39]。实验 1～4 为铀浓度减少引起的一些变化,连续水相 BP 的停留时间为 4 h。U/Pu 比从 0.86 减小为 0.81、0.34 和 0.06,导致铀中去钚的分离系数减小。实验 5～8 比前 4 次实验提高了 AP/BX 比,这时水相停留时间为 5.5～8.4 h,则柱子在不利的水力学条件下操作,铀中去钚的分离系数又减小至原来的 1/10～1/100。

对于实验 2 还作了 U、Pu 和 $N_2H_5^+$ 在柱内浓度分布的监测,结果如图 6-29 所示。

试验发现,在电还原钚时,$N_2H_5^+$ 的消耗高于 50%。测得的氨的平均生成量为 0.17 mol/L NH_4^+[39]。

卡尔斯鲁厄进行了肼浓度最小化的电还原分离铀与钚的试验,结果如表 6-28 所示[34]。

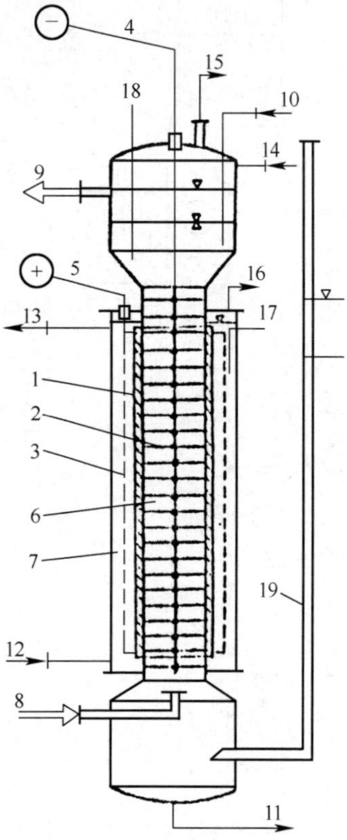

图 6-27 实验室规模电脉冲柱

注：1—隔膜；2—阴极；3—阳极；4—阴极母线；5—阳极母线；6—阴极室；7—阳极室；8—有机相进料；9—有机相出料；10—水相进料；11—水相出料；12—阳极液进料；13—阳极液出料；14—空气清洗；15—柱子排气；16—阳极室排气；17—热电偶；18—热电偶；19—脉冲腿

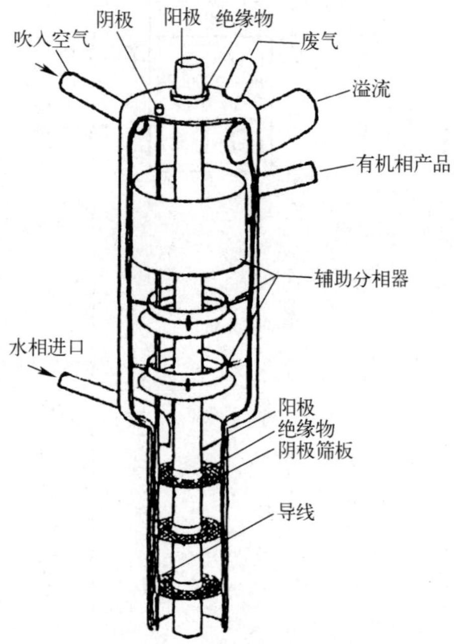

图 6-28 电解脉冲筛板柱(Elke 柱)

表 6-27 电还原脉冲柱实验结果

实验号	AP		流比	BP				BW	
	Pu/(g/L)	U/Pu	AP/BX	Pu/(g/L)	U/(g/L)	t_{BP}/h	I/A	Pu/(mg/L)	DF_{Pu}
1	8.67	0.86	2.12	18.8	0.80	4.2	80	(0.05)	1.7×10^6
2	9.09	0.81	2.01	18.1	1.28	4.3		0.01	9.1×10^6
3	9.27	0.34	2.13	20.5	0.59	4.1		0.03	3.1×10^5
4	9.82	0.06	1.99	19.9	0.41	4.1		0.24	4.1×10^4
5	5.93	0.2	3.27	19.0	0.27	6.6	60	0.38	1.6×10^4
6	5.84	0.16	3.90	24.5	0.47	8.4	50	3.11	1.9×10^3
7	5.49	0.17	3.94	23.2	0.37	8.4	48	2.24	2.5×10^3
8	4.98	0.18	4.26	19.5	0.31	5.5	75	1.49	3.3×10^3

表 6-28　铀—钚分离电还原脉冲柱试验结果

总体积流量/液泛体积流量/%	流比 有机相料液/水相反萃液	有机相料液中 U/Pu	反萃液中 $[N_2H_5^+]$/mol/L	铀中去钚分离系数
35	4.5	100	0.1	310～400
25	4	100	0～0.1	约 320
25	2.4	100	0～0.002	≤2 100

注：电压为 3～4V，电流效率(Pu)约 25%。

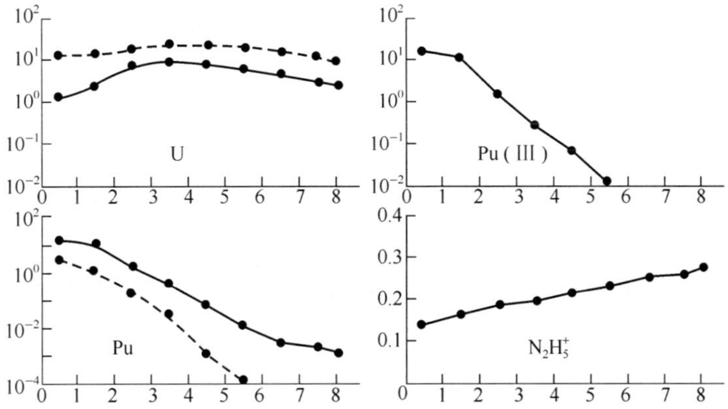

图 6-29　电还原反萃柱的浓度剖面

注：纵坐标：[Pu]，[U]，g/L，$[N_2H_5^+]$，mol/L；

横坐标：板段高度，m；

……为有机相，——为水相。

基础实验已经证明，当硝酸浓度足够低时反萃液中没有肼，工艺过程也能进行。脉冲柱的实验也证明，在没有肼的情况下进行电还原基本上是可能的[34]。

在实验室获得有希望的结果后，将无肼条件下的铀—钚电还原分离过程用工业规模的脉冲柱进行两相逆流操作。柱子在水相连续条件下运行。有机相料液：30%TBP—正十二烷，约 95 g/L U，约 1 g/L Pu，约 0.1 mol/L HNO_3，流量为 24.5 L/h；水相料液：约 0.1 mol/L HNO_3。电还原电流为 31～44 A。温度约为 30 ℃。总流量约为柱子液泛流量的 25%。水相反萃液中肼浓度从 0.1 mol/L 逐渐降低为 0，有机相中的钚浓度为 0.5～3.2 mg/L。脉冲柱中水相硝酸浓度为 0.25～0.45 mol/L。工业规模脉冲柱实验结果如表 6-29 所示[35]。

实验结果表明，如果重要的工艺条件，如柱中的硝酸浓度和实验时的温度，保持在规定的范围内，在无肼条件下有可能实现铀与钚的电还原分离[34,35]。

卡尔斯鲁厄为了改善铀—钚分离效果还进行了两根脉冲柱的串联实验。实验条件如下：有机相料液：U+Pu 83～92 g/L，Pu/U+Pu=0.01，约 0.2 mol/L HNO_3；反萃剂：0.1 mol/L HNO_3，0.05 mol/L $N_2H_5NO_3$；体积流比，水相反萃剂/补充萃取剂约为 1；阴极电流密度为：0.5～3 mA/cm^2。

表 6-29　肼对有机相产品液中钚浓度和分离效率的影响

实验	水相料液中 肼/(mol/L)	流比 有机相/水相	有机相产品液中 Pu/ (mg/L)	分离效率 Pu 进/Pu 出
1	0.1	4	2.0	363
2	0.04	4	2.6	288
3	0.02	4	2.2	314
4	0.008	4	2.5	320
5	0.002	4	3.0	267
6	0.0	4	2.0	350
7	0.002	2.4	0.8	1 300
8	0.0	2.4	0.5	2 083
9	0.1	6	3.0	195
10	0.0	6	3.2	219

在两根柱之间增设了一个中间澄清段(一般有不小于 10 min 的分相时间),使夹带的影响减到最小[37]。

表 6-30 给出了单柱和双柱串联的实验结果和一些重要参数。铀的补充萃取段只用1 m高的电解还原柱就可获得表中所示的 U 与 Pu 分离效果。

表 6-30　用电解还原脉冲柱所得的 U/Pu 分离效果

脉冲柱	高度/m		脉冲 $\alpha \times f$	体积流量 有+水	体积流比 有/水	分离系数	
	Pu 反萃	U 补萃					
	BX	BS	m/min	1/h	BX 段	铀中除钚	钚中除铀
单根电解还原柱	6		90	30	5	270	(16)
	7.6		90	30	5	2 000	(11)
	6		90	42	5	270	(16)
	6		140	36	5	690	(10)
	5	1	140	42	6	440	140
	5	1	180	35	6	12 000	100
	6		90	30	5	270	(11)
	6		90	42	5	270	(16)
两根串联的电解还原柱	6.6+6	1	135…180	33	7.25	500 000	350
	6.6+6	1	135…180	31	9.33	110 000	310

注:有机相料液:U+Pu 83~92 g/L Pu/U+Pu 0.01,[HNO_3]约 0.2 mol/L;反萃剂:[HNO_3]0.1 mol/L,[$N_2H_5NO_3$]0.05~0.15 mol/L。体积流比(水相反萃剂/补充萃取剂)约 1。阴极电流密度:0.5~3 mA/cm^2。

用两根柱串联时,还研究了异常操作条件下的行为。中断向反萃剂中加肼,运行几个小时后,第一根柱内有机相中的钚浓度因钚的再氧化而增高了。然而第二根柱在没有肼的情况下也运行得很好，因为硝酸浓度仅为 0.1～0.2 mol/L，在 30 多小时的运行中，第二根柱的有机相铀产品中钚浓度从未超过 2 mg/L，所以铀中去钚的分离系数很高[35,40]。

实验研究认为：串联两根电解还原柱可以不加肼运行，但是要求钚产品液中硝酸的浓度要低于 0.6 mol/L[40]。

四、关于腐蚀问题

在讨论电解氧化还原时，人们都很关注电极和设备的腐蚀问题，对此许多国家都进行了研究。德国卡尔斯鲁厄的研究认为，阴极钛的腐蚀速率明显取决于电解液组成和电流密度。用不同的方法估算出的平均腐蚀速率如表 6-31 所示[38]。在较高的电流密度下，腐蚀仅有少许增加。在运行 1 950 h 以后，甚至在电流密度达 125 mA · cm^{-2}时，电氧化槽物流通道上试验板片厚度的测量表明，每年的腐蚀速率为 23 μm。

表 6-31　钛制电氧化还原设备的腐蚀速率（$T \leqslant 50$ ℃）

分析方法	电　解　液/(mol/L)				平均电流密度/(A · cm^{-2})	估算的腐蚀速率/(mm/a)	注
	[HNO_3]	[$N_2H_5^+$]	[U]	[Pu]			
重量法	2.5	0.2			5 50	0.34 0.67	约 500 h
	2.5	0.2	0.1		5 15 50	0.022 0.088 0.018	
Pu 产品液	≤0.5	≤0.5	≤0.01	≤0.1 约 0.15	≤5	≤0.009 <0.002	2B-混合澄清槽实验操作 卡尔斯鲁厄厂运行
示踪分析	≤0.7 1.5～2	≤0.3 ≤0.1	≤0.04 约 0.002	≤0.16 ≤0.15	3～7.3 25～94	≤0.002 <0.017	还原脉冲柱 电氧化槽
板厚测量	0.6～2.5	<0.5	0～0.36	0～0.17	5～135	0.023	电氧化槽 运行 1 950 h 后

铂阳极的腐蚀随着硝酸浓度的减小、电流密度的增加和温度的提高而增大。由重量分析法、示踪分析法和活化分析法估算的腐蚀速率为每年几微米。铂的阳极腐蚀速率与阳极电流密度的关系如图 6-30 所示[38]。

多种电极材料在硝酸介质中的腐蚀速度如表 6-32 所示[42]。

表 6-32　某些电极材料在硝酸介质中的腐蚀速度

材料	腐蚀速度(mg/cm² · a)	
	阳极	阴极
铂	约 0.002	0.001
镀铂的钛	<0.09	0.02
镀铂的钽	<0.07	约 0.02
金	0.12	0.16
钯	2.2	0.11
钛	92	0.29
石墨	31	
不锈钢	240	约 24
钽	已钝化	<0.01
铪	已钝化	0.01

注：电解质：0.1 mol/L，U—0.02 mol/L，Pu—1 mol/L HNO_3—0.2 mol/L $N_2H_5^+$/20% TBP，温度 28～30 ℃，电流密度 25～30 mA/cm²。

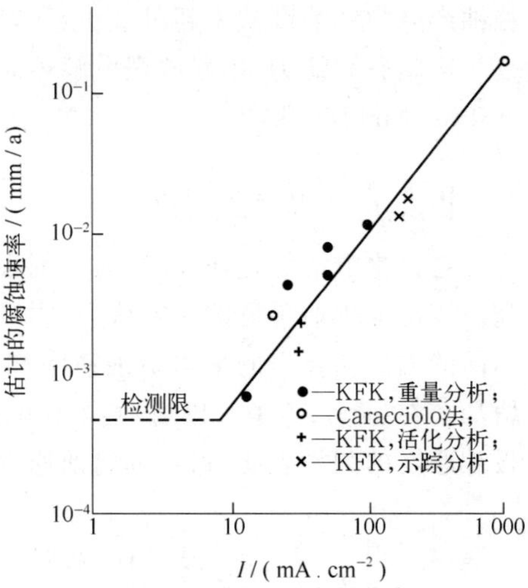

图 6-30　铂腐蚀速率与阳极电流密度的关系(T≤60 ℃)

德国还进行了电解乏燃料的实验[40～42]。在硝酸溶液中，通常用铂或镀铂的钽作阳极。钛或铌作阴极。在电流密度大时，铂阳极的腐蚀较大。腐蚀速率随着硝酸浓度的降低和电极温度的升高而增大，如图 6-31 所示。当电流密度为 1 000～3 000 mA/cm² 时，铂在 65 ℃的

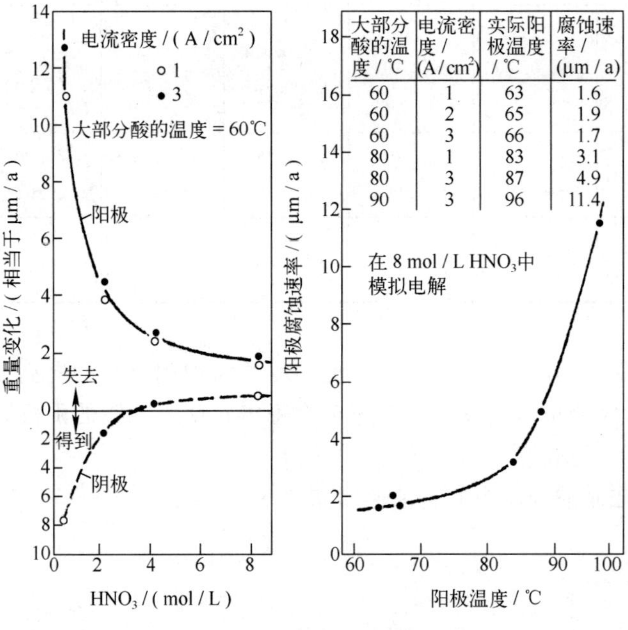

图 6-31　铂电极的腐蚀

8 mol/L HNO_3 溶液中的腐蚀速率为 50 μm/a。随着电流密度和温度的降低，腐蚀速率也下降。在 25 ℃，0.4～2.5 mol/L HNO_3，0.2 mol/L $N_2H_5NO_3$，0～0.1 mol/L $UO_2(NO_3)_2$溶液中，在电流密度为 5～50 mA/cm^2 时，铂阳极的年腐蚀速率为 0.5～8 μm/a[36,42,43]。

在电流密度为 1 000～3 000 mA/cm^2、8 mol/L HNO_3 溶液中，铌阴极的腐蚀速率为 25～50 μm/a。在 55 ℃下，在同铌所在的类似电流密度和硝酸浓度下，钛的腐蚀速率是铌的 2 倍。在表 6-33 所示的条件下，钛的腐蚀速率就低得多[36,42,43]。

表 6-33　钛阴极的腐蚀速率

电流密度/mA/cm^2	电　解　质			腐蚀速率/(mm/a)	
	HNO_3/mol/L	$N_2H_5NO_3$/mol/L	$UO_2(NO_3)_2$/mol/L	钛	Ti-0.2%Pd
5	2.5	0.2	0.1	0.022	15×10^{-3}
5	2.5	0.2		0.34	17.6×10^{-3}
10	1	0.2	0.1	6×10^{-3}	$<5\times10^{-3}$
15	2.5	0.2	0.1	0.088	16.6×10^{-3}
15	0.4	0.2		0.052	$<5\times10^{-3}$
25	1	0.2	0.1	6×10^{-3}	6.4×10^{-3}
50	2.5	0.2	0.1	0.018	4.5×10^{-4} 1)
50	2.5	0.2		0.67	$<5\times10^{-3}$
100	0.4	0.2		<0.005	2.9×10^{-3} 1)
100	1	0.2	0.1	<0.005	2×10^{-3} 1)
200	0.4	0.2		0.005 1)	

注：1. 条件：温度为 25 ℃，阴极面积为 4 cm^2，无隔膜钛容器。

1)有相当多的铂淀积在阴极上。

从上面的论述可见，尽管很多国家都研究了电解氧化和电解还原法，并且对其进行了相当多的改进，但是迄今为止只有俄罗斯使其应用于商业目的。俄罗斯已于 1984 年在 RT-1 后处理厂第一循环中采用电解法分离铀、钚，在长期的运行中都达到了预期的目标[44]。

电解还原萃取器(不锈钢)的腐蚀速度是 0.001～0.003 mm/a；钛阴极和镀铂的钛阳极的腐蚀速度分别为 0.015 mm/a 和 0.01～0.015 mm/a[44]。

第五节　在铀与钚分离过程中亚硝酸、肼与叠氮化物的行为

在 Purex 还原分离铀—钚过程中，由于氨基磺酸亚铁给系统中增加了不挥发性的固体废物量，并带入了具有强腐蚀性的硫酸根，所以它的应用者渐少。转而采用四价铀、硝酸羟胺作还原剂者愈来愈多。电还原法也得到了较快的发展。用氨基磺酸亚铁作还原剂时，氨基磺酸根能迅速地破坏亚硝酸，保护亚铁以及还原产物 Pu(Ⅲ)。如果单独使用四价铀、亚铁或羟胺作 Pu(Ⅳ)的还原剂，亚硝酸就会和它们发生如下自动催化反应，例如：

$$U^{4}+2HNO_2 \longrightarrow UO_2^{2+}+2H^{+}+2NO \tag{6-43}$$

$$2NO+HNO_3+H_2O \rightleftharpoons 3HNO_2 \tag{6-44}$$

至于亚铁和羟胺也是这种情形。

由此可见,在应用这类还原剂时,必须加入一种支持还原剂。经过试验,认为肼是最好的支持还原剂之一,因此被不少后处理厂采用。

加入支持还原剂的作用除了保护还原剂之外,就是防止还原产物 Pu(Ⅲ)不再被氧化。

肼与亚硝酸的反应产物决定于反应参与物的比例[24]。当使用过量的肼时,发生下列快速反应

$$N_2H_4+HNO_2 \longrightarrow HN_3+2H_2O \tag{6-45}$$

如果亚硝酸过量,又可能发生下列快速反应,得到气体产物

$$HN_3+HNO_2 \longrightarrow N_2O+N_2+H_2O \tag{6-46}$$

并且当水相肼过量时就生成叠氮酸[24]。

由于叠氮酸的沸点低(约为 37 ℃),很容易挥发,在温热的硝酸水溶液中的叠氮酸会在气相浓集,已知叠氮酸蒸气会引起不可预料的爆炸[24]。叠氮酸也比较容易形成一些叠氮化物,一些金属叠氮化物受热或受到冲击即能分解爆炸[45]。

正因为这样,所以有必要对铀—钚分离过程中亚硝酸、肼和叠氮酸的行为作深入的剖析,这对于防止一些未预料到的问题发生可能是有益的。

一、肼的加入

纯肼是无色发烟液体,闪点为 38 ℃,沸点为 113.5 ℃,具有独特的臭味,在空气中能吸收二氧化碳发烟雾。肼是强还原剂,有剧毒,能损伤人体的肝脏和红血球,所以美国推荐的空气中肼最高含量为 1 ppm①。肼同强氧化剂接触或者遇到火焰会引起自燃自爆,但是当隔绝空气时加热到 300 ℃以上也不会分解。

上面已经说到,肼是作为支持还原剂加入到铀—钚还原分离系统中来的。各国后处理厂针对拟被还原的钚量和系统中亚硝酸的含量的不同,加入的还原剂浓度和肼浓度也不同。除了俄罗斯采用 20 g/L U(Ⅳ)—0.5 mol/L N_2H_4 还原分离铀—钚外[46],其他国家的后处理厂,如法国的马库尔厂、阿格厂,德国的卡尔斯鲁厄中间工厂,日本的东海厂,英国的 THORP 厂,欧化的莫尔厂等,采用的 U(Ⅳ)—N_2H_4 还原剂中 N_2H_4 浓度通常为 0.1~0.2 mol/L[5,15]。肼的这种浓度正是电解法制备四价铀时的剩余浓度。用电解法制备 U(Ⅳ)时,通常电解液中的肼浓度为 0.3 mol/L,一般消耗掉 0.1 mol/L 左右,电解液中剩余浓度≥0.1 mol/L[9,41,42]。制得的 U(Ⅳ)溶液在这种肼浓度下可以较长期地保存。

德国卡尔斯鲁厄用 U(Ⅳ)—N_2H_4 还原分离铀—钚的研究发现,还原剂中的肼量与被还原的钚量之比,即 $N_2H_4/Pu \geq 1.65$ 时,还原系统稳定,而当 $N_2H_4/Pu \leq 1.5$ 时还原失灵[19]。德国后来的研究结果指出,在不存在锝的情况下,BX/BS 柱每通过 1 mol 钚,约消耗 2 mol $N_2H_5^{+}$ [34,50]。

用电解还原法还原分离铀与钚时,在电解液中加入的肼量也不太相同,美国萨凡那河实验槽中阴极室肼的初始浓度为 0.38 mol/L。在半工业规模的电解还原槽中补加肼并维持在

① 1 ppm=10^{-6}。

0.3 mol/L[37,42]。

德国卡尔斯鲁厄在电解液中加入肼的浓度从 0.05～0.1 mol/L 不等，并且进行了无肼电还原试验[34,39]。目的是使电解还原不产生叠氮酸，不产生由肼直接还原 Pu^{4+} 而生成的氨，避免操作可能致癌的肼[34]。前面已经述及，无肼电解还原分离实验已经取得了积极成果。

二、亚硝酸的来源

在铀—钚还原分离系统中，存在着亚硝酸。它主要来自两个方面，一是为了调整钚为四价态而加入的，二是在系统中产生的。人为向系统中加入亚硝酸又有两种情况。一是向溶解液中加入亚硝酸钠将 Pu(Ⅲ)氧化为 Pu(Ⅳ)

$$Pu^{3+} + NO_2^- + 2H^+ \rightleftharpoons Pu^{4+} + H_2O + NO \tag{6-47}$$

$$2NO + HNO_3 + H_2O \rightleftharpoons 3HNO_2 \tag{6-48}$$

从上列二式可见，Pu(Ⅲ)被亚硝酸根氧化为 Pu(Ⅳ)的过程，每消耗 1 mol 的亚硝酸要产生 1.5 mol 的亚硝酸。尽管在调价结束后用鼓入空气等办法破坏亚硝酸，但总有微量残存在料液中。

第二种情况是为了避免增加含盐废液，而采用 NO_2 或亚硝气($NO+NO_2$)来调价。它的作用和反应机理同亚硝酸是相同的。调价之后用鼓泡空气搅拌的方法只能将大部分亚硝酸破坏掉，但仍有微量的亚硝酸残存在溶液中。

亚硝酸的另外一种主要来源是在不同的系统中产生的。首先，在用浓硝酸溶解乏燃料时有亚硝酸生成并存在于溶解液中[2]。对于金属铀，二氧化铀，二氧化铀和二氧化钚混合氧化物乏燃料的溶解，请参阅式(3-1)、式(3-2)、式(3-7)、式(3-8)、式(3-10)、式(3-11)。在溶解过程中生成的 NO_2 和 NO 又按反应式(3-3)、式(3-20)、式(6-44)生成硝酸和亚硝酸。

在溶解乏燃料的过程中，以及在燃料溶解液中，硝酸受到强放射性的照射，硝酸根分解也将产生一部分亚硝酸。表 6-34 给出了一些溶液经过 γ 辐照后产生亚硝酸的速度，平均每吸收 100 eV 的能量产生 0.2～2 mol 的亚硝酸[47]。当吸收剂量达 1×10^5 Gy 时，溶液中 HNO_2 浓度高达 5×10^{-3} mol/L。HNO_2 的浓度随着吸收剂量、HNO_3 浓度和 $UO_2(NO_3)_2$ 浓度的增加而提高[48]。

表 6-34　硝酸水溶液在 γ 辐照下生成亚硝酸根的速度

溶液	亚硝酸根浓度/($\times10^4$ mol/L)					
	25 ℃			50 ℃		
	1 h	2 h	100 h	1 h	2 h	100 h
3 mol/L HNO_3	6	11	46	6	10	37
10 mol/L HNO_3				20	32	70
1.5 mol/L $UO_2(NO_3)_2$	3	6	15	3	5	14
0.8 mol/L $UO_2(NO_3)_2$＋2 mol/L HNO_3	7	13	45	6	10	32

注：以上是用 ^{60}Co 辐照，γ 放射性活度为 0.079 C/kg·h(约 2.5 W/L)。

用 TBP 萃取了 $UO_2(NO_3)_2$ 和 HNO_3 后，在 γ 射线辐照下也能生成一定量的亚硝酸，正如表 6-35 所示。

表 6-35 TBP 所含硝酸在 γ 辐照下生成亚硝酸的速度

溶液	亚硝酸浓度/($\times 10^{-4}$ mol/L)		
	1 h	6 h	25 h
Purex 工厂溶剂(含 0.3 mol/L HNO_3)	2	33	65
Purex 工厂溶剂(含 0.1 mol/L HNO_3,0.2 mol/L $UO_2(NO_3)_2$)	2	21	56

注:用^{60}Co 辐照,γ 放射性活度为 0.079 C/kg · h(约 2.5 W/L)。

从上面的论述可见,在溶解燃料料液中存在有浓度不等的亚硝酸这是事实,可是它为什么会影响到铀—钚还原分离呢?这是因为亚硝酸可被 30% TBP 萃取,并具有较高的萃取分配系数。其分配系数是随水相硝酸浓度的降低和有机相中硝酸铀酰浓度的降低而增大的,如表 6-36和表 6-37 所示[2,20,13]。

表 6-36 亚硝酸在 30%TBP—煤油和水相之间的分配系数

水相硝酸浓度/(mol/L)	0.1	1.0	3.0	6.0
亚硝酸的分配系数	30	20	8	3

注:25 ℃,水相中 HNO_2 浓度:2.5×10^{-3} mol/L。

表 6-37 亚硝酸在 TBP 和水相之间的分配

水相中的 HNO_3/(mol/L)	温度/℃	有机相中的 $UO_2(NO_3)_2$/(mol/L)	HNO_2 的分配系数
3	30	0	8.0
3	30	0.1	6.7
3	30	0.25	4.8
3	30	0.35	3.0
3	30	0.40	1.95

注:有机相:30%TBP—稀释剂,水相:HNO_3-$UO_2(NO_3)_2$ 溶液。

由此可见,乏燃料溶解液中的亚硝酸以较高的分配系数被 TBP 萃取。

另外,萃取了 $UO_2(NO_3)_2$ 和 HNO_3 的 TBP 在强 γ 射线的辐照下生成的少量 HNO_2 仍保留在溶剂中。

这样的有机相进入铀—钚还原分离系统后,同还原剂作用,使 Pu(Ⅳ)被还原为 Pu(Ⅲ),从有机相转入水相,实现了铀和钚的分离。这在前几节已经论述了,这是我们期望的主导反应。此外,还将发生另外一些反应,其中之一是,在铀—钚还原分离时,亚硝酸被大量破坏的同时,还会有新的亚硝酸生成。以 U(Ⅳ)为例,亚硝酸破坏 U(Ⅳ)的反应,像式(6-43)和式(6-44)所示的那样,原有的亚硝酸被消耗了,又有新的亚硝酸生成。对于电解还原也是如此,在硝酸水溶液中,控制钛阴极电位为−240 mV(相对于标准氢电极),电解 0.5 h,分析电解前后亚硝酸的浓度,结果如表 6-38 所示[2]。由表中数据可以看出,溶液中硝酸浓度低于 0.5 mol/L

时，亚硝酸的产额极低；当硝酸浓度高于 1 mol/L 以上时，亚硝酸的产额急剧增高并趋于不变。

表 6-38 硝酸电解产生亚硝酸的行为

硝酸的浓度/(mol/L)	0.50	1.00	1.50	2.00
电解前亚硝酸浓度/(mol/L)	0.26×10^{-5}	0.15×10^{-5}	0.6×10^{-5}	0.25×10^{-5}
电解后亚硝酸浓度/(mol/L)	0.66×10^{-5}	7.36×10^{-5}	8.30×10^{-5}	8.47×10^{-5}
产生的亚硝酸浓度/(mol/L)	0.4×10^{-5}	7.21×10^{-5}	7.7×10^{-5}	8.22×10^{-5}

以上事实说明，在还原分离铀—钚的过程中仍有新的亚硝酸生成。所以也要不断破坏新生成的亚硝酸，以保证钚还原的顺利进行。由于在该过程中有过量的支持还原剂肼参加反应，肼很迅速地和亚硝酸按照式(6-45)和式(6-46)起反应，破坏亚硝酸，从而保护了还原剂和还原产物 Pu(Ⅲ)。

从肼和亚硝酸的反应式(6-45)和式(6-46)可见，叠氮酸是反应的中间产物。

三、叠氮酸的生成

从式(6-45)和式(6-46)可见，叠氮酸产生后就与肼争夺亚硝酸，因此可见叠氮酸的生成量总是少于系统中肼的量。那么，在铀—钚还原反萃过程中，叠氮酸的生成量与亚硝酸、肼之间的关系如何呢？图 6-32 和表 6-39 给出了叠氮酸在两相中的生成量[15,48]。图 6-32 是模拟 1B 槽所发生的反应经分析监测而获得的结果。由该图可见，HN_3 的最大产率发生在 HNO_2 ∶ $N_2H_4=1$ 时，其产量(两相之和)相当于原始肼量的 6%左右，最低产率发生在 HNO_2 ∶ $N_2H_4=2$ 时。这正是按式(6-45)生成 HN_3 后，又有过量的 HNO_2 与 HN_3 反应，大大降低了 HN_3 的产率的结果。

从表 6-39 看出，HN_3 的最大产率也发生在 HNO_2 ∶ $N_2H_4=1$ 时，但是比图 6-32 提供的数据高得多。汉福特在 1B 柱试验 U(Ⅳ)-N_2H_4 还原 Pu(Ⅳ)时试验期间发现，有 60%的 N_2H_4 转化成了 HN_3[13]。

在使用肼作支持还原剂的电解还原过程中，同样也有叠氮酸生成，如表 6-40 所示[36]。

表 6-39 叠氮酸在两相接触后的生成量

原始有机相中 HNO_2/(mol/L)	$\frac{HNO_2}{N_2H_4}$摩尔比	两相接触后的有机相中		N_2H_4 转化为 HN_3/%	HNO_2 转化为 HN_3/%
		HNO_2	N_2H_4		
0.012	1.8	测不出	0.000 09	13	7
0.000 44	1.3		0.000 17	50	38
0.013	0.023		0.013	2.3	100

注：条件：模拟的 1BXF 溶剂，与水相接触 1 min。

从图 6-32、表 6-42 和表 6-43 中还可以看出，肼和亚硝酸反应生成的叠氮酸，既存在于水相，又可被 TBP 萃取存在于有机相。汉福特的试验还发现，萃入有机相中的 HN_3 不与有机相中的 HNO_2 起反应[50]。

表 6-40 水相产品液和有机相残液中的铵和叠氮酸

设备	反萃液中 $[N_2H_5^+]$/(mol/L)	钚产品液中的 NH_4^+		有机相残液中的 HN_3/(10^{-3} · mol/L)
		NH_4^+/Pu	NH_4^+/Ah[1)],mol	
电还原	0.02～0.1	<0.04～0.2	1.5～8.7	
脉冲柱	0.16～0.2	≤0.47	≤8.8	4.6～9.4
	0.31	0.88	14.1	11.5

注:1) Ah:安培小时。

TBP 萃取 HN_3 的分配系数与自由的 TBP 浓度有关,如图 6-33 所示。因为在 1B 反萃器中,自由 TBP 浓度可大于 0.3 mol/L,所以 HN_3 的分配系数可大于 2。这同文献[24]给出的结果是一致的。

德国的研究认为,在脉冲柱中还原分离铀—钚时,在有机相为连续相的运行方式中,HN_3 的形成速率高于以水相为连续相的运行方式[51]。

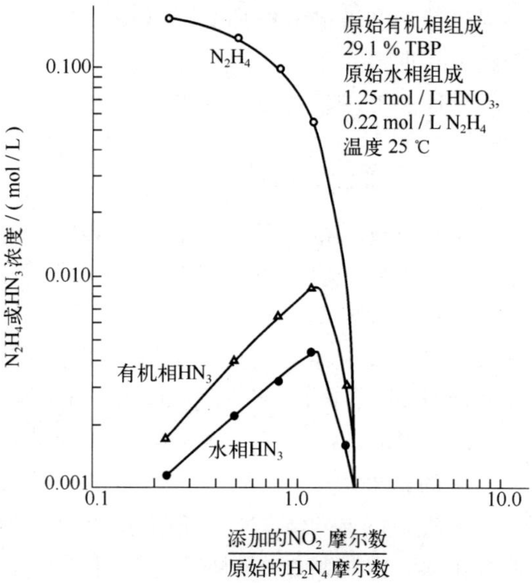

图 6-32 在两相中叠氮酸的生成量与 NO_2^-/N_2H_4 比值的关系

四、防止叠氮化物的危害

从上面的论述得知,在铀—钚还原分离过程中产生的叠氮酸,既存在于水相,又可存在于有机相。在含叠氮酸的水溶液中危险限值为 4.7 mol/L,即爆炸下限为 17%[42,43]。

根据计算,叠氮化氢(HN_3)的危险浓度为 2.5%(体积分数)。在氧气中 HN_3 的蒸气分压为 6.67×10^2 Pa 时,遇到电火花会引起爆炸。在空气中 HN_3 的蒸气分压必须达到 6.67×10^3 Pa 以上才会发生爆炸[45]。

叠氮酸也比较容易与一些金属反应形成叠氮化物。如 NaN_3 易溶于冷水,在 275 ℃以下是稳定的。目前已经知道 Hg(汞)、Pb(铅)、Ag(银)、Cr(铬)、Tl(铊)与叠氮酸反应,形成可爆炸的叠氮化物。二价汞盐是已知的最不稳定的叠氮化物,其分解温度为 190 ℃。一些金属叠氮化物受到冲击或加热即能分解爆炸[45]。

美国汉福特厂用涂有硝酸银的素烧贝尔鞍型填料块吸收溶解废气中的 HI 和 I_2。1958 年,该厂发生过一次爆炸事故。这是因为,用亚硫酸铵溶液定期清洗除碘反应器时,银和氨形成一种不稳定的化合物[52]。

文献[52]认为,氨在除碘塔中的反应释放大量热。发生的某些反应为

$$AgNO_3 + xNH_3 \longrightarrow AgNO_3 \cdot xNH_3 \quad (6\text{-}49)$$

$$AgNO_3 \cdot xNH_3 \longrightarrow AgNO_3 + Ag + AgNO_3 \cdot yNH_3 + AgN_3(\text{痕量}) \quad (6\text{-}50)$$

按反应式(6-50)生成的叠氮化银,即使是痕量存在也是强烈的爆炸物[52]。

由于叠氮酸和叠氮化物有上述爆炸等危险性，所以应设法防止、最好是消除其危害。

首先，对于污有机相，如 1CW，2DW，2BW 等，可在污溶剂的洗涤过程中将叠氮酸清除掉。用碱性洗涤液 Na_2CO_3 或 NaOH 可将叠氮酸反洗下来。

$$2HN_3 + Na_2CO_3 \longrightarrow 2NaN_3 + H_2O + CO_2 \qquad (6\text{-}51)$$

碱性洗涤液中的叠氮化钠是无害的。但是不要将含叠氮化物的废液排入贮罐中，应采用下列方法破坏掉：向含叠氮化物的废液中加入过量 20% 的亚硝酸钠，然后用硝酸再将该废液酸化到 0.5 mol/L HNO_3，这样亚硝酸就按照式(6-46)将叠氮化物完全破坏掉了。

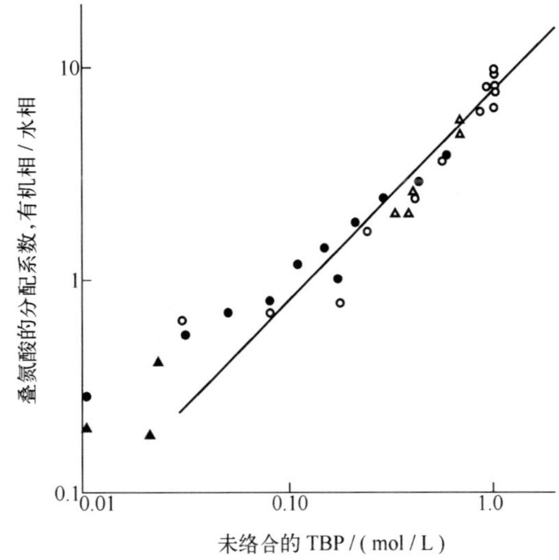

图 6-33　叠氮酸的分配系数与未络合的 TBP 的关系

	TBP/%	水相/(mol/L)		
		U(Ⅵ)	HNO_3	HN_3
△	29	0.3～0.6	0.3～1.5	0.015～0.03
○	29	0	0.02～7.6	0.015～0.02
●	2.4～20	0	1.0～4.1	0.015～0.02
▲	2.4	0.004～0.021	4.1	0.017

第二，对于可能含有叠氮酸或叠氮化物的废水溶液，可采用下列措施处理，以便保证其安全。(1)含叠氮化物的液体系统要保持其温度低于可能发生热分解的 150 ℃以下。(2)向含有叠氮化物的溶液中加入亚硝酸，然后再加入硝酸，将叠氮化物破坏掉，其后再进行其他处理(如浓缩)或贮存[46]。(3)对于被叠氮化物堵塞的阀门等器件，千万不要用金属器具敲击。可将其放在冷水中，然后向其中加入亚硝酸和硝酸使其溶解，并用非金属器具将其疏通即可。

参考文献

1　Proceedings ISEC′86，Vol. 1，301～307
2　姜圣阶，任凤仪等编著．核燃料后处理工学．北京：原子能出版社．1995
3　陈与德，王文基，王志麟等编．核燃料化学．北京：原子能出版社．1985
4　Chem. Eng. Progr. Symp. Series，No. 94，Vol. 65，1969
5　AERE-R-4381
6　KR-126
7　2nd Geneva Conference，Vol. 17，111
8　2nd Geneva Conference，Vol. 17，73
9　Proceedings ISEC′71. Vol. 1，577～592
10　AERE-R-3938

11 ORNL-4383
12 ORNL-4272
13 ARH-SA-69
14 Solvent Extraction Cnemistry of Metals,1965,117
15 DP-808
16 原子能译丛,No. 1,1966
17 A/CONF. 49/P/028,1971
18 A/CONF. 49/P/381,1971
19 Proc. Int. Solvent Extraction Conf. ,Denver,USA,1983,84～85
20 核燃料后处理工艺编写组编．核燃料后处理工艺,北京:原子能出版社．1978
21 DP-1065. 1966
22 DP-602
23 NP-16328
24 ARH-1920
25 R. G. Wymer and B. L. Vondra,Eds. Light Water Reacter Nuclear Fuel Cycle,Chapter 4,CRC press,Int. ,1981
26 Nuclear Technology,Vol. 43,Mid-Apr. 1979,126～131
27 Proceedings ISEC'71. Vol. 1,514～533
28 DP-1248
29 RECOD'91. 83～88
30 蒋云清主编．乏燃料后处理'98. 1～6,117～122. 核科学技术情报研究所．2000
31 BNWL-CC-2180
32 ARH-1309
33 ANL-7799
34 ANL-7946
35 Proceedings ISEC'86. Vol. I309～315
36 Radiachimica Acta. 25. 191～210
37 乏燃料管理及后处理．1999. No. 1
38 Proceedings ISEC'86. Vol. 1. 117～129
39 郃德荣,李光鸿,王仍陶,刘秋生译．核燃料后处理研究进展．北京:原子能出版社．1989
40 Rroc. 1nt. Solvent Extraction Conf. Denver. USA. 1983,329～330
41 RECOD'87. 393～402
42 动力堆乏燃料后处理资料汇编．核二院,核科学技术情报研究所．1988
43 Nukleare Entsorgung Baud 1. 1981,134～144
44 核工业第二研究设计院等译．埃克松核燃料回收和再循环中心安全分析报告．1991
45 A/CONF. 49/P/435. 1971
46 Chem. Eng. Progr. Sgmp. Series,No. 94,Vol. 65,1969
47 林漳基．Purex过程中镎的行为与控制．核科学与工程,1995,Vol 15,1
48 HW-60278
49 BNWL-B-121
50 乏燃料管理及后处理,1997,7
51 汪德熙,王方定,祝疆等译．核化学工程．北京:原子能出版社．1988
52 杨云鸿译．核燃料后处理工程．北京:原子能出版社．1980

第七章　钚的纯化和尾端处理

本章主要论述为各国后处理厂广为采用的溶剂萃取纯化钚的方法(包括回流萃取)。

钚的沉淀,沉淀物的煅烧(或脱硝),制备二氧化钚产品是本章又一个重点内容。

第一节　TBP 萃取纯化钚

在比较早期的乏燃料后处理过程中,应用得比较广泛的钚的纯化方法主要有溶剂萃取法和离子交换法,如表 7-1 所示[1~12]。

美国汉福特厂、中西部厂、西谷厂,德国卡尔斯鲁厄厂,日本东海厂和印度特朗贝厂均采用阴离子交换法精制钚。美国的萨凡那河厂则使用阳离子交换树脂纯化钚。俄罗斯也采用阴离子交换法精制钚和镎。法国马库尔厂将阳离子和阴离子交换树脂都曾用于钚的纯化。

各国后处理厂的实践经验证明,阴、阳离子交换树脂在射线和高浓试剂作用下会受到损坏,使离子交换容量下降,有气体逸出,严重时会破坏柱子的正常运行状态。又由于保证离子交换精制钚体系的核安全和实现连续操作都有一定困难,再加上重复操作太多,很难提高生产效率,因而离子交换法精制钚逐渐被各国后处理厂放弃,TBP 萃取循环取代了离子交换。

工厂的运行经验还表明,采用单一的萃取剂 TBP 对钚进行萃取精制,是满足过程的工艺要求和经济利益的最好方式[4]。

从共去污分离循环来的 1BP 溶液,在进入钚的纯化循环之前,首先要进行调价和调整酸度处理,制备纯化循环的萃取料液。

首先,必须将 1BP 中的残留还原剂和支持还原剂破坏掉,选用合适的氧化剂将 Pu(Ⅲ)氧化为 Pu(Ⅳ)。在选择氧化剂时,其标准氧化还原电位值应介于 Pu(Ⅲ)—Pu(Ⅳ)电对和 Pu(Ⅲ)—Pu(Ⅵ)电对之间。

早期的后处理厂一般采用亚硝酸钠($NaNO_2$)调整钚的价态。它可以在几分钟内将钚从三价态氧化为四价态。由于铀/钚分离时所采用还原剂的不同,将分别发生如下反应。

如用 $Fe(NH_2SO_3)_2$ 作铀/钚分离还原剂时,

$$NH_2SO_3^- + NO_2^- \longrightarrow N_2 + SO_4^{2-} + H_2O \tag{7-1}$$

$$Fe^{2+} + NO_2^- + 2H^+ \longrightarrow Fe^{3+} + H_2O + NO \tag{7-2}$$

如用 U(Ⅳ)-N_2H_4 作铀/钚分离的还原剂时,

$$N_2H_5^+ + NO_2^- \longrightarrow HN_3 + 2H_2O \tag{7-3}$$

$$U^{4+} + 2NO_2^- \longrightarrow UO_2^{2+} + 2NO \tag{7-4}$$

还原剂和支持还原剂被破坏后,亚硝酸即可将钚(Ⅲ)氧化为钚(Ⅳ)。

表 7-1　一些国家后处理厂钚纯化循环的工艺参数

国家	后处理厂	钚二循环						备　注
		料液	萃取剂	洗涤液	[Pu]2AP /(g/L)	反萃剂	去污系数	
美国	汉福特	2.7 mol/L HNO_3	30%TBP	0.75 mol/L HNO_3		0.1 mol/L HNO_3 0.045 mol/L H_2SO_4		钚二循环后接阴离子交换
	萨凡那河	4.0 mol/L HNO_3	30%TBP	0.7 mol/L HNO_3		0.014 mol/L HNO_3 0.08 mol/L $NH_2OH \cdot HNO_3$		接阳离子交换
	西　谷	4.0 mol/L HNO_3 1.9 g/L Pu	30%TBP	1.0 mol/L HNO_3	4			钚二循环后接阴离子交换
英国	温茨凯尔二厂	4.0 mol/L HNO_3 1.9 g/L Pu	20%TBP	1.0 mol/L HNO_3	5	0.7 mol/L HNO_3 0.1 mol/L $Fe(NH_2SO_3)_2$		
	THORPT	HNO_3	%TBP					
法国	马库尔	3.0 mol/L HNO_3 1 g/L Pu	30%TBP	1.0 mol/L HNO_3		0.67 mol/L U(Ⅳ) +0.25 mol/L N_2H_4 /HNO_3	$10^2 \sim 10^3$	钚二循环后接阴离子交换
	阿格 UP2-400 UP3 UP2-800	3.4 mol/L HNO_3 4.5～6 g/L Pu	30%TBP	0.6 mol/L HNO_3		$NH_2OH \cdot HNO_3$ N_2H_4		这是钚三循环，后接草酸盐沉淀
德国	卡尔斯鲁厄	2.5 mol/L HNO_3 3.8 g/L Pu	30%TBP	1.0 mol/L HNO_3	9.3			
比利时	欧化厂 原流程	6.0 mol/L HNO_3 30 g/L Pu	30%TBP	0.5 mol/L HNO_3	7	0.18 mol/L HNO_3		钚二循环后接草酸盐沉淀
	欧化厂 新流程	4.2 mol/L HNO_3 4.75 g/L Pu	30%TBP	0.8 mol/L HNO_3	8.3	160 g/L U(Ⅳ) 10 g/L N_2H_4 1.0 mol/L HNO_3		钚二循环后接草酸盐沉淀

续表

国家	后处理厂	钚二循环						备注
		料液	萃取剂	洗涤液	[Pu]2AP/(g/L)	反萃剂	去污系数	
日本	东海	4.0 mol/L HNO_3 2.8 g/L Pu	30%TBP	1.0 mol/L HNO_3	8.4	U(Ⅳ)NO_3	$10^2 \sim 10^3$	
	六个所		30%TBP					
俄罗斯	VVER燃料	约1.3 g/L Pu	25%TTA	1.5 mol/L HNO_3	3	0.1 mol/L HNO_3 Fe^{2+} 5 g/L 0.05 mol/L N_2H_4		最后热还原制得PuO_2
	RT-1厂		30%TBP	先10 ml/L HNO_3 后0.5 mol/L HNO_3		0.1 mol/L HNO_3		

注：一些流程的钚线第三循环参数

国家	后处理厂	料液	萃取剂	洗涤液	反萃剂
英国	温茨凯尔二厂	4.0 mol/L HNO_3 Pu	20%TBP	1.0 mol/L HNO_3	0.2 mol/L HNO_3
俄罗斯	VVER燃料	Pu 6 g/L	25% TAA (三戊胺)	1.5 mol/L HNO_3	3 mol/L HNO_3 10% 醋酸

$$Pu^{3+} + NO_2^- + 2H^+ \longrightarrow Pu^{4+} + NO + H_2O \tag{7-5}$$

用亚硝酸钠来调整钚的价态，其优点是反应速度快、安全，操作简单，试剂价格便宜。缺点是过量的亚硝酸容易被TBP萃取，对有机溶剂的降解，以及对萃取之后的Pu(Ⅳ)的反萃有不利影响。由于向系统中引入了钠离子，使含盐废液增加，造成放射性废液贮存和处理费用增加。

为克服用亚硝酸钠调价时的主要缺点，许多国家的后处理厂采用亚硝气氧化法，如法国的马库尔厂、UP3厂、UP2-800厂，日本的六个所后处理厂，英国的THORP厂和欧化厂均采用NO_x调整钚的价态[3,9,13]。

用 NO_x 调整钚的价态时，在硝酸介质中存在着一系列复杂的化学反应，这在第三章的第五节和第六章的第五节做过比较详细的描述，其中主要的反应有

$$2NO + O_2(空气) == 2NO_2 \quad (7\text{-}6)$$

$$NO + 2HNO_3 == 3NO_2 + H_2O \quad (7\text{-}7)$$

$$2NO_2 + H_2O == HNO_3 + HNO_2 \quad (7\text{-}8)$$

$$2NO + HNO_3 + H_2O == 3HNO_2 \quad (7\text{-}9)$$

在强酸介质中，HNO_2 定量地氧化 Pu^{3+} 和还原 Pu^{6+} 到 Pu^{4+}。NO 和 NO_2 的通入量约为化学计算量的 4 倍。为防止过量的 HNO_2 被萃入有机相而妨碍钚的还原反萃，对于调价后的料液要进行脱气处理，以保证 2AF(或 3AF)中 NO_x 含量<20 mg/gPu[3,14]。

NO_x 调价法虽为许多国家的后处理厂所采用，但是，它也有一些缺点：(1)由于使用过量的 NO_x，从而要消耗大量的化学试剂；(2)过量的 NO_x 和脱气用的大量空气进入放射性废气净化系统，提高了废气处理负荷和成本；(3)增加了气体发生器、氧化和空气脱气系统的设备[3]。

德国卡尔斯鲁厄研究了电解氧化法，在电氧化槽中，Pu(Ⅲ)可以定量地被氧化，它可以克服 NO_x 氧化法的一些缺点[3,4,15,16]。不过，电解氧化法尚处于扩大实验阶段。

在调整完钚纯化循环(钚的第二、第三循环一并讨论)的钚价态后，接着要调整料液的酸度。钚纯化的目的是从铀/钚分离后的钚液流中进一步除去铀和裂变产物等杂质，以便获得更纯净的符合要求的钚产品。同时要保证尽可能安全地回收贵重的钚金属。为兼顾这两个要求，纵观表 7-1 可见，几乎所有国家的后处理厂钚纯化循环都采用高酸进料、低酸度洗涤的工艺条件，即 2AF 或 3AF 中硝酸浓度为 3～4 mol/L，2AS 或 3AS 为 0.6～1.0 mol/L HNO_3。

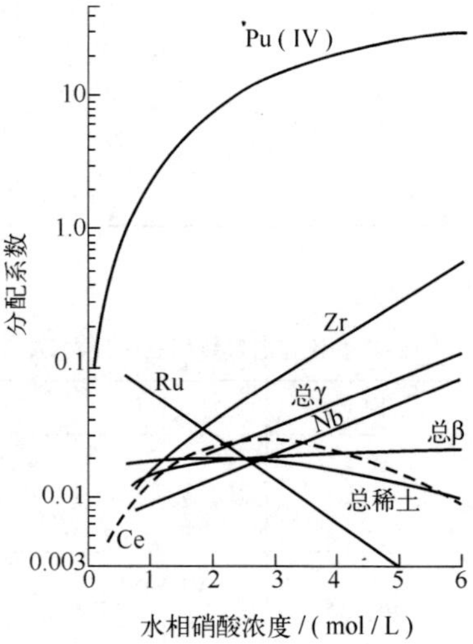

图 7-1　无铀时硝酸浓度对 Pu(Ⅳ)和裂片元素分配系数的影响

TBP 浓度：30%；Pu(α)：5×10^5 计数/(min·mL)；总 β：2×10^8 计数/(min·mL)；Ce(β)：10^6 计数/(min·mL)。

从图 7-1 可见[1]。在无铀时，高酸度不但有利于提高钚的收率，而且有利于清除钌。接着用低酸洗涤又可从萃取了钚的有机相中进一步清除锆、铌等裂变产物。

将调整完价态和酸度的料液在 2A(或 3A)脉冲柱中萃取，在 2AS(或 3AS)柱洗涤，然后进入 2B(或 3B)柱反萃取。

关于钚纯化循环的还原反萃取，经历了下述发展过程。早期许多后处理厂都采用 $Fe(NH_2SO_3)_2$ 作还原剂，对于 $Fe(NH_2SO_3)_2$ 的优缺点前面已经叙述。对于动力堆乏燃料，由于钚量的增多(Pu/U=1/100)，如果用 $Fe(NH_2SO_3)_2$ 还原反萃钚，并且要求有足够高的过剩量，这样就使得废液中铁和硫酸根的含量较高，增加了废物处理的难度，提高了处理费用。

后来美国、法国等国家的后处理改用 $Fe(NO_3)_2$-N_2H_4 和硫酸羟胺(HAS)作还原剂。不管是用 $Fe(NO_3)_2$-N_2H_4 作为钚的还原剂，还是用 HAS，都只是部分地克服了 $Fe(NH_2SO_3)_2$ 的缺点。

1968 年之前，美国萨凡那河厂应用 HAS 从 2AP 中还原反萃 Pu(Ⅳ)，后来改用硝酸羟胺(HAN)取代 HAS 进行试验和常规的生产运行一直是完全成功的[17,18]。

后来，美国汉福特厂、核燃料服务公司的西谷厂也采用 HAN 作为 Pu(Ⅳ)的还原剂。再后来，几座大型的商业后处理厂，如法国的 UP2-800、UP3、英国的 THORP 厂和日本的六个所后处理厂都选用 HAN 作钚二循环或三循环的反萃还原剂[3,13,19]。

关于应用硝酸羟胺作铀/钚分离的还原反萃剂，在本书第六章第三节做了论述，这里就不再赘述了。

关于电解还原分离铀/钚已在本书的第六章第四节作了介绍。电解还原法可以避免化学还原剂的许多缺点，正逐步走向实用阶段。

总之，许多国家对钚的各种还原剂进行了长期的研究，但到目前为止，在工程应用上还没有找到比 HAN 更好的还原剂。因为 HAN 不引入金属及其他腐蚀性杂质，HAN 可以分解为气体而不留下固体废物，不增加废液体积。HAN 易于制备和保存，因此它广为钚的纯化循环所采用[3]。

下面介绍几个动力堆乏燃料后处理厂钚纯化循环的设置状况。

美国的西谷厂是世界上第一座商业后处理厂，生产能力为 300 t/a(每天处理 1 t 轻水堆燃料)。钚从铀/钚分离循环反萃后，经过一个 TBP 萃取循环净化后，进入阴离子交换树脂床精制。钚二循环的进料液为 1.9 g/LPu、4.0 mol/L HNO_3，洗涤液为 1.0 mol/L HNO_3。用 HNO_3-HAN 在 2B 柱还原反萃 Pu(Ⅳ)。2A，2B 均为脉冲筛板柱，两柱尺寸相同，约为柱径 0.26 m，柱高 10.5 m。钚总的净化系数大于 5×10^7[3]。

日本东海中试厂，可处理轻水堆乏燃料，也可处理 UO_2-PuO_2 混合氧化物燃料，处理乏燃料的最大燃耗为 34 500 MW·d/t。铀和钚在第二萃取循环实现分离。钚再经过一个纯化循环得到硝酸钚产品，如图 7-2 所示[20]。

钚在纯化循环的净化系数：Zr-Nb 150，Ru 10，总 γ 50。钚经过三个萃取循环的纯化，钚的总净化系数：Zr-Nb 2.4×10^7，Ru 10^6，总 γ 1.5×10^7，总杂质量 0.03%～0.29%(钚基)[3,20]。

法国 UP3 厂是一座年处理能力为 800 t 的大型轻水堆乏燃料后处理厂。铀/钚在第一萃取循环分离，然后铀和钚各经过两个纯化循环的精制得到合格的产品。钚的两个纯化循环都是采用脉冲柱，用硝酸羟胺—硝酸肼作还原反萃剂。UP3 厂的铀和钚的回收率均可达到 99.88%，并可以获得很高的净化系数，比设计值高出 100 倍[21]，钚纯化循环实际达到的对裂片的去污系数为 100～1 600，钚中的 β,γ 活度＜3.7×10^4 Bq/gPu[22]。

UP3 厂在工艺流程中设立了钚屏障，即在所有钚的反萃柱有机相出口处增加一个钚的补充反萃系统，采用 U(Ⅳ)-N_2H_4 作还原剂，用机械搅拌的扁平混合澄清槽补充反萃钚。同时为了防止水相夹带有机相进入蒸发器，所以在水相排出后进入混合澄清槽，用稀释剂洗涤该水相。这是法国 UP3 厂工艺过程中诸多特点中的两个[13,21]。

英国塞拉菲尔德(THORP)厂是一座年处理能力达 1 200 t 的大型商业后处理厂，可以处理 ^{235}U 加浓度达 4%、燃耗达 40 GW·d/t 的轻水堆乏燃料。THORP 采用无盐还原流程。钚和铀都可以获得很高的净化系数，经过两个溶剂萃取循环，铀和钚产品的指标均可达到温茨凯尔二厂三个萃取循环的产品指标。钚的纯化循环和尾端处理如图 7-3 所示[23,24]。

文献[25]报道，THORP 厂萃取了铀和钚的有机相进入 1B 系统(1BX，1BXX，1BS)进行铀—钚分离，获得的实测铀—钚分离系数为：U 中除 Pu 为 1.4×10^4～6.5×10^4；Pu 中除 U 为

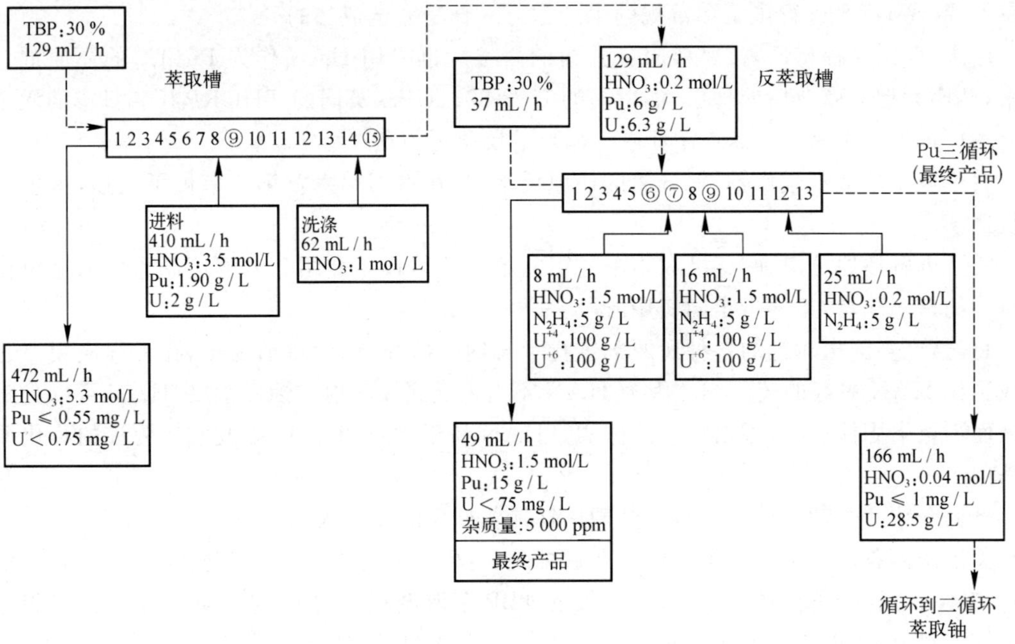

图 7-2　东海厂的钚三循环

$4.5\times10^3 \sim 8.4\times10^4$,均高于设计值。

经过钚的纯化循环后得到的 $Pu(NO_3)_4$ 产品和 PuO_2 产品的去污系数如表 7-2 所示。

表 7-2　钚产品对于裂变产物、Np 和 U 的去污系数(DF)

沾污物	流程设计 DF	$Pu(NO_3)_4$ 产品的实测 DF	PuO_2 产品的实测 DF
总裂变产物	2.8×10^8		$3.37\times10^8 \sim 7.06\times10^8$
^{99}Tc	1.0×10^2	1.00×10^2	
^{106}Ru	3.2×10^5	1.04×10^6	
$^{134+137}Cs$	5.0×10^6	1.31×10^8	
^{144}Ce	3.7×10^6	2.10×10^7	
^{237}Np	4.5×10	6.6×10	
$Pu(NO_3)_4$ 去 U	4.2×10^3	4.62×10^4	
PuO_2 去 U	2.1×10^5		$5.80\times10^6 \sim 5.55\times10^8$

从表 7-2 可以看出,钚纯化循环实际达到的对裂变产物、Np 和 U 的去污系数均超过了设计值。

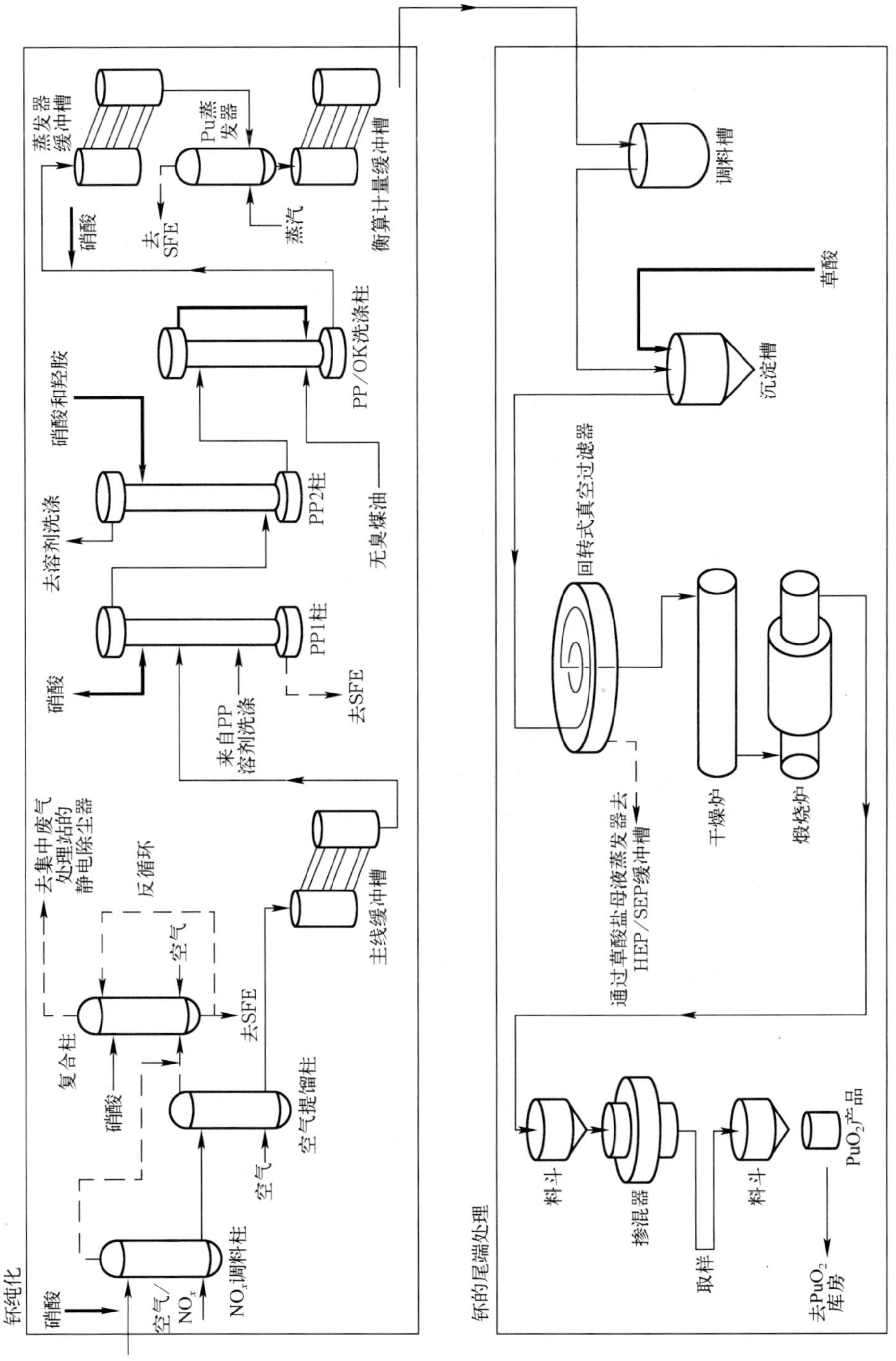

图7-3　钚的纯化和尾端处理

—— 钚　━━ 试剂　- - - 流出物

第二节　回流萃取纯化浓缩钚

早在 1957 年，美国汉福特为从具有各种组成的含钚废物中回收钚，设计研究出了回收装置和回流过程。该过程采用 15%TBP—CCl_4 为萃取剂，以硝酸铝为盐析剂，原料液中钚浓度为 0.01～10 g/L，反萃剂为 0.2 mol/L HNO_3—0.01 mol/L H_2SO_4。

后来经过研究，汉福特厂采用了以硝酸羟胺为还原剂的还原反萃回流过程[26～29]。

法国马库尔后处理厂，最初是用氢氧化钠将铀/钚分离之后的钚沉淀下来，过滤后，再用硝酸溶解氢氧化钚，作为钚二循环的料液。用 20% TBP 萃取和氨基磺酸亚铁还原反萃后，再经过阴离子交换精制，最后得到硝酸钚产品液。1967 年马库尔后处理厂将钚二循环改为回流过程[30]。应用回流过程不但取消了氢氧化钠沉淀过程，也取消了其后的离子交换过程。这样不但大大简化了流程，而且实现了生产操作的自动化。

马库尔钚回流流程如图 7-4 所示[30]。由图 7-4 可见，将来自分离循环的稀钚溶液用浓硝酸酸化到 4 mol/L HNO_3，然后在填料柱中用亚硝气将 Pu(Ⅲ)氧化为 Pu(Ⅳ)。过量的亚硝气在第二个填料柱中用空气鼓泡法吹除。然后在萃取脉冲柱中用 30%TBP 萃取钚。萃取了钚的有机相在另外一根脉冲柱中用硝酸溶液洗涤，然后进入反萃柱柱底，与从柱中部加入的含 U(Ⅳ)0.67 mol/L，1 mol/L HNO_3、0.25 mol/L N_2H_4/HNO_3 的反萃液，以及从柱顶加入的含 N_2H_4/HNO_3 0.25 mol/L、1 mol/L HNO_3 反萃液逆流接触还原反萃钚。得到的还原反萃的钚溶液用 30%TBP 洗涤后流出补充萃取柱后分成两股，一股就是产品液，从流程中引出去继续加工处理或者贮存；第二股返回 2AF 调料装置或者经过调价调酸处理后进入萃取柱，继续纯化。这第二股钚的溶液流就是所谓的“回流”(或称返料)。那么，回流量为多少才合适呢？这可用回流比(以 R 表示)的公式进行计算[30]。

$$R = 1 - f \cdot \frac{X_F}{X_P} \tag{7-10}$$

式中：$f=\dfrac{V_1}{V_2}=\dfrac{\text{原料液流量(不包括返料)}}{\text{反萃水相流量(包括洗涤水相)}}$；

X_F——原料液中钚浓度(不包括返料)；

X_P——产品液中要求达到的钚浓度。

从式(7-10)可见，回流比与萃取料液和反萃液的流量有关，与原料液中的钚浓度和产品液中要求达到的钚浓度有关。现以图 7-4 为例，原料液 $V_1=100$，反萃液 $V_2=3+4=7$，则 $f=\dfrac{100}{7}=14.3$。已知 $X_F=1.2\times10^{-3}$ mol/L Pu，$X_P=0.2$ mol/L Pu，则 $R=1-f\cdot\dfrac{X_F}{X_P}=1-14.3\times\dfrac{1.2\times10^{-3}}{0.2}=1-0.0858=0.914$。所以回流量为 $7\times0.914=6.4$。这就是说反萃得到的 7 份含钚溶液，有 6.4 份返回继续萃取纯化，有 0.6 份作为产品取出。这正是图 7-4 所示的流比。

在连续运行的过程中，增加钚的回流量，可以提高钚的纯化效果。钚的净化系数和回流量的关系如下式所示[14]。

$$DF_{Pu} = K(\frac{R}{A}+1) \tag{7-11}$$

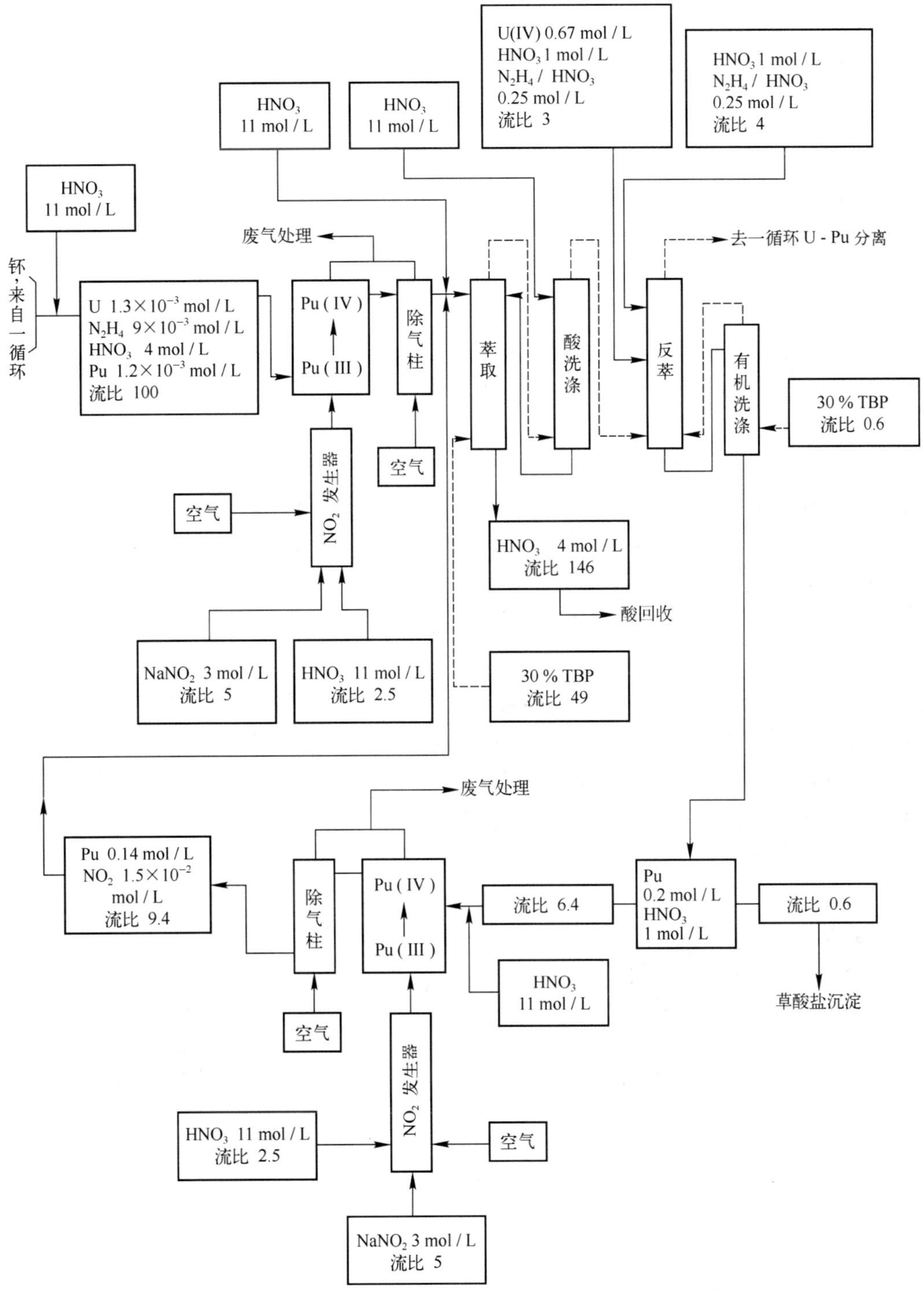

图 7-4　钚二循环浓缩及纯化

式中：K 为常数；

R 为返回的钚的质量流量；

A 为料液中钚的质量流量。

由式(7-11)可知，增加钚的回流量可以提高钚的净化系数，此外，增加回流量还可以获得更浓的钚产品溶液。但是回流量也不能无限制地增加，回流量的极限取决于钚在废溶剂中的含量。

马库尔后处理厂在图 7-4 所示的工艺条件下，钚产品获得了下列净化系数[14]

DF_{Zr}：$2\times10^4\sim10^5$

DF_{Nb}：$10^4\sim10^5$

DF_{Ru}：$5\times10^3\sim2\times10^4$

欧化厂新增加的钚纯化装置（脉冲萃取柱）也采用回流萃取流程[29,30]。采用该纯化装置有两种处理能力的流程。一种流程为 4 kg/d 处理能力，原料液 1BSP 含 6.65 g/L Pu，浓缩系数为 7.6，预计达到 50 g/L Pu。另一种流程为 0.4 kg/d 钚，原料液含钚 0.82 g/L，浓缩系数为 6，回流比为 0.9。该流程如图 7-5 所示[29,30]。

采用钚的回流萃取流程可以获得浓度较高、纯度较高的钚产品液。但是，它也有一些缺点，其一，有大量钚的回流萃取将造成料液调价和还原反萃时试剂的耗量增多；其二，可能引起钚流失量的增加；其三，钚浓度的提高对临界安全，对设备、监测和操作都提出了更高的要求。它的上述缺点可能是限制它被广泛采用的因素之一[3]。

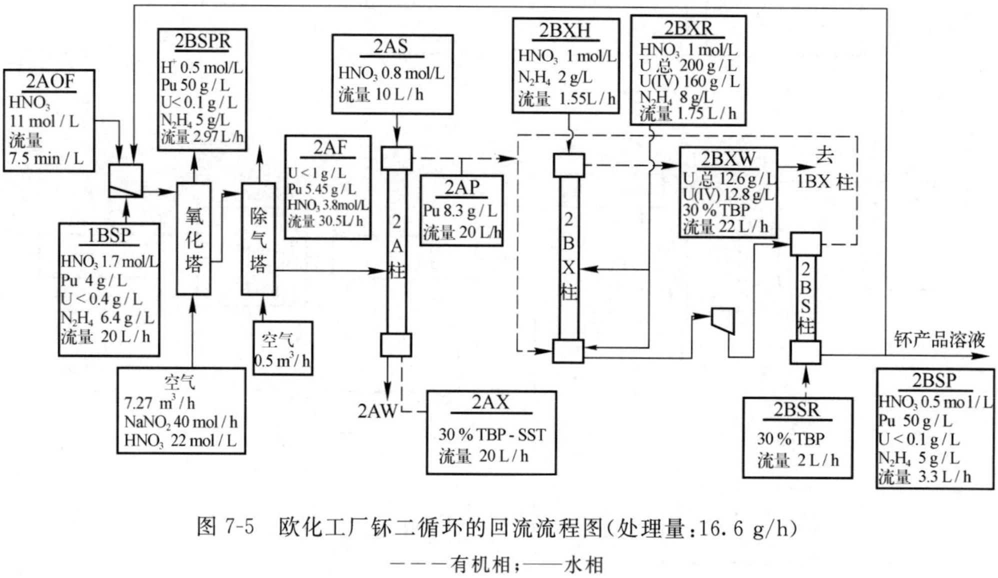

图 7-5 欧化工厂钚二循环的回流流程图（处理量：16.6 g/h）

———有机相；——水相

第三节 钚的沉淀

在乏燃料后处理厂钚的尾端可以获得纯净的硝酸钚溶液，也可将该溶液转化为固体二氧化钚产品。对于钚的最终产品贮存价格的估算表明，贮存二氧化钚比贮存硝酸钚溶液经济一些，安全一些。因此大多数后处理厂都建立了将硝酸钚转化为二氧化钚的装置[4]。

目前，世界各国后处理厂通常采用沉淀和煅烧的方法生产二氧化钚[3,31]。硝酸钚溶液直接脱硝生成二氧化钚也取得了许多研究成果[4,32]。

将硝酸钚溶液转化为沉淀物，当前认为较好的沉淀法有三种，即过氧化氢沉淀法，三价钚的草酸沉淀法和四价钚的草酸沉淀法。

一、过氧化氢沉淀钚

在三价或四价钚的硝酸水溶液中加入足够量的过氧化氢，可以得到绿色结晶的过氧化钚沉淀物。当钚浓度为 10～100 g/L，硝酸浓度为 1.5～8 mol/L HNO_3 范围内都能得到满意的结果[4]。经研究认为，沉淀体系的硝酸浓度以 4～5 mol/L 为佳。当硝酸浓度高时，沉淀物在溶液中的溶解度增大，如表 7-3 所示。同时过氧化氢的分解加快。这时得到的沉淀物容易过滤。如果沉淀系统中的硝酸浓度较低，将产生胶体沉淀，不易过滤，同时对杂质的净化效果变差[31,33,34]。

表 7-3　过氧化钚的溶解度[31]

$[HNO_3]$/(mol/L)	$[H_2O_2]$/(mol/L)	$[SO_4^{2-}]$/(mol/L)	上层清液中的钚浓度/(mg/L)
1.2	3.0	0.1	7
2.2	3.0	0.1	10
3.2	3.0	0.1	16
4.2	3.0	0.1	40
5.2	3.0	0.1	1 190

用 30%或 50% H_2O_2 作钚的沉淀剂，沉淀操作时要严格控制 H_2O_2 的加入速度。当沉淀系统中 H_2O_2 浓度达到 2 mol/L 之前，必须缓慢地加入沉淀剂，否则生成的沉淀物密度小，不易过滤。在沉淀过程中要边搅拌边加入沉淀剂，但是要控制搅拌强度不能太大，否则将会生成细小的沉淀，不利于过滤和后续操作。

为减少过氧化氢的分解量，所以要求沉淀、陈化和过滤等过程都应在较低的温度下进行。图 7-6 为过氧化氢沉淀钚的一种流程[31]，图中给出了各操作步骤的推荐温度。

料液中铁的浓度是影响过氧化钚沉淀的主要因素之一。当沉淀料液中铁含量较高时，会造成沉淀母液中钚含量增高，如表 7-4 所示[31]。高浓铁能催化过氧化氢的分解，并可能引起爆炸[33]，所以用过氧化氢沉淀钚时要严格限制料液中铁的含量。

表 7-4　过氧化钚沉淀时料液中铁含量对母液中钚浓度的影响

料液中铁的浓度/(mol/L)	母液中钚的浓度/(mg/L)
$<10^{-5}$	49
8.3×10^{-4}	65
4.1×10^{-3}	112
8.3×10^{-3}	160
8.3×10^{-2}	205

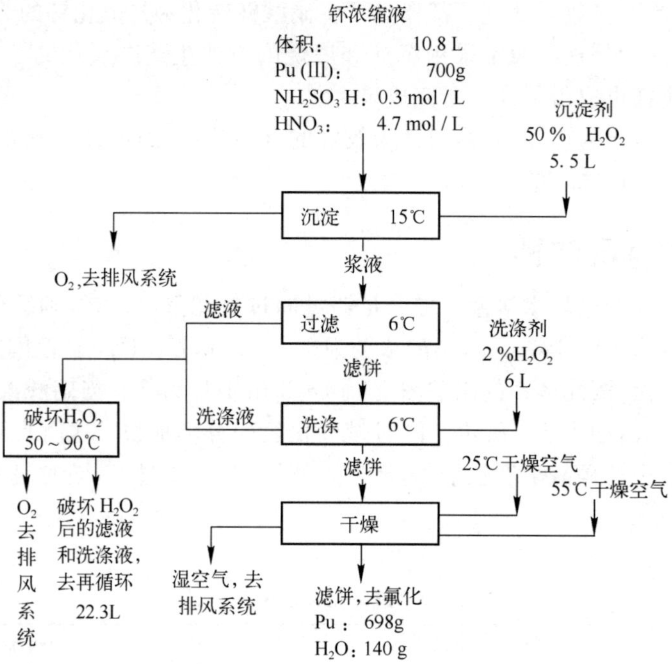

图 7-6　过氧化钚沉淀流程

如果在钚的纯化循环是用 $Fe(NH_2SO_3)_2$ 从溶剂中还原反萃钚的话，在沉淀料液中不但含有铁，而且还有硫酸根存在。当用 H_2O_2 从含 SO_4^{2-} 的硝酸溶液中沉淀钚时，SO_4^{2-} 也是影响因素之一。在沉淀系统中有适量的 SO_4^{2-} 存在时，过氧化钚沉淀颗粒大，易过滤，沉淀物的溶解度降低。但是，所得沉淀物的活性较低，不容易氧化，所以沉淀系统中 SO_4^{2-} 的浓度不应超过 0.02 mol/L[31]。

如果在钚的纯化循环不是采用含有亚铁或硫酸根的试剂还原反萃钚，或者是在拟进行沉淀的料液中不含铁或硫酸根，则铁和硫酸根就不会影响过氧化钚沉淀。

用过氧化氢从硝酸溶液中沉淀钚时，料液中如果不仅含有 Pu(Ⅲ)、Pu(Ⅳ)，还含有 Pu(Ⅵ)的话，就必须在沉淀之前先用过氧化氢调价。调价是在 50 ℃下进行。调价完毕后将溶液降温至 15 ℃，在适中的搅拌强度下，缓慢地加入 30%或 50%(质量分数)的过氧化氢，直到沉淀系统中过氧化氢的浓度达到 2 mol/L，然后再迅速地补加完沉淀剂，使沉淀系统中过氧化氢浓度达到 6 mol/L。加完沉淀剂之后，将沉淀系统的温度降低到 6 ℃，陈化 30 min。然后用不锈钢丝网过滤机或真空过滤机过滤。滤饼用 2%(质量分数)H_2O_2 溶液洗涤，然后进行干燥。干燥分两步进行，先用干燥的室温空气干燥，再用干燥的热空气(约为 55 ℃)进行干燥。干燥后的滤饼含水应控制在 0.2～0.35 g/gPu 范围内。

过氧化钚沉淀流程对阳离子杂质能达到极好的净化效果，由于只有很少几种金属离子才能生成不溶性的过氧化物沉淀，因此，包括下面将要讨论的转化流程都达不到这种分离效果。过氧化钚沉淀流程的净化效果如表 7-5 所示。

表 7-5　过氧化钚沉淀流程的净化效果[33]

元素	元素含量/(μg/g Pu)		元素	元素含量/(μg/g Pu)	
	硝酸钚原液	过氧化钚沉淀		硝酸钚原液	过氧化钚沉淀
Na	100	15	Pb	7	<1
Cu	90	3	Pb	100	2[1)]
Ag	4	<0.5	Cr	14 000	<20
Be	75	3	Cr	500	<10
Mg	1 000	<5[1)]	Mo	2 800	<20
Mg	30	<5	Mn	15	<1
Ca	75	25	Fe	620	<10
Zn	10	<10	Fe	20 800	370
B	75	3	Co	30 700	1 000
Al	>500	<5	Ni	65 000	<20
In	110	<5	Ni	1 380	<20
Si	1 200	10	Ru	16 200	1 000
Ti	425	<200	La	50	<10
Zr	3 400	1 000	Ce	10 000	170
Sn	15	2	Tb	34 000	32 000

注：1)连续两次过氧化钚沉淀。

二、草酸沉淀钚(Ⅲ)

在正常的工业生产中，刚从钚纯化循环流出的硝酸钚溶液中钚处于三价态。这时如果向该溶液加入草酸直接进行沉淀，就可以省去再调价的操作过程。同时，三价钚的草酸盐沉淀，沉淀母液中钚的浓度很低，因此，钚的损失较少。向含钚 5～100 g/L、硝酸浓度低于 1.5 mol/L的料液中，加入 1 mol/L $H_2C_2O_4$ 进行沉淀，这时母液中钚含量小于 20 mg/L。沉淀物为 $Pu_2(C_2O_4)_3 \cdot 10\ H_2O$。

三价钚的草酸盐沉淀的溶解度与母液中酸度的关系如表 7-6 所示[34]。

表 7-6　草酸钚(Ⅲ)的溶解度

$[H^+]$/(mol/L)	$[H_2C_2O_4]$/(mol/L)	上层清液中钚浓度/(mg/L)
3.7	0.5	460
1.96	0.2	290
0.75	0.2	21
0.22	0.14	6

草酸钚(Ⅲ)沉淀条件比较容易控制，生成的沉淀物能迅速地澄清和过滤，对杂质的净化较好，滤液中钚的损失较低[33]。

将草酸钚(Ⅲ)煅烧可生成 PuO_2，所得 PuO_2 反应活性中等。

三、草酸沉淀钚(Ⅳ)

将草酸加到Pu(Ⅳ)的酸性溶液中，可沉淀出黄绿色的草酸钚(Ⅳ)六水合物

$$Pu^{4+} + 4NO_3^- + 2H_2C_2O_4 + 6H_2O = Pu(C_2O_4)_2 \cdot 6H_2O + 4HNO_3 \qquad (7\text{-}12)$$

用草酸沉淀Pu(Ⅳ)时，若体系中有Pu(Ⅲ)和Pu(Ⅵ)存在，也可形成下列沉淀

$$Pu^{3+} + 6NO_3^- + 3H_2C_2O_4 + 10\ H_2O = Pu_2(C_2O_4)_3 \cdot 10\ H_2O + 6HNO_3 \qquad (7\text{-}13)$$

$$PuO_2^{2+} + 2NO_3^- + H_2C_2O_4 + 3H_2O = PuO_2C_2O_4 \cdot 3H_2O + 2HNO_3 \qquad (7\text{-}14)$$

在 $HNO_3—H_2C_2O_4$ 混合酸液中，草酸钚(Ⅲ)沉淀的溶解度和草酸钚(Ⅳ)沉淀的溶解度差不多，所以在沉淀料液中有三价钚存在对沉淀过程中钚的收率影响不大。但是草酸钚酰沉淀物在 $HNO_3—H_2C_2O_4$ 混酸中的溶解度却比草酸钚(Ⅳ)沉淀的溶解度大得多，如表7-7所示[31,34]。

硝酸和草酸的浓度对草酸钚(Ⅳ)沉淀物溶解度的影响如表7-8所示[31,34]。

表7-7　草酸钚酰在20 ℃的 HNO_3-$H_2C_2O_4$ 溶液中的溶解度　　单位：gPu/L

硝酸浓度/(mol/L)	$H_2C_2O_4$ 浓度/%(质量分数)					
	0	1	2	<4	<6	<8
1.1	3.2	0.95	0.64	0.59	0.51	0.49
2.0	3.91	1.28	0.91	0.62	0.57	0.49
3.08	6.75	2.35	1.3	0.76	0.61	0.59

表7-8　草酸钚(Ⅳ)在27 ℃的 HNO_3-$H_2C_2O_4$ 溶液中搅拌2～3星期后的溶解度

$[HNO_3]$/(mol/L)	$[H_2C_2O_4]$/(mol/L)	溶解度/(mg Pu/L)	$[HNO_3]$/(mol/L)	$[H_2C_2O_4]$/(mol/L)	溶解度/(mg Pu/L)
0	0	45.9	2.0	0	128
0	0.05	334	2.0	0.05	9.7
0	0.25	242	2.0	0.25	15.1
0.5	0	69.0	3.52	0.005	92.1
0.5	0.05	26.6	3.52	0.01	45.8
0.5	0.25	97.1	3.52	0.05	18
0.5	0.60	361	3.52	0.1	18.2
1.0	0	122	3.52	0.5	21.4
1.0	0.05	13.3			
1.0	0.25	36.9			
1.0	0.60	133			

当草酸浓度一定时，草酸钚的溶解度随着混酸中硝酸浓度的提高而降低，降低到最低点

后，又随着硝酸浓度的提高而增加，如图 7-7 所示[31]。

用草酸从含钚的硝酸溶液中沉淀 Pu(Ⅳ)时，硝酸的浓度较低会使杂质共沉淀，并且生成的沉淀颗粒太细而不利于澄清和过滤。硝酸浓度过高，又会生成胶粘沉淀，沉淀物的溶解度较大而引起钚的损失增加[31,33]。

综合考虑以上这些因素，最后选择料液中硝酸浓度为 2～3 mol/L，浆液中草酸的过剩量在 0.05～0.15 mol/L 进行沉淀比较合适。

沉淀时温度是很关键的因素，要将温度控制在 50～60 ℃为宜。因为温度太低就会使沉淀颗粒太细，不利于澄清和过滤。如果温度超过 60 ℃，往往生成不稳定的摇溶沉淀。

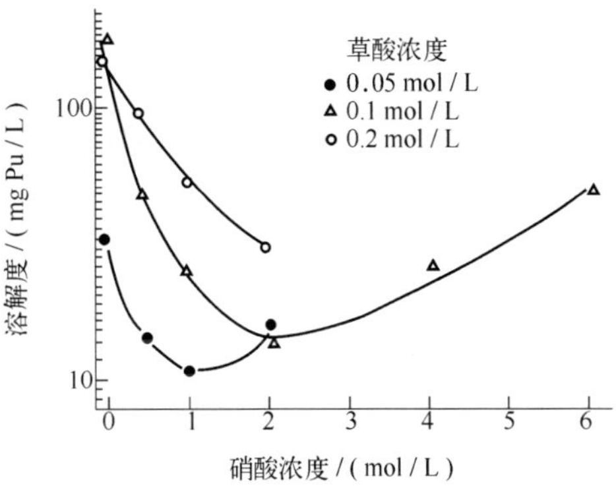

图 7-7　在硝酸-草酸溶液中草酸钚(Ⅳ)的溶解度

在沉淀时还应严格控制草酸的加入速度。如果草酸加得过快，容易产生大量的晶核，沉淀物的颗粒细小。如果沉淀剂加得太慢，也不利于晶体生长，同样产生细小的沉淀。为了便于控制沉淀剂的加入速度，在沉淀开始阶段可采用浓度较低的草酸溶液。

在沉淀过程中要给以适当强度的搅拌。搅拌强度主要影响沉淀剂在料液中的分散程度。搅拌强度不足或搅拌强度太大都会使得沉淀物颗粒细小，所以搅拌强度要通过实验确定。

加完沉淀剂之后，沉淀物要在 50～60 ℃下蒸煮一段时间，这段时间称为沉淀物的陈化时间。因为草酸钚(Ⅳ)沉淀反应达到平衡需要一段时间。生产上当然不能等到沉淀反应达到完全的平衡。从表 7-9 可见，开始沉淀 1 h 后，上层清液中钚浓度变化就不大了，可以认为沉淀反应基本上达到了平衡。

表 7-9　在 1 mol/L 硝酸－0.1 mol/L 草酸中草酸钚(Ⅳ)的沉淀速度

开始混合后的时间/h	上层清液中的钚浓度/(g/L)
0	0.22
0.5	0.070
1	0.036
2	0.031
4	0.028
7	0.027
78	0.025

从表 7-10 可以清楚地看出陈化时间对母液中钚含量的影响。

陈化对于结晶体的长大，降低沉淀物中杂质的含量，降低母液中钚含量都是有利的[31,33]。

表 7-10　陈化时间对母液中钚含量的影响

沉淀剂	陈化后母液中的钚浓度/(mg/L)			
	陈化 0.5 h	陈化 1 h	陈化 2 h	陈化 4 h
0.2 mol/L $H_2C_2O_4$+1 mol/L HNO_3	31.0	29.0	24.5	23.5
0.3 mol/L $H_2C_2O_4$+1 mol/L HNO_3		62.6	44.0	37.5
0.4 mol/L $H_2C_2O_4$+1 mol/L HNO_3	109	108.5	73.5	53.6

陈化时间一般应根据对母液中钚含量的要求，对产品净化的要求和生产周期等因素综合考虑来确定，通常为 2～3 h。

沉淀物经过陈化后送去过滤。如果采用真空抽滤的话，过滤开始阶段真空度不能太大，防止细小晶粒被抽入母液中，降低钚的收率。待沉淀物形成一层薄饼后，可逐渐加大抽滤的真空度。待沉淀浆液过滤完之后，应再继续抽滤数分钟，尽量减少滤饼中夹带的母液量。

滤饼用 1 mol/L HNO_3—0.3 mol/L $H_2C_2O_4$ 洗涤 3～4 次。对于间歇沉淀过滤操作，洗涤的方法通常是用混酸浸泡法，浸泡数分钟后抽干洗涤液。将洗涤液同母液混合，送去回收其中的钚。洗涤的作用是用洗液置换出滤饼中夹带的母液并洗除某些为草酸钚载带或吸附的杂质。

典型的草酸钚(Ⅳ)沉淀工艺流程如图 7-8 所示[31,33]。图 7-9 为草酸钚(Ⅳ)连续沉淀流程示意图[31]。

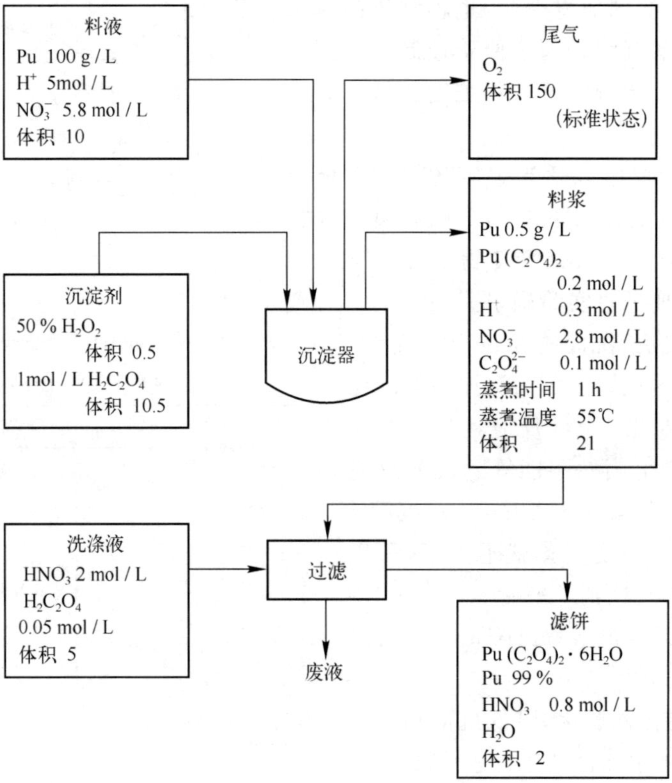

图 7-8　典型草酸钚(Ⅳ)沉淀流程

通过草酸钚(Ⅳ)沉淀，钚产品亦可获得一定的纯化。表 7-11 给出了草酸钚(Ⅳ)沉淀的净化系数[33]。

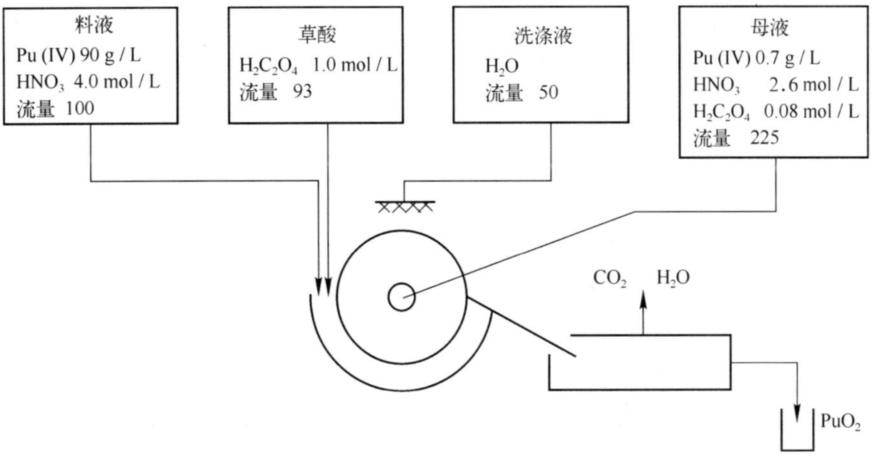

图 7-9　草酸钚(Ⅳ)连续沉淀流程

表 7-11　草酸钚(Ⅳ)沉淀所得到的净化系数

元　素	净化系数	元　素	净化系数
Zr-Nb	3～6	Al	100
Ru	12	Cr	100
Am	1	Ni	100
Th	1	U	60

四、三种沉淀方法的比较

欲比较沉淀方法的优劣，必须有基本一致的标准。通常对于沉淀过程都有下列一些要求：

(1)得到的沉淀物应是大颗粒结晶，易于过滤、干燥和煅烧；

(2)所用沉淀剂和所得沉淀物化学性质稳定，工艺条件容易控制，生产操作安全；

(3)对杂质有一定的净化能力；

(4)沉淀母液中钚的含量要低，并且容易回收，母液量要少，以便减少母液回收系统的负担；

(5)沉淀物经过煅烧后得到的二氧化钚活性要高些。

根据上述的要求，现将三种沉淀法所获得的去污系数和三种沉淀方法的优缺点分别列入表 7-12和表 7-13[3,31]。

表 7-12　三种沉淀方法的去污系数

元素	Pu(Ⅳ)过氧化氢沉淀法	Pu(Ⅳ)草酸盐沉淀法	Pu(Ⅲ)草酸盐沉淀法
Fe	50	10	33
Co	30	>95	47
Zr	1	>44	3.5
Mo	>140	>15	>13
Ru	>14	33	>38
Ce	6	1	1

从上面对三种沉淀方法的论述以及表 7-12 和表 7-13 的比较可见，草酸是一种比较好的沉淀剂，用它沉淀生成的草酸钚(Ⅳ)沉淀物的溶解度很低，因此可以获得较高的钚收率。草酸钚(Ⅳ)沉淀物的组成固定，结晶好，因而容易过滤和洗涤，生产过程稳定，容易控制，可以实现连续操作。由草酸钚(Ⅳ)沉淀物煅烧制得的二氧化钚活性较好，可满足后续加工工序的要求。

因此，世界上很多后处理厂都采用草酸钚(Ⅳ)沉淀法作为它们的尾端处理工序[3]。

表 7-13　三种沉淀方法优缺点比较

工艺条件	优点	缺点
H_2O_2 沉淀：($10\sim100$ gPu/L，$1\sim4.5$ mol/L HNO_3)	(1)对大部分杂质有很好的去污系数； (2)仅加入 H_2O_2，它很容易被破坏； (3)沉淀易在 HNO_3 中溶解和分解； (4)最终酸度范围广； (5)沉淀煅烧成的 PuO_2 活性高	(1)在某些条件下，尤其是有大量杂质 Fe 存在下，沉淀猛烈地分解； (2)在有 Fe 存在时，母液中 Pu 损失严重，需在低温条件下沉淀； (3)需要开发连续沉淀工艺，其中包括控制沉淀物溶解
Pu(Ⅳ)草酸盐 ($1\sim300$ gPu/L，$1.5\sim4.5$ mol/L HNO_3)	(1)比 H_2O_2 沉淀系统更为稳定； (2)已开发出了连续沉淀工艺过程； (3)最终酸度范围广； (4)对 Zr，Ru 杂质去污效果较好； (5)沉淀煅烧成的 PuO_2 活性中等	(1)用 HNO_3—HF 溶解之前，必须烧成 PuO_2； (2)对杂质去污中等； (3)与三价草酸钚沉淀方法相比，在实际工艺操作过程中，沉淀之前需将 Pu(Ⅲ)氧化成 Pu(Ⅳ)
Pu(Ⅲ)草酸盐 ($5\sim100$ gPu/L，<1.5 mol/L HNO_3)	(1)可省去氧化调价一步； (2)在室温下，也有较好的沉淀性质和沉降性质； (3)母液中 Pu 损失较低； (4)能用于连续生产； (5)沉淀煅烧成的 PuO_2 活性中等	(1)用 HNO_3—HF 溶解之前，必须烧成 PuO_2； (2)对杂质去污中等； (3)在整个过程中，需要很好地控制价态是三价； (4)对放射性杂质 Zr 的去污效果比四价草酸钚沉淀过程差一些

五、沉淀过程中出现的问题及其解决办法

据报道[35]，法国阿格厂第一台草酸盐沉淀器经常停工，原因是草酸钚沉淀物沉积下来粘附在沉淀器器壁和搅拌器上。沉积物逐渐积累，最后掉落到沉淀器底部，堵住了提升草酸盐浆液用的空气升液泵的通路。

这样，每隔 48 h 就得将沉淀器停下来用硝酸溶解沉积物，将溶解液返回前一工序再加工处理，沉淀器才能继续工作。

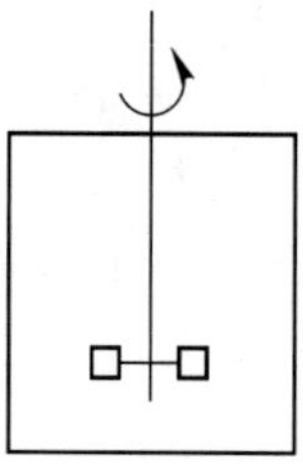

图 7-10　杯式沉淀槽

法国阿格厂针对出现的问题，在实验室研究的基础上，对沉淀操作和沉淀器都进行了改进：修改了沉淀器的几何形状，取消了机械搅拌器，采用了新的溶液加料系统，使用超声波进行物料混合。

经过这些改进之后，真正实现了草酸钚沉淀的连续运行[35]。

图 7-10 是杯式连续沉淀槽的示意图[3]。它的结构最简单，这是它最重要的优点，尽管它

有混合不均匀、部分液体有短路的现象等缺点，但是它仍为法国阿格厂等大型后处理厂所采用。针对杯式连续沉淀器的缺点，美国设计了图 7-11 和图 7-12 两种形式的连续沉淀槽[3]。

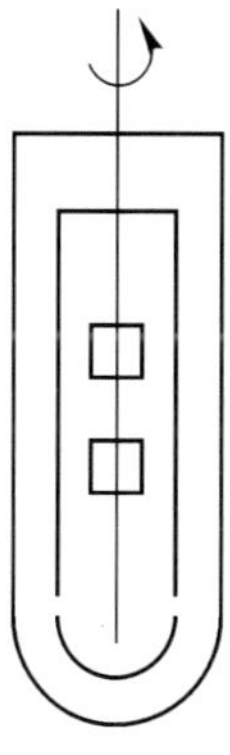

图 7-11　萨凡那河厂沉淀槽

第四节　制备二氧化钚

在空气和惰性气氛中煅烧硝酸钚、氢氧化钚、过氧化钚、草酸钚(Ⅲ)和草酸钚(Ⅳ)，都可以制得二氧化钚。

在生产二氧化钚的过程中，依据二氧化钚的用途，选取适中的煅烧温度，保持二氧化钚的活性和粒度都是非常重要的。

根据二氧化钚的用途不同，选择煅烧温度，其差别还是很大的。例如，美国萨凡那河厂草酸钚煅烧温度选为 300～400 ℃。认为在此温度下，草酸钚(Ⅳ)可迅速转变为反应活性极高的二氧化钚粉末，它适合于再转化成 PuF_4。但是这时

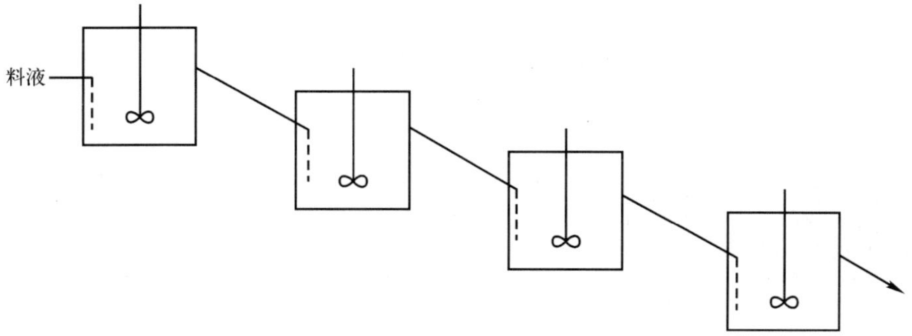

图 7-12　巴威尔厂四槽串联沉淀槽

生成的二氧化钚并不是化学计算量的二氧化钚，其中含有水分和一些中间化合物。在这种化合物中钚的含量通常为 80%～85%(二氧化钚中钚的理论含量为 88.19%)。温度低于 300 ℃时，反应转化不完全，而温度超过 480 ℃时，则生成不能直接进一步氢氟化的氧化物粉末。所以萨凡那河厂选择煅烧温度为 300～400 ℃，如图 7-13 所示[3,31]。

美国埃克松核燃料回收和再循环中心，选用卧式螺旋槽焙烧器，脱硝并焙烧硝酸钚，控制焙烧温度在 400～450 ℃之间，生成水分含量低于 0.1%(质量分数)的 PuO_2[36]。

法国的草酸盐沉淀和煅烧流程如图 7-14 所示，该流程选用的煅烧温度为 600 ℃[3]。

英国塞拉菲尔德 THORP 厂是在四台玻璃沉淀器中，用草酸沉淀钚生成草酸钚(Ⅳ)。沉淀物用回转式真空过滤机过滤和洗涤之后，送入干燥炉内进行干燥，然后在 600 ℃下在煅烧炉内煅烧，制得粉末状二氧化钚产品。THORP 厂钚的尾端加工生产线如图 7-15 所示[37]。

此外，还有工厂选用更高的煅烧温度，如美国的巴威尔厂设计的煅烧温度为 750 ℃[1,31]。

从增加产品活性和延长煅烧炉使用寿命的角度考虑，似乎选用较低的煅烧温度好一些。但是，煅烧温度过低，转化反应不易完全，相应地需要较长的煅烧时间。此外，从产品的包装和贮存考虑，希望二氧化钚的活性低些，对气体吸附能力差些。

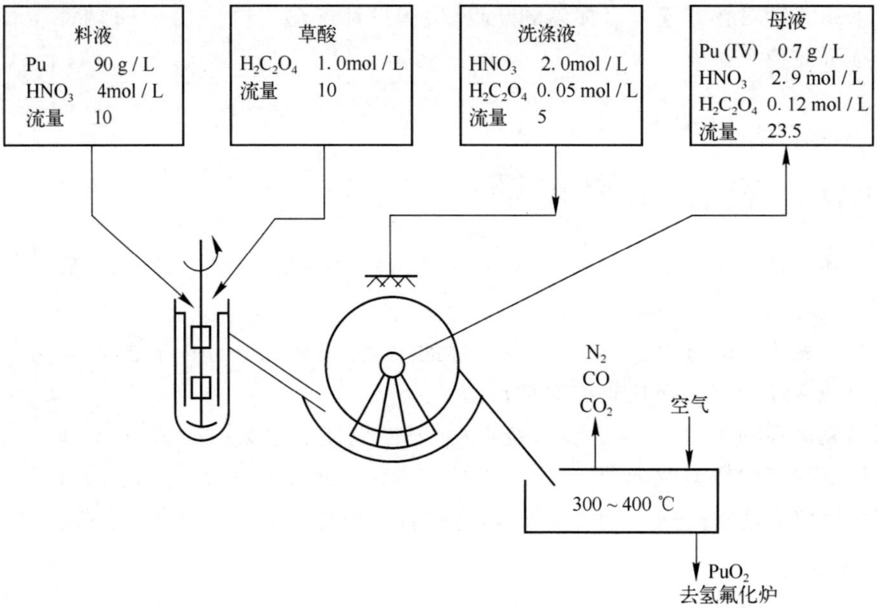

图 7-13 沉淀煅烧原理流程图(萨凡那河厂)

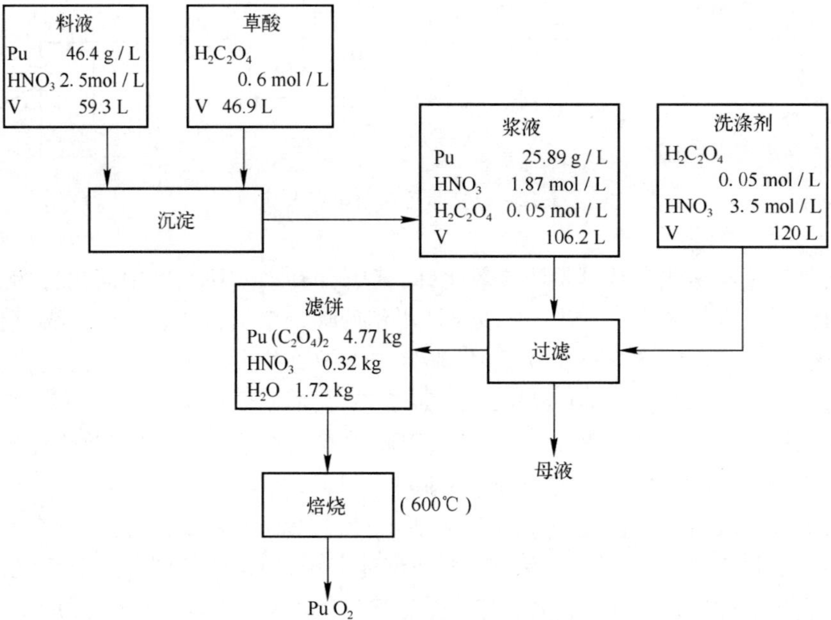

图 7-14 沉淀煅烧原理流程图(法国)

二氧化钚产品不论是继续深度加工，还是与二氧化铀混合制备混合氧化物燃料元件，对其物理性质都有一定的要求：

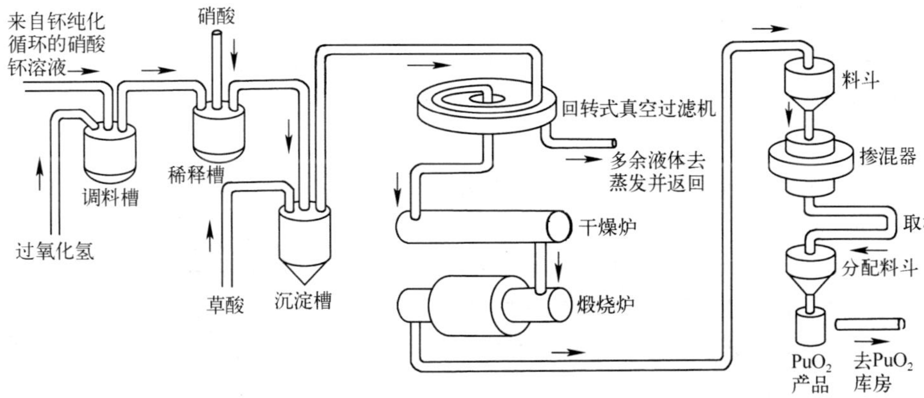

图 7-15　钚的尾端加工线

颗粒的比表面积大于 2.5 m^2/g；

堆密度约为 10 g/cm^3；

颗粒的平均尺寸约为 10 μm,最大颗粒不应超过 90 μm[4]。

一、草酸钚(Ⅳ)的煅烧

在煅烧草酸钚之前通常是先将沉淀物干燥,然后再煅烧,像图 7-15 所示的英国 THORP 厂那样,设有干燥炉。也有的工厂是在煅烧器中先干燥滤饼,接着完成煅烧任务。

滤饼的干燥过程是除去其中夹带的水、硝酸和草酸。

对于 $Pu(C_2O_4)_2 \cdot 6H_2O$ 的热分解机理有不同的解释。图 7-16 表明了在空气中水合草酸钚(Ⅳ)在不同温度下的热解质量曲线。图 7-17 是在空气中在恒温下随时间而变化的热解质量曲线[34]。

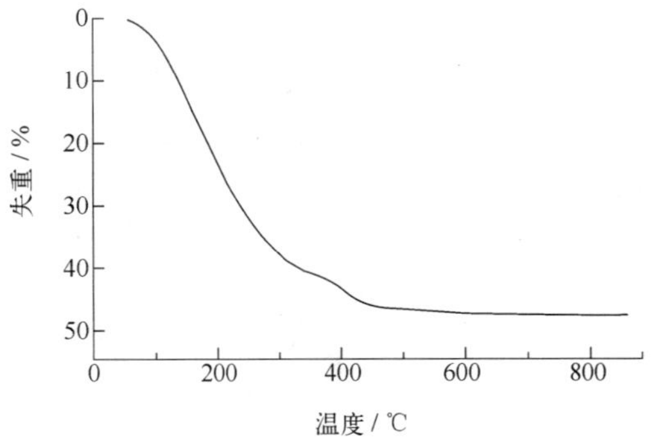

图 7-16　在空气中 $Pu(C_2O_4)_2 \cdot 6H_2O$ 的热分解

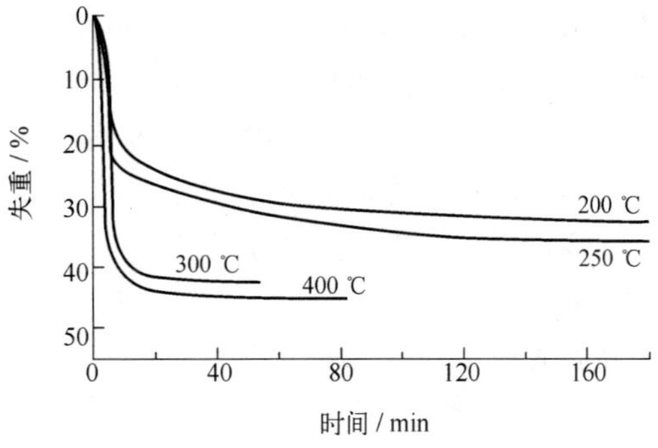

图 7-17　在空气中 $Pu(C_2O_4)_2 \cdot 6H_2O$ 的等温热分解

Myers 作了草酸钚(Ⅳ)在惰性气氛和在空气中热解质量研究[34]。分析了在草酸钚分解期间释放出的气体。在惰性气体中在 80 ℃时,$Pu(C_2O_4)_2 \cdot 4H_2O$ 分解为 $Pu(C_2O_4)_2 \cdot H_2O$,

在 80～150 ℃时轻微脱水生成无水 $Pu(C_2O_4)_2$。其后，在160～250 ℃时，发生了首次快速分解，然后就缓慢了，生成了三价钚的草酸盐 $Pu_2(C_2O_4)_3$ 和 CO_2。在 260～275 ℃时，三价草酸钚开始分解，生成了成分难以辨认的混合物。在 300 ℃继续转变，放出 CO 和 CO_2，在500 ℃时完全转变为二氧化钚。并且指出，在温度低于600 ℃不能生成化学计算量的 PuO_2。

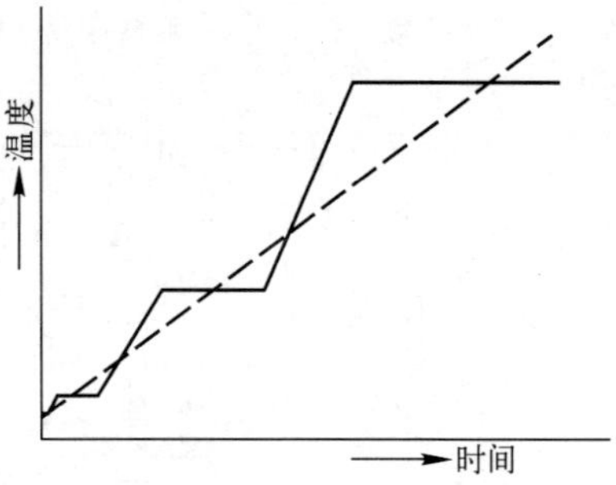

图 7-18　草酸钚(Ⅳ)焙烧升温曲线

虽然对于 $Pu(C_2O_4)_2 \cdot 6H_2O$ 的热分解有不同的解释，但是，都认为下面的步骤是必经的，即六水合草酸钚(Ⅳ)的脱水和无水草酸钚(Ⅳ)的分解。其反应可用下式表示：

$$Pu(C_2O_4)_2 \cdot 6H_2O \xrightarrow{加热} Pu(C_2O_4)_2 + 6H_2O \tag{7-16}$$

$$Pu(C_2O_4)_2 \xrightarrow{加热} PuO_2 + 2CO_2 + 2CO \tag{7-17}$$

煅烧过程有两种升温方式，如图 7-18 所示[31]。一种是缓慢地等速升温(图中的虚线所示)，另一种是阶梯式的升温——恒温(图中的实折线所示)。这两种方式的升温效果是相同的。生产中常采用第二种方式，分三个阶段实现升温——恒温。第一阶段在 80～90 ℃恒温，主要是滤饼夹带水分的蒸发。这个阶段恒温 1～2 h。第二阶段在 240～250 ℃时恒温 2 h 左右，这个阶段主要是滤饼中硝酸和草酸的分解，草酸钚(Ⅳ)脱去结合水的过程。在这两个阶段中将有大量气体逸出。为了防止物料喷溅，升温速率不能太快，同时要注意保持煅烧炉内的负压。第三阶段升温和恒温主要是使草酸(Ⅳ)分解生成二氧化钚。这一阶段升温和恒温的温度主要取决于二氧化钚的用途。温度低时(800 ℃左右)，所得的二氧化钚活性高，有利于进一步加工处理，但其中的氧含量较高。高温时(1 000 ℃以上)得到的二氧化钚活性较低，含氧量也低。

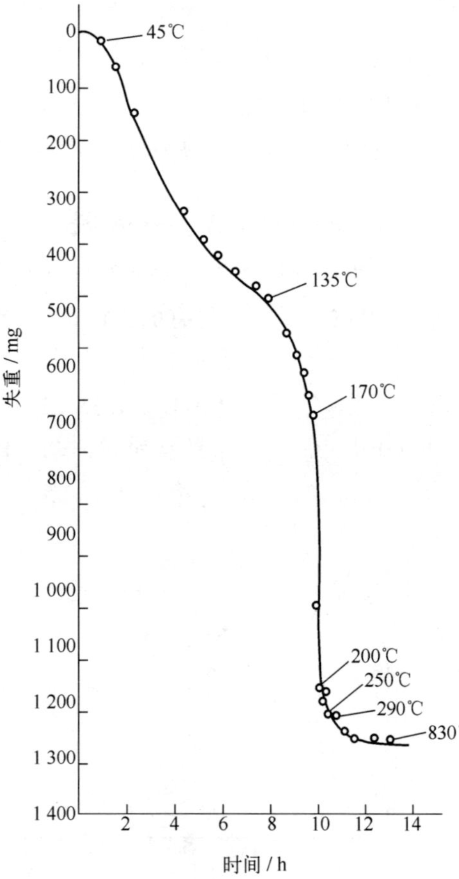

图 7-19　$Pu(C_2O_4)_2 \cdot 6H_2O$ 在空气中热分解

图 7-19 给出了一种在不同的热分解时间不同温度下的物料失重曲线[38]。

煅烧时装料层应薄些、松散些，如果物料层太厚，压得太实，在煅烧时容易发生物料喷溅和结块，也容易造成产品含碳量高。

煅烧时要向煅烧炉通入一定量的空气，这有助于带走草酸钚分解过程中产生的气体，有利于降低产品的碳含量。

在煅烧过程中要保持一定的负压，使煅烧尾气能顺畅地排出。负压不易太大，如果负压过大，在煅烧的第一和第二阶段容易形成物料喷溅，在第三阶段可能增加尾气中粉尘夹带量，使得钚的损失量增加。

二、钚溶液脱硝

除了最广泛应用的脱硝方法——草酸盐沉淀、煅烧制备二氧化钚之外，将纯净的硝酸钚溶液直接脱硝，也可制备二氧化钚产品。

等离子脱硝法。图 7-20 是一种等离子灯装置[4]，该装置由等离子体发生器、反应器、物料计量器和将产品转为一定化学状态的淬火装置等组成。

目前有两种等离子化学反应器，一种是电极等离子化学反应器，如图 7-21 所示；另一种是无电极等离子反应器，如图 7-22 所示[4]。

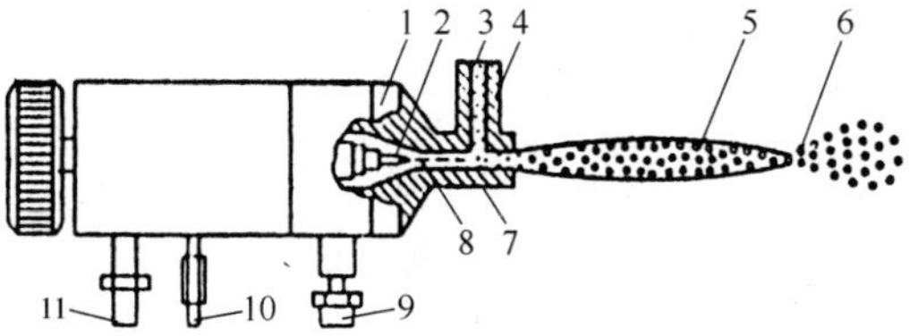

图 7-20　在等离子灯火焰中制备球形燃料颗粒的装置示意图

1—等离子气；2—阴极；3—粉末入口；4—粉末颗粒；5—等离子火焰；6—球形粉末颗粒；7—阳极；8—电弧；9—电能输入；10—送气；11—送水

用等离子喷雾法可以制得球状（15～250 μm）PuO_2 颗粒，很密实，约为理论密度的 96%。得到的 PuO_2 化学稳定性较高，对酸和碱都很稳定。

美国在西北太平洋实验室半工业规模的旋转焙烧炉中，对 $Pu(NO_3)_4$ 溶液直接进行连续脱硝。焙烧炉入口温度维持在 200～300 ℃，出口温度为 450 ℃。焙烧时间 30 min。制得的 PuO_2 的湿度不超过 0.5%[4]。

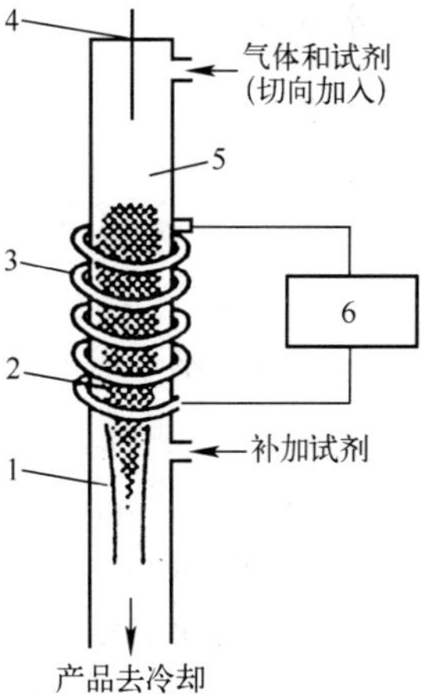

图 7-21　高频反应器示意图

1—等离子体尾部；2—等离子体；3—铜制水冷感应装置；4—起动棒；5—石英管；6—高频电源

三、二氧化钚的性质

由于制得的二氧化钚的粒度不同、纯度不同，颜色也有所不同。在 1 200 ℃以上煅烧制得的二氧化钚都是黄褐色。

二氧化钚的比表面积随着用于制备该氧化物的盐类的不同而相异。二氧化钚的比表面积按照下列次序减低：草酸盐＞氢氧化物＞硝酸盐＞过氧化物。由草酸盐制得的二氧化钚的比表面积从 20 m^2/g 到 60 m^2/g 不等。由氢氧化物制得的二氧化钚的平均表面积为 20 m^2/g。用硝酸盐制得的二氧化钚的比表面积在 6～12 m^2/g 之间变化。过氧化物制得的二氧化钚比表面积为 5～10 m^2/g。

在通常情况下，二氧化钚的比表面积越大其活性越好[31,33,34]。

二氧化钚的溶解速率也是其重要的性质之一。用硝酸—氢氟酸溶解二氧化钚，研究表明，在较低的煅烧温度下制备的二氧化钚具有最好的溶解特性。直接脱硝制得的二氧化钚可溶性很差。研究结果认为，二氧化钚的溶解度与其比表面积没有直接关系。

表 7-14 给出了用不同方法生产的二氧化钚的溶解实验结果[40]。

二氧化钚具有面心立方体晶格，晶体密度为 11.46 g/cm^3。在氦气中二氧化钚的熔点为2 280 ℃，在空气中其熔点为 2 400 ℃。

二氧化钚是吸湿性较强的物质，吸收水分量的多少和吸湿速率取决于其比表面积和存放环境的湿度。比表面积越大及环境湿度越高，则二氧化钚吸水越多。试验测得的二氧化钚的吸收水分量可达干燥二氧化钚量的 5%。

在生产操作过程中，特别是在取样分析过程中，由于钚的特殊的物理性质和化学性质，要取得能代表整批产品性质的样品是不容易的。为此阿格厂对实际操作条件下的二氧化钚失重和增重做了研究。

图 7-23 表示一份样品在 30 d 内的质量变化情况。起初质量增重至 0.12%时趋于稳定。后来故意引入周围环境的空气 3 h，又增重 0.3%，以后又缓慢地失重。

图 7-24 表示 PuO_2 在开始加热时失重 0.02%，说明产品中含挥发性组分很少，过 4 d 后又缓慢地增重 0.08%。

图 7-25 表示 PuO_2 在开始加热时失重 0.67%，说明产品中含挥发性成分较多，过 4 d 后很快又失重 0.4%。

上面的研究结论是，如果 PuO_2 中含挥发性杂质量低于 0.1%，就能取到有代表性的样品；如果二氧化钚中所含杂质量大于 0.1%，则样品不能代表这批产品，最终分析结果可能有 0.4% 或更多的误差[35]。

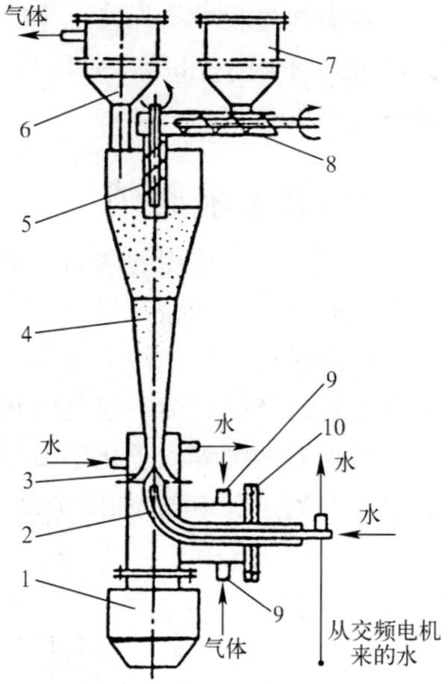

图 7-22　带流化床的高频火焰等离子化学反应器示意图

1—固体产物贮槽；2—高压电极；
3—水冷却喷口；4—可变截面外壳；
5—分散器；6—旋风除尘器；
7—加料斗；8—旋风输送器；
9—引入等离子气和气体试剂的连接器；
10—隔离密封薄片

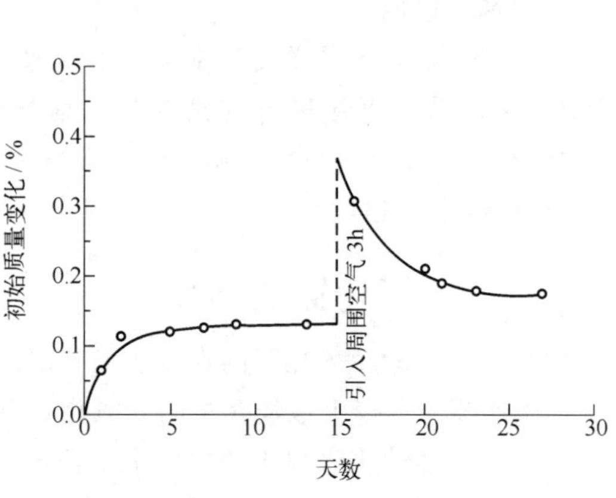

图 7-23　二氧化钚的质量变化[35]

（在 135 ℃下加热开始失重 0.26%，在手套箱中 135 ℃下加热 48 h 后失重达 0.38%）

表 7-14　不同方法生产的二氧化钚的溶解实验结果

二氧化钚生产途径	煅烧温度/℃	12 mol/L HNO_3 0.002 mol/L F^-	12 mol/L HNO_3 0.005 mol/L F^-	12 mol/L HNO_3 0.01 mol/L F^-
脱硝法	240	4.48	6.15	10.2
	400			
	600			
	800	11.49	30.41	41.74
	1 000	0.98	12.64	27.10
过氧化物	240	99.20	99.48	99.66
	400	99.66	99.76	99.78
	600	3.81	15.60	57.38
	800	0.67	15.05	34.01
	1 000	1.14	9.44	16.10
草酸盐	240	92.54	98.12	99.46
	400	69.26	88.07	99.50
	600	7.07	13.02	62.50
	800	0.41	1.35	29.84
	1 000	1.01	14.72	30.62
氢氧化物	240	99.56	99.85	99.95
	400	5.74	6.75	13.23
	600	0.32	0.59	2.28
	800	0.20	2.08	18.55
	1 000	0.01	8.33	41.33

注：溶解液回流加热 2 h，测定溶解钚的百分含量。

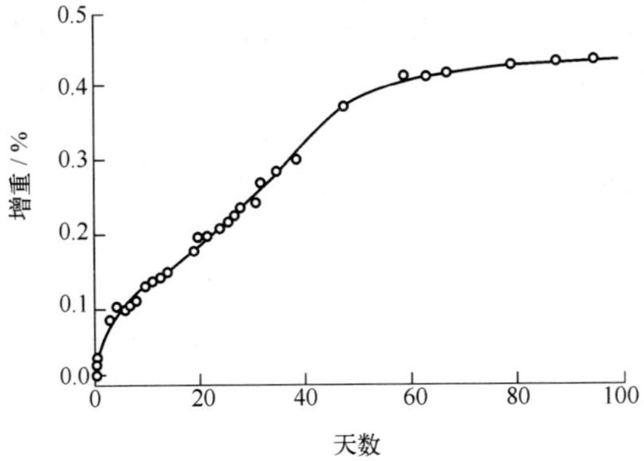

图 7-24　二氧化钚的增重情况[35]
（样品初始质量 2.488 6g，在 135 ℃下加热开始失重 0.02%，过 4 d 后又增重达 0.08%）

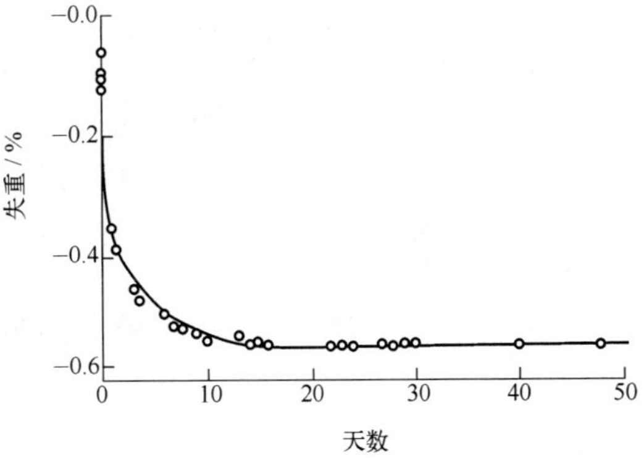

图 7-25　二氧化钚的失重情况[35]
（样品初始质量 2.411 0g，在 135 ℃下加热开始失重 0.67%，过 6 h 后失重达 0.166%
过12 h 后失重达 0.332%，过 48 h 后失重达 0.415%）

第五节 制备铀—钚混合氧化物燃料

制备铀—钚混合氧化物燃料，可以用分别制得的 PuO_2 和 UO_2 颗粒制备，也可以用分别制得的铀和钚的硝酸溶液制备，还可以用铀和钚的混合硝酸溶液制备。美国、日本、德国等建立了几种生产 $(U,Pu)O_2$ 的方法[4,39]。

从铀和钚的硝酸盐溶液中，采用共沉淀方法，制得的燃料的均质性可以达到最大。例如，向含铀和钚总量为 100 g/L 的 0.4 mol/L HNO_3 溶液（维持料液温度为 56 ℃）加入3 mol/L NH_4OH 溶液，将料液中和至 pH 为 5 左右。这时生成了沉淀，将沉淀过滤和洗涤后，在 100～200 ℃下烘干，然后在 750～850 ℃下，在氮氢混合气氛中（92% N_2—8% H_2）煅烧。用这种方法得到的 $(U,Pu)O_2$ 中，PuO_2 的含量可高达 40%。

美国通用电气公司去掉了过滤操作，将得到的 $(NH_4)_2U_2O_7$ 和 $Pu(OH)_4$ 烘干后在400 ℃下在流化床中煅烧。将得到的粉末在 550 ℃下在氮氢混合气氛下（6% H_2—94% N_2）加热。这时粉末中的 UO_3 被还原为 UO_2。为了使得到的粉末更稳定，建议在 500 ℃下，在 CO_2 中，对 $(U,Pu)O_2$ 进行补充处理。

美国阿贡国家实验室在流化床中连续分解铀和钚的硝酸盐溶液。首先，将 1.6 mol/L U ＋0.05 mol/L Pu 的硝酸溶液，在 375 ℃下脱硝，得到 PuO_2—UO_3。接着，在 600 ℃下在还原气氛中使 UO_3 还原，最后得到 PuO_2—UO_2 产品。用这种方法既可以制得热中子轻水堆用铀—钚混合氧化物燃料（含 PuO_2 约为 3%），也可以制得含 PuO_2 约为 20%的快中子堆用的铀—钚混合氧化物燃料。

日本开发并建成了两套铀—钚硝酸溶液直接脱硝—煅烧装置。这两套铀—钚共转化装置的生产能力分别为 2 kg/d 钚和 10 kg/d 钚。硝酸溶液中的铀钚比可以调整，铀钚浓度约为 270 g/L。

每套装置由下列设备组成：微波加热脱硝设备、电磁感应加热器、电子冷却设备、机械粉碎机和气流输送机。

将铀钚混合溶液加入脱硝器中，用频率为 2 450 MHz、功率为 16 kW（最大为 20 kW）的微波辐射加热到 400 ℃，生成 PuO_2—UO_3 块状产物。脱硝后用电子冷却设备将脱硝盘及其脱硝产物冷却到 60 ℃以下。然后将块状脱硝产物送入机械粉碎机粉碎为 5 mm 以下的颗粒。

将微波脱硝得到的 PuO_2—UO_3 用气流输送到加料漏斗，再用螺旋给料机送入回转炉中，在回转炉中进行煅烧并还原。煅烧温度为 750 ℃。还原气体为 5% H_2—95% N_2。炉内气流速度为 10～30 cm/s。

将在回转炉中制得的 $(U,Pu)O_2$ 粉末磨细到 0.5 μm 的颗粒，送去压片和烧结，制成铀—钚混合氧化物燃料[4,39]。

参考文献

1 汪德熙，王方定，祝疆等译．核化学工程．北京：原子能出版社．1988

2 动力堆乏燃料后处理资料汇编．核二院，核科学技术情报研究所．1988
3 动力堆乏燃料后处理综合调研报告．核科学技术情报研究所．1991
4 黄昌泰，李光鸿，魏连生译[俄]. 核电站燃料后处理．第二版．北京：原子能出版社，1996
5 HW-60116
6 A/CONF. 49/P/065
7 DP-739
8 DP-1248
9 A/CONF. 49/P/028
10 Proceedings of the Third International Conference on the Peaceful Uses of Atomic Energy. Vol. 10,344
11 A/CONF. 49/P/435
12 TID-7534
13 RECOD'91. 83～88
14 Proceedings'ISEC'71. 565～576
15 Proceedings ISEC'83. 329～330
16 Proceedings ISEC'86. 117～129
17 Proceedings ISEC'71. Vol. 1,514～533
18 DP-1248
19 核科学技术情报研究所．乏燃料后处理'94. 114～119
20 核科学技术情报研究所．各国乏燃料后处理厂的工艺流程(11). 1991,21
21 核科学技术情报研究所．乏燃料后处理'94. 13～18
22 核科学技术情报研究所．蒋云清主编．乏燃料后处理'98. 2000,1～6.
23 核科学技术情报研究所．乏燃料后处理'94. 1～12
24 核科学技术情报研究所．乏燃料管理及后处理，1994. No. 2
25 核科学技术情报研究所．蒋云清主编．乏燃料后处理'98. 2000,1～6
26 HW-49441A. 1957
27 ARH-1343. 1969
28 BNWL-CC-2461. 1970
29 ARH-SA-78. 1970
30 Solvent Extraction Chemistry of Metals. 1965,104
31 姜圣阶，任凤仪等编著．核燃料后处理工学．北京：原子能出版社．1995
32 RECOD'91. 1081～1086
33 钚手册．上册，下册．(中译本). 1972
34 J. M. Cleveland. The Chemistry of Plutonium. 1970
35 RECOD'87. 1 593～1 600
36 埃克松核燃料回收和再循环中心初步安全分析报告(中译本). 1991
37 核科学技术情报研究所．乏燃料管理及后处理．1993. No. 2
38 Journal of inorganic & nuclear chemistry. 1964, Vol. 26
39 RECOD'91. 1 081～1 089
40 Properties of plutonium dioxide. RFP-503. 1965

第八章 铀的纯化和尾端处理

经过共去污分离循环的硝酸铀酰溶液，如果不能满足后续工序对其质量和形式的要求，尚需进一步纯化，除去裂变产物等杂质，有的还要经过尾端处理，才能制得合乎要求的出厂产品。

本章主要介绍铀的纯化方法，以及脱硝法制备铀的氧化物的原理及工艺过程。

第一节 铀的纯化方法概述

表 8-1 给出了许多后处理厂所应用的纯化铀的方法。采用一个 TBP 萃取循环或两个 TBP 萃取循环纯化铀是当前普遍采用的工艺。又由于硅胶吸附柱不但可以吸附锆、铌等裂变产物，而且可以滞留不溶性的杂质，具有过滤器的作用；再加之硅胶吸附流程简单，操作方便，所以在铀的纯化上得到了较为广泛的应用[1~4]。

TBP 萃取法和硅胶吸附法将在下面详细介绍。

在核燃料后处理发展过程中也曾出现过另外几种铀的纯化方法。

首先，美国中西部厂采用"水氟化"法纯化铀[4]。所谓"水氟化"法，就是将乏燃料溶解液先经过一个 TBP 萃取循环的共去污、反萃液依次通过吸附钚和镎的强碱性阴离子交换树脂，含有铀的离子交换流出液经过蒸浓，然后脱硝。脱硝得到的 UO_3 送入氟化装置用氟气进行氟化，生成的 UF_6 在 400 ℃下通过 NaF 和 MgF_2 固定床使之得到纯化后装瓶出厂。

1970 年中西部厂在冷试中发现问题严重，不能投入正常运行。主要的问题是，脱硝的 UO_3 不能直接氟化，这种工艺要求 UO_3 有一定的粒度，而脱硝得到的 UO_3 粒度很难控制，不能满足氟化的要求；高温下操作的氟化装置容易出现局部过热、烧结等问题，喷嘴堵塞结块，腐蚀问题严重；更为严重的问题是，由于在氟化前铀的总净化系数太低（小于 10^3），氟化产物中还含有痕量的钚、镎和裂变产物，又加之设备的氟腐蚀需要经常维修。这样在高放射性区域不能直接维修就使得生产不能正常运行，后来不得不宣布失败[3,4]。

另外一种纯化铀的方法是德国的 TBP—萃淋树脂法。萃淋树脂是一种颗粒状的多孔吸附剂。它具有发达的表面，很容易被有机溶液浸润，在吸附剂孔隙中的 TBP 薄膜上实现质量转移。这种方法的优点是流体的阻力低，在移动相和固定相之间物质交换快，容易洗出被吸附的物质。例如，变更洗涤次序就有可能利用色层排代法的优点，将分配系数比铀低的杂质排代入水相，实现铀的纯化。萃淋树脂的稳定性较高，当 β 和 γ 射线剂量达到 2.58×10^{11} C/kg 时，萃淋树脂的吸附能力没有明显降低。再有，如果增加萃淋树脂柱的柱长可以获得更高的吸附能力。但是，TBP—萃淋树脂法有着致命的缺点，即萃取剂容易被洗去，因此就使得它不能用于工业规模的生产上[4]。

表 8-1 某些国家后处理厂铀纯化循环的工艺参数

国家	工厂	铀二循环 料液	铀二循环 洗涤液	铀二循环 反萃液	去污系数	备注
美国	汉福特	HNO_3 1.5 mol/L U1.9 mol/L	(1)0.1 mol/L $NH_2OH \cdot HNO_3$ (2)H_2O			接硅胶吸附
	萨凡那河	HNO_3 0.24 mol/L U1.8 mol/L $Fe(NH_2SO_3)_2$ 0.012 mol/L	(1)3 mol/L HNO_3 (2)H_2O	0.08 mol/L HNO_3		
	西谷厂	HNO_3 2.0 mol/L U 67 g/L	(1)HNO_3 4～6 mol/L (2)HNO_3 0.01 mol/L			
英国	温茨凯尔二厂 THORPT	HNO_3 3.0 mol/L U 60～70 g/L	HNO_3 3.0 mol/L $Fe(NH_2SO_3)_2$ 0.5 mol/L	0.1 mol/L HNO_3	10^2～10^3	接热脱硝制得 UO_3
法国	马库尔 阿格 UP2-400 UP3 UP2-800	HNO_3 0.5 mol/L U 400 g/L	HNO_3 1.2 mol/L			
德国	卡尔斯鲁厄 中试厂	HNO_3 0.36 mol/L U428 g/L	(1)U(Ⅳ)+ 3.5 mol/L HNO_3 (2)0.1 mol/L HNO_3	0.02 mol/L HNO_3		
比利时	欧化 中试厂	HNO_3 0.2 mol/L U430 g/L	HNO_3 0.5 mol/L $N_2H_4HNO_3$ 0.1 mol/L	HNO_3 0.05 mol/L		
日本	东海中试厂 六个所	HNO_3 1.5 mol/L U54 g/L	HNO_3 1.5 mol/L	HNO_3 0.02 mol/L		
俄罗斯	VVER燃料	HNO_3 3.0 mol/L U 80 g/L Pu 2 g/L	HNO_3 5.0 mol/L	HNO_3 0.03 mol/L	10^7	接脱硝制备 UO_3
	RT-1	HNO_3 U 90 g/L		HNO_3 0.1 mol/L		

注：美国西谷厂的铀线三循环的参数是：

国家	工厂	料液	洗涤液	反萃剂
美国	西谷厂	HNO_3 2.0 mol/L U 67 g/L	(1) HNO_3 4 mol/L； (2) HNO_3 0.01 mol/L	

为了取代用萃取法或吸附法纯化铀，德国和日本在研究新的方法——硝酸铀酰结晶技术[4,5]。结晶技术具有简化设备和减少工艺废物数量的潜在能力。日本进行了间歇和连续两种工艺方案的试验，以便评价结晶行为，去污能力和设备的可操作性。

图 8-1 给出了在不同的初始硝酸浓度下，铀的回收率和结晶温度之间的关系[5]。当溶液中硝酸浓度低到 2 mol/L 时，在－20℃或更低的温度下才能发生结晶，铀的回收率只有 50%左右。从 4～8 mol/L HNO_3 溶液中在冷却到－(20～30) ℃时，铀的结晶回收率可达 90%以上。试验所得到的结晶晶粒较大，结晶的沉淀性能和过滤性能良好。

结晶对裂变产物的去污系数如图 8-2 所示[5]。只经过过滤的晶体，Zr，Ru，Tc 的去污系数约为 10，但是用洗涤液洗过几次之后，可以获得 500 以上的去污系数。但是镎的去污系数只有 3 左右。为提高对镎的净化，向待结晶溶液中加入四价铀作还原剂，在还原气氛下进行结晶，可能将镎的去污系数提高到 500 左右。

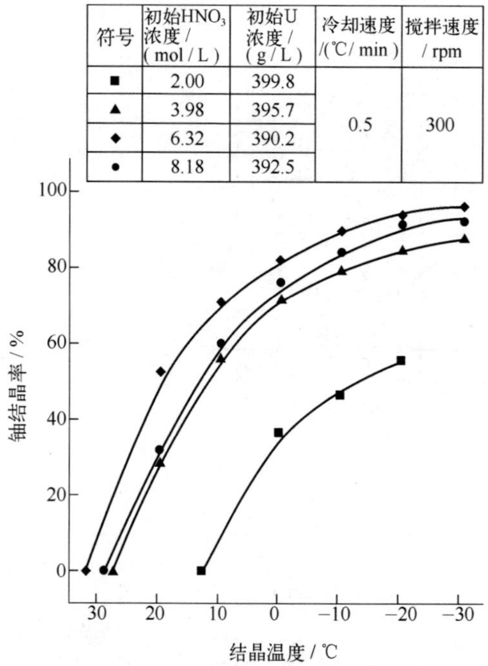

图 8-1　结晶温度和铀回收率的关系

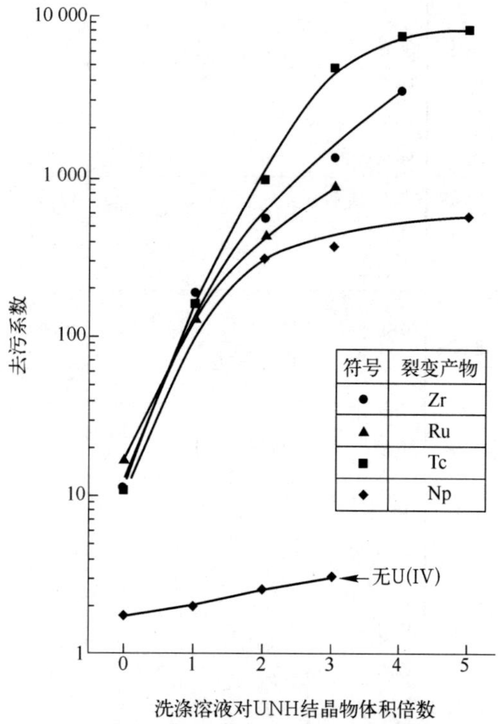

图 8-2　间歇洗涤与去污系数的关系

〔加 0.01 mol/L U(Ⅳ)〕

图 8-3 为连续结晶试验装置的示意图[5]。这套装置由六级圆柱形结晶器、圆柱形沉降器、垂直螺旋送料机和锥形离心过滤机等组成。

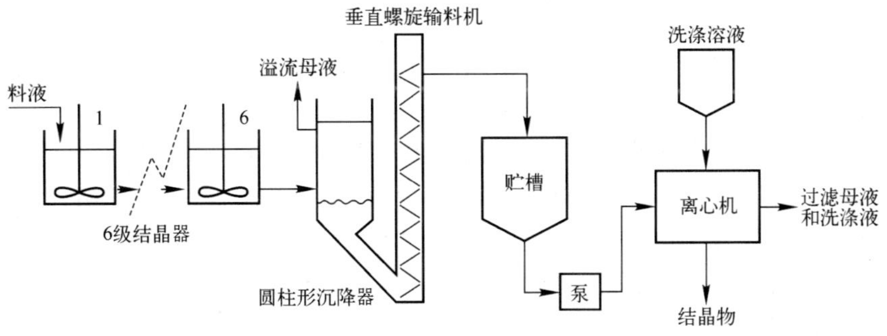

图 8-3　结晶纯化试验装置的组成部分

每级结晶器都有夹套、有叶轮式搅拌器，六级结晶器串联在一起工作。

将液氮直接加入到溶液中使之达到冷却要求。从结晶器最后一级流出的结晶浆液流入圆柱形沉降器，再由垂直螺旋送料机送入贮槽暂存。贮槽中的浆液由泵送入离心机过滤，滤饼用冷却的硝酸溶液洗涤，最后经过脱水得到结晶产品。

将结晶母液和洗涤液浓缩并返回到共去污循环，以便进一步回收铀和钚，其杂质将排入萃残液中去。由于对母液的再循环可以大大降低贵重金属的损失。

用 390 g/L 铀、220 mg/L 锆的原料液进行连续结晶试验，试验中各步操作的效果及铀的直接回收率和锆的去污系数如图 8-4 所示[5]。

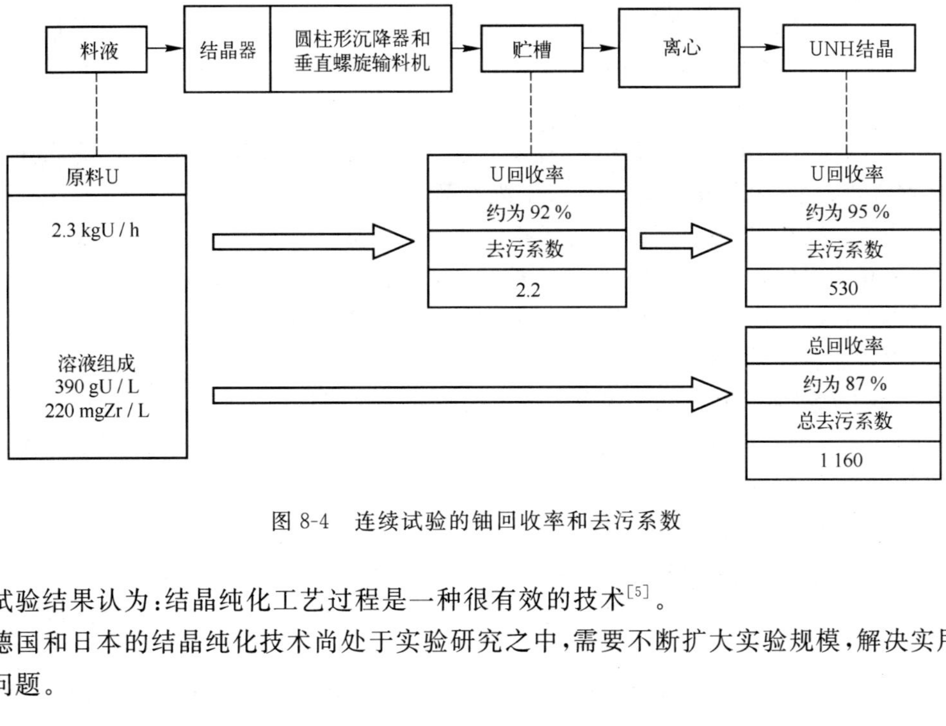

图 8-4　连续试验的铀回收率和去污系数

试验结果认为：结晶纯化工艺过程是一种很有效的技术[5]。

德国和日本的结晶纯化技术尚处于实验研究之中，需要不断扩大实验规模，解决实用中出现的问题。

第二节 TBP萃取纯化铀

由表8-1可见，世界各国的后处理厂采用TBP萃取法纯化铀是最普遍的首选方法。除了表中列出的后处理厂之外，几座大型商业后处理厂，如俄罗斯的RT-1后处理厂，英国的THORP厂都是在共去污分离循环之后，再用一个TBP萃取循环来纯化铀。又如法国的UP3和UP2-800两厂都是在共去污分离循环之后设计和安装了两个TBP萃取循环来纯化铀[4,6]。投产后，由于UP3厂不断地改进工艺，同时对操作条件进行了变更和调整等，使工艺性能保持了高标准。铀线只用一个纯化循环，尾端产品就能达到指标要求，并有很大的余地[7]。这种采用同一萃取剂(如TBP)的重复萃取循环是工业规模生产较为经济，技术上较为简单的方法[3]。

在铀的纯化过程中，在保证铀的回收率的同时，要尽可能多地从铀液流中除去裂变产物，以及钚和镎等α放射体。为了实现上述目标，在TBP萃取纯化铀的流程组合上，各后处理厂也是不尽相同的。

首先，铀纯化循环的进料液就有“浓”和“稀”之分，故在国外有浓、稀两种流程之说。所谓的浓流程，就是进入铀纯化循环的料液是事先经过蒸发浓缩的，如美国的汉福特厂，萨凡那河厂，法国的马库尔厂，德国的卡尔斯鲁厄厂，欧化的莫尔厂等都是设级间蒸发器的。多数工厂都是将铀纯化循环的料液中铀浓度调整为400 g/L以上[1,3,4,6]。这种浓流程的优点有：水相物流的体积可减少到1/4左右，在萃取设备中溶液的总体积减少30%左右，萃取剂中可以达到较高的铀饱和度，这有利于铀对锆、铌、钌等裂变产物的净化。它的缺点主要是需要增加蒸汽提馏和蒸发设备，不利于铀中除镎等。

稀流程也有其优点：不需要蒸发设备，不必用稀释剂洗涤水相来料，不蒸发来料就不会将镎氧化为Np(Ⅵ)，有利于提高铀中除镎的净化系数，由于稀料中铀的浓度低，有机萃取剂与水相料液的流比不大，能改善对裂变产物的净化。因此，美国的西谷厂，英国的温茨凯尔二厂、THORP厂，俄罗斯的RT-1厂，日本的东海厂等都采用稀流程纯化铀[1,3,4,6]。稀流程的缺点是：水相物流较大，从而萃残液增多，增大了废液蒸发量[1]。

在铀的纯化循环中，为提高铀中去钚和镎的分离系数，不少后处理厂都采取了有力的措施。美国萨凡那河厂在铀纯化循环的进料液中加入氨基磺酸亚铁，可将钚还原为三价态，使六价镎还原为五价态。这样在萃取时有利于除去钚和镎。又如英国的THORP厂对1CU在稀酸条件下进行加热调料，使镎转变为不易被TBP萃取的五价态[6]。

另外，不少后处理厂在洗涤上采取了相应的措施。汉福特厂采用0.1 mol/L硝酸羟胺作为洗涤液之一，英国温茨凯尔二厂用3.0 mol/L HNO_3+0.5 mol/L $Fe(NH_2SO_3)_2$作为洗涤剂，德国采用含U(Ⅳ)的3.5 mol/L HNO_3作为洗涤液之一(2DIS)，英国THORP厂在UP1和UP2两个萃取槽中都使用硝酸羟胺作还原洗涤剂，如图8-5所示[6]。在UP1混合澄清槽中使铀与镎分离，但却不能从铀中去钚。为了进一步从铀中去钚，特设了UP2混合澄清槽，利用硝酸羟胺来还原钚到Pu(Ⅲ)，使钚进入水相而与铀分离。为了在这些过程中很好地除去钚和镎，这些过程要采用较高的温度和较低的酸度[6]。

为纯化铀，许多后处理厂都采用了双洗涤液流程。如美国的汉福特首先用0.1 mol/L

$NH_2OH \cdot HNO_3$ 作第一股洗涤液，然后再用 H_2O 洗涤萃取了铀的有机相。萨凡那河厂铀纯化循环先用 3 mol/L HNO_3 洗涤，然后再用水洗涤。美国西谷厂在铀的二循环和三循环均采用双酸洗涤，高酸洗涤液为 4～6 mol/L HNO_3，有利于除钌；低酸洗涤液为 0.01 mol/L HNO_3，有利于除锆、铌等。第二循环获得的净化系数为 100，第三循环的净化系数为 20，通过三个萃取循环后，铀的总净化系数为 5×10^6[6]。

德国卡尔斯鲁厄中试厂采用一个 TBP 萃取循环再加上硅胶吸附来纯化铀，在铀的产品中镎和钚的含量较高，很难达标。为了解决这个问题，他们采用了双洗涤措施，首先用含四价铀的 3.5 mol/L HNO_3 溶液作为高酸还原洗涤，这有利于清除钚、镎、钌。最后再用 0.1 mol/L HNO_3 溶液作为低酸洗涤，这有助于清除锆、铌、铯等裂变产物。这样就使得铀中除锆的净化系数为 2.2×10^4，除铯的净化系数为 6×10^8，铀钚分离系数为 5×10^3，铀中钚的含量小于 10×10^{-9}[6]。

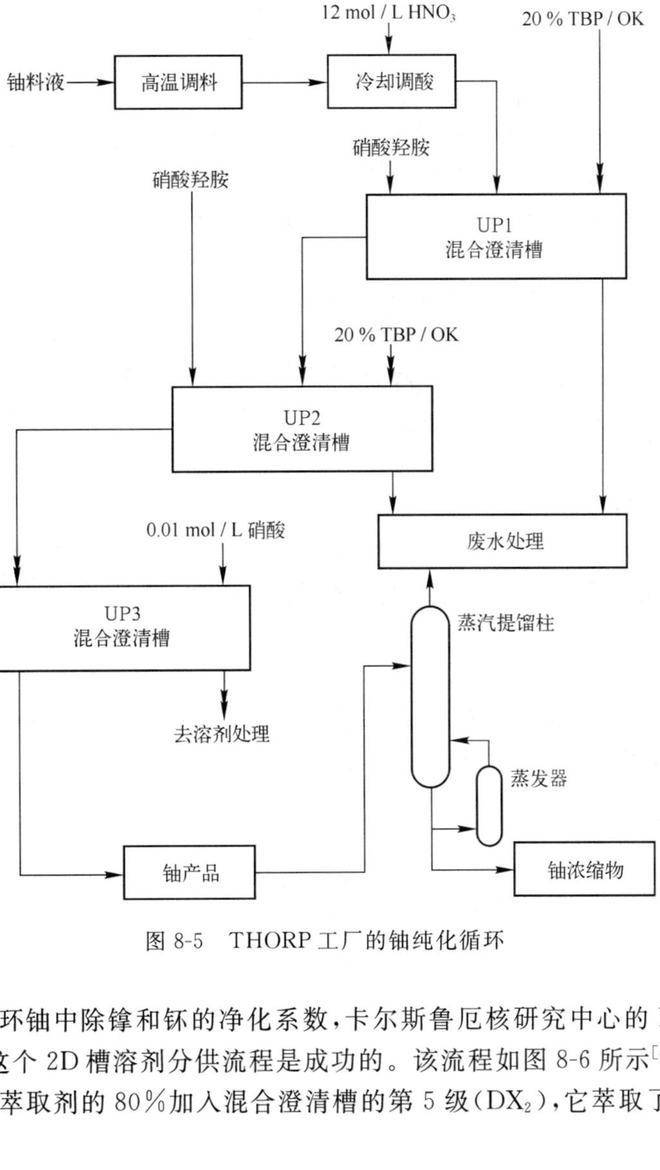

图 8-5 THORP 工厂的铀纯化循环

为提高铀二循环铀中除镎和钚的净化系数，卡尔斯鲁厄核研究中心的 E. Kolarik 博士发明了一种新流程，这个 2D 槽溶剂分供流程是成功的。该流程如图 8-6 所示[8]。

新流程是将原萃取剂的 80%加入混合澄清槽的第 5 级（DX_2），它萃取了从第 6 级加入的

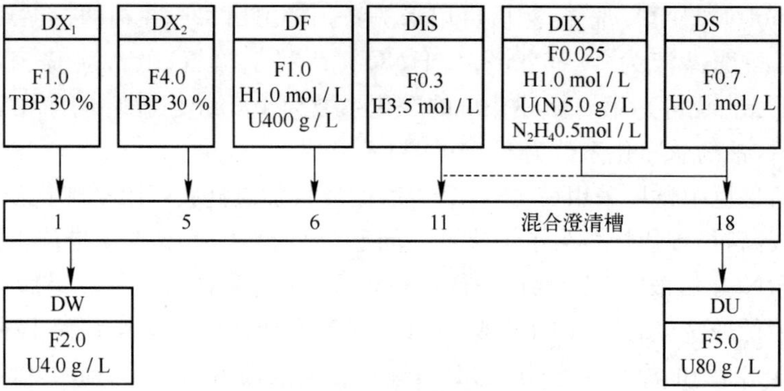

图 8-6　WAK 厂 2D 萃取槽的溶剂分供流程

F—相对流量

料液(DF)中的大部分铀，所以溶剂中保持铀的高饱和度。其余 20%的 TBP 萃取剂仍从原来的加入口——第一级加入，这时第 1 级到第 4 级水相对有机相的流比很高，镎仍然不被萃取而赶入萃余液中。在试验时还原剂(DIX)随低酸洗涤液(DS)一起从第 18 级入槽。有机产品液(DU)送入反萃取槽。水相萃残液(DW)含铀量较多(多达铀总通过量的 2%)被浓缩后返回共去污循环调料，以便回收这部分铀。

利用新流程进行了一些试验，其中改变分供 1、5 级溶剂的相对量就是其中之一。改变分供量与镎去污系数的关系如图 8-7 所示[8]。

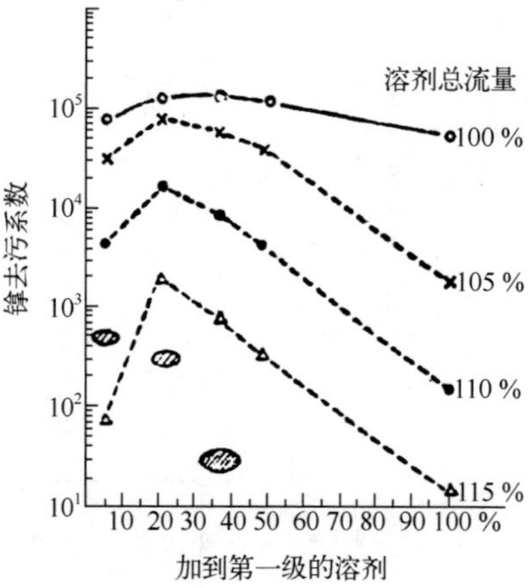

图 8-7　改变分供 1,5 级溶剂的相对量与镎去污系数的关系

这种采用还原双酸洗涤、溶剂分别从两级加入的新流程，可以实现对镎和钚的同时去污，镎的去污系数通常可达 300 左右，而且新流程对工厂运行的波动不敏感，可操作范围比较宽。试验认为溶剂中的降解产物 DBP 是妨碍镎能达到更高去污的主要因素[8]。

这种新流程已在卡尔斯鲁厄中试厂处理高燃耗(37～40 GW・d/t，镎含量 490～570 g/t)乏燃料的一个运行周期中作过运行，已确认了预期的性能。

第三节　硅胶吸附法纯化铀

硅胶(分子式为：$mSiO_2 \cdot nH_2O$)是玻璃状半透明颗粒状物质。它是具有多微孔，不溶于水，耐高温，化学稳定性好的表面活性物质。在 400 ℃时其结构无明显变化，耐辐照，经 2.58×10^4 C/kg照射对其吸附性能无影响。

在酸性溶液中，硅胶能选择性地吸附锆和铌，吸附机制比较复杂，尚不完全清楚。有人认为锆、铌在料液中以水解聚合物存在，并以此形式被硅胶所吸附。还有的研究者认为，大多数锆、铌吸附在溶液中的胶体颗粒上，这些胶体颗粒又被硅胶所吸附。

实际应用发现，硅胶吸附带集中于硅胶柱的首端。当吸附的料液超过 400 个硅胶柱床体积时，柱体首端的表面上形成一层白色的层带，监测结果证明，这个白色层带放射性活度很高，可能是锆、铌的水解产物和料液中的悬浮物质。因此可以认为，锆、铌在硅胶上的吸附可能是一种胶体吸附过程[2]。

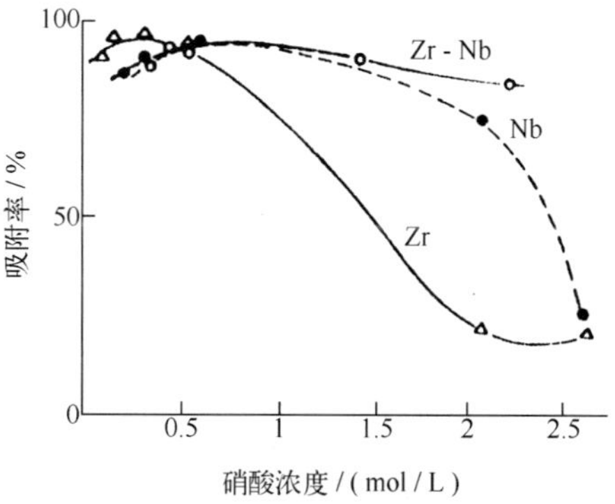

图 8-8　酸度对锆、铌吸附的影响

条件：粗孔硅胶 Zr，Nb 吸附

相比：10 ml/0.5 g 干硅胶 Zr，Nb 分别吸附时

相比：10 mL/0.5 g 干硅胶平衡 6h

硅胶能在一定条件下选择性地吸附锆、铌等放射性物质。吸附率与溶液酸度、硅胶粒度、吸附温度、流速及接触时间、料液中金属离子浓度和柱高等因素有关。

硅胶能在相当大的酸度范围内吸附锆、铌。当硝酸浓度为 0.2～0.5 mol/L 时，锆、铌的吸附率是很高的，如图 8-8 所示[2]。当硝酸浓度低于 0.5 mol/L 时，锆的吸附率大于铌，而当硝酸浓度高于 0.5 mol/L 时，铌的吸附率又大于锆。这还说明在不同的酸度下，锆和铌的水解与聚合行为是不同的。

表 8-2 的数据说明，硅胶的粒度对其吸附锆、铌的吸附率基本无影响。在动态吸附过程中，硅胶粒度将影响物质扩散速度，所以硅胶粒度将影响对锆、铌的净化系数，如表 8-3 所示。随着硅胶粒度的增大，瞬时净化系数减小。但是在实际生产上，使用的硅胶粒度不宜太小。如果粒度较小，吸附柱的床层阻力增大，而且硅胶容易被液流带走。另外，在吸附过程中，硅胶被不断磨损，粒度变小。在工业生产上常选用 2～5 mm 的球形硅胶。

表 8-2　硅胶粒度对 Zr-Nb 平衡吸附率的影响[2]

粒　度	20～60 目	60～100 目	100～130 目
有机相中吸附率/%	96.12	98.01	95.17
水相中吸附率/%	83.28	87.63	86.97

注：硝酸浓度：0.13 mol/L；铀浓度：66.86 g/L；温度：25 ℃；平衡：6 h；材料：粗孔硅胶。

表 8-3　硅胶粒度与净化系数的关系[2]

料液流出体积/床体积	瞬时净化系数1)			
	Zr		Nb	
	20～40 目	60～80 目	20～40 目	60～80 目
15	13	21	47	61
70	13	13	25	53
140	8	16	13	47
260	5	15	6	55

注1：硅胶柱：20 cm×1 cm，填充冷冻级硅胶；料液 U286 g/L；0.59 mol/L HNO_3；Zr 8 000 γ 计数/(min. mL)；Nb>7 800 γ 计数/(min. mL)；流速：1 mL/(min. cm^2)；

1)：料液比放射性活度/流出液定时取样的比放射性活度。

硅胶对锆、铌的吸附速率很低。有机相中的锆、铌吸附的平衡时间约需 5 h,而水相中的锆、铌达到吸附平衡的时间还要长些。水相中的锆的吸附平衡速率比铌高,而有机相中铌的吸附比锆快,如图 8-9 所示[2]。

从表 8-4 看出,在一定的料液流速下,增加吸附柱的床层厚度,相当于增长了接触时间,净化系数增大。在一定的床层厚度下,提高料液流速,相当于减少了接触时间,使净化系数下降。在生产上通常将料液流速控制在 0.5～1.5 mL/(min·cm^2)为宜。作为连续生产,通常是安装几个轮流运行的硅胶柱。

硅胶吸附柱通常是在室温下工作。来自铀纯化循环的料液中的铀浓度和锆浓度对硅胶吸附没有明显的影响。

为了保证硅胶吸附具有较高的净化效果,除了选择最佳的工艺条件外,选用高效设备和合理的操作方法也很重要。在确定料液流速为 0.5～1.5 ml/(min·cm^2)的某一数值后,依照生产能力的要求,就可以确定硅胶吸附柱的横截面积。为了满足料液流速的要求,就可以确定吸附柱高度。这样在确定柱高和柱径之后,还要选定一个合适的高径比,以便使料液在整个床截面上分布均匀。高径比大,即柱较细长、料液分布容易均匀,但是床层阻力较大。若高径比太小,料液在整个截面上很难分布均匀,将会影响净化效果,如果高径比小于 1.2 时,曾发现有沟流现象。因此在生产上通常取高径比为 4,最小不能低于 1.2。

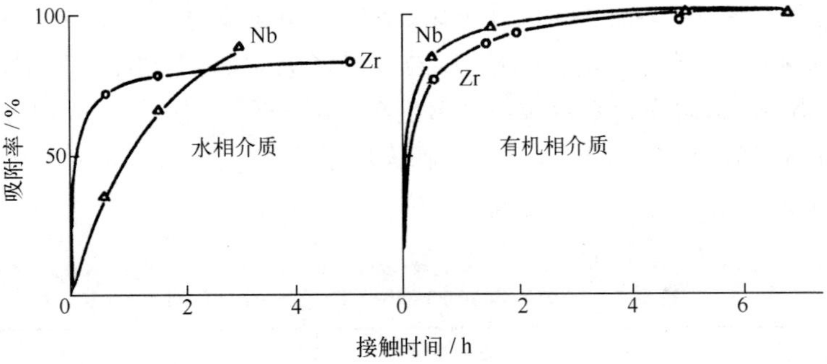

图 8-9　Zr-Nb 在有机相和水相中的吸附率与接触时间的关系

$$接触时间=\frac{硅胶填充体积}{料液处理量/小时}$$

表 8-4　流速和床层厚度对净化的影响[2]

流速/[mL/(min·cm^2]	床层厚度/cm	瞬时净化系数	
		Zr	Nb
1	20	2	6
1	40	5	15
3	20	2	3
3	40	3	12

注:料液:1.68 mol/L U-0.94 mol/L HNO_3;140 床体积。

图 8-10 和图 8-11 展示了两种类型的硅胶柱剖面结构[2]。为了避免硅胶流失,在硅胶柱的承重板上应填充数层大小不等的卵石和石英砂。

硅胶吸附柱有两种操作方式，一种是料液自上而下流动，第二种是料液自下而上流动。料液自上而下流动，如图 8-10 所示。采用这种方式时，必须保持液面在硅胶层之上，所以必须在吸附柱内安装有液面计和液面自动调节装置。自下而上的方式如图 8-11 所示，采用这种方式时吸附流出液靠溢流流出，液面由溢流口高度决定。

图 8-12 为料液由下而上流动的硅胶吸附流程[2]。硅胶吸附柱的主要操作过程及控制参数如表 8-5 所示。在此工艺条件下，每循环可处理料液量为 200～400 床体积，总 γ 净化系数约为 5～15[2]。

硅胶吸附达到饱和后，就需解吸再生以便重复使用。

首先，用 1 mol/L HNO_3 进行洗涤，洗涤液用量为 3～5 个床体积。洗涤时可将被硅胶截留的铀和放射性颗粒洗出，并从中回收铀。

接着，用 6 个床体积的 0.4 mol/L $H_2C_2O_4$，解吸被硅胶吸附的锆、铌。解吸液与吸附时料液的流动方向相反。由于提高温度时解吸效果好，所以通常在 80～90 ℃下进行解吸。

最后用 4～6 个床体积的去离子水在常温下洗涤被解吸过的硅胶，将残留的草酸洗净，硅胶柱就可以继续使用。

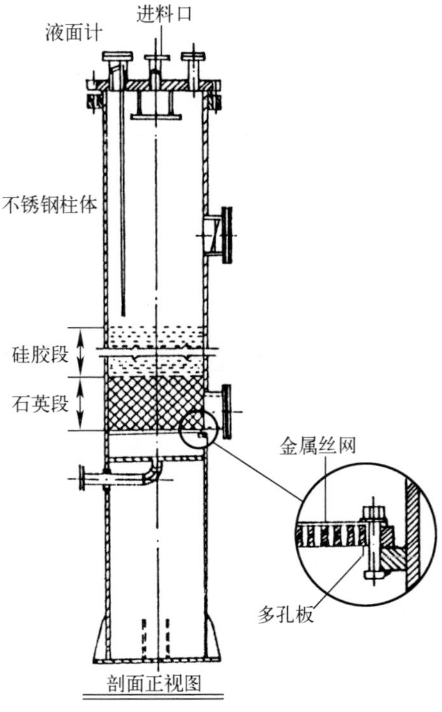

图 8-10　料液自上而下流动硅胶柱

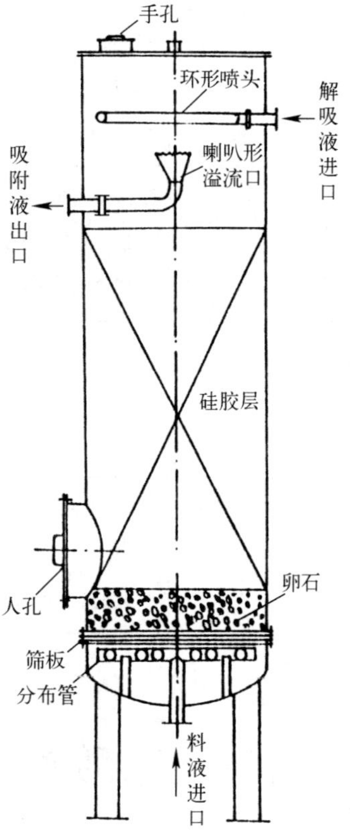

图 8-11　料液自下而上流动硅胶柱

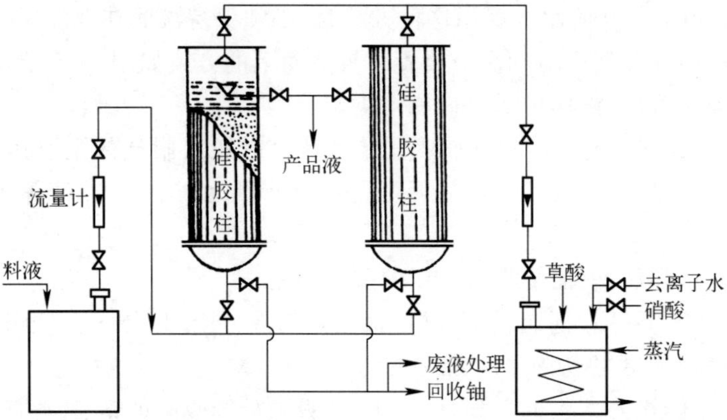

图 8-12　硅胶吸附 Zr-Nb 纯化流程

表 8-5　硅胶吸附过程[2]

过　程	溶液组成	溶液用量/床体积	流速/[mL/(min·cm^2)]
(1)预处理 (向上流动)	(1)沸腾去离子水 (2)1 mol/L HNO_3(30 ℃) (3)去离子水(30 ℃)	3 3 5	4 4 4
(2)锆-铌吸附过程 (向上流动)	U:350～400 g/L [H^+]:0.2～0.5 mol/L 比活度:1.48×10^6 Bq/L	200～400	0.5
(3)洗涤-回收铀 (向下流动)	1 mol/L HNO_3	3～5	2
(4)解吸 (向下流动)	(1)0.4 mol/L $H_2C_2O_4$(80～90 ℃) (2)去离子水,常温	6 4～6	4 4

第四节　硝酸铀酰的脱硝和还原

一、概述

经过 TBP 萃取或硅胶吸附等纯化工序加工得到的合乎质量要求的硝酸铀酰溶液,为循环复用或长期贮存,必须将硝酸铀酰转化为氧化铀。为了实现这种转化,在核燃料发展历史上出现了两类方法,一是干法,第二是湿法。湿法就是将硝酸铀酰溶液用沉淀剂沉淀为铀酰过氧化物，草酸铀酰，三碳酸铀酰铵或重铀酸铵，然后经过煅烧得到氧化铀，或者再经过氟化而制得氟化物，再制得金属铀或氧化铀。干法即直接热脱硝六水硝酸铀酰制得 UO_3 或者 U_3O_8，再经还原可制得 UO_2。以上过程如图 8-13 所示[3]。

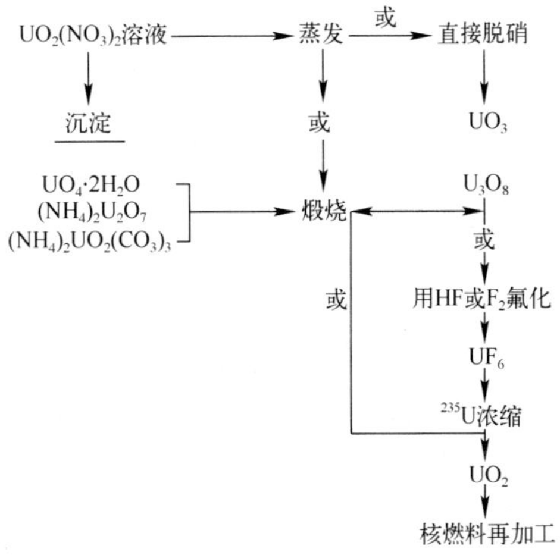

图 8-13　硝酸铀酰的干法和湿法加工示意图

由于湿法流程有着试剂消耗量大，需要大量的设备和管线、工序较多、操作繁琐，并且难以实现自动化和远距离控制等严重缺点，所以国内外对直接脱硝法进行了大量的研究和应用。

对于硝酸铀酰热脱硝，曾研究和应用过下列几种方法。

1. 煅烧法

这种方法中又有间歇和连续之分。搅拌槽煅烧法就是一种间歇工作的煅烧法。向一个 0.75～1.5 m 的大槽加入硝酸铀酰，用电加热器或者是用高温气体通过大槽的夹套加热，使硝酸铀酰脱水分解，生成粉末状的三氧化铀产品。这种方法的优点是设备简单，得到的三氧化铀产品活性较好。该法的缺点是运行费用高、操作复杂，粉尘污染严重，而且不宜实现远距离控制。

为实现连续操作，美国发展了一种卧式搅拌筒煅烧法。由电加热器供热。硝酸铀酰由三个进料口加入，三氧化铀产品通过溢流堰流出。这种方法的优点是运行费用较低，能够实现连续生产。其缺点是设备太复杂，产品活性较差。

总之，这两种煅烧法仍有许多工厂在使用[9～11]。

2. 流化床脱硝法

随着流态化技术在石油工业和化学工业中应用的不断发展，从 20 世纪 50 年代初开始向核工业发展。美国和英国的研究和应用最早，早期应用于核燃料前处理工业。前面说到的英国斯普林菲尔德厂和美国的马林克洛特大型前处理厂都是最早应用流化床脱硝的工厂。后来美国和英国都研究并应用流化床脱硝技术于核燃料后处理。英国的温茨凯尔二厂，美国的中西部燃料回收厂，爱达荷化学处理厂都成功地应用流化床脱硝制备三氧化铀[12～14]。

后来日本开发了流化床铀脱硝器[15]，研究 $UO_2(NO_3)_2$-$Pu(NO_3)_4$ 的微波加热脱硝和煅烧还原生产 PuO_2-UO_2 混合氧化物燃料的回转炉[16]。

流化床脱硝是用高压气体将硝酸铀酰水溶液雾化喷入加热的三氧化铀粒子处于沸腾状态的流化床中，硝酸铀酰随即脱水、分解、生成三氧化铀沉积并流出流化床。

流化床脱硝法的优点是产品纯度较高，价格较便宜，设备比较简单，转动部件少，容易实现自动化和遥控。产品活性较差是流化床脱硝法的主要缺点。

3. 火焰脱硝法

将硝酸铀酰溶液喷入燃烧的丙烷(或甲烷、丁烷)火焰中,丙烷要过量20%~30%。这时脱水、分解和还原反应可以表示如下[17~19]:

$$5UO_2(NO_3)_2 \cdot 6H_2O + 2C_3H_8 \longrightarrow 5UO_2 + 10NO + 6CO_2 + 38H_2O \tag{8-1}$$

脱硝反应在立式火焰反应器中进行。反应器内衬不锈钢,反应温度约1 000 ℃。

在工业规模的火焰反应器中脱硝,六水硝酸铀酰的初始加入速度为110 kg/h,喷入空气和丙烷的速度各为100 m^3/h和10 m^3/h,在这些条件下得到细分散的产物。产品的分散度可用过程温度,试剂比,颗粒停留时间和加入的颗粒晶种等来调节[3]。

火焰脱硝法的优点是设备结构简单,生产过程比较经济,能够实现自动控制。主要缺点是产品转化率较低,平均只有82%左右。

二、流化床脱硝

硝酸铀酰溶液蒸发时首先蒸发出的是带少量硝酸的水。当硝酸铀酰浓度提高时,溶液的沸点和蒸汽压就上升。当硝酸铀酰转变成带六个结晶水(78%的硝酸铀酰)时便开始部分脱硝,当它转变为带三个结晶水[88% $UO_2(NO_3)_2$]时,则发生明显脱硝

$$UO_2(NO_3)_2 \cdot 6H_2O \longrightarrow UO_3 + NO + NO_2 + O_2 + 6H_2O \tag{8-2}$$

硝酸铀酰在140 ℃时开始分解,230 ℃时生成UO_3,反应是吸热的,吸热量为607 090 J/mol,约加热到300 ℃才能全部分解。

在工业上,在240~450 ℃下进行硝酸铀酰的煅烧。产品中硝酸盐的含量随着煅烧温度的提高而减少,在240 ℃时,UO_3产品中硝酸盐含量为1.1%,水的含量为2.6%(均为质量分数)在450 ℃时,UO_3中硝酸盐含量为0.2%,水分含量为0.1%(均为质量分数)[20]。

图8-14为流化床脱硝流程示意图[2]。经过蒸发浓缩的硝酸铀酰用压缩空气经过加料喷嘴雾化,从流化床中部喷入床中。采用电加热或熔盐加热保持床内温度为300 ℃左右。喷入床内的硝酸铀酰首先蒸发掉游离水,然后脱去结晶水,最后硝酸铀酰分解成三氧化铀经过溢流管溢出流化床,经过冷却之后包装。

脱硝反应产生的尾气经净化系统净化后才能排出。

流化床反应器在运行之前必须填充一定量的晶种——三氧化铀粉末。流化床如果是用熔盐加热的话,必须先用电加热器将熔盐加热到370 ℃,用离心泵送入流化床反应器的换热器中。流化气体用电加热器加热到340 ℃,从床层底部经过分布板嘴喷入流化床。

美国爱达荷厂用流化床脱硝法回收高加浓铀[14]。临界安全是由设备的几何条件得到保证。流化床脱硝器如图8-15所示。整个设备由四段组成,用

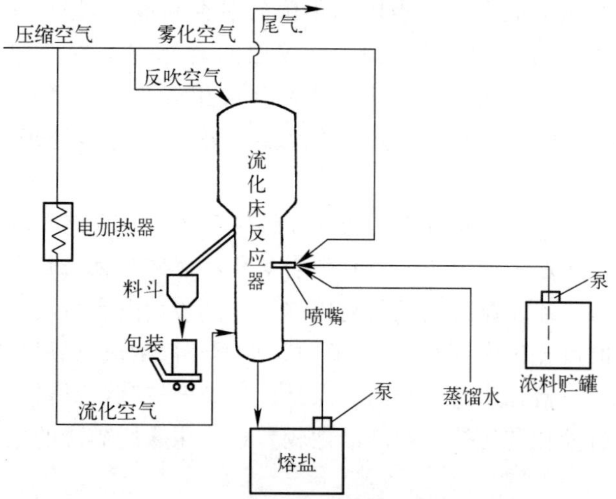

图8-14 流化床脱硝

304 L 和 347 牌号不锈钢制造。流化床脱硝器直径为 15.2 cm，总高度约为 214 cm。

该流化床脱硝器由 16 个带式加热器供热，总功率为 29 kW。

流化床脱硝流程如图 8-16 所示。硝酸铀酰溶液用空气经喷嘴喷入流化床脱硝器之中。三氧化铀产品经溢流管流出，进入集料器用空气流化冷却。然后在手套箱内混合均匀装袋出厂。爱达荷厂流化床脱硝器的工艺参数如表 8-6 所示。

脱硝的尾气经过流化床顶部的三个烧结不锈钢过滤器过滤，进一步冷凝除水，经过过滤后排放。

每个烧结不锈钢过滤器都有一个同心的圆柱形双层过滤器壁。过滤管的平均孔径为15 μm。过滤管外径为 70 mm，长度为 914 mm，过滤面积为 0.3 m^2，工作温度为 300 ℃。烧结不锈钢过滤器的结构如图 8-17 所示[14]。

日本开发了商用流化床铀脱硝器并进行了全规模的验证。铀脱硝器要处理的为加浓度为 1.6%的乏燃料，商用厂乏燃料的处理能力为 880 kg/m^2 · h。

硝酸铀酰溶液在蒸发器中，在 120 ℃下浓缩到 1 150 gU/L，接着连续放入料液缓冲罐中。然后以规定的进料流量以空气喷雾的方式通过双流体雾化喷嘴喷入 300 ℃左右的流化床中。在铀脱硝器内分解生成的 UO_3 粉末通过溢流口连续排入称量料斗中。

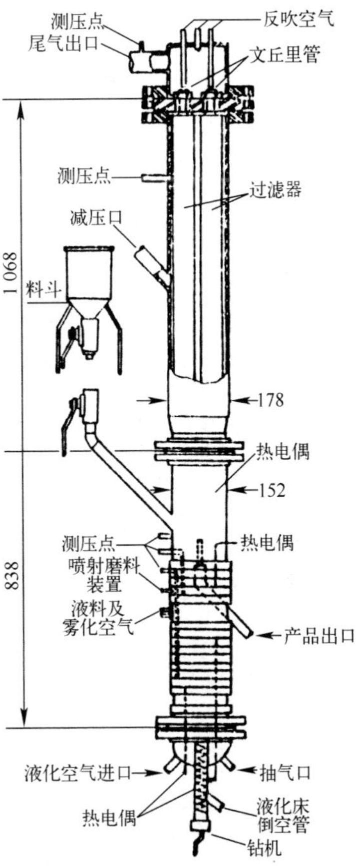

图 8-15　爱达荷化学处理工厂流化床脱硝器

表 8-6　流化床脱硝器的工艺参数

流化床直径/mm	152
原料液	350 gU/L，0.1 mol/L HNO_3
进料速度/(L/h)	4～10
产率/(kgUO_3/d)	57～62
雾化气体流量/(m^3/h)	3.94(标准状态下)
流化气体流量/(m^3/h)	62.3～77(标准状态下)
流化气体温度/℃	300
流化床温度/℃	300～400
流化速度/(m/s)	0.218

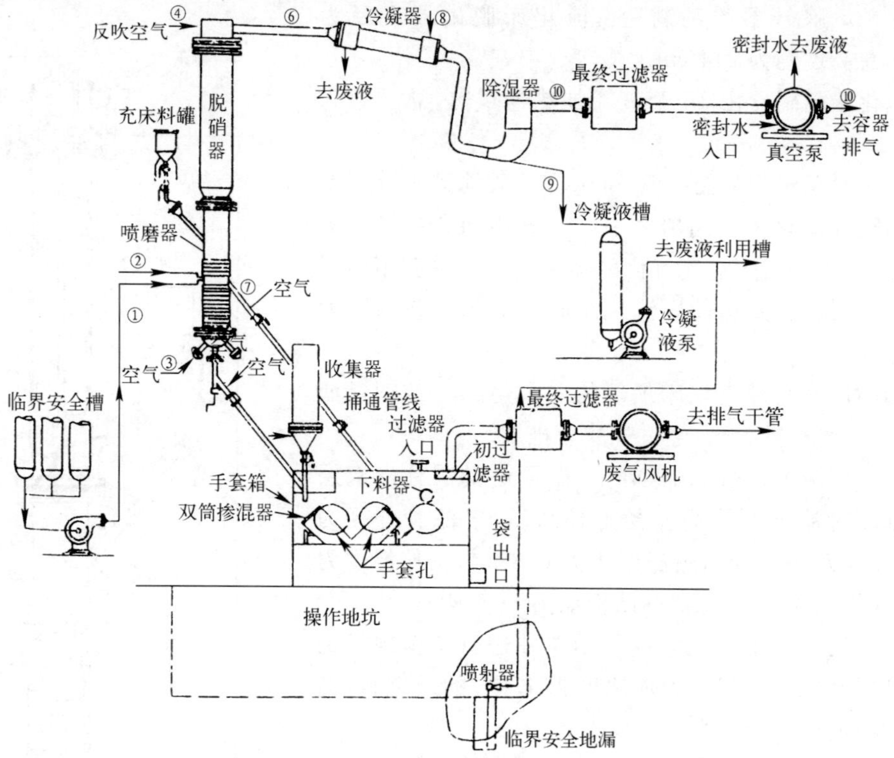

图 8-16 爱达荷化学处理工厂脱硝流程

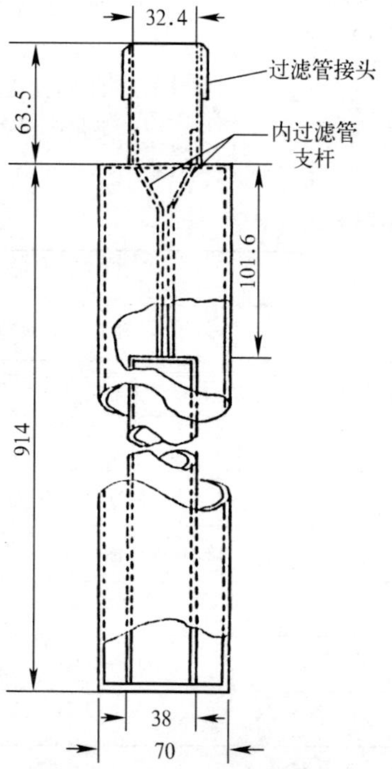

图 8-17 烧结不锈钢过滤器

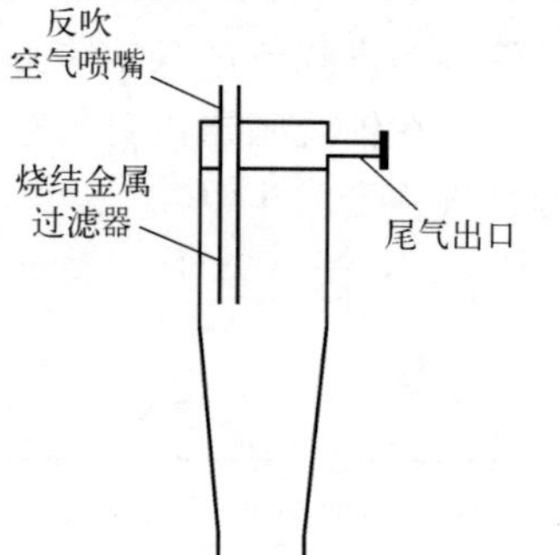

图 8-18 流化床脱硝器示意图

脱硝器排出的尾气在尾气冷凝器中冷却除去水蒸气，然后经过洗涤和过滤之后排入大气。图 8-18 为流化床脱硝器示意图，表 8-7 给出了铀脱硝器的主要技术数据[15]。

表 8-7 铀脱硝用的流化床尺寸

流化床直径/cm	
反应区	42
过滤区	78
分配器以上的高度/cm	
至喷嘴处	110
至顶部	630
操作区床深/cm	190

全规模试验的运行条件如表 8-8 所示。

全规模试验装置以 2.5 tU/d 的处理能力连续运行了 1 个月。表 8-9 给出了这次试验生产的 UO_3 的特性。这种产品既能满足中间贮存，也能满足将其转化为 UF_6 的要求。

在运行期间要十分注意保持床温的稳定。床温可以通过控制熔盐进口温度和调节反应器壁温来控制。流化床的温度是控制 UO_3 颗粒直径的最重要的因素。

表 8-8 全规模试验装置的运行条件[15]

进料速度/(tU/d)	2.5
进料浓度/(gU/L)	1 150
喷嘴处的气液比(在标准状态下)	150～250
流化床温度/℃	270～300
表观流化速度/(m/s)	30～40

表 8-9 在全规模试验装置中生产的 UO_3 颗粒的典型特性[15]

1. 粒度分布						
μm	74	106	150	250	355	500
累积质量%	24.0	46.1	79.4	94.2	97.9	100
2. 松装密度	4.03 g/cm³					

英国大型商用后处理厂 THORP 厂用流化床热脱硝法，将浓缩的硝酸铀酰溶液经过流化反应器分解制备 UO_3 产品，其尾端加工生产线如图 8-19 所示[21]。

三、流化床还原

在 600 ℃以上的温度时，UO_3 可以被 H_2 还原为二氧化铀

$$UO_3 + H_2 \xrightarrow{>600\ ℃} UO_2 + H_2O + 92\ 110\ J/mol \tag{8-3}$$

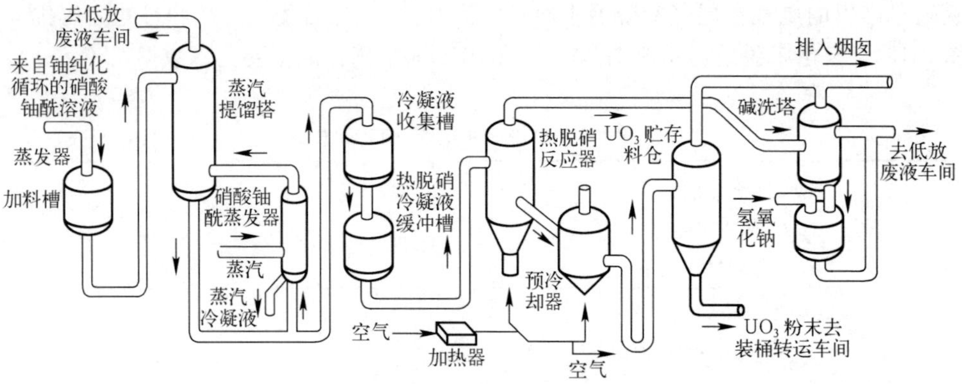

图 8-19　铀的尾端加工线

尽管这个反应是放热反应，但是为了达到反应的起始温度，还原反应器仍然需要加热并采取保温措施。

在流化床中还原三氧化铀制备二氧化铀的工艺过程如图 8-20 所示[2]。在流化床的反应区装有一个锥形芯轴，使流化床的横截面积自下而上逐渐增大，这样可以使流化速率比较均匀，避免物料的返混。

还原开始前，先向流化床内填充一定量的二氧化铀作为晶种，加热升温，用氮气置换床中的空气。

检查床内空气被置换合格后，从反应器底部喷入，同时作为还原气体和流化气体的氢气或氢、氮混合气体。这时三氧化铀从加料斗进入螺旋加料器被送入流化床。反应温度控制在650 ℃左右。还原制得的二氧化铀产品从流化床底部卸料管排出。为了防止制得的二氧化铀被空气氧化，采用冷却、密封出料法卸料并装桶。还原时，还原剂氢气用量通常为理论值的 1.5～2.0 倍。物料在流化床内的停留时间约为 2 h。

流化床还原尾气经过烧结不锈钢过滤器除尘后，进入尾气净化系统进一步净化。

日本为了制备 UO_2-PuO_2 混合氧化物燃料，将硝酸铀酰—硝酸钚溶液在微波脱硝器中脱硝，制得 PuO_2—UO_3 块状产物。将该块状产物压碎后输送到下一单元，在一回转炉内维持 750 ℃下煅烧还原制备 UO_2-PuO_2 产品[16]。

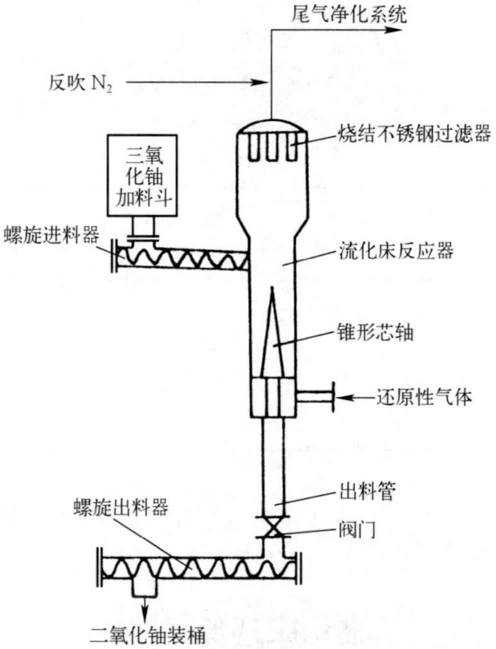

图 8-20　三氧化铀的流化床还原

四、脱硝还原过程中出现的问题及解决办法

1. 流化床进料喷嘴堵塞

美国的马林克洛特工厂认为，工厂中最大的操作问题是喷嘴堵塞和在喷嘴上形成盐饼结块[13]。他们认为造成喷嘴堵塞和形成结块的原因是料液中杂质较多、硝酸铀酰过浓，以及有些操作不正确所致。因此加强了料液过滤，减少开停车的次数，缩短喷嘴伸入床内部分的长度，大约每 6 个星期酸洗一次喷嘴。采取这些措施后，解决了大部分问题，但并不能完全消除隐患。

爱达荷化学处理厂在中间规模冷试和后来的生产运行中，多次发现进料喷嘴被堵塞。在流化床的运行中找到了喷嘴堵塞的原因是供料管的气堵。当流化床运行一段时间后，就需要对烧结不锈钢过滤器进行反吹。这时流化床相对于供料管而言是受压的，因而使气体进入供料管，三氧化铀粒子也随之进入供料管的液体中。这些颗粒的积累就堵塞了喷嘴。流化床内喷嘴处的结块主要是料面没有完全盖过喷嘴造成的。解决办法是将产品溢流管向上提，将喷嘴位置下降，使料面完全盖住喷嘴，这样问题就解决了[14]。

日本在进行流化床脱硝器的开发试验时，也出现喷嘴堵塞问题。UO_3 饼块积累在雾化喷嘴处，偶尔会堵塞喷嘴，这样就使得供料不稳定，严重时会中断进料。为防止出现上述问题，他们采用了脉冲清洗法。为提高运行的可靠性，他们开发了用于脉冲清洗的自动监测和执行系统。当监测到喷嘴处有 UO_3 饼块积累后，便自动快速地将喷嘴进液切换为水或稀硝酸，把结块冲掉，然后又切换为喷入物料[15]。

2. 三氧化铀产品的活性

在通常情况下，脱硝得到的产品三氧化铀是需要进一步加工处理的，如还原为二氧化铀或氟化为 UF_4 或 UF_6。在这些加工过程中，三氧化铀的活性是一个重要的参数。而由热脱硝制得的三氧化铀活性较差，这是硝酸铀酰流化床脱硝中较为普遍的问题。

流化床脱硝实质上是一个分解造粒过程。当液滴被雾化喷入流化床后，水分被迅速蒸发掉，硝酸铀酰被分解，形成无数个固体颗粒。一般认为，操作条件对产品的活性影响很大，其中脱硝速率是主要的影响因素。实验表明，最好将三氧化铀的粒度控制在 30～40 网目，总表面积$>1\ m^2/g$，其活性最好。在通常情况下，通过选择最佳的工艺操作条件可以获得活性最好的三氧化铀产品。

在工业生产上常采用下列措施来提高产品的活性[2,22]。

第一，提高脱硝反应的速率。脱硝反应进行得越快，在单位时间内产生的气体量越多，产品的比表面积也就越大，活性越好。通过改变脱硝的温度，改变进料液中硝酸铀酰的浓度，改变产品在床内的停留时间等因素，都能在较宽的范围内控制产品的特性——孔隙度、密度、颗粒大小、残余水分及硝酸盐含量。

在工业生产上，最佳的操作条件要通过试验来确定。

第二，加入硫酸根。在脱硝料液中加入一定量的硫酸根，经过脱硝后硫酸根将保留在三氧化铀中。当还原三氧化铀时，硫酸根同时被还原为硫化氢气体从二氧化铀颗粒中逸出，从而增加了二氧化铀的总比表面积，提高了其活性。表 8-10 和表 8-11 分别表明硫酸根的加入量对二氧化铀、三氧化铀的某些物理性质和对二氧化铀氢氟化过程生产能力的影响。从这两张表

中的数据可见，硫酸根的作用是很明显的[23]。

表 8-10　硫酸根加入量对三氧化铀、二氧化铀某些物理性质的影响

SO_4^{2-} 加入量/[$\times 10^{-6}$g(铀基)]	UO_3 总比表面积/(m^2/g)	UO_3 敲击密度/(g/cm^3)	UO_2 总比表面积/(m^2/g)
90	0.077	3.5～4.0	1.4
1 000	0.150	3.5～4.0	3.9
3 000	1.400	4.0～4.3	6.9
5 000	1.500	4.3～4.6	8.2

表 8-11　硫酸根加入量对二氧化铀氢氟化过程生产能力的影响

氢氟化设备	氢氟化产品 UF_4 用途	生产能力/(kg/h)	
		脱硝时不加 SO_4^{2-}	脱硝时加入(200～1 200)$\times 10^{-6}$g SO_4^{2-}(铀基)
搅拌槽	生产金属	181.6	208.9
搅拌槽	生产 UF_6	227	227
振动盘	生产 UF_6	136.2	227

各厂向料液加硫酸盐的形式也不同，有的加硫酸铵，也有的工厂加硫酸及硫酸铝。其中以加入硫酸铵效果最好。各厂的加入量也不相同。美国橡树岭气体扩散工厂加入 3 000$\times 10^{-6}$ 的 SO_4^{2-}，马林克洛特厂则向料液中加入 2 500$\times 10^{-6}$ 的硫酸铝，最多时加入 4 000$\times 10^{-6}$ SO_4^{2-}[13]。爱达荷化学处理厂向脱硝料液中加入的 SO_4^{2-} 量从 50$\times 10^{-6}$ 到 3 000$\times 10^{-6}$ 不等[15]。

为了改善热脱硝产品 UO_3 的活性，向脱硝料液中加入 SO_4^{2-} 是比较通用而有效的方法，如 1994 年投入商业运行的英国 THORP 厂在脱硝料液缓冲槽中，用硫酸调料之后，将料液喷入热脱硝反应器脱硝[21]。

在流化床脱硝中，一般来说加入 SO_4^{2-} 不会引起太大的问题。主要的问题是对设备的腐蚀作用，所以 SO_4^{2-} 的加入量要严格控制。再就是在 UO_3 还原时，由于 SO_4^{2-} 转变成硫化氢而使尾气处理系统复杂化。

第三、研磨法。对三氧化铀产品进行研磨破碎，增加比表面积，提高产品活性。这也是一种比较常用而有效的方法。

3. 尾气处理

在脱硝的尾气中或多或少地夹带有三氧化铀粉尘。这些粉尘是应截留并回收利用的。当流化气体流量较大，而产品颗粒较细时，尾气带出的粉尘量就相当可观，有时成为影响金属回收率的主要障碍，严重时甚至影响正常生产。例如，美国马林克洛特厂脱硝的中间试验装置，开始时采用旋风分离器和硝酸回收措施处理尾气，效果欠佳；后来在旋风分离器之后增设了文丘里涤气装置，由于没能解决问题，只有采用烧结金属过滤器，才使问题获得解决。

烧结金属过滤器过滤介质为多孔金属，孔径一般为 20 μm 左右，除尘效率很高，作为第一级尾气净化时，过滤效率可达98%以上。烧结不锈钢过滤器具有更高的除尘效率，可达到99.9%。

尾气处理的第二个作用是吸收氮氧化物，因为尾气中的大量氮氧化物是不允许直接排入大气的。由于尾气中既含有氮氧化物又含有水蒸气，所以可采用冷凝的办法直接回收硝酸。硝酸回收率一般可达40%～60%。经过回收硝酸后的尾气，通常可以直接排放。在特殊情况下，还要经过碱洗塔做进一步的净化处理[2]。

表8-12给出了几个国家的流化床脱硝装置的尾气净化系统[14～16,24,25]。

表8-12　流化床脱硝尾气净化系统

国家，工厂名称	尾气净化系统
英国，温茨凯尔二厂	流化床→烧结金属过滤器→热交换器→回收硝酸→碱洗→排入大气
美国，马林克洛特工厂	流化床→烧结不锈钢过滤器→硝酸涤气器(回收硝酸)→排入大气
美国，爱达荷厂	流化床→烧结不锈钢过滤器→冷凝器→除雾器→高效过滤器→水环真空泵→容器废气处理系统
美国，中西部回收工厂	流化床→烧结金属过滤器→泡沫洗涤塔→排出
日本，试验验证装置	流化床→烧结金属过滤器→冷凝器→洗涤器→过滤器→排入大气

由表8-12可见，由于爱达荷厂采用了对尾气的多级净化法，获得了较好的除尘效果。铀在冷凝液中的含量为$1\times10^{-3}\sim1\times10^{-4}$g/L；在水环真空泵水中的浓度也是一样的低，即$1\times10^{-3}\sim1\times10^{-4}$g/L[24,25]。

参考文献

1　动力堆乏燃料后处理资料汇编．核科学技术情报研究所．1988

2　姜圣阶，任凤仪等编著．核燃料后处理工学．北京：原子能出版社．1995

3　黄昌泰，李光鸿，魏连生译．核电站燃料后处理．第二版．北京：原子能出版社．1996

4　动力堆乏燃料后处理综合调研报告．核科学技术情报研究所．1991

5　蒋云清主编．乏燃料后处理'94.169～175.核科学技术情报研究所．1995

6　各国乏燃料后处理厂的工艺流程[1]、[11].核科学技术情报研究所．1992

7　蒋云清主编．乏燃料后处理'98.1～6.核科学技术情报研究所．2000

8　RECOD'87.467～473

9　Engineering for Nuclear Fuel Reprocessing.1967

10　Chem. Eng. Progr.,53,586～589.1957

11 HW-49652A

12 核化-1019

13 NP-15123

14 DOCKET-50268-1

15 RECOD'87.867～874

16 RECOD'91.1081～1089

17 MCW-1451

18 MCW-1459

19 MCW-1470

20 核工业第二研究设计院等译．埃克松核燃料回收和再循环中心初步安全分析报告．1991

21 乏燃料管理及后处理．1993. No. 2

22 MCW-1509

23 Chem. Eng. Sci. ,353～365

24 IN-1475

25 IN-1314

第九章　镎的提取、纯化和转化

镎是易裂变核材料，在核工业中的重要性仅次于铀和钚。随着核电工业的发展，在乏燃料中，由于反应堆类型的不同，燃耗深度的差异，镎的含量也不同。例如，在生产堆天然铀金属中，当燃耗为 1 000 MW・d/t 时，^{237}Np 的生成量为 1.5 g/t[1]。在轻水堆乏燃料中镎的含量高达 0.04%～0.05%[1,2]。由于^{237}Np 是一种剧毒性的超铀易裂变核素，在后处理的铀、钚产品中对其含量有严格的限制，要求铀中 Np＜10^{-6}（＜1 ppm），钚中 Np≤10^{-3}（＜1 000 ppm）[3]。又由于^{237}Np 的热辐照产品^{238}Pu 是重要的 α 放射性能源，广泛用于宇航事业和医疗卫生行业。由于^{238}Pu 的比功率相当高（约为 0.5 W/g），半衰期较长（89.6 a），γ 辐射强度很弱，不需要厚的防护层，因此需求量日益增加[4]。

鉴于上述原因，所以世界上许多后处理厂都用不同的方法提取^{237}Np。

本章主要论述从 Purex 流程的有关工序提取镎的原理和方法，同时论述纯化和转化镎的工艺过程。

第一节　镎的性质

在热中子和快中子反应堆中，下列核反应生成^{237}Np：

$$^{235}U(n,\gamma)\xrightarrow{98.6\text{ 靶}}{}^{236}U(n,\gamma)\xrightarrow{5.2\text{ 靶}}{}^{237}U\xleftarrow{0.013\text{ 靶}}{}^{238}U(n,2n)$$
$$^{237}U\xrightarrow[\beta^-]{6.75\text{ d}}{}^{237}Np$$

^{237}Np 的典型浓度为，热中子堆：749 g/t 重金属；快中子堆：249 g/t 重金属[5]。

德国卡尔斯鲁厄的研究指出，不同种类的乏燃料，不同的燃耗，^{237}Np 的含量不同，例如，燃耗为 36 000 MW・d/tU，加浓度为 3.5% ^{235}U 的乏燃料中，每 t 铀约含 550 g ^{237}Np；燃耗为 20 000 MW・d/tU，每 t 约含 248 g ^{237}Np；燃耗为 36 000 MW・d/t 混合氧化物燃料，每 t 约含80 g ^{237}Np[6]。

文献[7]指出，乏燃料中的镎含量随着燃耗的升高大约以 1.5 次方增加。

镎的主要同位素及其部分核性质如表 9-1 所示[5]。

表 9-1　镎的同位素

质　量 (原子质量单位)	半衰期	放射性衰变	
		类　型	有效能量/eV
236.046 624	22 h	β,EC	0.17
237.048 056	2.14×10^{6} a	α	4.956
238.050 896	2.1 d	β	0.839
239.052 924	2.35 d	β	0.69

镎同铀、钚一样，当用浓硝酸溶解乏燃料时，被溶解于溶解液中。镎在溶解液中通常以 Np(Ⅳ)，Np(Ⅴ)，Np(Ⅵ)的水合形态存在[5]。只有当系统中有强还原剂存在时才能有 Np(Ⅲ)。在强碱性溶液中才会有 NpO_5^{3-} 存在[2,5]。

在通常的溶解液中，镎的价态分布主要受硝酸的氧化和亚硝酸的还原所支配，其平衡式为：

$$2NpO_2^+ + 3H^+ + NO_3^- \rightleftharpoons 2NpO_2^{2+} + HNO_2 + H_2O \tag{9-1}$$

在溶解乏燃料过程中，以及在燃料溶解液中，存在着较高浓度的亚硝酸。硝酸平均每吸收 100 eV 的能量产生 0.2～2 mol 的亚硝酸。当吸收剂量达 1×10^5 Gy 时，溶液中亚硝酸浓度达 5×10^{-3} mol/L[9]（详见第六章）。所以，在溶解液中，由于有较高浓度的亚硝酸存在，因此镎大部分处于 Np(Ⅴ)状态。五价镎最稳定，它只在碱性溶液中发生水解，只在高酸度下发生歧化，并生成弱的络合物。五价镎的歧化反应为

$$2NpO_2^+ + 4H^+ \longrightarrow Np^{4+} + NpO_2^{2+} + 2H_2O \tag{9-2}$$

正是由于 Np(Ⅴ)的歧化反应和 Vp(Ⅳ)的络合反应，在较浓的硝酸中用弱还原剂 H_2O_2 就能将 Np(Ⅴ)还原。镎的氧化还原电位(克式)如式(9-3)所示[7]。

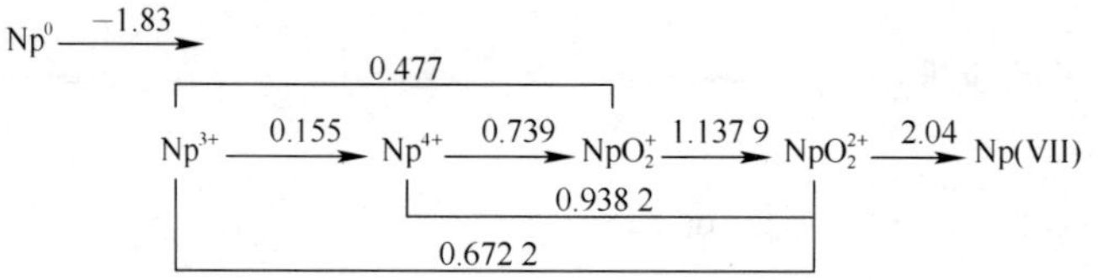

(9-3)

各种镎离子的络合作用在其分离、纯化过程中起着重要的作用。各种价态镎离子的络合倾向按着络合物的稳定性可以排列成如下次序[7]

$$Np^{6+} > Np^{5+} > Np^{4+} > NpO_2^{2+} > Np^{3+} > NpO_2^+ \gg NpO_2^{3+}(NpO_3^+) \tag{9-4}$$

镎在 30%TBP 溶液中的萃取行为与萃取体系中镎的价态、温度、硝酸浓度、硝酸铀酰浓度以及其他硝酸盐浓度有关。当硝酸浓度低于 4 mol/L 时，在同样的硝酸和硝酸铀酰浓度下，Np(Ⅵ)的萃取分配系数高于 Np(Ⅳ)。而且都比 Np(Ⅴ)的分配系数高得多。Np(Ⅵ)和 Np(Ⅳ)都以二分子 TBP 的络合物形式被 TBP 萃取[即 $NpO_2(NO_3)_2\cdot 2TBP$ 和 $Np(NO_3)_4\cdot 2TBP$]。

在 Purex 流程共萃取体系中，当温度为 25 ℃，30%TBP 中铀的饱和度为 80%时，Np(Ⅵ)和 Np(Ⅳ)的萃取分配系数如图 9-1 所示[5]。

^{237}Np 同 ^{235}U 和 ^{239}Pu 一样，在一定的反射体系，一定的质量时，^{237}Np 也可达到核临界，产生裂变反应。国际原子能机构第 48 次核保障执行常设咨询组(SAGSI)会议(1999 年 2 月)，

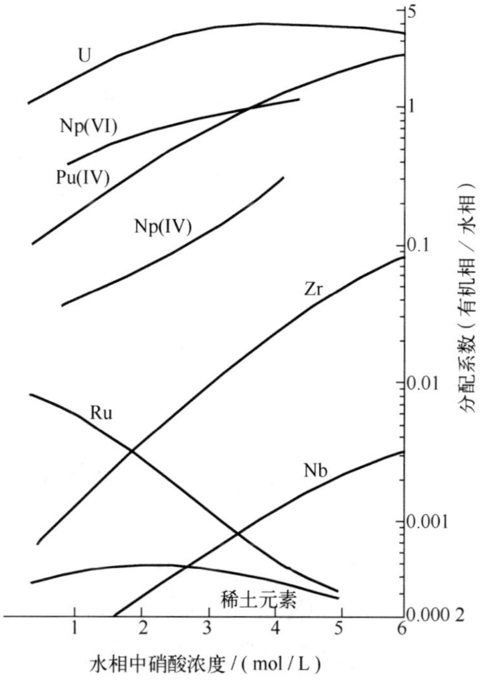

图 9-1　硝酸浓度对分配系数的影响

[30%(体积分数)TBP 中的铀饱和度为 80%，温度为 25 ℃]

通过对^{237}Np 的核性质和获得路径的评估，SAGSI 对^{237}Np 可用于核武器制造并无分歧[10]。

^{237}Np 的临界质量如表 9-2 所示[11]。

表 9-2　^{237}Np 的临界质量

$^{237}_{93}$Np 偶中子核素(Even-neutron Nuclides $^{237}_{93}$Np)			间接的实验测量
计　算　结　果			
反射类型	总的^{237}Np 质量/kg	K_{eff}	临界质量/kg
裸体	55.9	0.992±0.002 3	88
钢	33.0	0.988±0.002 8	55
水	51.1	0.992±0.002 9	83
铍	33.0	0.953±0.002 7	不适用
天然铀	33.0	0.993±0.002 4	不适用

第二节　提取镎的工艺过程

在乏燃料后处理过程中，提取镎基本上有两种途径：一是在共去污循环中，设法将镎赶入 1AW(或 HAW)中，然后从高放废液中提取镎；二是镎同铀、钚在 Purex 流程的不同工序中提取(分离)[1,4,5,12]。

一、从高放废液中提取镎

美国萨凡那河厂是从 Purex 流程高放废液中提取镎的典型工厂之一，此外，美国的西谷厂，英国的温茨凯尔厂也都是从废液浓缩液中提取镎的工厂[1,5,13]。

大量的实验结果和工厂运行结果都证明，在共去污萃取循环料液中大部分镎处于不易被萃取的 Np(Ⅴ)状态(估计约为 70%)，但是经过 1A 槽(柱)萃取后，仍有相当多的镎被萃取到产品液流中，只有一小部分进入 1AW 中[1,2,14,15]。德国卡尔斯鲁厄的实验，英国唐瑞快堆乏燃料后处理中间工厂和法国马库尔后处理厂，测得进入 1AW 中的镎为 10%左右[2,16]。

为什么出现这种情况呢？由式(9-1)可见，随着料液中 Np(Ⅵ)和 HNO_2 的被萃取，为 Np(Ⅴ)向 Np(Ⅵ)的转移创造了条件。特别是当料液中硝酸浓度增高时，Np(Ⅴ)的氧化速率提高，Np(Ⅴ)的氧化速率与硝酸浓度的四次方成正比[2]。

由上面的论述可见，在 Purex 共去污循环中要想把镎赶入 1AW 中去并非易事，必须采取一系列的有效措施才行。美国萨凡那河厂为把约 95%的 Np 赶入 1AW，在工艺和设备上采取了下列措施：当 1A 萃取器使用混合澄清槽时，在 1AW 排出之前的混合澄清槽的第二级加入 5.3 mol 的 $NaNO_2$，使萃取槽有机相中 HNO_2 的浓度达 0.04 mol/L 时，可以稳定 1AF 进料中的五价镎，使其不被氧化和萃取，这是 95%的镎被赶入 1AW 里去的重要措施之一；再有就是调节有关工艺参数，使进料级附近的几级保持高的铀饱和度，排挤 TBP 对 Np(Ⅵ)的萃取。在萃取剂中 HNO_2 浓度和铀饱和度对镎走向的影响如表 9-3 所示[1]。

表 9-3 在萃取剂中 HNO_2 浓度和铀饱和度对镎走向的影响

HNO_2 在萃取剂中的浓度/(mol/L)	1AP 中铀的饱和度/%	Np/%	
		流入 HAW	流入 HAP(或 1AP)
0.001	58	1	100
0.001	63	7	93
0.001	70	28	72
0.001	73	85	15
0.01	73	92	8
0.04	73	95	5

从表 9-3 的数据可见，当 30%TBP 中含有 10^{-3} mol/L HNO_2 时，其中的铀饱和度从 58%增至 73%，流入 HAW 中的 Np 由 1%增加到 85%；而流入 HAP(或 1AP)的 Np 从 100%降低到 15%。当萃取剂中铀的饱和度为 73%时，为使 95%以上的 Np 流入 HAW，有机相中 HNO_2 含量必须≥10^{-2} mol/L。

后来，萨凡那河厂改用离心萃取器作为 1A(或 HA)萃取设备，由于物料在离心萃取器中停留时间很短，使得料液中的 Np(Ⅴ)还来不及催化氧化就随水相萃残液排入 1AW 中了[17]。其余 5%左右的镎同铀一起被萃取了，在铀净化循环的萃取器中，采用低硝酸浓度、高铀饱和度、纯水洗涤等工艺条件，将这部分镎赶入萃残液 2DW 中。合并 1AW，2DW，2BW，3BW 和镎净化循环返回来的废水，浓缩后去阴离子交换提取、净化和浓缩镎。

萨凡那河厂将镎赶入 1AW 和 2DW 中去所采用的工艺条件如表 9-4 所示[1,4]。

表 9-4　回收镎的 Purex 流程中有关工艺参数

设　备	物　流	组　分	浓度/(mol/L)	流　量	温度/℃
1A离心萃取器	1AF	HNO_3	1.1	1.0	45
		U	1.2		
	1AX	TBP	30%(体积分数)	3.3	45
	1AS	HNO_3	3.0	0.66	45
	1AN1)	$NaNO_2$	5.3	0.058	35
2D混合澄清槽	2DF	HNO_3	0.24	1.0	50
		U	1.8		
		$Fe(NH_2SO_3)_2$	0.012		
	2DX	TBP	30%(体积分数)	4.5	45
	2DS	H_2O		0.19	50
	2DS'	HNO_3	3.0	0.37	50

注:1)在萃取段最末第二级加入。

萨凡那河厂采用一组由三个阴离子交换树脂搅动床组成的系统从浓缩废液中提取镎并回收钚,工艺过程如图 9-2 所示[4]。

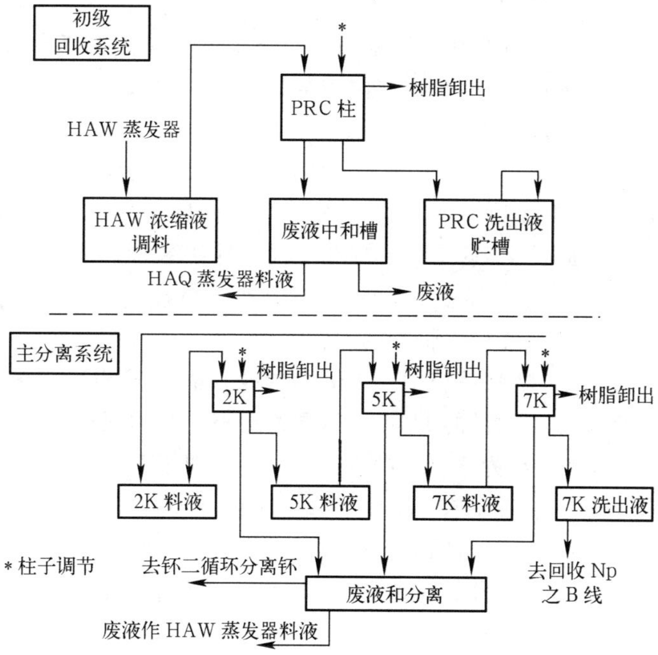

图 9-2　萨凡那河从 Purex 流程废液中回收 Np 的离子交换流程

首先，向硝酸根总浓度为6～9 mol/L的浓缩废液中加入氨基磺酸亚铁和肼，以便制备Np(Ⅳ)的料液。然后将大约50个床体积的调整好的料液加入并依次通过三个阴离子交换搅动床时，95%以上的镎被吸附。由于阴离子交换剂对$Pu(NO_3)_6^{2-}$有很强的亲和力，所以使废液中的钚也得到了回收。当吸附操作完毕后，用8 mol/L HNO_3洗涤树脂，然后用0.35 mol/L HNO_3溶液淋洗(解吸)镎和钚。

在分离、纯化和浓缩所提取的镎时，使用另外三个阴离子交换循环。前两个阴离子交换循环用于从8 mol/L HNO_3溶液中吸附Np(Ⅳ)和Pu(Ⅳ)。向拟被吸附的溶液中加入氨基磺酸亚铁，首先制得含Pu(Ⅲ)和Np(Ⅳ)的溶液，然后将该溶液加热到60 ℃，将Pu(Ⅲ)氧化为Pu(Ⅳ)，而镎仍保持为Np(Ⅳ)。将制备好的料液通过阴离子交换树脂吸附，再用8 mol/L HNO_3－0.65 mol/L HF溶液洗涤，以洗除裂变产物；接着用含氨基磺酸亚铁和肼的6 mol/L HNO_3淋洗除去钚；最后用0.35 mol/L HNO_3淋洗镎。

最后一个阴离子交换循环浓缩镎，经过浓缩后以便进行草酸盐沉淀。

在提取和纯化镎的离子交换系统中，如果镎在任何一个流失点有较大的流失时，都可以通过返回的办法予以回收，因此用阴离子交换法可以获得镎的平均收率约为98%[4]。

从高放废液中提取镎的优点是，对Purex流程主工艺参数和操作的影响较小，镎的提取率较高，同时还可回收废液中的铀和钚。这种方法的缺点是，由于高放浓缩液的放射性活度很高，因而对生产用的材料、试剂的耐辐照性能和安全防护的要求都比较高，需要有较多的高放操作设备。树脂的寿命大约只有10个循环，因此需要经常地更换树脂，产生较多的放射性废物[1,4,5]。

二、TBP从溶解料液中同铀、钚一起萃取镎

在共去污循环中，用30%TBP在萃取铀、钚时，调节并控制工艺条件和操作条件，使镎被萃取入有机相并实现初步的净化，这是许多国家的后处理厂提取镎的方法。如美国的汉福特厂、萨凡那河高加浓铀后处理厂、中西部厂，法国的马库尔厂、阿格厂，俄罗斯的RT-1后处理厂，日本的东海厂等都是采用TBP萃取法提取镎的[1,4,5,13,18]。德国卡尔斯鲁厄厂，比利时莫尔厂和印度特朗贝厂，开始时不准备回收镎，运行一段时间后，才决定提取镎。

用30%TBP共萃取铀、镎、钚的工艺流程和工艺条件如图9-3所示[4]。

要想从进料液(HAF)中尽可能多地提取镎，就必须严格控制共萃取共去污脉冲柱的工艺操作条件，使镎同铀、钚共萃取并获得较高的净化系数。

首先，要严格控制萃取和洗涤系统中亚硝酸的浓度。由于HNO_2可被TBP所萃取，因此必须在脉冲柱的萃残液端加入适量的HNO_2，以便使得整个的萃取段都有足够的HNO_2，经计算，HNO_2在有机相中的浓度约为3.4×10^{-4} mol/L[1]。如果改为向萃取料液中加入足量的HNO_2以求在脉冲柱的萃残液端也有HNO_2的话，则在脉冲柱的洗涤段中，HNO_2的浓度将高到足以将Np(Ⅵ)还原为Np(Ⅴ)，因而会造成镎的内循环。同样在其后的分离过程中，过量的HNO_2将影响到Pu(Ⅳ)还原为Pu(Ⅲ)的还原反应。如果出现这种情况，就必须用肼将HNO_2除去。

在调节和控制系统中的HNO_2浓度时，还必须注意一个问题。由于HNO_3的辐解，在萃取料液中经常存在一定量的HNO_2，所以在计算系统中HNO_2浓度时要把这部分HNO_2考虑在内[4]。

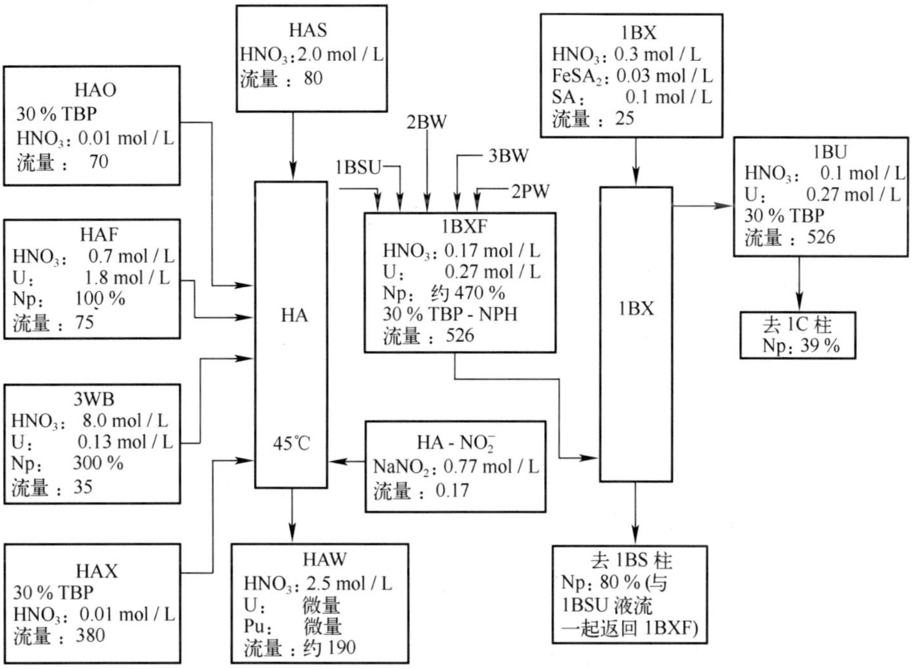

图 9-3　Purex 流程共萃取 U、Np 和 Pu 的 HA 柱流程

供料级及洗涤段的有机相中的铀饱和度对镎的萃取有着重要的影响。为了降低洗涤段的铀饱和度，在脉冲柱供料级上端加入一股稀释剂液流（HAO）。后来，为了增加镎的萃取量，已将 HAO 同 HAX 合并到一起。由于降低了供料级的铀饱和度，使得对裂变产物的净化系数略有下降。

在操作上控制铀饱和度是要通过调节水相同有机相的流比来实现的。流比的调节是依据有机相出口处溶剂中铀浓度等于或小于 0.3 mol/L（约 72 g/L），洗涤剂与有机相的流比小于 0.15，这样，当水相中 HNO_3 与 HNO_2 浓度保持在适当的范围内，就不会产生或很少产生镎的内循环。

硝酸的浓度及其分布情况是影响 HA 柱萃取镎的重要因素之一。为防止镎的过多流失，又要保证对裂变产物有较高的净化系数，为此要调节并保持水相萃残液（HAW）的 HNO_3 浓度高于 2.5 mol/L[1]。

要调节并保持进入 HA 柱的各个液流的温度，使柱温维持在 45 ℃左右，这样可以加速 Np(Ⅴ)氧化为 Np(Ⅵ)，有利于提高镎的回收率。

该流程镎的总回收率为 95%左右[4]。

为提高镎的回收率，美国研究并发展了一种用五价钒将镎氧化为六价的 Purex 改进流程[5]。用五价钒氧化五价镎时不需要任何催化剂。五价钒氧化五价镎的速度相当快，该反应速率比亚硝酸催化的 Np(Ⅴ)到 Np(Ⅵ)的反应速率高得多，完全可用于实际生产过程[4,5]。

改进的萃取镎的流程及工艺条件示于图 9-4[5]。在料液制备阶段，要用空气鼓泡法分解料液中的 HNO_2，以防止在 HA 萃取器中钒被 NO_2^- 还原。

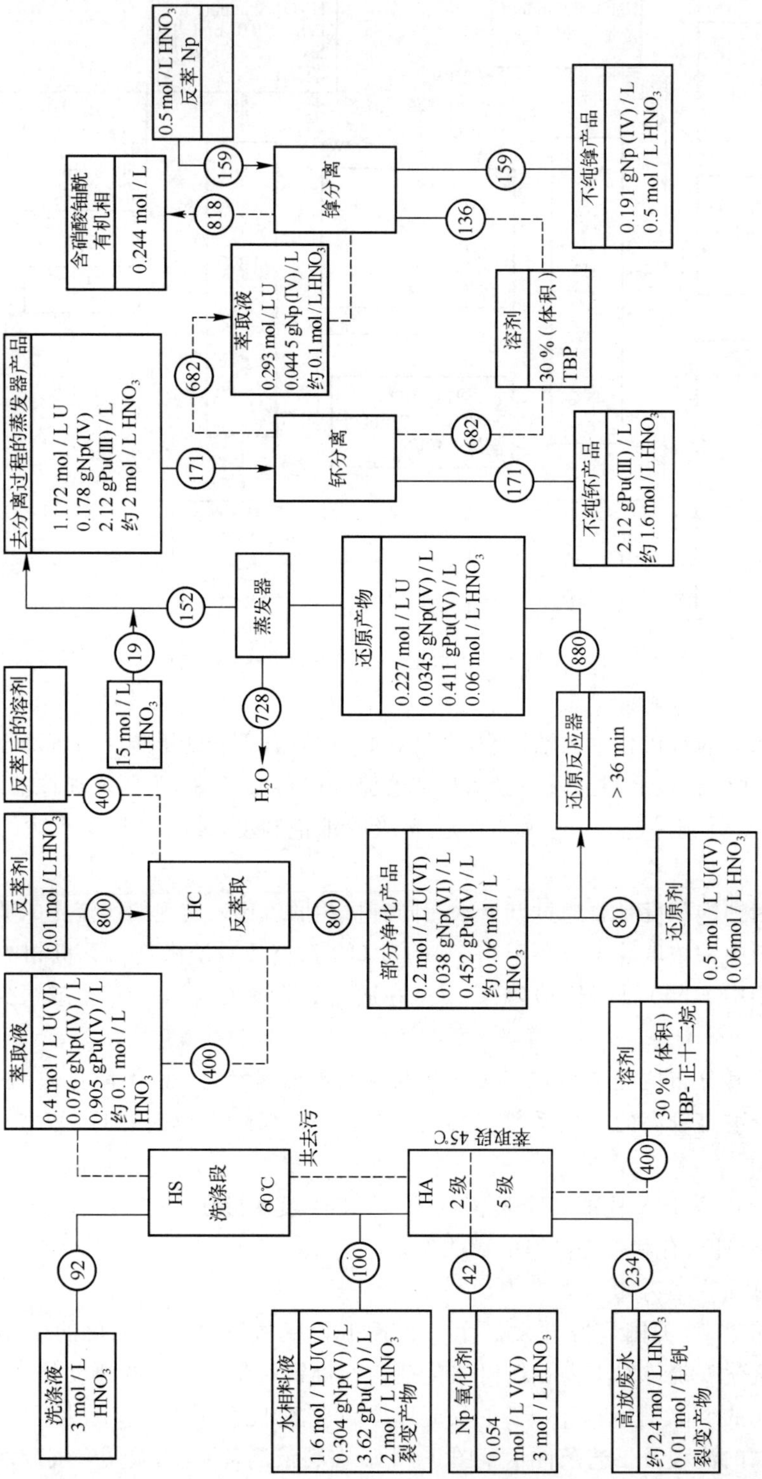

图 9-4 回收镎的 Purex 改进流程的主要步骤

圆圈内的数字表示相对体积流量：——水相；— — — —有机相

镎的氧化剂——含 0.054 mol/L V(Ⅴ)的 3 mol/L HNO_3 溶液是在 HA 萃取器供料点下面的第二级加入的，在这里水相中的大部分铀和钚已被溶剂萃取入有机相。当水相物料中加入镎的氧化剂后，再向下流经五个萃取级时，钒已将镎氧化为六价，并且不断地被溶剂萃取入有机相中。用这种方法可萃取 87%～97%的镎。

萃取了铀、镎和钚的有机相在 HC 反萃器中被 0.01 mol/L HNO_3 将铀、镎和钚一起反萃入水相，然后将 0.5 mol/L U(Ⅳ)的还原剂加入反萃液中，于是钚被还原为不易被 TBP 萃取的Pu(Ⅲ)，镎被还原为仍可被 TBP 萃取的 Np(Ⅳ)，为了使镎被完全还原，溶液须放置 0.5 h 以上。经过还原后的料液在一组间歇式蒸发器中浓缩，使铀的浓度达到 1.172 mol/L。调节浓缩料液的酸度达 2 mol/L HNO_3，然后用 4 倍料液流量的 30% TBP 萃取铀和镎，而使钚进入萃余液。

接着用 0.5 mol/L HNO_3 反萃有机相，使与 TBP 亲和力较弱的 Np(Ⅳ)被反萃入水相，实现了镎的分离。仍然留在有机相中的铀再用 0.01 mol/L HNO_3 反萃入水相。

这种用五价钒氧化五价镎的 Purex 改进流程的优点是，镎几乎能够被完全提取。它的主要缺点是将钒引入了高放废液之中；同时少量铀以 U(Ⅳ)形式在体系中再循环[4,5]。

文献[1]汇总了世界上一些工厂和研究单位用 30%TBP 从溶解料液中提取镎的工艺条件，如表 9-5 所示。

表 9-5　将镎萃取到 HAP(或 IAP)的工艺条件

后处理厂或	HAF		HAS	HAN	HAX	HAF∶HAX∶	Np 的走向	备注
研究单位	HNO_3	U	HNO_3	$NaNO_2$	TBP	HAS∶HAN		
美国汉福特厂	0.7	428	2.0	0.77	30	1∶5.07∶1.07∶0.002 3	96.3% Np 进入 HAP，随后 79.9% Np 进入铀线，16.4% Np 进入钚线	从铀循环回收 Np 的液流经浓缩 HNO_3 至 8.0 mol/L 以 0.47 流量在萃取段后一级加入，HAN 在 HAW 出口的前一级加入新鲜 30% TBP 以 0.93 流量在进料级附近的洗涤段引入，45 ℃
美国橡树岭实验室	1.5～2.0	238～375	2.0～3.0		30	1∶4.5∶0.8∶0	13.3% Np 进入 HAW，80% Np 进入 HAP，随后 87.3% Np 进入钚线	HAF 含 0.01 mol/L $NaNO_2$
橡树岭中试厂改进流程	2.0	324	3.0		30	1∶3.33∶0.67∶0	≥ 95% Np 进入 HAP，随后在铀线回收	HAS 含 0.05 mol/L $NaNO_2$

续表

后处理厂或研究单位	HAF		HAS	HAN	HAX	HAF∶HAX∶HAS∶HAN	Np的走向	备注
	HNO_3	U	HNO_3	$NaNO_2$	TBP			
英国温茨凯尔							约30%Np流入HAW，60% Np进入铀线，10%Np进入钚线	
英国THORP厂							34%Np流入HAW，62.7% Np进入铀线，3.3% Np进入钚线	
法国阿格和马库尔厂	1.7～2.0	420	2.0～3.0				Np进入HAP	
法国UP-3							17.8%Np流入HAW，68% Np进入铀线，14.2% Np进入钚线	
前苏联	3.0	300	4.0		25	1∶3.75∶0.6∶0	1.1%Np流入HAW，6.8%Np进入铀线，94.2% Np进入钚线	
比利时莫尔	3.0	240	3.0		30	1∶2.5∶0.5∶0	14%Np流入HAW，51% Np进入铀线，28%Np进入钚线	
印度巴巴原子研究中心	2.9	359	3.0		30	1∶5∶0.83∶0	6.9%Np流入HAW，80%～90% Np进入HAP，50% Np流入1AW，50%Np进入铀线	30% TBP中含有HNO_2浓度为4.7×10^{-3} mol/L
日本动燃团	3.0	180	4.5	0.19	30	1∶2.13∶0.38∶0	88%Np进入HAP	进料级加入0.14流量的3 mol/L HNO_3-0.143 mol/L的硝酸肼，$NaNO_2$在HAW出口级加入

注：HNO_3，HNO_2浓度单位为mol/L，U浓度单位为g/L，TBP浓度为体积分数。

第三节　从 Purex 流程中分离镎

上节已经叙述了用 30%TBP 从乏燃料溶解液中萃取铀、镎和钚的两个流程。对共萃取了的铀、镎和钚的有机相可采用下列一些方法将铀、镎和钚分离开来，然后予以纯化和转化。

下面主要论述从 Purex 流程的不同液流中分离镎的方法和工艺流程。

一、从 1AP 中分离镎

日本原子能研究所，从研究 Np 和 Pu 的还原剂入手，发现在 U(Ⅵ)—Pu(Ⅳ)—Np(Ⅵ)—HNO_3 水溶液中，正丁醛是一种具有良好选择性的 Np(Ⅵ)的还原剂。Np(Ⅵ)的还原速率随着体系中酸度、正丁醛(n-C_3H_7CHO)浓度和温度的提高而加速。在混合澄清槽中，用正丁醛作还原剂从载带有 U、Np 和 Pu 的有机相中可分离大约 91%的镎[19]。

后来，日本原子能研究所进行了正丁醛和异丁醛还原动力学和化学流程的研究，并在小型混合澄清槽中进行了化学流程的实验。为了提高镎的回收率，在共萃取器靠近萃残液出口端加入 NH_4VO_3，可以有效地将水相中的 Np(Ⅴ)氧化为 Np(Ⅵ)并被溶剂萃取。实验发现，Np 总量的 99.85%可被溶剂萃取。用正丁醛作 Np 的还原剂，已经被共萃取的 Np，最高约有 99.98%被正丁醛还原并从铀中分离出来[20]。

最近，日本把已经开发出的一种先进的 Purex 流程称为 PARC 流程，提出了在 Purex 流程的一循环中的共去污步骤和 U/Pu 分离步骤之间增加从载有 U、Pu、Np 和 Tc 的有机溶剂中分离镎和锝的操作[21]。

将含有 184 g/L U，107 mg/L Np，6.4×10^{-5} mol/L Tc 及 1×10^{-4} mol/L Zr 的模拟料液加入第一个混合澄清槽的第 16 级进行 U，Np，Tc 的共萃取。正丁醛进入第二个混合澄清槽的第一级，含 3 mol/L HNO_3 的镎的洗涤液从第 9 级入槽。实验 B 的工艺过程及物料分布状况如图 9-5 所示[22]。

在 U、Np 和 Tc 共萃取时，98%以上的 Np 被溶剂所萃取。在用正丁醛还原分离时，95%的 Np 从溶剂中分离出来。实验发现，通过降低硝酸溶液的浓度，可以减少 Np(Ⅴ)的歧化，从而使产品中镎的比值增大[23]。

日本原子能研究所还用经过辐照的萃取剂和模拟溶解液在小型混合澄清槽上进行了 PARC 流程的实验[24]。

在共萃取槽 MX-1 的第 13 级加入模拟料液，事先经 ^{60}Co γ 辐照达 270 C/kg 的 30%TBP-正十二烷从第 1 级加入，为了提高 Np 的提取率，在该槽的第 5 级加入含 0.5 g/L NH_4VO_3 的 3 mol/L HNO_3 溶液，将 Np(Ⅴ)氧化至 Np(Ⅵ)。

Np(Ⅵ)的还原剂从 MX-2 槽的第 1 级加入，还原被溶剂萃取的 Np(Ⅵ)，Np 的洗涤液从 MX-2 槽的第 9 级加入，将被还原的 Np 洗涤入水相，从 U，Pu 液流中分离出来。

图 9-6 给出了实验的工艺流程和 U、Pu、Np 和 Tc 在流程各物流中的分配。

在 MX-1 槽中，模拟料液中的 Np 有 92%被萃取入有机相，在 Np 分离槽 MX-2 中，随 U，Pu 被萃取入有机相中的 Np 约有 90%被反萃下来而成为 Np 产品[25]。

从上面的论述可见，再经过一些中间工厂规模的实验和工厂实用的检验，正丁醛有可能成

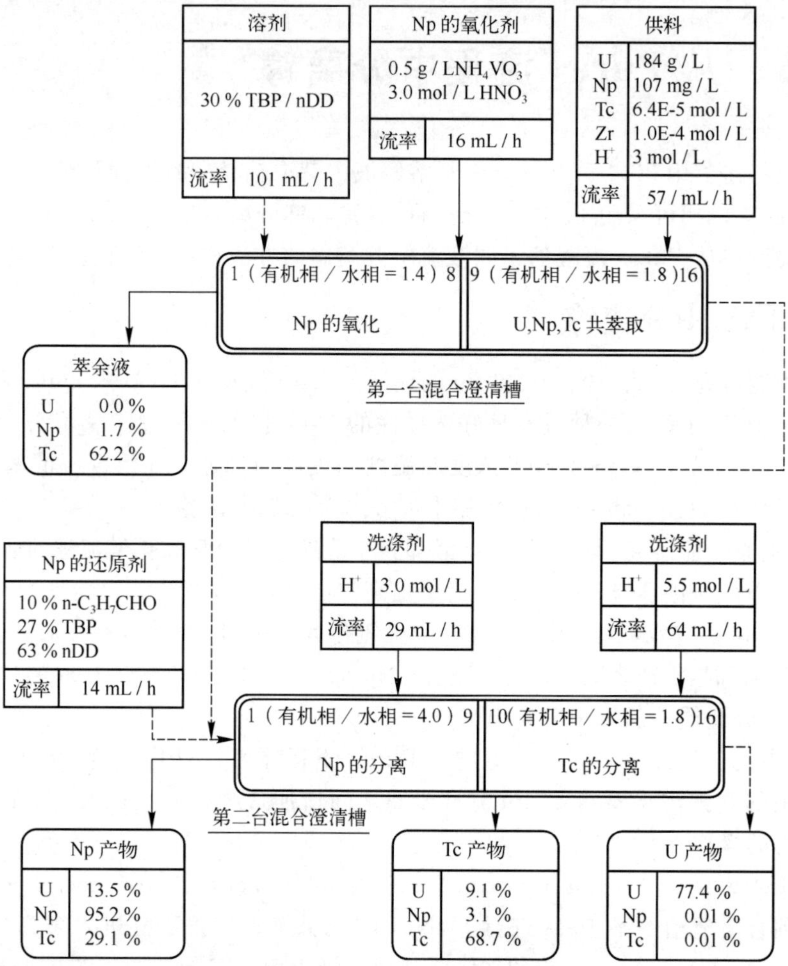

图 9-5　实验 B 中 U、Np 和 Tc 的分配

为生产上 Np(Ⅵ)的选择性还原剂。

二、从 1B 分离柱中分离镎

如果不采用 PARC 流程，而用通常的 Purex(包括改进的 Purex 流程)流程，萃取了 U、Np 和 Pu 的有机液流在 1BXF 槽中混合成 1BXF(如美国汉福特流程，图 9-7 所示[1])，进入 1BX 柱的底部，与还原反萃剂 1BX 逆流接触，在 Pu(Ⅳ)被还原为 Pu(Ⅲ)的同时，镎也从 Np(Ⅵ)还原为 Np(Ⅳ)，再加之 1BX∶1BXF 的流比很小(1∶21)，因此 83%的镎与铀一起仍留在有机相中，约有 17%的镎进入 1BS 柱，再用新鲜的溶剂补充萃取 U 和 Np，使钚液流得到净化。

还原反萃分离出钚的含铀、镎的有机相 1BU 进入铀、镎反萃柱(1C 柱)，铀和镎被稀酸反萃入水相。

法国原子能委员会，在分离柱中进行了 U、Np 和 Pu 分离的研究，他们采用硝酸羟胺同时还原 Pu 和 Np，实现与铀的分离。这项工作的可行性研究已于 1995 年完成。

英国核燃料公司同俄罗斯镭研究所合作，正在开发"一循环"Purex 流程，采用无盐试剂羟

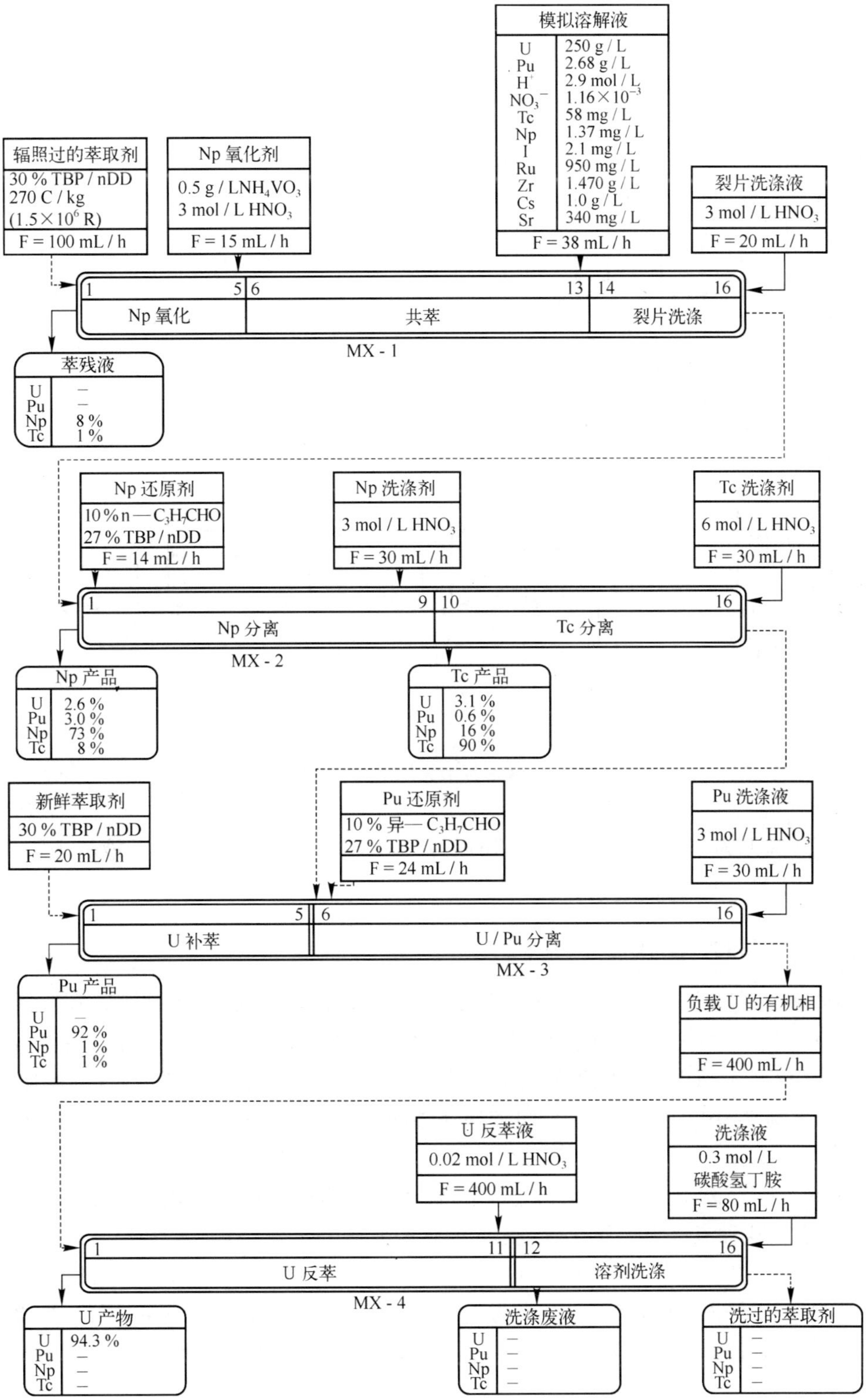

图 9-6 U,Pu,Np 和 Tc 在化学流程各物流中的分配

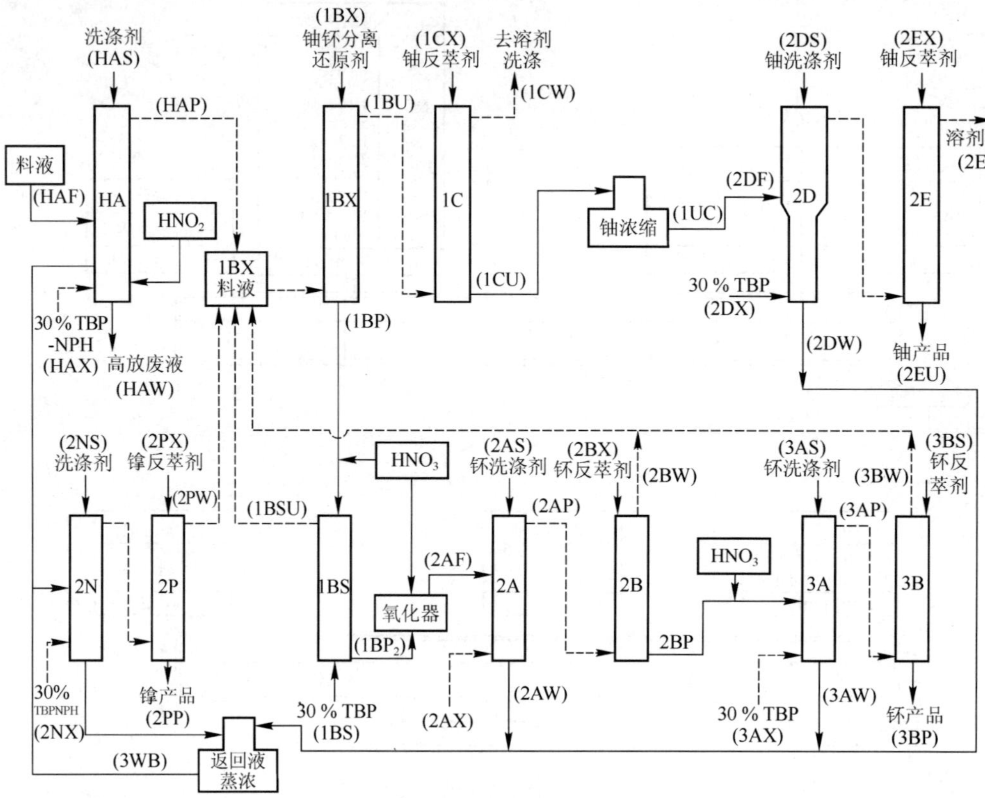

图 9-7　汉福特两循环 Purex 流程图

胺，将 Pu(Ⅳ)还原为 Pu(Ⅲ)，将 Np(Ⅵ)还原为 Np(Ⅴ)，使得镎随着钚产品液流走，而不进入铀产品液流，实现与铀的分离[26]。

三、从铀的净化循环中分离镎

从铀的净化循环中除镎，先后研究和发展了三种流程："稀"流程、"浓"流程和溶剂分供流程。所谓"稀"流程，即从 1C 柱中由稀硝酸反萃取得到的铀溶液(含镎)，经过调料后进入 2D 槽萃取铀，将镎赶入 2DW，使得铀、镎分离。由于这种流程进料液中铀浓度较低(通常为 60～80 g/L)，故被称为"稀"流程。该流程可使镎在铀净化循环中得到良好的分离，而又不造成铀的流失[16]。

所谓"浓"流程，就是将 1CU 经过蒸发浓缩，使 2D 槽(柱)的进料液中铀的浓度较高，如 400 g/L 左右。这种流程为了净化铀，提高对钚和镎的分离效果，通常在生产中采取下列措施。首先，采用羟胺—肼作还原剂，保证料液中和在脉冲柱中镎处于四价而不被氧化到六价；第二，用纯水为洗涤液，并保持洗涤柱温为 40 ℃，尽量不使镎被有机相带走；第三，采取高铀饱和度，尽可能多地使镎进入 2DW。2DW 经过蒸发浓缩后返回 HA 柱或进入镎的净化循环加工处理。

采用"浓"流程时，2D 槽(柱)的除镎去污系数通常小于 10[3]。采用"稀"流程时，2D 的除镎去污系数通常为 50 左右[7]，最高可达 100～200[2,3]。总之，这两种流程，铀中除镎的效果尚需提高。为此,德国卡尔斯鲁厄的 E. KoLarik 博士发明了一种新流程,即溶剂分供流程,如图 9-8 所示[6]。这种溶剂分供流程,就是将供给 2D 槽的溶剂分成两股,80%仍然从 2D 槽的第 5 级加入,20%从 2D 槽的第 1 级加入,而不像原来那样将全部溶剂从第 1 级加入。第 6 级是该槽的进料级,因此,槽子的第 5,6 级和洗涤段(7~18 级)溶剂中的铀饱和度都较高,将 Np 排挤入 2DW 中。在槽子的第 1~4 级,水相对有机相的流比很高,镎仍被赶入水相萃残液中。

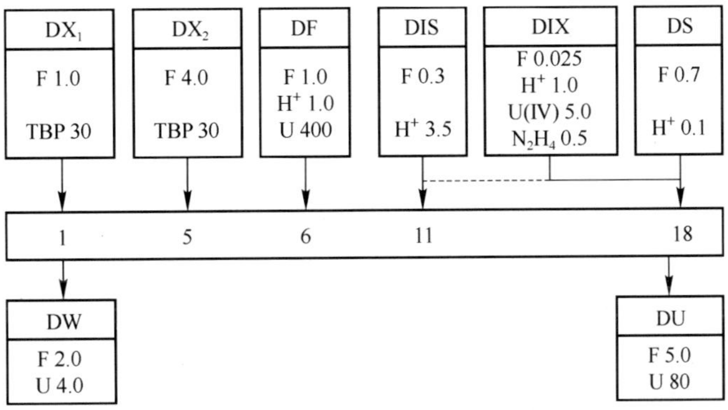

图 9-8　WAK 厂 2D 萃取槽的溶剂分供流程

注:F—相对流量;TBP 单位%;U 单位 g/L;H^+,$N_2H_4^+$ 单位 mol/L。

这种溶剂分供流程已在卡尔斯鲁厄厂处理高燃耗乏燃料的一个运行周期中作过运行,已确认所预期的性能。该流程铀中除镎的去污系数可达 300 左右,损失到萃余液中的铀可为 1%左右[6]。

四、从 1BP 中分离镎

在 1B 分离脉冲柱中,有较多的镎进入 1BP 中。目前,从 1BP 中分离镎基本上有三种方法。一是在将 1BP 调整为钚二循环的进料液 2AF 时,将镎调整为 Np(Ⅴ),在使用 TBP 萃取 Pu(Ⅳ)时,Np(Ⅴ)被赶入 2AW,再返循环入 HA 柱或者进入 3WB,以便将其回收和纯化。进入 2AP 中的镎可随 3AW 返循环,通常镎的损失很小[1]。

第二种方法是从 1BP 中分离并浓缩镎。俄罗斯 RT-1 厂将一循环来的含 Pu^{3+} 和 Np^{4+} 的溶液,用 30%TBP 或磷酸三异戊酯在 17 级混合澄清槽中萃取 Np(Ⅳ)。1BP 加入槽子的第 7 级,萃取剂从第 1 级入槽,在第 10 级用 10 mol/L HNO_3 洗涤,在第 17 级用 0.5 mol/L HNO_3 洗涤,而且部分镎产品返回槽子的第 7 级进行回流萃取。有机相的镎用 0.1 mol/L HNO_3 反萃取,反萃液含镎 4~10 g/L,进入尾端处理。

第三种方法就是采用阴离子交换树脂从 1BP 中提取、净化镎。俄罗斯利用镎、钚价态的变化,以及 Np(Ⅳ)、Pu(Ⅳ)具有易于形成$[M(NO_3)_6]^{2-}$络阴离子的特性,研究了一个镎—钚分离、净化两循环阴离子交换流程,如图 9-9 所示[24]。

图 9-9 示出了两种工艺方案,第二方案同第一方案的差别有二:一是在共去污循环的调料时改用 H_2O_2;二是镎—钚分离和钚的净化循环淋洗液(解吸液)用抗坏血酸作还原剂。

这两种工艺方案的运行效果如表 9-6 所示[13,24]。

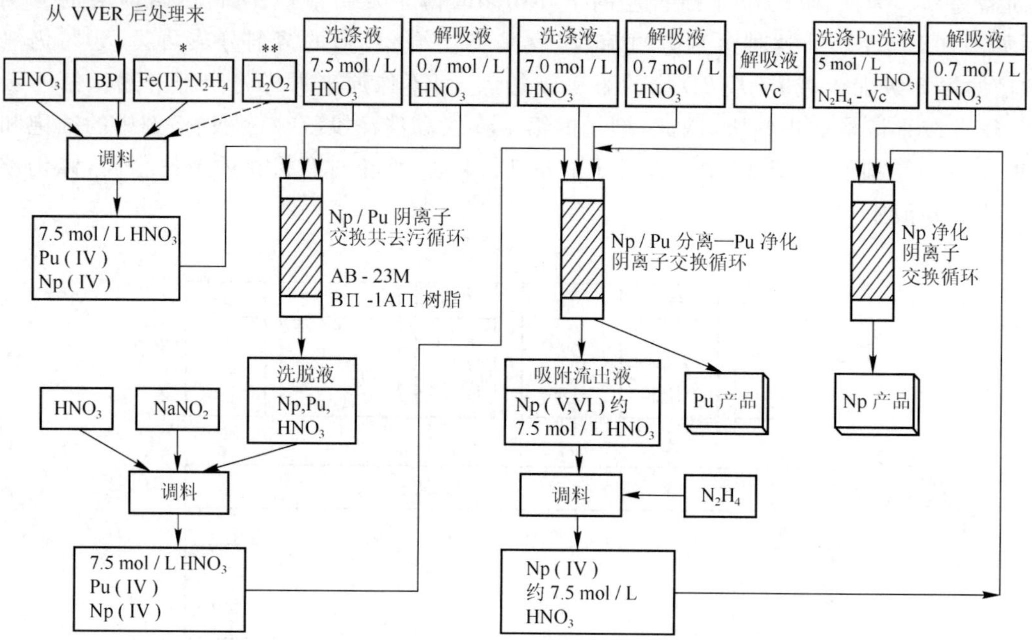

图 9-9　Np/Pu 分离、净化两循环阴离子交换流程

注：* 第一套工艺；* * 第二套工艺；Vc 为抗坏血酸。

表 9-6　Np/Pu 分离、净化两循环阴离子交换流程净化系数

循　环	工艺方案	两循环产品去污系数					
		Pu　产　品			Np　产　品		
		DF_U	DF_{Np}	DF_{FP}	DF_U	DF_{Pu}	DF_{FP}
Ⅰ	一	1.96×10^3		3×10^2	1.27×10^3		3×10^2
	二	4.8×10^2		3.8×10^2	4.4×10^3		3.4×10^2
Ⅱ	一	6.5	1×10^2	1.7	10.5	1.3×10^4	10
	二	2.8	1×10^2	3.5	1.2	5×10^2	2.3
两循环总和	一	1.3×10^4	1×10^2	5×10^2	2.1×10^4	1.4×10^4	3×10^3
	二	1.3×10^3	1×10^2	1.3×10^3	5.3×10^2	5.5×10^2	7.9×10^2

第四节　镎的纯化和转化

镎的净化是在萃取柱 2N 和反萃取柱 2P 中完成的，在萃取和反萃取过程中主要是从镎中除钚和铀。2N 和 2P 柱主要有两种操作状态，即累积状态和净化状态，如图 9-10(a)、(b)所示[1,4]。

工艺流程按累积状态运行时，约有 1/3 的 3WB 连续流经 2N、2P 柱。2PN 不断地返回去制备 2NF，使系统中的镎不断增加。2NX 在 2N 柱中萃取了 2NF 中的 U、Np 和 Pu。Pu 被 2NS 还原反萃入水相与 Np 分离。在 2N 柱中，由于进料液中保持着 6.2 mol/L 的高硝酸浓

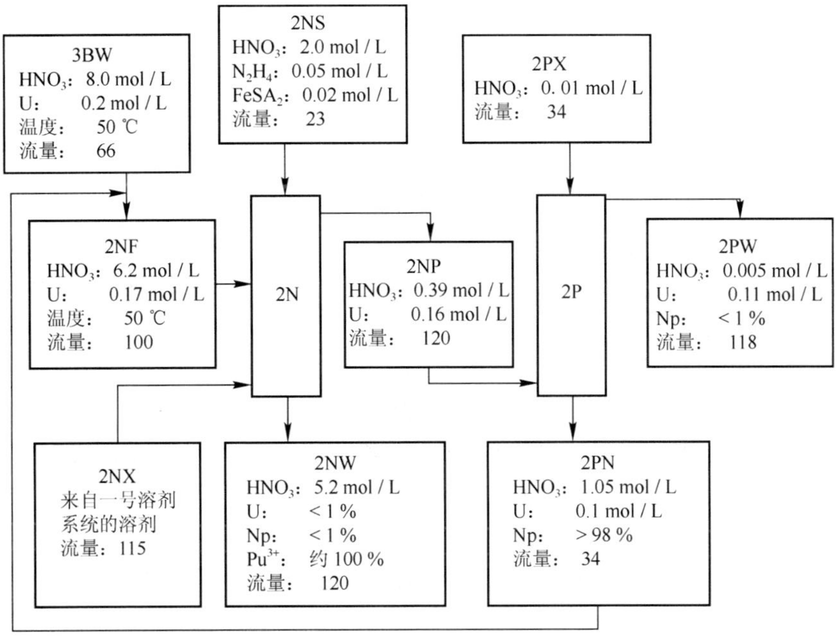

(a)

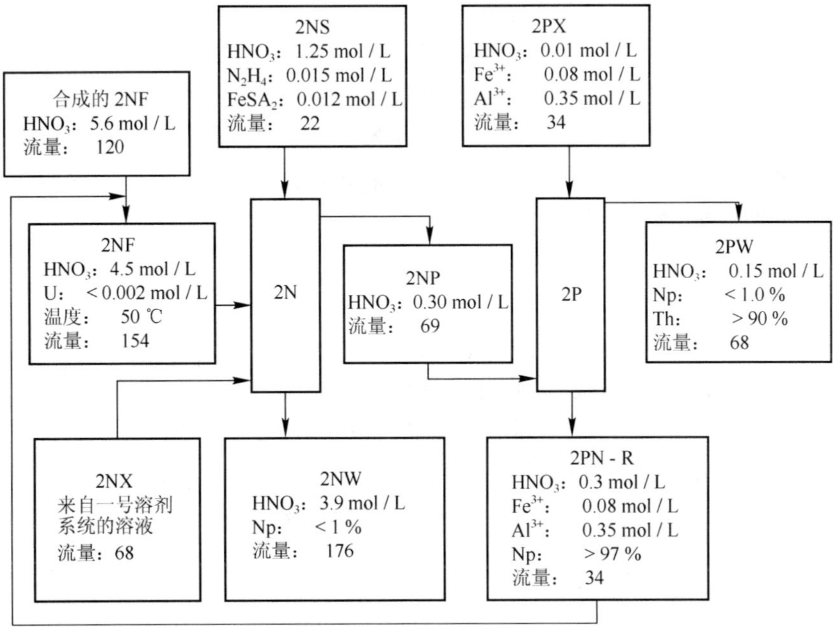

(b)

图 9-10　用于 Np 的积累和净化的 Purex 流程

度，确保 Np(Ⅳ)具有高萃取效率。在操作中要注意控制 2N 柱的流比，使 2NP 中保持较低的铀浓度(<0.2 mol/L)，以便减少镎的流失。在 2P 柱，保持 2PX∶2NP 为 1∶3，这样可使含 0.01 mol/L HNO_3 的 2PX 将 Np(Ⅳ)反萃入水相，而铀仍留在有机相(2PW)，实现铀和镎的

分离。2PW 中的铀经反萃取后返回 3W 蒸发器。

随着 2PN 不断地返回 2N 调料槽制备 2NF 料液，然后在 2N，2P 中循环，这样系统中镎的总浓度越来越高，当总镎量达到 1～1.5 kg 时，就转入净化状态运行。这样每循环一次，由 3WB 带入的铀量为 3.12 kg，由 2PW 带出的铀量为 3.14 kg，使得进出平衡，铀不在 2N-2P 中积累[1]。

在净化状态下，返循环的废水不进入 2N 柱，全部返回 HA 柱。含镎产品的液流 2PNR 用 5.6 mol/L HNO_3 调节，其酸度使 2NF 中硝酸浓度达到 4.5 mol/L，2NS 也由原硝酸浓度 2.0 mol/L降为 1.25 mol/L HNO_3，2NX 也由原流比（2NF：2NX）1.15：1 降为 1：0.44。这些措施有利于去除裂变产物，达到净化的目的。

汉福特厂有时处理钍，因为钍的性质和 Np(Ⅳ)相似。为了除钍，在净化状态的 2PX 中加入 0.08 mol/L Fe^{3+} 和 0.35 mol/L Al^{3+}，Fe^{3+} 能将 Np(Ⅳ)氧化为 Np(Ⅴ)而从有机相被反萃下来；Al^{3+} 能把 90％以上的钍盐析到 2PW 中而与镎分离。当 2PN 产品液流达到净化的要求后就不再返回 2NF，而是送入离子交换进行纯化[1]。

用阴离子交换法分离和净化镎的工艺过程请参阅图 9-9。

在硝酸体系中，镎离子在阴离子交换树脂上的吸附能力有下列次序

$$Np(Ⅳ) > Np(Ⅵ) > Np(Ⅴ)$$

在较高的硝酸浓度下，Np(Ⅳ)可形成 $Np(NO_3)_6^{2-}$ 络合阴离子，它在强碱性阴离子上有很强的亲和力，Np(Ⅳ)在阴离子交换树脂上的分配系数与硝酸浓度的关系如图 9-11所示[4]。在较高的硝酸浓度时，Pu(Ⅲ)的分配系数也较高，同样，U(Ⅵ)在阴离子交换树脂上的分配系数亦随硝酸浓度的提高而增大，如表 9-7 所示[4]。所以料液要选取适宜的酸度才能保证镎有良好的去污。

为提高从镎中除铀、钚的效果，以及对裂变产物的去污系数，采用 6.0 ～ 7.5 mol/L HNO_3—0.03 mol/L $Fe(NO_3)_2$—0.1 mol/L N_2H_4 作还原剂进行还原洗涤，然后再用 8.0 mol/L HNO_3 进行酸洗，并且维持洗涤液流速为 5 mL/(min·cm^2)。最后，用 0.35 mol/L HNO_3 解吸（淋洗）。解吸时的首液（前端流出液）和尾液送回离子交换调料槽，以便回收其中的 U、Np 和 Pu。这样可以得到纯度较高的镎产品液。

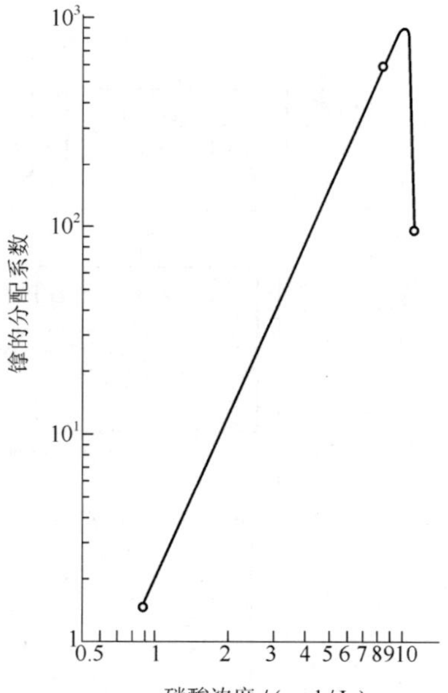

图 9-11 镎(Ⅳ)的分配系数与硝酸浓度的关系

用强碱性阴离子交换法纯化镎的平均收率为 95％，镎中去铀的分离系数为 6.3×10^4，镎中去钚的分离系数为 2.7，镎中除钍的分离系数为 12.2，总 γ 净化系数为 510。该流程镎的浓缩倍数可达 120 倍。

在用强碱性阴离子交换树脂分离和净化镎的操作过程中将会遇到气泡对树脂吸附容量的影响问题。这是由于料液在用 $Fe(NO_3)_2$-N_2H_4 调价时，N_2H_4 随料液进入树脂床，在吸附过程中由于 N_2H_4 的不断分解产生 N_2 和 N_2O 气体。气体充斥于树脂床中，使之产生局部沟流，影响传质效果，降低树脂的吸附容量。

表 9-7　镎(Ⅳ)、钚(Ⅲ)、铀(Ⅵ)在阴离子交换树脂上的分配系数与硝酸浓度的关系

硝酸浓度/(mol/L)	分配系数		
	Np(Ⅳ)	Pu(Ⅲ)	U(Ⅵ)
3.0			8.2
5.0			9.6
6.0	5.8×10^{2}	4.6	16
7.0	9.5×10^{2}	18	15
8.0	1.0×10^{3}	91	18

注：256×4 树脂，粒度 0.16～0.20 mm，温度 15 ℃。

遇到这种情况可采取下列措施加以解决。首先，可降低调价时肼的用量，可由 0.1 mol/L 降低为 0.05 mol/L，不影响镎的收率；第二，将每批用过的树脂卸出后重新装柱；第三，每根树脂柱装入同种类型而粒度不同的树脂，下部装粗些的树脂，上部装细些的树脂。后面这两种措施对于消除气泡对树脂吸附的影响是有效的[4]。

从上面结果可见，镎中去钚的分离系数较小，但是由于料液中钚的含量很低，尽管分离系数很小，但镎的最终产品也是合格的。但是产品中钍的含量较高，需要采用阳离子交换法除钍。

阳离子交换法除钍，是利用阳离子交换树脂对 Np(Ⅴ)的吸附能力很弱，对 Th^{4+} 的吸附能力很强(当料液中硝酸浓度为 0.5 mol/L 时，Th^{4+} 的阳离子交换分配系数可达 10^4 以上)来实现的。首先要调整制备好阳离子交换料液。先用含 Fe^{3+} 的溶液把 Np(Ⅳ)氧化为 Np(Ⅴ)，掌握 Fe^{3+} 的用量为料液中镎含量的 30 倍(以 mol 计)，可以得到比较好的氧化效果。为了提高镎的收率，在料液中要保持 $NaNO_2$ 的含量为 0.04～0.05 mol/L，硝酸浓度为 0.5～1.5 mol/L。为了保证调价完全，将调整完毕的料液放置 20 h 以上。

使用 50～85 目的 732 型阳离子树脂填充树脂床。将调整好的料液以 5 mL/(min·cm^2)的流速加入到树脂柱中，当吸附钍达到饱和时，即停止吸附。使用 1.0～1.5 mol/L HNO_3 并以 0.5 mL/(min·cm^2)的流速洗涤，首先将吸附在树脂上的镎洗下来，减少镎的损失。接着解吸(淋洗)钍，先用 3%醋酸铵，把 pH 值调节为 6 左右，以 5 mL/(min·cm^2)的流速进行解吸。为了比较完全地从树脂上除掉钍，再用络合淋洗剂——0.15 mol/L EDTA-3%醋酸铵，以 0.5 mL/(min·cm^2)的流速解吸。解吸完毕后，用 1.0～1.5 mol/L HNO_3 置换树脂床，使树脂再生。

用阳离子交换法清除镎中的钍，镎中去钍的分离系数平均为 190，镎的收率为 99%[4]。

将解吸树脂得到的含镎溶液蒸发浓缩 3 倍作为草酸盐沉淀料液。

用于沉淀的料液首先要进行调料。先将料液加热到(50±5)℃，再用硝酸和肼，把料液酸度调整为 3 mol/L HNO_3—0.1 mol/L N_2H_4。接着用抗坏血酸和硝酸亚铁调整价态。用化学计算量并过量 0.12～0.2 mol/L 的抗坏血酸调整镎的价态，调节完成后放置 30 min。然后再用$Fe(NO_3)_2$调价，调价后使料液中 $Fe(NO_3)_2$ 浓度为 0.03 mol/L，并放置 2 h 使镎都转变为四价态。

在(50±5)℃时，将 15%的草酸加入到调整好酸度和价态的料液中沉淀镎，草酸过剩量为 15 g/L 母液。边沉淀边搅拌，沉淀剂要在 30 min 内加完，然后放置陈化 4 h 以上，以便获得大颗粒的草酸镎结晶。将沉淀浆液冷却到室温后过滤沉淀物，最后用 3 倍于滤饼体积的 3 mol/L HNO_3—15% $H_2C_2O_4$ 洗涤滤饼。在草酸镎沉淀过程中，镎的回收率可达 99%[4]。

将得到的草酸镎装入焙烧炉内煅烧。首先，在 15 min 左右升温到 80 ℃，并恒温 2 h。接着在 30 min 内升温到 250 ℃并恒温 2 h。这两次升温是为了脱去草酸镎的附着水和结晶水。最后用 1.5 h 左右将炉温升高到 800 ℃，并恒温 2 h。整个焙烧过程要控制在 190 Pa 左右的负压下进行。

草酸镎沉淀经过煅烧得到产品——二氧化镎。

俄罗斯用 25%TBP 萃取 VVER 燃料溶解液中的 U、Np 和 Pu，然后用含 U^{4+} 20 g/L—N_2H_4 0.5 mol/L—1 mol/L HNO_3 还原反萃 Pu 和 Np，实现与铀的分离。为了更加定量地使镎与铀分离，以及从铀中除去用 U(Ⅳ)反萃钚后残留在有机相中的钚，应用了络合酮以进一步

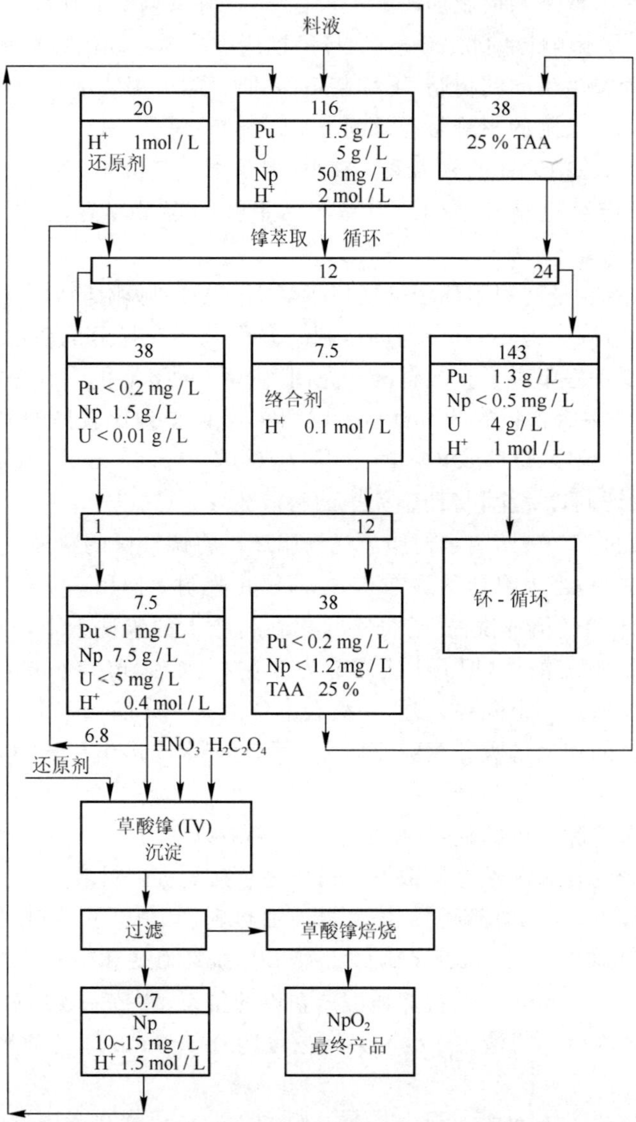

图 9-12 VVER 燃料后处理净化和浓缩镎流程

使其分离。

接着用胺类萃取剂 25% TTA(三戊胺)萃取镎，实现镎、钚分离，然后用含 0.1 mol/L HNO_3 的络合剂反萃取镎，净化除去铀和裂变产物。这样可以得到含镎量达 7.5 g/L 的镎产品液，如果采用回流萃取，就可以得到很好的定量和定性的结果。

将 TTA 萃取法净化分离得到的镎产品液用草酸沉淀得到草酸镎(Ⅳ)沉淀，最后进行煅烧，获得最终产品 NpO_2。

俄罗斯用 25% TTA 净化和浓缩镎的流程如图 9-12 所示[25]。

该流程在共去污循环中，镎的总 γ 净化系数为 5×10^2，镎的萃取循环的总 γ 净化系数为 2.5×10^3，镎的草酸盐沉淀的总 γ 净化系数为 5×10^2。在全流程中镎的总 γ 净化系数可达 10^9。镎的总回收率可达 87% 以上[25]。

参考文献

1 胡景炘．镎在 Purex 流程中的走向．乏燃料管理及后处理，2002，总第 121，122 期
2 动力堆乏燃料后处理综合调研报告．核科学技术情报研究所
3 林漳基．Purex 流程中镎的行为与控制．核科学与工程．1995，Vol. 15
4 KFK-2558. 1977
5 姜圣阶，任凤仪等编著．核燃料后处理工学．北京：原子能出版社．1995
6 汪德熙，王方定等译．核化学工程，1988
7 RECOD’87. 467～473
8 Nucleare Entsorgung Banol I. 110～119. 1981
9 任凤仪．在普雷克斯流程中亚硝酸的行为．核科学与工程，2002，No. 4
10 中外核科学技术交流成果，2002，总第 194 期
11 LA-UR，94～1 627，1994
12 邱孝熹译．镎化学．北京：原子能出版社．1986
13 黄昌泰，李光鸿，魏连生译．[俄]核电站燃料后处理．第二版．北京：原子能出版社．1996
14 RECOD’87. 459～466
15 RECOD’91. 723～728
16 郃德荣，李光鸿等译．核燃料后处理研究进展．北京：原子能出版社．1989，164～173
17 Proceedings ISEC’65. 81
18 RECOD’91. 44～48
19 RECOD’91. 723～728
20 乏燃料管理及后处理．1993，No. 7
21 乏燃料管理及后处理．1999，No. 8
22 蒋云清主编．乏燃料后处理’98，94～98
23 蒋云清主编．乏燃料后处理’98，123～128
24 乏燃料管理及后处理．1990，No. 5
25 A/CONF 49/p/435
26 乏燃料管理及后处理．2000，No. 7

第十章　磷酸三丁酯和稀释剂的复用

目前世界上几乎所有的乏燃料后处理厂都选用 Purex 流程。该流程是基于硝酸盐水溶液与有机溶剂之间的液—液萃取。目前普遍选用磷酸三丁酯与稀释剂的混合物作为有机萃取剂。正十二烷、煤油等是许多工厂选用的稀释剂。

有机溶剂在硝酸盐水溶液中受到化学试剂的作用、辐射作用、搅拌作用等发生不同程度的损伤和破坏。为优化生产工艺，保持有机溶剂的良好性能是必要的。为此就应对使用过的污溶剂进行包括洗涤、过滤、蒸馏等净化处理，然后再将其返回使用。

复用有机溶剂不但可以最大限度地发挥有机萃取剂的作用，而且还可大大降低放射性有机废液量，降低生产费用，提高经济效益。

第一节　磷酸三丁酯和几种常用稀释剂的性能

磷酸三丁酯——稀释剂的主要化学性能，包括它同铀、镎、钚、裂变产物和硝酸等化学试剂的萃取和分离性能，在本书的第五章至第九章作了较为详尽的论述。下面介绍的是磷酸三丁酯——稀释剂的主要物理性能。

磷酸三丁酯（TBP）的物理性质概括于表 10-1 中。

磷酸三丁酯作为乏燃料后处理的萃取剂具有如下优点：

（1）萃取铀、钚的选择性高，对裂变产物的净化系数大。

（2）具有较高的化学稳定性和辐照稳定性。

（3）从表 10-1 可见，TBP 具有许多可贵的物理性质，如在水中溶解度低，闪点高，挥发性低，沸点高和没有毒性等，因此，使用时损失少，安全性较好。

（4）硝酸水溶液中的硝酸即可作为它的盐析剂，因此不需要外加其他盐类盐析剂，这就给废液处理带来了很大方便。

但是，TBP 也有一些缺点。

（1）黏度大，密度与水很接近，因此给分相造成了困难，必须采用稀释剂来克服这一缺点。

（2）TBP 在酸性和碱性介质中发生水解，在放射性辐照下会发生辐射分解。其分解产物会给萃取过程带来不利的影响。

为满足工艺流程的要求并改善磷酸三丁酯的性能，需要配制磷酸三丁酯——稀释剂混合物作为萃取溶剂。通常采用正十二烷或煤油型碳氢化合物作为稀释剂。稀释剂主要起下列作用。

表 10-1　磷酸三丁酯的物理性质[1,2]

化学式	$(C_4H_9)_3PO_4$
相对分子质量	266[1] 266.3[2]
颜　色	水白色
气　味	温和的芳香味
密度(25 ℃)	0.972 4
黏度,Pa·s	20 ℃　3.32×10^{-3}[2]
	25 ℃　3.32×10^{-3}[1]
	85 ℃　8×10^{-4}
闪点/℃	145
沸点/℃	在 101 325 Pa 时,284[3]
	在 133 322 Pa 时,289
	在 2 000 Pa 时,173
	在 133.3 Pa 时,121
冰点/℃	−80
在 20 ℃的折射率	1.422 3
30 ℃时介电常数	7.97
表面张力/($\times10^{-3}$N/m)	(20 ℃)27.79
毒　性	无毒
25 ℃时在水中溶解度	质量:0.39 g/L;体积:0.6%
25 ℃时水在 TBP 中溶解度	64 g/L

(1)弥补磷酸三丁酯物理性能方面的缺陷,降低溶剂相的密度和黏度,改善其水力学性能。

(2)调节 TBP 的萃取能力与选择性。

(3)在高加浓铀或含钚量高的乏燃料后处理过程中,调节稀释剂的含量是防止临界的措施之一。

对于硝酸盐水溶液中的稀释剂经过放射线照射会发生降解,降解产物成分复杂不易去除,加之它在有机溶剂中所占份额较大,因此对萃取过程的影响也较大,所以,筛选稳定性高的优质稀释剂是非常重要的。

在 Purex 流程中,对与 TBP 配位的稀释剂的要求是:(1)分子是非极性的,同 TBP 的互溶性要好,而且不溶于水。(2)要有良好的化学稳定性,不与 HNO_3,HNO_2 等试剂起化学反应。(3)耐辐照稳定性要好。(4)不影响 TBP 的萃取性能。(5)要求其闪点高、沸点高、密度小。(6)容易得到,价格便宜,易回收。

目前认为正十二烷是一种质量最好的稀释剂。它的各种性能均能满足上述前五条要求,但是正十二烷的价格较贵。所以许多后处理厂都采用碳原子数为 10～14 的正烷烃组分的稀释剂,如无臭煤油、加氢煤油、磺化煤油等。

Purex 流程所用正烷烃稀释剂典型规格如表 10-2 所示[2]。

表 10-2　Purex 流程正烷烃稀释剂的典型规格

项　目	指　标
最低闪点/℃	70
最大密度(25/25 ℃)/(g/cm^3)	0.77
最大黏度(25 ℃)/(Pa·s)	0.02
正烷烃最小含量/%	98
烯烃最大含量/%	0.1
芳烃最大含量/%	用 1 cm 比色槽时,于 2 400～4 000 Å① 处相对于 2,2,4-三甲基戊烷的最大吸收为 1.0
醇最大含量/%	0.05
固　体	肉眼不可见
颜　色	无色
30%TBP 稀释剂	与 1 mol/L NaOH 混合后分相:80 s
最大分相时间	与 1 mol/L HNO_3 混合后分相:50 s

注:1) 1 Å=1×10^{-10} m。

正十二烷和几种可用作 TBP 稀释剂的煤油的某些物理性质列于表 10-3[2]。

表 10-3　正十二烷和几种煤油的物理性质

性　质 \ 名　称		5A1)-磺化蒸馏煤油	5A-10X2) 煤　油	5A-10X 磺化煤油	尿素-加氢煤　油	正十二烷
密度(25 ℃)/(g/cm^3)		0.747 0	0.748 8	0.741 8	0.751 8	
黏度/(Pa·s)		0.017 18	0.018 93	0.016 73	0.019 63	0.018 58
闪点/℃		70	68	66	78	74
正烷烃含量/%		99.0	99.3	98.1	96.5	97.0
正烷烃组成/%	nC_{10}	1.4	10.1	10.7	0.2	3.1
	nC_{11}	35.8	19.7	30.2	25.1	0.6
	nC_{12}	38.7	28.2	48.9	42.9	92.6
	nC_{13}	11.8	29.0	9.4	22.6	0.6
	nC_{14}	0.6	10.1	0.5	4.6	

注:1)5A——即直馏煤油经 5A 分子筛脱蜡;

2)10X——即直馏煤油经 5A 分子筛脱蜡后,又经 10X 分子筛精制。

表 10-4 给出了世界上许多后处理厂使用的碳氢化合物稀释剂的组成[4]。

表 10-4　磷酸三丁酯的碳氢化合物稀释剂的组成

工厂名称	TBP含量/%	稀释剂	稀释剂组成/%			
			正烷烃	异烷烃	环烷烃	芳香化合物
RT-1(俄)	30	正烷烃($C_{11\sim14}$)				
塞拉菲尔德	20	纯化煤油	60	10	30	1
汉福特	30	正烷混合物	95～98	1～5	0	0.1
萨凡那河	30	正烷混合物	95～98	1～5	0	0.1
埃克松	30	正十二烷	约100			
西　谷	30	正十二烷	约100			
巴威尔	30	正十二烷	约100			
马库尔	30	氢化丙烯四聚物		100		
阿　格	30	氢化丙烯四聚物		100		
欧化工厂	30	Shellsol-T		100		
卡尔斯鲁厄	30	烷烃(C_{10}～C_{13})	>96			0.1
东海村	30	正十二烷	100			
特朗贝	30	Shellsol-T		100		
萨凡那河	30	Ultrasene[1)]	40	25	32	3
萨凡那河	30	Adakane 12[1)]	99			0.1
汉福特	30	Shell E-234[1)]	5～10	20～35	60～70	0.1
汉福特	30	Soltrol 170[1)]	90	10		痕量

注：1)以前使用的稀释剂。

作为稀释剂的碳氢化合物随其结构的不同其稳定性各异。大量的实验已经证明，碳氢化合物中正烷烃最稳定(其中以正十二烷为最佳)、支链烷烃次之，环烷烃和芳烃再次之，而以环烷烃和芳烃的混合物，以及烯烃最不稳定。

为了增加稀释剂中正烷烃的含量，通常采用下列措施预处理稀释剂：采用深度加氢法使不饱和烃饱和；用分子筛净化法提取正烷烃，除掉支链烷烃；用尿素脱蜡法除去支链烷烃及芳烃。

我们不但要熟悉磷酸三丁酯——稀释剂的物理性质，还要了解在萃取过程中有机溶剂(包括 TBP 和稀释剂)物理性质的变化规律，这对于过程的传质和水力学数据分析，以及工艺操作参数的确定都是很有意义的。

当水相与有机相混合时，有机相溶解于水，水也溶解于有机相中。TBP 溶于水溶液，不但会引起 TBP 的损失，而且会给废水处理带来麻烦。水相溶于有机相中，不但引起有机相的体积膨胀，而且可能使得有机相的比活度增高，给溶剂的回收和复用增加了难度。表 10-5 列出了水和 TBP-正十二烷之间的互溶度。

表 10-5 25 ℃时水和 TBP-正十二烷混合物之间的互溶度[2]

TBP(体积分数)/%	TBP 溶于水中/(g/L)	水溶于有机相中/(g/L)
10	0.18	1.2
20	0.24	3.5
30	0.27	7.2
40	0.285	11.5
60	0.31	23.7
100	0.42	64.8

有机溶剂的黏度与许多因素有关。在 TBP—煤油中，TBP 的含量越高其黏度越大。随着体系温度的上升，TBP—煤油的黏度下降。随着溶剂萃取铀量的增加，其黏度也增大。

对于 TBP-煤油-HNO_3-$UO_2(NO_3)_2$ 体系，在 25 ℃时，其有机溶剂的密度可按下式进行计算[2]：

$$\rho=0.814+0.33[UO_2(NO_3)_2]+0.028[HNO_3] \quad (10\text{-}1)$$

式中，$[UO_2(NO_3)_2]$、$[HNO_3]$均为相应物质在有机溶剂中的摩尔质量分数。

30%TBP-正十二烷的界面张力为 0.007 N/m[5]。

第二节 有机溶剂的降解与界面污物的形成

众所周知，在 Purex 流程中，有机溶剂在同含有铀、镎、钚和裂变产物的硝酸水溶液接触时，会受到硝酸、亚硝酸、氧化还原剂等化学试剂的作用，受到强弱不等的 α，β，γ 射线的辐照作用，经受搅拌混合、澄清、加热、冷却等操作步骤，必然发生一系列物理化学变化，生成一系列降解产物，引起乳化，形成界面污物，使得溶剂质量变差，影响萃取操作。

一、有机溶剂的降解

(一)磷酸三丁酯的降解

磷酸三丁酯主要通过酸催化的逐级水解和放射性射线作用下的辐照分解而降解。

1. 磷酸三丁酯的水解

在萃取过程中，影响 TBP 水解的主要因素是温度，硝酸和亚硝酸的浓度，铀和裂变产物(尤其是锆)的数量，两相接触时间等。

温度的影响。表 10-6 给出了在 30%TBP-正烷烃-HNO_3 体系中，当有机相：水相＝3：1，反应温度为 23 ℃，50 ℃和 75 ℃时，形成的 DBP 和 MBP 的数据[2,6]。在室温下 TBP 是稳定的，每小时每升中仅产生毫克量级的 DBP。如温度增高 25 ℃，则 DBP 的形成速率就增大 10 倍。

表 10-6　在 30%(体积分数)TBP-正烷烃-HNO_3(有/水相=3/1)体系中水解形成的 HDBP 和 H_2MBP

组成的化合物	水相	HNO_3 浓度/(mol/L)	形成速率/[mg/(L·h)] 23 ℃	50 ℃	75 ℃
HDBP	无铀	0.5	1.9×10^{-2}	3.8×10^{-1}	5.3
		3	8.5×10^{-2}	2.3	31.7
	120 g/L 铀	0.5	3.1×10^{-1}	4.25	41.3
		3	2.98×10^{-1}	3.37	49.7
	0.01 mol/L Zr	3	2.3×10^{-1}	4.33	31.9
H_2MBP 有机相	无铀	0.5		$<3\times10^{-3}$	$<3\times10^{-3}$
		3		$<3\times10^{-3}$	1.52×10^{-1}
	120 g/L 铀	0.5		$<3\times10^{-3}$	1.8×10^{-2}
		3		$<3\times10^{-3}$	4.75×10^{-2}
H_2MBP 水相	无铀	0.5		$<3\times10^{-3}$	6.4×10^{-2}
		3		$<3\times10^{-3}$	2.4×10^{-1}
	120 g/L 铀	0.5		$<3\times10^{-3}$	$<3\times10^{-3}$
		3		$<3\times10^{-3}$	1.7×10^{-2}

表 10-7 也给出了 DBP 在 30%TBP 中的生成速度与温度和有机相中硝酸浓度的关系[7]。

表 10-7　在 30%(体积分数)TBP 中,DBP 形成的速度

溶剂中的硝酸浓度/(mol/L)	DBP 形成速度/[%(体积分数)d] 25 ℃	40 ℃	70 ℃
0.2	0.000 2	0.001 0	0.033
0.4	0.000 3	0.001 7	0.043
0.6	0.000 3	0.001 5	0.048
0.8	0.000 3	0.001 5	0.051

硝酸和亚硝酸浓度的影响。在无金属离子存在的体系中,硝酸浓度对 TBP 水解的影响呈一阶关系,即体系中硝酸浓度从 0.5 mol/L 增加到 3 mol/L,TBP 的水解增加 6 倍[6]。

随着料液中亚硝酸盐浓度的增加使溶剂降解速率增高[8]。

金属离子的影响。TBP 的水解动力学与萃取体系中存在的金属离子的性质有关。金属离子对水解速率的影响按下列次序降低:$U^{4+}>Zr^{4+}>Th^{4+}>UO_2^{2+}$[4]。

从表 10-6 的数据可见,在 0.5 mol/L HNO_3 条件下,水相中有 120 g/L 铀时,使得 DBP 的形成量高 8～10 倍。在硝酸浓度为 3 mol/L 时,铀引起的 DBP 的生成量又增高 1.5～3 倍[6]。

锆也能大大地加速辐射水解过程,当锆在溶剂中的含量很高时,这个效应就非常显著[9]。

两相接触时间的影响。图 10-1 表示在 3 mol/L HNO_3 和 90 ℃时，TBP、DBP、MBP 和 H_3PO_4 各组分与水解时间的函数关系[6]。

随着分析技术的进步，德国成功地测定了 TBP，DBP 和 MBP 的分解速率，估算出水相体系（0.5～6 mol/L）的水解常数 K_1，K_2，K_3。表 10-8 给出了 50 ℃，75 ℃和 90 ℃下的数据。在所研究的条件下，$K_1>K_2>K_3$，因此 TBP 水解的速率是不能控制的[6]。

辐照对水解的影响。在试验中，将辐照过的溶剂用 0.5 mol/L Na_2CO_3 洗涤除去辐照时生成的 DBP，与未使用过的溶剂作比较，其结果示于图 10-2。由该图可见，当两相接触 10 天以后，未使用过的溶剂水解产生的 DBP 的浓度为 70 mg/L，而经过辐照的溶剂产生 DBP 的浓度在 180～220 mg/L 之间，比前者高 2～3 倍[6]。

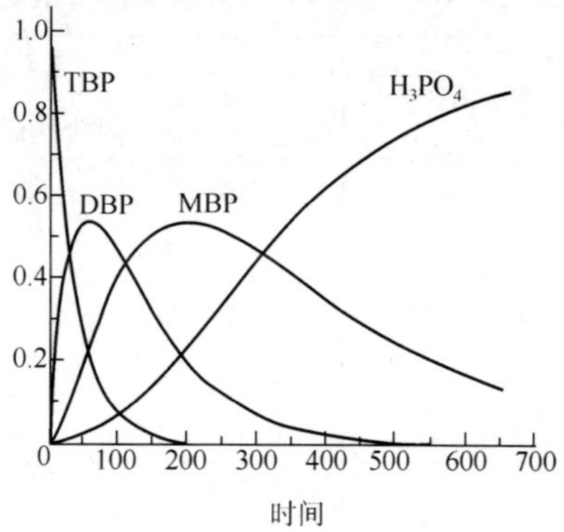

图 10-1　在 90 ℃时，3 mol/L HNO_3 体系中水解所得 TBP、HDBP、H_2MBP 和 H_3PO_4 各组分与时间的函数关系

注：中英文原版的纵横坐标都无单位。

表 10-8　按 TBP→HDBP→H_2MBP→H_3PO_4 水解步骤所得的水解常数

温　度/℃	水　解　常　数/h^{-1}		
	K_1	K_2	K_3
0.5 mol/L HNO_3			
50 ℃	1.18×10^{-4}	2.48×10^{-5}	1.67×10^{-5}
75 ℃	1.86×10^{-3}	4.94×10^{-4}	2.65×10^{-4}
90 ℃	8.12×10^{-3}	2.44×10^{-3}	1.15×10^{-3}
3 mol/L HNO_3			
50 ℃	2.96×10^{-4}	1.24×10^{-4}	6.21×10^{-5}
75 ℃	6.35×10^{-3}	2.33×10^{-3}	1.01×10^{-3}
90 ℃	2.31×10^{-2}	1.03×10^{-2}	3.8×10^{-3}
6 mol/L HNO_3			
50 ℃	1.14×10^{-3}	4.57×10^{-4}	1.22×10^{-4}
75 ℃	8.7×10^{-2}	4.6×10^{-3}	2.3×10^{-3}
90 ℃	4.26×10^{-2}	1.88×10^{-2}	4.6×10^{-3}

2. 磷酸三丁酯的辐照分解

在 Purex 萃取第一循环中，TBP 的辐射分解成为产生 DBP，MBP 和 H_3PO_4 的主要因素。溶剂辐解速率显然是料液放射性的函数[8]。溶剂的辐解损伤是降解产物的主要来源[10]。溶剂在第一循环中受到的辐照增加到1 W·h/L，每次循环将产生 0.2 g DBP。实际工艺条件下的实验表明，这时产生的 DBP 仅为静态估计值的 1/5～1/10[11]。为了进一步证实溶剂可承受的辐照剂量，已经用 15％TBP-正十二烷按每次循环每升 0.3 W·h 直到总剂量约为 6.5 W·h/L 进行间歇辐照试验。正如所预料的那样，溶剂性能没有明显的不利影响[12]。对有机相与

水相相比为 3∶1 的两相进行辐照实验，水相含有 0.5 mol/L和 3 mol/L HNO_3，有时料液中铀浓度达 120 g/L。发现 DBP 浓度在整个研究的剂量范围内(直至 13 W·h/L)是线性增加的[6]。在有铀存在的情况下(120 g/L)，在 0.5 mol/L HNO_3 体系中，DBP 的产额为(74±14)mg/W·h，G 值①为 0.86，在 3 mol/L HNO_3 体系中，DBP 的产额为(68.5±13)mg/W·h，G 值为 0.78。这时，测得 MBP 的生成速率为 1.4 mg/W·h，G 值为 2.5×10^{-2}；H_3PO_4 的生成速率为 0.5 mg/W·h，G 值为 0.13[2,6]。

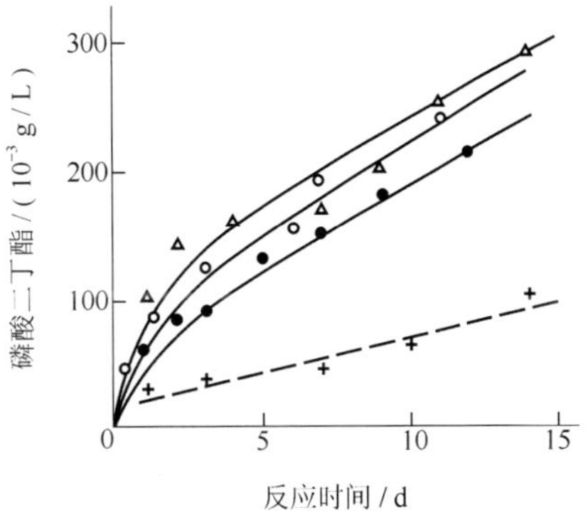

图 10-2　辐照后对水解生成的 HDBP 的影响

辐射：30%(体积分数)TBP-烷烃

0.5 mol/L HNO_3

O/aq=3/1

120 g U/L

水解：3 mol/L HNO_3

●—辐照水平[eve]1.1 W·h/L

○—辐照水平[eve]4.4 W·h/L

△—辐照水平[eve]7.3 W·h/L

+—未受辐射的样品

TBP 在辐照作用下，除了降解生成 DBP，MBP 和 H_3PO_4 外，还产生气体产物(包括氢气、甲烷、丙烷和丁烷等)以及高分子聚合物。这些降解产物的产率随着吸收剂量的增加而增多，如图 10-3 所示[2,6]。

TBP 的辐照降解产物含量还与所使用的不同类型萃取器有关，例如，在用混合澄清槽、脉冲柱和离心萃取器处理燃耗深度为 43 GW·d/t，冷却 50 天的燃料时，相应的溶液辐照剂量和 DBP 的浓度分别等于 2.84 W·h/L和 276 mg/L、0.19 W·h/L 和 13 mg/L 以及 0.06 W·h/L 和 4 mg/L[4]。上述这些差别实际上反映了在不同类型萃取器中两相接触时间的差别，实质上表明两相接触时间不同，溶剂吸收的辐照剂量不同，降解产物的含量亦不同。

随着溶剂使用时间的增长，其中 DBP+MBP 的含量也增多，如表 10-9 所示[13]。TBP 经过长时间的使用之后，可能存在着如表 10-10 所示的各种产物，其中正丁醇是市售 TBP 中可能含有的杂质，正丁醛和二丁醚则是正丁醇的降解产物[2]。

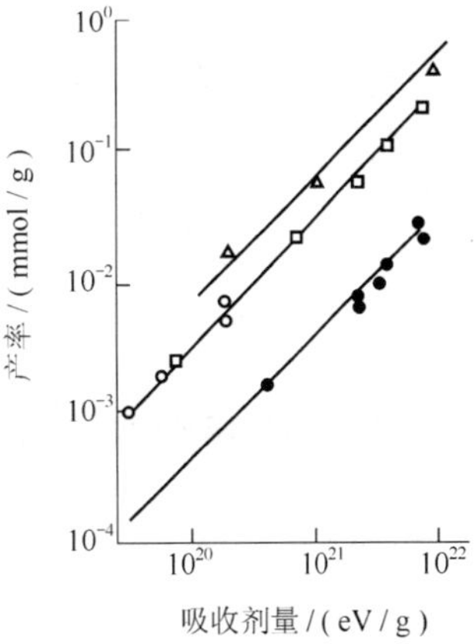

图 10-3　降解产物产率与吸收剂量关系

△—聚合物；□—总气体；

○—DBP；●—MBP

稀释剂的性质在很大程度上影响着 TBP 的降解。某些常用稀释剂对 DBP G 值的影响如表 10-11 所示[6]。

由表 10-11 中数据可见，无臭煤油对 DBP G 值的影响最低。煤油中约含正烷烃(C_8～C_{13})60%，异烷烃 7%～10%，环烷烃 30%～32%，芳香族化合物 1%。含正烷烃百分含量高的、烯烃和芳香烃含量低的稀释剂次之。高度稳定的稀释剂，如正十二烷，对 G 值的影响较大。这些差别可用辐照能量在 TBP 和稀释剂之间的不同分配来解释。环烷烃和芳香烃的作用就像能量吸收坑，由于稀释剂吸收了较多的能量，因而，TBP 获取的能量就比较低了[6]。这就是文献[4]所说的，TBP-稀释剂体系一个有趣的特性：在处理高放溶液时，采用稳定的稀释剂能增加 TBP 的辐解。

① G 值是指整个溶剂体系每吸收 100 eV 辐射能时，产生的辐解产物的摩尔数。

表 10-9 溶剂中 DBP+MBP 含量与使用时间的关系

使用时间/月	1	2	3	4	5	6
DBP+MBP 含量/(mol/L)	2.7×10^{-5}	4.9×10^{-5}	8.7×10^{-5}	1.2×10^{-4}	1.4×10^{-4}	1.6×10^{-4}

表 10-10 TBP 的杂质和降解产物

化合物	化学式	密度		沸点/℃
正丁醇	$n\text{-}C_4H_9OH$	0.810	(20 ℃)	117
正丁醛	$n\text{-}C_3H_7CHO$	0.817	(20 ℃)	76
二丁醚	$(n\text{-}C_4H_9)_2O$	0.767	(20 ℃)	142
硝酸丁酯	$C_4H_9ONO_2$	1.048	(0 ℃)	136
亚硝酸丁酯	C_4H_9ONO	0.9114	(0 ℃)	75～79
MBP	$C_4H_9OPO(OH)_2$	1.220	(25 ℃)	105～110(分解)
DBP	$(C_4H_9O)_2POOH$	1.065	(25 ℃)	175(分解)
磷酸	H_3PO_4	1.870	(20 ℃)	213
TBP	$(C_4H_9)_3PO_4$	0.973	(25 ℃)	289(分解)

表 10-11 在受辐照两相体系中,20%TBP 与不同的稀释剂对 DBP *G* 值的影响

工厂	稀释剂	DBP 的 *G* 值
	正十二烷	1.53
(英国)温茨凯尔二厂	无臭煤油	0.49
(德国)WAK 厂	A/ALKANE	0.78(30%TBP)
(美国)萨凡那河厂	ADAKANE12	1.08
(法国)马库尔,(比利时)欧化	加氢丙烯四聚物	3.63

(二)稀释剂的降解

在 Purex 流程中,稀释剂同样受到一系列的化学及辐照作用,产生多种的一次和二次降解产物。

稀释剂降解的几类主要化合物示于图 10-4[6]。

第一类降解产物由酮、烷基酸、硝基烷、亚硝基化合物和硝酸酯组成。表 10-12 列出了典型烷烃稀释剂降解的结果。这类化合物可使得溶剂的物理化学性质发生逐渐的变化。业已公认的硝基化合物产生的二次产物是引起金属保留的原因之一。

德国经过浓缩、分离和鉴定辐照过的溶剂,发现了第二类化合物,即图 10-4 所示的Ⅲ和Ⅳ。第Ⅲ组是由烷基与 TBP 组合而成的一系列长链酸式磷酸酯,接着失去一个丁基团形成,或直接由 HDBP 形成。式中 R 基团可在 C_2H_5 至 $C_{12}H_{15}$ 之间变化。已经鉴别出来的第Ⅲ组不同的化合物在 18 种以上。而且还进一步分离并鉴别出酸式二聚磷酸三丁酯的 11 种异构体。正因为存在着这些化合物,所以对四价锆和钚有很强的亲和力[2,6]。

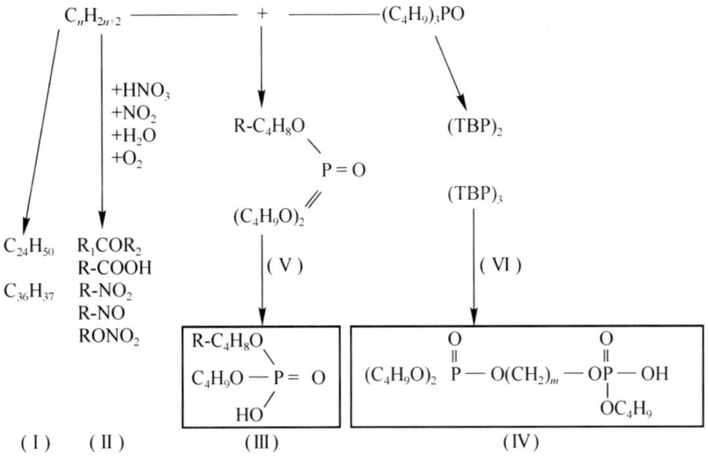

图 10-4　稀释剂的辐射和化学降解产物

表 10-12　两相辐照情况下(3 mol/L HNO_3,120 g/L 铀)稀释剂降解产物的组成[6]

化　合　物　类　型	产额/[mol/(W·h)]	方　法
硝基烷 $C—NO_2$	7×10^{-5}	极　谱
	3×10^{-5}	红　外
酮 $>C=O$	1×10^{-3}	红　外
硝酸盐 $C—ONO_2$	2.3×10^{-4}	极　谱
	2.1×10^{-4}	红　外
羧酸—COOH	2.8×10^{-5}	电　导
烯　醇	1×10^{-4}	电　导
长链有机磷酸	3×10^{-6}	电　导

在辐照过的溶剂中,发现一系列含有 C_5 至 C_{16} 的长链烷基的中性磷酸酯(图 10-4 中的Ⅴ组)。并且用质谱法鉴别出低聚的磷酸丁基(图 10-4 中的Ⅵ组)。

酸式磷酸酯Ⅲ和Ⅳ组的化合物,由于它们的烷基链较长,在有机相中的溶解度很大,不能被碳酸钠洗涤除去,因而在有机相中积累。这些化合物具有明显的极性,是界面活化分子,因此容易形成乳化[6]。

德国早期的研究认为,稀释剂降解产生的化合物不可能是羟肟酸的衍生物或硝基化合物,而是具有强络合作用的羰基和磷酰基。它们是碳氢化合物和 TBP 的共同产物[11]。

美国爱达荷厂的研究认为,主要的稀释剂降解产物有硝基烷、氧肟酸、羰基化合物和硝酸烷基酯。这些化合物可与金属离子结合,导致乳化,生成界面污物[5]。

法国的研究指出,有机降解产物,如羧酸,硝基、亚硝基和硝酸结合物,酮类,不饱和脂肪族化合物。这种界面污物是有机相和水相的混合物,不能分开[14]。从溶剂中已经提出的降解产物有:十二烷三丁酯磷酸、异羟肟酸、肟或稀醇。这些基本上都是相对分子质量很大的产物[15]。

德国卡尔斯鲁厄中间工厂对 Purex 流程中溶剂的辐解和化学降解产物进行了分类研究,

如图10-5所示。除了有少量降解产物在溶剂中不断积累外，还有一些降解产物可被碱或酸液洗涤除去的，再有一些属于通过精馏过程可以清除的。这些产物的产额示于图中方括号内[16]。

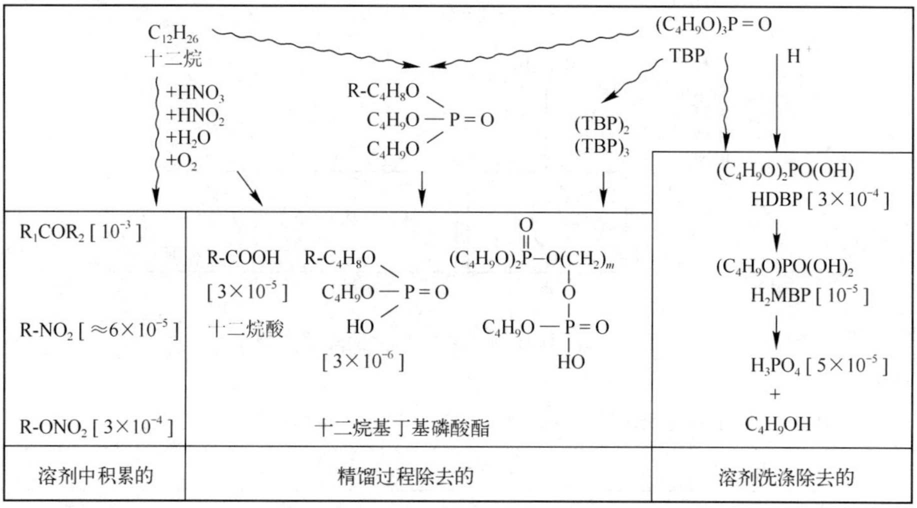

图10-5 Purex工艺中溶剂的辐解和化学降解产物

[ ]内为生成率，mol/W·h

根据对于可能作为TBP的稀释剂的碳氢化合物辐照稳定性和化学稳定性的研究结果，其稳定性降低的次序如下：正烷烃＞异烷烃＞环烷烃＞芳香族化合物＞烯烃[4]。

(三)降解对萃取过程的影响

辐照和化学试剂会诱发TBP和稀释剂发生一系列的降解反应。虽然这些降解产物的浓度很低($10^{-3}\sim10^{-5}$ mol/L)，但是也会产生各种物理化学效应，从而影响萃取过程的性能。

萨凡那河厂也经过操作不佳以及裂变产物行为反常的阶段，这是溶剂降解所致。某些溶剂降解产物将促进乳浊液的生成，从而严重影响液—液接触器的性能[8]。

美国橡树岭、汉福特、萨凡那河和阿贡等单位的研究证实，当降解产物达到足够的浓度时，就会降低对裂变产物的去污系数，增加反萃后的铀、钚保留，导致乳化，生成界面污物，严重时使萃取系统不能运行[12]。

法国的阿格厂[14]，日本的东海后处理厂[17]等也都报道了降解产物的危害。这些重的降解产物通常是使萃取器水力学性能变坏和钚、锆和钌等放射性产物保留的主要原因[15]。

德国卡尔斯鲁厄等单位对有机溶剂的降解进行了较深入系统的研究。他们认为，下列效应(已证明了的或怀疑的)都是由于溶剂降解产物引起的[6]：

(1)引起相间物化行为的变化。如液—液相之间，界面张力下降，分相时间增长，容易形成乳化物并造成夹带；在液—固相间使得浸润性变化。

(2)有机相中铀、钚、锆、铌、钌等核素的保留量增高，引起铀、钚的损失量增加，使得去污系数下降。

(3)许多降解产物易形成乳化块,其中包括一些强络合物,并且积累了高水平放射性,它们不但影响传质性能,还干扰萃取器内水力学性能。

(4)易在产品蒸发器和脱硝器中引起 TBP-NO_3^- 热分解,影响安全操作。

二、界面污物的形成

在 Purex 流程的溶剂萃取器里均会形成界面污物,只是形成界面污物的数量及其影响程度不同而已。界面污物的形成是乏燃料后处理过程中遇到的一个实际而又麻烦的问题。它不仅会影响铀、钚的回收率,影响产品的质量,而且会影响正常的生产操作,严重时甚至使生产中断。

日本将界面污物定义为:界面污物是有机相、水相和一些固体微粒在混合搅拌中产生的一种稳定混合物。界面污物一般聚集在有机相和水相之间的界面上[18]。

通常界面污物可能有两种类型:有机相作为分散相的即为水包油型;水相作为分散相的即为油包水型。

(一)界面污物的来源及形成原因

在 Purex 流程中形成的界面污物究其来源不外乎两个方面:一是放射性料液,二是有机溶剂。

含有裂变物质和裂变产物的放射性料液,尤其是乏燃料溶解液,是 Purex 流程中形成界面污物的主要来源和成因之一。这是因为,首先,在料液中含有可使磷酸三丁酯和稀释剂产生化学降解的硝酸和亚硝酸等化学试剂,酸可以催化有机溶剂的化学降解,并且影响辐照降解速率。这些在前面已论述过。其次,料液中含有放射性物质及其发出的 α,β,γ 射线。在前面已介绍过,由于这些射线的作用使得有机溶剂发生辐照降解,生成一系列降解产物和络合物,它们是界面污物的重要组分之一[14,17,19]。第三,在料液中含有数量不等的固体微粒,其中包括不溶性的固体微粒和胶体微粒[19]。根据公认的理论,精细分散的固体颗粒能够使乳化物稳定。界面污物的形成就与这种现象有关[20]。悬浮着的不溶性残渣对界面污物的发展起一种促进剂的作用。而且一旦它们被吸附在界面污物上,它们又成为一种稳定剂,因此它们被认为是生成界面污物的主要起因[17]。日本的研究认为,界面污物形成的关键物质是不溶性残渣和锆与 TBP 辐解产物形成的沉淀。锆与 DBP 形成的沉淀对乳化物的稳定不起作用,锆与 H_3PO_4 生成的不溶性络合物是一种使水包油型乳化物稳定的重要物质,锆与 MBP 形成的络合物在油包水型乳化物稳定中起重要作用[18]。德国将界面污物的研究结果按其来源和形成方式分成三类:(1)因料液中的 γ 辐解而产生的金属 Pd 胶体;(2)在乏燃料中大概早就形成的 Mo、Tc、Ru、Rh 和 Pd 合金的金属胶体;(3)Zr 和 Pd 的有机化合物的混合物,而 Mo 和 Ru 的含量则较少[19]。日本东海后处理厂分析了界面污物中所含裂变产物的组分:^{106}Ru 占 59%,(^{134}Cs+^{137}Cs) 32%,^{157}Eu 5%,^{125}Sb 3%,^{144}Ce 1%[17](由于在料液中 ^{95}Zr 和 ^{95}Nb 的含量为 0,故在界面污物中也无 Zr 和 Nb)。法国原子能委员会对界面污物的形成机制的研究结论为:界面污物的形成与沉淀物和不溶性残渣两者组成的充分混合的固体微粒有关。这两种化合物在界面上的同时存在是形成界面污物的决定条件[20]。

前面已经较为详细地论述了磷酸三丁酯—稀释剂在同放射性料液作用时,会发生化学分解和辐照降解作用,生成一系列降解产物和聚合物。降解产物 DBP,MBP,H_3PO_4 能与裂变产物(如锆等)生成稳定的化合物,会导致严重的乳化,对生成界面污物具有重要的作用[21]。降解后的磷酸酯和裂变产物(如锆)的络合物是界面污物的主要成分之一[17]。法国马库尔厂将从某些澄清室中取出的溶液进行过滤时,得到了一种高比放的黑色残渣。对这种沉淀物的所有分析都表明,它主要是由锆的丁基磷酸盐组成。它是一种亲有机相的胶状的物质,能吸附所有悬浮于循环液相的不溶性物质(二氧化硅、钌、铌),并在界面上积聚起来[9]。

文献[20]指出,第一萃取循环中存在的固体微粒有两种:一是不溶性的固体残渣;二是可溶性的裂变产物与溶剂降解产物结合而形成的沉淀物。锆、铁的行为与它们和 DBP,MBP 的沉淀作用有关。Fe 与 DBP 作用明显地出现沉淀物 $Fe(DBP)_3$。已经发现,锆与 MBP 的沉淀是显著的。

上面的论述证明,界面污物来源于放射性料液和有机溶剂。当然,放射性料液和有机溶剂也是界面污物的两个主要的成因。

形成界面污物的第三个原因那就是放射性料液和有机溶剂的接触。也就是说,在 Purex 流程中将水相同有机相搅拌,使之混合、澄清是形成界面污物的外因。德国对界面污物的研究[19]指出,除了那些早已存在于料液中的颗粒外,还有些污物是通过与有机相接触才在界面上产生的。尤其是 Zr,知道它与 DBP 会生成稳定的化合物,它们在搅拌桨的混合作用下会导致严重的乳化现象。日本在给界面污物的定义中也明确指出:"界面污物是……在混合搅拌中产生的……"[18]。法国原子能委员会在界面污物的形成机制研究报告的结论中指出:界面污物的形成可能是两种工艺扰乱相结合的产物,即不良的澄清工艺与不良的液流循环相结合的产物[20]。

(二)界面污物的危害及降低其危害的措施

界面污物的危害可以归纳为以下三个方面。

(1)造成铀、钚的损失。有机溶剂降解产物中的 DBP 和磷酸基化合物比 TBP 对钚和铀有更高的络合能力,DBP,MBP,H_3PO_4 等是形成乳化物的重要因素,也是造成污物中铀、钚保留的原因之一。这些降解产物还能与 Pu、Zr 和 Ru 生成难溶的络合物,从而导致形成界面污物并增加了钚的流失[6]。许多试验研究结果[5,17]都表明,有机溶剂降解产物能生成沉淀和含锆的界面污物,并由此可能使铀和钚随这些界面污物损失到萃残液中去。当 DBP 和 MBP 达到足够的浓度时,就会降低对裂变产物的去污,并且在反萃取时增加了溶剂对铀和钚的保留,可能造成铀和钚在溶剂洗涤中的损失[12]。

(2)加剧了有机溶剂的降解。测量结果表明,在混合澄清槽中,槽澄清室的界面处照射剂量最高[17]。界面污物吸附并保留 Zr,Nb,Ru 等放射性核素,其放射性活度随运行时间的延长而增加,界面污物造成的放射性积累是相当可观的。混合澄清槽运行 150 天后,1AW 端的表面照射量率为 1AP 端的 160 倍[13]。由于界面污物积累了大量的放射性,尤其是在混合澄清槽的萃取段形成强的辐射场,从而加速了有机溶剂的辐射损伤,降低了溶剂萃取效率。

(3)妨碍正常的生产操作。首先,由于界面污物积存于混合澄清槽的澄清室中,减少了有机相同水相的分相时间,降低了级效率。以脉冲柱作为萃取设备时,由于界面污物的形成和积累,使得排污较为困难,增加了排污次数。其次,由于界面污物多被水相载带,积聚于水相出口段,有时就造成水相出口被局部或大部分堵塞,对生产威胁很大。一旦堵塞,就得被迫停车处理,每处理一次,就不可避免地要引起放射性后移和金属流失,而且这种处理并没有从根本上解决问题。要彻底清除堵塞，就必须进行排污、倒空和清洗，这样不但费时，而且金属的流失和化学试剂的消耗量还很大。据欧化厂报道[22]，在几个运行周期中，欧化厂曾由于在设备的某些部位有重相和沉淀物形成而被迫中途停车。操作上出现的问题是混合澄清槽发生液泛，空气升液器和取样管线堵塞，以及分析结果不能重现。在钚二循环的混合澄清槽中，混合室和澄清室之间的挡板口被堵塞，造成工艺液流的液泛和流动状况的剧烈变化。第三，由于相夹带作用，在工艺过程的中间产品液流中含有数量不等的溶剂、降解产物及界面污物。对于这些中间产品液，以及酸性或碱性废液进行蒸发浓缩时，在汽相冷凝器中发现有黏稠状的凝液；蒸发器相界面处形成高放射区；更有甚者，在产品蒸发器和脱硝器中形成"红油"[23]。此物在 150 ℃左右能自催化分解，如果操作控制不当，蒸发器发生爆炸的事故也不是没有先例的[5]。详见本章第四节。

为了减少 Purex 流程中的界面污物并降低其危害，许多国家都从科研、设计和生产操作上采取了一系列措施。

(1)强化料液的澄清和过滤。为了尽可能多地除去料液中的固体颗粒，将元件溶解液经过澄清、絮凝、粗过滤和精过滤是非常必要的。这个问题在本书的第四章第二、四节作了较为详尽的说明，请参阅，此处不再赘述。

(2)研制并采用新的萃取器。目的是缩短有机溶剂同放射性料液的接触时间，减少降解产物和界面污物。用俄罗斯提供的资料[4]核算，用离心萃取器、脉冲柱和混合澄清槽作为萃取设备，用 30％TBP 萃取比活度相同的料液，每升中降解生成 DBP 的数量比为 1∶3.25∶69。这说明在离心萃取器中两相滞留量最少，相接触时间最短，界面污物积累量最小。脉冲柱次之。混合澄清槽最差。因此，近期设计和投产的乏燃料后处理厂在共去污循环和钚二循环多采用脉冲柱作萃取设备。混合澄清槽多用于铀的纯化循环。

(3)采取措施，提高复用溶剂的性能。这个问题详见下一节。

第三节　溶剂复用的措施

在 Purex 流程中使用过的溶剂称为污溶剂。为了充分发挥有机溶剂的作用，降低放射性有机废液的数量和贮存费用，通常是将污溶剂经过净化处理再循环使用的。净化污溶剂的方法有：化学试剂洗涤法，大孔阴离子交换树脂吸附法，以及精馏法等。下面主要介绍多数国家的后处理所采用的洗涤法和精馏法。

一、洗涤法净化污溶剂

工艺流程中使用过的有机溶剂含有 TBP 和稀释剂的降解产物，以及微量的铀、钚、裂变产物、硝酸、磷酸盐和叠氮酸等。选用效能优良的化学试剂可以较完全地清除污溶剂中的杂质，使有机溶剂的性能得到较好的恢复，以便返回萃取循环使用。

(一)洗涤试剂的选用

从多年各国后处理厂实际应用情况来看，目前常用的洗涤剂有碳酸钠、氢氧化钠、高锰酸钾、硝酸等。

日本对污溶剂的洗涤研究，得出的结论是 NaOH 洗涤是清除界面污物的有效方法之一[17]。最广泛使用的溶剂处理法是碳酸钠洗涤法，爱达荷化学处理厂目前采用的就是这种方法，其效果已为各燃料后处理厂很好地证实[5]。硝酸作为两个碱性洗涤器之间的中间洗涤剂却有许多好处[8]。用稀硝酸洗涤还能洗除在第一个碳酸钠洗涤接触器中不能除去的可溶性有机钠化合物[5]。高锰酸钾-碳酸钠溶液洗涤时，由于高锰酸钾的氧化作用和所生成的二氧化锰的吸附作用，所以能除去络合物，可以获得较好的洗涤效果[2,8]。但该法的缺点是产生一些稳定的盐分，增加废液的体积[5]。

用 Na_2CO_3 洗涤是能有效地清除污溶剂中多种杂质的十分经济的方法。在洗涤过程中可能发生如表 10-13 所示的反应[24,25]。

表 10-13　溶剂洗涤时的反应

		溶剂中的平均浓度/(mg/L)	要求 Na_2CO_3 的质量分数/%
$H(C_4H_9)_2PO_4+Na_2CO_3 \rightarrow Na(C_4H_9)_2PO_4+NaHCO_3$	(1)	50～80	6.7～2.4
$H_2(C_4H_9)PO_4+2Na_2CO_3 \rightarrow Na_2(C_4H_9)PO_4+2NaHCO_3$	(2)	8～10	1.3～0.4
$HNO_3+Na_2CO_3 \rightarrow NaNO_3+NaHCO_3$	(3)	63～95	30.8～10.2
$HN_3+Na_2CO_3 \rightarrow NaN_3+NaHCO_3$	(4)	80～390	57.3～61.4
$UO_2(NO_3)_2+3Na_2CO_3 \rightarrow UO_2CO_3+2NaNO_3+NaHCO_3$	(5)	10～300	3.9～25.6

用包括上面述及的洗涤剂在内的若干化工试剂连续洗涤可以提高对放射性物质的净化效果，其中除钌的效果如图 10-6 所示[2]。

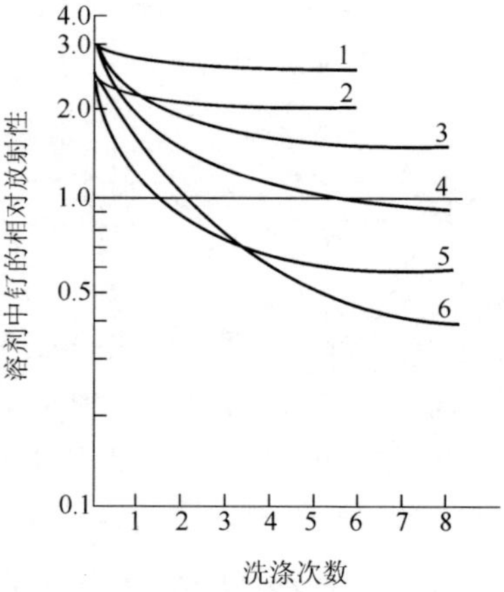

图 10-6　连续洗涤时溶剂的放射性

洗涤剂：1—H_2O；2—0.1 mol/L HNO_3；3—2.5%Na_2CO_3；4—0.8%NaOH；5—3%$NH_2OH\cdot 1/2H_2SO_4$－2.5%NaOH；6—0.1 mol/L $KMnO_4$＋2.5%Na_2CO_3

(二)洗涤条件的控制

为了提高对污溶剂的洗涤效果，必须较好地控制各项洗涤条件。

(1)洗涤顺序。如果将污溶剂从酸洗再到碱洗，或者从碱洗到酸洗作为一个洗涤循环的话，那么碱洗-碱洗-酸洗仅相当于一个洗涤循环，而碱洗-酸洗-碱洗则相当于两个洗涤循环。当将三个洗涤器的顺序从碱洗-碱洗-酸洗改变为碱洗-酸洗-碱洗时，去污效果有很大的提高[8]。另外，碱洗后残留的锆很容易被随后的酸洗除去。所以，采取多级洗涤，以碱酸交替效果更好一些。

(2)洗涤时间。裂变产物的去污是污溶剂和洗涤剂接触时间的函数。在一典型试验中，如图 10-7 所示，Zr，Nb 和 Ru 随着洗涤时间的增长不断地从有机相进入水相，1 min 后 Zr 的去污系数约为 4，6 min 后为 10。但是接触时间太长也并不好，一方面净化效果的提高并不明显，另一方面延长了洗涤周期。连续洗涤时，洗涤时间为 3～5 min，间歇洗

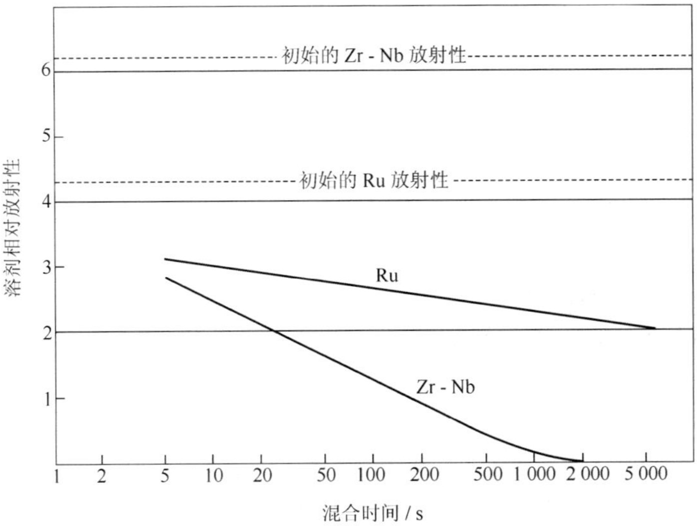

图 10-7　混合时间对溶剂洗涤的影响

(0.2 mol/L NaOH－0.25 mol/L Na_2CO_3)

涤时为 5～10 min。然后进行两相分离，这样可使回收系统中溶剂的存留量减至最小，洗涤效果将更好[2,8]。

(3)相比。增加洗涤剂用量对除去污溶剂中的降解产物和放射性杂质显然是有利的，但是，这样除了多消耗试剂外，还将增加废液体积。通常取有机相∶水相(洗涤剂)为(1～10)∶1[2]。对于不同的洗涤设备所控制的相比也是不同的。德国卡尔斯鲁厄用两级混合澄清槽对污溶剂作碱、酸洗涤，控制槽内有机相与水相比接近于 1，而在操作时是按固定的表观相比(有机相∶水相＝10)来操作[24]。

(4)洗涤温度。污溶剂洗涤系统的温度对运行效能起着重要的作用。对于碱洗涤器，提高温度有利于相分离，并且能增加放射性的去除。在混合时间小于 10 min，温度从 25 ℃提高到 55 ℃时，碱洗的 Zr-Nb 去污系数至少增加 3 倍。Ru 的去污系数也有所提高，但不到 1 倍。碱洗温度应避免超过55 ℃，因为这将接近溶剂的闪点，还要考虑不要增加 TBP 碱性水解速率[8]。

酸性洗涤器应该在 35 ℃以下操作，以防止有害的硝化作用和溶剂脱烃反应[8]。

(5)洗涤剂的更换。在污溶剂洗涤过程中，通常洗涤剂都是循环使用的。随着循环复用次数的增多，裂变产物的去污系数降低。洗涤液中的降解产物和铀化合物的积累增加了乳浊液的稳定性，因而使碱洗涤器的夹带增加。如果洗涤液不能及时更换的话，工厂运行效能将下降[2,8]。萨凡那河是根据下列限制因素更换洗涤剂的：最大的接触时间，洗涤剂中积累的 γ 放射性含量，积累的铀量，以及最小的残留碱度[10]。

德国卡尔斯鲁厄中间工厂对溶剂洗涤进行了改进。冷试验证实，采用水力学稳定性好的洗涤设备以及能调节洗涤剂的 pH 范围为 8.7～9 的 pH 控制计，可以获得良好的效果，碳酸钠用量可减少到 1/5～1/7，因此也减少了中放废物[24]。

美国爱达荷厂的经验证明，通过严密监测 pH 值，排到贮存废液中的钠可减少 75％～80％。在采用碳酸钠返循环，并通过测量洗涤液的 pH 值来控制其排放率，碳酸钠洗涤的效果取决于 pH 值[5]。

(三)洗涤设备

污溶剂可在混合澄清槽,脉冲柱,罐式洗涤器和球洗器中进行洗涤。用混合澄清槽洗涤,两相逆流接触混合均匀,洗涤效果较好。因此,德国、法国、日本和俄罗斯等国家的后处理厂均采用混合澄清槽作洗涤设备。图 10-8 为德国卡尔斯鲁厄后处理中间工厂用于溶剂碱、酸洗涤的两级混合澄清槽示意图[24]。此槽在室温下操作。槽内相比(有∶水)接近于 1,在各种操作条件下都是有机相分散,因此避免了洗涤相被溶剂夹带。混合室的停留时间为 10 min,而澄清室的弥散分离时间为 20～25 min。

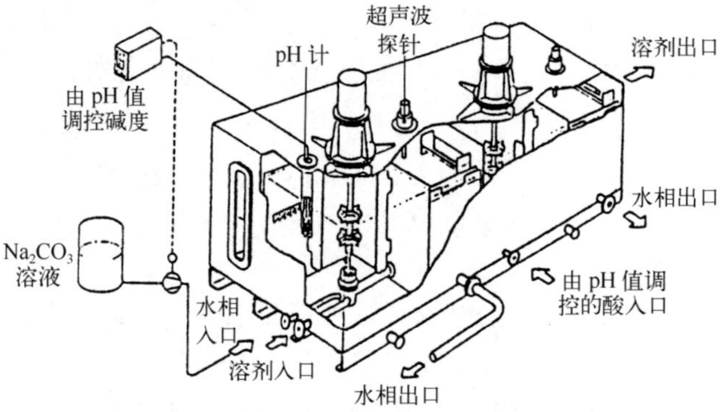

图 10-8　用于溶剂碱、酸洗的两级混合澄清槽

美国爱达荷厂将污溶剂洗涤分成两个独立的系统,一个用于第一和第二萃取循环,另一个用于第三循环。这就防止了第三循环的产品被第一循环溶剂中所含的化合物沾污。这两个主处理系统都是先用碳酸钠洗再用稀硝酸洗,选用的设备是脉冲柱,如图 10-9 所示[5]。

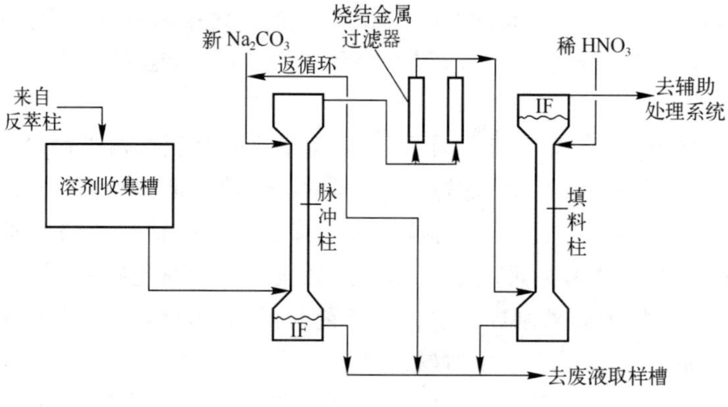

图 10-9　主处理系统

美国萨凡那河厂第一循环溶剂洗涤系统,原来采用两个间歇式洗涤器,后来已被加最终过滤器的三个连续洗涤器所代替。这种连续洗涤器如图 10-10 所示的涡轮式混合器[8]。在这种

洗涤器中，有机相液流是从槽的底部带导流筒的搅拌器下部引入的。在导流筒内两相混合是很充分的，但是筒外仅有有限的循环和搅动，所以容器的主体部分起着澄清和去除夹带的作用，有机相从这里进入下一级。

用混合澄清槽和罐型洗涤器，尽管洗涤效果比较好，但是也有缺点，在洗涤时可能产生沉淀和界面污物，引起操作困难。因此也出现了其他类型的洗涤器，如球洗器就是其中的一种。球洗是污溶剂和洗涤液两相在较大的压力下同时通过洗涤球和联接管，由于两相液体所受压力的突然增大和减小，使两相达到充分的混合。球洗的优缺点和混合澄清槽刚好相反。

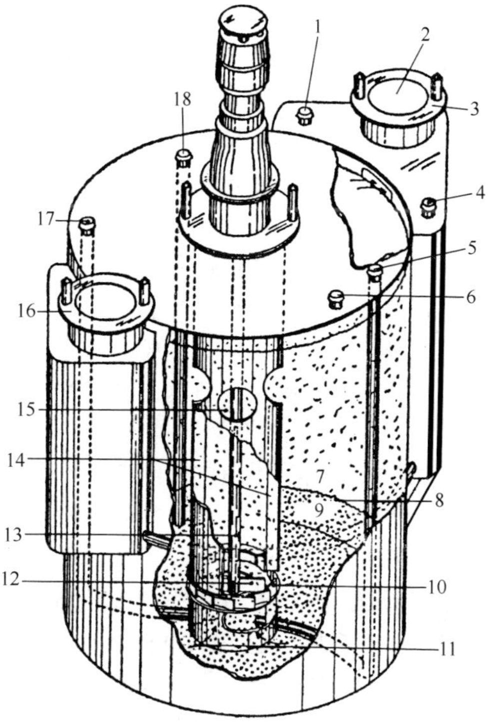

图 10-10　单级洗涤器

1—泡沫液位计；2—洗涤后溶剂的出口；3—泵安置处；4—洗涤后溶剂放料辅助喷射器；5—溶剂进料；6—洗涤液进料；7—溶剂；8—界面；9—洗涤液；10—百叶窗(12)；11—洗涤液循环；12—搅拌浆(4)；13—轴；14—抗漩挡板(4)；15—溶剂循环孔；16—辅助泵安置处；17—溶剂进料；18—废溶剂出口(作废液处理)

为提高洗涤的效果，通常在碱洗和酸洗之后都要进行过滤。美国萨凡那河后处理厂对于洗涤过的溶剂采用玻璃棉过滤器进行过滤[26]。爱达荷后处理厂将平均孔径为 40 μm 的烧结金属过滤器接到碳酸钠洗涤器的出口处(见图 10-9)即可除去溶剂中的絮状沉淀漂浮物[5]。法国和德国是在酸洗后进行过滤，以便分离出悬浮物[15,27]。俄罗斯设计了用于澄清再循环萃取剂的粉末式过滤器。试验装置是一根直径为40 mm的玻璃柱，高 400 mm，柱内充填 06XH28MDT 不锈钢粉末，粉末是球型，直径为 0.2～0.4 mm。填充高度 250 mm。该颗粒床过滤器柱子装了一台搅拌器，而搅拌器还和一台振动器相连。用真实的萃取剂进行试验。试验结果是令人十分满意的：滤过液中漂浮物质的含量从 0.125～0.35 g/L 降至小于 5 mg/L；污溶剂放射性活度降低了两个数量级。在试验装置取得成功后又设计了一台中间规模的锥型过滤器，直径 500/300 mm，颗粒床高 400 mm，颗粒质量为 200 kg，体积为 40 L，过滤面积为0.2 m^2。在中间规模的装置上试验，有机相得到了充分的澄清，过滤能力达到 5 $m^3/(m^2 \cdot h)$。根据这些试验结果，设计了一台商用振动再生式过滤器 PVR-0.1(见图 10-11)。在一座动力堆乏燃料后处理厂，这台过滤器满意地澄清了工厂的再循环萃取剂[28]。

(四)洗涤流程与效果

洗涤方式应取决于污溶剂的质量。污溶剂的洗涤流程大致有以下几种。

(1)碳酸钠洗-稀硝酸洗。

(2)碳酸钠洗-过滤-稀硝酸洗。前面图 10-9 所示的美国爱达荷厂的污溶剂主处理系统就属于这种类型[5]。

(3)碳酸钠洗-硝酸洗-过滤-碳酸钠洗-返回一循环使用。德国卡尔斯鲁厄厂就采用这种流程来洗涤处理一循环的污溶剂，如图 10-12 所示[27]。对于第一循环含 DBP 在 20～60 mg/L 的污溶剂，经过洗涤后，其 DBP 的含量小于 3 mg/L，此值已是检测极限值。

(4)碳酸钠洗-氢氧化钠洗-稀硝酸洗-过滤。法国采用的溶剂碱处理流程如图 10-13 所示[15]就属于这类流程。所不同的是先用两次碳酸钠洗，其间要进行一次酸化，其作用是破坏由表面活化剂形成的乳化微滴。

俄罗斯对污溶剂也基本上采用这种洗涤流程，所不同的是碳酸钠洗-过滤-氢氧化钠洗-过滤-稀硝酸洗-过滤。这样洗涤和过滤得到了稳定的结果，对 γ 放射性活度的去污系数为 10，MBP、DBP 的含量为 2～3 mg/L，相分离速度保持在 0.8～0.9 mm/s[29]。

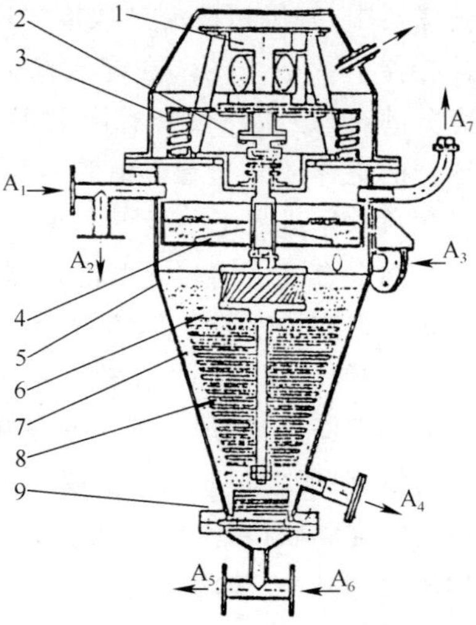

图 10-11　处理再循环萃取剂的振动式过滤器

1—振动器；2—silphone；3—弹簧；4—预过滤器；5—壳体；6—弹性元件；7—金属颗粒；8—搅拌片；9—多孔分配板；A_1—原料液入口管；A_2—洗涤液出口管；A_3—金属颗粒（粉）入口管；A_4—金属颗粒排出管；A_5—滤液出口管；A_6—洗涤液入口管；A_7—排气管

(5)稀硝酸洗-碳酸钠洗-氢氧化钠洗-过滤-稀硝酸洗-过滤。这种流程的工艺条件和洗涤效果列于表10-14之中[2]。

(6)碱性高锰酸钾洗-稀硝酸洗-氢氧化钠洗-酸化。这种流程利用高锰酸钾的氧化作用清除裂变产物、铀、钚和部分溶剂降解产物。接着用稀硝酸洗是为了除去夹带的碳酸盐和二氧化锰。然后再用氢氧化钠洗涤，并用硝酸酸化。该流程的工艺条件列于表 10-15。这个流程对裂变产物的净化系数为：$DF_{Zr}=28$，$DF_{Nb}=47$，$DF_{Ru}=19$；溶剂中的钚保留可降低到原来的1/40[2]。

目前，最有效的是 0.19～0.47 mol/L Na_2CO_3 和 0.03～0.12 mol/L HNO_3 的交替洗涤。碱洗温度 45～55 ℃，酸洗温度低于 35 ℃为宜。相接触时间 5～10 min。20 世纪 90 年代相继投产的 UP3 厂、THORP 厂、UP2-800 厂，对污溶剂都是采用碱酸交替洗涤流程。

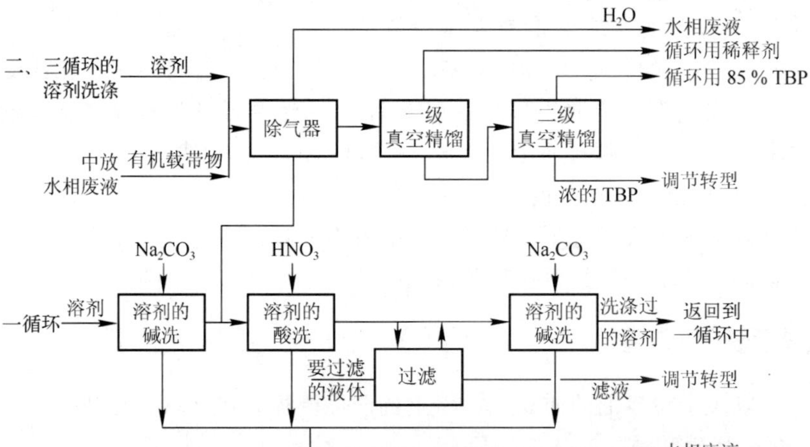

图 10-12　萃取一循环的溶剂洗涤流程

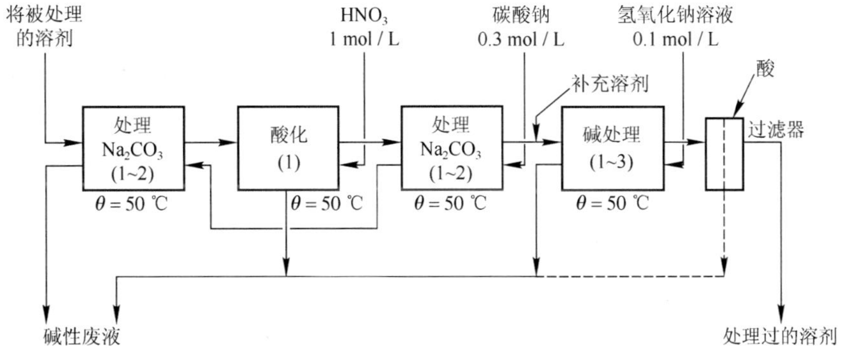

图 10-13　溶剂的碱处理流程

a）对各种放射性水平的溶剂都进行处理；

b）为了使有限量的试剂发挥更大的效率，采用多级逆流的操作方法来更好地利用每一种洗涤剂（碳酸钠和碱），以便提高洗涤效率；

c）增加接触和分相的时间；

d）为了破坏由表面活化剂形成的乳化微滴，在碳酸盐处理工序中插入酸化处理工序；

e）在返回萃取之前对溶剂进行过滤。

表 10-14　污溶剂洗涤工艺条件和效果

洗涤过程	洗涤剂浓度/(mol/L)	流比（水：有）	接触时间/min	温度/℃	洗涤设备	DF_{Zr-Nb}	DF_{Ru}
硝酸洗涤	0.01	1：10	7.5	25	四级混合澄清槽	1.1	1.1
碳酸钠洗	0.1	1：10	30	60	罐式洗涤器	2.0	5.0
氢氧化钠洗	0.1	1：5	6.5	60	四级混合澄清槽	3.0	2.0
硝酸洗涤	0.01	1：10	3.5	25	二级混合澄清槽	4.0	2.0

表 10-15　污溶剂洗涤工艺条件

洗涤过程	试　剂	流比（水相：有机相）	温度/℃	洗涤设备
碱洗	0.24 mol/L Na_2CO_3 +0.024 mol/L $KMnO_4$	1.2：100	50	槽式洗涤器
酸洗	0.32 mol/L HNO_3	1：100	50	柱式洗涤器
碱洗	0.25 mol/L NaOH	1：50		涡轮混合式洗涤器
酸化	12.2 mol/L HNO_3	1：1 000		

二、精馏法纯化污溶剂

当有机溶剂在 Purex 流程中经过长时间的使用，萃取性能恶化到满足不了对铀、镎、钚的萃取收率和对裂变产物净化的要求时，就必须更换新溶剂。德国卡尔斯鲁厄中间工厂（WAK 厂）对于其所使用的 TBP-正十二烷拟定了废弃指标。当污溶剂中十二烷酸和十二烷基丁基磷酸酯浓度达到 5×10^{-5} mol/L 以上时，就将此溶剂废弃，因为它需要的澄清时间太长而且表面张力降低[24]。那么,如何处理这些被废弃的有机溶剂呢?美国的经验已经证明,蒸馏法是从质量极差的溶剂中获得质量良好的溶剂的惟一方法[8]。

真空精馏法可以大量地减少有机废物和中放废液的数量,同时还可回收复用磷酸三丁酯和稀释剂。

真空精馏可以去除有机溶剂水解和辐解产物,还能去除诸如由乏燃料溶解残渣或设备腐蚀产物形成的悬浮物,可以分离掉在污溶剂中积累的裂变产物。

总之,真空精馏法是非常好的方法,它可以使溶剂的质量得到连续不断的改善[24,27]。

(一)德国卡尔斯鲁厄溶剂精馏的效果

卡尔斯鲁厄厂获得的经验是基于真空精馏装置所取得的结果。中间工厂规模的精馏装置的流程如图 10-14 所示[27]。

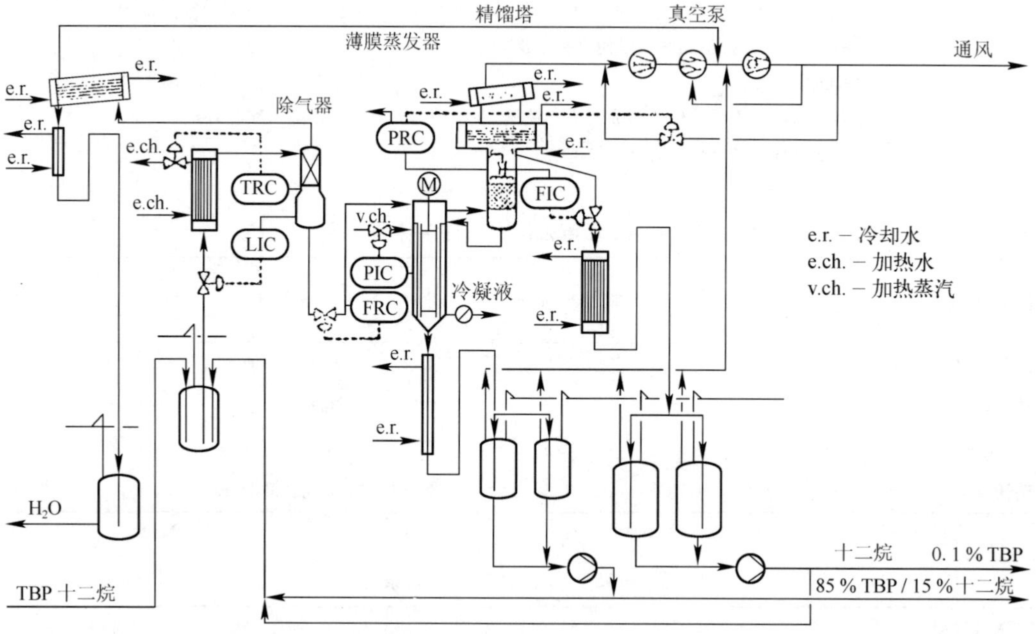

图 10-14 用真空精馏方法纯化溶剂

用薄膜蒸发器蒸馏 WAK 厂的溶剂,操作压力为$(5\sim8)\times10^2$ Pa,温度为 130 ℃,回流比为 0.5。如果在压力为$(1\sim2)\times10^2$ Pa,回流比为 0.5～1 的条件下进行操作,便可得到不含杂质的最初蒸馏产品。

用得到的产品配制成 30%TBP-稀释剂混合液,并测量了它们的表面张力值。

原始溶剂的表面张力值:12.0×10^{-5} N/cm;

精馏前污溶剂的表面张力值:9.3×10^{-5} N/cm;

精馏所得溶剂的表面张力值:12.0×10^{-5} N/cm。

WAK 厂的溶剂在薄膜蒸发器内分两步进行蒸馏,操作条件如表 10-16 所示[24]。

表 10-16　用薄膜蒸发器蒸馏 WAK 厂溶剂的运行数据

	处理能力/(L/h)	预蒸发器		薄膜蒸发器			精馏柱	
		温度/℃	压力/Pa	温度/℃	压力/Pa	流速/(m/s)	温度/℃	回流比
第一步	0.2	70	600	90	100	0.65	50	0.2
第二步	0.1	100	600	130	100	1.05	105	<0.1

表 10-17 列出了 WAK 厂受强辐照的溶剂和真空精馏所得产品的质量。此表数据证明精馏所得产品与未经辐照的溶剂具有同样的质量[24]。

裂变产物(主要是钌、锑、碘)在循环的溶剂中积累。用酸液和碱液洗涤时,这些放射性很难被洗除。如果采用 0.1 μm 的微孔过滤材质对其进行过滤,有相当一部分放射性核素被除去。表 10-18 给出了真空精馏法对裂变产物的去污效果。总 γ 去污系数大于 10^4,^{106}Ru 的去污系数大于 10^6[24]。

表 10-17　WAK 厂的溶剂蒸馏前后的质量

	未辐照溶剂	受照溶剂1)	
		蒸馏前	蒸馏后
澄清时间 90% (s)	58	114	61
100%	71	131	76
表面张力($\times10^{-5}$ N/cm)	13.4	5.4	13.6
十二烷基丁基磷酸酯(10^{-5} mol/L)	<1	25.3	<1
十二烷酸(10^{-5} mol/L)	<1	43.9	<1

注:1)溶剂受照率:α—30 W·h/L;β/γ—2 W·h/L。

表 10-18　从 WAK 厂溶剂中分离出的裂变产物

	WAK 的溶剂1)	碱洗后	过滤后(<1 μm)		蒸馏后		
					馏出液		残液
	Bq/L	Bq/L	Bq/L	DF	Bq/L	DF	Bq/L
γ 放射性活度	1.9×10^8	1.85×10^8	1×10^7	18	7.7×10^3	$>10^4$	6×10^9
^{106}Ru	1.86×10^8	1.8×10^8	1×10^7	18	$<1.2\times10^2$	$>10^6$	5.9×10^9
^{125}Sb	1.6×10^6	1.6×10^6	2×10^4	80	$<3\times10^1$	$>10^4$	4.3×10^7
^{129}I	1.33×10^4	1.3×10^4	1.3×10^4	1	7.7×10^3	2	1.6×10^5

注:1)累积剂量率:α—30 W·h/L;β/γ—2 W·h/L。

WAK 厂 95%以上的受照溶剂都可以被回收复用,这相当于有机废物量减为 1/20。

(二)法国溶剂精馏的经验[3,15,30]

法国的溶剂精馏是从热实验室试验开始的,然后在 1∶20 的中间工厂规模的装置上进行试验,1∶1 工业规模的试验始于 1985 年。

法国 UP2-800 和 UP3 工厂的有机废液蒸馏流程如图 10-15 所示[3]。

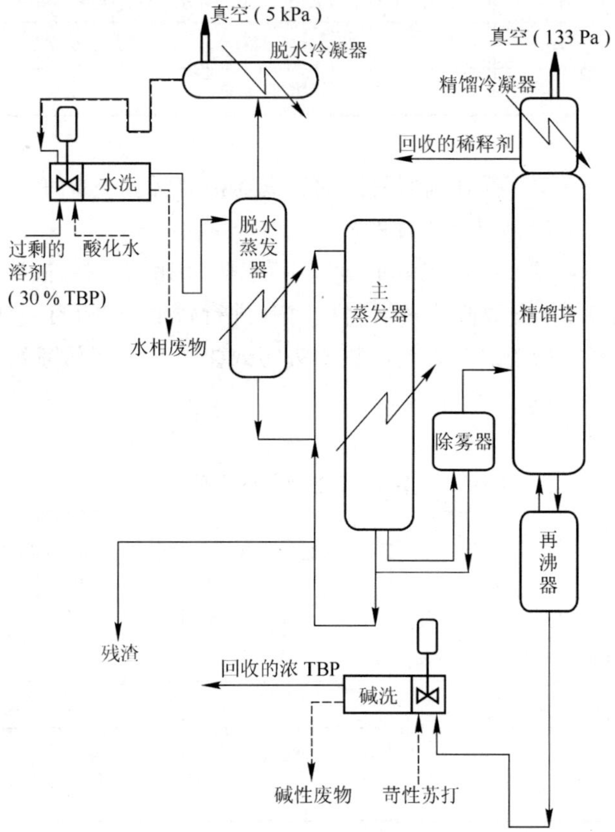

图 10-15 蒸馏流程图

其流程由下列装置组成:

一台脱水蒸发器,为直立管式蒸发器,在逆流减压(约 5×10^3 Pa)下操作。溶剂的脱水率可以达到 1 g/L。

主蒸发器也是直立管式蒸发器。采取并流操作,工艺液流和蒸汽流并流向下。残液也返循环,作用是使直立管处于良好的湿润状态,从而可以获得很低的残渣率,同时还可以避免明显的结垢。主蒸发器可以蒸发出 95%以上的溶剂,得到的残渣量小于 5%。

除雾器是利用碰撞的工作原理。除雾器不但要具有高效率,而且压降要低。

精馏塔是一种填料塔,它具有高效率和低压力降的特点。精馏塔使 TBP 和稀释剂分馏,可以获得 60%以上的浓 TBP。稀释剂含 TBP 量小于 0.02%。

碱洗混合澄清槽用于以碳酸钠洗涤从精馏塔流出的浓 TBP。

回收的 TBP 和稀释剂的性能表明,它们的物理和化学性质与新鲜品的性质很接近,比工厂日常用的有机溶剂好得多[3]。

第四节　$TBP-NO_3^-$ 的热分解与爆炸

文献[1]报道，TBP-碳氢化合物与热的浓硝酸和硝酸铀酰溶液的反应会导致猛烈的爆炸。1953 年，美国萨凡那河厂在蒸发器中浓缩含有 TBP-煤油的硝酸和硝酸铀酰溶液时，发生了蒸发器爆炸事故。1959 年橡树岭放化工厂蒸发浓缩可能被 TBP、稀释剂及其降解产物所沾污的硝酸和硝酸钚时，也发生了蒸发器爆炸事故。

1975 年萨凡那河工厂煅烧炉爆炸事故，是由于煅烧炉释放出可燃气体，其中意外地引入了 TBP。在煅烧过程中，炉中的混合物突然生成泡沫，释放出可燃气体，瞬间发生了着火和爆炸[31]。

1993 年 4 月俄罗斯西伯利亚化学联合企业(托木斯克-7 工厂)发生了化学爆炸事故。爆炸毁坏了乏燃料后处理厂的一些设施，并造成了一定程度的污染。事故发生在从乏燃料中提取钚的后处理工厂的一个硝酸铀酰溶液贮槽。该贮槽容积为 32 m^3，盛有 21 m^3 的溶液(溶液中含有 8 773 kg 铀，311 g 钚，248 g 镎，1.99×10^{13} Bq 的裂变产物)。该溶液还含有痕量的磷酸三丁酯和煤油等有机物质。当向该贮槽加入 1.5 m^3 的 14.2 mol/L 的硝酸两小时后，发生了导致爆炸的放热自催化反应[32]。

此外，美国的汉福特[33]，英国的温茨凯尔厂[34]也发生过类似的事件。

从 1953 年以来，美国萨凡那河、汉福特的学者和其他国家的一些科学家一直对 $TBP-NO_3^-$ 的反应进行着研究，并得到了一些结果。1984 年和 1985 年杜邦公司也进行了研究，并取得了突破性的结果。

表 10-19　杜邦实验结果的摘要[31]

原实验编号	液体体积/L	水相组成	有机相组成	操作条件	爆炸温度/℃		最大压力/MPa
					液相	气相	
A-1	0.85	567 ml 50% HNO_3	283 ml TBP	搅拌，未通风排气	158	无	>70
C-1	0.85	587 g 六水合硝酸高铈，60 ml 50% HNO_3，106 ml H_2O	196 g 六水合硝酸高铈 +370 ml TBP	搅拌，通风排气到 125 ℃	158	199	>70
C-6	0.255	177 g 六水合硝酸高铈，18 ml 50% HNO_3，32 ml H_2O	59 g 六水合硝酸高铈 +111 ml TBP	搅拌，通风排气到 125 ℃	209	240	74
C-10	0.34	227 ml 80% HNO_3 在 H_2O 中	113 ml TBP	搅拌，未通风排气	191	250	13.6
S-2	0.34	无	用 50% HNO_3 饱和的 340 ml TBP	搅拌情况不清未通风排气	160	无	58
U-1	0.17	204 g $UO_2(NO_3)_2$，10 ml 50% HNO_3	68 g $UO_2(NO_3)_2$ +74 ml TBP	搅拌，未通风排气	179	212	42

从表10-19的结果可见，A-1和C-10在硝酸和TBP系统中，没有金属硝酸盐，当加热达到一定温度时即可发生爆炸。即使是只有被硝酸饱和的TBP相(见S-2)，情形也是这样。

从实验A-1，C-10，S-2同C-6的比较可见，当硝酸是存在的硝酸根的惟一形式的实验中，其着火温度比金属硝酸盐参与的实验着火的温度低些。从U-1与C-6的实验结果看来，硝酸铀酰溶液较硝酸高钚溶液表现出更高的反应性。

总之，从杜邦的实验结果可见，TBP与NO_3^-的热分解反应是引起着火和爆炸的关键因素。

TBP和硝酸反应的总的反应速率是受TBP水解速率控制的。水解产物磷酸酯和丁醇或硝酸丁酯与硝酸的反应性较强，在温度接近沸点时，它们很快被水相中的硝酸氧化。当加热液相超过130 ℃后，温度和压力开始以稳定的速率上升。当温度升高到140 ℃以上时，温度升高的速率加速，这表明化学反应释放的热量的贡献。在液相温度从158 ℃到225 ℃或气相温度从184 ℃到264 ℃范围时，气体空间的温度和压力在很短的时间内突然跳至极高值。表10-19摘录的就是发生突然跳跃时的温度和压力值。

这种突发反应归因于气相着火。这时的气相可能含有硝酸气、氮的氧化物(它们都是强氧化剂)和由TBP衍生出的有机物(被监测到的有丁醇、硝酸丁酯、丁烯以及一氧化碳)，它们在气相中形成可燃性的混合物。

当温度达到突跃值后，可能出现下列情形：当反应是在敞口容器或通风排气良好的容器中进行时，反应释放的气体可以自燃。尤其是只有TBP-NO_3^-反应时更是如此。

如果反应的通风排气不良或气体空间受到限制时，那么在较低的温度下即可发生着火。由于着火反应产生的气体压力远远超过通常使用的工艺设备的击穿点，故引起爆炸。

随着加热的溶液被蒸干，可燃气体使混合物起泡并形成泡沫，由于反应连续释放的热量积累在泡内，使泡内的温度在泡形成时突然升高，结果瞬间形成热的多孔物质，它们可点燃混合物上部空间的可燃气体。

在密闭的容器中，能量不会由于蒸发而散失。容器中的混合物以不断增加的速率升温，超过约160 ℃的某一点，受压气体自发着火，结果突然产生极高的压力引起爆炸。

为了防止TBP-NO_3^-被加热时的着火和爆炸事故，可采取下列措施。

(1)对于凡是与有机溶剂接触的水相液流在蒸发之前要经过沉降分离，使TBP进入水相蒸浓系统的数量达到最少[25]。或者是将与有机溶剂接触的水相用纯稀释剂洗涤，从中除去溶解和夹带的TBP[30]。

(2)用蒸汽提馏法除去进入水相液流中的有机溶剂，将温度控制在130 ℃以下直到TBP被提馏完为止，然后再对液流进行蒸发浓缩[2,25]。

(3)在对可能含有TBP和硝酸的物料蒸发和在其他热交换器中操作时，必须控制温度不超过130 ℃，要在常压或具有良好通风排气条件下操作[25,31]。

参考文献

1 汪德熙，王方定，祝疆等译．核化学工程．北京：原子能出版社．1988

2 姜圣阶，任凤仪等编著．核燃料后处理工学．北京：原子能出版社．1995

3 RECOD'91.1 101～1 105

4 黄昌泰,李光鸿,魏连生译．核电站燃料后处理．第二版．原子能出版社．1996

5 Proceedings ISEC'86. 143～149

6 郇德荣,李光鸿,王仍陶,刘秋生译．核燃料后处理研究进展．北京:原子能出版社．1989

7 Siddall, T. H. , Ⅲ:"Solvent Extraction Processes Based on TBP," in Chemical Processing of Reactor Fuels, J. F. Flagg(ed.), Academic, New York, 1961, chap. V

8 Purex Process Performance Versus Solvent Exposure and Treatment. Nucl. Sci, Eng, 1963, Vol. 17, No. 4

9 Proceedings ISEC'71. Vol. 1. 565～576

10 Performance of 3% and 30% TBP Processes. Solvent Extraction Chemistry of Metals. 1965, 47～79

11 A/CONF. 49/p/381. 1971

12 A/CONF. 49/p/064. 1971

13 任凤仪．普雷克斯流程中界面污物的形成及降低其危害的措施．核科学与工程,1993,Vol. 13. No. 4

14 RECOD'87. 1 593～1 600

15 RECOD'87. 433～440

16 蒋云清主编．乏燃料后处理'94. 核科学技术情报研究所．1995

17 Proceedings ISEC'86. Vol. 1. 91～98

18 蒋云清主编．乏燃料后处理'94. 核科学技术情报研究所．1995,157～162

19 Proceedings ISEC'86. Vol. 1. 253～260

20 蒋云清主编．乏燃料后处理'94. 核科学技术情报研究所．1995,152～156

21 RECOD'91. 786～789. 1991

22 Proceedings ISEC'71. Vol. 1. 577～592

23 L. Slieglitz, R. Becker. Nucleare Enlosorgung. Band 2. 333～350. 1983

24 蒋云清主编．乏燃料后处理'94. 核科学技术情报研究所．1995,163～168

25 埃克松核燃料回收和再循环中心初步安全分析报告．核工业第二研究设计院等译．1991

26 Nuclear Engineering-Part. 21～29. 1972

27 RECOD'87. 417～421

28 RECOD'91. 751～755

29 A/CONF. 49/p/435. 1971

30 RECOD'91. 83～88

31 乏燃料管理及后处理．1997. No. 1

32 乏燃料管理及后处理．1994. No. 1

33 HW-28690

34 Nuclear Engineering International. 1976. 21(242/243)20

第十一章 溶剂萃取设备

设备是工艺生产的基础。在 Purex 铀、钚和镎的提取和分离过程中，主要应用的萃取设备是混合澄清槽、脉冲筛板柱和离心萃取器。本章主要论述这三种设备的基本结构、工作原理、操作特性和传质性能。重点介绍这些设备在研究、试验和工业生产应用中暴露出的问题及解决这些问题的办法，总结了这些设备的操作运行经验。

第一节 概述

用于核燃料后处理的设备是按照核燃料后处理的要求和生产特点发展起来的。因为后处理的对象为高活度放射性物质。设备必须安装在厚实的防护屏蔽层中，并能实现遥控操作，或许还要进行遥控维修。这就要求设备结构要紧凑。又因为加工处理的物料中含有易裂变的^{235}U和^{239}Pu，所以核临界安全对萃取设备的尺寸和形状提出了特殊的约束。因此要求设备要紧凑，物料在其中的滞留量要小。因为铀、钚是贵重的核材料，因此要求设备的萃取效率要高，流失量要小，这就要求物料在设备内有足够的接触面积，以便加速易萃取组分在两相间传质，提高传质效率。设备不但要使两相实现逆流流动，达到良好的混合，而且要能促进其完善的澄清，使相间夹带量要小。要求设备的性能可靠，易于操作和维修。要求设备的适应能力要强，灵活性要高。设备投资和运行费用要低。这些都意味着萃取设备必须是非常有效的。混合澄清槽、脉冲筛板柱和离心萃取器都先后应用于 Purex 流程。随着 Purex 流程的进步和发展，这三种设备也获得了发展并日臻完善。

总的来看，混合澄清槽的应用是相当广泛的。在工业生产中，小至高加浓铀燃料和富钚燃料的小厂（如欧化厂和唐瑞厂），大到像英国的塞拉菲尔德 THORP 厂和美国萨凡那河厂那样，日处理能力可达数吨的大厂[1,10]都在应用混合澄清槽。许多国家的后处理厂 Purex 流程的全线都应用混合澄清槽作为萃取、分离和净化设备。但是在应用过程中，混合澄清槽的弱点也不断地显现出来，特别是处理高燃耗和加浓度较高的乏燃料时，由于混合澄清时间较长，物料滞留量较大，有机溶剂降解严重，界面污物影响操作，临界问题更加突出。因此，有些后处理厂用脉冲柱取代了混合澄清槽。特别是近些年建成投产的大型氧化物乏燃料后处理厂 UP3 厂，UP2-800 厂和 THORP 厂的第一循环和钚线均使用脉冲柱。在铀线和污溶剂净化系统，通常采用混合澄清槽。

为降低脉冲柱的高度，美国正在研制应用平槽板结构的脉冲柱和卧式脉冲柱，同时英、法等国家研制独立于柱体的外置澄清室，也是降低柱高、改进脉冲柱排污能力的一种措施。为处理快堆燃料，保证临界安全，美国和德国研制了环型脉冲柱，法国已将环形脉冲柱应用于 UP3

和 UP2-800 后处理厂的第一循环[1,7,10,19]。此外，在脉冲柱中装设铪板也是改善临界安全的措施之一[10]。

离心萃取器结构复杂，适应性和操作稳定性较差，特别是对于水相含固体颗粒较多时，操作不稳定，维修困难等。这些问题尚待继续解决。

通过多年对于溶剂萃取设备的实际应用，人们的认识和做法逐渐趋于一致。为处理动力堆高燃耗的乏燃料，Purex 第一循环和钚的净化循环采用脉冲柱，铀的第二、三循环采用混合澄清槽[7,8]。

第二节　混合澄清槽

一、概述

混合澄清器自 1904 年问世以来，得到了不断的发展和日益广泛的应用[1]。

混合澄清器一般分为立式和卧式两大类。已经获得应用的混合澄清器就有一二十种不同的结构型式。卧式或水平式混合澄清槽在放化工业得到了广泛的应用和发展[2,3]。

1929 年 Holley 和 Mott 研制的混合澄清槽曾应用于英国的放化工厂[2,3]。英国温茨凯尔核燃料后处理工厂采用水平放置的多级箱式混合澄清槽。泵混合箱式混合澄清槽的结构如图 11-1 所示[3]。采用机械搅拌混合器的混合澄清槽又分为泵式和桨叶式(这种类型又分为平桨和涡轮)两种类型。另外一种应用较广泛的混合澄清槽是由 Thornton 提出，并在英国放化工厂中得到了相当程度应用的空气脉冲混合澄清槽[2]。

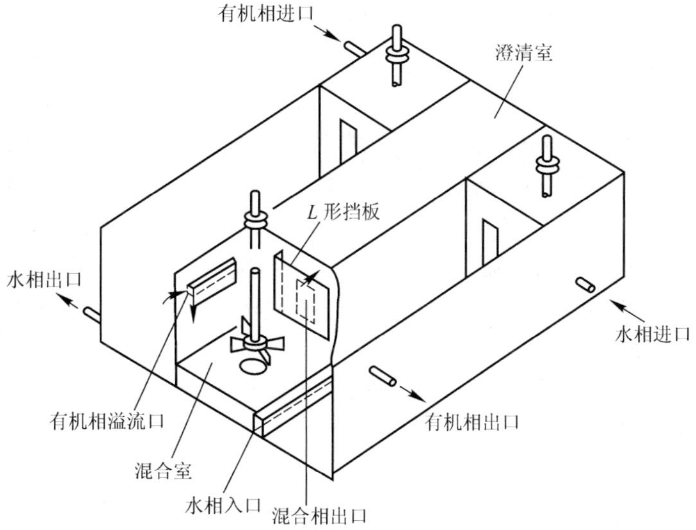

图 11-1　箱式混合澄清槽结构示意图(图中为三级)

表 11-1 给出了改进型泵混合式混合澄清槽的性能[4]。小型槽是为处理高浓缩铀燃料而设计的，它的高度限制在 7.6 cm，它在 ^{235}U 的浓度高达 400 g/L 时也是临界安全的。大型槽适用于低浓缩度易裂变物质的工艺溶液。水相对有机相的流比可在 0.1～1.5 之间变化，这时液流没有过量的夹带。在 TBP 萃取铀钚过程中，得到了大于 80%的级效率[5]。

表 11-1 改进型泵混合式混合澄清槽的性能

规　格	大槽	小槽
澄清区容积/L	723	6.17
混合区容积/L	68	0.68
水相入口区容积/L	34	0.31
每级总容积/L	825	8.85
桨叶叶片直径/cm	23	8.9
桨叶叶片厚度/cm	3.8	1.6
吸入嘴直径/cm	5	1.6
水相再循环孔直径/cm	23	2.5
两相总流量能力/(L/min)	380	7.6
停留时间/min	2.2	1.2

泵混合式的混合澄清槽，可很容易地在较宽的流量范围内加以放大，因为它的每一级都可在高效率下运行。在小规模混合澄清槽级联数据的基础上，就可以有把握地设计一个生产规模的装置[5]。

Treybal 等人提出了混合槽(室)放大的条件是大型混合槽和小型混合槽保持几何相似和给予单位体积混合液输入功率相等的原则。澄清槽(室)可按照面积原则进行放大[3]。文献[2]指出，混合澄清槽的设计实践得出如下的结论：只要保持单位体积的输入功率不变，混合室就能可靠地按几何相似进行放大；澄清室则按单位(水平)截面积上的流量保持不变进行放大。

新的放大设计原则是维持两相混合时间为 1 min 的情况下，脉冲输入能量与单级混合室边长具有一定的关系[即$(P/V)/b^{0.52}=0.73$]，因此按此准则输入新边长(b)计算的脉冲能量 P/V 即可获得与小设备相当的传质效率。(P—每分钟输入能量，J/min；V—混合室体积，L)。新的研究结果表明澄清室的放大设计准则是维持比澄清速度不变(比澄清速度为单位澄清室截面积上的分散相流量)[6]。

由于混合澄清槽易于放大设计，运行可靠，能在很宽的工艺条件下保持稳定的流体动力学状态，很容易提高生产能力，因此混合澄清槽被世界各国后处理厂应用，如表 11-2 所示[7~9]。

混合澄清槽的主要优点是：设备的高度低、结构简单，操作可靠，适应性强，如每级的停留时间为 2 min，则级效率可达 90%以上，能成功地处理 3.7×10^{13} Bq/L 的料液。混合澄清槽也存在许多缺点：物料在槽内的滞留量大，停留时间长，因而使得溶剂降解严重，特别是在处理高燃耗燃料时，界面污物在槽内积累难以排除，影响正常的操作，严重时会造成被迫停车。

表 11-2 混合澄清槽在后处理厂的应用情况

国家	厂名	处理能力	使用的地方
美国	萨凡那河厂	10 t/d(1)	除 1A 外
英国	温茨凯尔二厂	2 000 t/a(1)	全部
	唐瑞工厂	5～10 t/a(2)	全部
	THORP 厂	1 200 t/a(3)	铀线
法国	马库尔工厂	900 t/a(1)	除钚线外
	UP3 工厂	800 t/a(3)	铀线
	UP2-800 工厂	800 t/a(3)	铀线
日本	东海后处理厂	210 t/a(3)	全部
	六个所工厂	800 t/a(3)	铀线
德国	卡尔斯鲁厄厂	40 t/a(3)	全部
俄罗斯	RT-1	400 t/a(3)	全部
意大利	尤勒克斯厂	30 kg/d	全部

注:(1)天然铀燃料;(2)高浓铀燃料;(3)氧化铀燃料。

二、混合澄清槽的操作经验

混合澄清槽的操作步序有充槽启动、正常运行和停车。下面就按照这些步序介绍一些操作经验[2,3,9]。

(一)充槽启动

充槽启动过程通常包括有机相充槽、酸运转、冷料过渡和投入热料等几个步骤。

(1)有机相充槽。当以混合澄清槽为萃取设备时,通常以有机相为连续相。这时就应以30%TBP-稀释剂充槽,这是实现有机相连续和槽子稳定运行的重要因素之一。在充有机相之前先用硝酸水溶液注入重相堰,将水相出口端液封好,以防止各股液流加入后,有机相被排挤入水相萃残液。接着充入有机相,最后加入硝酸水溶液。两相总的加入量要使液位达到轻相口的高度。

充槽结束后,启动搅拌系统,在料液入口加入硝酸水溶液,进行酸液运转。

(2)酸液运转。生产实践经验和教训一再证明,启动时有足够的酸液运转时间是非常必要的。因为在开车时各种转动设备、计量装置和检测仪表在启动时会暴露出许多问题。在投入放射性料液之前把这些问题暴露出来并将其解决,对于此后的安全稳定运行至关重要。

酸液运转的主要作用是建立混合澄清槽内硝酸的传质平衡。酸平衡的好坏对投料后金属的流失影响较大,特别是对于进料液中铀浓度高的萃取槽影响更为明显。

(3)冷料过渡。所谓冷料过渡就是用未经辐照过的金属铀制备的硝酸铀酰溶液或者是将放射性活度较低的硝酸铀酰溶液作为进料液,加入混合澄清槽中运转。实践证明,从硝酸铀酰料液进槽到槽内有机相中达到铀饱和度为正常值需要一段时间。如果直接用高比活度的料液直接进槽,TBP 在萃取铀时对裂变产物的萃取量也较多,使得 1AP 中放射性活度比稳定运行时高 50～100 倍。这就是不可避免而发生的放射性后移，所谓后移就是有大量放射性移向 1AP 出口端并随 1AP 带入下道工序。就是因为铀对裂变产物萃取的排挤作用还没有充分发挥出来的缘故。起初入槽的放射性料液的活度越高，放射性后移的量就越多。采用冷料过渡的方法，就是减少开车之初放射性后移的有效措施。

当冷料（尤其是低活度料液）进槽时，要适当降低 1AX 的流量，这样可以缩短放射性后移的时间，减少放射性后移量。但是要及时恢复 1AX 的流量为正常值，如果恢复迟了就可能使铀饱和度过高，造成金属随 1AW 流失量增加，如果 1AX 的流量恢复得过早，仍可引起放射性后移量增加，影响冷料过渡的效果。为了能及时恢复 1AX 流量，要及时检测 1AP 的铀浓度和 1AW 中的铀含量。还应强调，如果 1AX 的流量恢复迟了，不可骤然将 1AX 的流量提得过高，否则又将导致放射性后移。

（4）投热料。在正常情况下，有三四批冷料投入之后就可使混合澄清槽达到稳定状态，使各工序达到正常状态，这时就可投入正规燃料液，转入正常生产运行。

（二）正常运行

生产实践表明，混合澄清槽启动后，在正常的工艺条件下，当两相液流的总通过量相当于两倍以上的槽子总体积之后，就可以得到稳定的浓度分布和物流量。

混合澄清槽正常运行时的主要控制参数是搅拌条件，各股液流的流量及流比，槽子中界面和液面高度的调控，以及不正常现象的处理。

1. 搅拌条件的调控

在非泵混合型，并且级间不设泵输液的混合澄清槽内，两相液流在槽内的输送基本上是靠重力自流实现的。因为混合室内的混合液的比重大于澄清室内轻相的比重，所以藉静压差就使混合液流入澄清室。这种静压差实际上是由于搅拌造成的，搅拌作用不但能使两相充分混合，也起到了输送液流的作用。所以从表面上看两相液流几乎是自流的，实质上是由于搅拌输入能量的结果。

搅拌输入能量主要的作用是将液滴分散得较细，使两相具有较大的传质面积，创造最好的相间传质条件。小液滴经过这种分散、聚合，再分散、再聚合的过程而达到加速传质的目的，获取良好的传质效率。当然，如果搅拌强度不足就不能达到良好的传质，但是，搅拌过度也是有害而无益的，除了会导致传质速率下降外，这会使分散相液滴过小造成分相困难，加长澄清时间，此外还会造成能量损失。那么，搅拌输入能量如何控制呢？图 11-2 给出了搅拌输入能量和槽子级效率的关系曲线[9]。

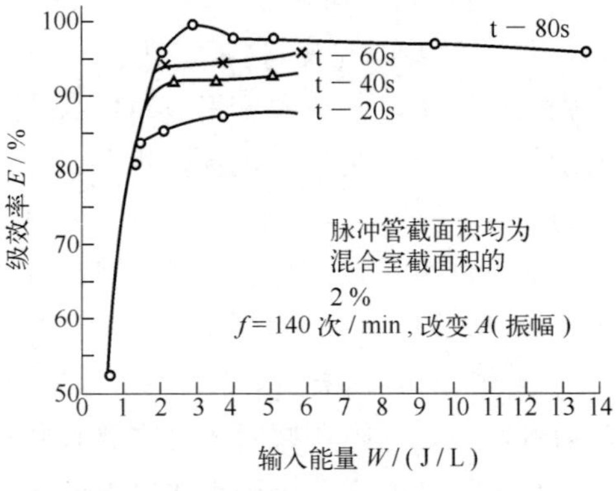

图 11-2　停留时间、单位体积液体输入能量对级效率的影响

对于已经应用于生产上的混合澄清槽，如果是采用空气脉冲抽压液柱搅拌的话，其输入能量主要取决于搅拌混合时间的长短、液柱脉冲的频率 f 和脉冲振幅 A 等因素。

由图 11-2 可见，两相混合时间的长短对槽子级效率影响显著。此外混合时间还受到工厂生产能力的制约，通常大型混合槽控制两相混合时间为 2 min 左右为宜。

在萃取体系和脉冲管径给定的情况下，脉冲频率和振幅的乘积是输入能量的函数。为了获得较高的级效率，通常是控制单位体积的液体输入能量为 4～6 J/L。而搅拌能量的输入通常是靠调节脉冲的频率和振幅来控制的。

实践证明，适宜的脉冲振幅同混合室液位高度有一定关系。各种尺寸的混合室液层深度与较适宜的脉冲振幅的关系列于表 11-3。脉冲振幅和混合室液层深度之比保持在1.3～1.4为宜。若脉冲振幅过低，则输入能量不足而使传质效率下降。若振幅过高，又可能使得在混合室混合的液流从重相口返回前一级澄清室而造成“返混”，从而降低传质效率。

表 11-3　适宜脉冲振幅与混合槽液层深度的关系[3]

		实验萃取槽	萃取槽	萃取槽	萃取槽	反萃槽
混合槽尺寸/cm	长	8	12	23	26	32.5
	宽	8	12	23	26	32.5
	高	13	18.5	34.5	39	48.5
混合槽液层深度 H/cm		13	18.5	34.5	39	48.5
较佳脉冲振幅 A/cm		18	22～24	45～60	47～50	60～70
A/H		1.4	1.2～1.3	1.3～1.7	1.2～1.3	1.2～1.4
较佳脉冲频率 f/(次/min)		140		80	85±5	70±5

经验证明，采用空气脉冲液柱搅拌时，一般在操作过程中，大型混合澄清槽通常维持真空度高于压空 1.3×10^3 Pa 左右[3]。

如果使用的是萃取段同洗涤段串联为一体的混合澄清槽，在操作过程中通常是维持萃取段的脉冲振幅略高于洗涤段的脉冲振幅。使得单位体积混合液的输入能量尽可能相近，以便维持较高的传质效果。

当脉冲振幅确定后，就可根据最佳的输入能量值计算得出脉冲频率。如果脉冲频率太低，由于输入能量不足而使传质效率下降；如果脉冲频率过高会使混合区域缩小不利于传质。经验证明，大型混合澄清槽通常的脉冲频率为 70～90 次/min 为宜。

在后处理厂由于厚实的防护屏蔽给观察判断槽子的运行状态造成困难，为此可设置模拟槽和实用槽的脉冲系统连接，以便间接观察混合澄清槽的运行状况。

2. 流量和流比的控制

在混合澄清槽正常运行过程中，进出槽子的各股液流的流量是确定的，流比(或者称为相比)也是在一定的范围内波动。为了维持混合澄清槽稳定运行，要定时对各股液流进行标定和检测，发现流量偏离限值时要及时调节。若流量过高，就需要搅拌器有很高的转速，容易造成混合过度。伴随高流量而来的停留时间的缩短而造成夹带量过多。流量若过低，就会引起混合不良而降低效率[1]。

在调节液流流量和流比时要遵循缓慢接近的原则，千万避免骤然增加或减少。如果骤然增减会引起较大的波动，不利于稳定运行。

3. 界面和液面的控制

混合澄清槽的重相出口堰和轻相出口堰是槽子上仅有的两个液面控制点。轻相出口堰的高度控制槽子的总液面，在一般情况下不宜变动。重相出口堰的高度控制着第一级（萃余液出口级）澄清室界面的高度[2]。实践表明，在正常情况下，各级澄清界面高度随水相萃余液出口级澄清室界面的升高而升高，随其下降而下降，因而只要控制水相出口级澄清界面高度低于混合相口，就会使其他各级澄清界面不高于混合相口。如果界面低于混合相口就会使澄清室中的重相反流入混合室，形成所谓的返混。这样不但影响传质也妨碍槽子的稳定运行，因此控制槽子各级界面是维持槽子正常运行的关键之一。保持澄清界面高度除了靠调节重相堰之外，还要控制好搅拌条件，各液流的流量和流比[2,3]。

另外一种办法，特别对于大型混合澄清槽采取每级都设重相堰来控制各级界面。

所谓重相堰通常是在水相出口处设置一个倒U型管，它的上端通大气，高度可以调节，为了较精细地调节界面可采用筒式重相堰。为了实现遥控操作也可采用气动堰。

（三）停车

停车要比开车启动困难得多，这是因为停车时放射性后移和金属流失问题更为突出和更加严重。停车过程通常包括冷料过渡、酸液置换、顶槽排污和倒空等步骤。

1. 冷料过渡

停车阶段实施冷料过渡的目的是置换混合澄清槽内积累的放射性料液。表11-4中的数据完全可以说明冷料过渡的重要性[9]。

表11-4　冷料置换放射性料液的效果

冷料过渡时间/d	随冷料进入1A槽的放射性活度/Bq	此间1 AW排出的总放射性活度/Bq	冷料置换出的放射性活度/Bq
23	1.63×10^{15}	1.1×10^{16}	9.2×10^{15}

从表中数据可见，冷料过渡置换放射性的效果是明显的。实测结果表明，用冷料过渡置换放射性混合澄清槽内，困难之处在于槽内各级的澄清室，为了缩短冷料过渡的时间，提高置换效果，在冷料过渡的后期通过澄清室的倒空管对槽子各级的澄清室进行压空鼓泡搅拌，其作用是很显著的。

2. 酸液置换

酸液置换的目的是为了尽可能完全地回收槽内的贵重金属。

理论和实践经验都表明在酸液置换过程中回收金属和防止放射性后移是有矛盾的。这是因为：酸液置换就是用硝酸水溶液作为1 AF进槽，这样就必然使有机相的铀饱和度逐渐降低，槽内的放射性核素被萃取量必然增多，即随1 AP带出的放射性向后续工序流动，为了尽量减少放射性后移量，采取改变物流流比（如降低1 AX流量）和提高槽内酸度的措施，是有一定效果的。

混合澄清槽的澄清室是液体流动性较差的区域，为了缩短置换时间并减少废液量，采取边置换边间断地向澄清室加入压缩空气搅拌的方法，可以大大加速金属的置换效率，如表11-5所示[9]。

表 11-5　1A,1B 槽两次停车时,置换时间相同,酸置换效果比较

澄清室的置换方式	1A 槽倒空液中金属含量/(g/L)		1B 槽倒空液中金属含量/(g/L)	
	铀	钚	铀	钚
不鼓泡搅拌	15	2.17×10^{-3}	2.3	6.68×10^{-4}
压空鼓泡搅拌	0.6	1.8×10^{-4}	0.38	5.11×10^{-4}

3. 顶槽、排污和倒空

所谓顶槽就是在用酸液置换槽内的金属达到规定限值之后,就停止向槽内进有机相,加大硝酸水溶液的流量,用水相将槽内有机相排挤出来。把槽内流出的有机相和水相分别收集在不同的贮罐中,经过分相,分析检测合格后,再排往废液处理厂房贮存或处理。

在顶槽、排污和倒空过程中最容易发生跑冒污溶液的事件,对此应采取相应的措施。实践证明,采用真空抽吸方法排污比压空吹气排污要安全可靠得多。

三、运行过程中可能出现的问题及解决办法

由于混合澄清槽在运行时处于有机相和水相液流连续输入和输出,在搅拌作用下实现传质的动平衡状态中,所以可能出现一些不正常现象,发生一些难以处理的问题,现分述如下。

(一)相夹带

在萃取过程中,由于两相的相互夹带不但会引起萃取效率的下降,而且还会造成有机相的损失。

产生相夹带的主要原因是混合液从混合室流入澄清室后,分散相液滴的沉降速率和聚合速率太低,两相还来不及较完全地分相,各自就流入了下一级。

影响相夹带的因素较多,当混合澄清槽的结构,搅拌的型式和结构已经确定的情况下,操作条件对相夹带量影响较大。主要的影响因素是搅拌强度,当搅拌强度过大时,使混合相不易澄清分层,造成相夹带量(有机相夹带水相,水相夹带有机相)增大。在用机械搅拌的情况下,调节搅拌强度通常是靠改变搅拌桨的转速来实现的;在用脉冲抽压液柱搅拌时,通常是改变脉冲振幅来调节搅拌强度;因为这样做收效比较快。

(二)液泛

从轻相口流出显著量的水相或从重相口流出显著量的轻相,这种反常现象被称为液泛[2]。

在混合澄清槽操作过程中,当两相的流量较多地超过额定值后,槽子的澄清分相遭到破坏,严重时就会发生液泛。这时可能有两种情况,一种情况是由于两相流量增大后,因搅拌输送能力不足,或者是由于各相口的截面积较小影响两相的通过量,致使水相在入口的几级不断积累,有机相也在其入口附近积累,当各自达到一定的积累量后,有机相从水相出口流出,而水相从有机相出口流出,即发生了液泛。第二种情况是当两相流量加大时,搅拌强度也较大,能够将两相混合输送入澄清室,但是澄清室内的分散带厚度不断增加,当增大到水相从有机相口被有机相大量夹带流出,有机相从水相口被水相大量夹带流出时,同样也发生了液泛。

一旦发生液泛后,应按临时停车的操作规程停车,待各级澄清后再按正常的工艺条件

启动。

通常把产生液泛时的流量称为液泛流量，液泛流量可通过试验确定。在生产操作过程中，必须控制实际流量低于液泛流量，通常控制实际流量为液泛流量的75％～80％运行[2,3,9]。

(三)反相与转型

反相就是指萃取体系中的原来的分散相转变为连续相，原来的连续相转变为分散相，这种现象称为反相。在萃取过程中为强化传质并减少有机相的损失，通常以有机相为连续相而水相为分散相，形成了油包水型的分散体系，如果发生了反相即发生了转型，由油包水型转变为水包油型。

反相与分散相在混合相中所占的体积分数密切相关。通常只要分散相的液滴的体积分数不超过74％就不会出现反相。但是随着分散相的体积分数的增大，就可能发生分散相的聚合而导致反相。

影响反相的因素较多，从操作条件的变化来讲，搅拌输入能量是影响反相的重要因素。在多数情况下，由于搅拌输入能量不足往往会造成反相，从而破坏了稳定操作并引起相夹带量的增加。

在生产操作中，控制反相的最有效办法就是首先将搅拌条件调整为额定值，然后调节回流量。如果反相后已形成水包油型，就打开轻相回流堰加大轻相回流量，这样操作到转型为油包水型为止。如果是在洗涤槽或反萃槽中，通常控制为水包油型，如果发生了反相即转变为油包水型，这时就应开启水相回流口加大回流量，直到转型为水包油型为止[2,3]。

(四)界面污物的排除

在本书的第十章第二节专题论述了Purex流程中界面污物的来源、成因及其危害，并且介绍了一些降低其危害的措施：在操作混合澄清槽过程中总会遇到界面污物的干扰，怎样排除界面污物的干扰，各后处理厂采用的方法也不尽相同。

德国卡尔斯鲁厄工厂在处理燃耗为15～20 GW·d/t的燃料时，每隔2～5天混合澄清槽就发生运行状态严重破坏。运行被破坏的原因是在澄清室两相界面上很快积累一些相间生成物——界面污物，甚至发生水相转移口被固体颗粒堵塞。对此卡尔斯鲁厄采取倒空洗涤的办法清除污物和固体颗粒，然后才能恢复混合澄清槽的正常运行[10,11]。

法国马库尔工厂遇到在混合澄清槽中的澄清室界面处，含有裂变产物的固体微粒积累起来成为一个强放射源从而加剧溶剂的降解问题。对于这个问题马库尔是通过加入能溶解锆的含氟离子的溶液来解决的[1]。

文献[7]报道，在混合澄清槽的澄清室内安装金属弯曲管，它不但可以起着空气升液器的作用，而且还可由此吹入空气，将水相中的界面污物排除。

第三节　脉冲筛板柱

自1949年美国橡树岭国家实验室首先将脉冲筛板柱引入Purex流程以来，它在核燃料后处理领域受到了高度的重视，进行了大量的研究，得到了长足发展和广泛应用。

一、脉冲筛板柱的结构与应用

图 11-3 是脉冲筛板柱的结构示意图[3,9]。

脉冲筛板柱的主体部分是高径比很大的圆柱筒体，中间水平地装有许多块带孔的不锈钢或其他材料制成的薄筛板，通常称之为“板段”。对于小柱通常用一根中心轴将筛板有规则地串接起来，较大的柱子则需用几根轴串接并固定筛板。筛板和筒体的间隙必须保证滑动配合而不致使筛板与柱壁间产生明显的渗漏[2]。

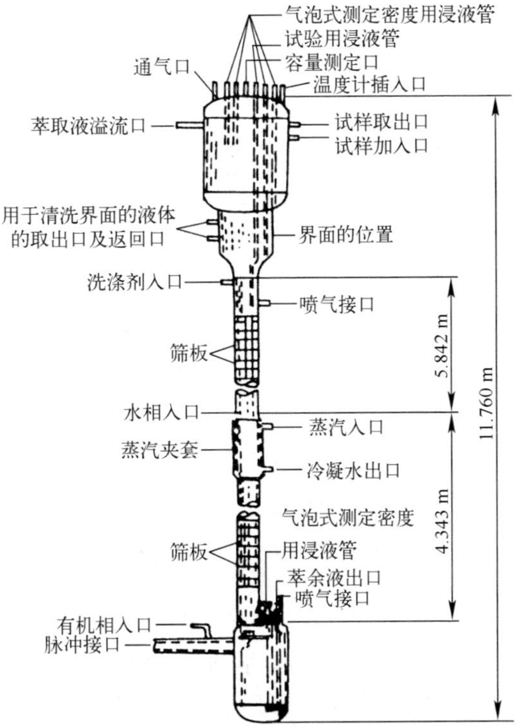

图 11-3　脉冲筛板柱结构示意图

筛板的作用是在脉冲的抽压作用下，分散相液流被筛板粉碎成小液滴并加剧了两相的湍动。此外，筛板还有降低纵向混合，提高传质效率的作用。对于大型工业用脉冲柱，通常筛板孔径为 3～6 mm，开孔率为 20%～25%，板间距约为 50 mm。经验证明，当筛板的孔径、开孔率和板间距较小时，脉冲筛板柱的传质效率较高，但处理能力较低。当筛板的孔径、开孔率和板间距较大时，脉冲筛板柱的传质效率较低而处理能力较高。为了兼顾传质效率和生产能力两个方面的要求，大量的实际应用表明“标准板段”具有较好的综合性能。将筛板孔径为 3.2 mm、开孔率为 23%和板间距为 50 mm 的板段称为“标准板段”，在工业生产上得到了广泛的应用。

对于有机相连续的工况，为避免水相浸润不锈钢筛板而引起其分散不良的缺点，通常可采取两种方法来解决这个问题。一是采用喷嘴板，就是将筛板冲制成喷嘴状，喷嘴深度通常为 1.0～1.5 mm。喷嘴的方向朝向分散水相的流动方向[2,12]。第二种方法是采用所谓的混合板段来改善脉冲筛板柱的性能。混合板段即将不锈钢筛板和聚四氟乙烯（或聚三氟氯乙烯）筛板交替地安装于柱中。

脉冲柱上下两端分别设有澄清段（或称分离段）。分离段的通常尺寸为，高度 760 mm，横截面面积为柱横截面积的 2.5～4 倍，停留时间不小于 10 min[2]。分离段的作用是降低两相的流速，使它们得到良好的澄清和较完全的分离。两相界面的位置在上分离段还是在下分离段，这取决于选取哪相为连续相，哪相为分散相。如果选取分散相为有机相（轻相），水相（重相）为连续相，则相界面的位置应在上分离段，反之，则在下分离段。

脉冲筛板柱的能量供应者为脉冲发生器，有机械脉冲发生器和气动脉冲发生器两类。机械脉冲发生器有活塞式、隔膜式和风箱式等型式，这几种型式在工业上均有应用。气动脉冲发生器较早地应用于爱达荷化学处理厂，爱达荷化学处理厂采用空气脉冲的运行经验是成功的。无论是空气脉冲系统的机械性能还是在满足萃取性能的要求等方面都是完全令人满意的[2]。

由于气动脉冲发生器具有结构简单、操作方便、机械磨损小、易于放大等优点，因此发展较快，应用较广[3,9]。脉冲发生器通常与下分离段相连，即对入柱的有机相液流施加脉冲，这样可降低放射性对脉冲空气的污染[2]。脉冲发生器通过脉冲管与脉冲柱连接，脉冲管的高度必须和柱子的水力学压头大致平衡。

脉冲筛板柱较早应用于美国爱达荷化学处理厂。爱达荷化学处理厂是一座多用途的工厂，它可以处理铝、锆和不锈钢包壳的各种反应堆的铀燃料和钍燃料。下面介绍爱达荷厂应用5% TBP—煤油处理加浓铀所使用的脉冲柱的典型数据，如表 11-6 所示[13]。由于该厂的设备室的高度有限，故采用分开的萃取柱和洗涤柱，而不用单根的萃取同洗涤结合在一起的复合柱。

表 11-6　爱达荷溶剂萃取柱的典型数据

柱　型	柱子高度/m	传质单元高度(HTU)/m	所需传质单元数(NTU)	柱内径/mm
萃取柱	7.02	0.64	10	254
洗涤柱	3.05	0.70	4	203
反萃柱	4.27	0.40	10	229

欧化公司是欧共体核能机构的联营公司，建有实验室和示范性的后处理工厂，能处理研究堆、材料实验堆和动力堆的低浓铀和高浓铀的乏燃料。欧化公司较多应用了脉冲筛板柱，现将柱子的主要结构和若干特性列入表 11-7 和表 11-8[9,14]。

表 11-7　脉冲柱的特性

柱型	用途		连续相	直径/mm	总高/m	板[1)]型	板段高/m	上澄清室		下澄清室		脉冲管	材质
	低加浓铀流程	高加浓铀流程						直径/mm	高/m	直径/mm	高/m	直径/mm	
HA	萃取，洗涤	萃取	有机相	150	11.20	(a)	8.980	292.0	1.0	292.0	1.2	53	不锈钢
HS	洗涤	洗涤	有机相	131.7	7.1	(b)	5.249	292	1.0	180.0	0.6	53	AISI304L
1BX	U-Pu	洗涤	水　相	100	10	(d)	8.480	292.0	1.0	121.7	0.5	36.0	AISI304L
1BS	分离		水　相	49.8	5.1	(c)	3.980	131.7	0.7	131.7	0.4	21.6	AISI304L
1C	反萃	反萃	水　相	150	8.8	(c)	5.5	180	2.2	180	1.1	53	AISI304L
2D	萃取，洗涤		有机相	131.7	11.0	(a)	9.480	292	0.9	292	0.6	53	AISI304L
2E	反萃		水　相	131.7	7.7	(c)	5.990	292	0.9	180	0.8	53	AISI304L

注：1)见表 11-8。

脉冲筛板柱应用于乏燃料后处理上与混合澄清槽比较有着下列优点。

(1)两相液流在柱内停留时间短，柱内存液量少，因此有机溶剂降解效应将显著降低，这将为处理高燃耗乏燃料或延长溶剂的使用时间提供了有利条件。

表 11-8　板段的特性

板段型	材　质	板　型	板的特性		
			孔径/mm	自由表面积/%	板间距/mm
(a)	不锈钢 AISI　304L	喷嘴板[1)]	3.5	22.5	50
(b)		喷嘴板	3.5	11.0	50
(c)		筛　板	3.0	22.5	50
(d)		筛　板	4.8	32.5	100

注：1)喷嘴直接朝下。

(2)污物和固体微粒较易于排除。当脉冲柱以有机相为连续相运行时，相界面位于下分离段，这样在运行时形成的界面污物和料液中的固体微粒可随水相而下，从重相口排出柱外，从而使得它们不在柱内积累，降低了设备内的辐照剂量水平，净化系数会显著提高。正因为脉冲柱在运行时有这种“自清洗”作用，细小的不溶物和降解产物不会堵塞筛板孔[19]。法国马库尔厂钚二循环就是因为产生了重污物易堵塞混合澄清槽的重相口，所以改用脉冲柱，解决了重相口堵塞问题。

(3)脉冲柱通常为细而长的筒状结构，容易控制临界，保证安全。

(4)改变操作条件时，脉冲柱达到稳定平衡的时间较短，约需 0.5～1 h[15]。

正因为脉冲筛板柱有着许多突出的优点，所以它在世界上获得了广泛的应用，如表 11-9 所示[7,8,10]。特别是最近几年建成投产的法国的 UP3 厂、UP2-800 厂，英国的 THORP 工厂，以及正在建设的日本六个所工厂，在共去污分离循环和钚线二、三循环都采用脉冲柱作主体设备，混合澄清槽应用于铀线和溶剂处理[7,8,16,17]。

表 11-9　脉冲柱在后处理工厂的应用

国　家	工　厂	处理能力	使用的地方
美　国	汉福特	数吨/日	全部
	爱达荷	1.2 t/d	一循环
	西　谷	1 t/d	全部
	中西部厂	1 t/d	湿法部分
	巴威尔	5 t/d	除一循环外
	埃克松	8 t/d	全部
法　国	马库尔	900 t/a	钚线
	UP3	800 t/a	一循环、钚线
	UP2-800	800 t/a	一循环、钚线
英　国	THORP	1200 t/a	一循环、钚线
德　国	WAK	350 t/a	一循环、钚线
日　本	六个所	800 t/a	一循环、钚线
印　度	特朗贝	30 t/a	全部
	马德拉斯	0.5 t/d	一循环
	塔拉普尔	120 t/a	全部

脉冲柱具有许多突出的优点，但是，也有一些缺点：由于脉冲柱为细长结构，增加了设备室高度；与混合澄清槽相比，它的适应能力较差，因此要求操作和控制都比较严格、比较复杂。

二、脉冲筛板柱的操作特性

在脉冲筛板柱中，由于筛板的孔径很小，柱内流体的黏度和界面张力通常都较大，这时只靠两相流体的重度差就很难实现逆流流动，因此必须借助于外力的作用。在外加脉冲的作用下可使分散相以较高的速度流过筛孔而得到分散，使连续相得到充分的搅拌，使两相得到良好的混合。因此外加脉冲对两相逆流运动起决定性的作用。

在脉冲筛板柱中，当设备的结构和所处理的物料体系已经确定后，液流在柱中的流动特性主要取决于脉冲强度和两相的流速。随着两相的流速和脉冲强度的变化，在脉冲柱内呈现出下列一些操作状态，如图 11-4 所示[2,3,9,18]。

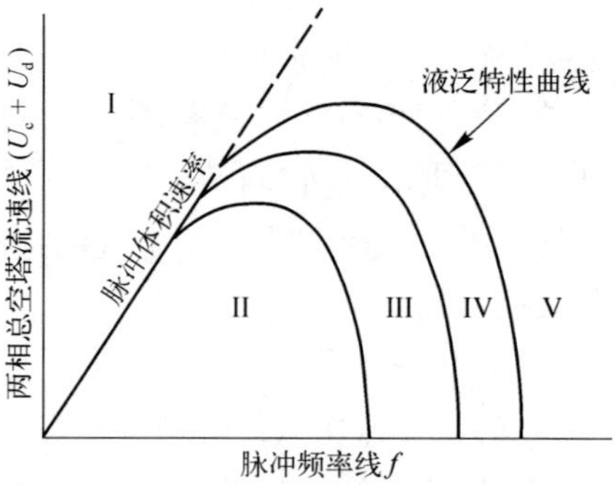

图 11-4　脉冲筛板柱的操作特性曲线
（脉冲振幅 A 为一定值）

Ⅰ区为脉冲强度不足引起的液泛区。此时由于脉冲输入的能量较小，外加脉冲强度不能克服两相液流的流动阻力，使得两相不能连续逆流流动。表现为某一相或者两相均加不进柱中，严重时重相从轻相出口流出，轻相从重相出口流出，即发生了严重液泛。

Ⅱ区为混合澄清区。它出现在两相流量和脉冲频率均比较小的情况下。当脉冲向上冲程时，聚结于筛板下方的轻相穿过筛孔，以较大的液滴分散于重相中；当脉冲处于下冲程时，重相通过筛孔进入轻相区。在脉冲转换的瞬间，两相澄清分层，这就是该区的特征。在此区域，操作比较稳定，但是由于两相混合不良，因而传质效率很低。

Ⅲ区为乳化区。这是脉冲筛板柱的最佳操作区。在此区内由于两相流量较大，脉冲强度较高。分散相液滴较小，两相混合得很均匀。两次脉冲间隙期间，两相在筛板之间来不及澄清分层。由于两相混合均匀，传质面积较大，操作也很稳定，因此传质效率很高。

Ⅳ区为不稳定区，也就是由乳化区向液泛区过渡的区域。该区出现在两相流量和脉冲强度都很大的情况下。由于脉冲搅拌过于强烈，分散相液滴在筛板间时而分散得很细小，时而又可能聚结成大液滴，形成不均匀的乳化，有时在柱内出现转相，发生局部的液泛。因此操作不稳定，传质效率较低。

Ⅴ区为脉冲强度过大引起的液泛区。由于在脉冲的强烈搅拌下，分散相液滴被粉碎得很细小，或者被强烈地乳化。这时柱内分散相液体的存留分数不断增大，使得两相无法按额定的流速逆流流动，使逆流操作被破坏，严重时重相会夹带轻相从重相出口流出，相反，轻相会夹带重相从轻相出口流出，使得脉冲柱无法操作下去。

应当指出的是上述各种操作状态的转变是连续的，渐进的，而不是突变的。操作状态随两相体积比的变化，随脉冲条件的变化而变化。所以应该根据具体情况来确定脉冲筛板柱的实用条件。

无论是实验用还是工业用脉冲筛板柱，其最佳操作条件都是要通过试验确定的。尤其是对于工业规模的脉冲柱通过试验考验设备结构，探索最佳操作条件是非常重要的。

在前面的表 11-7 和表 11-8 中我们介绍了欧化公司所采用的脉冲柱的结构。对于这些脉冲柱，欧化公司进行了大量的试验工作，以确定设备的最大处理量，即液泛速度，以及最佳操作条件。对于处理低加浓铀的 7 根脉冲柱的操作特性如表 11-10 所示[14]。

表 11-10　处理低加浓铀脉冲柱的操作特性

柱型	用　途	连续相	脉冲条件		液泛容量/[L/(h·dm²)]	正常操作条件		理论级数	理论级当量高度/m	操作温度/℃
			振幅/mm	频率/Hz		液泛容量/%	总流量/[L/(h·dm²)]			
HA	萃取	有机相	25	1.0	320	45	145	7	0.7	30
	洗涤				200	58	116	4	0.7	—
HS	洗涤	有机相	25	1.0	240	58	138	4	0.7	60
1BX	U-Pu 分离	水　相	20	1.0	400	61	243	4	1.1	30
1BS	U-Pu 分离	水　相	25	1.0	320	56	180	4	0.7	30
1C	反萃	水　相	12.5	1.0	400	52	208	7	0.7	60
2D	萃取	有机相	25	1.0	320	43	164	5	0.7	30
	洗涤				200	70	139	5	0.9	—
2E	反萃	水　相	12.5	1.0	400	58	232	9	0.7	60

欧化公司对这 7 根脉冲柱试验发现，萃取柱(HA 和 2D)的洗涤段是最关键的部位。HA 柱洗涤段的液泛速度，当脉冲振幅为 25 mm 和脉冲频率为 75 次/min 时为 140 L/(h·dm²)。2 D 柱洗涤段在脉冲频率为 60 次/min 和振幅为 25 mm 时则为 190 L/(h·dm²)[14]。

法国的操作运行经验认为，在大多数运行操作中总的流量(法国称为总比流速)控制在 150～250 L/(h·dm²)范围内；在第一循环第一根柱子(即共去污柱)，由于可能有固体颗粒或界面污物出现，最好采用有机相连续的运行模式；钚纯化循环脉冲柱采用水相连续运行模式为好[16]。

三、影响脉冲筛板柱传质效率的因素

脉冲筛板柱不像混合澄清槽以级效率表示传质性能。脉冲筛板柱通常以“传质单元高度”(HTU)或“理论级当量高度”(HETS)来表示传质效率。当 HTU 值或 HETS 值较低表示传质效率较好。影响脉冲筛板柱传质效率的因素很多，所处理物料体系的物理性质，脉冲筛板柱的结构，工艺操作条件等因素都影响传质效率。

(一)体系物理性质的影响

在脉冲柱内，在脉冲搅拌的作用下，两相流体进行传质。两相流体的黏度，溶质浓度与密度差，界面张力，以及体系所处的温度条件等因素都明显地影响 HTU 值。

两相液流的黏度(特别是连续相的黏度)愈大，则被萃取组分在两相间的传质愈慢，即 HTU 值愈高。一般认为 HTU 值与黏度的 0.6 次方成正比。由于升高温度可使两组的黏度降低，有利于传质，从而可降低 HTU 值[3,9]。对于 Purex 体系，不管是水相还是有机相，温度由 25 ℃升高到 60 ℃，黏度都将降低 45%～50%。因此提高温度不仅对反萃取柱有利，而且对于萃取柱也是有利的[9]。

两相界面张力愈大，液滴愈不易被分散，因而传质效率就愈低。界面张力对脉冲筛板柱传质性能的影响是显著的，对于界面张力大的体系，柱子应当高些[3,19]。

两相的密度差愈大，两相流体的相对运动速度愈大，界面湍流愈剧烈。也可以说在较高的溶质浓度时能得到较高的传质效率，HTU 值较低。HTU 值通常随溶质浓度的下降而提高。通常认为，HTU 值与两相密度差的 0.6 次方成反比[2,3,9,18]。

(二)柱结构的影响

筛板的孔径主要影响分散相液滴的分散程度。孔径愈大，分散相液滴的直径愈大，两相之间传质表面积愈小，所以 HTU 值增大。如果筛孔直径从 1 mm 增大到 4.7 mm 时，实验证明 HTU 值约增大 1 倍[3,9]。

随着筛板自由截面积的增大，分散相液滴直径变大。这样不但降低了两相传质表面积，而且增加了体系的纵向混合，从而导致部分流体的返混。特别是当脉冲强度较大时，纵向混合更为严重，降低了传质效率。筛板自由截面由 10%增加到 40%时，HTU 值约增大 1 倍[3,9]。

柱内板间距增大，两相的纵间混合程度增大，使得分散相小液滴易于聚结，减小两相传质面积，使 HTU 值增大。在流速相同的条件下，板间距对传质效率的影响明显得多。板间距从 25 mm 增加到 100 mm，HTU 值约增大 1 倍[3,9,19]。

HTU 值通常随柱子高度的增大而增大。对于萃取柱而言，柱高度不是影响 HTU 值的主要因素。对于洗涤柱和反萃柱随着柱高度的变化 HTU 值的变化比较显著。

当柱径较小时，分散相液滴在柱子的横截面上分布比较均匀，在柱径增大以后两相在横截面上分布的不均匀性增大，纵向混合程度也增大了，从而使 HTU 值也增大了[3,9,18]。随着脉冲筛板柱柱径的增加传质性能变差[20]。

脉冲柱中所使用的筛板的材质和孔形对柱子的传质性能和操作性能也有较明显的影响。不锈钢板易被水相润湿，聚乙烯板、聚四氟乙烯、聚三氟氯乙烯等有机材料板易为有机相润湿。从萃取的观点出发，使具有较小流比的相为连续相，并使能给出较大的接触界面积的另一相为分散相是有利的。因为孔板是优先被连续相润湿的。使用优先被分散相润湿的孔板，HTU 值通常是比较高的[18]。

法国原子能委员会的几座中间试验工厂使用脉冲柱的运行结果强调指出，脉冲柱运行性能的下降明显地与塔板浸润性能的变化有关。在放射性运行过程中，当不锈钢塔板的浸润性能从原来的亲水相转变到亲有机相的状态时，以水相为连续相操作的柱子其性能会严重变坏[16]。

为了改善脉冲柱的性能，研究了在不同的板段中传质效率的变化，如表 11-11 所示[18]。其中的混合板段是由不锈钢板和聚三氟氯乙烯板交替排列而成的。

筛板的孔形分为喷嘴形和钻孔形。当采用有机相为连续相时，采用喷嘴形筛板使其喷嘴向下朝着分散水相运动的方向，可以阻止分散水相对不锈钢筛板的润湿作用，仍可获得均匀的分散。通常喷嘴板比一般钻孔板的 HTU 值要低 25%左右[9,12]。

表 11-11　各种板段对 HTU 值的影响

板段	连续相	总流量/[L/(h·cm²)]	脉冲频率	HTU 值/m
标准	水　相	1.96	90	0.70
	水　相	1.96	80	0.67
	水　相		70	0.97
	水　相		60	0.92
	有机相		60	0.85
	有机相		40	1.19
混合	有机相		90	0.49
	水　相	2.0	80	1.00
	水　相	1.92	90	1.10
喷嘴	有机相	2.12	80	0.31
	有机相	2.16	100	0.27

(三)操作条件的影响

在脉冲筛板柱的结构和物料体系已经确定的情况下，操作条件对 HTU 值的影响是很重要的，其中脉冲条件的影响更为显著。

当脉冲强度增大时就意味着输入体系的能量增加，使得柱内两相得到较充分的分散和混合，增大了两相传质表面积，提高了传质效率，从而使 HTU 值和 HETS 值下降。对于混合澄清状态和乳化状态时，通常增大脉冲强度可以改善传质性能。但是对于不稳定状态下由于增大脉冲强度，有些分散相液滴可能发生聚结，形成不均匀的乳化，纵向混合和沟流增强，最终可能达到液泛。

在相同的脉冲强度下，脉冲振幅和频率的组合不同，传质效率也不同。一般认为小振幅高频率的组合比大振幅低频率的脉冲组合更有利于降低 HTU 值，但会引起液泛负荷的下降。

此外，两相液体的总流量和流比对柱子的传质效率也有一定的影响。在乳化操作区内，物料通过量对 HTU 值的影响不大。HTU 值一般随水相:有机相(A/O)的流比的增大而有所提高。

脉冲频率、振幅和 A/O 比对 HTU 值的影响如表 11-12 所示[18]。

通常，脉冲振幅值取板间距的 1/2 左右。当脉冲振幅值确定后，脉冲频率取液泛频率的 75%～90%，这时可以获得良好的传质效率[3]。

无论是萃取柱还是反萃取柱，脉冲波形对于传质效率都有比较明显的影响。在 Purex 工艺流程中，正弦脉冲波和三角形波都能给出良好的结果。一般认为，矩形波具有较高的效率，与正弦波相比，HTU 值可以降低 30%左右，但生产能力也有所降低。表 11-13 为脉冲波形对于 HTU 值和铀的流失的影响[9,18]。

表 11-12 脉冲频率、振幅和流比对 HTU 值的影响

总流量/[L/(h·cm²)]	流比(A/O)	脉冲频率/(次/min)	脉冲振幅/mm	HTU 值/m
3.3	4.48	50	6.35	3.5
3.4	3.97	75	6.35	2.8
3.2	3.92	100	6.35	2.1
3.5	4.52	50	12.7	1.6
3.3	4.5	50	25.4	1.0
3.3	0.95	50	25.4	0.7
3.4	1.82	50	25.4	1.2
3.3	2.85	50	25.4	1.2
3.4	1.39	50	25.4	0.6

注:1. 用 10%TBP 从含有低浓铀(0.36～0.47 g/L)硝酸水溶液中萃取。

在脉冲筛板柱内,分散相存留分数是影响传质效率的重要因素之一。实验证明,体系的物理性质、柱结构、脉冲强度和两相的流速都影响分散相存留分数[3,21,22]。存留分数能敏感地反映分散相液滴的聚结性能和筛板润湿性能的变化[21]。

当柱结构和体系的物理性质已被确定,变化很小时,分散相在脉冲柱中的存留分数主要取决于脉冲强度和两相的流速。当脉冲振幅保持不变时,分散相存留分数随脉冲频率增大而连续上升,直至达到液泛态。随着两相流量的增大,分散相存留分数也增大,增加分散相流速(或体积流量)会导致分散相存留分数不断增高。提高柱温会使分散相存留分数减小[21,22].

(四)提高传质效率的若干措施

在脉冲筛板柱运行过程中,沟流和轴向(纵向)混合也明显地影响柱子的传质性能。沟流效应对柱子的效率有很不利的影响[16]。在工业上,随着柱径的增大,液体沟流倾向也增大,使得金属流失量增加,将导致 HTU 值增大[9,18]。

通常,随着筛板孔径、板间距和脉冲强度的增大纵向混合程度也增大。连续相的纵向混合随着分散相流速的增加而增加,而随着连续相流量的增大而减小[3]。德国卡尔斯鲁厄在直径 300 mm、高 5 m 的脉冲柱中研究纵向混合后指出,返混随脉冲振幅增大而增加,当增大脉冲频率时纵向混合也增大[21]。

为了克服沟流、纵向混合的不利影响,为了稳定脉冲柱的操作,提高传质效率,人们采取了许多措施。

文献[2]报道,原来在脉冲筛板柱的两端乳化得不好,产生了大液滴,萃取效率很低,而在柱子的中部分散相液滴很细小。为了提高柱子两端的效率,又不致使柱子中部发生液泛,逐渐增加了柱子中部筛板的孔径、自由截面积和板间距,直至使全柱的液滴乳化均匀。采用这种板串组合如表 11-14 所示[2]。这种板串结构不仅能以较高的脉冲频率操作,而且在柱子中部也不发生液泛,同时使得柱子两端得到了较小的 HETS 值[2]。

表 11-13　脉冲波形对 HTU 值和铀流失的影响

		Purex 1A				Purex 1B				Purex 1C			
		脉冲频率/(次/min)	HTU 值/m	铀流失/g/L	铀流失/%	脉冲频率/(次/min)	HTU 值/m	铀流失/g/L	铀流失/%	脉冲频率/(次/min)	HTU 值/m	铀流失/g/L	铀流失/%
脉冲波形	正方形	58	0.27	2.5	1.3	74	0.20	0.06	0.008	60	0.70	11	17.8
脉冲波形	矩形	58	0.18	0.4	0.2	40	0.16	0.02	0.0027	60	0.44	2	3.2
流程		Purex 1 A				Purex 1 B				Purex 1 C(有机相连续)			
柱子尺寸		内径:50 mm,萃取 1.22 m,洗涤 6.1 m				分离 6.1 m,洗涤 1.22 m				反萃 2.44 m			
筛板的几何形状		孔径:3.2 mm,板间距:50 mm 自由截面积:23%				自由截面积:15%				自由截面积:23%			
脉冲振幅/mm		23				23				25			
物料通过量		2.65 L/(h·cm^2)				2.65 L/(h·cm^2)				1.02 L/(h·cm^2)			

表 11-14 一种高传质效率的板段几何参数值

板串高度/mm	筛板		
	孔径/mm	自由截面积/%	板间距/mm
457	3.2	23	50
203	4.8	33	50
503	4.8	33	100
813	3.2	23	100
711	3.2	23	50

对于直径为 150 mm 以上的脉冲筛板柱，在柱内每隔 1.2 m 左右插进一块百叶窗板（再分布板）消除沟流现象，并且保持较低的 HTU 值。百叶窗分布板如图 11-5 所示[3,9,18]。百叶窗分布板的开孔率一般为 13%～17%[18]。它是等距离地装入柱子的板段之中，在板上开有适当长度的百叶孔，以便减轻液泛倾向并使柱容物分散开来，从而破坏了沟流。在直径为 600 mm 的脉冲筛板柱中实验了百叶窗分布板的功效。由于安装了百叶窗分布板不但使传质单元高度 HTU 值显著地降低，而且铀的流失量也从 6%降低到 0.1%，如表 11-15 所示[3,9,18]。

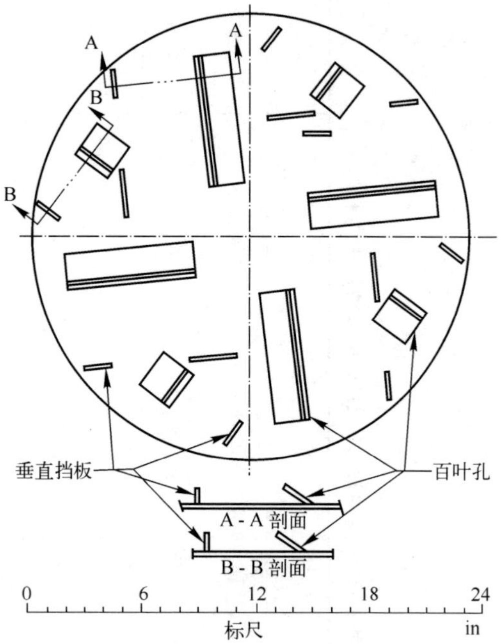

图 11-5 百叶窗分布板示意图

注：1 in=2.54 cm。

另外一种提高脉冲柱传质性能的方法，就是在脉冲柱内安装亲有机相的筛板，在板段中再安装上亲水相的百叶窗分布板。比如在柱中安装易于有机相连续的塑料筛板，又在柱子的适当位置安装被分散相润湿的百叶窗分布板（如不锈钢再分布板）。这样就使得分散相在筛板板段处被分散，到百叶窗分布板处发生部分聚合，通过分布板后又被细分散，遇到下一个再分布板时又会部分聚合。实验发现这种具有周期性的分散、聚合的脉冲筛板柱的处理能力比一般脉冲筛板柱提高了近 1 倍，分散相存留分数也提高了许多，而且操作很稳定。这种柱子的传质效率比常规脉冲筛板柱提高大约 20%～25%[3]。

表 11-15 百叶窗分布板的功效

脉冲频率/（次/min）	不装百叶窗分布板		安装百叶窗分布板	
	HTU 值/m	铀流失/%	HTU 值/m	铀流失/%
40	1.8	11	0.6	6
60	1.5	6	0.37	0.1
70	1.5	5	0.37	0.1

法国的经验指出，不采用标准的筛板而采用折流板就可以避免沟流效应和连续相浸润性能变化对柱子效率的不利影响[16]。

分布板技术在许多国家的后处理厂得到了应用并且取得了良好的结果。现将美国汉福特厂应用分布板的情况和脉冲柱的结构及传质特性列入表 11-16 中[8]。脉冲筛板柱的传质单元高度（HTU）对铀萃取为 0.3～0.35 m，对钚萃取为 0.6～0.75 m；铀反萃为 0.45～0.6 m，钚反萃为 0.6～0.75 m。理论级当量高度通常为 0.7～1.1 m[7,8]。

表 11-16　汉福特厂脉冲筛板柱的传质特性（包括分布板的应用）

柱名	柱径/mm	柱高/m	筛　　板	分布板	流量/[L/(h·cm²)]	HTU 值/m	NTU
HA	610	4	筛孔板：23%		260		7(U)
			筛孔：3.2 mm	自由截面积：13%		约 0.4	
HAS	810	4	板间距：50 mm		117		7(Pu)
HC	860	5.5	塑料筛孔板，23% 筛孔：4.8 mm，板间距 100 mm				
1A	610	4	筛孔板：23%		260	0.37	7
			筛孔：3 mm	自由截面积：13%			
1AS	810	4	板间距：50 mm		118		
1BX	690	8.5	筛孔板：23%，筛孔：3 mm，板间距：50 mm	自由截面积：13%	186	0.8	10
1BS	200	4	筛孔板：23%，筛孔：3 mm，板间距：50 mm	自由截面积：20%	400	0.4	10
1C	864	5.5	塑料筛孔板：23%，筛孔：4.7 mm，板间距：100 mm		270	0.43	8
2D	610	4	筛孔板：23%		260	0.37	7
			筛孔：3 mm	自由截面积：13%			
2DS	810	4	板间距：50 mm		118		
2E	850	5.5	塑料筛孔板：23% 筛孔：4.7 mm 板间距：100 mm		250	0.43	8

四、液泛及防止液泛的措施

（一）液泛的危害及其判断

在脉冲筛板柱运行过程中易于发生的很棘手的问题是液泛问题。从脉冲筛板柱操作特性曲线（见图 11-4）上可见，Ⅰ区和Ⅴ区都是液泛区，即乳化操作区是夹在液泛区之间。如果操作和控制不当就会造成液泛。

归纳起来液泛的主要危害有：(1)造成超常夹带。即有机相夹带水相的量，或者水相夹带有机相的量超过正常运行时的夹带量。由于这种超常夹带又引起了两相的互相污染，使得后续操作困难。(2)铀、钚金属的损失量增加。这是由于从液泛发生前两相混合得就不好，传质效率降低，在萃取时使得有机相中金属含量低，而萃余液中金属含量较高，因此流失量增加。(3)破坏了正常的生产运行。液泛严重时只有停车处理，脉冲柱经过清洗后再重新启动。

液泛是出现于连续运行过程中的一种现象。发生液泛之前是有征兆可寻的。这些征兆表现为：(1)在连续相中出现较多的分散相，或者在非连续相中出现较多的连续相液体。(2)对裂变产物的净化系数急剧下降，这可从在线监测仪表上及时观察到。(3)金属流失骤然增加，这可从化学分析或在线分析数据中表现出来。但是，在脉冲柱中液泛的初始点往往出现在这些现象之前，而且通过观察界面记录仪的跳动和柱内静压的变化可以相当有把握地予以确定[2]。从生产操作上来讲，及早发现液泛，正确地分析液泛的起因，随之采取对应的妥善措施纠正液泛，就显得更为重要了。

(二)液泛的原因分析及防止液泛的措施

引起脉冲筛板柱发生液泛的原因是多方面的。上面在论述脉冲筛板柱传质性能时从理论上论述了影响传质单元高度的诸因素，这些因素也都是影响液泛的重要因素。为避免重复，现在主要从科研试验和生产操作的实际情况出发具体分析一些液泛的起因和解决液泛的措施。

1. 操作条件

在生产过程中，操作条件是在不断变化的。由于操作条件的变化会引起柱内液流状态的变化。在生产中主要的操作条件有：两相的流量和流速，脉冲强度等。

在一定的脉冲强度下，如果分散相(假定为轻相)的流量增大，分散相在柱内的存留分数将增大。因此连续相的实际流速以及两相的相对流速也将增加，两相逆流流动的阻力也随之增加。当这种阻力增大到一定程度时，连续相(假设为重相)就不能以额定的流量向下流动，同样分散相也不能照常向上流动，即两相的逆流流动遭到破坏。如果两相液流仍不断地加入的话，上澄清段的界面会逐渐上移并最终消失，重相将从轻相口溢出。同时，分散相会在柱内积累，在柱子的某一段可能聚结成大的液团并充满整个柱截面。在柱子的下澄清段可能出现一个新的相界面。当柱底部重相排完后，轻相将从重相出口排出。这样液泛就发展到较严重的程度。

在一定的脉冲强度下，如果连续相流量增大，将会增加对分散相液滴的阻力，降低其流动速度。当连续相的流速超过某一临界值后，连续相流体对分散相流体的摩擦阻力超过重力的作用，结果就会使分散相液滴随着连续相流动，最后从重相出口排出。这样也破坏了两相的逆流流动，导致了液泛[3,9]。

以上是由于两相液体流量失控而引起的液泛的原因分析。处理这种原因引发的液泛，第一步降低引发液泛的某相(有机相或水相)的流量，增大脉冲强度，观察运行状况；第二步，如果上述方法仍不见效，可短时间暂停该相进料，降低另外一相流量，增大脉冲强度，继续观测运行状况，如果液泛现象逐渐消失了再恢复正常工艺状态；第三步，如果经过上述处理后仍不见好转，就按临时停车规程停止脉冲柱的运行，倒空柱内两相流体后，再重新启动。

为防止液泛，控制脉冲柱在乳化区工作，在一定的脉冲强度下，控制两相的物料通过量为液泛流量的60%～80%为宜[18]。

当两相的流量保持不变时，脉冲强度对柱子的液泛起着重要的作用。当脉冲振幅固定后，脉冲频率过低和脉冲频率过高都会造成柱子的液泛，这在前面已论述到。在脉冲柱运行过程中，脉冲振幅和频率都可能在变化，由于脉冲强度(脉冲频率和振幅的乘积)增大，即意味着施加于单位体积液体的输入能量增加，使得分散相液滴变小，分散相在柱内的存留分数增加，在柱内的停留时间也增加。当脉冲强度超过某一临界值后，就破坏了两相的逆流流动，严重时会造成液泛。

德国卡尔斯鲁卡在小型脉冲萃取柱、洗涤柱和铀反萃柱上测定了液泛点，如表 11-17 所示。

表 11-17　小型脉冲柱的液泛点[23]

工艺条件	AF：3 mol/L HNO_3，245 gU/L AX：30% TBP-煤油 AS：0.8 mol/L HNO_3 CX：0.1 mol/L HNO_3		
脉冲柱	A	S	C
柱高/m	3.5	3.5	3.5
柱径/mm	26	26	35
流比(有/水)	2.5	7.0	0.46
脉冲振幅/mm	15	15	25
脉冲频率/(次/min)	液泛点/[L/(h·cm²)]		
50		2.85	3.25
60	3.65	2.65	3.00
70	3.50	2.10	
80	2.65		2.50

对于脉冲条件失控引起的液泛，主要是校正并逐渐降低脉冲强度，通常以调节脉冲频率为主，观察运行状况，待液泛现象消失后，再逐渐恢复到额定的脉冲条件。

运行经验表明，脉冲频率在 75%～95%液泛频率下操作，对于某一给定的物料通过量，提供了几乎是最佳的性能。在上述频率范围内，如果发生局部液泛的话，则使用略微低些的脉冲频率仍然能够得到相当好的结果[18]。

2. 柱结构对液泛的影响

脉冲筛板柱的自身结构制约着它的处理能力，即对液泛速度有显著的影响。筛板的孔径、自由截面积和板间距的增加，都可以提高脉冲筛板柱的处理能力。实验结果表明，当筛孔由 1 mm增大到 4.7 mm 时，液泛流速增加约 2 倍，自由截面从 10%增大到 40%或板间距从 25 mm增大到 100 mm 时，液泛流速大约增大 1 倍[3]。

此外，在表 11-14 中已介绍了改变板串几何形状，包括改变板串的排列，应用不同孔径、不同自由截面积的筛板，改变板间距等措施，提高了柱体两端的传质效率，消除了柱子中部液泛现象。这就是说通过改变柱内板段的几何形状也是解决液泛的措施之一[2]。

再有，可将脉冲柱柱体和下澄清段分离操作，将下澄清段制作成单独的外部澄清器，由原来位于柱体下部提高到上澄清段位置。柱体流出的混合液由空气升液器送入外部澄清器进行澄清分相，有机相溢流到柱子的轻相入口返回柱体。英国的哈威尔中试厂和法国的马库尔厂都采用了这种装置。采用这种装置不但能稳定柱子的运行，而且还能获得满意的传质性能[24]。

筛板的润湿性的变化也是影响脉冲筛板柱液泛的不可忽视的因素之一。在不锈钢筛板柱中，以水相为连续相时，在给定的脉冲强度下，运行开始时筛板是刚用硝酸清洗的清洁不锈钢板，这时的液泛流量为 9.8 L/(h·cm^2)，操作一个月后降低为 7.7 L/(h·cm^2)，操作两个月后降低到 4.1 L/(h·cm^2)。液泛流量降低的原因是由于筛板被一些杂质所污染，使得它的润湿性能发生了变化，使得有机相对它的润湿性增加所致[2]。有时当脉冲筛板柱发生液泛后，找不到原因，被迫停车清洗后又重新启动，柱子又恢复了正常运行。这时筛板润湿性能的变化可能就是液泛的原因。

3. 体系的物理化学性质的变化对液泛的影响

在磷酸三丁酯萃取和反萃取的体系中，体系的物理性质对液泛容量有较大的影响。体系中两相的密度差越大，液泛容量也增大，通常脉冲筛板柱的液泛容量约和两相密度差的 0.7 次方成正比。连续相黏度越大，柱子的液泛容量越小，通常柱子的液泛容量和连续相黏度的 0.3 次方成反比。两相的界面张力越小，柱子的液泛容量越低，通常柱子的液泛容量和界面张力的 0.4 次方成正比[2,3,18]。

在脉冲筛板柱运行过程中有时在物料中溶质的浓度在变化，甚至发生较大的变化，这时体系的物理性质就发生了变化，有可能引起液泛容量的变化。这时就要精心操作，注意观测，防止柱子发生液泛。

随着柱内温度的提高，柱子的液泛容量也有所提高，如 2D 柱洗涤段温度从 30 ℃提高到 40～45 ℃时，液泛容量将增加 0.3 L/(h·cm^2)[14]。

脉冲筛板柱内的酸度也影响柱子的液泛频率，尤其是对共去污柱的影响更明显。在低酸度条件下，水相离子强度较低，相界面张力较小，分相困难，液流阻力增大，因此液泛频率较高。

提高脉冲柱平衡酸度的方法有：第一，提高 1AF 的进料液酸度，比如由原来的 1.0 mol/L 提高到 1.5 mol/L。第二，酸化 1AX 溶剂，即在 1AX 加入柱子之前对其酸化，使其载酸量达 0.2 mol/L左右。这种载酸有机相进入柱子后，自下而上地提高了柱内的平衡酸度，这样可降低液泛次数，并且可提高净化系数。第三，如果是由于柱内平衡酸度低而发生液泛时，可以从柱顶或者从加酸口加入适量的浓硝酸，这一措施对于消除液泛、稳定操作的作用也是明显的[9]。

4. 污物对液泛的影响

界面污物对脉冲筛板柱的萃取性能会产生不良影响，其中包括影响液泛的频率。

界面污物强烈地吸收 γ 放射性物质，所以沿脉冲柱轴向测量 γ 放射性活度，可以了解污物的分布和积累程度。对于 1A 柱，当以水相为连续相时 γ 放射性活度在柱顶部最强，向下逐渐减弱。当萃取段采用标准筛板，洗涤段采用混合板段(有机材料板和不锈钢筛板交错安装)，在柱子中部进料并使界面处于加料板处时，加料处 γ 放射性活度最强，向上和向下延续处放射性活度逐渐减低。当采用喷嘴板段以有机相为连续相时(界面在柱底部)，γ 放射性在柱底和加料点处最强，而在洗涤段则明显降低。

这些测量结果都说明了界面污物的存在。据报道，德国卡尔斯鲁厄在 8 天小型脉冲柱试验期间，A 柱（柱高 3.5 m，柱径为 26 mm）的界面处积累了约 100 ml 的黑色片状污物[23]。

当脉冲柱以水相为连续相在不锈钢筛板段运行时，有机物质（包括界面污物）会粘附在不锈钢筛板板面上，由于改变了筛板的润湿性能，会造成传质效率和液泛容量的降低[2,9]。

文献[25]提供了一种减少柱内界面污物的措施，即向以有机相为连续相的第一循环萃取——洗涤柱的洗涤液中加入 2×10^{-5} g/L 细滑石粉或皂土，可以大大减少污物在界面处的数量，污物同滑石粉一道随水相废液排走。加入的滑石粉不会影响铀的萃取，也不会吸附裂变产物。

汉福特厂的运行经验认为，克服界面污物问题的最有效的方法是使两相界面位于柱子的另一端，使它与产品液流的出口端离得很远。这样使得污物随废液一道排出，因而产品不受污染。这一方法在汉福特厂应用得卓有成效[2]。

第四节　离心萃取器

随着动力堆、快中子增殖堆的发展，有一些高燃耗、高浓缩铀的高钚含量的乏燃料需要处理。由于燃耗的提高和易裂变材料含量的增加，给乏燃料后处理带来了一系列问题，其中最主要的是溶剂的辐照损伤和临界安全问题。众所周知，离心萃取器是利用离心力促使两相运动和分离。由于离心力比重力大得多，所以两相分离得很迅速很彻底，两相物料的停留时间很短、存留量很小，因此离心萃取器能同时满足减轻溶剂辐照损伤并保证临界安全的要求，而且具有相当大的处理能力。

随着生产和科研工作的发展，已研究出许多种类的离心萃取器。按照两相接触方式区分为连续接触式和逐级接触式两种，按照轴的安装方式可分为立式和卧式，按转鼓的转速可分为高速（几万转/min）和低速（几千转/min），按装置中所含有的几何级数可分为单台单级和单台多级。

研制和应用最早的是美国的 SRL 型离心萃取器，它是为处理辐照燃料而研制的。其单级结构如图 11-6 所示[3,9]。这种萃取器于 1966 年 10 月安装于萨凡那河厂 Purex 流程第一循环替代 24 级的混合澄清槽。

这台由 18 个单级组成的离心萃取器共分为 3 组，每组 6 个单级。每级转鼓的直径为254 mm，由交流电机带动，转速为 1 745 转/min。

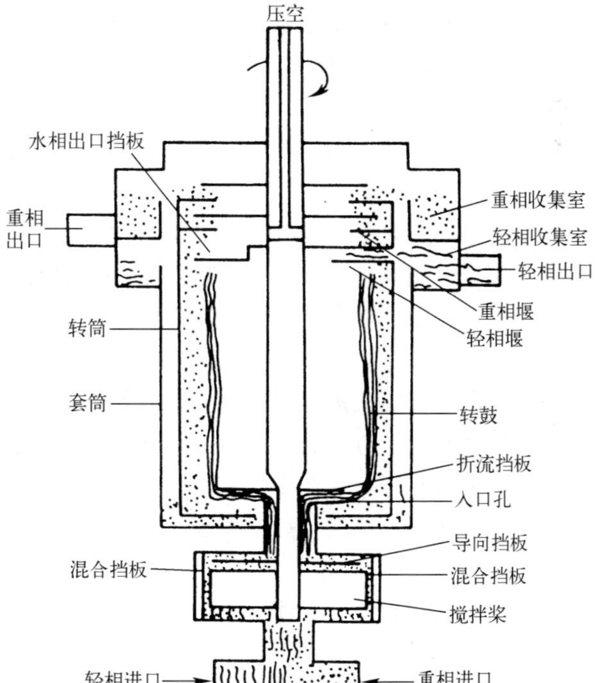

图 11-6　SRL 型离心萃取器

SRL 型离心萃取器主要由混合

室、转鼓、轴和外壳组成。轻的有机相和重的水相皆从相邻级进入混合室内,混合室中的搅拌桨将两相剧烈混合并送入混合室上方的小室,在小室中液流沿导向挡板径向地向轴运动。导向板将一部分转动能变为压力,这样,混合相经过一个环形孔射入离心转鼓。一个导向板将混合相向外折流,混合相通过导向板的加速,在200～400倍于重力加速度的强离心场内实现两相很快分离。轻相聚集在轴的周围,通过一环形堰从4个通道径向流出。水相聚集于转鼓内层,通过环形堰再经过水相堰及液封管流出。水相和有机相都收集在外壳的环形小室中,然后再导入相邻的级中。

在水相导出系统的液封管上可引入空气进行压力调节。根据两相的比重、流比和总流量借助这种压力来调整水相堰的高度,提高压力会使水相堰增高,这样可调节相界面的位置。将相界面调节到合适的位置,可使流出液不产生相夹带。

SRL型离心萃取器的搅拌桨和转鼓都固定于轴上。外壳上设有两相液体的进出口管和收集室。该离心萃取器已应用于Purex流程,其流量为2.5～15 m^3/h,其日处理能力可达26 tU/d[3,21]。SRL型离心萃取器运行效果良好。

为了处理高钚浓度的料液,阿贡国家实验室研制了ANL型离心萃取器。它是SRL型的改进型,基本工作原理和结构相同,只有长径比较SRL型大,转速也高些。通过减小径向尺寸可以增加临界安全性,提高转速和加长转鼓长度来保持较高的相分离能力的物料通过量。

此后,阿贡又研制出了高速环形离心萃取器。它取消了混合室、搅拌桨和转筒入口喷嘴,靠转鼓和外壳之间的环隙使两相混合和分离。

法国、德国、俄罗斯、英国、印度等一些国家都研制并应用了离心萃取器[10]。法国圣戈班—罗巴泰尔公司研制的SGN-Robatel型8～10级离心萃取器,成功地运行于后处理厂,取得了许多经验。下面介绍一下这种萃取器的结构和技术特性[26]。

SGN-Robatel核型离心萃取器是悬吊式的,电机在萃取器上方,与转鼓同轴。图11-7是一台8级核型离心萃取器的示意图。图11-8是法国圣戈班—罗巴泰尔LX系列离心萃取器的内部结构局部放大图。这种萃取器主要由一个转筒,在转筒上安装有若干级,每一级由一个混合室和一个澄清室组成。

中心轴固定在萃取器的外套筒上,搅拌圆盘固定在中心轴上,在搅拌圆盘的上方和下方各装有一块混合相叶轮盖板。由于转筒同搅拌圆盘之间以很高的相对速度在运动,这样就在混合室中使两相充分混合,又产生了很强的唧送作用,使两相分别地流入下一级。

在澄清室内有两个溢流斜槽,一个斜槽走轻相,一个走重相,两相界面由环形堰控制。轻相从轻相堰直接溢流进入下一级,重相沿级间通道返流到前一级。

在搅拌圆盘下方安装有防溅盒,防止搅拌溅起的液滴落入澄清室。实验证明,防飞溅盒可使有机相夹带水相量从2%下降为0.1%[3,9]。

法国在一大型硝酸铀酰厂安装了三台串为一组的离子萃取器,分别用于萃取、洗涤和反萃取。LX-678N是一台用于萃取的8级核装置,LX-525用于洗涤,LX-527用于反萃取。表11-18给出了上述三台离心萃取器的技术特性[3,9]。

Orth[27]报道了萨凡那河厂SRL型离心萃取器的运行经验。该离心机的处理能力大,能很快达到相平衡,因而开车、停车的时间短。工厂照例在周末停车。为了克服停车带来的去污系数下降,可采用冷铀加料。萨凡那河厂用2 mol/L HNO_3洗涤离心机,停机只需45 min。

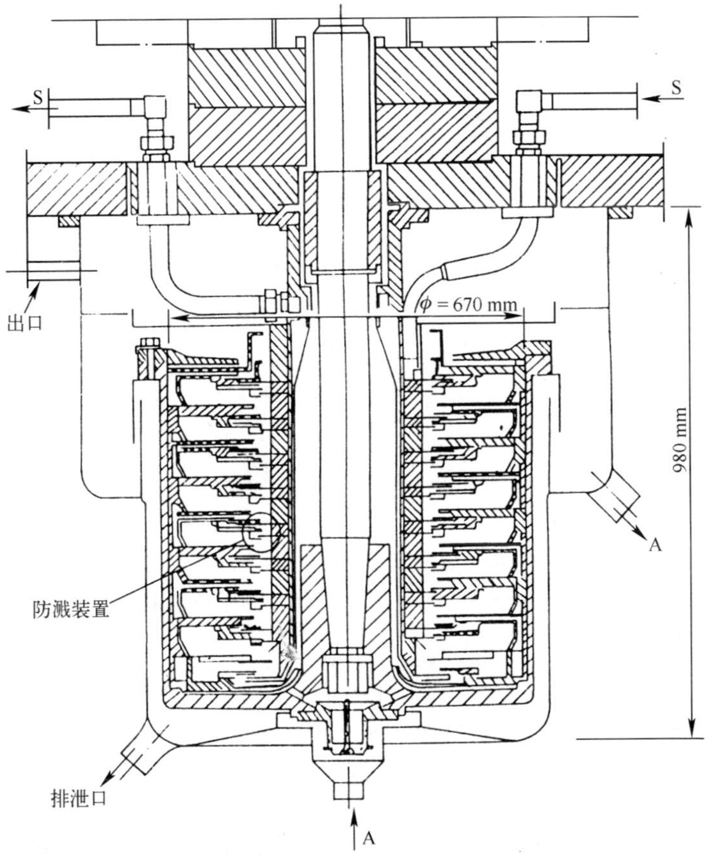

图 11-7　八级 SGN-Robatel 核型离心萃取器

A—重相；S—轻相

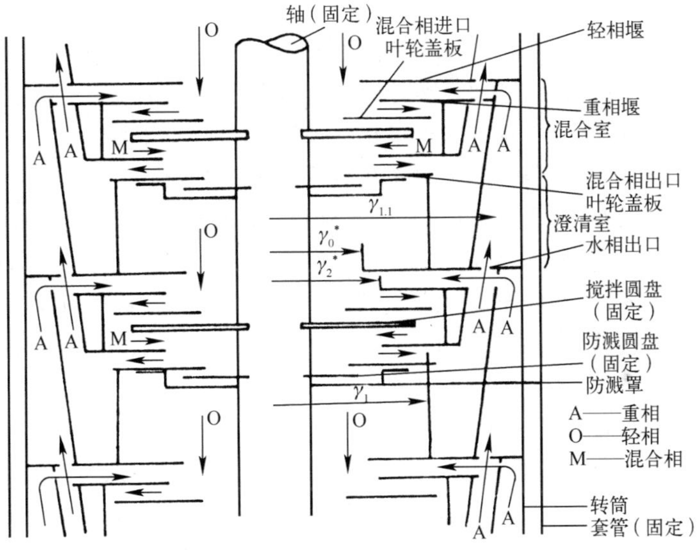

图 11-8　LX 型离心萃取器内部结构示意图

表 11-18 工业规模 LX 型离心萃取器技术特性

参数	LX-678N	LX-525	LX-527
级数	8	5	7
内筒直径/mm	670	520	520
内筒高度/mm	600	470	470
自由面直径(液体)/mm	340	270	270
标准转速(r/min)	1 600	2 000	2 000
周边加速度/g	960	1 160	1 160
每级液体滞留量/L	10.7	10.2 (轻相出口级 11.9)	5.8 (轻相出口级 11)
液体总滞留量/L	100	55	49
搅拌圆盘直径/mm	415(包括防溅盒)重相输入级 325,		其他各级 320
级间垫圈	无	有	有
重相流动	向上,轴入,溢出	向下,重力流入,抽出	
轻相流动	向下,重力流入,抽出	向上,重力流入,抽出	
最大流量/(L/h)	5 500	4 200	3 000
电机额定功率/kW	29.42(双速 $\frac{1\,500}{500}$ r/min)	17.65(双速 $\frac{3\,000}{1\,500}$ r/min)	

离心萃取器可以大幅度地减小溶剂降解程度,当料液的放射性活度为 2.5×10^{12} Bq/L 时,离心萃取器连续运行了 3 个星期,溶剂未发现变化。溶剂降解减小的结果是 Zr、Ru 保留的降低,洗涤后溶剂中 Zr 和 Ru 的保留减小至原来的 1/20～1/8。

在快速萃取器中,萃余液中钚的流失对溶剂饱和度的变化很敏感,因此建议采用 10～12 级萃取。

法国马库尔厂对 LX-678N,LX-525 和 LX-527 三个离心萃取器机组在 Purex 一循环进行了试运转。阿格厂从 1976 年起在第一循环使用了 10 个单级组成的离心萃取器[10]。

法国通过对离心萃取器的试验和工厂运行认为,获得的结果是相当满意的。从离心机流出的水相液流中没有有机相,而流出的有机相液流夹带水相小于 0.1%[26]。离心装置的效率是很好的,每天可处理 5～8 t 铀。随着料液中铀含量的提高,比如为 300 g/L 时,萃余液中铀含量仍小于 8 mg/L;在 50 ℃下从 90 g/L 的有机相中反萃铀,反萃后的溶剂中铀含量可以小于1 mg/L。各种试验还发现,萃余液中的铀含量对溶剂的铀饱和度是很敏感的[26]。离心萃取器从启动到达到平衡,以及停车时从离心机中排除所有的铀,这两种操作的时间都不超过 40 min。这说明离心萃取器的开停车是很方便的。离心萃取—洗涤机的去污系数可达 5.0×10^{3},等于或高于脉冲柱的去污结果。但是,一定要有良好的级间密封[26]。这种结构的离心萃取器对料液中的固体颗粒非常敏感[21]。

法国还用离心萃取器进行了硝酸铀(Ⅳ)和硝酸羟胺反萃钚的试验。结果认为硝酸铀(Ⅳ)和硝酸羟胺选择性反萃钚是可行的。硝酸铀(Ⅳ)的反萃效果好于硝酸羟胺[29]。

印度研制了同 SRL 型、ANL 型、Robatel 型相似的多种离心萃取器,并针对处理辐照的钍金属和钍的氧化物燃料(J 燃料棒),用 8 级离心萃取器进行了试运行。在持续约一年的运行周期中，该装置的水力学及萃取性能均表现出色。运行经验是十分令人鼓舞的[29]。正因为这样，印度将离心萃取器作为他的几座后处理厂的主要萃取设备。

参考文献

1 马栩泉，蒋云清，吴仲尧，邰德荣译．后处理中的溶剂萃取．北京：原子能出版社．1989

2 ［美］J. T. 朗著，杨云鸿译．核燃料后处理工程．北京：原子能出版社．1980

3 李洲主编．液—液萃取过程和设备．北京：原子能出版社．1993

4 J. F. Flagg. Chemical Processing of Reactor Fuels. 1961

5 ［美］M. 本尼迪克特等著，汪德熙，王方定，祝疆等译．核化学工程．北京：原子能出版社．1988

6 姜圣阶主编，柯友之副主编．动力堆核燃料后处理厂设计．北京：原子能出版社．1996

7 动力堆乏燃料后处理资料汇编．核科学技术情报研究所．1988

8 动力堆乏燃料后处理综合调研报告．核科学技术情报研究所．1991

9 姜圣阶，任凤仪等编著．核燃料后处理工学．北京：原子能出版社．1995

10 ［苏］B. И. 捷姆利亚努欣等编，黄昌泰，李光鸿，魏连生译．核电站燃料后处理．第二版．北京：原子能出版社．1996

11 Proceedings ISEC'74. 241

12 Proceedings ISEC'86. Vol. 1. 371～378

13 Proceedings ISEC'71. Vol. 1. 556～565

14 Proceedings ISEC'71. Vol. 1. 593～600

15 ORNL-TM-1229

16 RECOD'91. 89～94

17 乏燃料管理及后处理．1994. No. 2

18 S. M. Stoller, R. B. Rachards. Reactor Handbook. Vol. 11. 1961

19 脉冲筛板萃取柱研究的新进展(译文集)．北京：原子能出版社．1985

20 Proceedings ISEC'86. Vol. 111. 175～181

21 邰德荣，李光鸿，王仍陶，刘秋生译．核燃料后处理研究进展．北京：原子能出版社．1989

22 Proceedings ISEC'86. Vol. 1. 405～412

23 Proceedings ISEC'86. Vol. 1. 399～404

24 RECOD'87. 1 219～1 222

25 HW-63791

26 Proceedings ISEC'71. Vol. 11. 1 282～1 301

27 Proceedings ISEC'71. 514～533

28 蒋云清主编．乏燃料后处理'98. 核科学技术情报研究所．2000，105～110

29 蒋云清主编．乏燃料后处理'94. 核科学技术情报研究所．1995，195～201

第十二章　生产过程的监测与控制

监测的任务是获得对生产过程进行控制所必需的操作和统计信息，保证技术经济指标的实现，保证生产安全。

工厂除了采用化学工业普遍应用的监测方法之外，还广泛采用多种电离辐射和中子流测量方法。因此，监测系统可分成两种类型：(1)辐射特性测量；(2)一般的工艺技术参数测量(包括压力，温度，酸度，液位和流量等)。

后处理工艺过程的监测是远距离进行的，即在工艺物流或设备中进行的在线监测或者取工艺物流的样品去分析(实验室监测)。现在的倾向是大量削减实验室监测，扩大在线监测。实践经验表明，监测系统正朝着下列三个相关联的方向发展[1]。

(1)建立电子计算机处理和输出结果的仪器分析方法；

(2)开发远距离监测方法，使分析无须取样而直接在线进行，或者自动取样后在实验室防护小室进行分析；

(3)建立工艺过程的自动监测和控制系统。

第一节　分析

一、概述

由于工艺过程中要分析的样品数量多，成分复杂，分析必须满足各种不同的要求，因此，不同类型的分析要有合理的区别。

在后处理中可区别成下列的分析范围[2]：

1. 过程分析

这与现有的流程有关，而且是 24 小时工作的，它包括大量的快速分析，在这类分析中需要很多的工作设备和大量人力。

2. 物料平衡分析

这涉及到起始和最终产品的质量和数量。典型特点是铀钚分析要有最大精度，并且具有符合相应要求的痕量分析。

3. 有关安全的分析

这包括为保证后处理厂厂内安全(避免事故，腐蚀，临界)和厂外(向环境排放放射性废物)安全而进行的分析研究。

在 Purex 流程中，通常的分析项目为：

放射性活度（总 α，β，γ）；

铀、钚的总含量；

酸度；

裂变产物（^{95}Nb，^{95}Zr，^{125}Sb，^{106}Ru，^{155}Eu，^{154}Eu，^{137}Cs，^{134}Cs，^{144}Ce 等）；

铀、钚同位素（^{239}Pu，^{240}Pu，^{241}Pu，^{242}Pu，^{234}U，^{235}U，^{236}U，^{238}U 等）；

铀、钚价态（Pu^{+3}，Pu^{+4}，Pu^{+6}，U^{+4} 等）；

锕系元素（Np，Am，Cm），氚、氪；

溶剂及溶剂降解产物；

还原剂及氧化剂；

腐蚀产物；

中子毒物；

气体（NO，NO_2，N_2O，N_2，H_2，O_2 等）；

大部分的化学及放化分析项目都与有机相和水相中的铀、钚和裂变产物有关，如表 12-1 所示。

表 12-1　核燃料后处理厂分析量分布

分析项目	占总分析量百分数/%	分析项目	占总分析量百分数/%
铀	25	硝酸	10
钚	25	萃取剂	5
裂变产物	20	氧化还原剂	5

被测组分的浓度变化范围大，溶液的比活度高，使放化生产的分析监测都变得非常复杂，对同一个元素需要选择几种不同的分析方法。

分析的浓度范围很宽广，一般包括几个数量级，个别情况到 10 个数量级；上限是流程中出现的最大浓度，下限是由测定的极限所限定的，如图 12-1 所示[1,2]。

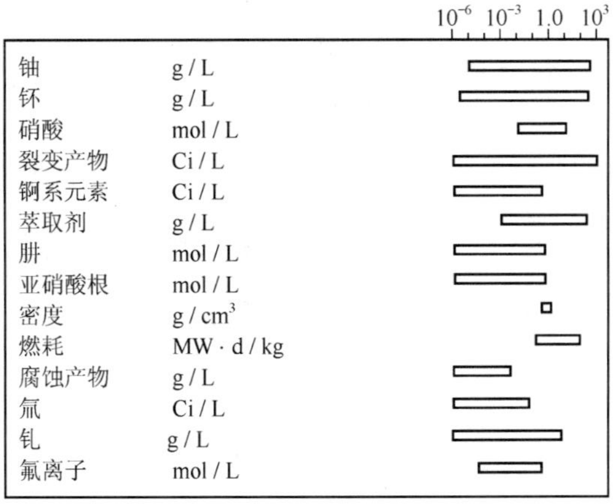

图 12-1　工艺溶液中组分的浓度及放射性水平的范围

1 Ci=3.7×10^{10} Bq

通常对铀和钚的测定采用许多分析方法。图 12-2 指出了铀的各种分析方法。物料衡算的精确的分析方法是对过程分析方法的补充。

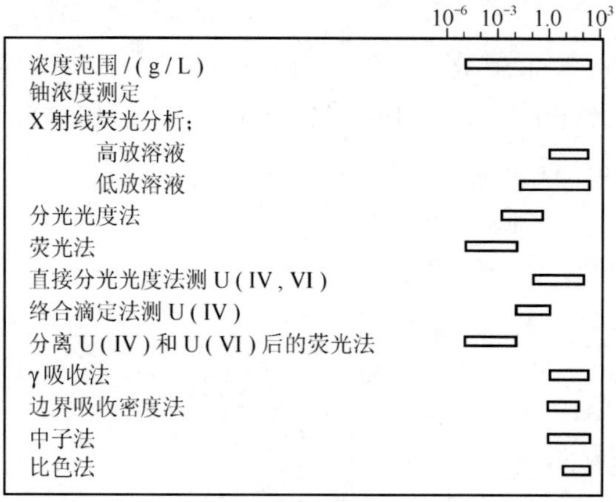

图 12-2 铀的分析测定方法与浓度范围的关系

钚的分析状况类似于铀,如图 12-3 所示[1,2]。

国外后处理厂工艺过程控制分析及产品质量鉴定比较常用的方法如表 12-2 所示[3]。

表 12-2 国外后处理厂工艺过程控制分析及产品分析方法

分析方法	测定项目
电位滴定法	U, H^+
分光光度法	U, Pu 及 U^{4+}, Pu^{3+}, Pu^{4+}, Pu^{6+}
原子吸收分光光度法	铀、钚产品中微量杂质
固体荧光法	微量铀
激光荧光法	微量铀
X射线荧光法	Pu, U
吸收边密度计	Pu, U
气相色谱法	溶剂及溶剂降解产物
离子色谱法	DBP, MBP
离子浓度计	Na^+, NO_3^-, pH
ICP(DCP)-发射光谱法	铀、钚产品及IAF料液中微量杂质
同位素稀释质谱法	铀、钚同位素
树脂珠质谱法	铀、钚同位素及铀、钚含量
γ谱仪测定法	^{95}Nb, ^{95}Zr, ^{125}Sb, ^{106}Ru, ^{154}Eu, ^{155}Eu, ^{137}Cs, ^{134}Cs, ^{144}Ce 等
α谱仪测定法	锕系元素
α,β,γ计数方法	总α,β,γ
气体分析	工艺过程中排放气体

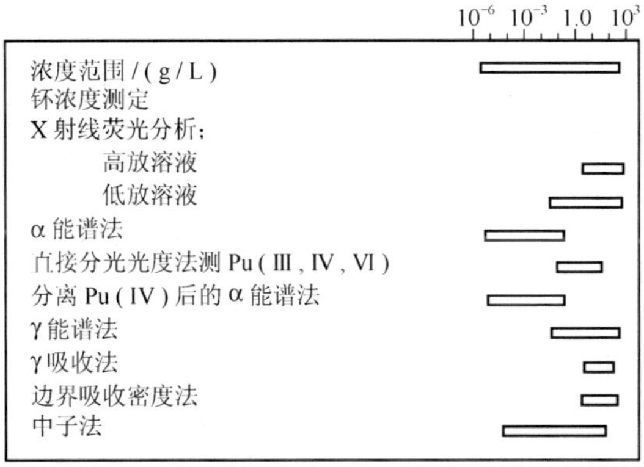

图12-3　钚的分析测定方法与浓度范围的关系

实验室分析至今仍是更可靠更准确的。实验室分析用于核保障系统,物料衡算,产品鉴定,远距离仪表的标定及分析、质量的评定。

建立待分析物质的标准样品对保证工艺参数监测的可靠性具有重要意义。美国巴威尔工厂建立了一个确定25种分析方法的应用范围及可靠性的计划。实验室对每一种方法都建立了一系列标准样品。在专门的标准样品实验室保存了大约50 000个密封在安瓿瓶内的标准样品[1]。

实验室分析本身近年来也发生了很大的变化。经典的放化分析日益被现代的仪器分析方法所代替,分析结果多由小型电子计算机输出。为了分析和样品制备而进行的元素分离多采用自动仪器。广泛利用质谱法测定铀钚。

α谱仪用于分析溶解液中钚和超钚核素的浓度,萃取液流中和高放废液中钚的浓度。

γ谱仪用于分析萃取液流,工艺废液及实验室废液中的裂变产物,钚和镎的同位素。

分光光度计用于分析料液及废液中铀和钚的浓度。

荧光法用于测定萃取液流中的微量铀。

同时还研制了专门用于裂变材料衡算和标准样品制备的高精度分析方法。

除了上述方法外,实验室还利用诸如X射线荧光分析,极谱分析,重量分析,比色分析,库仑分析,气相和液相色谱,振动毛细管密度测定等方法。

为了在分析实验室的防护室中远距离分析高放样品,建立了电子计算机输出结果的自动系统,该系统采用的方法实际上与在线监测完全相同。例如,美国爱达荷远距离分析实验室,德国实验室自动检测系统,萨凡那河实验室遥控技术系统和巴威尔实验室自动监测系统等[1]。

为了保证实验室分析,建立了远距离取样网,用输送装置将样品自动送入分析实验室。取样装置示意于图12-4,图12-5。

气动送样与机械送样相比可将输送时间从小时缩短到分秒,并能保证人员的辐射安全。

在分析热室内的样品输送可借助于磁力小车来实现,小车可由放置在热室底板下的电动机传动。

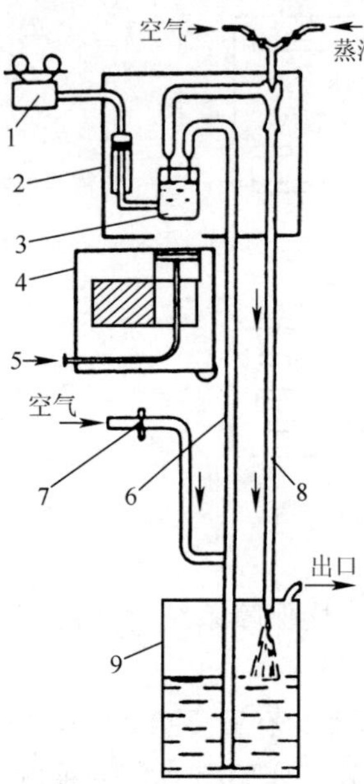

图 12-4 爱达荷厂使用的一种取样装置[1]

1—夹钳；
2—取样器的防护装置；
3—容器；
4—可移动的防护容器；
5—容器提升支架；
6—供料管；
7—隔膜；
8—回流管；
9—工作容器

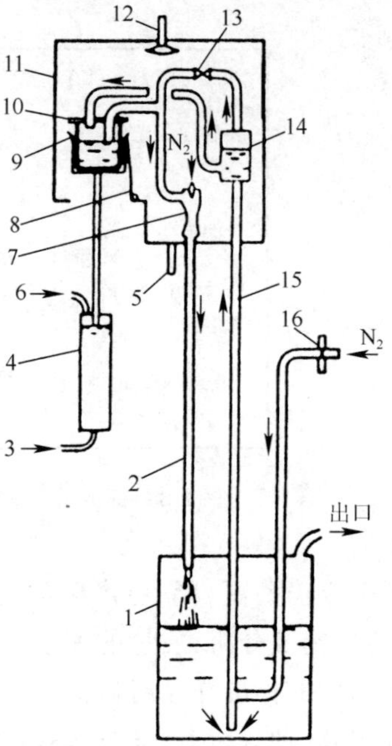

图 12-5 汉福特厂使用的一种取样器[1]

1—工作容器；2—回流管；
3—提升活塞用的空气入口；
4—气动提升器；
5—废液排出管；
6—下降活塞用的空气入口；
7—喷射器；8—捕集器门；
9—聚乙烯样品杯(样品体积 10～100 ml)；
10—带充气和吸气管的盖；11—防护室；
12—洗涤管；13—针阀；
14—分离室；15—供料管；16—隔膜

萨凡那河工厂利用机器人技术在手套箱中取样，操作人员在距取样手套箱 6 m 处操纵取样系统。系统可以开启和关闭手套箱。借助于针头循环取样器取样，用塞子盖取样容器，将容器从手套箱移出并放置新的容器，准备取下一个样品。

采用自动监测和控制系统，可以减少操作人员的数量及其所受辐射剂量，以及分析实验室的人员数。表 12-3 列出了某些工厂的分析人员人数及他们所完成的分析任务。可以看出，处理一吨铀所需的分析总量与被处理燃料的种类和生产性质有关。英国塞拉菲尔德工厂处理一吨铀所花费的分析工作量最小，这个厂处理金属铀燃料的工艺相当稳定。德国卡尔斯鲁厄厂试生产期内，实验室分析工作量大得多，负荷最大的是多用途的爱达荷工厂，它处理了大约 30 种不同类型的燃料，基本类型为高浓铀。采用远距离检测方法可减少实验室分析工作量。比如，萨凡那河工厂在 37 个设备中设置了新型分析手段，使实验室分析的样品每月减少为 700 个，而实验室的负荷减少 12%。

表 12-3　放化工厂工艺过程必须监测的分析量

工　厂	工厂处理能力/(t/a)	分析人员		分析量		
		总人数	人/tU	年分析总量/(×10^3)	每吨铀分析量	每人年分析量
塞拉菲尔德	2 000	170	0.1	≈211	105	1 240
莫尔	100	26	0.26	30	300	1 160
卡尔斯鲁厄	35	50	<1	70	2 000	1 400
爱达荷	10	63	6.3	80	8 000	1 270

二、几种分析技术

下面着重介绍几种近些年来发展起来的分析方法和实用经验。

1. 树脂珠(同位素稀释)质谱技术

树脂珠质谱技术是近几年发展起来的一种新技术，它是将数粒强碱性阴离子树脂置于含铀、钚的 8 mol/L HNO_3 溶液中，在动态混合器中进行交换，平衡后，用特制的玻璃小环或不锈钢针取出树脂珠，置于质谱仪的样品带上进行质谱分析。这种方法既可以测定铀、钚的同位素组成，也可以测定铀、钚的含量，其测定下限可低至 10^{-12} g，一般测定范围为 10^{-9}～10^{-10} g 元素[4]。平均准确度和平均精密度都优于 0.25%[5]。

该方法已在日本东海后处理厂(PNC)、国际原子能机构(IAEA)和美国橡树岭(ORNL)三个实验室进行过协作实验，同一样品溶液取几份，PNC 和 IAEA 用化学法分离铀、钚后，用常规质谱法测定，而 ORNL 和 IAEA 用树脂珠质谱技术分析，其结果示于表 12-4，从表中数据可见两种方法分析结果是一致的。

表 12-4　国际间两种树脂珠质谱分析结果的比较[5]

实验室	质谱分析	测定元素	浓度/(g/L)
PNC	常规	U	164.70
IAEA	常规	U	164.83
IAEA	树脂珠	U	164.68
ORNL	树脂珠	U	163.95
PNC	常规	Pu	1.507
IAEA	常规	Pu	1.492
IAEA	树脂珠	Pu	1.498
ORNL	树脂珠	Pu	1.492

IAEA、ORNL 和德国卡尔斯鲁厄厂合作用树脂珠技术对卡尔斯鲁厄厂进料溶解液中的铀、钚进行分析，测定铀、钚浓度和同位素原子比，并用不同的方法进行比对，取得了相当吻合的结果[6]。

树脂珠质谱法与常规质谱法相比较有如下优点：

(1)因为分析样液是吸附在固体树脂珠内,所以携带方便安全,降低了运输样品的成本,也节省了复杂的屏蔽防护设施。

由于树脂分离效果好,可使裂片、镅、锔与钚、铀分离,既消除了它们对分析测量的干扰,又减少了辐射危害和裂变产物对仪器的沾污,从而简化了质谱仪的防护。

(2)由于样品近似点源,电离效率增高,提高了分析灵敏度。

(3)分析成本低。

2. 吸收边密度计

吸收边密度计是一种非破坏性分析方法(简称 NDA),它是适应核保障而发展起来的新方法,操作简便,快速,不需要预先分离,适于远距离及箱室操作。

K(或 L)边密度计,可以同时测定样品中铀和钚的浓度。

铀的 K 边吸收能量为 115.6 keV,用^{57}Co(能量 122.1 keV)和^{169}Yb(能量 109.8 keV)作同位素源。钚的 K 边吸收能量为 121.76 keV,用^{75}Se(能量 121.1 keV)和^{57}Co(能量 122.1 keV)作同位素源。铀和钚吸收边能量和 $\Delta\mu$ 值见表 12-5。

表 12-5 铀和钚吸收边能量和 $\Delta\mu$ 值(质量衰变系数)

吸收边	元素	边能量/keV	$\Delta\mu$/(cm^2/g)
L	U	17.17	56.6
	Pu	18.05	51.9
K	U	115.6	3.65
	Pu	121.76	3.39

日本东海厂(CPF-A)用 K-边密度计测定溶解料液中铀和钚,测量范围为:10～200 g/L,并对快中子增殖堆燃料溶解液和纯钚溶液的分析结果与经典的化学方法进行比较,如表 12-6 所示。

表 12-6 K-边密度计和化学分析法对铀、钚浓度的测量比较[3]

样　品	Pu/(g/L)		U/(g/L)	
	化学法	K-边	化学法	K-边
FBR 料液 A	27.7±2.8	28.2±0.9	84.8±4.2	83.1±0.7
FBR 料液 B	28.7±2.9	25.8±0.7	61.9±3.5	73.5±0.8
纯钚溶液	12.5±1.3	12.3±0.7		
No. 1			211.6±0.2	213.0±0.7
纯铀溶液 No. 2			77.0±0.1	76.3±0.8
No. 3			9.75±0.01	9.6±0.3

德国卡尔斯鲁厄工厂在 K 边界 X 射线吸收密度测定法和 X 射线荧光能量色散法的基础上,研究了混合分析技术,用于核保障分析,两种方法可根据需要同时或单独使用,可测定核燃料后处理工艺过程的原始溶液,中间产品及最终产品中铀、钚及它们的同位素的浓度。溶解液

中铀、钚的分析用下述方式进行：铀浓度用边界吸收浓度法测定（测量误差 0.25%），U/Pu 比用 X 射线荧光光谱测定，其测量误差约为 1%，此种分析方法无须对样品进行预处理。

3. 分光光度分析法

分光光度分析法是测定微量铀、钚的主要手段之一。该方法简单，精密度好，分析速度快，适于箱室及远距离操作。法国阿格后处理厂，用分光光度分析法测定工艺溶解液中钚含量（包括溶解液，一循环共去污至草酸钚沉淀前溶液中的钚，草酸沉淀后母液中的痕量钚，共去污废液中的钚）。测定范围：0.5～20 g/L，相对标准偏差为 0.3%。其特点是，不加显色剂直接测定，快速简单，如一循环共去污萃余液（1AW），取 0.5 mL 样品，加入过量的 AgO，调节酸度为 3 mol/L即可测定。

日本东海后处理厂（CPF-A）用分光光度计测定工艺溶液中铀、钚含量及钚价态。样品装在热室内，用光导纤维传送信号，可直接分析高放样品，分析结果如表 12-7 所示。

表 12-7　分光光度法测定铀、钚[7]

分析成分	分析方法	适用范围/(g/L)	检出下限/(g/L)
U(水，有)	直接测定	0.01～0.4	0.01
U(水)	TOPO-$CH_3COOHC_2H_5$ 萃取-测定	0.03～10	0.03
U(水)	离子交换-TOPO-$CH_3COOHC_2H_5$ 萃取-测定	0.007～1	0.007
Pu(水)	$NH_2OH \cdot HNO_3$ 还原-测定	2～120	2
Pu(有)	$NH_2OH \cdot H_2SO_4$ 反萃取-AgO 氧化-测定	0.2～10	0.2
Pu(水)	AgO 氧化-测定	0.2～15	0.2
Pu^{3+}(水)	直接测定	2～120	2
Pu^{4+}，Pu^{6+}(水)		5～60	

随着易于弯曲的光纤的出现，在十几年前已开始研制新一代分析仪器，这些仪器可远距离监测化学物质的浓度、温度、压力和 pH 值，实际测量距离可达 1 km。研制这类多参数测量仪器对于工厂中高放产物设备室的工艺监测具有重要意义。

美国萨凡那河工厂曾试用远距离光纤荧光测定系统监测水法萃取净化物流中的铀浓度。

法国生产了两种型号的光纤仪器，其中一种是测定两种或几种波长的光纤光度计，它用于远距离监测净化过程中铀的含量，并用于分析含有镍、钴等元素的溶液。另外一种仪器能对溶液（包括处于压力下的溶液）的浊度进行远距离分析。

分析稀土、铀、钚等元素的光纤分光光度计可望广泛用于辐照核燃料后处理。德国在萃取钚的电解脉冲柱试验台架上应用光纤激光光度计测定铀（Ⅳ）、铀（Ⅵ）、钚（Ⅲ）、钚（Ⅳ）和自由硝酸的浓度。英国唐瑞厂研制了光纤自动分光光度计，用于分析快堆燃料后处理各工序的钚浓度（包括钚的价态）和镅的浓度[1]。

4. 电感耦合等离子体(ICP)或直流等离子体喷焰(DCP)-原子发射光谱(AES)法

核燃料后处理厂钚的产品形式一般为硝酸钚溶液和二氧化钚。铀的产品通常有三种：硝酸铀酰溶液、铀的氧化物和三碳酸铀酰铵。产品质量要求严格，其中要求控制的微量杂质元素多达几十种，以氧化物为例，产品质量指标如表 12-8 和表 12-9 所示。

表 12-8　氧化钚质量指标[8]

钚含量：	>84%(质量分数)
杂质：	
U	≤300 ppm
Fe	≤300 ppm
Cr	≤200 ppm
Ni	≤100 ppm
Na	≤300 ppm
Ti	≤200 ppm
Al	≤150 ppm
Ca	≤150 ppm
C	500 ppm(900 ℃加热 2 h)
其他金属杂质	100 ppm
放射性活度：	
裂变产物的 γ 放射性活度	$\leqslant 3\times10^5$ Bq/g Pu

注：1 ppm=10^{-6}。

产品中微量杂质元素的分析，一般采用发射光谱法分析。当今的发射光谱法是以光电直读光谱仪+新型等离子体光源+计算机控制的全新技术。这种新技术使曾一度衰退的古老的方法又成为一种先进的分析方法。

ICP(DCP)-AES 方法有许多优点：

(1)可以多元素同时分析。现有商品仪器一次最多可分析 60 种元素。

(2)检出限低。一般能从 0.1～1.0 μg/g(对于固体)和 0.1～10 ng/ml(对于溶液)的检出限进行多元素同时分析。

(3)精密度好。在被分析元素的浓度的检出限的 100 倍时，精密度可达 1%；在检出限的5～10倍时，精密度为 4%～8%。

表 12-9　铀氧化物的质量指标[8]

铀的氧化物(UO_2,UO_3 或 U_3O_8 供转化成 UF_4)相应化学形式最低含量		97%(质量分数)
硝酸根 NO_3^- 最大含量		0.2%(质量分数)
水分的最大含量		1.6%(质量分数)
形成非挥发性氟化物杂质总含量(蒸气压≤1 大气压,300 ℃)		≤500 ppm
其中应分析控制的杂质：		
Al,Ba,Be,Bi,Cd,Ca,Cu, Fe,Pb,Li,Mg,Mn,Ni,K, Ag,Na,Sr,Th,Sn,Zn,Zr		
除此以外还有：		
Sb	1 ppm	
Br	5 ppm	
卤素+C+P+Si	500 ppm	
Nb	1 ppm	
Ru	1 ppm	
S	750 ppm	
Ta	1 ppm	

续表

Ti	1 ppm
Cr	3 000 ppm (^{235}U 基)
Mo	500 ppm (^{235}U 基)
W	500 ppm (^{235}U 基)
V	500 ppm (^{235}U 基)
^{233}U	500 ppm (^{235}U 基)
^{232}U	0.110 ppm

注:放射性略。

(4)动态范围宽。一般来说工作的曲线的直线性范围 4～5 个数量级。

(5)基体效应小。

(6)不用电极,避免了污染。

日本东海厂采用 DCP-AES 法分析产品和 1AF 料液中微量杂质元素。将光源装在热室内,用光导纤维传送信号,光谱仪及计算机控制部分均布置在热室的操作区,实现远距离操作,分析装置如图 12-6 所示[3],分析项目及其结果如表 12-10 所示。

美国在爱达荷新建的远距离分析实验室中装备了电感耦合等离子体原子发射光谱仪,用来分析样品中的 Al、B、Cd、Fe、Sn 和 U。萨凡那河放化工厂实验室计划用此类光谱仪分析金属铀、氧化铀以及液体高放废物贮存罐沉淀中所含的 41 种痕量元素。德国卡尔斯鲁厄厂采用这种方法测定溶解器溶液、高放废液,以及高放废液浓缩液中 ^{99}Tc 的浓度。唐瑞快堆燃料后处理工厂利用这种方法分析钚产品和高浓铀中的杂质。

电感耦合等离子体质谱法的应用也愈来愈广泛。

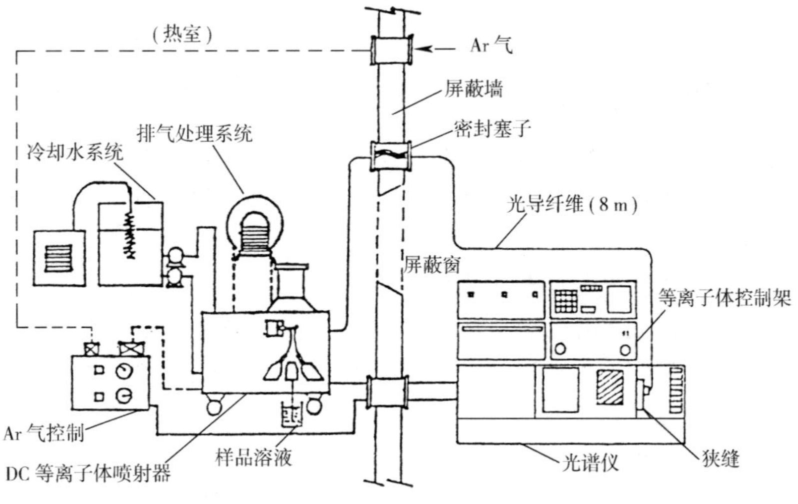

图 12-6　热室内多元素同时分析装置组成图

表 12-10 日本东海村(CPF-A)采用 DCP-AES 法分析产品和 1AF 料液中微量杂质元素的结果[7]

分析方法	分析元素	分析范围/(μg/ml)	检出下限/(μg/ml)	分析方法	分析元素	分析范围/(μg/ml)	检出下限/(μg/ml)
DCP-AES	Al	>1	1		Nd	>3	3
	B	>3	3		Ni	>1	1
	Ba	>1	1		Pd	>1	1
	Ca	>1	1		Pr	>1	1
	Ce	>1	1		Rb	>1	1
	Cr	>1	1		Rh	>3	3
	Cs				Ru	>3	3
	Eu	>1	1		Si	>3	3
	Fe	>3	3		Sm	>1	1
	La	>3	3		Sr	>1	1
	Li	>1	1		U		
	Mo	>3	3		Zn	>1	1
	Na	>1	1		Y	>1	1

第二节 在线分析技术

在线分析是对生产系统中的工艺物流直接进行监测的一项新技术。它能随时显示工艺物料成分的瞬时变化。与常规的取样分析相比,它具有无须进行任何化学处理,不破坏液流,连续测量,节省人力物力并可实现远距离操作等优点。既可快速及时地指导生产,也为生产的自动化控制创造了条件。同时,它在提高产品质量、减少金属流失、降低生产费用等方面都有显著的作用。

一、在线分析装置的设置

尽管在线分析具有许多优点,但是不能要求对所有的分析项目都采用在线分析,这是不可能的,也是不必要的。在线分析装置的设置应从在线分析的必要性、可行性和经济性等方面进行综合考虑。

1. 工艺生产过程对其需要的迫切程度

采用在线分析的项目,首先应是生产过程中的主要控制参数。这些参数的正常与否,应直接关系到每一道工序或最终产品是否合格,关系到生产过程是否正常。这些项目如不采用在线分析,生产就可能无法顺利进行。

2. 工艺参数变化的快慢

对于反应进行较快的过程,或者变化较快的参数,最好采用在线分析。对于变化较慢的过程或参数,当采用取样分析也可以满足生产要求时就不一定设置在线分析仪表。

3. 取样次数的多少

对于非关键性的分析项目，如果取样次数较多，也可采用在线分析，这样可以大大节省人力。每天或几个班才取样一次的样品，则可不用在线分析。

4. 取样的难易程度和样品的代表性

有些样品从工艺过程中取出以后，由于温度变化，样品暴露在空气中，或者样品中化学反应仍在进行等原因，使得进行分析时样品的性质已经大大地改变了，已不是在流程中的本来面目，在这种情况下应采用在线分析。在有些情况下，由于工艺过程或料液的特殊性，使得样品很难取出或者根本取不出来，这种情况只能采用在线分析。

5. 实验室分析的难易程度

在实验室进行分析时，有些方法操作手续非常繁杂，既费时间，又费人力。这样的项目最好采用在线分析；对另一些样品，虽然取样次数稍多，但分析方法却非常简单，这就不一定采用在线分析。

6. 仪表对现场条件的适应能力

选择在线分析仪表时，应主要考虑仪表是否能适应工业现场的条件。如现场的环境温度、压力、被测物料的状态等。例如仪表的传感器能否适应被测物料的腐蚀性？物料中有否黏稠物对探测器产生影响？物料的浓度，粒度，气泡等因素的变化是否对仪表的分析结果产生影响等。如果仪表不能适应现场条件，选用精度再高的仪表也都是徒劳的。

在线分析仪表通常由三部分组成：一是采样系统，它的作用是把被检测的物流引入检测装置；二是探测器；三是显示系统。

二、发展及应用情况

1. 乏燃料组件溶解系统

美国巴威尔厂和萨凡那河工厂采用中子吸收法监测溶解乏燃料得到的硝酸溶液中的中子吸收剂(B,Cd)浓度。溶解器溶液中钚和铀的浓度用 X 射线荧光分析法测定。德国卡尔斯鲁厄厂的溶解过程用 4 个中子探测器监测。轻水堆燃料的中子辐射来源于其中的^{244}Cm，其浓度与钚浓度有关。这种方法对钚的测定极限为 30 mg/L。将两个探测器安装在溶解器底部，测量可能沉积的钚并补充提供关于溶解过程的信息。另外两个探测器安装在设备三分之一高的部位，用作提供有关溶解过程的信息，以判断是否应加酸，或者送出料液等。

德国、日本和英国都采用 K 边界 X 吸收密度计测定溶解液中铀、钚的浓度。日本东海厂的 K 边界 X 吸收浓度计在含有 180 g Th/L 和20 gU/L的溶液中进行了考验，铀的测量误差为 0.5%。英国哈威尔研制的 K 边界吸收密度计示于图 12-7。

为了监测包壳材料中不溶解的铀和钚的含量，美国巴威尔、日本东海厂、意大利 Eurex 和法国阿格等厂均采用 γ 扫描方法。

2. 溶剂萃取系统

工厂最重要的任务之一，是监测萃取设备的运行状态和测定设备中钚的浓度分布。通常用中子计数器测定钚浓度。当 γ 辐射的剂量率高于 0.7×10^{-6} C/(kg · s)(10 R/h)时，采用裂变室作探测器，如果剂量低于上述值，则采用 BF_3 计数器，这些仪表在许多工厂得到了广泛应用，在巴威尔厂这些仪表被安装在分离铀和钚的电脉冲柱和洗涤柱上，在萨凡那河厂被安装在混合澄清槽级联上，在马库尔(UP-1)厂被安装在脉冲柱的萃取段。

采用α探测器测量 $10^{-4}\sim3$ g/L 浓度范围内的钚，测量误差约为3%。法国研制了循环发送器(探测器直接与溶液接触)，它采用薄的石英玻璃闪烁计数器。该仪表的灵敏度很高，尺寸小，牢固且操作简单。它可用于测量含有高达 10^{12} Bq/L 放射性裂变产物的溶液。

萃取液流中铀、钚和钍浓度的测定越来越广泛地采用X射线荧光装置。这种装置的测量范围为0.1～500 g/L，误差0.5%，测量时间与待分析元素的浓度有关，在10 s到10 min之间。放射性 ^{57}Co 可代替X射线管作辐射源。

采用比色计测定第一和第二循环铀产品液和镎水溶液中铀的浓度。

在Purex流程第一和第二萃取循环的钚反萃取液中，铀和钚含量的检测采用L边界吸收密度计，其测量误差为0.4%～1%。图12-8为美国巴威尔工厂二循环钚反萃液监测仪表的示意图。萃取过程中裂变产物的比活度用带NaI闪烁探头的γ谱仪测定，探头安装在容器或流水线上，测量误差约为2%。

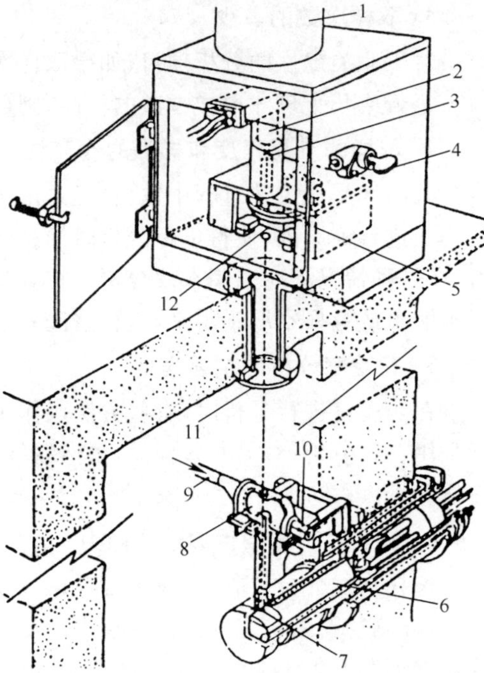

图12-7　K边界吸收密度计

1—冷阱；2—锗探测器；3—校直管；4—齿形咬口；5—固体样品支架；6—X射线管；7—校直管；8—测量小室；9—待试溶液入口；10—样品倾出口；11—出口窗；12—步进电机

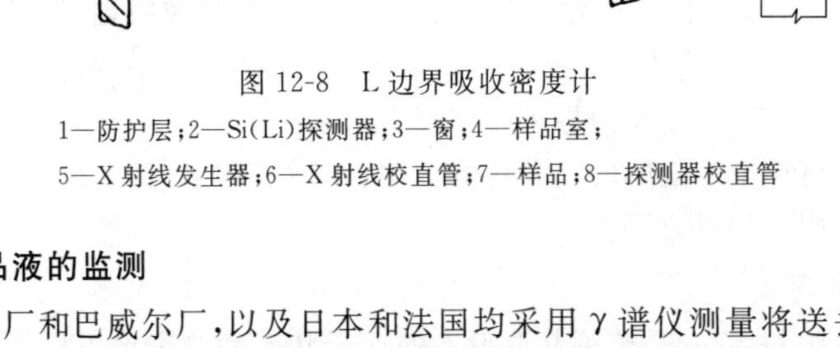

图12-8　L边界吸收密度计

1—防护层；2—Si(Li)探测器；3—窗；4—样品室；5—X射线发生器；6—X射线校直管；7—样品；8—探测器校直管

3. 铀和钚产品液的监测

美国萨凡那河厂和巴威尔厂，以及日本和法国均采用γ谱仪测量将送去贮存的钚产品浓集液(硝酸钚溶液)，以及经硅胶纯化的铀产品液中的总钚浓度及其同位素组成，其工作范围为150～575 gU/L及0.1～10 g Pu/L，误差为0.2%～0.5%。

4. 废液监测

中放废液中的 γ 放射性采用 γ 计数器和电离室测定。萃取过程废液中亚硝酸根离子的浓度采用比色法测定，而铀、钚、镎和硝酸的浓度则采用分光光度法测定。德国卡尔斯鲁厄厂废液中铀的浓度在 0.05～0.4 g/L 之间，采用荧光法测定。

5. 其他

许多国家的乏燃料后处理厂采用分光光度法监测水相和有机相中铀和钚的价态。在第一萃取循环采用比色计测定亚硝酸离子浓度。

随着激光技术的发展出现了一种新型的光谱分析法，即激光光谱。激光光谱的应用改进了老的光谱分析法，并产生了一些崭新的方法。美国萨凡那河工厂已经利用激光荧光法分析钚溶液中铀的浓度，法国马库尔厂利用此法远距离测定气流中的碘。

第三节　乏燃料燃耗的检测

在国际上，为了防止易裂变材料用于军事目的，从 20 世纪 60 年代就开始了燃料燃耗测定的研究开发工作。最初是为了测量燃料组件辐射产生的热量，以便有效地控制反应堆的工况。后来为了加强易裂变物质的管理，实现厂际间的燃料平衡计量，都需要对燃耗进行检测，因此，燃耗的测定得到了飞速发展。

对后处理厂来讲，燃耗测定除了用作厂际之间燃料平衡的计量手段之外，还可为乏燃料溶解工序提供可靠的临界控制数据，以利于加强后处理过程中易裂变物质的全面管理和监督。

根据测量的目的和被测量组件的种类不同，目前比较多的采用三种非破坏性分析方法测定燃耗，即 γ 射线法、有源与无源中子法。

一、基本测量原理

1. γ 射线法

γ 射线法又分为绝对 γ 射线测量和放射性活度比测量两种。

绝对 γ 射线测量又称为总 γ 计数法，它是测量辐照燃料组件的总 γ 发射，它主要用于核查乏燃料的冷却时间和剩余热功率。如果 γ 探测器安装在带有准直仪狭缝的铅中，将狭缝对向燃料组件，这时就能测量出燃料组件的燃耗分布或剩余热功率（取决于冷却时间）的分布。总 γ 计数（GE）和乏燃料冷却时间（CT）的关系式为：

$$\frac{\mathrm{GE}}{\mathrm{BU}}=(\mathrm{CT})^{-b}\cdot a$$

式中：GE——总 γ 计数；

BU——组件的平均燃耗；

CT——组件的冷却时间；

a 和 b——由燃料种类和辐照历史决定的系数。

上述关系式在多次测量中得到了考验，据法国原子能委员会的报告，乏燃料冷却时间的计算值与核电厂的申报值是相当吻合的[10]。

由总 γ 射线分段测量法可以求得组件的轴向燃耗分布。日本用高纯锗 γ 射线能谱探测器,在 662 keV 光子峰测定乏燃料组件中间高度的^{137}Cs计数率。由于^{137}Cs的计数率与乏燃料的燃耗成正比关系,就可以测定出燃耗值。日本核燃料有限公司在乏燃料组件旁沿轴向以一定的间隔安放一些电离室进行γ射线分段测定,从而得到组件的轴向燃耗分布。其燃耗测量仪工作原理如图 12-9 所示[11]。

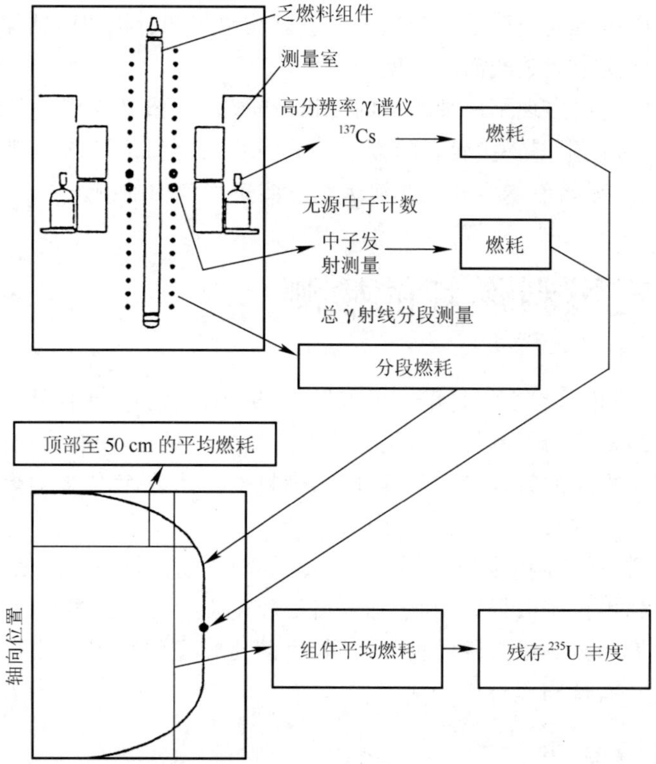

图 12-9　燃耗测量仪工作原理图

γ射线测量的关键之一就是选取合适的裂变核素作为监测对象。通常可选用^{144}Ce,^{106}Ru,^{95}Zr,^{154}Eu,^{137}Cs及$^{134}Cs/^{137}Cs$。上面已谈及^{137}Cs是最好的燃耗监测核素,因为它的半衰期长(约 30 a),它的母体^{137}I的中子吸收截面可以忽略,还因为^{137}Cs与^{235}U和^{239}Pu有相同的裂变产额。

^{134}Cs与^{137}Cs比率测定法。利用$^{106}Ru/^{137}Cs$和$^{134}Cs/^{154}Eu$的比率(放射性活度比)来确定乏燃料的冷却时间。正如上述的关系式所示,通过测定放射性活度比即可测出乏燃料的燃耗。由于$^{106}Ru\times{}^{137}Cs/(^{137}Cs)^2$比率(FOX 比率)对燃料比功率和初始浓缩度的依赖性很小。它的有效半衰期为 22 a 左右,因此,它对燃料冷却时间所需的修正很小。γ辐射核素比率法的应用再一次大大降低了测量对探测器和燃料几何形状的灵敏度。

这种方法的缺点是,由于^{106}Ru的半衰期很短(1.02 a),它不适用于冷却时间超过 7 年的乏燃料。

使用 Ru 和 Eu 比率法,对乏燃料的冷却时间的限制分别约为 7 年和 14 年,因为超过这个时间测量少量短寿命同位素^{106}Ru和^{134}Cs(2.06 a)就有一定困难。

2. 无源中子计数法

中子计数法可分为无源中子计数法和有源中子计数法两种。由于乏燃料组件具有相当高的中子发射率，中子主要来自钚和锔同位素的自发裂变以及钚、镅、锔的(α,n)反应。对于燃耗超过 15 000 MW·d/tU 的乏燃料，无源中子的主要贡献是锔同位素。在冷却时间不到两年的乏燃料组件中，70%以上的中子来自锔同位素，尤其是^{242}Cm。对于冷却时间长于两年的乏燃料组件，^{244}Cm 则是主要的中子发射体。利用测定乏燃料的中子，就可得到燃料的燃耗。当然，^{242}Cm 的中子数量不只与燃耗有关，与元件的辐射史也有关系。对于冷却期长(3 年以上)的乏燃料使用中子无源计数法测燃耗时，^{242}Cm 的贡献可以忽略。

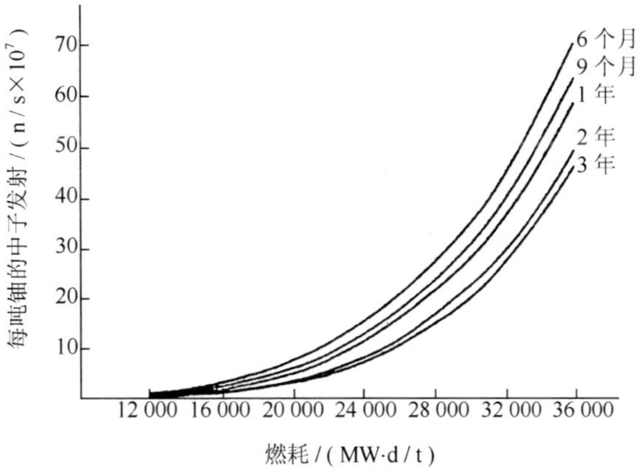

图 12-10　17×17 型 PWR 燃料组件的中子发射率随燃耗的变化

乏燃料的中子发射率(NE)和乏燃料的燃耗(BU)之间存在着指数关系[10]，通常这种关系表示为：$BU=(NE)^{4.5}$

图 12-10 表示了 PWR 燃料组件的中子发射率随燃料燃耗、冷却时间的变化关系。

中子发射率和燃料燃耗之间的关系与^{235}U 初始浓缩度，以及辐照历史的关系甚小。中子发射率的测量误差所引起的燃耗误差将是很小的，所以，这种方法很适用于辐照燃料组件的燃耗测量。

3. 有源中子计数法

该法是利用中子源来照射乏燃料组件，常用的中子源为^{252}Cf。^{252}Cf 发射的中子诱发乏燃料裂变，此时测定瞬发中子或 γ 射线，就可直接获得被测组件的增殖系数的数据，进而确定乏燃料中剩余裂变物质的含量。

本方法要求乏燃料组件置于含硼的水下。本方法的原理是：将中子源置于乏燃料组件的一个侧面(如图 12-11 的 A 侧)用于引发裂变；由热中子吸收剂环绕组成的中子探测器置于乏燃料组件的另一侧(图 12-11 的 B 侧)探测瞬发的裂变中子。

由于存在着无源中子发射，所以要定期地移开中子源，以区分有源中子发射和无源中子发射的贡献。有源和无源方法使用的中子探测器是相同的。需要同时进行有源和无源监测。

用有源和无源中子探测法相配合可以确定燃料的初始浓缩度及其残余的易裂变物质含量。当把^{252}Cf源靠近燃料组件时，用探测器测量有源中子的发射率。由于燃料中残余易裂变材料的中子增殖效

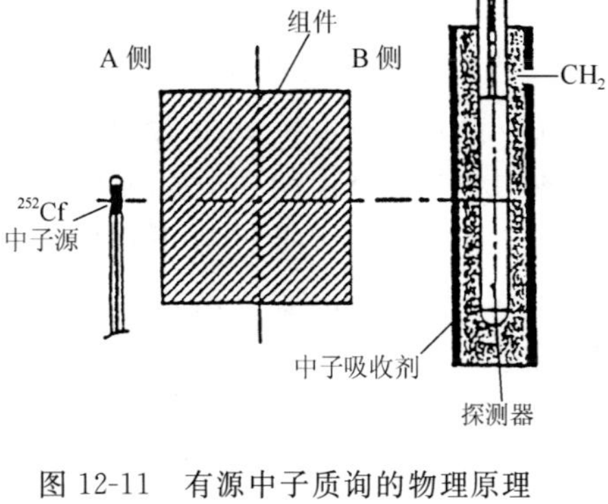

图 12-11　有源中子质询的物理原理

应，将使有源中子发射率与无源中子发射率的比值增大。于是净有源计数率 n_n 为：$n_n = Na - Np$。

式中，Na 为有^{252}Cf 源时测定的中子计数率；Np 是源被屏遮时的中子计数率。中子增殖系数 M 的定义为：$M = n_n / No$

式中 No 是有源而无燃料存在时的中子计数率。M 正比于残余易裂变材料的含量，Np 正比于燃料辐照深度[12]。

通过有源中子测量，就可以获得乏燃料的燃耗。

几种非破坏性监测乏燃料燃耗的方法，其优缺点比较于表 12-11[13]。

表 12-11　无损测量燃耗方法的比较

	γ 射线法	无源中子法	有源中子法
开发时间	早	较早	晚
测量精度	2%～10%	1%～2%	1%
测量时间	30 分/组	1～5 分/组	1～3 分/组
优点	方法简单	1. 中子穿透力强可测组件内部燃耗； 2. 操作容易； 3. 测量时间短	1. 测量时间短； 2. 精度较高
缺点	1. 测量仪器和装置复杂； 2. 只能测量组件外部； 3. 测量速度较慢	1. 测冷却期小于两年的组件^{242}Cm 影响较大，结果精度差； 2. 角方位对测量影响达 30%～40%，要多方位测量	1. 中子源价格昂贵； 2. 中子穿透力大，需要防护中子

一些国家用非破坏性监测法测定压水堆组件燃耗的方法和结果汇总于表 12-12[13]。

二、燃耗监测装置

根据测量的目的和被测量组件的种类（铀氧化物燃料或铀/钚混合氧化物燃料），法国开发了一种通用的乏燃料组件非破坏性监测装置（PYTHON）。该装置可以只用无源法，也可同时用无源与有源法进行测量。若采用有源中子测量，PYTHON 装置包括两个侧面的探测器，一套 NIM 电子部件和一个^{252}Cf 中子源。PYTHON在贮存燃料组件的水池中工作，如图 12-12 所示[10]。该装置在水池中工作时需要占用 6 个格架的空间，探测器两个探头部分插入有空余贮存位置的水池格架中，被测燃料组件在两个探头之间上下移动。每个探头有两个探测器（详见图 12-13）。其中的一个探测器有镉和碳化硼作屏蔽材料（用以消除热中子和超热中子），置于聚乙烯盒中的裂变计数小室中。每个裂变计数室中有 800 mg ^{235}U，其活度区的长度为 22 cm，热中子流的效率为 $1CS^{-1}/ncm^{-2}s^{-1}$。另外一个探测器是装在一个有准直缝的铝中的电离室。电离室充入一个大气压的空气，活性区长度为 12 cm，准直缝对着燃料组件。

法国已通过了对 35 个乏燃料组件的测量，鉴定了 PYTHON 装置。

表 12-12　一些主要国家用非破坏测定乏 PWR 组件燃耗的方法现状及结果

项目＼国家	美　国		德　国		法　国		意大利	日　本	俄罗斯、东欧等	
安装地点	电站水池、离堆水池		电站水池、WAK 厂水池		电站水池、阿格厂水池		电站水池、后处理厂水池	电站水池、青森后处理厂	电站水池	
开发目的	核安全保障、密集贮存		验证、后处理接受确认		验证、后处理接受时确认		验证、安全保障	验证、非破坏方法开发	安全保障	
测定方法	γ射线法	无源中子法	无源中子法	有源中子法	γ射线法	无源中子法	γ射线法	γ射线法	γ射线法	无源中子法
开发时间	1975	1979	1977	1977	1971	1980	1972	1975	1977	1979
测定燃料	PWR	PWR	PWR	PWR	PWR	PWR	PWR	BWR	PWR	PWR
测定年份	1978	1978－1981	1977	1977	1981－1983	1981－1983	1972－1984	1977	1980	1980－1981
测定组件数	14	61	72	72	98	98	28	73	13	53
燃耗范围	17～32	10～40	0～36	0～36	20～27	20～27	20～29	0.1～5.6	15～25	18～35
初始加浓度	2.2%～2.8%	3.4%～4.0%	1.9%～3.3%	1.9%～3.3%			3.1%～4.0%	2.6%	2.4%～3.6%	2.4%～3.6%
校正方法	计算		破坏测定		破坏测定		计算	破坏测定	计算	
测定点数	1 点/组件	1～4 点/组件	4～100 点/组件	1～25 点/组件	1～15 点/组件		36 点/组件	40 点/组件	13 点/组件	13 点/组件
测定时间		2.5 分/组件		1～3 分钟/组件	10～60 分钟/组件	<10 分钟/组件	40～100 分钟/组件	30～270 分钟/组件		<10 分钟/组件
测定精度	^{137}Cs→ 燃耗 5.5% $^{134}Cs/^{137}Cs$→ 燃耗 6.5% $^{134}Cs/^{137}Cs$→ Pu/U7.8%		燃耗<1 GW·d/tU 0.3～0.5 kg Pu/tU	0.8 GWd/tU 0.35 kgPu/tU	$^{134}Cs/^{137}Cs$→燃耗 2%～10%	燃耗 3% Pu 1%	^{137}Cs→燃耗 2.3%－2.5% $^{134}Cs/^{137}Cs$→燃耗 1.1% $^{134}Cs/^{137}Cs$→ Pu/U 1.2%～2.0% $^{134}Eu/^{137}Cs$→ Pu/U 5.6%～8.7%	$^{134}Cs/^{137}Cs$→Pu/U 20%	$^{134}Cs/^{137}Cs$→ 燃耗 8%	
测定特征	准直管倾斜	^{10}B计数管 ^{235}U裂变室	探测器放于 组件的两个 相对面	^{252}Cf移离组 件 60 cm 即成 无源中子测量 装置	探测器位于 组件的两个 相对面	裂变室 ^{10}B计数管	有一种准直器贯穿池壁	组件横置 20 世纪 80 年代初开始 无源中子法开发		

鉴定所用乏燃料组件为压水堆使用的铀氧化物燃料组件(17×17),^{235}U 初始浓缩度:1.8%~3.7%,燃耗为7 600~42 000 MW·d/tU,冷却时间 80 天~7.5 年。表 12-13 为 PYTHON 装置的鉴定结果,此结果是测量值同申报值的比较。

通过鉴定获得了 PYTHON 的性能数据,燃耗测量值与申报值之间的平均误差为±2%;冷却时间的平均误差为±10%;K_{eff} 的测量值与计算值之间的平均误差为±3%。这些性能表明 PYTHON样机能够实现乏燃料组件的精确测量。PYTHON 装置在德国的 GROHNDE 堆对 50 个压水堆 MOX 乏燃料组件进行了测量(GROHNDE 反应堆燃料组件,^{235}U 的初始浓缩度为 3.95%,平均燃耗为 40 000 MW·d/tU,16×16)。测量结果表明:PYTHON 装置能快速准确地进行测量,燃耗测量值与申报值之间的平均误差为 2%;通过测量还能计算出乏燃料的极端燃耗,以便与从水池中取出乏燃料安全管理限值进行比较,有利于临界安全管理。

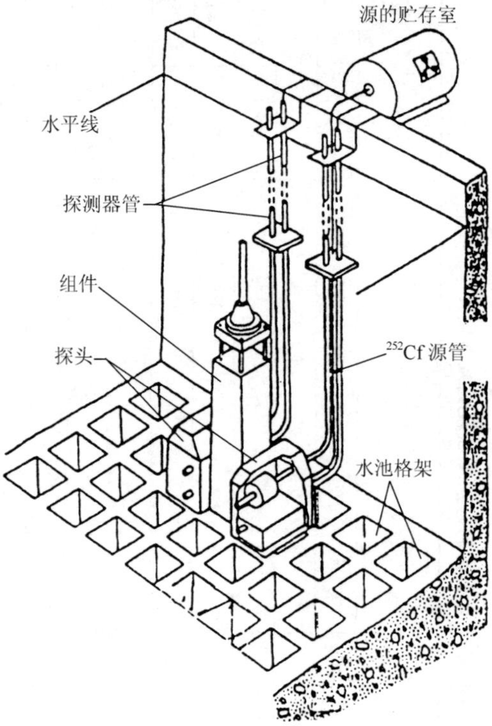

图 12-12 PYTHON 探测器有两部分,它们坐落在贮存格架上,组件在它们之间通过。连接探头和地面上的 NLM 电子部件的电缆置于管道中。一个^{252}Cf 中子源可在水池旁的贮存室和水中组件旁边之间移动

在样机的基础上,法国设计并制造了PYTHON工业装置。PYTHON 工业装置如图12-14所示[10]。

PYTHON 工业装置能在反应堆的任何水池中操作,它是一个自律式的较少受干扰的装置。它可安装在贮存水池壁上。中子源的机械装置,中子源及其容器和测量装置安放在一个不到 1 立方米的防护水箱中。电气和电子装置要求 15 m 电缆便能操作。

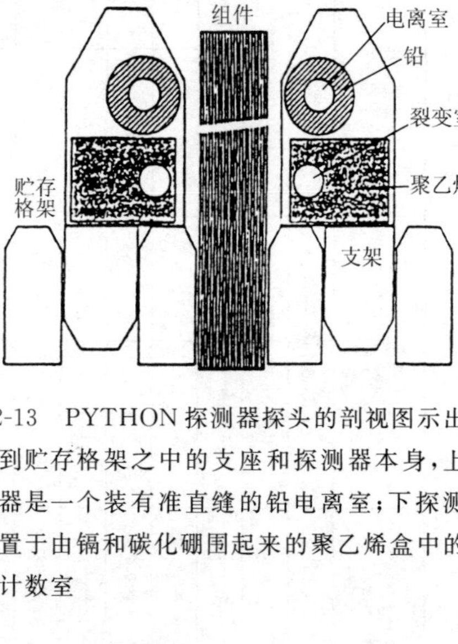

图 12-13 PYTHON 探测器探头的剖视图示出安装到贮存格架之中的支座和探测器本身,上探测器是一个装有准直缝的铅电离室;下探测器是置于由镉和碳化硼围起来的聚乙烯盒中的裂变计数室

该装置安装在水池壁上之后,只需要一部吊车使乏燃料组件在中子探头和 γ 探头之间上下移动。PYTHON 工业装置不但可使用无源法测量,还能同时进行无源和有源测量。它能以良好的准确度检测乏燃料的燃耗、冷却时间和易裂变物质的含量。

日本核燃料有限公司已经为六个所后处理厂开发了燃耗测量仪,它采用总 γ 分段测量,高分辨率 γ 射线能谱法和无源中子测量法。它测定燃料组件的燃耗值,并且给出乏燃料组件中残存的^{235}U 的丰度。

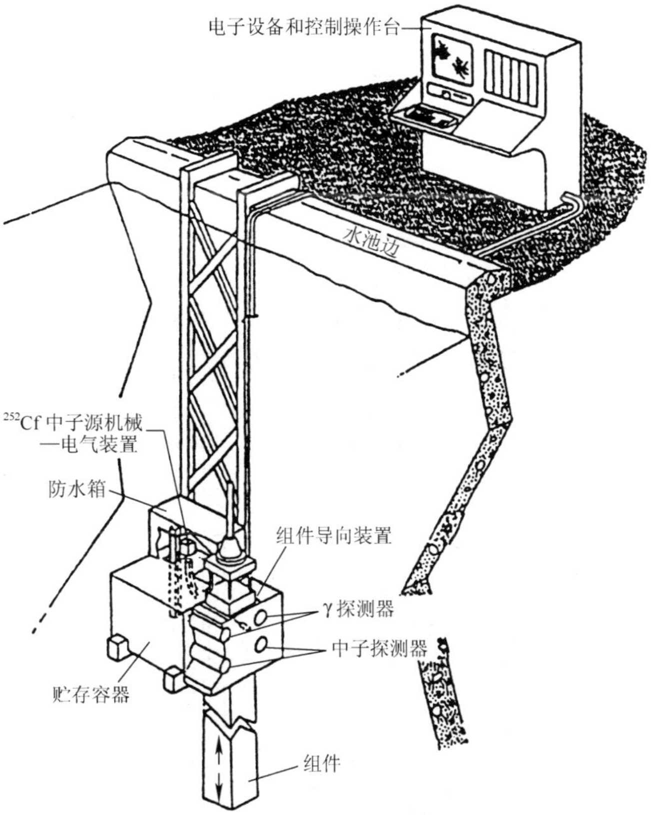

图 12-14　PYTHON 工业装置

表 12-13　PYTHON 鉴定的结果(测量值和申报值之间的误差)

初始浓缩度	测量的组件数	燃　耗/(MWd/tU)			冷却时间/d			K_{eff}	
		平均值	平均误差	最大误差	平均值	平均误差	最大误差	平均误差	最大误差
1.8%	1	15 000	−2%	−2%	2 700	+360	+360	−5%	−5%
3.1%	1	33 000	+1%	+1%	1 900	+120	+120	+1%	+1%
3.25%	10	36 000	+1%	−3%	1 400	+40	+90	+1%	+9%
3.45%[1)]	6	41 000	+1%	+2%	600	+30	+30	−3%	−2%
3.7%[1)]	15	37 000	0	−2%	200	+30	+35	−2%	−9%
3.7%[1)]	2	0						+1%	+1%

注:1)这些项目中,还测量了带有可燃毒物钆的组件。

一根组件中间高度处的燃耗值是由γ射线能谱法和无源中子测量法各自独立测定的。由总γ射线分段测量法求得组件的轴向燃耗分布。将这几种测量结果结合起来就可得知乏燃料组件的平均燃耗。

日本核燃料公司开发的燃耗测量仪由下列装置装配而成:安装在乏燃料贮存井中的燃料驱动装置;裂变计数器和电离室;穿过贮存井壁安装的一对γ射线能谱用准直仪和安装在测量

室内的锗探测器。测量时,将一根乏燃料组件插在一对探测器与准直仪之间。由燃料驱动装置控制和调整燃料组件的水平和轴向位置。燃耗测量仪如图 12-15 所示[11]。

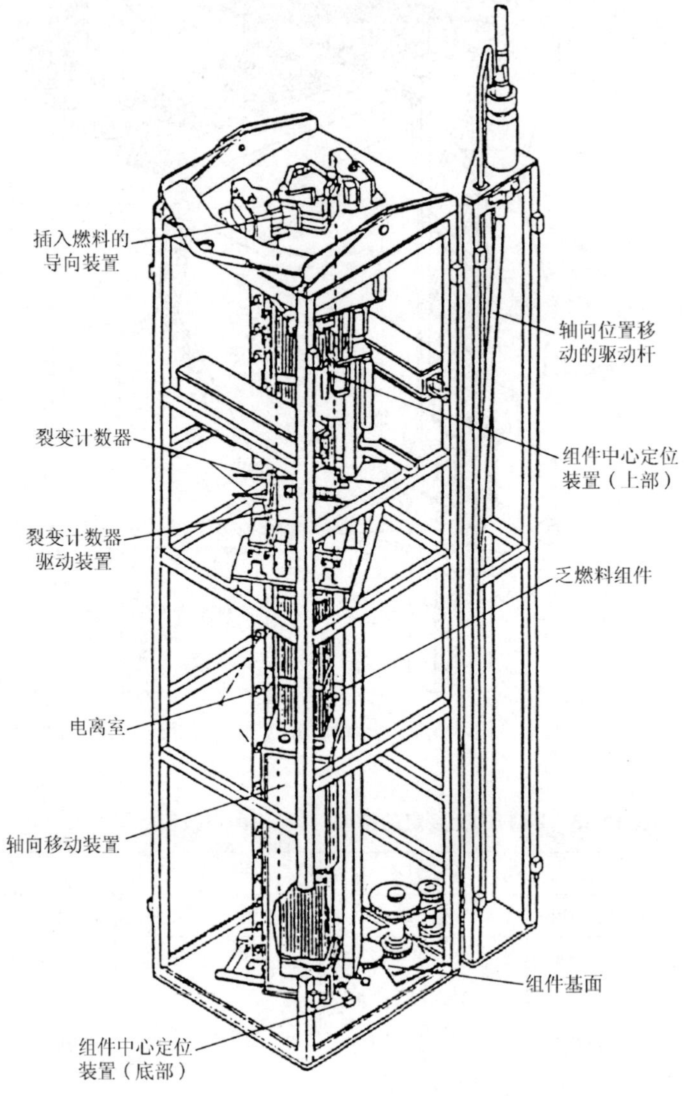

图 12-15　燃耗测量仪

六个所后处理厂接收的燃料有下列的类型:沸水堆(BWR):7×7 和 8×8;压水堆(PWR):14×14(长度为 3 m 和 3.6 m),15×15 和 17×17。

由于 γ 射线探测器和中子探测器的响应特性取决于乏燃料组件的截面形状。因此需要刻度每一种类型的燃料。为了有效地刻度燃耗测量仪,采用 γ 射线和中子发射率较高的乏燃料是必要的,比如选择乏燃料的经典燃耗 30 000 MW·d/t 的燃料进行刻度;选择乏燃料组件的冷却时间为 3～7 a 为好,如冷却时间太短,由于 ^{242}Cm 的存在会产生较大的干扰,冷却 3 年以后,^{242}Cm的影响几乎消除了。

在燃耗测量仪刻度时，用于刻度的乏燃料组件数越多，刻度结果的可靠性越高。六个所后处理厂首先用标准放射源进行测量，鉴定探测器的效率，然后用总 γ 射线分段法、γ 能谱法和无源中子法对每根乏燃料组件进行 5 次重复测量。这些测量的标准偏差为 5%，证明了这些方法适用于燃耗和残存^{235}U 丰度的测量[11]。

第四节　工艺过程的监测

Purex 工艺过程的自动监测系统几乎全部设计成集散型的多层次结构。下层的任务是直接控制具体过程并与上中层结构相连。中层用来协调低层机构组的工作并与上层机构相连。上层机构的任务是实现整体生产的操作计划，协调各工艺环节的工作，监督物流的移动及控制工厂整体工作。

图 12-16 展示了工厂监测系统的结构示意图[1]。

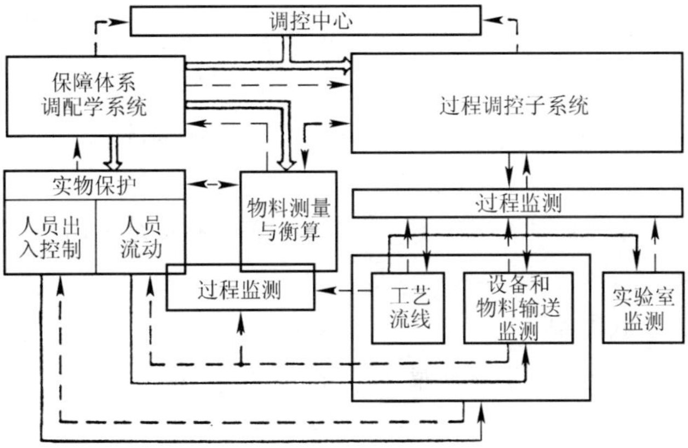

图 12-16　工厂监测系统结构图

⇒—控制；→—监测；---→—信息

法国开发了一系列核测量方法和技术，经过考核验证之后，应用于 UP3 工厂，取得了满意的效果。下面简单介绍一下 UP3 厂正在使用的一套核测量系统。

一、燃料元件切割—溶解工艺过程的监测

元件切割—溶解工序的监测系统展示于图 12-17[14]。

1. 燃耗测量

每个燃料组件在切割之前都要经过测量，只有当测出的燃耗与所报告的燃耗基本相符时才能批准进行切割，然后，再根据临界安全的要求计算出每个戽斗里应装燃料的数量。

测量是在一个特制小室里，通过两台准直高纯锗（HPGe）半导体探测器做轴向 γ 扫描来实现的。测量燃料中^{134}Cs 与^{137}Cs 的 γ 放射性活度比值，再计算出燃耗值。统计分析结果表明，申报值与测量值的平均偏差约为－5%。

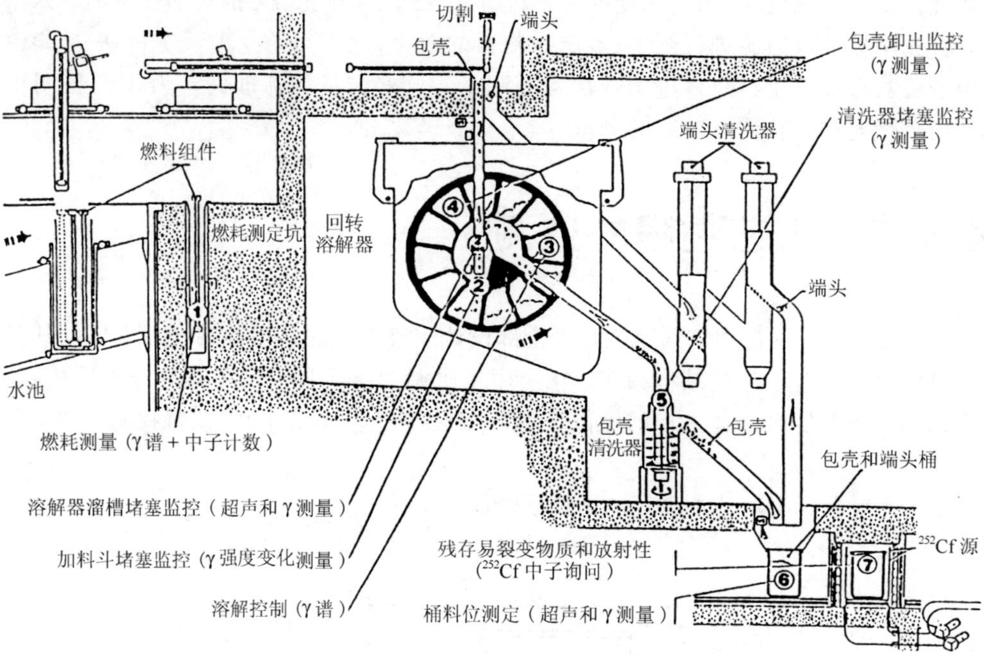

图 12-17　UP3/T1 的超声和核测量系统

为了检验结果用了两种辅助测量方法:总中子计数(主要是燃料中^{244}Cm 发出的)和^{137}Cs γ 峰的绝对值测量。

2. 溶解器溜槽无堵塞控制

用超声和两个电离室监测溶解器溜槽上、下部分之间(在液位以上)是否被堵塞。在溶解器两侧分别放一个^{60}Co 源和一个电离室,用以判断给料器(在溶液下面)是否被堵塞。监测结果表明,自工厂启动以来还未发现堵塞现象。

3. 燃料溶解控制

用高纯锗半导体探测器测量^{137}Cs,以便检查废包壳清洗器是否满足次临界的要求(未溶解的质量数应小于初始装料质量数的某一设定的份额)。自该设施启动以来,监测平均值在1%左右,与初始的估计是一致的。在 UP3 厂的其他地方也用同样的方法监测乏燃料中裂变物质的残留量。

4. 戽斗卸料的控制

通过比较准直电离室给出的信号与规定的阈值,来检查戽斗的卸料。在每次溶解开始时进行信号的自动分析,以此进行本底校正和确定阈值的计算。

5. 废包壳清洗器供料的无堵塞控制

在一个戽斗的卸料过程中,废包壳上的 γ 放射性将使准直电离室给出的信号增大。卸完料后,如果信号比本底噪音(卸料之前测量值)高 5 倍,就认为清洗器进料发生了堵塞。如果往清洗器里卸料和清洗器里的液位上升一起停止,这样就使我们可以证实这台装置是好用的了。

6. 废包壳桶料位控制

靠近桶的三个不同高度分别放了一台准直电离室，监测废包壳组件上下端头碎片的 γ 放射性活度。当料位上升并跨过探测器的准直区时，信号增大，说明物料已达到一定的高度。同时，还装了一台超声料位探测器对料位进行连续监测。

7. 废包壳桶中残留量和放射性的测量

在用水泥固化废包壳之前，必须对桶进行测定以便证实它们在贮存过程中处于次临界状态，以及证实桶内 α、β 放射性活度低于规定值，同时还要估计钚和铀的质量，以及全部 β 放射性活度。测量的方法是：无源中子计数法，有源中子计数法（测量由两个 ^{252}Cf 中子源引发裂变后放出的缓发中子）。这种方法可以对桶里的各种类型的燃料或它们的混合物的各种待测参数（例如残留的易裂变材料量，α 放射性活度）进行详细且精确的估算，测量的下限是 1 g 易裂变材料。

UP3 厂自开工以来，燃料切割—溶解监测系统取得的结果证明，这套监测系统和溶解工艺过程有很好的再现性。

二、溶液的测量

无损分析方法具有许多优点，UP3 厂工艺过程和各厂房的许多地方广泛采用了这种技术。它包括中子、γ 射线和 α 粒子的测量。

1. 用“ANPu”测量 α 含量

该系统用于测量水相或有机相中的低浓钚。测量方法是，用一只闪烁探测器对着一个连续的溶液膜，测量该溶液膜发射出的 α 计数率。对于给定的同位素组成，这种测量计数正比于溶液中 α 发射体的含量。

2. 用“ZEBULO”测量 β-γ 污染

这个系统用来监测经过处理的排出物流中残留的 β-γ 污染水平。用一个闪烁探测器连续监测计量罐里被测溶液中的 γ 放射性活度，所测的计数率与各种 γ 发射体的活度和它们的发射产额有关。

3. 中子计数法

无源中子计数法的应用范围包括 U-Pu 浓度和积累量，以及它们在脉冲柱中的浓度分布的测量。

三、若干物理参数的测量

流量借助于有标定隔膜的流量计测定。液位采用浮子液位计、吹气式液位计、压力变送器和超声发送器测定。工艺溶液的密度采用吹气式和浮子密度计测定。英国哈威尔采用一种多用途的超声仪表，可以测量液位、界面及密度。美国巴威尔厂、日本东海厂采用热电偶测量温度，采用吹气法测量设备内外压差，确定容器内的压力。

通常，远距离监测发送器的信息送入微型或小型计算机，经过处理后显示给操作人员。有时，单个仪器经微处理机与局部网络相联，各个局部网络通过电子计算机联接，可成为一个完整的工艺过程的远距离自动监测系统。

四、脉冲柱的工艺监测

脉冲柱是Purex流程中最常用的重要设备。它工作状况的好坏直接影响着生产的安全和产品的质量，因此，对脉冲柱的监测和控制具有重要的意义。监测脉冲柱的主要参数有流量、界面、柱重、脉冲等。

1. 流量的测量

精确地测量并控制流量对于连续的工艺过程是必不可少的。在许多情况下，过程中的液位、温度等参数保持稳定常常取决于流量的监测与控制。一般来讲，可变落差流量计，可变截面流量计，涡轮式流量计和电磁流量计等均可用于核燃料后处理厂的流量测量[15]。

在后处理厂用空气升液器输送液体是优良的方法之一，而采用压空流量计来测量流量获得了广泛的应用。通过控制压空流量来改变升液的流量，长期应用的结果表明，空气升液器能够为脉冲柱提供稳定的供料和排料[9]。

2. 界面的监测

后处理厂常采用吹气法、电导法和浮桶法测量界面。美国的汉福特厂、巴威尔厂、欧化的莫尔厂、印度的特朗贝厂都采用吹气法测量脉冲柱的界面。吹气式仪表测量溶剂萃取脉冲柱两相体系的界面位置，是将两根浸液管插入脉冲柱的扩大段内，通过测量两根浸液管端头之间的压差即可确定界面位置。

英国温茨凯尔厂曾用四根浸液管插在萃取柱上部不同高度。插入中部的两根浸液管包括了界面位置移动的正常范围，用于测量和控制界面位置。上部的两根浸液管用于指示有机相密度，下部的两根浸液管指示水相密度。

采用吹气浸液管测量萃取柱界面时，有两条经验值得注意。如果脉冲柱的界面维持在柱子的底部时，不能采用吹气浸液管探头，因为引进柱子的空气会干扰脉冲；在脉冲柱中，由脉动产生的压力波动会引起吹气压力信号的波动，脉冲频率的变化引起吹气压力的变化，这时要采用适当的阻尼措施来解决这个问题[15]。

欧化莫尔厂不仅采用吹气法测量脉冲柱的上界面，同时也用于下界面的测量，吹气管在下扩大段的安装采用45°斜插式，如图12-18所示。

美国汉福特厂采用电浮子式仪表测量脉冲柱的下界面[9]。

法国圣戈班公司在设计脉冲柱时取消了直接连接在柱下端的下扩大段。设立了一个脱离脉冲柱体的澄清器，将从柱子底部排出的有机相和水相的混合液，用空气升液器送入该澄清器，澄清后的有机相再流回脉冲柱，维持系统平衡。此时通过测量澄清器的界面，就能反映脉冲柱的操作工况。这种方法不仅较好地解决了脉冲柱中界面污物的积累，而且简化了脉冲柱下界面的测量问题。英国的哈威尔溶剂萃取中试厂将这种方法用于工业生产，运行经验证明，采用这种方法不但能很好地解决了脉冲柱下扩大段界面测量问题，尤其对于改善柱中污物的排除，稳定操作，效果明显[9]。二是通过控制重相出口压力箱的压力来调节重相出口的流量，以便达到控制界面的目的。德国的TAMARA脉冲柱界面控制系统如图12-19所示。美国的爱达荷厂，欧化莫尔厂，日本的东海厂等也都采用这种方法。三是通过调节空气升液系统的空气流量使之改变重相出口的流量，以便达到控制界面的目的。欧化莫尔厂、印度特朗贝厂均采用图12-20所示的方法来控制脉冲柱的相界面。

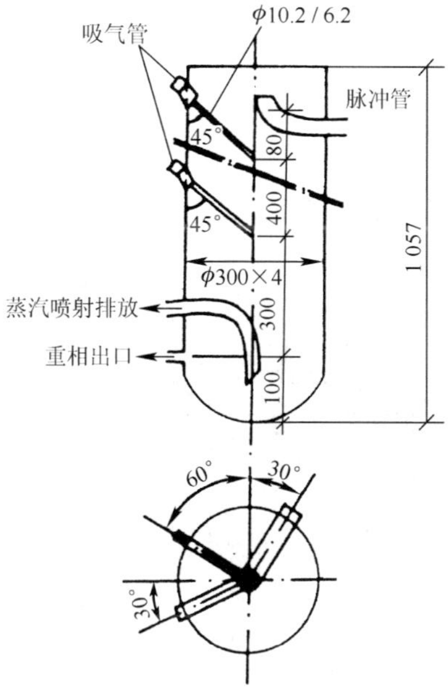

图 12-18　欧化厂脉冲柱下界面探测及吹气管几何尺寸

（图中尺寸单位为 mm）

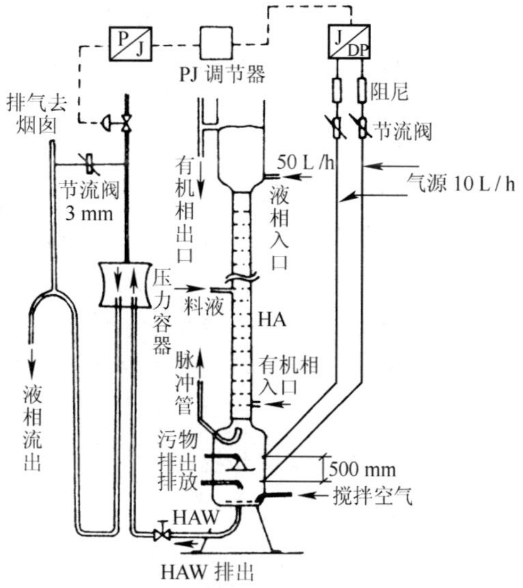

图 12-19　德国 TAMARA 脉冲柱界面控制系统

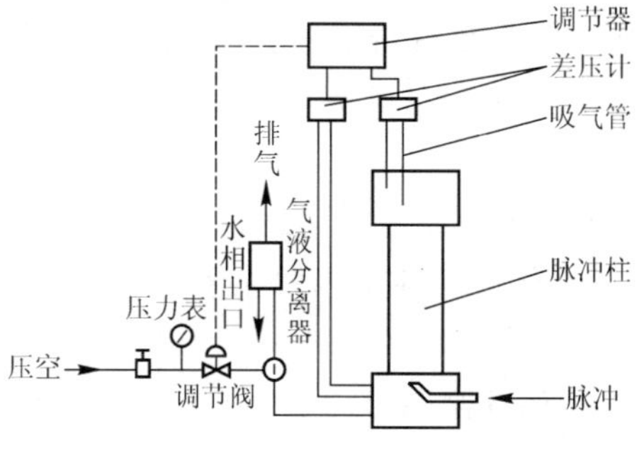

图 12-20　利用调节空气提升器空气流量控制脉冲柱的界面

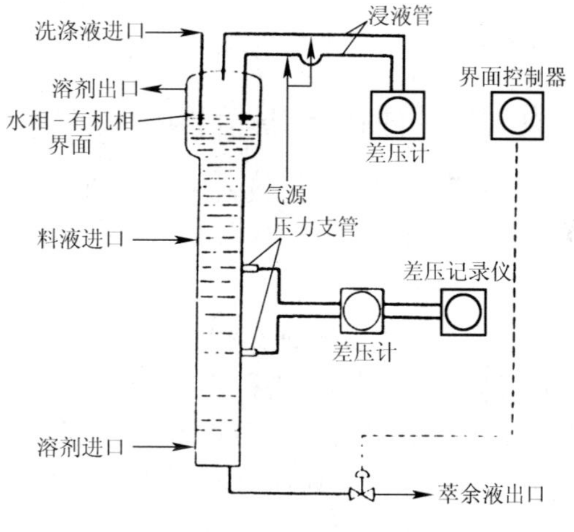

图 12-21　溶剂萃取填充柱上的检测仪表

3. 密度的测量

图 12-21 示出了铀回收工艺设备上的测量装置[15]。设置在两个关键部位的支管间的压力差能提供柱内混合物密度的数据，对于萃取柱，两根压力直管位于进料点之下不远的区域内，该区域内的铀浓度在正常情况下是很低的。如果是水相为连续相的萃取柱，若该段柱内的密度值有所下降，则表明非连续相的存留量增加了，因此是液泛的征兆。如果密度值增加到正常值以上，就说明铀的萃取不完全。因此通过密度的测量，而不需要取样和等到分析结果，就可以采取纠正措施使操作恢复到正常。

4. 测量脉冲柱的柱重

测量脉冲柱的柱重，实际上就是测量脉冲柱的压差，其目的就是探测脉冲柱偏离正常操作的状况。由于柱重是由两相体积比和密度决定的，因为操作条件的变化将会引起两相体积比的变化，所以测量脉冲柱压差的变化，就可判断在脉冲柱中出现的不正常情况，就能相当敏感地测定出液泛的临界点[9,15]。美国的巴威尔厂和德国的 TAMARA 都是采用这种方法测量柱重。图 12-22 表示了美国汉福特厂脉冲柱柱重探测系统。

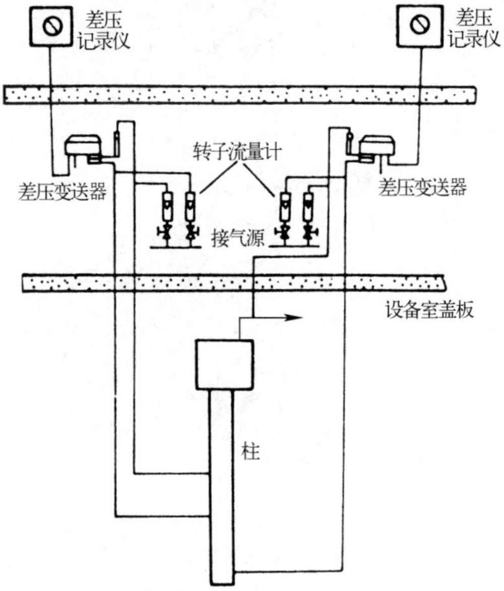

图 12-22　汉福特厂脉冲柱柱重探测系统

5. 测量脉冲柱的频率和振幅[9,15]

美国爱达荷厂采用流量变送器来测量脉冲的振幅，它是利用流量变送器输出的信号正比于脉冲柱中流体的体积流量的原理来实现测量的。

在一般情况下多采用测量压力的方法来测定脉冲振幅。因为脉冲振幅、频率和所用压空的压力有关，当脉冲频率一定时，脉冲振幅只是压力的单值函数。为了准确地测量和调节脉冲的压力，必须采用缓冲罐。

五、放射性排气的监测

日本从东海后处理厂投入运行起，即对氪-85、碘-129 和氚进行了监测。在辐射防护工作中，对排气监测是重要的项目之一，其目的在于确认排气中的放射性浓度及总量均低于安全规定中的允许限值。

对发出高能 γ 射线的核素的测量是比较容易的，但在核素发出 α 辐射、β 辐射或低能 γ 射线的情况下，则需要对其进行特殊的处理，以减少来自天然放射性核素及化学物质的影响，因此对于氚和碳-14 采用间断测量的方法；而对于氪-85 则采用连续监测。两种测量方式同时用于碘-129、碘-131 和放射性尘埃的测量；并且在对碘进行连续监测时还考虑了氪-85 的干扰（辐射）。

日本东海厂有两根烟囱，高度均约为 90 m。在每一根烟囱上都装在排气监测系统。其中包括了尘埃监测器、碘监测器和气体监测器。氚用冷阱收集；碳-14 用装有有机溶剂的鼓泡器收集。这些核素的放射性用液体闪烁计数器测量，以最后加以确认。氪-85 通过直接测量引入一个小室中的气体进行估算。东海厂的排气监测系统如图 12-23 所示[16]。

1. 氪-85 的测量

氪-85 使用一个 G-M 计数器和一个 NaI 闪烁探测器组成的氪监测器进行连续监测，对气体排放物中的氪-85 所发出的 β 或 γ 辐射进行测量，这样可以每个小时通过计算机对其放射性浓度及总量进行自动计算。G-M 计数器用于高浓范围的测量；NaI 探头用于低浓范围的测量。氪-85 的 γ 放射性可用脉冲高度分析法进行探测和计数。通过使用这两种类型的探测器，可以在从 $10^{-3}\sim10^{2}$ Bq/cm^3 较宽的氪-85 浓度范围内实现测量。

2. 碘-129 和碘-131 的测量

碘-129 和碘-131 用过滤器进行取样，并对装有活性炭的过滤筒用 NaI 探头进行连续测量。此外，对碘-129 和碘-131 的样品，还每周用高纯锗探测器进行测量，以便确认它们的浓度和排放总量。

碘探测器有一个严重的问题，即从乏燃料剪切和溶解过程中所释放出的大量氪-85 干扰碘-129 的测量。为了解决上述问题，开发了一种使用多道脉冲高度分析法的新型检测系统，并将它用于碘-129 的连续测量。新的系统甚至在氪-85 浓度达到最大值时也可以对碘-129 进行连续测量。

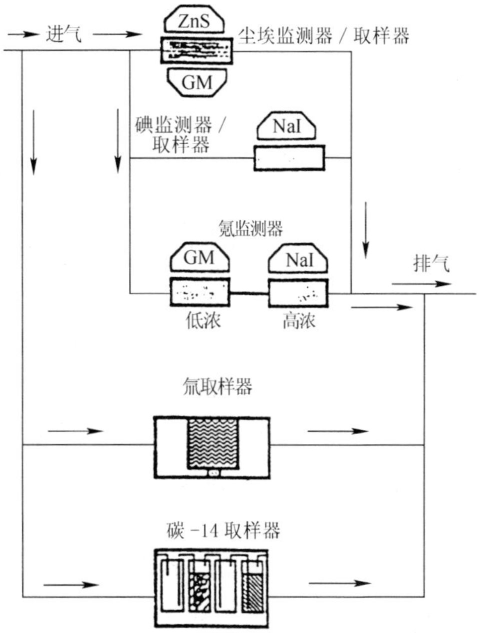

图 12-23　排气监测系统简图

3. 碳-14 的测量

碳-14 的检测采用排气通过单乙醇胺（MEA）的方法对碳-14 取样，并用液体闪烁计数器进行测量。在碳-14 的测量中，可能存在一些妨碍测量的其他物质，例如氪-85 等。氪-85 是一个干扰体。它发射的 β 辐射的能量（0.69 MeV）正好同碳-14 发射的辐射能量之一相同。在取样线上安装了空气纯化器以消除氪-85。

排气系统的监测数据通过计算机集中处理。计算机处理使近些年排气检测系统运行得更为有效，而且其结果也更为准确。

此外，日本还发展了一种连续检测后处理厂尾气中的氢-3、碳-14 和碘-129、碘-131 的方案[17]。碘-129、碘-131、碳-14 和氢-3 的连续监测流程图如图 12-24[17]所示。同时，表 12-14 给出了所选择的探测器、可探测的下限值和 DF 值。

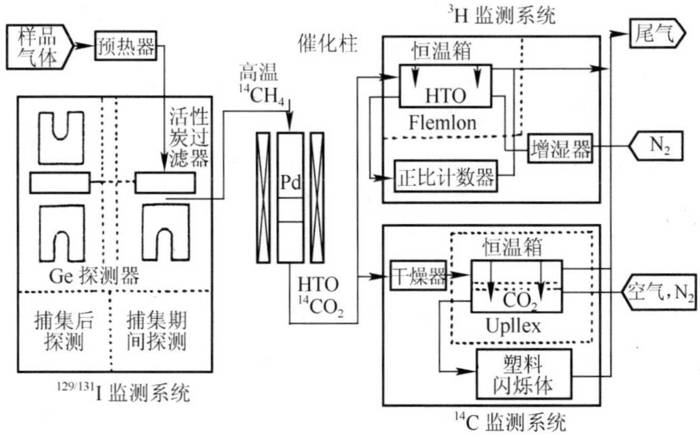

图 12-24　$^{129/131}$I，^{14}C 和 ^{3}H 的连续监测流程图

表 12-14　所选择的探测器、可探测的下限以及对^{3}H，^{14}C和$^{129/131}I$监测的DF值

核　素	可探测下限值/(Bq/cm³)	探　测　器	DF 值
^{3}H	6×10^{-4}	带脉冲形状甄别器的正比计数管	对^{85}Kr为10^{5}；对^{14}C为10^{2}
^{14}C	4×10^{-4}	塑料闪烁体探测器	对^{85}Kr为10^{5}
^{129}I	3×10^{-8}	N 型锗半导体探测器	
^{131}I	1×10^{-8}	N 型锗半导体探测器	

第五节　核材料衡算及核保障技术

核保障的目的是及时地发现把大量核物质从和平核活动转向核武器或其他核爆炸手段的制造或未知的目的，并通过及早发现这种转用的危险来制止这些转用。

为了实现核保障，对核材料进行测量和衡算是所采用的最重要最基本的保障措施。同时把封隔和监视作为主要的辅助措施。核材料衡算就是为确定在一定的环境内存在的核材料量和在一定的期间内这些量所发生的变化而进行的种种活动。

一、核材料平衡区和关键测量点

国际原子能机构把核保障方法应用于后处理厂，把后处理的装置分成三个核材料衡算区(或称平衡区)如图 12-25 所示[18]。

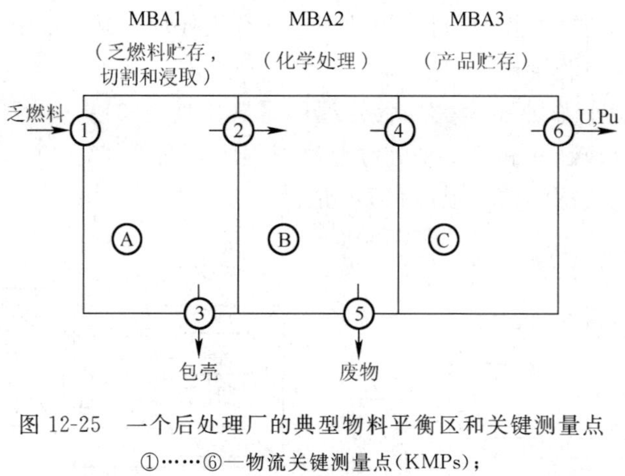

图 12-25　一个后处理厂的典型物料平衡区和关键测量点

①……⑥—物流关键测量点(KMPs)；

ⒶⒷⒸ—存量关键测量点

日本东海后处理厂设了三个核材料平衡区，MBA1 为乏燃料贮存、切割和浸取区，MBA2 为化学处理区，MBA3 为产品贮存区。法国 UP3 厂和 UP2-800 厂将生产设施分为四个平衡区，如图 12-26 所示[21,22]。MBA1 包括 1 个容器贮存区，2 个水下卸料池，5 个贮存水池(批准的贮存容量为 14 400 t)；MBA2 区：UP3 的 2 个 MBA 包括首端，工艺区(T1，T2 直至物料衡算计量槽)，它由各进料热室，剪切设备(2 条线)，溶解 2 条线，进料计量槽和各相关辅助设备组成；UP2-800 的 2 个 MBA 包括 R1，它的结构与 UP3 相同。在 UP2-800 中增加了从混合氧化物燃料制造产生的 UO_2-PuO_2 重新溶解单元；MBA3 区，UP3 厂的 3 个 MBA 主要包括 4 个设施——T2，T3，T4，T5，在这里完成分离和纯化过程，以及 $UO_2(NO_3)_2$ 的浓缩和贮存，钚的转化，调整转型；UP2-800 厂的 MBA3 基本上与 UP3 相同，即包括 R2 和 2 个原 UP2 厂的装置[Ma-U(中放铀)和 Ma-Pu(中放钚)]。

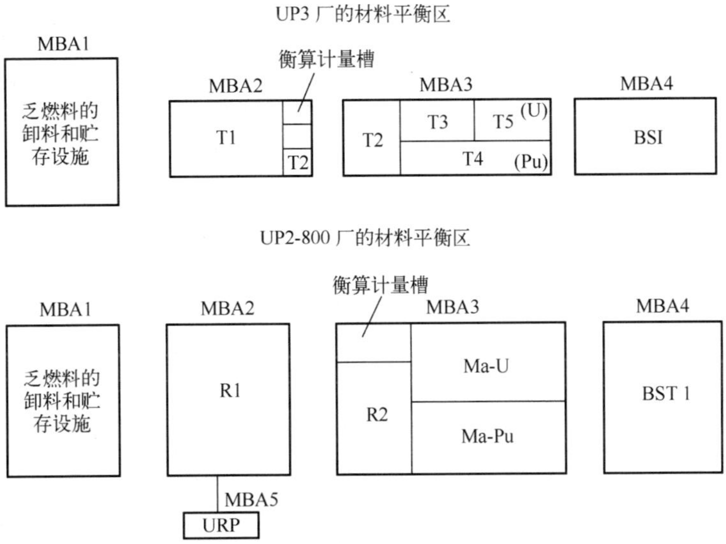

图 12-26　UP3 和 UP2-800 的材料平衡区

MBA4 区，PuO_2 的贮存设施，PuO_2 容器贮存在井孔中，BS1 的中间贮存能力为 30 t，BST1 的贮存能力为 10 t。

后处理厂核材料平衡区的划分，通常是把乏燃料组件贮存及首端处理和产品贮存两个单元单独划分，其他区要视具体情况而定。在划分平衡区时要有利于核材料的接收、发运、转移的准确测量，有利于封隔和监视，要有利于物流测量的完整性。

根据平衡区物料的交接和流失，要确定若干个战略点，其中包括关键测量点和封隔监视点。对于关键测量点又分为两类，一类是关键流量测量点，另一类是盘存关键测量点。日本东海后处理厂在三个核材料平衡区设有 9 个流量测量的关键测量点(FKMP)和 7 个实物存量测定的关键测量点(IKMP)。在正常情况下每年运行两次，每次运行结束时都要进行实物盘存[19,20]。法国 UP3 选择 20 个贮槽控制流量，作为流量测量点；UP2-800 厂选择 39 个贮槽控制流量，作为关键测量点，其中 22 个点在 R1 和 R2，17 个在 Ma-U 和 Ma-Pu[21,22]。

二、平衡区关键点的测量

在核材料平衡区关键点的测量主要是核材料成分(或浓度)和总量的检测。成分(或浓度)测量主要是通过化学分析和无损测量来实现，总量是通过总质量或体积测量来实现。

在进料端是校准过的衡算槽和经过浸取的废包壳。在出料端关键控制点是强放废液(HAW)槽和盛装铀、钚产品溶液的容器。对于这些关键测量点，需要分析的内容必须尽可能精确，在易裂变材料浓度高的部位(进料液、铀和钚的产品液等)，要求相对标准偏差$<0.5\%$，而浓度低的地方(HAW，包壳等)要求相对偏差$<5\%$，同样要求体积和浓度测量也必须接近

上述精度，这样才可能得到接近真实情况的有意义的衡算结果。

对于关键测量点的检测欧化后处理厂采用的物料衡算方法及精密度要求列入表12-15[21]。

表 12-15 欧化物料衡算方法及精密度

	欧化	
	方法	精密度/%
进料 1AF		
U	IDMS1)	0.47
Pu	IDMS	0.65
产品		
铀产品中 U	重量法	0.08
钚产品中 Pu	安培滴定	0.3
	电位滴定	0.1
废液或盘存点		
U	电位滴定	1.5
U	分光光度	2.6
Pu	α 计数	5～10
Pu	α 能谱	5～10

注：1)同位素稀释质谱法。

在后处理工厂中，核材料是通过评价“不明材料量”(MUF)进行衡算的，其公式如下：

MUF＝开始时存在＋全部接收的数量－所有发出的数量－结束时存量

核保障机构分析这些 MUF 数据，并把它们与所制定的标准相比较，这样做可以使管理机构能判断保障措施的有效性。

由于 MUF 公式中的一些项的测量或(和)估计值存在误差，结果甚至在核材料没有被转移的情况下也会出现非零的 MUF 值。为了避免出现大的表观 MUF 值，特别是在大的工厂，必须尽量减少工厂核材料测量中的误差。为此，应开发并应用检测精度更高的方法。英国在这方面取得了许多成就并积累了经验。

现在将英国核材料衡算及核保障技术中的主要检测方法和检测仪器介绍如下[24～26]。

1. 溶解料液中钚含量的测定

后处理工厂中，辐照过的燃料在溶解之前所能得到的有关特种核材料(例如钚)数量的信息，只能根据燃料制造的数据加燃耗测量值。而燃耗值的精度通常是百分之几。所以，第一次精确的测量，只能在燃料溶解并且把溶液转送到一个专门为核材料衡算而设置的贮罐之后才能进行。通常所用的方法是：测量液体的深度，并根据预先刻好的容器刻度计算出溶液的体积；再根据密度，算出总质量数；取样，分析，测出溶液中钚的浓度；最后计算出该贮罐里所含钚的质量。这种方法有缺点，因为它步骤多，每一步都有测量误差，因此这些步骤合起来的测量总精度只能在1%左右。

现在可直接测量专门供核材料衡算用的贮罐内液体的重量。测量精度大大提高。实验室试验得到的称重精度约为0.02%。预计，把这种方法用到实际工厂时它的性能将有所下降。因此，英国为残屑回收装置(RRF)设计了一套核材料衡算计量罐专用的称量系统，RRF是作为唐瑞快堆燃料后处理工厂的第二个首端装置而建造的。

英国原子能管理局所属唐瑞快堆燃料后处理厂的残屑回收装置(RRF)使混合氧化物(MOX)燃料元件制造时产生的残屑或其他没辐照的燃料(例如破损燃料元件)溶解并对其进行调料，以便送主厂进行后处理。该装置包括任何后处理厂首端所应具备的主要设备(溶解器、衡算计量槽等)。它是评估对后处理厂液体进行核材料衡算的仪器系统的一个理想试验装置。如图12-27所示[26]。

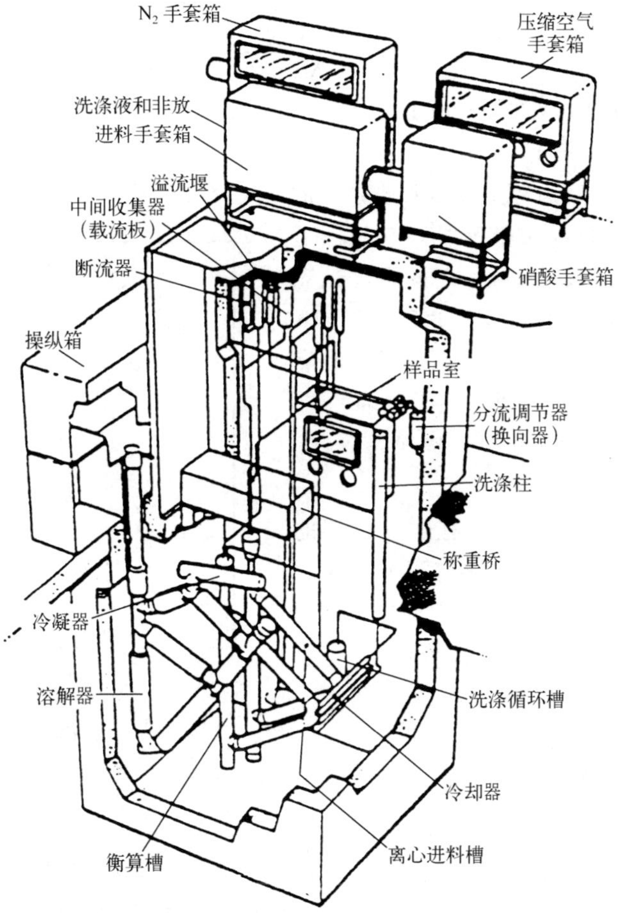

图12-27　唐瑞的残屑回收装置

为该装置的衡算计量槽设计了三种独立的检测仪器进行测量：

(1)K边密度计。测量进入衡算计量槽的循环液体中铀和钚的体积浓度；

(2)振荡U形管密度计，测量液体的密度：

(3)专门开发的称重机，它以电磁自动平衡负载传感器为基础，测定衡算计量槽中液体的总质量。

综合上述三种测量，按下列公式计算液体中铀和钚总的质量。

$$M = C_{体积} \times \frac{M_{液}}{\rho_{液}}$$

式中：$C_{体积}$——铀或钚的体积浓度；

$M_{液}$——液体的总质量；

$\rho_{液}$——液体的密度。

2. K 边界密度计

为了获得衡算计量罐里钚质量的瞬时值，可采用 K 边界密度计的在线无损分析技术。K 边界方法包括测量 X 射线发射的急剧变化，而这些 X 射线是被分析对象（铀或钚）的 K 边界发出的。透过边界的透射率 R 与元素的体积浓度的关系可以用下式表达

$$C = \frac{\lg R}{X \cdot \Delta\mu}$$

式中：C——被分析对象的浓度，g/mL；

X——样品的光程长度，cm；

$\Delta\mu$——铀或钚的 K 边界上质量吸收系数的变化，cm^2/g。

Ottmar 等人设计的 K 边界仪器[27]包括三个主要部分：一个 X 射线发生器，一个样品分光光度测定仪，一个离线 γ 探测器。图 12-7 示出了 K 边界吸收密度计的概貌。图 12-28 示出了未经衰减的连续 X 射线谱和样品池里存在着含铀和钚的液体时的测量谱；从图中可以清楚地看到，铀和钚特征的 K 边界。

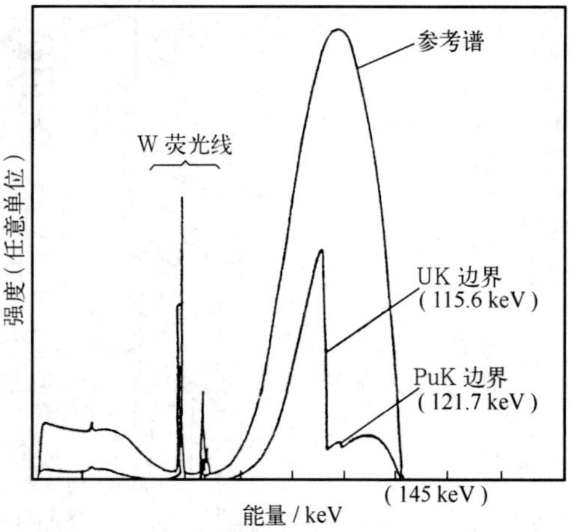

图 12-28 未衰减的 X 射线谱和样品池存在着含铀和钚液体时的测量谱

这台 K 边界密度计在 α 脉冲柱实验台架的批式试验中已使用了它，并从中取得了有关这种方法性能的重要经验，该台架是为了开发后处理工厂流程而建的。共分析了 400 多个样品，有水溶液的，也有有机溶剂的，铀和钚浓度从 1～60 g/L，与实验室的相比较，所得结果非常好。

3. 振荡 U 形管密度计

这是一种示波器式密度计。它用于测定溶液的密度，以便根据 K 边密度测量和总溶液的质量测量完成总铀和总钚的质量衡算和测量。它也可用于混合期间溶液均匀性监测的可替代方法（对 K 边密度计而言）。

通过振荡管的频率变化而测量不锈钢 U 形管中溶液的密度。密度计成为上述再循环回路管道系统（包含 K 边样品池）的一部分。U 形管和震荡装置安装在特制的手套箱中，而主要的电子控制机构和通信线路则装在密封手套箱的外面。

U 形管中的液体密度要根据振荡时间和温度由经验公式求得。已获得的密度测量结果的准确度是±0.1%，精密度是±0.01%。

4. 槽子称重系统

称重系统是一种直接称量衡算计量槽及其内容物的力平衡杠杆臂装置。它是以电磁自动

平衡负载传感器为基础，支持在刀刃上的两根杠杆通过系杆承载衡算计量槽。这种结构采用非常坚实的在负载下给出有效零位偏移的部件，把管道连接成 U 字形以减少它们对测量的干扰。

称重系统的主要部件被安装在放射性封闭系统的外面，在屏蔽箱的顶部，使它便于进行维修和刻度。利用每个系杆上的支持圈能把悬挂着的槽子从称重装置上卸下来，以便用标准砝码直接刻度。

5. 伏安测量法

伏安测量法是一种电化学技术，可以用来测量溶液中的化学组分，用于燃料后处理设施的遥控测量。英国唐瑞开发的这项用于测量工厂物流中钚、铀及其他组分的技术，也可用来测量工艺流程中的存量，用于 MUF 公式的计算。这项技术已用于唐瑞快堆后处理工厂。

在这项工作开发的初期，就得出结论，只有固体电极才适合作为工厂的敏感元件。已经证实，金是最好的工作(敏感)电极，因为它在酸性介质中有广泛的工作范围，灵敏度高，界限分明的氧化还原响应。计数器和准参考电极最好是用铂。用准参考电极对于一个给定的液体介质可以得出一个适当的参考电位。研究开发了伏安测量探头，电极浇铸入一个单独的绝缘体中，并把它组装到一个插入装置里。

伏安测量法测定的对象是那些具有快速氧化还原反应的组分。有 Pu、U、Np、N_2H_4、NH_2OH 和 NO_3^-，因为这些对象与核燃料后处理有关。所有被测的对象都有很宽的浓度变化范围，多的可达 40 倍，在许多情况下有低的检测极限(例如对于 Pu 检测极限可达 0.05 g/L，对 N_2H_4 和 NO_3^- 是 500 ppm)，测量精度约为 5%。还研究了工厂里的一些通常变量的影响，例如酸度、温度和硫酸盐等。被测样品中即使有少量裂变产物存在也不影响对铀或钚的测量。当溶液里的裂变产物含量高时，仍然可以测量，但测量下限就不够理想了。

6. 光导纤维分光光度测量法

光导纤维分光光度测量法可以遥控测量工艺溶液的光吸收，它是当工艺溶液通过装有蓝宝石窗的液流小室时实现测量的。唐瑞开发了一套计算机控制系统，在 α 脉冲柱试验台架的在线测量中使用。成功地用它测量了水相和有机相中的铀和钚。还开发了光谱去褶合程序，用来分析含有几个被分析组分的溶液。六价铀的吸收与硝酸盐有关联，于是利用这种特点在同一个光谱中通过计算即可测得铀和硝酸的浓度。

测量迅速，可以频繁地分析，这些是在线分光光度测量法的优点。用先进的 IBM/PC 机的控制系统可以在不到一分钟内完成一次测量。

在唐瑞快堆燃料后处理工厂中，已把一套系统改造成一个样品站，并且正在对第一循环的溶剂产品物流进行运行考验试验。在这种环境下，必须考虑 γ 辐射对蓝宝石窗和光导纤维的影响。但是，用 ^{60}Co 进行的辐射试验表明，蓝宝石和光导纤维能承受的累计剂量分别为 1×10^7 和 1×10^6 Gy。

用在线分光光度法和离线实验室分析测定水相和溶剂相物流中的钚浓度所得结果可知，这项技术的灵敏度取决于所测物项的价态，但对于钚来说，可以低达 0.1 g/L。当测量值约为 5 g/L时，测量精度大约为 3%。

上面简要地介绍了英国原子能管理局技术公司在核材料衡算方面的经验和主要的检测手段。

法国大量开发和应用了先进的设备和装置用于核材料衡算和核保障系统。表12-16给出了UP3厂的封隔和监视装置。

UP3厂实施核保障取得的经验为：不管一个大型后处理工厂的规模怎么大，也不管它们的自动化程度如何高，总是可以有效地执行核保障的[21]。

表12-16　所有的封隔和监视装置

材料衡算区	电视摄像机	探测器	数据记录器或处理机
1	23	4	1
2	10	2	7
3	4		14
4	13	2	
合计	50	8	22

第六节　生产过程的控制系统

后处理厂的整个生产过程或单个工艺环节的控制系统都是建立在远距离检测系统的基础上。

美国巴威尔厂自动控制系统是最早的几个工艺过程集中监测控制系统之一。这个两回路系统包括各类保障及工艺过程的子监测系统。每个子系统都是一个复杂的多枝多级系统，含有大约500个发送器和监测器。

原始数据送入由小型计算机组成的局部信息网络，每个小型的计算机执行特定的功能并能将信息传递给其他小型计算机。监测仪器的数据显示在屏幕上，数据呈文字或图表的形式使操作人员便于了解。上述局部网络的信息经过工艺过程自动控制系统送入控制、联络和协调中心，并由该中心发出控制指令送入相应的回路。这个系统的特点在于能将全部分析结果送入工艺过程自动控制回路，从而有利于采取控制措施。

美国萨凡那河工厂为回收废料中钚的新装置建立了一体化自动监测控制系统，这个系统能够对工艺过程实施无损监测和核材料衡算[1]。

系统的基本任务是保证物料的连续衡算。系统是一个一体化网络，包含若干台无损监测仪器上的微机，一台控制上述仪表工作的计算机，一台监测工艺系统的计算机，一台核材料衡算系统的计算机和一台控制信息贮存的计算机。

对固体材料的非破坏分析，采用双探头γ谱仪测定钚的同位素比，四道热量计以及中子符合计数器。

为测定液体样品的成分，在分析热室中，装配了两套γ谱仪和两台X射线荧光分析仪。

工艺过程的在线监测采用两类仪器。第一类是中子符合计数器，用于测定废料中钚的浓度。第二类仪器由13个NaI探测器组成，用于获取废料溶解过程的信息，离子交换分离钚的信息，估计工艺设备(溶解设备，化学处理设备，阴离子交换柱，管道等)中的钚量，并且控制临界。

附属于上述仪器的微机可以独立工作，也可与监控计算机联机，收集每个仪器的测量结果和误差的信息，控制各仪器按总程序进行监测。总之，此系统有助于实现工艺过程的操作控制，并进行接近真实情况的核材料衡算。

德国卡尔斯鲁厄工厂第一萃取循环和铀线第二循环的过程信息系统 PRODES 于 1984 年投入使用。系统按功能分为三个部分：数据系统，过程模拟计算及人机联系。PRODES 系统能评价远距离仪表的指示，并将其与分析结果作比较，从而保证所获得的数据符合度较好。

东海后处理厂也设有中央控制室。1994 年投入热运行的英国大型热堆氧化物燃料后处理厂（THORP 厂）的规模和复杂性要求有一种从结构上分层次的控制仪器仪表系统，用以满足工厂安全和可靠性的要求，以便实现高度自动化和集中控制。

英国 THORP 厂的这种分层次的控制系统包括，一台化学分厂信息计算机，一台首端处理中心计算机，一套自动取样控制系统，工艺过程分布式控制系统，辐射防护系统，以及多种大型可编程电子系统。

THORP 厂的中央控制系统如图 12-29 所示[28]。该中央控制室长 40 m，其中布置有 7 个操作控制台，1 个主任控制台。用于工艺过程控制的每个控制台都安装有 3 个形象化显示单元，每个显示单元可直观显示 3 000 多个模拟控制系统。

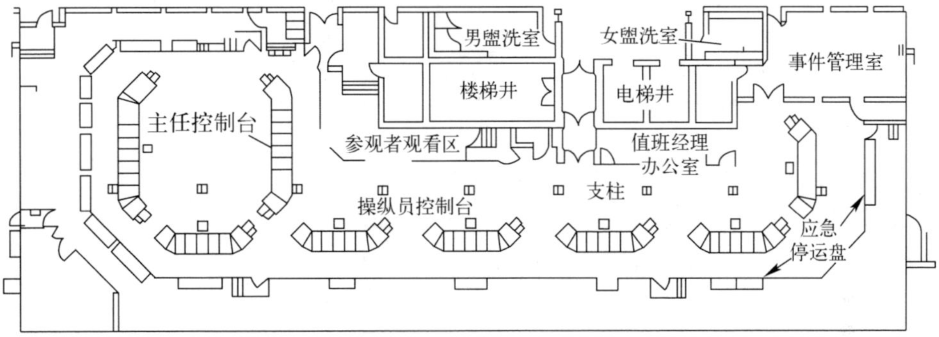

图 12-29　THORP 厂的中央控制室

法国乏燃料后处理工业得到了持续的发展，特别是动力堆乏燃料后处理技术，在许多方面处于世界领先地位。

法国在阿格后处理工业发展的同时，控制系统也同步发生了巨大的变化。在阿格，使用的技术是从最初的技术发展起来的，有一些仍在 UP2-400 工厂中应用，最后用到UP2-800工厂。法国的 UP-1 工厂（马库尔），工厂布置在一座建筑物内，控制台分布在整个厂房内，直接靠近设备，实现了单个设备的自动控制。UP-2 厂有几座分开的建筑物，每座建筑物设有车间控制室。

按照当时已有的技术，就是传统的控制盘，盘上装有按钮指示灯、记录仪和单模拟量控制器。最早的逻辑控制器是硬线连接的电磁继电器，然后是固态继电器。

为操作方便，采用了两个层次的控制台，第一层次用几种逻辑函数处理器处理来自发送器的原始信息，第二层次处理反映整个装置全部工作细节的汇总数据。

在 UP1 的基础上，UP2-400 所做的技术更新和进步主要是采用工业微型计算机，主要用于记录数据，采用了可编程序控制器，应用了控制台和控制间。

随着新技术的发展，逐步引进了新的工艺设备，这些设备广泛采用了以微处理机和可编程自动装置、信息通道和控制台为基础的程序控制。

为保证中央控制系统功能的顺利实现，所有这些功能均设在UP3的中央建筑物中。另外还有两个相邻的控制间：一间用于辐射控制的集中监视；另一间用于取样和样品传输控制。

安装在UP3的一个设施里的生产控制系统的典型结构(包括化学单元和机械单元两部分)。这个系统构成如图12-30所示[29]。Micro Z为分布控制系统，用于化学单元的控制。对于逻辑处理，该系统增加了SMC 600可编程序控制器。对于机械单元，在COCIXI系统上直接与SMC 600控制器连接。

在UP3热运行几年后，在UP3有关中央操作控制最初存在的技术问题已经完全得到解决之后，1994年UP2-800工厂才投入运营。UP2-800工厂的控制，由于工厂建筑物布置的原因，R1车间(首端处理厂房)和R2车间(工艺生产厂房)都有自己的控制室。

UP2-800工厂的R1和R2车间，在以下几方面作了重大改进：

(1)新的多任务控制站的控制系统构成的一体化，将控制功能放于为操作员布置的两个VAX站4 000A和B控制台上；通过模拟显示，增强了化学和机械过程的动态信息，模拟显示

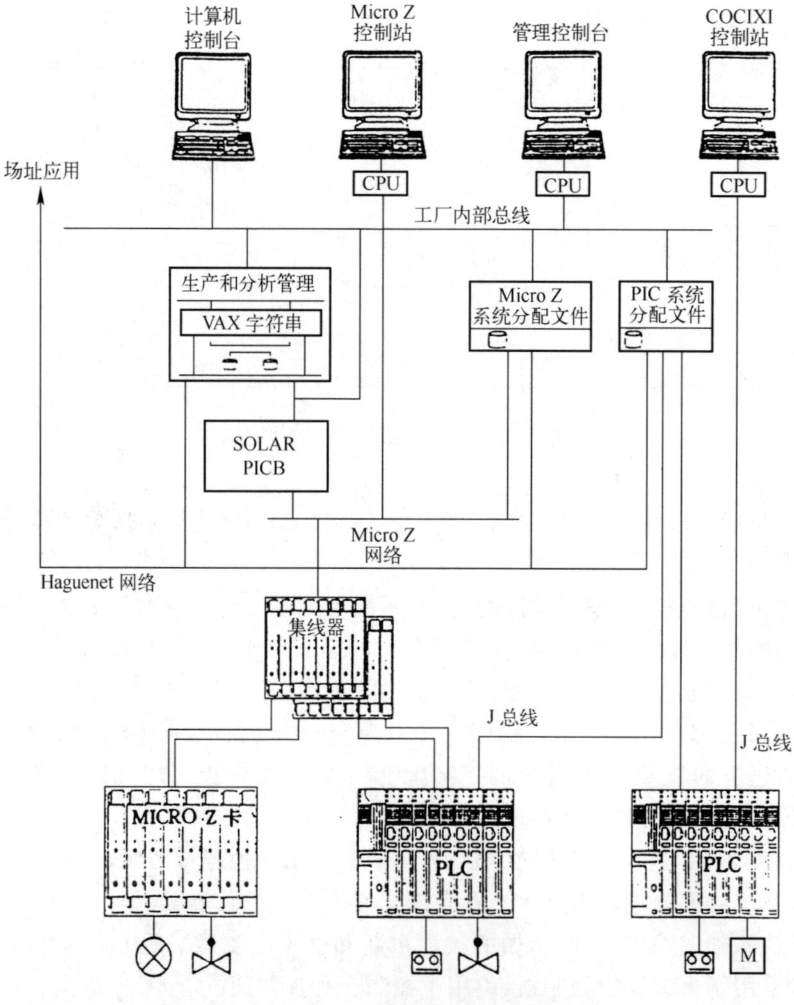

图12-30 UP3控制系统的典型构成

包括颜色和形状的改变，闪烁，移动符号，检测显示，棒状图等；在屏幕的适当部位进行远传控制显示；在屏幕的永久部位进行报警显示，并有专门的补充显示；趋势显示和历史数据和图形显示。

（2）由 B 控制台的 X 窗口提供辅助功能操作；利用国际数据库管理系统通过 COGEMO V2 进行操作过程显示。诊断辅助，对 PLC 控制单元用 SAD 系统，它有两个主要功能：加载程序与参考程序之间的偏差报警和向操作员提供详细信息，帮助诊断；用 SYDDEX 系统进行控制系统数据和文件管理；生产管理。

（3）使用新一代 PLC 机和 APRIL 1000 系列，其容量可使每个功能单元均有一个控制器。

（4）利用 ETHERNET 网络和保证永久应用的数据服务盘，与制造商的硬件和软件开发保证一致。UP2-800 的 R1 和 R2 车间的典型生产控制系统构成见图 12-31。

法国在设置和发展生产过程和控制系统上，取得了宝贵的经验：

（1）对于新工厂项目，根据工程进度，应该尽可能晚些选定控制系统。因为监测和控制技术的发展变化很快。

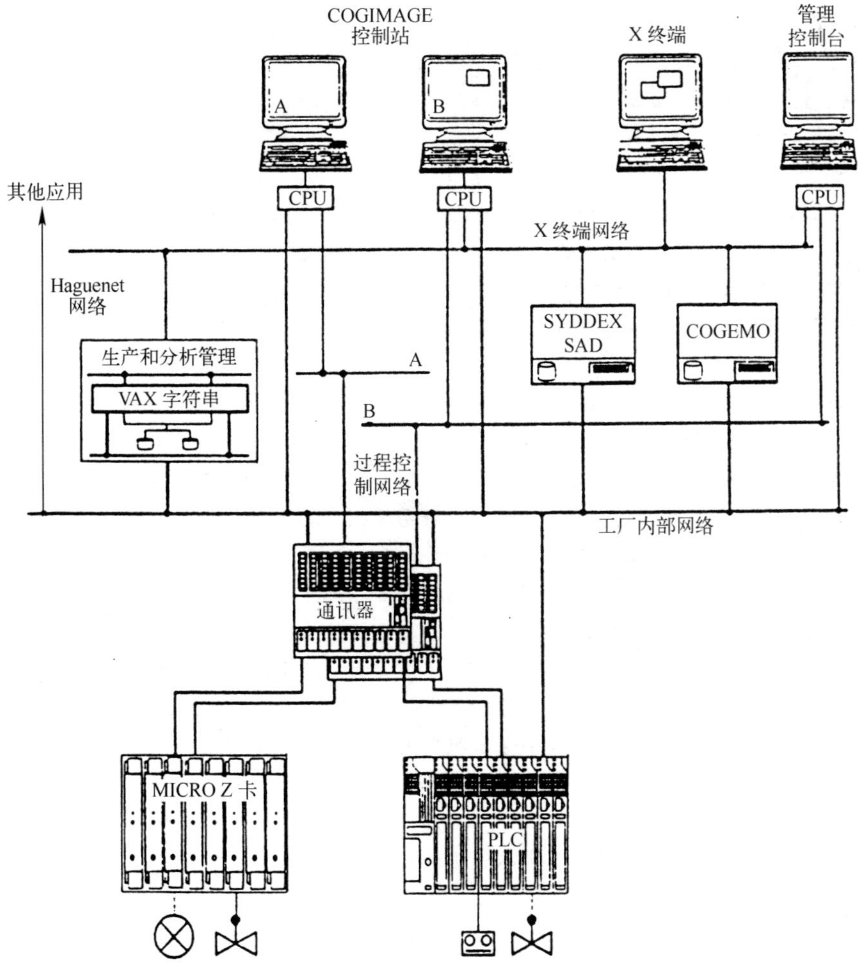

图 12-31　UP2-800 控制系统的典型构成

(2)鉴于一些新技术在几年后可能达到应用程度，所以应为已建系统留有更新改造的余地，例如，UP3 厂为它的控制系统在下述方面留有改进余地：机械和化学单元控制台的多样性和用于各种计算机上的终端及中央控制室的终端的扩散性；用在某些机械上的 SMC 600 控制器容量不够，留有增容的余地；由于 MICRO Z 所在的网络缺乏灵活性，留有更新的可行性。

(3)后处理设施的寿命与市场上的控制产品的寿命相比要长得多。在操作现有设备的同时进行必要的控制系统的更新，以便能够改进安全，提高生产率和产品质量。

参考文献

1 黄昌泰，李光鸿，魏连生译．核电站燃料后处理．第二版．北京：原子能出版社．1996

2 郃德荣，李光鸿，王仍陶，刘秋生译．核燃料后处理研究进展．北京：原子能出版社．1989

3 动力堆乏燃料后处理资料汇编．核工业第二研究设计院，核工业科学技术情报研究所．1988

4 W. S. Lyon. Analytical Cnemistry in Nuclear Fuel Reprocessing

5 W. S. Lyon. Analytical Cnemistry in Nuclear Technology

6 C. K. Bayne at. al, ORNL/TM-7362, ispo-99

7 PNC. N853-83-02

8 原子能参考资料(核燃料部分)．核科学技术情报研究所．1979

9 姜圣阶，任凤仪等编著．核燃料后处理工学．北京：原子能出版社．1995

10 蒋云清主编．乏燃料后处理'94. 核科学技术情报研究所．1995，274～280

11 蒋云清主编．乏燃料后处理'98. 核科学技术情报研究所．2000，197～202

12 蒋云清主编．乏燃料后处理'94. 核科学技术情报研究所．1995，255～263

13 黄钟编．后处理的历史、现状和发展前景．核科学技术情报研究所．1999

14 蒋云清主编．乏燃料后处理最新进展．核科学技术情报研究所．1992，246～251

15 杨云鸿译．核燃料后处理工程．北京：原子能出版社．1980

16 蒋云清主编．乏燃料后处理'94. 核科学技术情报研究所．1995，264～267

17 蒋云清主编．乏燃料后处理'94. 核科学技术情报研究所．1995，264～273

18 郃德荣，李光鸿，王仍陶，刘秋生译．核燃料后处理研究进展．北京：原子能出版社．1989，215～227

19 蒋云清主编．乏燃料后处理最新进展．核科学技术情报研究所．1992，271～277

20 蒋云清主编．乏燃料后处理'94. 核科学技术情报研究所．1995，293～298

21 蒋云清主编．乏燃料后处理最新进展．核科学技术情报研究所．1992，261～264

22 蒋云清主编．乏燃料后处理'94. 核科学技术情报研究所．1995，288～292

23 姜圣阶主编，柯友之副主编．动力堆核燃料后处理厂设计．北京：原子能出版社．1996

24 郃德荣，李光鸿，王仍陶，刘秋生译．核燃料后处理研究进展．北京：原子能出版社．1989，201～214

25 蒋云清主编．乏燃料后处理最新进展．核科学技术情报研究所．1992，265～270

26 蒋云清主编．乏燃料后处理'94. 核科学技术情报研究所．1995，281～287

27 H. Ottmar, et al, Karlsruhe Report, kfk-4012. 1986

28 乏燃料管理及后处理．1994，NO. 2. 核科学技术情报研究所

29 蒋云清主编．乏燃料后处理'94. 核科学技术情报研究所．1995，247～254

第十三章　核辐射防护与临界控制

第一节　辐射防护

由于后处理厂加工处理的对象是经过解体的强放射性物料，它们具有极强的 γ，β 射线，中子辐射，并可造成气溶胶的污染。这些都是必须严加控制的对象，因此，搞好辐射防护是后处理厂经常的重点工作之一。

一、概述

随着核材料加工工业的发展，人们对于放射性防护的认识和要求也在不断深化。建立与推荐电离辐射防护标准的权威国际性学术团体——国际放射防护委员会(ICRP)1928 年公布了关于辐射防护的第一份建议书，1934 年第一次规定了剂量限值。之后，先后作过多次修订，特别是 1977 年和 1990 年公布的新建议书，即 ICRP 第 26 号和第 60 号出版物，与过去的辐射防护标准相比有较大的改进，并提出了一些新概念。ICRP 建议的辐射防护的基本标准和原则已为世界许多国家所采纳。近些年来，美国、日本、英国、法国等国家都提出了要使工作人员受到的放射性照射剂量保持在可合理做到的尽可能低的辐射防护的方针和目标[1~4]。为使这项方针付诸实施，必须从工程设计、建设、运行和管理等方面采取相应的措施，以便使得工作人员受到的放射性照射剂量保持在可合理做到的尽可能低的水平(ALARA)，日本、英国等国家把它作为辐射防护原则。

此外，日本对于辐射防护还提出了实施纵深防御的原则[2,6]。

不管是作为辐射防护的方针、目标也好，还是当作为辐射防护原则也好，目前世界各国都倾向于“可合理做到的尽可能低的”目标。为实现这个目标，各国都采取了积极有效的措施。

在 20 世纪六七十年代，不管是生产堆乏燃料，还是动力堆乏燃料的后处理，各国用以衡量辐射防护的标准，对于工作人员的年有效剂量当量限值为 50 mSv，公众的年有效剂量率不超过 1 mSv。随着生产技术的进步，各项辐射防护措施的实施，再加之人们对实施 ALARA 原则的要求日益增长，许多国家都修订并执行了新的辐射防护标准。例如英国在 20 世纪 70 年代后期推行了一项政策，对所有现存的工厂开展正式的定量评估工作，以确定在 ALARA 框架内采取什么行动可以减少照射量。采取上述政策后，1978 年塞拉菲尔德后处理厂工作人员的平均剂量约为 10 mSv。1986 年英国辐射法规正式规定：当个人或群体年剂量超过 15 mSv 时，就必须进行上述评估，并由专家组成的特别小组进行吸收剂量的预测工作。1990 年的预测结果表明，个人的年平均剂量 1990 年降低为 6.5 mSv。据统计，在 1978－1989 年间，工人的辐射照射量,无论是个人平均值还是集体剂量都随时间而下降。个人平均外照射量降低了三分之二,即从每年 9 mSv 降到每年 3 mSv。集体剂量也降低了约二分之一,即从 38 人 · Sv 降到 17.6 人 · Sv[3]。

日本东海后处理厂的辐射控制是基于日本已经批准的法规以及 ALARA 原则,并且制定了一些工作标准,用来尽量减少工作人员的受照剂量,并使空气和表面污染局部化。辐射控制的结果如图 13-1 所示[2]。

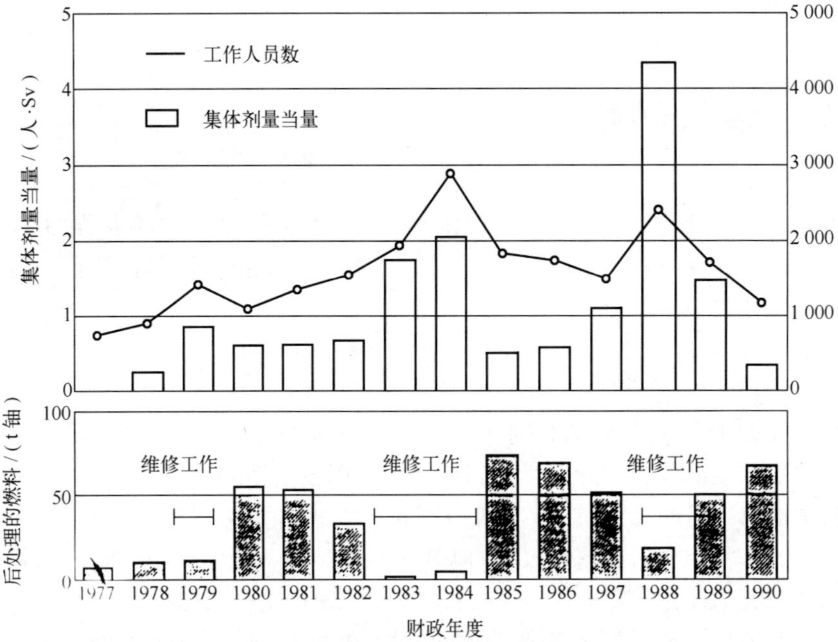

图 13-1 TRP 工厂的工作人员数量和集体剂量当量变化趋势

东海后处理厂取得的上述结果,归功于厂房和设施都具有良好的辐射控制条件,较早地探测出空气和表面的污染,及时采取了辐射防护的对策,限制了污染的扩散并进行了去污等等。

法国阿格 UP3 厂设计准则之一是将工作人员受到的职业性照射限制到低于 5 mSv/a。实际运行经验是,1992 年工作人员年平均受照量低于 0.5 mSv,全厂的集体剂量亦逐年下降,如表 13-1 所示[7]。

表 13-1 法国 UP2-UP3 厂工作人员的集体剂量 单位:人 · Sv

1987 年	1988 年	1989 年	1990 年	1991 年	1992 年
4.99	4.33	4.27	3.49	2.84	2.15

阿格厂自 1966 年启动以来,年处理乏燃料量已逐步增加到 1996 年的 1 600 t 以上。尤其是自 1988 年以来遵循 ALARA 原则,不断改进流出物管理和废物处理技术。阿格厂把废物也视为产品,必须符合规定的技术要求才能排出。法国新的公众管理限值为 1 mSv/a。根据监测,当地居民受到的照射每年不到 0.02 mSv,远低于阿格厂批准的 0.15 mSv/a 限值[8]。

二、辐射防护措施

为使工作人员和公众免受过量辐射，必须从工程设计、建造、运行(包括退役)和管理等方面采取相应措施，控制非随机效应，并将随机效应的发生率降低到可以接受的水平。

归纳起来，为了控制辐射危害，可采取下列控制措施：屏蔽、封闭、选用优质的材料和设备并做好去污和维修工作、做好事故预防和应急、妥善治理三废、辐射监测等[1,5,6,9]。

由于各工序的主体设备、设备的去污和维修、三废管理等许多内容在本书的前面的章节已做过论述。下面只论述几项重要的防护措施。

(一)屏蔽

由于乏燃料中的裂变产物的衰变形成的强辐射场能对生物和非生物造成严重的危害，必须对其严加防护才能保证工作区域的安全。在辐射源和生物之间，主要凭借设于其间的物质或距离实现辐射防护。屏蔽材料要因辐射类型而异，屏蔽物的成分、形状(包括厚度)和用量取决于辐射类型和能量、放射源形状和强度，以及生物容许的剂量率。通常屏蔽要求辐射强度和能量减弱至原来的 $1/10^{10} \sim 1/10^{6}$[9]。在后处理操作时，通常要求在工艺设备后面 1.53 m 厚的混凝土墙之外操作[9]。

衡量辐射屏蔽的好与坏，必须用辐射剂量限值加以判断。在本节的概述中已经介绍了许多国家的剂量限值及其演变情况。

辐射屏蔽有固定屏蔽和可移动屏蔽之分。由于辐射类型和能量的不同，应采取不同的屏蔽材料和措施。在后处理厂，γ 辐射是屏蔽的重点对象，由于 α 粒子和 β 粒子为荷电粒子，它们难以穿过静电场，因而能被较薄的材料迅速地削弱，而 γ 射线不带电，因而能在物质中穿透相当的深度，穿透深度近似地与它的能量成正比[9]。

屏蔽 γ 辐射常用混凝土、水、铸铁、铅(铅块、铅皮、铅玻璃)、铝及贫铀等。混凝土易得、便宜，容易制成板状和块状等不同形状。在混凝土中加入重晶石、磁铁矿石、磷铁矿石等可以提高混凝土的密度、利用铸铁块或钢球配料，可以使混凝土由通常的密度($\approx 2.3\ g/cm^3$)提高到 $4.5\ g/cm^3$ 左右。混凝土的主要缺点是导热性较差。铅是用于局部、可移动性屏蔽 γ 辐射的较好材料[1,5,9]。在空间受到限制的地方，可使用钢材屏蔽 γ 射线，并可做成移动式屏蔽物、屏蔽门或设备壁龛。

屏蔽中子需要含氢量较多的物质，如水、石蜡、聚乙烯等可使中子慢化，用对中子吸收截面大的物质(如硼、锂、镉、铟等)吸收中子，铟和镉对热中子的吸收截面很大，俘获中子后放出的 γ 辐射较强，硼和锂俘获热中子的截面也很大，但放出的 γ 射线很少。由于混凝土内含有相当数量的氢，所以它对中子和 γ 辐射都有较好的屏蔽作用[5]。如果在混凝土配料中加入含氢高的蛇纹石或褐铁矿石骨料，更有利于屏蔽中子[9]。

(二)分区与封闭

应将后处理厂厂房内的所有房间及设施，按其功能、辐射水平和可能的污染程度分为若干区。

日本东海后处理厂根据日本的法规和 ALARA 原则，规定了控制区的标准，如表 13-2 所示。东海后处理厂将控制区分为三种，分别称为绿区、黄区和红区。绿区是操作区，黄区是维修区，它们的辐射剂量水平如表13-3所示。红区是放置高放射性容器和仪表的房间和热室[2]。

表13-2 控制区的标准

边界外的剂量当量率	表面污染		空气污染[1)]
	α粒子	β粒子	
300 μSv/周	4×10^{-1} Bq/cm²	4 Bq/cm²	DAC×3/10

注：1)DAC为导出空气浓度。

表13-3 TRP控制区的辐射水平

剂量当量率	表面污染		空气污染
	α粒子	β粒子	
绿区≤12.5 μSv/h	<4×10^{-2} Bq/cm²	<4×10^{-1} Bq/cm²	<DAC×3/10×1/5
黄区≤500 μSv/h[1)]			

注：1)正常操作区为≤25 μSv/h。

美国埃克松核燃料回放和再循环中心设计为处理燃耗达40 000 MW·d/t、冷却150天的混合氧化物燃料，工厂各个区域的辐射水平如表13-4所示[1]。

表13-4 埃克松工厂五个区域的辐射水平

辐射区分类	区域名称	全身剂量率(*D*)/mSv/h	停留时间限制(根据上限剂量)
1	非放区	天然本底<*D*≤0.002	无限
2	低放区	0.002<*D*≤0.01	48 h/周
3	中放区	0.01<*D*≤1.0	0.5 h/周
4	高放区	1.0<*D*≤10	偶尔进入
5	禁　区	10<*D*	特殊情况经批准

凡是进出放射性工作区的人员都要通过卫生出入口，进入时在这里更换掉家庭服，佩戴个人防护用品，出去时，脱去工作服，淋浴，进行污染检查。进出放射性检修区的人员必须通过卫生闸门，在此穿戴检修防护用品，清洗去污，污染监测。通常红区是禁区，只有当设备经清洗去污后，经过批准并在严格的辐射防护监控下，才能短时间进入。为了控制污染弥散，进出红区的人员必须通过临时设置的活动卫生闸门的检测。

采取上述的分区措施和防护监测，是为了防止放射性弥散，防止工作人员超常照射（包括内照）[9]。

处理和贮存放射性物质的厂房、设施、设备和系统，对于放射性物质应具有最好的封闭性。封闭（或称密闭）是辐射防护的重要措施之一。

通常后处理厂都设有四重，至少是三重封闭系统。对于放射性物质的第一道封闭是工艺设备、包封设备及其通风系统；第二道封闭是工艺热室或设备室及其通风系统；第三道封闭是检修区设施及其通风系统；第四道封闭是工作(操作)区及其通风系统。

每道封闭系统多各自独立，并且各自都保持设立的负压、工艺设施和厂房通风系统保证空气定向地从污染可能性较小区域流向污染可能性较大的地方。在不同的封闭区域之间保持着基本额定的空气压差[1]。

图 13-2 展示了 UP3 厂的双重放射性封闭系统。在正常运行期间，放射性物质被工艺设备及其通风系统所构成的初级屏障所封闭。工艺排气经洗涤后经过排风机由 100 m 高的烟囱排放。除了烟囱形成的自然抽力外，在烟囱底部还设有电动风机，它由独立电源供电，即使在排风机出现故障时也可保证连续抽气，这样可以防止气体倒流。

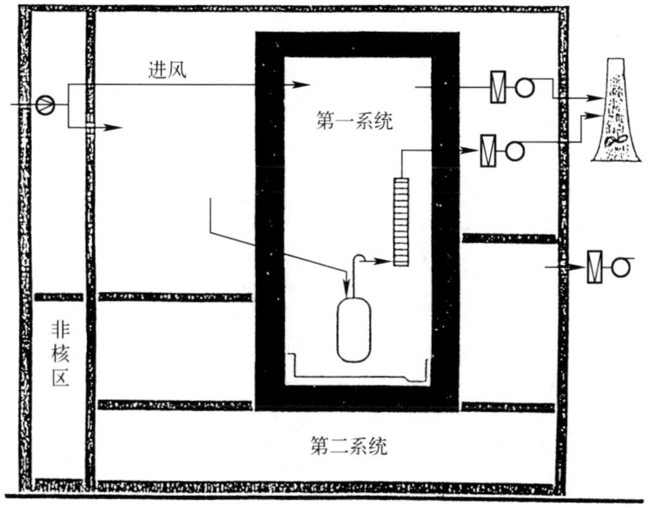

图 13-2　UP3 厂的双重放射性封闭系统

设备室构成了上述封闭系统的次级屏障，并具有独立的通风系统。在正常运行时，工作人员不得进入其中。控制区的进风通常是由非放区供给，并凭借负压使气体流向设备室，设备室的排气要经过过滤后排放[10]。

法国阿格厂降低工作人员辐射剂量的一个重要措施是坚持封闭维修。过去常认为维修操作受到相当大的放射性照射是不可避免的，法国研制并应用了两种设备密封更换装置——桶装式 MERC 和闸门式 MERC(这将在第十五章“工厂设施的去污和维修”作较详细的介绍)，实行远距离维修。在维修时，仅对屏障进行修改而不破坏封闭屏障，就在封闭区内完成诸如泵、阀、喷射器、过滤器、加热器等设备和设施的更换。这样就可使维修人员所受的集体剂量降低到可合理做到的尽可能低的水平[10]。

(三)降低公众受照射的措施

这里所谓的公众是指生活在后处理厂附近或生活在废物排放(包括贮存)场附近，并消费了相当大部分当地生产的食物的人群。

公众受照射的途径主要是呼吸，放射性核素沉降物引起的低水平外照射的升高，或者是核素沉降物进入食物链而引起的内照射的升高(如粮油类、肉类、鱼类及有壳水生动物等)。从而告诉我们，降低公众受照射的主要措施是尽可能降低工厂流出物的数量和放射性核素的荷载量。

(1)要实施多重屏障。因为被解体的乏燃料中的放射性核素，有的以气体形态存在，有的以液体存在，有的还以固体存在；这些核素，有的放射出 α 粒子，有的放射 γ 或 β 粒子，有的还发射中子。控制这样的强放射性复杂体系，只有靠设有多重屏障的密闭系统才能实现。上面已经论述了屏蔽和封闭系统，为了防止上述封闭系统出故障而造成放射性核素的泄漏，各系统应备有应急措施或者是安装有备用通风系统。在正常运行或在事故状态下要维护这些屏障和封闭系统使它们不致失效。

(2)各国降低公众放射性照射的一条最主要的经验是：降低流出物含放射性核素的数量和质量[4,7,8,11]。

法国阿格厂自 1966 年启动以来，先后建成并运营了 UP3 厂和 UP2-800 厂，年处理乏燃料逐渐增加到 1 600 t 以上。特别是自 1988 年以来，阿格厂遵循可合理做到的尽可能低的原则(ALARA)，不断改进工厂流出物和废物管理技术，使得阿格厂向大气和海洋排放的废物的数量和组成不但处于批准限值之下，而且逐年下降[8]。

阿格厂向大气的气态释放和向海洋的液态释放量取决于工厂所处理的乏燃料的性质、数量，以及工艺过程和工厂的运行状况。液态流出物释放量的年批准限值为：

氚：37 000 TBq；

β，γ 发射体(氚不包括在内)：1 700 TBq；

该项中的 β，γ 发射体主要是：^{106}Ru，^{106}Rh，^{14}C，^{90}Sr，^{137}Cs，^{60}Co，^{129}I，^{125}Sb，^{54}Mg，^{134}Cs。

^{137}Cs 和 ^{90}Sr：220 TBq；

α 发射体：1.7 TBq。

阿格厂气体释放的批准限值：

^{85}Kr：480×10^{15} Bq；

^{3}H：22×10^{14} Bq；

^{129}I：11×10^{10} Bq；

气溶胶：3.8×10^{10} Bq。

在正常运行时，气体放射性流出物主要来源于切割乏燃料组件排出的气体，溶解器排出的气体和通风系统的排气。在切割和溶解操作过程中释放出的气体经过吸收氮氧化物的硝酸回收系统后，再在充碱填料柱中用冲洗水洗涤该气体。放射性 ^{129}I，^{14}C 和 ^{3}H 被部分地捕集下来。碘在碱液中的回收率约为 96%。为了进一步除碘，从 1996 年以后增加了附银沸石过滤器，使碘的净化效率超过 96%。

气流经过湿法处理后，再经过多级过滤器进行净化处理，高效过滤器安装在通风系统的末段，即气体排到大烟囱之前。同样，高效过滤器也用于捕集气溶胶微粒。主要是 ^{106}Ru 和 ^{137}Cs。

在处理气体流出物过程中产生的液体和固体废物，归入废液和废物处理系统进行处理。

阿格厂的气体经过处理后大大低于批准限值，其释放情况如表 13-5 所示[8]。

表 13-5　阿格厂气体释放的批准限值(放射性活度以 Bq 为单位)

放射性核素	批准的限值	1966 年	1976 年	1988 年	1996 年
$^{85}Kr(\times 10^{15})$	480	0.48	1.3	27	260
$^{3}H(\times 10^{12})$	2 200	(*)	1.8	21	75
$^{129}I(\times 10^{9})$	110	(*)	0.21	21	38
$^{14}C(\times 10^{12})$		0.53(**)	2.36(**)	4.26(**)	21(**)
气溶胶($\times 10^{10}$)	3.8				

注:(*):未测过,1971 年前未测过氚,1976 年前未测过^{129}I;

(**):计算值。

随着乏燃料处理能力的增加,液体释放量也同时增加,法国核材料总公司决定强化液体流出物的处理。1967 年建造了 STE2 废液处理装置,STE2 用共沉淀法处理了后处理厂的所有液体流出物。经过 STE2 处理过的低放射性流出物再经过过滤处理后才排放。1987 年在阿格厂又建造了 STE3 装置,STE3 处理来自厂区所有车间放射性活度比 STE2 高的液体流出物,STE3 主要是用化学共沉淀法处理废液。将澄清的浆液加入沥青中进行沥青固化,沥青固化块装入固体废物桶。自 1995 年开始,UP3 厂停止沥青固化,将 STE3 的流出物再经蒸发浓缩之后返回生产线再循环。

阿格厂处理废液的经验是,反复进行蒸发处理,对蒸残物进行玻璃固化。

阿格厂一再采取措施处理放射性废液,不断减少流出物体积,结果就大大减少了向海洋的释放,如图 13-3 所示。自 1966 年至 1991 年期间,阿格厂对环境的影响主要是由液体释入海洋造成的。1991 年后,随着液体排放量的大幅度下降,释放对环境的影响降到非常低的水平,每年约为 0.02 mSv[8]。

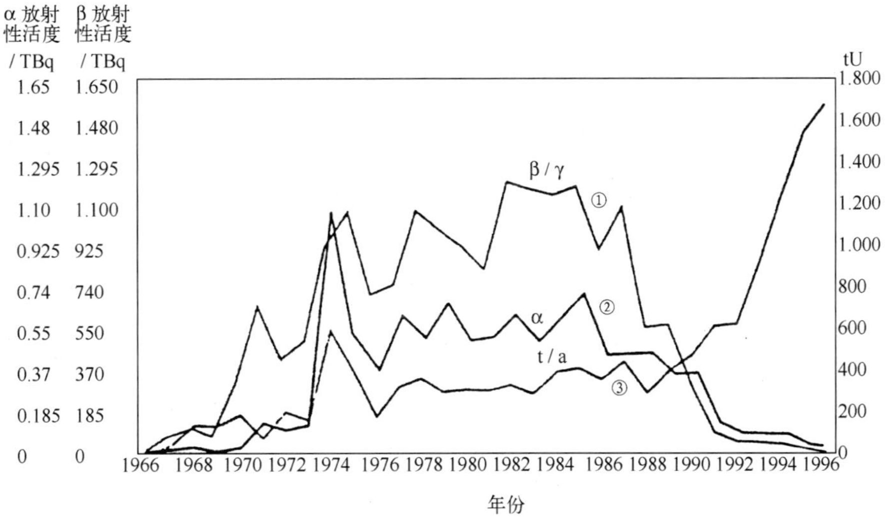

图 13-3　1966 年到 1996 年期间液体排放量和后处理燃料量的变化

注:①释入海洋:释出的 β,γ 放射性活度(除氚外);②释入海洋:释出 α 放射性活度;③后处理乏燃料的吨量。

阿格厂建设了一些在线的废物处理和固化装置，其中包括废包壳和端头的水泥固化；高放浓缩液的玻璃固化；低放和含 α 固体废物的压实和水泥固化。阿格厂产生的各种形式的废物都要经过严格的检验，必须符合规定的技术要求。

此外，还要尽可能减少工厂产生的废物体积，目前每处理一吨铀产生的废物量已大大低于设计值。到 2000 年，后处理产生的不能近地表处置的废物量不超过乏燃料的原始体积，并且远低于乏燃料直接处置的体积。阿格厂废物产生情况如表 13-6 所示[7]。

表 13-6　阿格厂废物产生量的目标值　　　　单位：m^3/tU

	规定值	1993 年值	1995 年值	2000 年预计值
不能近地表处置的废物	3	1.1	0.9	<0.5
近地表处置的废物	3.8	1.3	1	<1

英国热堆氧化物燃料后处理厂(THORP)根据设计安全报告预测出放射性排出量，根据排出量来确定环境的浓度，随后确定出关键人群组的剂量(关键人群组系指处于给定排放带来最大危险的当地居民组)。

表 13-7 列出了 THORP 厂在最大负荷运行时，气体流出物影响的预测值。总的吸收剂量为 22 μSv/a(英国的天然本底平均辐射剂量为 2 200 μSv/a)。

表 13-7　THORP 厂的大气排放量及对关键居民组的相应剂量

核　素	THORP 厂废气排放量/(TBq/a)	THORP 厂后继设施的废气排放量/(TBq/a)	THORP 厂的废气总排放量/(TBq/a)
^{3}H	21.6	0.000 752	21.6
^{14}C	0.434	0.000 000 511	0.434
^{85}Kr	369 000	6.61	369 007
^{90}Sr	0.004	0.003 6	0.007 6
^{106}Ru			0.023 9$^{1)}$
^{129}I	0.021 8	0.003 14	0.024 9
^{137}Cs	0.005 54	0.005 03	0.010 57
^{241}Pu	0.006 75	0.000 010 7	0.006 76
Pu(α)	0.000 272	0.000 000 553	0.000 273
$^{241}Am/^{242}Cm$	0.000 197	0.000 000 247	0.000 197
关键居民组剂量　22 μSv/a			

注：1. 由于进一步的开发，^{106}Ru 的数值已降低，本表列出较低的数值作为推荐限值的基础(HMIP/MAFF，1992)。

表 13-8 给出了 THORP 厂在最大负荷下液态流出物的预测影响，总剂量为 23 μSv/a，关键人群组从其海产品食物中接受天然放射性的剂量为 190 μSv/a[11]。

表 13-8　THORP 厂的液体排放量和对关键居民组的相应剂量

核　素	THORP 厂排放量/(TBq/a)	THORP 厂后继设施的排放量/(TBq/a)	THORP 厂的总排放量/(TBq/a)
^{3}H	13 940	0	13 940[1)]
^{14}C	0.497	0.000	0.497
^{60}Co	2.19	0.088 5	2.28
^{90}Sr	0.477	2.45	2.93
$^{95}Zr/^{95}Nb$	0.021 4	0.002 6	0.024
^{99}Tc	0.243	0.006 96	0.25
^{106}Ru	2.42	12.5	14.92
^{129}I	1.38	0.022 7	1.4
^{134}Cs	0.511	0.578	1.09
^{137}Cs	4.72	1.74	6.46
^{144}Ce	0.226	0.154	0.38
^{241}Pu	0.975	2.98	3.96
Pu(α)	0.033 8	0.098 8	0.133
^{241}Am	0.006 23	0.001 94	0.008 17
关键居民组剂量　23 μSv/a			

注：1. 由于有新的数据，估计的^{3}H值已有增加，本表所列的较高数值作为推荐限值的基础(HMIP/MAFF,1992)。

(3)做好事故的预防和应急预案。在工厂寿期内，想要避免一切事故是非常困难的。当然，事故有大小之分、轻重之别，即使是轻微的事故或小事故，也会给工厂的生产操作带来影响、造成损失，特别是对工作人员和公众可能造成损害。为了减少事故，尽量降低事故的危害，必须做好假想事故的设定、预防和应急准备工作。

美国埃克松核燃料回收和再循环中心将曾发生在美国和别的国家的各类事故进行了分类整理和剖析。在分析了事故原因、后果之后，拟定了事故预防和处理措施。

现将一些有代表性的事故剖析如下，以便汲取经验教训。

1)乏燃料组件跌落。通常是将乏燃料组件装在运输容器内，用火车、货船或卡车运到后处理厂。在乏燃料接收厂房，从运输工具上卸下运输容器并转运到卸料间。从容器中取出乏燃料组件放入贮存吊篮中，然后把吊篮转运到乏燃料贮存水池。

在此操作过程中，最容易出现的是乏燃料跌落事件。1983 年在美国某厂当吊运乏燃料组件时，由于一根缆索断裂，使一组乏燃料组件掉落在一个贮存架上。根据对 9 起乏燃料装卸事故的监测，其中有两起有气体释出[12]。

乏燃料组件跌落造成组件内所含部分裂变气体放射性释放这是一种情况，另一种情况是乏燃料组件和水池均完好无损，例如发生在美国某厂的一束燃耗为 11 000 MW·d/tU 的沸水堆乏燃料组件从 8 m 高处落到水池底部，一束燃耗为 3 365 MW·d/tU 沸水堆乏燃料组件从大约 9.2 m 的高度掉落下来，均没有监测到放射性物质释出。当然，还有一种最坏的情况就是全部组件因跌落而破裂,从破裂的燃料组件释放的气态裂变产物可能同卸料间的通风排气混合并进入了通风系统。如果在贮存厂房没有设置滞留碘或惰性气体的设备,这样摔破的乏燃料组件释放出的全部气体裂变产物将排入环境中去。在这种事故之后,厂区和厂界以外个人受外照射剂量可能为 2.5 μSv,内照射可能为 1.3×10^{-2} mSv,甲状腺接受的最大剂量可能达 7 mSv[1]。

造成乏燃料组件跌落事故的主要原因可能有:吊车部件损坏、提升用辅助设备的机械损坏,或者是工作人员误操作。

发生这种事故后,首先要回收损坏的组件,将它们收集到密封的容器内,终止气体裂变产物的释出;发现事故后要立即开启事故通风系统,尽量降低气体裂变产物的释出量;检修或更换损坏的设备;清洗被污染的设施。

2)锆包壳着火。碎锆片和锆屑的燃烧一般取决于它们的粒子大小,微米级的锆粉都是自燃物。锆加工工业发生火灾的事例已有大量报道,大多数是由锆的自燃造成的。剪切操作中产生的锆碎屑也有可能燃烧,因为剪切中会产生细毛边。剪切燃料组件,使燃料外露,在溶解器里全部燃料芯浸入硝酸溶液。经过浸取的锆包壳内含平均不到千分之一的芯材料。在溶解器吊篮中的经过清洗的包壳转送到检测站,经过检测合格后由溜槽将包壳送至倾倒站,装入贮存容器焊封好,最后转至水池贮存。

锆粉自燃引起火灾比浸取过的锆包壳着火的可能性大。当然,锆包壳着火造成的危害要严重得多,因为包壳中含有残余的芯燃料,火灾中释放出的烟雾和微粒可能含有非挥发性的放射性核素。在着火的温度下,一般不易挥发的某些放射性核素会大量挥发。

由于乏燃料的剪切、浸取、废包壳的检测和贮存系统,不但设有火灾报警和自动喷淋灭火装置,而且该系统设有通风过滤器(埃克松厂在深层玻璃纤维过滤器之后串联了两台高效微粒空气过滤器)。在着火期间仍能保持正常操作并且粒子的净化系数为 10^5。据估算,在锆包壳着火事故之后,从后处理厂烟囱释出的放射性核素,对厂区和厂区边界以外的个人外照射和内照射剂量分别为 4.5×10^{-3} μSv 和 6.8 μSv[1]。

为预防着火的危害,采取水下锯割乏燃料组件并把锯末收集和贮存在水下,这可以避免在乏燃料切割中发生着火。这种方法避免了排气系统中含有大量放射粉尘的麻烦。

在空气中锯割锆包壳乏燃料产生的锆粉随即被氧化,因此不会燃烧。为了预防着火,可使用惰性气体,如果使用氮气、氦气或氩气作保护气体时,要控制上述气体中氧的含量必须低于4%,3%和5%。在乏燃料切块进入溶解器前,设备一直用惰性气体保护。

如果火灾探测器发生报警的话,工作人员要立即核实灭火系统是否运行正常,同时要停止该区域的其他各项操作并报告有关单位和人员。当着火被扑灭后,要用冲洗或其他办法清除着火现场的污物,并将其送到相应的废物处理系统进行处理。

3)加热含 TBP 的硝酸溶液时,防止发生着火和爆炸。在乏燃料采用 Purex 流程加工处理时,操作的系统主要为磷酸三丁酯—碳氢化合物—硝酸水溶液系统。在这个系统中常出现两种过渡体系:一是以有机相为主体夹带了硝酸水溶液的体系;二是在硝酸水相溶液中夹带了痕量 TBP—碳氢化合物。在 Purex 流程中,许多工序都存在着要加热浓缩夹带有 TBP 的硝酸水溶液的操作,如:共去污循环铀、钚的反萃液,分离循环的铀的反萃液,铀、钚净化循环的低浓度铀、钚硝酸水溶液,硝酸回收系统,中放、高放废液浓缩系统等。在这些系统的蒸发浓缩器操作过程中,存在着蒸发器发生爆炸的可能性。从 1953 年到 1993 年,在美国的萨凡那河厂、橡树岭、汉福特厂、英国的温茨凯尔厂，俄罗斯的西伯利亚化学联合企业都曾发生过蒸发器爆炸事故。

文献[13]和本书第十章第四节论述了 TBP—NO_3^- 的热分解与爆炸的机制，以及预防措施。这里再次提出并论述这个问题，首先是因为这个问题具有较普遍意义，正如上述这个问题曾在世界上许多国家的后处理厂发生过。再一种普遍性表现为后处理厂仍经常地进行含痕量 TBP 硝酸溶液的蒸发浓缩操作，如果处理和操作失当就可能造成着火爆炸事故，反复重申这个问题的目的在于引起人们的足够重视。

其次是这种事故造成的危害比较严重。根据美国埃克松厂初步安全分析报告对两个这类爆炸事故的分析估算认为，如果钚浓缩器发生爆炸，浓缩器容器裂损，而不损坏周围的部件和设施，设备室结构和通风过滤器的功能完好。容器破裂可能把容器内全部浓缩的硝酸钚装料和放射性气溶胶释放到设备室和通风系统中去。爆炸产生的气溶胶通过设备室通风空气从设备室带到工艺厂房排风空气过滤系统和烟囱，随后带出的是设备室清洗和破损容器去污挥发出的气溶胶。

含有事故气溶胶的排风气体经过深层玻璃棉过滤器过滤和两台串联的高效微粒空气过滤器过滤后排出。据估算，在厂区和厂址边界外的个人受到爆炸事故排出的放射性核素的外照射和吸入这些放射性核素的潜在全身剂量分别为 1.0×10^{-4} μSv 和 0.41 μSv。

对高放废液浓缩器发生 TBP—NO_3^- 热分解爆炸事故的估算表明，设备的损坏程度同硝酸钚浓缩器爆炸事故基本相同，在厂区和厂区边界以外的个人受这些放射性核素外照射和吸入后的潜在全身剂量分别为 1.2×10^{-2} μSv 和 1.3 μSv[1]。

据美国橡树岭国家实验室的统计，爆炸的一台蒸发器损失仅几千美元，但为处理爆炸事故的清洗去污却花去了 30 多万美元[9]。

4)溶剂着火。在用 Purex 工艺处理乏燃料的后处理厂中，溶剂萃取系统和溶剂净化回收系统都有大量的溶剂在流转。在正常情况下，溶剂是在金属贮槽和管线中。

溶剂萃取系统中，HA 柱是放射性核素总浓度最高处，溶剂液流泄漏与着火时，从燃烧着的溶剂中释放出放射性核素的可能性最大。在 HA 柱所有液流入口和出口处设置有远距离操作的跨接器。发生远距离操作跨接器溶液泄漏，可能是由于在维修之后跨接器更换不适当，密封垫损坏，或者是其他原因造成溶剂泄漏。

假定 HA 柱的跨接器将 1 190 L 的溶剂泄漏到热室的地面上，由不明火源的火花点燃了蒸汽。假定泄漏出的全部溶剂都被烧尽。在火灾期间变成气载的非挥发性放射性核素粒子量估计为溶剂量的 1%，这种释放率已被经验所证实。在着火期间，排风系统的深层玻璃纤维过滤器及其后串联的两台高效微粒空气过滤器，仍保持运转并能提供粒子去污因子 10^5。

HA 柱所在的热室发生着火事故之后从后处理厂烟囱释放出的放射性核素，在厂区和厂区边界以外的个人受放射性核素的外照射以及吸入的潜在全身剂量分别为 3.7×10^{-3} μSv 和 0.41 μSv[1]。

发生这种溶剂着火事故的应急处理应包括下列措施(但不局限于此内容)；①启动灭火器(如果灭火系统没能自动启动的话)；②关闭溶剂进料系统；③关闭萃取系统；④隔离可能受影响的设施；⑤报告有关单位和人员；⑥清除灰烬并去污设备室；⑦检修设备等。

5)废液泄漏。在后处理厂中使用着数百个乃至数千个各种容器(罐、槽)，以及各种类型的转送系统应用于其间，才能使物流正常流转。在工厂寿期(30 年)内，尽管各种容器泄漏的概率不大，但是少数容器泄漏的可能性也是存在的。此外，实践经验证明，液体转送系统泄漏的概率要比容器泄漏的概率大。

曾估计高放废液浓缩物泄漏的后果比其他溶液泄漏的后果严重，因为在比较浓的废液中含有绝大部分(99%)裂变产物和未被回收的超铀元素。假设有 1 890 L 高放废液浓缩物泄漏到设备室地面上。

造成泄漏的原因是转送系统跨接器泄漏或者是转送中间槽过量填充而冒流出来。

事故发生后，除了按规程要求报告有关单位和人员外，在完成泄漏源的确认和切断工作后，对于高放废液浓缩物要采取立即稀释，因为高放废液浓缩物发热量高、含盐量亦高，如果不及早稀释，有可能废液自干，难以清除。接着要使用备用转送系统将废液输送到适当的容器里去。接着，去污已损坏的部件和被污染的设备室。最后是更换损坏的部件。

废液泄漏引起的释放物可能包括废液挥发物，被夹带进设备室通风空气中的气溶胶等。泄漏了高放废液浓缩物的设备室排气，经由深层玻璃纤维过滤器和两组串联的高放微粒空气过滤器过滤除去气溶胶，穿漏过滤器的粒子份额估算为 10^{-5}。

事故后从后处理厂烟囱释放出的放射性核素对厂区和厂区以外的个人所受外照射和吸入后潜在全身剂量分别为 5.6×10^{-4} μSv 和 0.13 μSv[1]。

6)溶解器废气系统碘吸附塔失效—设备排气系统碘吸附塔爆炸。现将发生在碘吸附塔上的两种故障放在一起描述。

在后处理厂通常装有碘吸附塔的系统有：贮存厂房的废气系统、溶解器废气系统、工艺首端废气系统、工艺设备排气系统。据估算，约有 70%的碘排到首端废气系统，20%排到溶解器废气系统，10%排到工艺设备废气系统。通常只有痕量的碘排入贮存厂房废气系统和高放废液废气系统的碘吸附塔。

造成碘吸附塔失效的原因包括：进入碘吸附塔气流的相对湿度高(由于温度低造成的)，含氮氧化物的浓度高，以及气流中含有机物蒸汽量高等。如果入口气流的温度低于150 ℃，或者是含氮氧化物浓度高于 20%(体积分数)，吸附塔的除碘效率会大大降低。

溶解器废气系统碘吸附塔的失效往往是仅导致部分丧失碘吸附能力，但是仍然应按吸附塔全部丧失除碘能力来评估。从后处理厂烟囱释放出的放射性核素，估计在厂区和厂区外个人受外照剂量和内照潜在全身剂量分别为 0.33 μSv 和 0.49 μSv。个人甲状腺所接受的 50 年最大器官剂量为 0.27 mSv[1]。

当碘吸附塔下游的放射性碘监测器或稀有气体回收系统监测器发出警报后，立即响应是停止溶解操作，降低溶解排气的气流量，以便使放射性碘的释放量减到最低。随后确定失效的原因，如果有必要的话便更换损坏的部件或使用新的吸附床填料。

文献[1,9]报道了 1958 年在美国汉福特厂碘吸附塔发生爆炸的事例。文献[14,15]描述了汉福特厂用亚硫酸铵溶液定期清洗涂硝酸银的碘吸附反应器时，银和氨反应生成叠氮化银的机制，以及叠氮化银在碘吸附床上的积累和爆炸情形。叠氮化银(AgN_3)自动催化分解而爆炸，爆炸破坏了封闭的容器，使工艺设备室内充满了含碘微尘粒子气溶胶。因为碘银结合是很稳定的，在汉福特厂碘吸附塔爆炸中，基本上所有吸附的碘都固定于固体吸附剂粒子上，只有微量的碘挥发出来。

事故发生后的处理办法基本上与碘吸附塔失效的处理方法相同。事故后要开启与碘吸附塔并联的另外一个备用的吸附塔，通常可在半小时左右终止挥发性碘向设备室释放。

溶解器排气和爆炸产生的气溶胶会进入厂房通风系统。绝大部分粒子可被深层玻璃纤维和两组串联的高效微粒空气过滤器滞留。挥发性气体释放出去的量很少。

事故后从后处理厂烟囱释放出的放射性核素对厂区和厂区以外个人，受到的外照射和吸入后造成的潜在全身剂量分别为 1.6×10^{-3} μSv 和 2.5×10^{-3} μSv，甲状腺剂量为 1.4 μSv[1]。

上面重点描述了可能发生的几起典型事故，从中我们不难看出，降低事故发生率，做好事故的预防和应急预案，是降低工作人员和公众辐照剂量的重要措施之一。

三、辐射监测

正确适时地进行辐射监测是做好辐射防护工作的重要措施之一。在上一部分没有讨论，作为一个重要问题在此论述。

辐射监测的目的是及早发现工厂生产过程中的异常情况，以便及时采取纠正措施，防止发生超常照射事件，保证人员工作在安全的环境，尽可能减少人员受照剂量。

辐射监测通常包括工作场所监测（包括外照射、空气污染、表面污染及检修事故监测）、流出物监测、环境监测、个人剂量监测，以及临界监测等。

（一）工作场所外照射监测

工作场所外照射监测的对象主要是 γ 射线、中子，在近距离操作、检修或事故状态下，β 射线也是监测重点之一。

γ 射线是贯穿辐射很强的射线，凡是有工作人员活动，γ 辐射水平可能出现超限值的部位，如安装厅、取样廊、排风廊等可设置固定的 γ 外照射监测装置。美国埃克松厂用区域 γ 测量仪，能测量和显示的照射量范围为 $7.7\times10^{-6}\sim1.4\times10^{-2}$ μC/kg · s[1]。日本东海后处理厂选用 G-M 计数器作 γ 射线区域监测器，监测吸收剂量范围为 1 μSv/h～10 mSv/h[2]。仪表上配有就地音响和可视报警装置，并配有记录仪。

除了设置固定的 γ 监测装置外，在现场还应配备便携式 γ 辐射测量仪，以便确定具体部位的辐射水平和照射剂量率。

东海后处理厂确定的操作区辐射标准小于或等于 12.5 μSv/h，维修区正常操作时小于或等于 25 μSv/h[2]。

在工作现场根据工艺流程中钚浓度可能较高的部位设置中子监测装置，监测中子通量密度的变化状况，以便保障生产安全。

因为伴随中子发射反应而来的是 γ 辐射的增强，所以在监测中子的同时要设置强 γ 监测和报警装置。

埃克松厂所用的灵敏中子测量仪能测量和显示的范围为 0.001～0.2 mSv/h[1]。东海后处理厂用 BF_3 正比计数器作中子区域监测器，监测范围为 1 μSv/h～50 mSv/h[2]。

后处理的乏燃料溶解液及废液中的裂变产物其 γ 射线平均能量约为 0.7 MeV，β 射线能量约为 0.3～2.2 MeV。裂变产物的 β 剂量率比 γ 剂量率约高 2 个数量级以上[1,6,9]。

在设备检修和废液处理过程中，如果工作人员手部和皮肤接近超常辐射场时，表层组织将受到大剂量的 β 射线照射，甚至造成被 β 灼伤。因此，在检修设备时，不仅要监测 γ 照射量率，更要注意监测 β 剂量水平及 β 剂量率的变化。β 射线属于粒子辐射，它在人体组织中的射程为 8～11 mm。低能 β 射线对皮肤的效应主要为皮肤表层损伤，高能 β 射线可引起真皮层甚至深达皮下组织的损伤[16]。

(二)工作场所空气污染监测

对工作场所气体和气溶胶浓度进行连续监测，可及时了解空气污染随时间的变化情况，对于控制工艺生产状况，发现事故苗头，消除隐患，保障工作人员的安全具有重要意义。

后处理厂的气载污染主要是α气溶胶和β气溶胶。凡是气载放射性浓度可能超过规定限值，并且常有工作人员活动的场所，均应进行空气污染监测。

现场空气污染监测常采用过滤收集法，通过抽取被监测的空气，测定滤材上收集到的放射性气溶胶浓度。

在工作现场设有集中真空系统，供抽取空气样品之用。设在排气管道上的取样点取样能力达 28.3 L/min。在每个空气取样或监测站装有旋转流量计、调节阀和试样收集装置。

美国埃克松设计采用β-γ灵敏型连续空气监测器，该装置在 10^{-2} Sv/h γ辐射场内能检测提供β辐射的 ^{90}Sr。还采用α灵敏型连续空气监测器。连续空气监测器带有一个试样收集装置、检测器、计量器、记录仪、可调节报警控制点、就地音响和可视报警装置，并且能够驱动远距离报警器和记录仪。

除了在工作现场设有固定式空气取样器之外，还备有大容量、自备电源的便携式空气取样器[1]。

日本东海后处理厂工作区的气载放射性物质每周用空气取样器取一次样，用低本底正比计数器测量。工作场所固定点的污染用擦拭取样法每天或每周测一次。β微尘监测器采用G-M计数器，探测范围为 mBq/cm^3。采用硅固态探测器来监测钚微尘，探测范围为 mBq/cm^3。

为了迅速地监测到空气污染并防止其扩散，东海后处理厂在检修区、控制区，以及处理α放射性物质的主要房间入口处都设有头、脚、工作服的监测器，随时进行探测[2]。

(三)工作场所表面污染监测

工作场所的地面、墙面、设备表面等受到放射性物质污染而使之成为污染源。表面污染物不但可以提供外照射，还可能再悬浮到空气中，通过呼吸道进入人体内。

监测工作场所的表面污染，在于发现异常情况、确定污染水平和污染范围，以便决定采取什么措施，防止并降低超常污染。

工作场所表面污染的监测采用灵敏的便携式β-γ和α测量仪，用于估计工厂、从控制区拆出的设备、零部件、被运输的物品和运输车辆表面固定的和可擦拭的污染水平。

灵敏的β-γ测量仪能检测和显示的范围为 $7.7\times10^{-6}\sim1.4\times10^{-2}$ μC/kg·s，其他仪器测量范围为 $50\sim10^5$(衰变数/min)/100 cm^2[1]。

α灵敏测量仪测量范围为 $50\sim10^5$(衰变/min)/100 cm^2[1]。

在一般污染区中可擦拭污染水平所得到的试样，用便携式仪器检测计数。

(四)工厂流出物的监测[1,5,6]

工厂的流出物主要是废气、废液和固体废物。监测工厂流出物主要是探测、监视工厂的运行状况，检查流出物是否符合国家标准、管理标准和运行限值。

监测的目的是保护环境和公众。

1. 废气的监测

监测废气是从排气烟囱中连续抽取几个等流态样品，每个样品大约为 28.3 L/min。然后，将每个样品一分为二，一半通过β-γ、碘和氪监测装置，另一半通过α监测系统，再将这两股气流合并后通过一个冷凝器，将冷凝器的冷凝水收集起来送去分析氚，监测后的空气仍从烟囱排出。

α粒子取样和监测。使上述取样的一股气流流经一个高效过滤器，用探测器连续监测该过滤器上的α放射性数量，并用α能谱分析仪来分辨α的性质。α监测系统探测^{239}Pu的下限为7.4×10^{-2} Bq/m^3。仪表响应时间定为 240 s。粒子过滤器对累计 7 天样品进行监测30 min 的最终实际α灵敏度在3.7×10^{-7} Bq/m^3 范围。

β-γ粒子的取样和监测。将取样器中的一股气流通过一个灵敏的β-γ高效过滤器，对于≥0.3 μm粒子的过滤效率达 99.97%以上。用 G-M 探测器连续测量该过滤器上β-γ量。每个过滤器使用 1～7 天以便累积β-γ放射性核素。

β-γ监测系统对^{134}Cs和^{90}Sr的探测下限为 0.15 Bq/m^3，仪器响应时间为 240 s。

碘的取样和监测。将经过β-γ取样并监测的空气流经一个碘过滤器，使用 NaI 探测器连续地监测过滤器上的^{131}I。监测系统连接一个单道分析器。该监测系统仪器的响应时间定为 240 s，探测下限为 0.15 Bq/m^3。

因为在碘过滤器上可有少量^{85}Kr被吸附，考虑到^{85}Kr的干扰，需要对碘的监测结果做出修正。

氪的监测。将通过β-γ和碘过滤器的气流引入一个装有灵敏的γ辐射闪烁探测器的测量小室，连续测定样品流中的^{85}Kr含量。测量小室连接着一个单道分析器，分析器的道宽对正 0.51 MeV γ的^{85}Kr。该监测系统探测下限为3.7×10^6 Bq/m^3。

氚的取样和监测。上述两股样品气流合并并经过冷凝器后，含有样品中氚的冷凝水经过一个探测装置流到收集容器中，冷凝液中除含有氚外基本上无其他放射性核素。

用灵敏的β辐射闪烁探测装置监测氚，监测下限为每毫升冷凝液约3.7×10^3 Bq，这个数值相当于每 m^3 排气中含有3.7×10^5 Bq 的氚。每天从收集容器所积累的冷凝液中取样，送到分析实验室分析氚浓度，并可计算出氚的排放速率。

2. 废液的监测

现在后处理厂对于厂内的放射性废液采用在厂内再循环的办法处理，最后把浓缩废液转变成固化物作最终处置。

从放射性厂房排出的液态流出物主要是工艺冷却水和加热蒸汽冷凝液。对于工厂排出的废液要进行连续测量和记录，要连续取样监测排出液中是否有放射性，可通过 NaI 晶体探测器进行监测，报警值定在本底的两倍处。监测系统对γ放射性的探测下限为3.7×10^3 Bq/m^3，仪器响应时间为 240 s，探测可信度为 95%。

将排出液每日的混合试样在实验室分析总α，总β，总γ，氚和碘；将每周的混合试样在实验室分析^{89}Sr，^{90}Sr，以及总γ，β，α能谱。如发现问题，应查清原因及时处理。

3. 固体废物的监测

工厂在将放射性固体废物交付中间贮存或厂外处置之前要进行定量分析，以确定其中放射性物质和特种核材料的含量。将固体废物封装之后对每个包装物的表面及距离表面 1 m

处的辐射水平进行测量并记录在案。

(五)环境监测[4~6,9]

环境监测包括本底调查、正常生产时的常规监测和事故的应急监测。

常规监测通常分为连续监测和延迟监测。

连续监测主要是对排放的气体、排放的废液和气象参数进行监测。法国阿格厂在以厂区为中心的三个同心圆位置上连续监测气体的排放。圆中心即 UP2、UP2-800 和 UP3 厂的烟囱,主要测量 α、β 放射性活度及排气流速。第二个圆由位于厂区边界上的 8 个监测站组成,主要测量气载放射性活度和辐射水平。第三个监测圈由位于区外 1~5 km 相邻村庄的 5 个监测站组成,测量气体放射性及辐射水平。

对于所有流经厂区的水(包括雨水)在流到周围环境之前用 5 台 β 监测仪进行监测,还要连续测量水的流速并分析水中的放射性。

在监测区内还设有气象台,监测在正常及异常工况时排放气体的态势。

阿格厂的环境连续监测是由中心控制室的微机群来自动演算、分析和评价环境质量。

延迟监测即正常定期地从环境中取得有代表性的样品,送到环境实验室进行分析。取有代表性样品包括大气、水文地质和海洋样品。

这些监测包括对雨水、草木、谷物、牛奶及肉类中可能的放射性沉降物的测量。对工厂附近的泉水源和水流(包括饮用水)进行监测和分析。通过一个包括 220 根地下水位计的厂区网络对地下水进行监测。

阿格厂设了一根 5 km 长的水管将废液排入海洋。定期检查 200 km 长的海岸线,并对水、沙、沉积物、浮游甲壳动物、水生有壳动物和海生植物都进行取样、分析、测量。

环境取样分析和连续监测均证实阿格厂释出放射性核素的影响处于极低的水平。每年从 820 个环境监测点上取得的约 25 000 个样品,通过 80 000 次左右的分析证明,当地居民受到的放射性影响每年不到 0.02 mSv[8]。

(六)个人剂量监测[1,6,9]

对放射性物质采取多重屏蔽与封闭的主要目的就是保障工作人员和公众的安全和健康。对个人实施剂量监测是实现辐射防护目的的重要措施之一。

个人剂量监测主要内容为:外照射监测、内照射监测和污染监测等项目。

外照射剂量的监测主要是对 γ,β,中子和 X 射线的测量,以及对测量结果作出评价。在放射性工作区工作的人员都要佩戴热释光剂量计,它能测量 γ,β,X 射线和中子辐射,测量范围为0.1 mSv~10 Sv。第二种为个人袖珍剂量计,它是一个小型电离室。这种剂量计对 γ,X 射线很敏感,其最小计量范围为 $0\sim5.16\times10^{-2}$ C/kg。个人袖珍剂量计通常与胶片剂量计连用。胶片剂量计体积小,重量轻,可以佩戴在衣服上,它能计量 γ,β 和中子的吸收剂量,它不受射线能量变化的影响,它能鉴别热中子和快中子,同时能给出能量分布的某种指示。

在进行检修或处理事故时,还可佩戴一种个人辐射场计量计,它能立即指示出 γ 剂量率,指示信号为鸟鸣声或闪光。音响和闪光的重复频率与 γ 剂量率成正比。这种剂量计有利于控制工作人员超常照射。

为防止手被 β 射线灼伤，可使用 ϕ10 mm×0.7 mm 的 LiF_4 聚四氟乙烯手部指环剂量计，佩戴在手指内侧，最小可测限值为 2 mSv。

常规的内照射监测和剂量估算是为了评价正常生产时工作人员的受照程度和工作环境安全程度而定期进行的监测。如果开展检修或处理事故时要进行特殊的监测，以便防止因监测不及时而造成人员过量摄入现象。

对于工作在气载放射性环境里的工作人员可佩戴空气取样器，吸入的空气通过过滤器每分钟可达 2 L。取样器装有旋转流量计和调节阀，以便控制和测量取样速度。旋转流量计每分钟的计量范围为 0～3 L。

另外一种个人内照射检测方法就是对人体的排泄物（如尿、粪便、汗液、呼出气体）进行分析化验。

还有一种方法就是采用全身计数器直接测量法测量体内放射性物质的活度。

利用上面这两种测量方法的测量结果，再根据摄入物质的理化性质和生物学特性计算出摄入的放射性物质对人体所造成的有效剂量当量。

（七）个人污染监测

在厂房可能受到污染的区域的出口处都设有个人污染检查仪。要检查手脚放射性污染的人站在计数器的平台上，计数器记录下手掌、手背和脚上污染的 β、γ 放射性剂量。β、γ 监测的测量范围为 50～10^5 衰变数/（min·100 cm^2），α 的监测范围也和 β-γ 的测量范围相同。

在剂量监测室设有伤口污染监测仪，它能检测到人体组织内 1 mm 深处 37 Bq 的 ^{239}Pu。

上面重点介绍了各单项监测技术和经验。在工厂中这些监测都是互相联系，构成监测网络和系统的，通过自动监测系统连续地测定照射率和空气中放射性物质浓度，及时地向工作人员提供信息。现将日本东海后处理厂辐射控制系统示于图 13-4[2]。该系统包括区域监测器，用以监测 γ 射线和中子；微尘监测器用以监测 α 粒子和 β 粒子；以及临界监测系统。表 13-9 给出了这些监测器的通道数。探测器的信号集中到安全控制间的仪表盘上，所有设施的报警信号也都集中到中央安全控制间。

表 13-9　监测器通道数

设施	γ 区域监测器	中子区域监测器	β 微尘监测器	钚微尘监测器	临界监测系统
主厂房	44	3	25	7	4
其他辅助工艺设施	27		17	6	
钚转化设施	18	4		17	8
UO_3 贮存库	7				
废物管理设施	96		45		

为支持自动监测系统，还要定期地对外照射、气载放射性和表面污染进行区域巡检，巡检点和巡检频度列入表 13-10[2]。

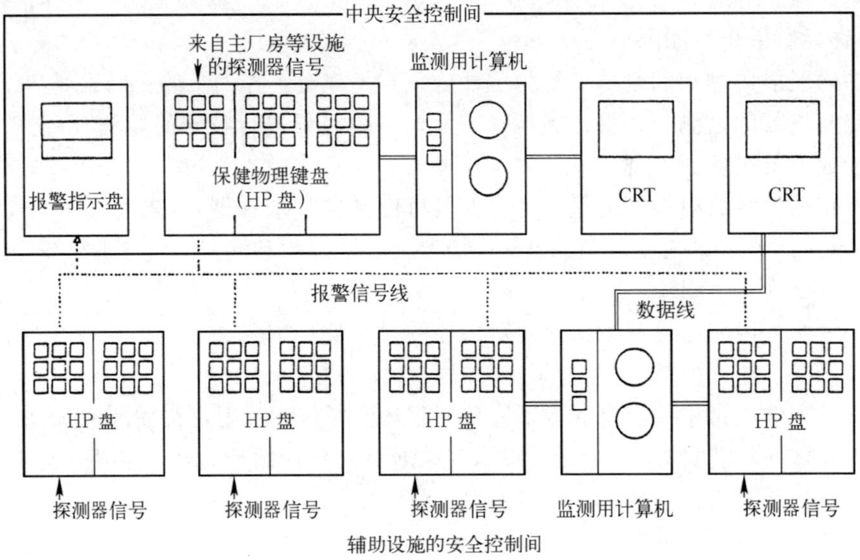

图 13-4　自动监测系统

表 13-10　巡检点的数目

设施	γ射线（每天）	γ射线（每周）	γ射线（每月）	TLD（每季）	空气取样器（每周）	擦拭（每天）	擦拭（每周）
主厂房	11	35	14	58	108	20	55
其他辅助工艺设施	10	48	14	64	99	27	52
钚转化设施	4	23	3	3	53	21	40
UO_3 贮存库		7		6			6
废物管理设施	19	109	23	141	25	66	128

自动监测系统和定期巡检有效地实现了辐射控制，职业性照射量已降低到很低水平。工厂运行的平均集体剂量为每年 0.7 人·Sv，个人的平均受照量约为 0.6 mSv。

四、辐射防护的经验[3,10,11]

在前面已经介绍了法国阿格厂和日本东海厂等在辐射防护方面的技术和经验。下面主要论述英国核燃料有限公司所属的一些后处理厂在辐射防护方面所取得的成就和经验。值得注意的是，英国的经验不但包括技术方面、管理方面的，而且还包括理念方面的经验，也就是说，英国热堆氧化物后处理厂（THORP）等取得了较为全面的辐射防护经验。

英国核燃料有限公司在 1986 年以前执行的职业性照射标准为 50 mSv/a，1987 年采用了 30 mSv/a 的标准，1989 年采用的标准降低为 20 mSv/a，并且要求连续 10 年累计不应大于 150 mSv，同时进一步强调应用实际可能尽量低（ALARP）原则。人们对实施实际可能尽量低原则的要求日益增长。因此从 20 世纪 70 年代后期就推行了一项政策，即对所有的工厂开展正式的定量评估工作，以确定在 ALARP 框架内采取什么行动可以减少照射量。1986 年，英国电离辐射法规正式规定：当个人或群体年剂量超过 15 mSv 时，就必须进行评估（评估事项将在后面叙及），推荐一些措施以便逐渐降低照射量水平。第二阶段是对降低剂量的措施进行鉴定。在这一阶段提出吸收剂量模型来显示个人受到射线照射的主要因素，因此它可以用来优先选择适宜采用降低剂量方法的那些领域。接着，正式划定各部门的职责，物理保健部门承担了按组收集和估计吸收剂量的责任，同时还负责监督降低剂量措施的执行情况，并监督降低剂量措施的有效性；工厂管理部门负责确定在工作现场停留时间，鉴别潜在的降低剂量措施并实行这些措施。

在工厂实践中，逐渐形成了用于鉴别降低剂量方法中各个步骤的正式结构图，如图 13-5 所示。图中还确定了降低剂量方法中关键方面的责任。特别重要的是要有工人的代表同工厂管理部门、安全保健部门的代表一起组成降低剂量委员会，所有经过鉴定的方案都要由该委员会评价，已有很多方案得到了鉴定和评价。

同样值得注意的是，对所执行的降低剂量措施的评价指出，成功大多归功于同该工作有关

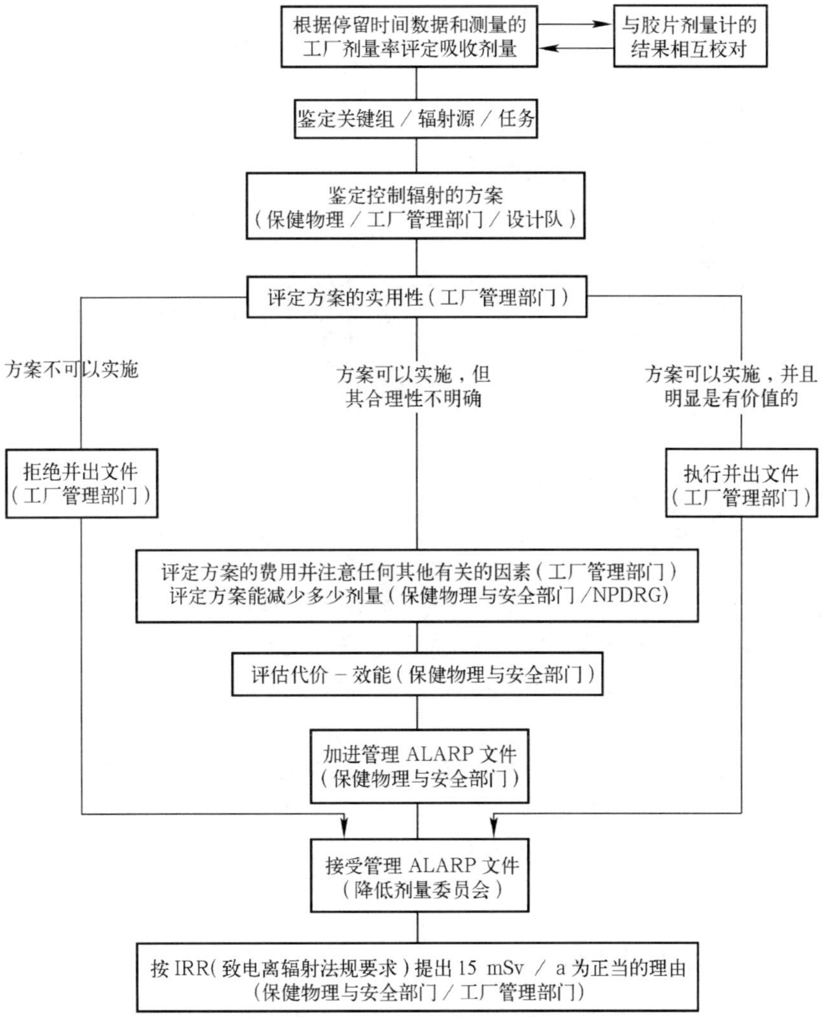

图 13-5　降低剂量的程序和责任

的剂量管理者和工人的认识提高。哪里把吸收剂量与生产和维修任务结合在一起考虑,哪里就可以获得最大的利益。对现有工厂来说,采用了降低剂量的代价——利益分析法,结果提高了工厂管理部门、工人以及他们的代表对降低剂量的认识。

THORP 厂开展的安全事例评估(PSC)是以设计安全报告(DSR)为基础的,以辐射安全为主要内容的安全评价活动。PSC 的关键特点是在工厂进放射性之前就要建立初步操作规则,鉴别安全机制和与安全相关的设备。PSC 的各个部分在最终认可之前,均应交工厂安全委员会进行审查。对于各项评估和安全评价,首先在工厂安全部门内评审。只有每位评审者都对详细评价表示满意后,才可交上级安全委员会审查。PSC 是经过几个阶段的演变而成的,如图 13-6 所示。

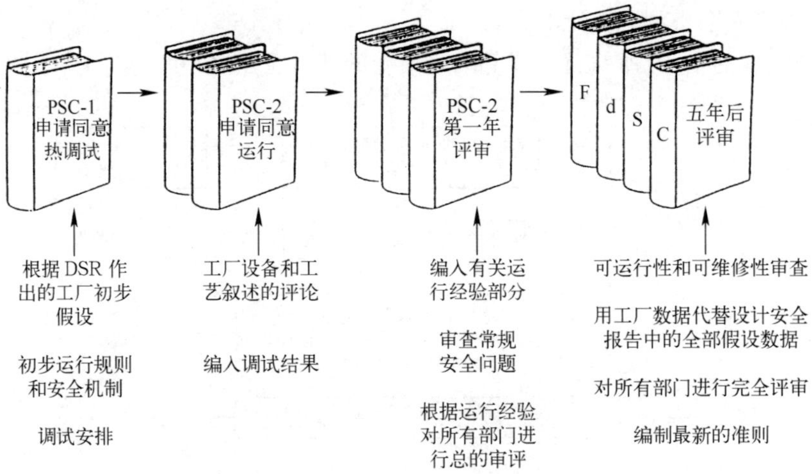

图 13-6　PSC 的演变

第二节　核临界控制

众所周知,后处理厂是从核反应堆辐照过的燃料中提取钚并回收铀和镎等超铀元素。因为^{235}U,^{239}Pu,^{237}Np 等是易裂变核素,所以在加工处理它们时就有可能发生核临界事故。一旦发生临界事故,就有可能损坏设备,损失物料,造成放射性污染;核临界时发生的强辐射也有可能造成人员的伤亡。

因为在加工处理易裂变核材料时客观存在着临界事故的风险,为了把这种风险降低到最低限度,必须从工厂的设计、运行和管理等方面采取比普通工厂更加严格的措施,使得在正常情况及可预见到的异常情况均能确保临界安全,以便把临界事故的风险降低到尽可能低的水平。

一、临界及其影响因素[9,14,17]

临界是易裂变核材料所处系统的一种状态。在这种状态时系统能维持稳定的自持链式反应。统计结果表明,一个中子引起易裂变核发生裂变,平均放出约 2.5 个裂变中子,它们有的被吸收了，有的从系统中泄漏掉了，恰好有一个中子又引起新的核裂变，又产生新的一代中子，如果这样进行下去，可能出现下列三种状态之一：一是任一次核裂变产生的平均中子数恰好等于上一次生成的中子数，也就是说这时的中子有效增殖系数(K_{eff})等于1，系统处于临界状态；二是某一次核裂变产生的中子数大于上一次产生的中子数($K_{eff}>1$)，则该系统处于超临界状态，链式反应的中子繁殖按指数剧增；如果某次核裂变反应产生的中子数少于上一次的生成数($K_{eff}<1$)，则系统就是次临界的，链式反应就不能继续进行下去。

任何一次核裂变产生的全部中子可能有三种遭遇：一是逃出了核裂变系统（泄漏）；二是有些中子被系统中的物质吸收而不产生新的裂变；三是有些中子被易裂变核俘获产生新的裂变。我们所研究的含易裂变材料的系统，它处于什么状态主要取决于裂变俘获的中子数与泄漏的中子数和非裂变俘获的中子数之比。也就是说，减少裂变俘获的中子数，增大泄漏和非裂变俘获的中子数，就可以避免临界和超临界的可能性，保证系统始终处于次临界的安全状态[9,17]。

有许多因素会影响系统中子的增殖、泄漏和吸收。

增大中子从系统中泄漏的主要手段之一是控制系统的几何形状。系统的面积与体积之比越大，中子泄漏的份额就越大。因此应用面积与体积比大的设备，更有利于临界安全。

系统所处的环境是影响中子泄漏的重要因素之一，这里所说的环境包括外部环境和内部环境两个方面。在系统外部如果是吸收中子差的物质，有可能使一部分泄漏的中子被反射回裂变系统，增大了临界的风险；如果裂变系统周围的物质对中子的俘获性能很好或者不反射中子，则有利于临界安全。所谓的内部环境，就是指在系统内是否有中子吸收剂，它以何种形式存在。典型的中子吸收材料有镉、硼、钆和铪等，这些材料如果能较均匀地分散在系统中，可有较高的中子吸收效率。这些材料也可制成固定形状置于系统之内，如在燃料元件贮存水池、容器和设备中常衬以镉片，有时用含铪的材料制造萃取槽（柱），目的都是用以吸收中子。

影响临界的根本原因是系统中易裂变材料的种类和质量，因为不同种类的易裂变材料在单体设备中临界质量是不同的，如表13-11所示[17]。

表13-11　含裂变材料单体设备临界参数

物料状况 / 临界参数	^{235}U质量分数加浓度3.3%		^{235}U质量分数加浓度10%		^{235}U质量分数加浓度90%		Pu	
	均匀水溶液	非均匀状态	均匀水溶液	非均匀状态	均匀水溶液	非均匀状态	均匀水溶液	非均匀状态
临界质量/kg	70 2)	60 2)	11 3)	10 6)	0.8 1)	0.7 4)	0.51 1)	0.45 1)
临界体积/L	41 2)	23 2)	20 3)	8 3)	5.5 1)	1.3 3)	5.4 1)	
临界直径/cm	29 2)	23 2)	24 3)	19 3)	14 1)	7.8 3)	13 1)	
临界厚度/cm	13.8 2)	11.4 2)	11 3)	7.8 3)	4.4 1)	1.8 3)	4.4 1)	
临界浓度/(g/L)	400 5)		125 6)		11.5 4)		7.0 4)	

注：1. 使用上述临界参数必须：

(1)是单个设备；(2)加足够的安全系数，安全系数的选取除考虑临界数据来源不准确因素（实验值、计算值不准确）外，还应考虑工艺参数的波动、取样误差、操作失误等因素。

1)德国临界安全标准（引自核工业部标准），插值；2)核工业部临界安全标准，插值；3)TID-7028，插值；4)美国临界安全标准(1975)；5)巴基斯坦资料；6)个人建议值。

在乏燃料后处理过程中，特别是处理轻水堆乏燃料、混合氧化物乏燃料时，系统中的易裂材料主要是^{235}U和^{239}Pu。此外，在系统中还存在着易裂变材料^{237}Np，^{242}Pu，^{241}Am，^{243}Am[18]。由于这几种易裂变材料在系统中含量(质量分数)很少，浓度很低；又加之这几种易裂变材料的临界质量比^{235}U和^{239}Pu大得多[18]，所以这几种易裂变材料构成的临界风险很小。

正如表13-11所给出的数据表明，如果在系统中把易裂变材料的质量控制在某一数值之下，就相当于减少了参与裂变反应的中子数额，使系统处于次临界状态。这就是通常采用的质量控制法，这对单个设备而言是较稳妥的办法。

在裂变材料总的质量一定的系统中，控制易裂变材料的分布状态，也可以保持系统的临界安全。这就是通常所说的浓度控制、慢化剂控制的理论依据。

如果一定量的易裂变材料与其他材料均匀混合的话，如果其他材料对中子的吸收作用大于其他作用的话，其他材料与易裂变材料的原子比越大，则系统的中子增殖系数就会越小，这就是易裂变材料密度对系统临界影响的结果。但是，这里有两个必须引起注意的问题：第一是在系统中，氢对裂变中子有两种作用，其一是氢对裂变中子起减速作用，这相当于增加了引起下一次核裂变的中子份额；其二是氢吸收裂变中子。氢对中子的这两种作用哪一种起主导作用呢？这要取决于氢的原子核与易裂变材料原子核的比值，当其比值在300～1 000之间时，慢化作用是主要的，系统的中子增殖系数变大；当比值大于这个范围时，吸收作用为主，系统中中子的增殖系数变小；当比值小于上述范围时，氢对裂变中子减速作用下降了，裂变中子得不到有效减速，引起裂变的份额减小了，系统处于次临界状态。

第二个必须引起注意的问题是^{238}U对中子的共振吸收问题。如果将^{238}U做成栅格状分布在慢化材料中，裂变中子的能量在慢化剂中容易被减速到被^{238}U共振吸收的能量以下，这种中子易被^{235}U俘获而增加裂变的概率。所以，对于含^{238}U的非均匀系统，在临界控制时要特别注意。

通过上面的讨论可知，要使一个含易裂变材料的系统成为次临界系统就要设法增加裂变中子的泄漏量、被吸收量，减少引起下一次裂变的份额，使中子增殖系数小于1。在实际应用上，限制系统中易裂变材料的质量、增加分散程度，控制系统的组分，材料性质和状态，以及有关系统间的关系，就可以构成各种各样的临界控制方法。

在动力堆乏燃料处理时，拟处理的易裂变核素和能稀释易裂变核素的核材料(如^{238}U等)已经确定，保证临界安全的最简单最重要的因素就是要严格控制易裂变核素的质量、装易裂变材料容器的形状、尺寸和体积，以及系统中易裂变材料的浓度，这些被称为“可裂变核素单参数临界安全极限法”已为许多国家所采用。单参数临界安全极限法能给出确保次临界的质量、尺寸、体积或浓度的最大值。

限制慢化剂的浓度，限制反射层的存在，设置中子毒物，都可以增加次临界系统的尺寸或浓度。与此相反，含易裂变材料的容器中为非均匀体系，或容器、管道之间存在着相互作用，这些都将减少次临界系统的质量、尺寸或浓度。

二、临界控制的原则与措施

临界控制的原则与措施构成临界控制的整体，对于保证临界安全是密不可分的。把临界控制的原则和措施分开来讨论是为了叙述的方便。

(一)临界控制的原则[1,5,6,9,19]

(1) 把临界事故的风险降低到尽可能低的水平上。动力堆燃料后处理厂具有商用性质，为了回收利用易裂变核材料获得好的经济利益，就必须采取严格的措施确实将包括临界事故风险在内的各种危害降低到最低水平上，以谋求利害之间利大于害的平衡，实现安全性和经济性的统一。

同上述的辐射防护原则一样，在临界控制方面各国也将“可合理做到的尽可能低”作为其原则之一。在讨论这个原则时，必须摒弃那种苛求临界事故风险等于零的观念。由于核爆炸使人们产生畏惧心理，使人们善意地要求同核爆炸机制相同的临界事故也不要发生。其实这是一种认识上的盲目性。当然，谁也不希望发生临界事故，这是人们的一种愿望。要使这种愿望得以实现就必须采取一系列严格的科学措施，将临界事故的概率降到尽量低的水平。

(2) 保障核安全不但要靠先进的技术，而且要靠科学的管理措施，并使二者有机地结合起来。文献[9]指出，应当了解，所有的控制都不要在管理上放松警惕，以保证不违反操作规程。临界安全管理的核心是建立和健全临界安全责任制，特别是要明确规定核设施运营单位及其内部各级人员的责任和权限[6]。因此，防止临界事故最终取决于管理控制[9]。

(3) 双重偶然事件原则。对于设置了重屏蔽可使事故对工作人员辐射剂量降低到限值的场合，可应用双偶然事件原则。双偶然事件原则作为临界控制的基本原则已为各国所接受。而日本六个所后处理厂应用单故障准则，从可靠性观点来看，可认为单故障准则与双偶然事件原则是相同的，由于单故障准则在日本的核电站安全设计中取得大量经验[19]。

双偶然事件原则，即保证工艺条件中至少有两个不大可能发生的、独立的条件一并或相继发生时，才能导致临界事故。在临界控制实践中，双偶然事件原则的实施仍然有灵活性，例如，美国的标准[20]提出，在有重屏蔽保护的场合下，允许采用单偶然原则。

(4) 在确定临界限值时要留有足够的安全裕度。在确定临界安全限额时不仅要确认正常情况下的安全裕度，还要确认在非正常情况下的安全裕度，同时还应满足双偶然事件原则。

日本六个所后处理厂随临界安全控制方法的不同而设立了不同的“临界限值”，在确定临界限值时，必须保证留有足够的安全裕度。在确定临界限值之前，要确认有效增殖系数(K_{eff})符合安全准则，为了确保足够的安全裕度，在临界安全设计中 K_{eff}一般取 0.95。

在临界控制中确定临界限值的目的是确保最大容许限值不被超过。也就是说当工艺参数的波动和所采用的次临界限值被意外地超过也应是安全的。

(二)临界控制的措施[5,6,9,14,17,19,21]

为了叙述方便，这里将临界控制措施分为技术措施、管理措施和辅助措施来论述。

1. 技术措施

要根据所处理乏燃料的特性、处理能力、工艺流程，以及工厂的实际情况和物质技术基础，选择临界的控制方式，确定主要受控物理参数的限值。

在后处理过程中，质量、浓度和几何形状是主要的控制参数。

质量控制主要应用于易裂变材料的干法处理和贮存，在水法处理中不宜采用。

几何参数控制。在任何形体的设备中，球形的面积与体积比最小，即球形的中子泄漏最少，所以，达到临界所需要的质量最小，对于球形体的设备临界限值必须小于球体体积的

75%。确定圆柱体直径、平板形容器厚度、环形设备厚度时必须小于临界值的85%。

当使用几何控制时，还会遇到一些实际问题，必须认真对待妥善解决。在圆柱体和扁平容器中存留大量溶液，因此设备之间要留有适当的间距，以避免相互影响；扁平容器容易鼓出变形，因此必须认真加固；如果设备使用夹套加热或冷却，也要控制其尺寸在安全范围内，否则含易裂变材料的溶液漏入夹套可能造成临界。

浓度控制。首先，采用浓度控制的设备必须置于重屏蔽层内。对于混合易裂变材料系统，采用浓度控制时，其浓度应小于无限介质临界浓度的75%。

采用浓度控制时，必须设有独立的分析监测装置，及时并有效地监测易裂变材料浓度、氢离子浓度、碳氢化合物浓度，以及氢与易裂变同位素的原子比。

采用毒物控制临界。主要有两种方式，一是应用固态中子毒物，在容器外侧使用固定毒物实际上是用来克服反射和互相作用的影响；在容器内侧使用固定毒物则是减少中子增殖。通常将薄镉板用于容器外侧，含硼不锈钢或硼硅酸盐玻璃用于容器内侧。用硼硅酸盐玻璃拉西环作吸收剂时，取K_{eff}为0.85。二是采用可溶性中子毒物。在单独使用可溶性中子毒物作控制措施时，可溶性中子毒物浓度应大于使无限介质增殖系数(K_{∞})<1时的中子毒物浓度的1.35倍。德国的经验认为：均匀溶液中钆浓度为1 g/L时有足够的安全裕度[17]；在用可溶性中子毒物和几何控制一并作为临界控制措施时，中子毒物浓度应大于使系统$K_{eff}<0.9$时的中子毒物浓度的1.35倍。

采用可溶性中子毒物控制临界的设备应置于重屏蔽层内。

采用固体中子毒物控制临界时，要及时监测毒物被侵蚀或腐蚀的情况，即监测中子毒物的有效性；使用可溶性中子毒物时，也必须适时检测毒物浓度。因此采用中子毒物控制临界时，均应设立两种以上独立的监测装置。

此外，还可采用慢化剂控制、反射层控制、互相影响控制，以及质量、临界尺寸和浓度的联合控制等技术控制措施。

2. 管理措施

上面在论述管理原则时已论述到科学管理的重要性。临界管理措施主要有下列内容。

(1) 要建立和健全管理当局、营运单位和各级人员的临界安全责任制；

(2) 对各级管理人员、工作人员要坚持进行临界安全知识的培训教育和考核；

(3) 营运单位要配备临界安全专家或工程师；

(4) 稳定的操作是临界安全的主要控制措施，因此，要制定科学的严格的临界安全运行操作规程，要经常检查规程的执行情况，对规程要进行定期评审和修订；

(5) 凡是涉及到改变易裂变材料工艺流程、操作或设备时，都必须进行临界安全分析和评审，确认符合临界安全规程并经批准后方可实施；

(6) 要制定临界事故应急响应规程和事故处理方案；

(7) 实施易裂变材料的衡算和核保障制度。

3. 辅助控制措施

文献[5]介绍了12种临界控制的辅助措施。下面主要对临界监测做些说明，临界监测是预报系统达到临界危险程度以便及时消除隐患的主要措施。一是分析监测，通过实验室分析和在线分析，提供系统中易裂变材料的浓度、成分、酸度和原子比等参数。二是在受控设备上安装浓度、液位、流量、中子、γ射线等参数的测量仪表，以便监测参数波动情况并发出超出临界限值的警报，或者是及时启动电子联锁装置制止误操作。

例如，通过测量^{235}U特征γ射线可以监测设备中^{235}U的积累量。再有，利用镅-锂源产生低于^{238}U裂变阈的中子来照射待监测的系统，测量裂变中子与源中子及γ射线的耦合率，其值的大小即表示^{235}U的数量。这个方法在确定贮存或处理^{235}U的设备中^{235}U的质量是很有用的。对于含钚系统，由于^{240}Pu具有较高的自发裂变率，^{240}Pu又是按一定比例存在于钚核素之中，这样测得中子的本底计数就可以得知系统中钚的浓度。

关于工艺操作过程的临界监测，即将在下面介绍，请参阅。

因为临界事故会对人员造成伤害，所以在有可能发生临界事故的设施上就必须安装临界报警系统。例如，日本六个所后处理厂在溶解器小室周围的区域、钚洗涤混合澄清槽小室周围的区域等都建立了临界事故报警系统，如图 13-7 所示[21]。

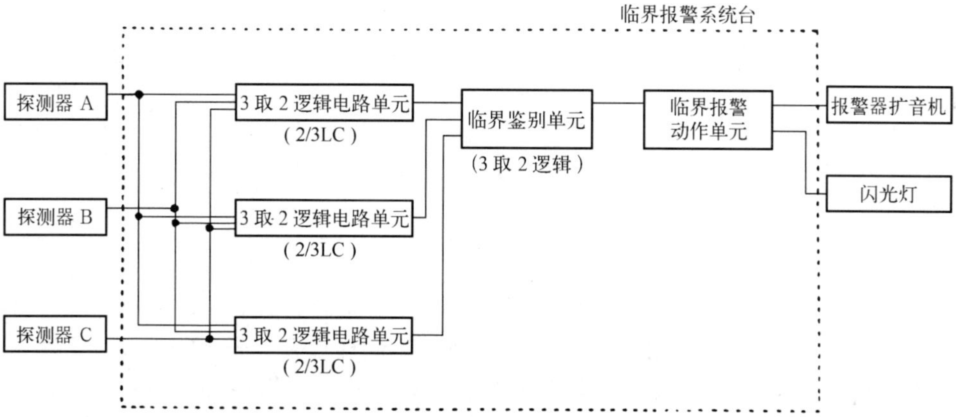

图 13-7　六个所后处理厂临界报警系统的组成示意

临界报警系统必须有高度的可靠性，因此在六个所后处理厂每个报警系统都设有三个独立的探测器，并根据 3 取 2 的逻辑来判别探测器发出的信号是否意味着发生了临界事故。采用 3 个 2/3 逻辑电路单元来作出判断。根据 3 取 2 的逻辑在临界鉴别单元对逻辑电路单元送来的信号加以判别。这样的报警系统的作用是，若有两个以上的探测器在一定时间内不动作，就不能判定为临界事故，以便减少误报。当临界鉴别单元判明发生了临界事故，它就给报警启动单元发出指令，使之分别发出声光报警，促使工作人员撤离现场。

六个所后处理厂不仅考虑了用 3 个探测器监测瞬发临界（裂变率高而重合时间非常短），而且也用 3 个探测器监测缓发临界（裂变率不高但重合时间较长）。并且仍然按照 3 取 2 的逻辑设置鉴别单元，分别判断瞬发探测器和缓发探测器送来的信息。若判定发生了瞬发临界事故或缓发临界事故，报警启动单元就会启动声光报警器。

三、主要工序的临界控制[5,9,19,21～23]

1. 乏燃料溶解

防止临界事故的最大不确定因素是在乏燃料溶解工序。在溶解期间，一堆金属核燃料或金属氧化物燃料浸在易裂变物质溶液中，其反应性有时既可大于未溶解燃料在水慢化剂中的反应性又可大于最终溶液的反应性。这种不均匀系统是临界控制的重点。

乏燃料溶解有间歇溶解和连续溶解之分。在溶解时会出现双重不均匀性问题，除了构成了固—液不均匀性外，系统中溶液浓度是不均匀的。系统的临界反应性既不在溶解开始时也不在终了时达到最大，而是在溶解过程中达到峰值，因此，使得溶解器的临界控制较为复杂。

现在控制溶解器的临界安全主要是采用几何安全设备或者是几何安全设备并加可溶性中子毒物钆（以硝酸钆溶液加入）。表 13-12 给出了几座商用后处理厂溶解器的临界控制方式[5]。

表 13-12　部分商用后处理厂溶解器的临界控制方式及安装台数

厂　名	溶解器台数	临界控制方式	工厂生产能力/(t/a)
美国西谷厂	2	固定中子毒物，几何安全	300
美国埃克松厂	2	固定中子毒物，几何安全	2 100
美国巴威尔厂	3	可溶毒物硝酸钆	1 500
英国 THORP 厂	3	几何安全，可溶中子毒物硝酸钆	1 200
法国 UP2-400	2	几何安全	400
法国 UP3	2	几何安全	800
日本东海村厂	2	几何安全	210

用硼、镉、钐和钆作为中子毒物曾计算了临界值，若毒物：燃料原子比为 50 时（相当于约 500 g ^{235}U/L）刚好达到临界；用 ^{239}Pu 和 ^{233}U 也进行了同样计算。表 13-13 给出了在不同的慢化情况下保证 ^{235}U 和 ^{239}Pu 溶液处于次临界状态所需要的可溶性毒物的最小原子比[5]。

表 13-13　不同慢化情况下，使 ^{235}U 或 ^{239}Pu 溶液处于次临界所需要的可溶毒物的最小安全原子比

中子吸收剂与易裂变核素(X)的原子比	H/X				
	70	170	400	900	2000
	$X=^{235}U$				
B/X	1.92	1.74	1.52	1.07	0.092
Cd/X	0.44	0.38	0.33	0.24	0.020
Gd/X	0.052	0.032	0.024	0.0162	0.0014
Sm/X	0.025	0.021	0.018	0.0124	0.0011
	$X=^{239}Pu$				
B/X	5.4	4.1	2.9	2.03	0.84
Cd/X	1.81	0.94	0.64	0.44	0.184
Gd/X	1.14	0.126	0.053	0.032	0.013
Sm/X	0.101	0.054	0.035	0.024	0.010

注：1. 所列数值安全系数为 2，若溶液中易裂变核素的浓度接近表列数值时，未作就地中子增殖测量不应使用表中所列值。

日本六个所后处理厂除了采用几何控制方式外，在连续溶解器上还安装了可溶性中子毒物的应急注入系统，并在溶解器周围的区域安装了临界事故报警系统。

2. 共去污和铀钚分离

萃取设备通常可用几何控制或几何-浓度控制来保证临界安全。可溶性中子毒物一般仅在共去污工序中使用，以保证在尾端工序铀、钚的产品质量。

在萃取过程中，若工艺操作参数有波动，比如，萃取和洗涤的流量有变化，都容易使工艺过程的钚浓度发生变化，因此，为了保证当钚的浓度波动时有足够的安全裕度，通常采用几何安全设备(柱或槽)。采用几何安全设备的工序中，有的设备还采用了浓度控制措施。图 13-8 表示了日本六个所后处理厂分离设施和纯化设施的临界安全概况[19]。

3. 铀纯化循环

对于铀纯化循环，临界控制有两种情况：一是当^{235}U富集度低于 1.6%的 $UO_2(NO_3)_2$ 溶液无论如何也不会达到临界状态，因此，铀的纯化过程不作临界安全控制的考虑[19]。二是如果^{235}U富集度有可能超过临界限值时，则铀纯化循环需要采取临界控制措施，可以用几何、浓度、浓度-几何，或者加入中子毒物的方法来控制临界。

4. 钚的纯化循环

从铀—钚分离循环的萃取柱开始，经过钚的萃取—反萃设施，取得较浓的硝酸钚溶液。在这个工序中不但由于钚的浓度较高而且还可能出现钚的聚合物，所以该工序是临界控制的重点部位。在这里多采用浓度—几何控制或者采用衬有固体中子毒物的几何安全设备来控制临界。

除了采取上述临界控制措施外，对于包括钚纯化循环在内的萃取—分离设施还采取中子监测等措施来控制临界。表 13-14 介绍了日本在共去污、铀—钚分离和钚纯化工序应用中子监测器探测临界的概况[22]。

表 13-14　用于临界控制的中子监测器

	共去污			分离			Pu 纯化	
	裂变产物洗涤柱	锝和氚洗涤柱	补充萃取混合澄清槽	Pu 反萃混合澄清槽		U 反萃混合澄清槽	Pu 补充反萃混合澄清槽	U 反萃混合澄清槽
监测器安装位置	澄清段(水相)	澄清段(水相)	第 7 级	第 1 级	第 5 级	第 1 级	第 4 级	第 1 级
临界控制的设备	萃残液接收槽	下游各设备	有关设备和下游各设备	有关设备	下游各设备	有关设备	下游各设备	有关设备
要监测的溶液	水相	水相	第 7 级水相	第 1 级水相	第 5 级有机相	第 1 级水相	第 4 级有机相	第 1 级水相
Pu 浓度限值	4 gPu/L	5 gPu/L	5 gPu/L	7 gPu/L	0.5 gPu/L	735 gPu	0.5 gPu/L	735 gPu
$\frac{\text{Pu 浓度限值}}{\text{正常 Pu 浓度}}$	5	20	20	70				

在钚的纯化循环还应安装临界事故报警系统。

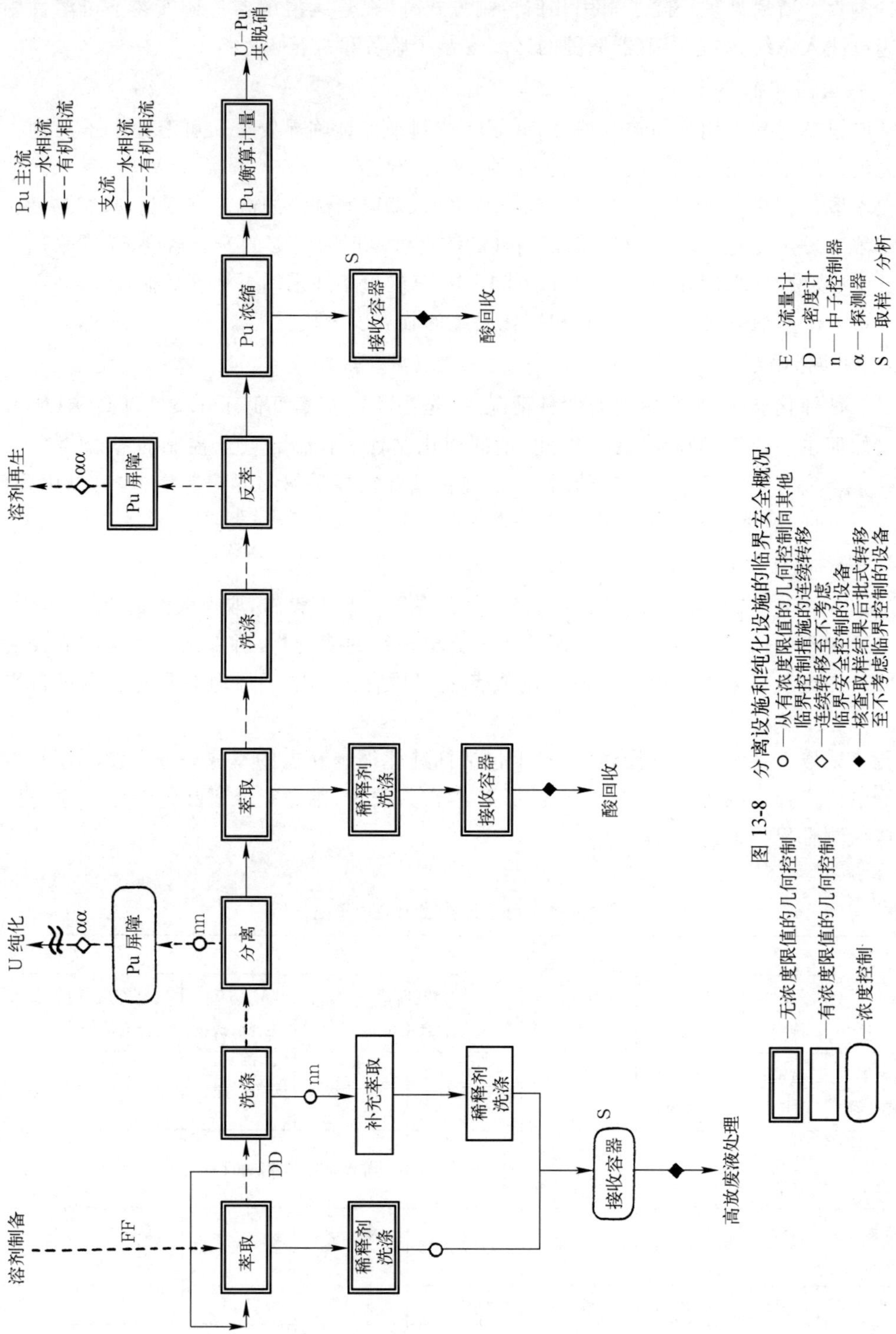

图 13-8 分离设施和纯化设施的临界安全概况

5. 产品转化与贮存

经过纯化的铀、钚溶液，可以作为产品出厂，也可以再转化为固态产品，以利于贮存和运输。

因为处理动力堆乏燃料时钚的含量高、辐射强，转化操作往往在非均匀系统中进行，因此临界安全问题很突出，是临界控制的重点部位。

在钚产品转化工序，控制临界的措施是采用几何安全的设备，有些运转容器采用装有中子毒物棒栅或拉西环的容器。在转化工序中，由于加工处理的多为高浓钚溶液，除了作好单体容器和设备的临界监控之外，特别要注意监控设施之间中子的互相作用。

固体产品贮存可用慢化控制来保证临界安全。如果库存产品时，可将产品容器贮存在互相隔开的含硼混凝土井中。

如果铀的转化和贮存工序中，^{235}U 的加浓度超过限值时，可采用与钚的转化与贮存相同的临界控制措施。

钚、铀(超过临界限值时)的转化和产品贮存工序应设立临界监测和报警系统。

四、吸取临界事故的经验和教训[1,6,9,19,24]

美国埃克松核燃料回收和再循环中心的安全分析报告报道了已发生的 34 次临界事故[1]。文献[9]描述了 4 起发生在美国后处理设施上的临界事故的概况。文献[24]介绍了 1978 年之前发生在俄罗斯的 12 起临界事故。实际上，上述这四十几起临界事故都是 1978 年之前发生在美国、俄罗斯和英国的事故。由美国和俄罗斯科学家共同编写的《核临界事故回顾》，回顾了核燃料生产工艺过程、反应堆、临界安全实验等发生的临界事故达 60 起[25]。现将这些事故，重点是将乏燃料后处理厂发生的事故作些归纳和分析，以便从中吸取其经验和教训。

(一)在溶液(包括废液)转移过程中，发生了萃取反应，由于误操作等而造成临界事故

1. 1958 年 12 月 30 日美国洛斯阿拉莫斯科学实验室

该实验室回收试验过程中所产生的熔渣、熔炉，以及从其他极低含量的残渣中提纯和浓缩钚，并从稀萃余液中回收钚(浓度约为 0.1 g/L)和微量镅。发生事故时是把萃取槽排空并清洗，把 4 个萃取槽中的萃余液和酸性洗涤液通过一个互相连接的输送管道，将这些残液都归并到一个直径为 96.5 cm、容积为 850 L 的大槽中(见图 13-9)。当这个大槽一启动搅拌器，就发生了临界事故，产生了 1.5×10^{17} 次裂变。事故后发现，这个大槽中酸性残液的上部漂浮着约 20 cm的一层有机溶剂，约有 160 L，约含钚 3.3 kg。这么大量的钚是从哪里来的呢？分析认为，4 个槽子在过去 7.5 年的运行中在槽壁上逐渐沉积了钚的化合物，被酸洗下来后集中到了一个大槽中。几个槽体中残存分离出来的有机溶剂也集中到一个大槽之中，起初为一薄圆盘状存在于酸性残液的表层。由于有机溶剂对钚有很高的萃取能力，所以当搅拌器开动后，有机溶剂就成为一个似球状的厚圆环达到临界状态。继续搅拌使有机相和水相混合起来，钚被稀释到低于临界浓度，临界反应被终止。

正如图 13-9(b)所示的那样，事故中正在观察槽内情况的操作者受到了(3.1±1.55)c/kg 的照射而死亡，两个去救他的人也受到了超 1.18 Sv 剂量照射。

从对事故的描述可见：萃取槽多年不清洗，从而积累了大量钚，清洗时又将大量钚集中到

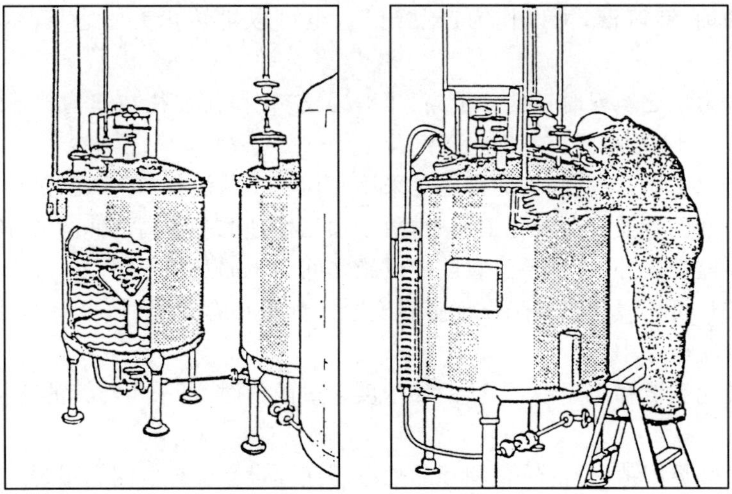

(a)　　(b)

图 13-9　洛斯阿拉莫斯临界事故中的钚处理槽剖视图(a)和事故发生时操作者的位置(b)

一个大槽中,这是酿成事故的根源;将大量清洗废液集中到一个非几何安全的大槽中是事故的第二个原因;对于清洗曾处理过混合相(有机相和水相)的设备,没将清洗废液进行澄清、分相和相分离,是酿成事故的第三个原因;搅拌是诱发事故的直接起因。

2. 1968 年 12 月 10 日发生在俄罗斯马雅克工厂的事故

这次事故发生在进行新萃取工艺技术的试验过程中。将含低浓钚(0.4～0.5 g/L)的溶液转移到一个大的贮槽(4 000 L),因为溶液中含有有机相。值班主任要求操作员将大槽中的有机相转移除去。操作人员用一个 20 L 的玻璃瓶(属于几何安全)、一个 60 L 的容器(非几何安全)、一根橡胶软管和一个泵转移有机相。转移出第一玻璃瓶有机相时,操作人员观察到液体是深棕色的,将其倒入 60 L 容器中,当将第二瓶液体即将全部倒入容器时,操作员看见了闪光,临界报警系统报警,人员都撤离了现场。值班主任回到事故现场,拟将 60 L 的容器倾倒,使一些液体流出来,这时又酿成了第二次临界事故。结果值班主任因受照严重而死亡,两个操作员腿部被截去。

这起严重的事故应接受的教训是:不但要分析贮槽中水相的钚浓度,而且应同时分析有机相的钚浓度;因为钚有很大的萃取分配系数,在 4 000 L 大贮槽中,有机相可能为一薄层,属于次临界的,而将其抽取并倒入体积较小的非几何安全的容器中,结果酿成了事故;错误地处理事故是应接受的第三条教训。

从上述这两起临界事故中除了应接受已经谈及的教训外,还应再强调指出,在处理萃取体系的溶液或废液时,要注意检测水相中是否有有机相,有机相中是否含有水相,如果发现有的话,就要进行澄清分相;要准确地分析两相中钚(包括 ^{235}U)的浓度;要采取正确的措施分离两相(如有机相中钚浓度高时应将其抽入几何安全设备中处理)。

(二)将来路不明、成分不明的液流抽入系统而酿成事故

1. 1970 年 8 月 24 日英国温茨凯尔厂发生的一起临界事故

该工厂从各种各样的废料中按照流程的安排回收钚，回收操作始于装料钚约 300 g 的溶解器。溶解料液经过调料槽后(含 Pu6～7 g/L)，借助于真空提升到一个转移容器里，再靠重力经过一个 U 型溶剂捕集器自流入供料槽，由此将料液供给几何安全的脉冲萃取柱。

在生产过程中有 40 L 来路不明的有机溶剂进入了设有真空装置的转移容器中，这些有机溶剂一点一点地萃取了料液中的钚。到出事故时溶剂中的钚浓度高达 55 g/L。据分析判断，当没有料液进入真空转移容器时，其中的水相与有机相之间的乳浊层分为两相时发生了约 10^{15} 裂变，使两名工作人员受到约 0.02 Gy 的照射。

这次事故应接受的教训是很清楚的：首先应搞清有机溶剂的来源；第二，应及时地将真空转移容器中的溶剂除去；第三，在非几何安全设备上应安装中子监测器。

2. 1962 年 4 月 7 日发生在美国汉福特厂的事故

事故发生在用溶剂萃取法回收钚的有房间大小的手套箱中。手套箱内的设施正在进行全面清洗，流到手套箱集液坑里的清洗液需要抽到直径为 45.7 cm，容积为 69 L 的转液容器中。在抽吸清洗液时，有一些高浓度的钚溶液从一个几何安全的设备中溢出流入集液坑，也被抽入到 69 L 转液容器中，当容器中的液体体积达 46 L 时发生了闪变，约发生了 8.2×10^{17} 次裂变，反应断断续续地进行了约 37 h，事故造成 3 人超剂量照射。

事故的性质是相同的，都是在抽吸废液时，抽入了来路不明的高浓度钚溶液而酿成临界事故的。事故的教训有：首先，在用设备抽吸废液时，应断开同该设备相连通的其他管路；第二，要随时分析检测液体中的钚浓度，发现异样时应及时处理；第三，对于不能以几何方法保证次临界的设备应加装中子毒物。

(三)在非几何安全设备之间转移钚溶液酿成事故

第一起事故发生于 1953 年 3 月 15 日俄罗斯的马雅克工厂。在混凝土设备室内放置有 7 个各为 40 L 的容器，还有一个真空设备用于转移硝酸钚溶液，还有一个玻璃制成的气液分离器。

在混凝土设备室外边的走廊里放着 8 个形状同设备室内相同的各为 40 L 的容器。当将设备室内两个容器中的溶液转移到设备室外的一个容器中，主操作员用设备室内的橡胶软管把两个容器同真空设备连接起来。在转移溶液时主操作员站在接收槽的旁边。在完成转移后，主操作员把橡胶软管从接收槽上卸下来的一刹那发现从罐中冒出泡沫和强烈的气流，他又将软管同容器连接起来。位于设备室内的副操作员看到有部分溶液进入了真空设备的气液分离器。此时，从接收容器来的溶液返回到原来的容器并被稀释、冷却，然后又将这些溶液转入两个空容器中。两个操作员决定不反映这一事故。两天后，主操作员出现严重的辐射病症状。据估算，接收槽共接收 31 L 溶液。此次事故发生了 2.5×10^{17} 次裂变。主操作员受到约 10 Gy 的剂量照射，副操作员的吸收剂量约为 1 Gy。

第二起事故发生于 1960 年 12 月 5 日俄罗斯的马雅克工厂。事故发生在过滤碳酸钚的设备室内，该设备室内设置有两个化工工艺容器、一个转送槽、一个过滤器、一个非几何安全的贮存容器(该容器直径 350 mm、高 450 mm，容积为 40 L)。12 月 5 日那天，一个技术人员发现工

艺容器中的钚质量分析数据有偏差，他未作核查就把工艺容器中的溶液转入过滤器中去，接着在与过滤器相连的非几何安全的贮存容器发生了功率激增。研究结果表明，溶液中约有830 g钚和170 g钚的沉淀物。后来，工作人员在实施事故应急响应时切断了真空系统，使溶液返流入非几何安全的容器中，结果又酿成了第二次事故。估计两次总裂变次数约为10^{17}，一些人受到约小于0.05 Gy的剂量照射。

从这两起事故中应接受的教训为：第一，在非几何安全容器之间转移浓度较高的钚溶液是酿成事故的主要原因之一；第二，钚的质量或浓度分析误差太大；第三，生产工作记录错误多，许多记录中钚质量的总误差达100%；发现问题后，采取处理问题的方法错误，结果酿成更严重的后果。

表13-15给出的是1980年以前美国核化工厂临界事故的诱发原因及出现的频率。表中列出了12种事故原因，从中可见，发生在溶液中的事故是临界事故的重头戏，正像日本核燃料公司所指出的那样，世界各国的临界事故都发生在处理核材料溶液的设施中[19]。表13-15指出有三种情况的液流转移而引发临界事故占了事故相当大的比例。从上面我们例举的几起临界事故也可清楚地看出，这些事故都与含易裂变材料的液体的转移有直接的关系。由含易裂变材料的液体转移到非几何安全的容器中酿成的临界事故也较多，所以设置几何安全型设备（或加装有中子毒物的设备）是预防事故的最可靠方法。在工厂里通过定性控制和准确计量核材料及化学试剂是预防事故的重要手段。工作人员误操作或者违反操作规程是酿成事故或加重事故后果的重要原因之一，因此，防止临界事故最终取决于管理控制[9]。在有关的工作现场设置中子监测和临界报警系统是避免或降低照射剂量的有效方法。如果发生了临界事故，应在鉴定了事故起因，拟定了可靠的易于就地控制的处理事故措施后，方可进行事故处理和善后工作。

表13-15　美国核化工厂临界事故诱发原因及出现频率[16]

事故诱发原因	所涉及的事故数
由溶液造成临界	7
将大量溶液转移到非几何临界安全的容器中	6
意外的转移	3
在预定转移中出现未察觉到的浓缩	3
阀门出问题	5
高压压缩空气的作用	2
相互联系差	≥2
对当时的系统状况缺乏了解	≥2
形成了危险的习惯性做法	≥2
操作者犯了错误	≥2
工厂领导和值班长犯了错误	≥2
“非正常”情况的存在	≥2

当然，预防临界事故的经验是很多的，但是教训也是沉痛的，必须引起高度重视。《核临界事故回顾》一书高度概括总结了应吸取的教训：人为因素是最重要的也是所有事故的主导因素；第二，所有事故中主管部门、上级管理层和监管机构都有责任；第三，每个事故都有多重原因所致[25]。

参考文献

1 核工业第二研究设计院译．埃克松核燃料回收和再循环中心初步安全分析报告．1991

2 RECOD'91，278～282 中文本

3 RECOD'91，283～290

4 RECOD'94，346～349

5 姜圣阶主编，柯友之副主编．动力堆核燃料后处理厂设计．北京：原子能出版社．1996

6 姜圣阶，任凤仪等编著．核燃料后处理工学．北京：原子能出版社．1995

7 RECOD'94，310～316

8 RECOD'98，255～260

9 杨云鸿译．核燃料后处理工程．北京：原子能出版社．1980，10～51

10 RECOD'94，317～330

11 RECOD'94，299～309

12 蒋云清译．轻水堆乏燃料后处理(译文集)．北京：原子能出版社，1989

13 乏燃料管理及后处理．1997. No. 1

14 汪德熙，王方定等译．核化学工程．北京：原子能出版社．1988

15 乏燃料管理及后处理．2000. No. 8

16 中国辐射防护研究院主编．核能与辐射防护．北京：原子能出版社．1994

17 核工业第二研究设计院，核科技情报研究所编．动力堆乏燃料后处理资料汇编．1988

18 LA-UR，94～1 627，1994

19 RECOD'98，274～279

20 ANSI/ANS-8. 10-1 983

21 RECOD'98，280～282

22 RECOD'91，252～260

23 RECOD'98，261～263

24 乏燃料管理及后处理．1996，No. 6

25 赵守智，王维善等译．核临界事故回顾．北京：原子能出版社．2003

第十四章　放射性废物管理

本章主要论述放射性废物管理的一般原则，固体废物、液体废物和气体废物处理的主要方法。重点介绍一些国家后处理厂治理放射性废物的成就和经验。

第一节　概述

在核燃料后处理过程中产生的放射性废物物态不同，放射性核素的含量不同，比放射性水平亦不同。因此，对放射性废物必须分类，以便确定对各类废物的治理原则及方法。按物态来区分，可将放射性废物分为气体、液体和固体三类。按比放射性水平来区分，可分为低放、中放和高放废物。此外，还可按其他方法来分类，比如气态废物分为气体废物和气溶胶；液体废物分为水相和有机相废物；被钚或其他超铀元素所沾污的废物通常称为“超铀”或“α”废物。

区分废物所依据的比放射性水平，各个国家有所不同。表 14-1 是国际原子能机构(IAEA)根据比放射性水平将液体废物分为五类，将固体废物分为四类(见表 14-2)[1,2]。

表 14-1　液体废物的分类

类　别	比活度 $A/(Bq/cm^3)$	再处理时的要求
1	$A \leqslant 0.37$	勿需再处理
2	$0.37 \leqslant A \leqslant 37$	再处理无需屏蔽
3	$37 \leqslant A \leqslant 3.7 \times 10^3$	再处理可能需要屏蔽
4	$3.7 \times 10^3 \leqslant A \leqslant 3.7 \times 10^8$	再处理时必须屏蔽
5	$3.7 \times 10^8 \leqslant A$	再处理时必须冷却屏蔽

表 14-2　固体废物的分类

类　别	废物表面照射量 $P/[C/(kg \cdot s)]$	注
1	$P \leqslant 1.5 \times 10^{-7}$	β,γ 辐射体
2	$1.5 \times 10^{-7} \leqslant P \leqslant 1.5 \times 10^{-6}$	含少量 α 辐射体
3	$1.5 \times 10^{-6} \leqslant P$	含少量 α 辐射体
4	α 放射性活度，Bq/m^3	主要是 α 辐射体

气体废物分为三类：其比放射性活度分别为低于 3.7 Bq/m^3，3.7～3.7×10^4 Bq/m^3 和高于 3.7×10^4 Bq/m^3。

气态、液态和固态废物的数量和组成与乏燃料的特性，后处理时所采用的工艺有关。由于各后处理厂差别很大，所以产生的各种废物的数量也各不相同，特别是中、低放废液量差别更大。表 14-3 给出了每年处理 1 500 t 铀燃料的后处理厂产生的各类废物的数量[3]。

表 14-3　1 500 tU/a 后处理厂产生的各类废物的数量

废物类别		每年产生废物的放射性或体积
气态废物	^3T(氚)	3.3×10^{16} Bq
	^{14}C	3.7×10^{13} Bq
	^{85}Kr	4.8×10^{17} Bq
	^{129}I	2.2×10^{12} Bq
液态废物	高放(浓缩物)	700 m^3
	中放	≤7 000 m^3
	低放	150 000 m^3
固态废物	高放(包壳)	600 m^3
	中、低放 β,γ	3 000 m^3
	中、低放 α	100 m^3
有机废物	(液态)	900 m^3

注：1. 冷却时间 3 年；2. 根据 IAEA1977 年资料。

处理燃耗为 33 GW·d/t 的轻水堆氧化铀乏燃料，乏燃料冷却 1 年，用 Purex 流程处理，每吨乏燃料将产生 0.4 t 包壳及燃料组件构件，其活度约为 6.3×10^{14} Bq；0.5～1.2 m^3 高放废液浓缩液，其活度为 3.7×10^{16} Bq；气体废物的放射性活度为乏燃料初始放射性活度的 1%；产生 60 m^3 的中、低放废物，其中含有约 1%的乏燃料初始放射性元素[2]。

高放废物集中了乏燃料的 99%以上的放射性，它对地球上的生命具有很大的危险性。因此，对高放废物的治理是放射性废物管理的重点。从保护环境的角度出发，对放射性废物的管理提出了下列要求[2]。

(1)排入大气的气态物质所含放射性核素的数量不应超过最大允许含量；

(2)高放废物和中放废物应转化为适宜于投入地质库永久贮存的形态，保证核素在衰变到完全无害之前与生物圈隔离；

(3)低放废水在排入环境之前应加以净化，使废水中的各核素的浓度均低于最大允许浓度。

放射性废物的管理方法是依据国际辐射防护委员会的建议和各国根据本国的情况制定的标准。这些标准规定了排入大气和水体的有害物质最大允许排放量。

根据上述的要求和标准，制订处理各种废物的方法，并且要随着技术的进步，本着尽量降低排放有害物质的原则，适时修订排放标准。

第二节 高放废液

一、浓缩

乏燃料经过后处理，除了不到1%的铀和钚之外，乏燃料中几乎全部裂变产物(99%以上)和超铀元素，实际上都归宿于高放废液。此外，高放废液中还含有腐蚀性产物和硝酸等化学试剂。采用Purex流程，每吨乏燃料大约产生5～10 m^3 高放废液[2]。表14-4给出了1 t燃耗为30 000 MW・d/t铀燃料，冷却150天进行后处理，处理后从后处理厂排出的，以及排出6年后的裂变产物和锕系元素的数量[4]。

表14-4 1 t轻水堆铀燃料后处理所产生的废物中，裂变产物和锕系元素的数量(计算值)

元素	g/tU		元素	g/tU	
	后处理完排出	排出后六年		后处理完排出	排出后六年
Se	4.71×10^{1}	4.71×10^{1}	Ce	2.47×10^{3}	2.25×10^{3}
Rb	3.00×10^{2}	3.08×10^{2}	Pr	1.09×10^{3}	1.09×10^{3}
Sr	8.04×10^{2}	7.34×10^{2}	Nd	3.52×10^{3}	3.73×10^{3}
Y	4.22×10^{2}	4.19×10^{2}	Pm	1.00×10^{2}	2.05×10^{1}
Zr	3.31×10^{3}	3.37×10^{3}	Sm	7.40×10^{2}	8.17×10^{2}
Mo	3.13×10^{3}	3.15×10^{3}	Eu	1.66×10^{2}	1.55×10^{2}
Tc	7.68×10^{2}	7.68×10^{2}	Gd	9.08×10^{1}	1.05×10^{2}
Ru	2.09×10^{3}	1.97×10^{3}	裂变产物总量	3.18×10^{4}	3.18×10^{4}
Rh	3.63×10^{2}	3.66×10^{2}			
Pd	1.20×10^{3}	1.31×10^{3}	U	4.79×10^{3}	4.79×10^{3}
Ag	5.79×10^{1}	5.74×10^{1}	Np	4.19×10^{2}	4.19×10^{2}
Cd	7.72×10^{1}	7.76×10^{1}	Pu	4.42×10^{1}	5.28×10^{1}
Sn	4.78×10^{1}	4.74×10^{1}			
Te	5.17×10^{2}	5.22×10^{2}	Am	1.29×10^{2}	1.30×10^{2}
Cs	2.50×10^{3}	2.23×10^{3}	Cm	3.19×10^{1}	2.18×10^{1}
Ba	1.26×10^{3}	1.53×10^{3}	锕系元素总量	5.42×10^{3}	5.42×10^{3}
La	1.15×10^{3}	1.15×10^{3}			

为减少贮存高放废液的体积，通常是将高放废液再蒸发浓缩，以便减容。用加甲醛的方法进行高放废液的浓缩，可以获得高达100的浓缩倍数，同时还降低了废液的酸度到1 mol/L左右[5]。废液的蒸发浓缩倍数取决于废液的特性，对浓缩液中沉淀物的限制量，以及浓缩物的贮存条件等参数。通常，高放废液浓缩后，其体积可减至原来的1/10或更小。表14-5给出了几个国家高放浓缩废液的若干特性[2]。

图 14-5　轻水堆乏燃料高放浓缩废液的特性

高放浓缩液特性	法国 UP-2	德国 WA-350	日　本
体积/(L/t)	300～5 410	800	300～1 000
游离 HNO_3/(mol/L)	2	5	2～7
玻璃固化前贮存/a	4～6	7	5～6
裂变产物/[kg/(MW·d)]	26	35	30
锕系元素/(kg/t)	1.48	3.6	7.5
腐蚀产物/(kg/t)	8.3	2.6	7.2
比活度/(Bq/t)	1.9×10^{16}	1.7×10^{16}	1.85×10^{16}
衰变热/(W/L)	18.5		≈9.3

二、贮存

高放废液及其浓缩液通常采用槽(罐)式贮存工艺贮存到进行固化时。这些贮罐的容积为 70～1 500 m^3 不等,贮罐的使用期限为 20～30 a[2]。

在早期,美国曾采用碳钢槽贮存碱性和中性高放废液。汉福特和萨凡那河厂的 183 个碳钢贮槽,已发现有 20 多个泄漏了[4]。中性废液会产生泥浆沉淀,这些泥浆载带有大部分的放射性核素。这种情况在汉福特厂、萨凡那河厂和西谷厂都曾发生过[4]。在汉福特厂用碳钢衬里的贮罐,直径为 23 m,深度为 6～12 m,容量为 1 800～3 700 m^3。汉福特厂容许废液在贮罐内沸腾,衰变热由排气冷凝器除掉。如果允许自蒸发浓缩,则在贮罐内会进一步产生沉淀。这些固体沉在罐底,就使无内部冷却装置的贮罐产生崩沸。崩沸时的蒸发速度为正常值的 50 倍。罐底放射性沉淀物的温度曾高达 177 ℃,观察到罐内最大压力达 1.38×10^4 Pa。为解决崩沸的问题,汉福特厂采用内部空气提升进行搅拌的方法,来缓和废液满罐以后的崩沸[6]。

美国、英国等国家贮存高放浓缩废液的经验已经证明,不锈钢槽贮存酸性高放废液是目前惟一获得大规模应用的中间贮存技术[4,6]。

为防止可能发生的泄漏事故,必须采取两种安全措施。一是贮罐必须安放在能够容纳整个贮罐的不锈钢覆面的地下设备室里。二是正在使用的贮罐要与一个空罐相连接,以备发生泄漏时转移出废液。

为防止高放浓缩废液沸腾,并维持其温度在 60 ℃以下,贮存装置必须配备有足够余量的冷却系统。冷却系统要与外部换热器相连。通常罐内要设置两个(有的大型贮槽设置三个)独立的密闭冷却回路,在一个冷却回路失效时,温度仍可维持在 85 ℃以下。为防止溶液暴沸事故,每个贮罐都带有冷凝器,由空气冷却,冷凝液流回贮罐[2,4]。

为防止废液中的固体颗粒或沉淀物的沉积,要用压缩空气不断搅拌,使废液中的沉淀物呈悬浮状态。用压缩空气搅拌可以保持辐解生成的氢气得到充分的稀释,使氢浓度保持在允许浓度 0.2%以下。空气搅拌还有利于废液的自蒸发作用[2,4]。

美国联合通用核子服务公司设计的一种高放废液贮槽直径为 16.5 m,高 6 m,壁厚 9.5～12.5 mm。贮槽装在不锈钢衬里的混凝土地下室里,混凝土墙厚 1 m,顶部厚为 1.75 m。贮槽除了设置上述的冷却系统、压空搅拌系统外,还装备有自动监测和控制系统[2,4]。

三、固化

高放废液固化必须达到两个目的：一是要固定住废液，二是要能长期禁锢住放射性核素。为达到上述要求，固化产物应具有足够的耐破坏的性能。通常以辐照稳定性，热稳定性，机械稳定性和化学稳定性来度量其性能。

通常，固化过程包括废液蒸发浓缩、脱硝、干燥、煅烧、熔融物固化和退火等工序。美、英、法、俄罗斯、日本、加拿大、意大利、德国、印度、澳大利亚等国家研究的固化方法，有的全部，有的部分采用了上述工序[2]。

煅烧是减小废物体积的主要途径，有时可使废物的体积减小为原体积的 1/10 左右。它的基本过程是将被加工的废物置于专门的设备中，逐渐加热升温到 500～900 ℃，除去废物中的挥发性组分（水和硝酸等），最后得到含裂变产物、锕系元素和腐蚀性产物的煅烧产物。这种煅烧产物多数为颗粒状，表面积很大，很脆，化学稳定性很差，浸出率很高，导热性能也较差，从而不宜于最终处置，可以作为固化产品的原料。图 14-1 为废液沸腾层煅烧装置。美国爱达荷厂从 1963 年起，成功地用沸腾层设备煅烧了铝包壳乏燃料后处理产生的高放废液，以及锆包壳乏燃料后处理产生的含氟的废液[2]。

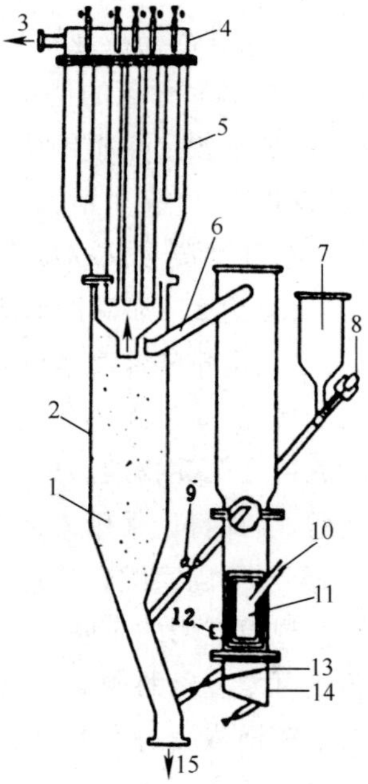

图 14-1　沸腾层煅烧炉简图

1—小颗粒煅烧产物；2—旋风分离室；3—气体出口；4—回吹室；5—金属陶瓷过滤器；6—气体与细粉末排入旋风分离器的出口；7，8—惰性沸腾层物料及其送料器；9—沸腾层溢流控制阀；10—废液入口；11—沸腾层；12—燃料（煤油）入口；13—分配盘；14—流化气体及高压区；15—煅烧产物出口

为改善煅烧产物的性质，人们研制了新型煅烧产物，其中主要的是一种陶瓷产物，它以适当的化学试剂加入到高放浓缩液中煅烧并逐渐将温度提高到 1 200 ℃，所得废物是包含有裂变产物和锕系元素的陶瓷体，其机械强度和化学稳定性都很好，抗浸出性能也很好[4]。

1951 年，人们首次提出将裂变产物的氧化物转化为玻璃体的想法。因为玻璃在加热时能熔化，再次冷却时能将裂变产物的氧化物牢固地包容在其中。玻璃固化物的辐照稳定性和化学稳定性都很高。玻璃固化体也有一些缺点，由于放射性裂变产生的高温可能引起玻璃失透（反玻璃化）导致固化体的性能变差。虽然如此，玻璃固化仍然是当前最合适的固化高放废液的方法[2,4]。

为解决玻璃失透问题，不少国家沿用玻璃固化技术路线改进并发展起了玻璃陶瓷固化体。玻璃陶瓷固化体是利用受控结晶作用获得的，从而避免了不受控的失透作用。另外一种改进型产物是玻璃金属固化体，就是将玻璃珠或玻璃陶瓷珠掺入金属基体里成为固化体，这种固化体有良好的导热性和机械强度[4]。

许多国家对玻璃固化工艺进行了大量的研究，研究得最多的是硼硅酸盐玻璃、硼硅磷酸盐玻璃和磷酸盐玻璃。对于磷酸盐玻璃体，美国和德国都进行了许多工作，但是已被先后放弃了。磷酸盐玻璃在 500 ℃时就严重失透，抗浸出性能变差，这是它的致命缺点之一[4]。

表 14-6 列出了几种固化玻璃的组成。表中还给出了法国(AVM)、德国(VERA)和英国(Fingal)所采用的硼硅酸盐玻璃固化物的组成[2]。

高放浓缩废液的煅烧和玻璃料的熔融可同时在雾化型煅烧和容器内熔融的设备(如图 14-2 所示)、旋转管状炉或坩埚中进行[2]。美国的埃克松(EXXon)核燃料回收和再循环中心设计的高放废液固化系统就是喷雾流化床和熔融炉相结合的装置[7]。使用流化床煅烧器，操作温度度在 400～700 ℃之间，将废液转化成颗粒状的氧化物。在正常操作时，过热蒸汽作为流化介质。启动和停车时用加热的空气消除系统中的凝结水。在流化床中被雾化的高放废液脱水并分解成颗粒状固体废物。颗粒状固体废物从流化床煅烧器出来进入中间料斗。中间料斗配备有计量装置和混合桶。煅烧的颗粒状废物和玻璃料在混合桶中以 2.8∶1(质量比)混合，然后送入熔融器，在 1 100～1 600 ℃下熔融，固化产品装入废物罐。

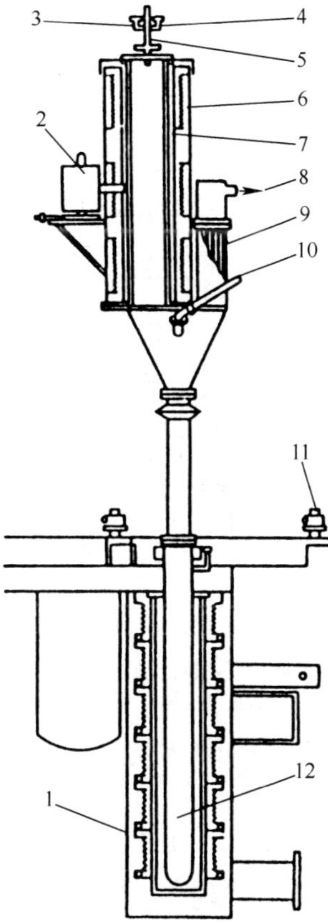

图 14-2　雾化型煅烧和容器内熔融的设备

1—实现容器内熔融的炉子；2—震动器；3—雾化空气入口；4—废液；5—废液喷嘴；6—炉子；7—雾化煅烧器；8—蒸汽出口；9—过滤器；10—玻璃原料入口；11—容器提升装置；12—容器

表 14-6　玻璃固化体的质量分数组成

组　分	硼硅酸盐玻璃			磷酸盐玻璃	硼硅磷酸盐玻璃
	[法]AVM	[德]VERA	[英]Finga 1		
SiO_2	42～49	42	40		15～40
B_2O_3	13～17	8	9.5		10～20
P_2O_5				50～60	
Al_2O_3-Fe_2O_3	5～15	2		0～15	15～30
Na_2O-Li_2O	8～11	16	7.5	5～10	0～5
CaO-MgO		4	2		
TiO_2		8	3		
ZnO			5		5～15
MnO_3					
裂变产物	16～25	20	20	25～35	20

1978年世界上第一个工业规模连续操作的玻璃固化装置(AVM)在法国马库尔厂投入运行。图14-3为AVM玻璃固化流程示意图[2,4]。

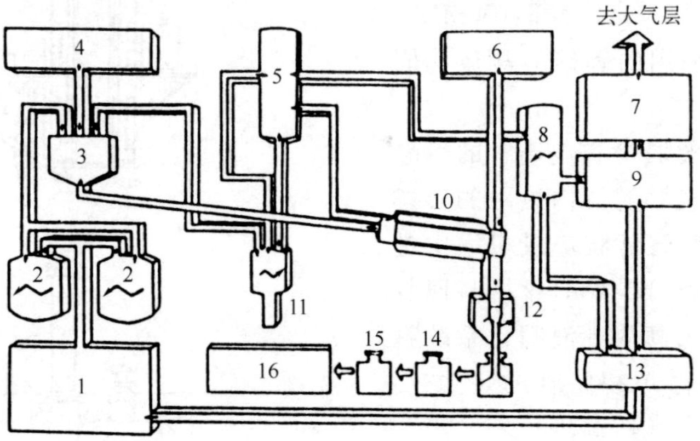

图 14-3　法国马库尔 AVM 装置的玻璃固化流程的基本步骤

1—辐照核燃料后处理厂,裂变产物溶液的浓缩或临界贮存;2—裂变产物溶液的料槽;3—流量调节装置;4—添加剂;5—粉尘捕集;6—玻璃料;7—过滤器;8—冷凝器;9—气体净化;10—煅烧炉;11—循环返回液贮罐;12—玻璃熔炼炉;13—废液;14—盛有玻璃固化物的坩埚;15—外表面去污;16—玻璃固化物的贮存库

这套装置包括一个直径为270 mm,长度为3 600 mm的干燥—煅烧炉,煅烧炉分4区加热。玻璃熔融是在感应加热的因科镍坩埚中进行。玻璃熔炉直径为550 mm,高1 000 mm,内装5组感应加热器。

在煅烧炉中废液以30 L/h的速度连续流入管状的煅烧炉,其入口温度为600 ℃,出口温度为900 ℃,煅烧得到的颗粒状废物与玻璃料混合并连续加入熔炉中。在因科镍坩埚熔炉中感应加热到1 150 ℃,经过8 h,熔炉里生成了熔融的玻璃。然后,由两个外加的感应加热器熔化掉炉底的玻璃塞,熔融的玻璃废物就浇注入直径为500 mm,高1 m的不锈钢容器中。三批玻璃料装满一个容器,每批玻璃废物约为150 L,质量约360 kg。玻璃固化物的比释热率为50 W/L[2,4]。

AVM已处理了2 000多立方米废液。运行经验证明,AVM装置是成功的,不但其工艺完善,而且煅烧炉部件的寿期超过了10 000 h。

法国为了固化轻水堆氧化物燃料元件后处理产生的高放废液,又发展了一种AVH装置。AVH与AVM流程相似,主要部件是参照AVM进行的按比例放大,主要差别之一是UP-2厂建造的R7玻璃固化厂,为降低钌的挥发,使用了不同的煅烧添加剂(R7使用槽)。

法国UP3厂和UP2-800厂的T7和R7各建造了3条玻璃固化生产线,采用AVH装置。实践已经证明玻璃固化有灵活性,因为乏燃料溶解时产生的细颗粒和熔剂处理时产生的碱性废液已被固化到玻璃体里去了[8]。

R7和T7每条生产线的高放废液进料率增大到60 L/h,生产能力为25 kg/h玻璃体固化块[9],R7已达到30 kg/h[10]。

英国研究了间歇式玻璃的坩埚固化方法,固化后坩埚作为玻璃体的贮存容器。这种方法利用这个坩埚的各个不同区段实现高放废液蒸发,浓缩物的煅烧,以及玻璃体熔炼,熔炼段的温度达 1 050 ℃。

后来，英国决定采用法国的连续 AVM 工艺处理塞拉菲尔德的废物，建设 WVP 装置（温茨凯尔玻璃固化厂），工厂建有两条生产线，最大日生产能力为 3 个 175 L 的废物玻璃罐。废物玻璃罐的直径为 420 mm，高为 1.3 m，每个罐可装 400 kg 玻璃。这样的废物罐可以装后处理 2.2 t 轻水堆乏燃料产生的高放废物[2,11]。

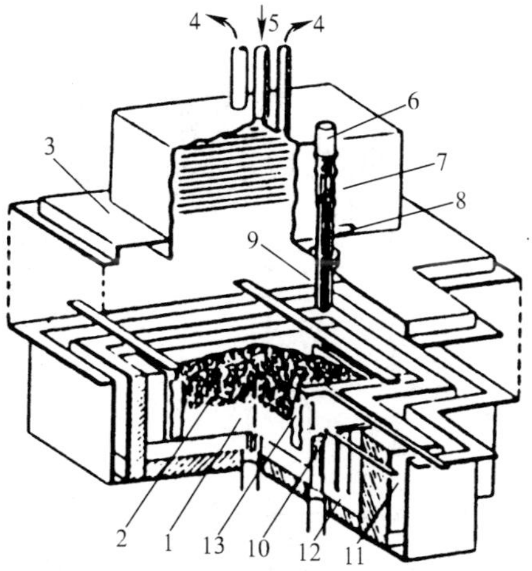

图 14-4　陶瓷熔炉简图

1—熔融的玻璃；2—粉末状物质；3—熔炉容器盖；4—气体出口；5—煅烧产物及玻璃料入口；6—调节塞子位置的柱塞；7，8—冷却剂进出口；9—流出口塞子；10—流管；11—冷却极；12—由难熔氧化铬制造的容器壁；13—电极

德国、美国和日本从 20 世纪 70 年代中期开始研究使用陶瓷熔炉固化法。在卡尔斯鲁厄建了两个固化装置，第一个陶瓷熔炉的处理能力为 20～40 kg/h玻璃，第二个熔炉的处理能力为 100 kg/h。废液与玻璃料一道加入陶瓷熔炉，在炉中蒸浓废液，熔炼玻璃，并将玻璃浇注到容器中。

美国的实验结果证明，与玻璃工业所用熔炉相近的陶瓷熔炉具有广泛的应用前景。图 14-4 为陶瓷熔炉的简图[2]。美国根据研究结果决定全部待建的固化装置均采用一步法陶瓷熔炉流程[2]。美国在萨凡那河基地建立了国防废物处理装置(DWPF)—高放废液玻璃固化装置。盛废物玻璃罐的直径为 610 mm，高 3 m，可装玻璃约 1 800 kg。于 1996 年 4 月投入使用，每小时可生产玻璃 100 kg，是世界上最大的玻璃固化装置[12]。美国的西谷玻璃固化厂（WVDP)已将西谷后处理厂的 2 300 m^3 高放废液处理完毕，共生产了 250 个玻璃固化罐[12]。日本在试验研究了许多种玻璃固化高放废液方法之后，为固化东海后处理厂的废物优先选择了陶瓷熔炉玻璃固化法[2]。每小时可生产 9 kg 玻璃固化体。

俄罗斯从 1974 年开始研究了两种液态废物的玻璃固化方法，称为两步法流程和一步法流程。在两步法流程中，第一步在 600～650 ℃时，废液在小颗粒沸腾床中脱水并煅烧；第二步在 1 200 ℃时，在陶瓷坩埚中熔融玻璃。该两步法流程如图 14-5 所示。一步法流程如图 14-6 所示。它是将干燥煅烧和熔融集于一个设备[2]。

通过上述方法制得的固化体其性质的变化幅度较大，表 14-7 给出了几种固化体的浸出率、热导、软化点、结晶温度、辐照稳定性等基本参数。由于固化物的配方不同，固化方法不同，测定方法不统一，所以表中数据波动幅度较大[2]。

1987 年，俄罗斯在马雅克建成玻璃固化设施 EP—500 焦耳加热陶瓷熔炉，已有 3 座熔炉投入运行，到 1999 年底已固化 12 500 m^3 高放废液[11]。

目前，不但美国、俄罗斯、法国和英国都已建造了高放废液玻璃固化装置，日本、比利时和印度等国也都建造了这类设施。

截至 2002 年，高放废液玻璃固化装置的建造和运行都是安全的。虽然各国采用的工艺和设备有所不同，但是都取得了较好的实效。这些情况如表 14-8 所示[10]。

由表 14-8 可见，目前世界各国采用的玻璃固化工艺大体上可以分为回转炉煅烧/金属熔炉和液体进料陶瓷熔炉两大类。

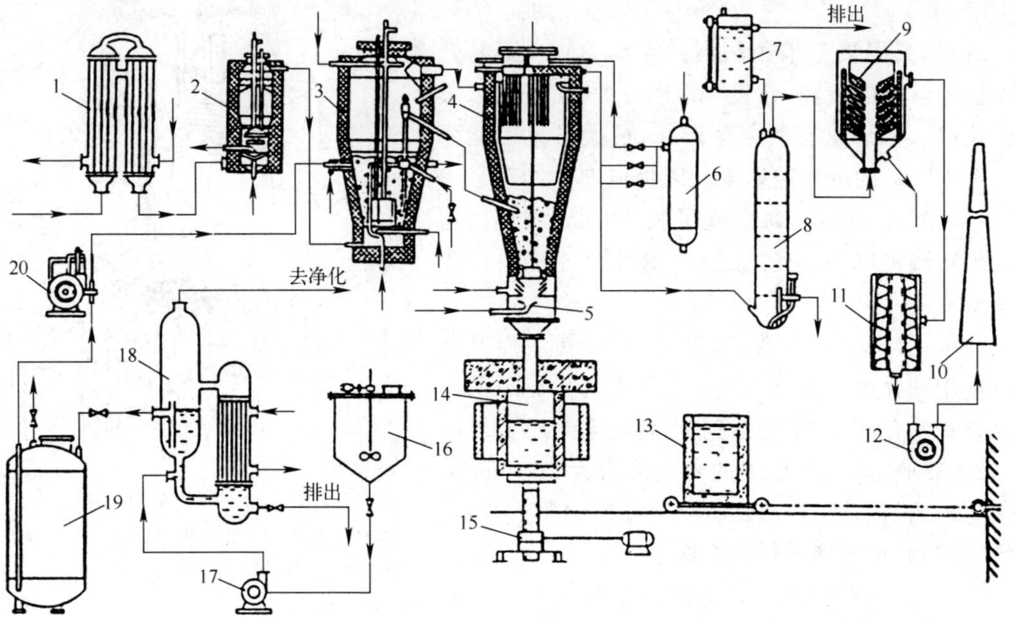

图 14-5　KC-KT-100 装置的流程

1—管式换热器；2—热风炉；3—干燥器；4—MKΦ 过滤器；5—盘式气动供料器；6—贮气罐；7—贮槽；8—鼓泡式吸收塔；9—粗过滤器；10—烟囱；11—精过滤器；12—真空泵；13—运坩埚的小车；14—坩埚；15—提升机构；16—料槽；17—泵；18—蒸发器；19—浓缩物贮槽；20—计量泵

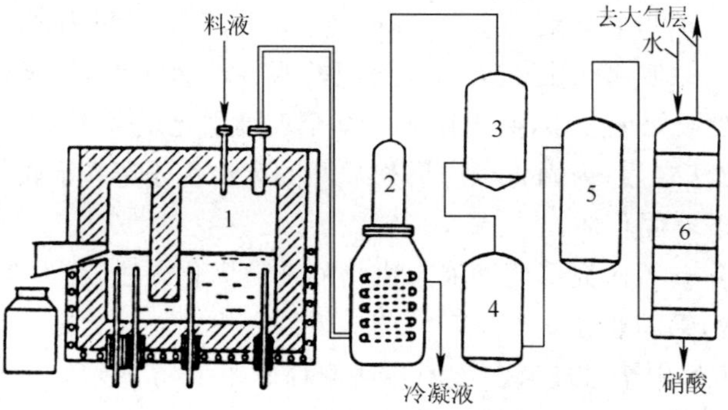

图 14-6　废液玻璃固化装置流程

1—电炉；2—鼓泡式冷凝器；3—粗过滤器；4—精过滤器；5—软锰矿填充塔；6—吸收塔

表 14-7　固化物性质的比较

性　质	煅烧物	玻璃	陶瓷	陶瓷-金属	煅烧物-石墨基体
热导/[J/(cm·℃)]	2.9×10^{-3}	8.4×10^{-3} 1.68×10^{-2}	$2.9\times10^{-3}\sim0.21$	$2.1\sim0.21$	2.1×10^{-2} 4.2×10^{-2}
浸出速度/[g/(cm^2·d)]	50%～95%(Cs)	$10^{-5}\sim10^{-7}$	$10^{-5}\sim10^{-8}$	$10^{-5}\sim10^{-7}$	$10^{-4}\sim10^{-7}$
热稳定上限/℃	≈700	500～900	600～1 500	300～1 200	600～1 500
辐照稳定性上限(对 α,β,γ 辐射)/Gy	$>10^{10}$	$>10^{10}$	$>10^{12}$	$>10^{12}$	$>10^{10}$
固化物体积增加/%(相对于煅烧物体积)		20～50	20～80	20～100	30～150

表 14-8　工业规模的高放废液玻璃固化状况

国家	工　厂	设施类型	运行时间	贮存高放废液体积/m^3	已处理高放废液/m^3
法国	马库尔 AVM	回转煅烧炉/金属熔炉	1978—1999		2 074.5
	阿格 R_7(UP2)	回转煅烧炉/金属熔炉	1989.5—	1 000	
	阿格 T_7(UP3)	回转煅烧炉/金属熔炉	1992.7		
比利时	莫尔	液体进料陶瓷熔炉	1985—1991.9		907
印度	塔拉普尔	半连续罐式	1984—		
日本	东海	液体进料陶瓷熔炉	1994—	400	
俄罗斯	马雅克	液体进料陶瓷熔炉	1987—		12 500
英国	塞拉菲尔德	回转煅烧炉/金属熔炉	1991—	1 300	
美国	萨凡那河	液体进料陶瓷熔炉	1996—	100 000	2 200
	汉福特		正在设计	240 000	
	西谷	液体进料陶瓷熔炉	1996.7—		2 300
德国	卡尔斯鲁厄	液体进料陶瓷熔炉	2004	80	

第三节　中低放废液

一、概述

上面已经介绍了国际原子能机构根据比活度的高低将液体废物分为5类(见表14-1)。但是目前较为广泛采用的分类法,将液体废物分为三类:比活度高于 3.7×10^8 Bq/L 者为高放废液;比活度为 $3.7\times10^5\sim3.7\times10^8$ Bq/L 者为中放废液;比活度低于 3.7×10^5 Bq/L 者为低放废液[13]。

当然,不同的国家对放射性废液按比活度的不同采取的分类标准也不尽相同,所以产生的废液量也差别较大。一座年处理能力为 1 500 tU/a 的后处理厂,每天产生的中放废液量范围为 50～150 m^3,低放废液量为 50～1 500 m^3。此外,中低放废液的组成亦多种多样[2]。

根据比活度区分废水,通常来讲,低放废水多来源于:乏燃料运输机械冲洗水,燃料容器冲洗水,厂房地面,设备冲洗水,洗浴、洗衣水,蒸发中放废液的二次冷凝液等。中放废液主要来源于铀线和钚线(有的工厂也有镎生产线)第二、第三循环,以及尾端处理的工艺废液,污溶剂酸洗废液,实验室废液,设备清洗去污废液等[2,3～7,14]。

在 Purex 流程中,除了产生上述大量的低放和中放酸性废液外,还产生少量的碱性废液,其中以碱性中放废液为主,它主要来源于污溶剂的纯碱和烧碱洗涤废液。

在生产过程中,有的间歇地、有的连续地排出废溶剂,这是有机废物的主要来源。

对于放射性废水有下列三条处理原则:一是稀释分散。对于废水的比放低于露天水源中最大允许浓度的1/10者,可以直接排入江河、海洋或地下;再有对于过剩的低放废水,可以采用蒸发法将其分散到大气中,但是要严格控制排气在允许水平之下。由于环境安全的要求越来越严格，原来那种将不符合排放标准的污水，用清水稀释到符合排放标准后予以排放的做法，或者是排放到江河湖海中去稀释的做法都是不符合环境安全要求的，受到日益严格的限制。二是回收利用。放射性废水中有许多有用的物质，例如废液中的许多裂变产物和超铀元素都是很有价值的东西，可将其回收用于工农业生产和医疗卫生事业。再有可将酸性废液中的硝酸予以回收，或者将经过净化的水溶液返回到工艺过程中重复利用，逐渐实现废液的返循环，这是一项积极的废水处理措施。三是浓缩贮存。这要根据废液中的组成，含盐量，悬浮物的多少，以及比放高低，可采用过滤、絮凝沉淀、离子交换和蒸发等方法将放射性核素、沉淀物质、盐类浓集。净化后的水相可返回复用或排放，得到的浓缩物可继续处理，可贮存或固化后贮存[4,6,7,15]。

处理中低放射性废液的工艺过程通常包括两个步骤：一是减容，即减少放射性废液的体积。在这个过程中使放射性物质浓集在比原废液体积小得多的浓缩物中。在这个过程中，大量水相经过了净化处理，得到的纯化水或者返回利用或者排放(符合排放标准者)。第二步是处理浓缩物。处理途径有：一是继续处理，二是贮存，三是固化和包装[2,4]。

二、处理

用于处理中低放废液的方法主要有过滤，凝聚沉淀，离子交换和蒸发等。

过滤很少作为独立的净化方法，通常它是废液净化的一个工序。例如，过滤可用于离子交换之前，或在沉淀之后进行过滤[2]。

有些放射性废水含有杂质，溶解的盐类或不溶解的矿物质，以及悬浮状的物质或胶体物质。对于这类废水，可加入某些化学凝聚剂，使悬浮物或胶体凝聚成细小的沉淀物。这些凝聚沉淀物有很高的吸附能力，可从废水中净化除去一些放射性核素。有些废液含盐量较高时，可利用同离子效应，加入适当的凝聚剂，使其沉淀，可以起到一定的净化作用，通常净化系数为10 左右。如果废液的化学成分和放射性核素比较固定，变化不大时，选择适宜的凝聚沉淀剂可取得高达 10^3 的净化系数[2,14]。

法国马库尔后处理厂，将废液排入罗纳湾之前，用沉淀法进行化学处理。低放废液用碳酸钙沉淀。放射性较高的废液用氢氧化铁和亚铁氰化镍处理。但是这两个方法的净化系数较低，特别是对钌的净化系数只有 1 和 7。为提高对钌的净化效果，采取了几种办法，其中之一是用高碘酸铅处理废液，这个方法使钌的净化系数提高到 50[15]。

为实现放射性废物最少化，法国将放射性废液返循环。产生的非常低水平的放射性流出物，经过检测以后证实其化学杂质和放射性核素含量均在限值以内，就可以直接排到环境中去[16]。

法国随着动力堆乏燃料后处理能力的增加，废液释放量也在同时增加。为降低释放到环境中的废液量，先后建立了几个流出物处理设施。1967 年建设了 STE2 车间，STE2 用共沉淀法处理了来自后处理厂的所有中、低放液体流出物。现在在 STE2 车间，比活度非常低的流出物经过检测后，液流经过过滤处理就可排放。1987 年建设了 STE3 车间，STE3 的工艺基础仍是化学共沉淀法。沉淀之后经过澄清将浆液投入沥青中，再装入废物桶，自 1995 年开始，UP3 彻底取消了沥青固化。法国从 1991 年起建立了新的流出物管理方法，新的流出物管理方法是以流出物在蒸发浓缩之后进入工艺生产线进行充分的再循环这样的过程为基础。

对含放射性核素的废液处理的最好办法是先进行蒸发，后进行玻璃固化。减少放射性流出物的体积，结果是大大减少了向海洋的排放。图 14-7 为法国从 1966 年起到 1996 年间处理乏燃料量的变化和废液排放量的变化。特别是从 1991 年起乏燃料处理量大增，而释放入海洋的废液量（放射性核素量）逐渐减少[17]。

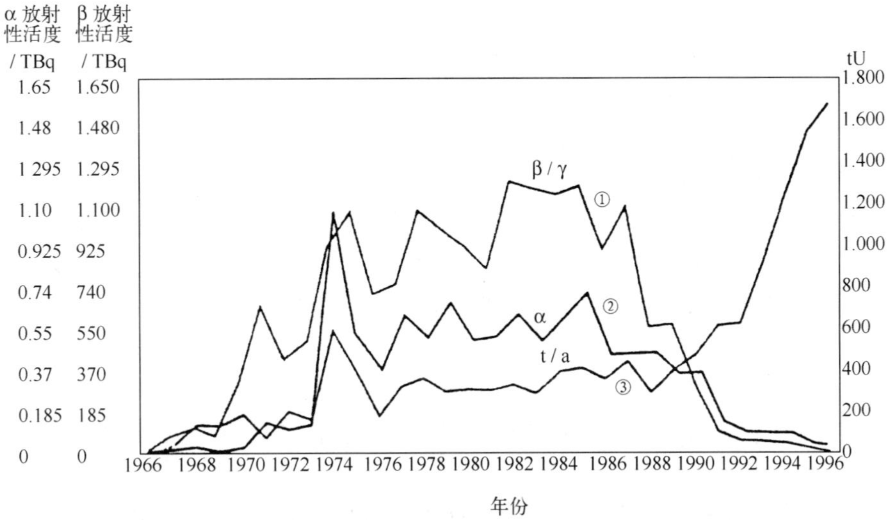

图 14-7　1966 年到 1996 年期间液体排放量和后处理燃料量的变化

①—释入海洋：释出的 β，γ 放射性活度（除氚外）；②—释入海洋：释出 α 放射性活度；③—后处理乏燃料的吨量

英国塞拉菲尔德建造了锕系元素强化分离厂，这是为从低放废水中除去锕系元素而建造的。分离厂每天接收后处理厂来的酸性含有大量铁离子的废液。研究表明，絮凝工艺处理这种废液效果良好。向废水中加入氢氧化钠，铁就载带超铀元素沉淀出来。为了提高除铯的效果，还加入其他试剂。经过澄清后，再用超过滤法将上层清液与沉淀物分离。经过上述工艺处理后，上层清液中的 α 含量可减小到原来的 1/100～1/460，随着塞拉菲尔德平均每天向爱尔兰海排放约 10 000 m^3 放射性废水（绝大部分为雨水）一道排出。

该强化分离厂建设有两条生产线，一条线连续生产，每天可处理 300 m^3 废水；另一条线间歇操作[18]。

离子交换法早就作为一种成熟的净化技术用于反应堆冷却水和实验室放射性废水的处理。随着离子交换技术和新型离子交换材料的发展，将离子交换法应用于高、中、低放射性废液的处理也获得了很大的成功。

离子交换柱多采用立式固定床系统，通常废液以每小时 10 个左右的床体积自上而下地流经树脂床。当检测发现净化系数降低到额定值时，就停止交换操作，对树脂进行反洗和再生。阳离子交换树脂通常用酸液再生，阴离子树脂用碱性溶液再生。

离子交换法处理放射性废液的净化效果取决于废液的种类、成分、放射性核素的组分、树脂的种类、操作条件等因素。由于许多放射性核素在废液中多以阳离子形式存在，因此采用阳离子树脂可以获得较高的净化效果。采用具有较高交换容量的有机合成树脂，因为它们具有良好的流速特性，交换速度高，稳定性好，易于再生等优点。单床操作时净化系数可以达到 10^2，当用混合床或串联柱运行时，净化系数可达到 10^4～10^5[14,15]。

过去，英国的乏燃料贮存水池漏出的和抽出的废水都直接排入海洋，致使塞拉菲尔德排入海洋的放射性物质有1/3来自这些贮存水池。为减少这种废水的释放量，在塞拉菲尔德建造了一座厂址废液离子交换处理厂。该厂选用无机物斜发沸石作离子交换剂，从1985正式使用以来，运行情况一直很好。它每天可处理4 000 m^3 水，能从水中除去悬浮的固体，并能清除溶解于水中的锶和铯。

英国核燃料有限公司认为，在加压下用沙石过滤清除固体物质以后，接着再用离子交换剂清除废液中溶解的放射性物质，是最合适的工艺流程[19]。

蒸发是放射性废液减容的最有效最常用的方法。蒸发是化工操作中比较成熟的单元操作，运行比较稳定，安全可靠。蒸发放射性废液可以获得较高的净化系数，一般可达 $10^2 \sim 10^5$，有时可达 10^6。对于含盐量较高，组成较复杂的废液，蒸发法具有独特的效能[2,15,17]。

上面论述到的法国乏燃料后处理数量迅猛增加，而释放的废液量在逐渐减少，其原因除了采用无盐工艺，便于提高浓缩倍数外，采用高效蒸发，多次蒸发，尽量使二次蒸汽冷凝液返回利用，也是降低废液量的重要途径。1995年之前法国将中放蒸发浓缩废液投入沥青固化。后来改变了工艺，将蒸残液同高放废液一起继续蒸发浓缩，这样就取消了沥青固化操作。随着时间的推移将可能把几乎全部放射性赶到玻璃固化车间。这就是说，对低放和中放废液将不再需要沉淀和沥青固化[2,17,18,20]。

英国在塞拉菲尔德建立了专门的处理碱性废液的盐水蒸发器装置。该装置由两条生产线组成，每条生产线处理废液的能力为150 m^3/d。

盐水蒸发器装置主要是处理污溶剂洗涤时产生的碱性废液，也接收锕系元素强化分离厂送来的蒸残液进行再处理。这套装置的主要作用是要显著降低排放废水的β放射性核素(Ru，Zr，Nb)的含量，并且降低α放射体的排放量。

首先将碱性废液接收在盐水蒸发装置中，将其酸化到pH值为2，然后供入蒸汽洗提柱，以便从废液中除掉残留的溶剂。再将经过蒸汽洗提过的碱性废液送入真空蒸发器，蒸出物经过除雾沫柱处理进入冷凝器后，去废液监测站，符合排放标准后即可排入海洋。最后将蒸残液排入贮槽暂存待处理。

盐水蒸发器装置于1985年投入热运行。它由两条相同的生产线组成，每条生产线处理废水的能力为150 m^3/d[11]。

在蒸发酸性废液过程中，往往要进行脱硝操作，以便降低浓缩液中的硝酸浓度。为什么要脱硝破坏废液中的硝酸呢？这是因为：(1)沸腾的硝酸对不锈钢设备的腐蚀较为严重；(2)随着硝酸浓度的提高，硝酸盐在浓缩液中溶解度会大大降低，造成沉淀量增加，这就降低了废液的浓缩倍数；(3)在高酸度时废液中的挥发性放射性钌的挥发量会增大，为了防止钌的挥发而降低净化系数，故应破坏硝酸；(4)如果浓缩液是用碱中和贮存的话，酸度低可使贮存容量增大。

在破坏浓缩液中的硝酸时，要求不增加盐分和其他杂质，不影响正常的蒸发过程及后续的操作，脱硝操作安全可靠，脱硝试剂易得、价格低，同时还要求易于回收氮氧化物复用硝酸。符合上述要求而又被经常应用的脱硝剂为甲醛、蔗糖和甲酸[14,15]。

在废液蒸发过程中比较容易发生的问题是起泡。造成起泡的主要原因有：废水中常含有一定量的盐分，胶体颗粒，溶解于废液中的气体、有机物质，它们使废液的表面张力减小，故容易起泡；废液的pH值大于10时容易起泡；浓缩倍数高、含盐量大、表面张力小也容易起泡；负压蒸发时更易起泡。如果起泡严重，雾沫层失控的话，易造成整个系统污染。

控制和消除泡沫的方法有两种。一是对废液进行澄清分相，离心分离，煤油洗涤和蒸汽洗提等除去废液中的起泡物质，特别是 TBP 和有机降解产物。二是在蒸发器内设置破泡装置或在废液中加入消泡剂的办法来抑制泡沫的形成。

为提高蒸发的去污系数，通常在蒸发器出来的蒸汽通道上经过泡罩柱和除雾沫填料柱之后再进入冷凝器[7,14]。

中低放废液净化处理得到的浓缩物，包括沉淀过滤后的残渣，废离子交换树脂以及蒸残液等。这些废物通常用沥青固化，水泥固化或聚合物固化处理。固化体包装后送入中间贮存库待最终处置。

沥青固化法已经在很多国家应用。沥青固化的优点是化学稳定性好，可塑性好，不渗透，价格低廉。其缺点是可燃性(燃点约为 350～420 ℃)，排除了固化亚硝酸盐、硝酸盐废物的可行性。沥青固化体的导热性较差，具有着火和爆炸的可能性。日本东海后处理厂 1997 年 3 月发生沥青固化装置燃烧和爆炸事故，造成全厂被迫停车[20]。经过三年多的安全检查和检修，并通过热试验运行后，于 2000 年 11 月 20 日再次投入运行[31]。

沥青固化放射性浓缩物的工艺过程大体可以分为三类。一类是比利时、英国、德国和俄罗斯研制的工艺，其过程是将液态或固体废物在 160～230 ℃下与熔融的沥青混合，使水分和有些挥发性物质得以蒸发。俄罗斯研制的回转式脱膜沥青固化装置如图 14-8 所示。该装置按蒸发水计算的生产能力为 500 L/h[2]。

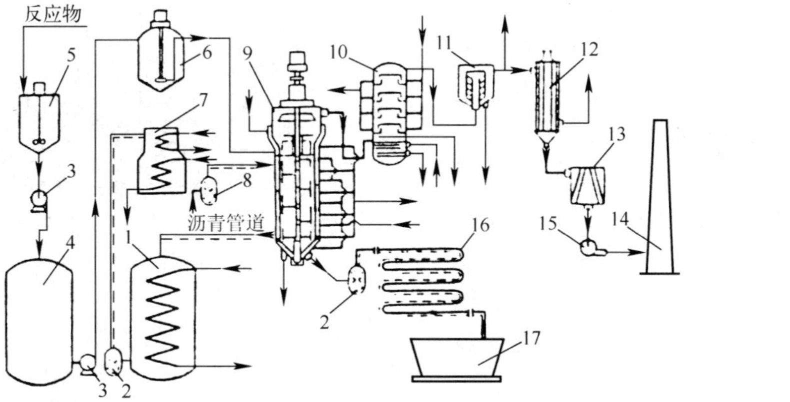

图 14-8　液体废物沥青固化装置简图

1—沥青罐；2—沥青泵；3—离心泵；4—溶液贮罐；5—备料罐；6—液下泵；7—沥青计量罐；8—沥青计量泵；9—РБ-1000-12 沥青固化器；10—鼓泡塔；11—粗净化过滤器；12—换热器；13—精净化过滤器；14—烟囱；15—真空泵；16—输送沥青混合物的管道；17—沥青混合物贮罐

第二类沥青固化工艺是美国研制的，浓缩物和沥青乳液在常温下混合，然后加热混合物，破坏乳浊液，蒸发水分，气化挥发性物质。

第三类沥青固化流程是由法国研制的，如图 14-9 所示。该流程是将浓缩废液、沥青、表面活性剂混合，析水，然后将混合物干燥。获得的沥青固化体中的盐含量可达 50%。前面已经叙述过了法国由于采用了无盐工艺，加大了蒸发容量，将去沥青固化的废液再作蒸发，以便与裂变产物一起进行玻璃固化，故从 1995 年起 UP3 厂取消了沥青固化[17,18]。应该说这是一个不小的进步。

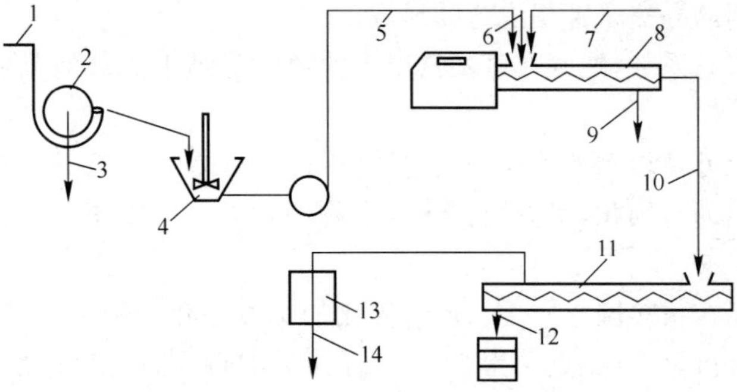

图 14-9　法国的沥青固化工艺

1—含水量 90%的浆液；2—过滤器；3—滤出的水；4—搅拌罐；5—含水量 50%的浆液；6—添加表面活性剂；7—沥青；8—预先用沥青覆盖浆液；9—析水；10—含水量 8%的沥青混合物；11—干燥；12—出料；13—冷凝器；14—冷凝水

水泥固化工艺比较简单，水泥可以直接与蒸残液混合，在容器中固化，然后装罐去贮存或去废物处置库。图 14-10 是俄罗斯的水泥固化装置示意图[2]。

英国的第二封装厂是为封装 THORP 后处理厂溶解产生的废包壳和离心澄清得到的滤饼，以及存在于塞拉菲尔德的其他中放废物而建造的。它采用两种水泥固化工艺，其中之一就是桶内搅拌，用于固化封装泥浆类废物。此外，在塞拉菲尔德还建造了废物封装包容厂，主要用于封装来自锕系元素强化分离厂的絮凝物和中放浓缩物。其工艺是向废物桶中加水泥并用桨叶搅拌来实现固化。废物封装包容厂建有两条生产线，一条生产，一条备用，年最大生产能力可达 1 800 桶[11,19]。

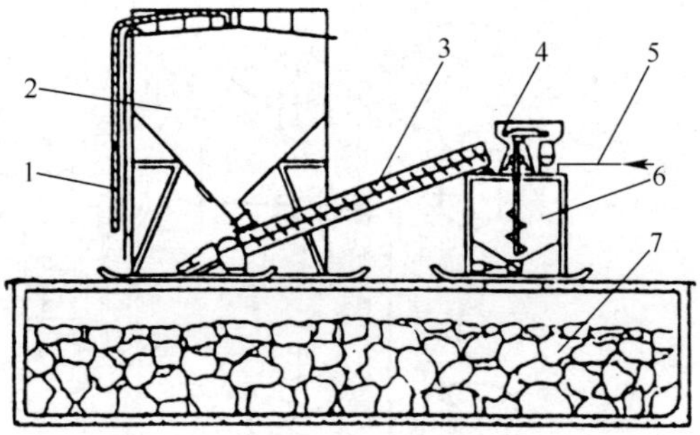

图 14-10　液体放射性废物水泥固化装置图

1—水泥加料管；2—水泥料斗；3—水泥上料机；4—搅拌器的传动装置；5—废液加料；6—搅拌器；7—放射性固化废物埋场

第四节　气体废物

气体废物主要是乏燃料接收、贮存、切断、溶解、硝酸回收、工艺溶液和液态废物的蒸发浓缩、废物煅烧、融熔等操作过程产生的气体，以及放射性物质工艺设备的呼排气体。气体废物中的放射性主要来源于氚(T)，^{85}Kr，$^{129/131}I$，^{14}C 以及 ^{90}Sr，^{137}Cs，^{144}Ce，^{106}Ru 等挥发性裂变产物的气溶胶[2,4]。

核燃料后处理厂由于其生产规模的差异，由于所处理乏燃料特性的不同，气体废物的数量、组分、比活度也不尽相同，所以各后处理厂气体废物的处理原则和方法也不尽相同。但是，总体来看是大同小异的。

为了人身和环境安全，在后处理厂内通常是按照三个区域原则布置设备和设施的。气流也是遵循三区的原则而流动的，即从清洁区流向较脏区。脏区的空气(如设备室区)是用泵抽出，经过处理之后才能从大烟囱排出[22]。

生产厂房的气体废物通常是根据工艺厂房和设备的排布分为几个系统进行处理并排放的。例如，美国设计的埃克松(EXXON)核燃料回收和再循环中心，年处理 1 500～2 100 t 燃耗为 33 000 MW・d/t沸水堆和压水堆燃料。它设计了 6 个废气处理子系统，如图 14-11 所示[23]。

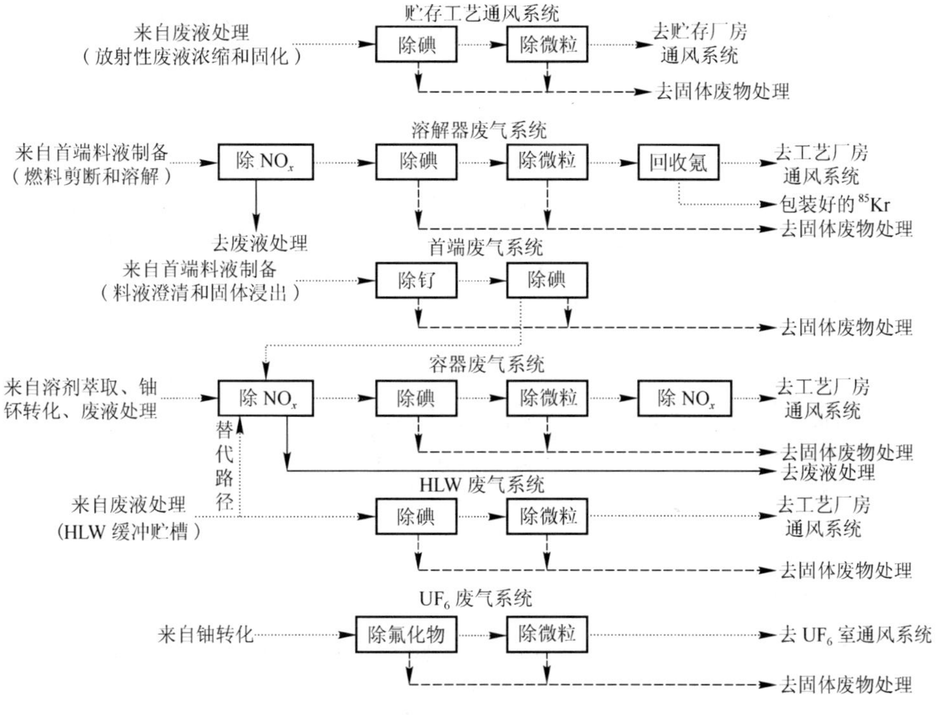

图 14-11　废气处理系统

┈┈—气体；———液体；－－－－固体

从废液处理区、放射性废液浓缩和固化系统来的废气，在乏燃料接收和贮存厂房同这里的废气一起处理。该系统的废气通过二氧化硅含银的吸附剂，除去元素碘和有机碘，然后再经过玻璃纤维过滤器过滤除去颗粒状物质，最后从贮存厂房的烟囱排出。

从乏燃料剪切和溶解来的废气在溶解尾气处理系统进行处理，详见本书的第三章第五、六节，此处不再赘述。

来自首端料液制备区的料液澄清和固体浸出的废气在首端废气系统作处理，通过氧化铁吸附床除钌，用浸银吸附剂除碘。然后该气体并入容器排气系统。

从溶剂萃取，铀、钚转化和废液处理来的废气在容器排气系统进行处理。开始先用稀硝酸洗涤，后在固体催化剂存在下用氨水除 NO$_x$。然后通过加热器加热到 150 ℃通过敷银吸附柱除碘，再通过玻璃纤维过滤器除去颗粒，之后排入工艺厂房通风系统，经过过滤后排入工艺厂房大烟囱释放。

高放废液排气系统处理来自高放废液的容器(包括高放废液缓冲贮槽)排气，经过除雾沫器之后在加热器中加热，然后通过玻璃纤维过滤器除去颗粒，经碘吸附器除碘，再排入工艺厂房通风系统。汇集到工艺厂房通风系统的废气，通过玻璃棉过滤器和高效过滤器之后排入工艺厂房大烟囱释放。

通过上述各系统的处理，废气中释出的放射性物质降低至合理水平。表 14-9 列出了废气中重要的放射性物质预计排出的数量。这些排出物的数量表明，完全符合所有现存的规范[23]。

表 14-9　预计气体尾流中释出的放射性物质

放射性核素	释出分数1)	释出率2)/($\times10^{10}$ Bq/a)
^{3}H(氚)	0.85	4.8×10^{6}
^{14}C	1.00	4.8×10^{3}
^{85}Kr	0.05	3.7×10^{6}
^{90}Sr	1.0×10^{-11}	5.2×10^{-3}
^{99}Tc	1.0×10^{-11}	1.07×10^{-6}
^{106}Ru	2.2×10^{-10}	0.81
^{129}I	1.5×10^{-4}	4.8×10^{-2}
^{137}Cs	1.0×10^{-11}	8.5×10^{-3}
^{144}Ce	1.0×10^{-11}	5.6×10^{-2}
^{238}U	1.0×10^{-10}	2.4×10^{-7}
^{238}Pu	1.0×10^{-11}	5.6×10^{-4}
^{239}Pu	1.0×10^{-11}	3.1×10^{-5}
^{241}Am	1.0×10^{-11}	4.8×10^{-5}
^{242}Cm	1.0×10^{-11}	5.9×10^{-3}
^{244}Cm	1.0×10^{-11}	2.7×10^{-3}

注：1)释出分数，即释出的量与乏燃料中原始量之比；

2)释出率是参照 75%UO_2 和 25%混合氧化物燃料，在比功率为 30 MW/t，燃耗为 33 000 MW·d/t，冷却 165 天后的计算值。

俄罗斯文献[2]也报道了放化工厂的气体净化系统。通常，乏燃料后处理厂和高放液体废物处理厂房都拥有独立的两种通风系统，称为总体通风系统和工艺气体净化系统。总体通风系统负责处理主生产厂房，非放试剂配制厂房，以及乏燃料接收和贮存厂房的废气。该系统由两套独立的过滤系统和抽风机组成。被污染的空气经过四级串联的过滤器：预净化过滤器、粗过滤器和两个精过滤器处理，其中直径达 0.3 μm 的气溶胶和粉尘能被有效地除掉。

工艺气体净化系统包括捕集粉尘的淋洗塔、气溶胶捕集器、冷凝器、氮氧化物的氧化塔、吸收塔、除碘的吸附塔，以及将残余氮氧化物转化为 NH_3 的催化还原装置，分子筛除水的干燥器，低温蒸馏氪的装置，最后为两级高效过滤器。

气体净化原理流程如图 14-12 所示。乏燃料切断和溶解的尾气首先经过冷凝器。由于冷凝液中溶解了部分碘，因而在回流之前应通过碘解吸塔。在重组塔中用水洗涤氮氧化物，生成的硝酸在返回溶解器之前先流经碘解吸塔。重组塔应具有足够的容积，保证实现氮氧化物的重组反应。被过滤器7除去碘的尾气穿过填料塔5使碘解析。气相经过粗、精过滤器和最终净化过滤器去除气溶胶。去除气溶胶的尾气通过附硝酸银的多孔硅胶过滤器除掉元素碘和羟基碘化物。尾气经过除氧和氮氧化物的反应器和分子筛过滤器，再次去除残余氮氧化物、氧、氢和^{14}C，然后经过低温蒸馏分离^{85}Kr和Xe。

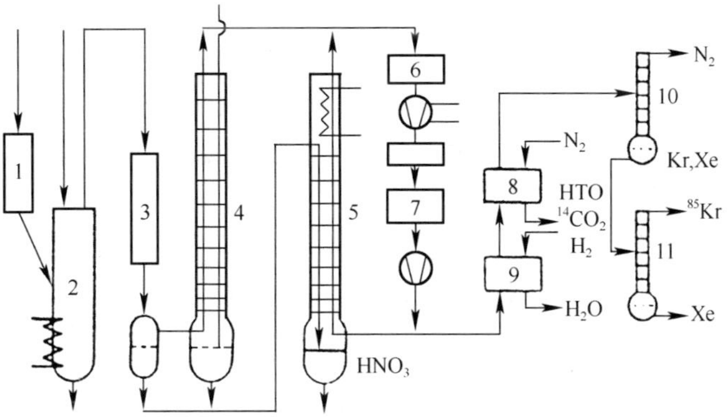

图14-12 气体净化原理流程图

1—燃料切断；2—溶解器；3—冷凝器；4—重组塔；5—解析塔；6—粗、精和最终净化过滤器系统；7—银过滤器；8—除氧和残余氮氧化物的反应器；9—填充分子筛的过滤器；10，11—去除和分离氪氙的精馏塔

图14-13给出了日本高放废液玻璃固化装置的气体净化流程[2]。从熔融炉排出的气体首先进入捕集粉尘的淋洗塔，在冷凝器中使废气被冷却并沉积废气中的挥发性核素，废气再经过文丘里洗涤和孔板洗涤后，再经气液分离、钌吸收和气溶胶过滤器后从烟囱释出。

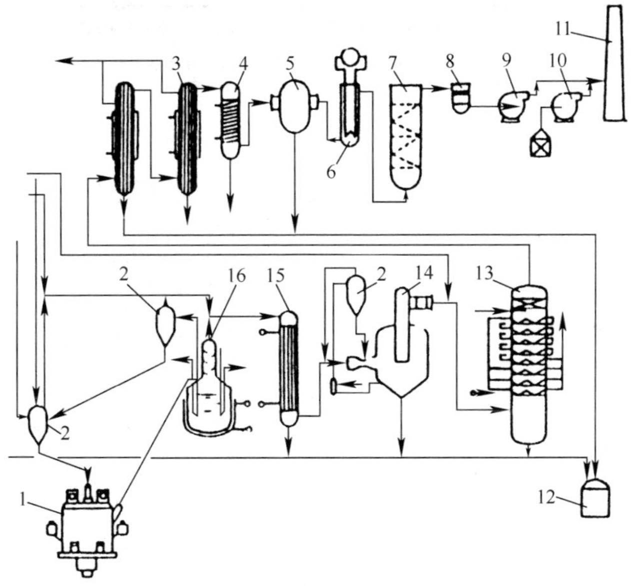

图14-13 高放废液玻璃固化装置的气体净化系统

1—熔炉；2—过滤器；3—水洗塔；4—冷却器；5—液滴分离器；6—加热器；7—钌吸收罐；8—高效过滤器；9—风机；10—稀释尾气的鼓风机；11—管道；12—废液贮罐；13—带孔板的水洗塔；14—文丘里洗涤塔；15—冷凝器；16—捕集粉尘的淋洗塔

第五节 固体废物

后处理厂产生的固体废物量较大，放射性污染程度不同，其中包括废包壳、端头、金属附件；来自工艺厂房的报废的设备、损坏了的过滤器、碘吸附剂、离子交换树脂、损坏的工器具、玻璃器皿，以及手套、鞋套、抹布等，这些工艺废物基本上都属于超铀废物（或称为 α 废物）；来自燃料接收和贮存区的废物，这些废物基本上都属于非超铀废物；再一类就是来自于废液处理、废气处理等工序的固化块。

据估计，年处理能力为 1 400 t、燃耗为 33 GW·d/t、冷却一年的轻水堆燃料，后处理厂每年产生 560 m^3(420 kg/t)锆和不锈钢包壳及其组件等固体废物[2,23]。

一、废包壳及其组件

废包壳是乏燃料经过切割、浸取之后产生的锆合金或不锈钢外壳，包括碎屑、格架碎块和端头部件。1 t 燃料组件可产生废锆壳 271 kg，约为 0.21 m^3[24]。由于这类废物被 β、γ 裂变产物、中子活化产物和长寿命的超铀核素所污染，再加上锆合金碎屑有着自燃着火的危险性，所以这些废物是一种特殊的废物。法国的 UP2 厂对两种包壳进行了放化分析，结果如表 14-10 所示[25]。从该表便可了解到废包壳的特殊性。

图 14-10 阿格 UP2 厂分析两种燃料的包壳所含的主要放射性核素
（冷却 5 年后的放射性）

		OBRIGHEIM 燃料包壳(36 136 MW·d/t)	STADE 燃料包壳(33 153 MW·d/t)	在反应器中生成的和由包壳代入的量/%
每千克包壳内的 mg 数	钚的含量	23.3$^{1)}$	26.3$^{1)}$	0.1
	补充洗涤后钚的含量，	1.1$^{3)}$	1.5$^{3)}$	0.004 和 0.006
	镎的含量	0.27$^{2)}$	0.36$^{2)}$	0.02
每千克包壳内的放射性活度/($\times 10^8$ Bq)	总 α 放射性活度	4.44$^{4)}$	7.4$^{4)}$	
	^{106}Ru-Rh 的 β、γ	174$^{2)}$	192$^{2)}$	0.44 和 0.55
	^{134}Cs	48$^{3)}$	59$^{3)}$	0.19 和 0.15
	^{137}Cs	155$^{3)}$	185$^{3)}$	0.17 和 0.19
	^{144}Ce-Pr	55.5$^{2)}$	63$^{2)}$	0.17 和 0.19
	^{154}Eu	7.4$^{2)}$	7.4$^{3)}$	0.17 和 0.19
	^{90}Sr	155.4$^{2)}$	177.6$^{2)}$	0.25 和 0.27
	^{3}H	118.4$^{2)}$	277.5$^{2)}$	0.20 和 0.21
	^{85}Kr	14.8$^{2)}$	12.2$^{2)}$	56 和 62
	活化产物 ^{125}Sb	192.4$^{3)}$	273.8$^{3)}$	61 和 79
	活化产物 ^{60}Co	1499$^{3)}$	4144$^{3)}$	未测定
	活化产物 ^{54}Mn	25.9$^{3)}$	37$^{3)}$	未测定

注：1）对整个包壳直接测量的结果；2）锆合金包壳溶解后测定的结果；

3）对不含组件端头的有限部件测量结果；4）对整个组件外堆的最大平均值。

尽管同为轻水堆锆合金包壳，由于各动力堆采用的包壳材质的不同，端头及组件的差异，所以不同的后处理厂所获得的废包壳的体积和数量也不相同。美国设计的埃克松燃料回收和再循环中心将产生三种组件废物，即除去端头部件时产生的端头和碎屑，以及经过溶解和漂洗之后的包壳和硬部件。表 14-11 为 1 t 燃料元件产生的固体废物的组成[7,24]。

表 14-11　1 t 燃料元件可能产生的固体废物1)

燃料组件	质量/kg	容积/m^3	释热/W2)
硬部件3)	44.2	3.4×10^{-2}	190
端头部件	51.5	3.4×10^{-2}	60
包　壳3)	290.5	3.6×10^{-1}	230
锯　屑	2	1.4×10^{-3}	<1
总　计	388.2	4.3×10^{-1}	480

注：1）假定这是 65％压水堆和 35％沸水堆燃料组件；
2）冷却 150 天后的 40GW·d/t 的乏燃料；
3）包壳和硬部件各作为废物的一部分。

端头部件不含燃料芯，切下后装在直径为 0.92 m，高为 2.44 m 的暂时贮存容器里，装满后焊封好转运到乏燃料贮存水池格架上暂存，待最终封装和处置。

锯屑是在去除端头部件时产生的。将锯屑收集在水下槽内，收集到一定程度后，在水下槽里加入惰性黏合剂，使它们混合，然后将容器封闭，送往固体废物桶暂存区暂存。

经过溶解和漂洗后的包壳和硬部件，经监测合格后，倒入包壳处置容器中，焊封完毕后再送到贮存水池的格架上暂存待处理。

文献[26]报道了一些国家后处理包壳固体废物的积累情况，如表 14-12 所示。

表 14-12　各国后处理包壳固体废物的积累情况　　单位：m^3

国　家	1985 年	1990 年	2000 年
比利时	75		300
英　国	188	1 300	2 000
印　度			1 500
意大利	3	250	800
法　国	1 740	4 900	7 500
德　国	135	480	(1 500)
合　计	2 276	7 410	13 600

对于废包壳的处理，各国也都研究了一些方法。其中之一是压实处理。比利时和德国将废包壳加压致密成砖块状，其孔隙用铅、锡和锑的合金浇灌填充，然后装入贮罐中贮存。法国和德国用专用的压机将包壳压实后包入水泥之中。为了减少锆合金包壳的体积，美国和法国应用感应纯化熔炼法，在惰性气氛中将锆包壳熔炼制成锆锭[2]。

乏燃料端头和浸余后的燃料棒管状包壳经过漂洗后，用水泥浆浇注在不锈钢容器中。每处理 1 tU 约产生 30 kg 端头和 290 kg 的废包壳，水泥固化得到 600 L 适于最终处置的废物。法国为了减少去最终处置的废物体积，UP3 厂将废包壳和端头放在一起压实(包壳中间混有端头对总的压实率没有什么影响)，使每处理 1 tU 只产生约 150 L 废物[24,27]。

英国第二封装厂(EP2)是为封装 THORP 后处理厂溶解工序产生的废包壳和离心澄清得到的滤饼，以及贮存在塞拉菲尔德厂的其他中放废物而建造的。它采用水泥固化封装工艺，使用 500 L 的不锈钢桶，在桶内振动灌浆，主要用于废包壳等固体废物的固化封装。该厂的年封装能力为 4 000～4 500 桶，即每天可产出 18 桶，而 THORP 厂的废物每天只能装 7 桶，这样就为封装其他废物留有足够的余地[11]。

二、其他固体废物

上面已经谈到的来自工艺系统的超铀废物和非超铀废物，以及来自放射性废液和废气的固化块，均属于其他固体废物之类。除了已经封装好待最终处置的固化废物之外，不管是超铀废物还是非超铀废物，都存在着如何处理的问题。

对于其他固体废物在处理之前将废物分为可燃的，不可燃的，可压缩的等几类。通过检测其中超铀核素的含量，又可区分为超铀废物和非超铀废物。

对于可燃废物，如纸张、木制品、塑料制品、有机物品等，用电炉及有机燃料焚烧。焚烧产生的灰烬用水泥等固化剂固化，封装好送去暂存待最终处置。焚烧过程产生的气体和液体送相关净化系统去处理。

对于不可燃废物和可压缩废物，经过破碎或切割并且经过压实后，装入不锈钢桶内进行水泥固化，封装好待最终处置。

除此而外，对于 β，γ 废物还可以较长时间地贮存起来，比如，英国在塞拉菲尔德核基地，在 1990 年建成了一座能暂存 3 000 m^3 废物的各种 β-γ 贮存库。该库主要用于贮存放射性水平较高的设备和设施(如泵、阀、过滤器等)，暂时贮存起来，待深地层处置库建成后，再将这些废物运出处理和处置[11]。

对于含钚和超铀核素的废物，必须根据其污染水平采取不同的方法处理。含钚量较低的可燃废物可焚烧转化为不易浸出的产物，封装后暂存待最终处置。含钚量较高的废物可使其焚烧生成易于浸出的产物，再从该产物中提出钚[2]。

法国为了将含有长寿命超铀核素的 α 废物，尽可能减少其体积和数量，在 1994 年 8 月投产的 UP2-800 后处理厂 R_2 厂房内建设了一个 α 废物集中处理单元。在该单元内对 Pu 废物(包括焚烧后的灰渣，装 PuO_2 的容器及其他废物)进行去污处理。处理办法是将待处理的灰渣或废物放在硝酸溶液中通过电解产生的二价银将 PuO_2 溶解。处理的目标是从回收的灰渣中至少要提取 98%的 Pu；对于其他废物要达到浅地层处置的要求，即在 300 年后 α 放射性活度要低于 3.7×10^6 Bq/kg[28]。

法国核材料总公司为了实现放射性废物最少化，对固体废物，特别是对 α 废物采取了下列限制措施。对固体废物要先进行处理，以便把放射性物质包容固定在一定的稳定的形态之中，然后再进行中间贮存、运输和最终处置。使用可靠的工艺，控制品种繁杂的废物量使其尽量少些。对固体废物进行去污，使其能复用或尽量降低最终处置废物的比活度。在可能的情况下要对固体废物进行压实或焚烧[29]。

第六节　放射性废物的处置

放射性废物的最终处置方法取决于不同的废物类型。对于长寿命的高放废物，世界各国基本上取得了下列共识，即将其贮存在地下很深的稳定地质结构里。人们几乎一致认为，α废物具有潜在的危险性，应该像高放废物那样处置。对于非高放废物则可采用不同的方法进行处置。在人口不太稠密的国家和地区，采用浅地层埋藏法是比较合适的，已经成为常用的处置方法。这种处置方法的安全性主要取决于土质的种类。在美国，共建成了六座商业中低放废物处置场[30]。商业性地下埋藏场已经处置了 200 000 m^3 以上的废物，其中含有钚 80 kg，总放射性活度达 7.4×10^{16} Bq 左右。美国原子能委员会建立的土地埋藏场也处置了数量级与上述大约相同的放射性废物[4]。但是，在人口稠密的国家和地区通常都不采取这种处置方法。例如德国规定任何固化好的废物最终都要贮存在深层地下设施里。德国利用阿塞废弃盐矿建立了处置中、低放废物的中间工厂，如图 14-14 所示，它已使用了几十年[4]。

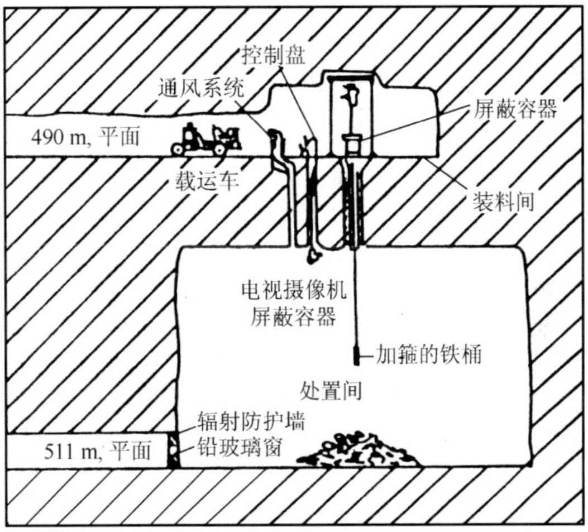

图 14-14　阿塞的中、低放废物处置设施示意图

对于高放废物和α废物的最终处置，曾经提出了多种方案。方案之一是将高放废物或α废物投入核反应中去，使锕系元素转变为稳定的或短寿命的核素。另一种设想是将高放废物或α废物发射到远离人群的太空中去。总的看，这两种方案实现的可能性相距甚远。20 世纪 80 年代国际条约规定暂缓执行废物的洋底处置。至于将高放或α废物处置到冰川里去，由于不确定因素很多，这种处置方法也难以实现[2,3,4]。

目前最现实的是将高放废物或α废物处置于稳定结构的深地质库中。许多国家一直在这方面进行着积极的研究和实验，表 14-13 给出了一些国家在地质构造中处置废物的状况和计划[2]。

法国认为，中、低放废物处置场是普通的工程设施，不属于核级设施。法国第一座中、低放固体废物永久处置场建在阿格厂附近。1969 年使用，1994 年停止接收废物。该芒什处置中心总贮存废物量为 5.35×10^5 m^3。法国建设的第二座中、低放固体废物永久处置中心——奥布处置中心是参照芒什的经验于 1992 年建成的先进的处置中心，贮存能力为 100×10^4 m^3，由 6 组 24 个处置单元组成[31]。奥布处置中心预计将运行 50 年[33]。

英国几乎把所有的中、低放废物都运送到德里格处置场处置。1959 年建成的 6 条处置沟，共填埋了 750 000 m^3 低放废物。新德里格处置场库容量为 180 000 m^3，于 1989 年起运营[17]。德国、瑞典、西班牙、芬兰、印度等国都建造并运营了各自的中、低放废物处置场。西班牙的埃尔卡布里处置场容量为 50 000 m^3。芬兰建造运营的中、低放废物处置场年处理能力为

200 m³。俄罗斯建造并运行了16个覆盖全国的低、中放废物处置中心[30,33]。

表 14-13　地质构造处置废物的工作状况和计划

国家、地区	项目、装置	岩层	投入运行时间 及贮存时间
比利时莫尔	地下研究实验室(与法国合作) 中放、低放及α废物贮存库	黏土 黏土	1984年 1995年
英国哈威尔	中放废物埋场 高放废物浅地层贮存	花岗岩或 黏土	1992年 50年
加拿大	地下研究实验室 乏燃料及高放废物埋场	花岗岩或 盐层	20世纪90年代 2010年后
法国	地下研究实验室 中放和低放废物埋场 浅地层高放废物贮存	花岗岩	1991年 1990年 (30～50年)
德国			
阿塞盐矿	低放废物埋场	盐层	1967年
	中放废物埋场		1974年
	高温气冷堆燃料球	盐层	1977年
	试验性贮存		
	高放废物试验性贮存		1987年
康拉德矿	核装置低放和固体废物埋场	废铁矿场	1988年
戈尔勒本	贮存库-埋场	废盐矿场	1955年
美国			
汉福特	核中心废物库	玄武岩	80年代
卡尔斯巴特 新墨西哥	WIPP(Waste Isolation Pilot plant)-军用α 废物试验性贮存库、地下研究实验室	盐层	1989年
内华达	乏燃料试验性埋场	凝灰岩	1998年
内华达或得克萨斯	高放废物或乏燃料埋场	花岗岩	
俄罗斯	高放废物浅地层贮存	盐层	
瑞典	乏燃料地下贮存燃料组件(重组装盒)的 埋场	岩石 岩石	1985年(40年) 2030年

总之，国际原子能机构(IAEA)认为，低、中放废物的管理是已得到证实的和成熟的[33]。

参考文献

1　Slandartizalion of Radiactive Weste Categorics, Techn, Rep, Ser. No. 01. IAEA, 1970

2　黄昌泰，李光鸿，魏连生译. 核电站燃料后处理. 北京：原子能出版社. 1996

3　G. R. Choppin & J. Rydberg. Nuclear Chemistry Theory and Applications. 1980
4　汪德熙，王方定，祝疆等译. 核化学工程. 北京：原子能出版社. 1988
5　Nuclear Engineering International. Vol. 17. 1972
6　杨云鸿译. 核燃料后处理工程. 北京：原子能出版社. 1980
7　核工业第二研究设计院等译. 埃克松核燃料回收和再循环中心初步安全分析报告. 1991
8　蒋云清主编. 乏燃料后处理'94. 核科学技术情报研究所. 1995
9　蒋云清主编. 乏燃料后处理'98. 核科学技术情报研究所. 2000
10　袁良本，许春阳，吴春喜. 国外高放废液玻璃固化的新进展. 放射性废物管理与核设施退役，2003，No. 1
11　核科学技术研究所. 乏燃料管理与后处理. 1994，No. 2
12　核科学技术情报研究所. 放射性废物管理及核设施退役. 1996，总第 55 期
13　吴春喜，袁良本. 核大国核设施退役与放射性废物管理概况. 中国核学会，2001
14　姜圣阶，任凤仪等编著. 核燃料后处理工学. 北京：原子能出版社. 1995
15　核燃料后处理工艺编写组. 核燃料后处理工艺. 北京：原子能出版社. 1978
16　Recent French Experience in Reprocessing. International Conference. Peaceful Uses of Atomic Energy. 1968，265～274
17　RECOD'98. 967～974
18　RECOD'98. 45～53
19　乏燃料管理及后处理. 1997，No. 4
20　核工业第二研究设计院等译. 埃克松核燃料回收和再循环中心初步安全分析报告. 1991，13～18
21　乏燃料管理及后处理. 总第 104 期. 2000. 8
22　RECOD'94. 44～48
23　蒋云清译. 轻水堆乏燃料后处理. 北京：原子能出版社. 1989
24　核工业第二研究设计院. 核工业科技情报研究所编. 动力堆乏燃料后处理资料汇编. 1988
25　RECOD'87. 607～610
26　Management of cladding hules and fuel hard ware//Techn. Rep. Ser. N258. Vienna：IAEA，1985
27　核工业第二研究设计院等译. 埃克松核燃料回收和再循环中心初步安全分析报告. 1991，372～376
28　RECOD'98. 975～979
29　RECOD'98. 967～974
30　核科学技术情报研究所. 放射性废物管理及核设施退役. 1996，总第 52 期
31　核科学技术情报研究所. 放射性废物管理及核设施退役. 1996，总第 51 期
32　乏燃料管理及后处理. 总第 107 期. 2001. 2
33　低放废物处置设施的规划和运行——IAEA 专题会议论文集. 核科学技术情报研究所. 1999，6

第十五章　工厂设施的去污和维修

维修是工厂经常性的重要活动，是维持正常生产的重要工作之一。

本章首先介绍维修的准备工作之一，即去除放射性污染的工作，介绍主要设备、设备室（或热室）去污的典型实例；描述一些生产设备故障；重点论述工厂的维修原则、方法，以及若干后处理厂取得的维修成就和经验。

第一节　去污

在生产过程中，设备和设施发生故障是常有的事。要排除故障，修理或改动被放射性污染的设备或设施，都必须事先清除附着在其上的放射性。对于直接维修的设备或设施，在人员进入之前，必须进行清洗去污，使放射性剂量水平降低到允许水平，这是去污的目的之一。还有些工厂在停车期间对设备、阀门和管道进行去污，为下次开车生产创造良好的条件。因为在生产过程中，吸附在设备壁上的放射性物质及比活度很高的有机污物，如不将其去除干净，则再开车生产后就会严重污染有机相，导致产品的净化系数下降，甚至会缩短稳定运行的生产周期。再有当核设施退役时，为减少废物量和维护环境安全，都需要进行去污。

在去污程序上，以先单体后联动，先重点后一般为宜。首先对放射性污染水平较高的设备进行单体或重点去污。例如对混合澄清槽进行去污之前，应首先对其供料系统进行重点清洗去污。再有，先进行设备、阀门、管道的去污，再清洗去污设备室为宜。

在去污流程上，去污剂应从放射性污染水平较低的设备向放射性污染水平较高的设备流动为宜。这样有利于提高去污剂的利用率，减少去污剂用量，减少废液量[1]。

在去污过程中，不仅应对设备进行单体去污或重点去污，还要适时地进行联动清洗去污，这样才能将积存在阀门、管道和过滤器中的污物清洗出来，才能取得良好的去污效果。

一、去污方法

去污方法或去污装置主要分为两大类：化学的和机械的（或称物理的）。

化学试剂被广泛地应用于后处理厂的去污工作中，化学试剂对无孔表面的去污是最有效的。

水是一种被广泛使用的去污剂，它可溶解许多化学物质，浸蚀或冲洗掉表面上的污物。提高水的温度、在水中添加化学试剂或采用水射流均可提高去污效果。用水蒸气去污也是很有效的[2]。

常用的化学去污剂有许多种，其中主要有除膜剂、缓蚀剂、氧化剂、还原剂、表面活性剂、络合剂等。选用去污剂要根据污染物的化学性质、基体的性质，以及去污后所产生废物的处置等情况，同时还必须考虑到去污费用，材料腐蚀程度，安全等因素。

通常用酸作除膜剂，常用的强无机酸有硝酸、盐酸、硫酸、磷酸等。使用这些酸的目的是破坏和溶解金属表面的氧化膜，降低溶液的 pH 值以增加溶解度或金属离子的交换能力。用酸液去污是比较快捷而有效的。在后处理厂去污过程中的多用酸液为硝酸，硝酸能溶解设备和管道中的铀、钚及锕系元素化合物、裂变产物、许多沉积物和污物。常用的典型的去污溶液是加温到 75 ℃的体积比为 10%的硝酸溶液。使用酸与酸，酸与酸的盐类或酸与其他化合物配制成的混合物作去污剂，也可获得良好的去污效果。在欧化后处理厂的去污项目中，在硝酸中加入高锰酸钾($KMnO_4$)，结果去污的效果最好。日本东海后处理厂在对回收硝酸的设备室去污时采用了先用硝酸处理，然后用氢氧化钠漂洗的方法；对设备底部的去污采用碱性高锰酸钾洗涤、硝酸清洗和乙二胺四乙酸(EDTA)洗涤的三步处理法，均获得好的去污效果[2]。

磷酸可使碳钢表面快速脱膜和去污，在 60～70 ℃下用 10%磷酸在 20 min 内，可除去 95%～99%的污染物和全部可见的表面膜[2]。

在去污工作中，弱酸(有机酸或无机酸)也获得了广泛的应用，最为广泛使用的弱酸有：草酸($C_2H_2O_4$)、柠檬酸($C_6H_8O_7$)和氨基磺酸(NH_2SO_3H)。这些弱酸多用于溶解金属表面的氧化膜，溶解或络合金属离子。例如，草酸可有效去除铁锈，它是铌和其他一些裂变产物的极好的络合剂。萨凡那河后处理厂用草酸去污不锈钢热交换器。其方法是向注入水的系统中加入缓蚀剂(2.6 g/L 硫酸铁)，用蒸汽加热到 70 ℃，再加入 2%(质量分数)的草酸，使之在系统中循环清洗。然后从系统中排除，用水冲洗，再用 50%的氢氧化钠中和，系统排空后再用水冲洗。这样去污后交换器系统可获得 3～20 的去污系数[2]。

碱性盐作为脱脂剂也是最常用的去污剂，它们通常与清洁剂混合使用。强碱(NaOH，KOH)还常与氧化剂($KMnO_4$，KIO_4)和还原剂(NaH_2PO_2)相混合使用，可以取得良好的去污效果。爱达荷厂的去污经验认为，当设备的接触剂量为 $2.58\times10^{-4}\sim12.9\times10^{-4}$ C/(kg・h)时，使用 10%NaOH－2.5%$C_4H_6O_6$(酒石酸)溶液是最有效的去污剂，如果再用 10%硝酸与其交替使用则更为有效[3,4]。这也就说明，有时反复地使用同一种去污剂，效果不明显，而交替地使用酸、碱去污，效果就好得多。有时对于特别难以去污的设备还可利用酸碱中和反应达到去污目的。例如，对于溶剂洗涤系统的澄清器，就可将酸液和碱液一同泵入该澄清器。由于中和反应放出大量的热量，而且有大量的泡沫产生，利用这种自加热自搅拌的方法可以获得效果颇佳的去污[1]。

对金属表面的具有复杂部件的大型设备还可用泡沫去污法处理，利用洗涤剂和润湿剂，诸如十二烷基硫酸钠、油酸钠、烷芳基磺酸盐等产生的泡沫作为化学去污剂的载体。该去污工艺对复杂形状的大部件很有效，在拆卸之前，可很好地除去内部的污物，且只产生少量的最终废物。萨凡那河厂已将它用作减少废物的手段。经验表明，泡沫去污可大幅度地减少多达 70%的废物量。泡沫去污工艺曾用于西谷示范工程，结果表明，使用泡沫去污法，对不锈钢表面达到的去污系数比对碳钢或涂漆混凝土表面达到的去污系数要高[2]。

不锈钢设施的铈硝酸氧化法也是一种有效的去污技术。该技术是利用加入硝酸溶液中的 4 价铈离子的强氧化性，将不锈钢表面层钝化膜中的金属晶格破坏，从而加速不锈钢在硝酸溶液中的溶解。随着不锈钢表面钝化膜的溶解，附着在其上的放射性污染物也进入溶液，从而达到去污的目的。美国、日本、比利时、法国等都采用此技术，在对不锈钢设施去污方面取得了很好的成果。他们取得的经验是该方法去污因子高，适用范围广。这种方法实质上是氧化还原去污法的一种。

表15-1列出了用化学去污法对金属材料进行去污的应用情况[2]，供参考。

表15-1 化学去污金属材料的应用

化学试剂和方法	试剂、方法及处理步骤	金属材料					备注
		不锈钢	碳钢	铜合金	因科镍合金	铝合金	
AP法	碱性高锰酸盐处理	无腐蚀	轻度腐蚀				通常在多步工艺中用于预处理。AP中含有缓蚀剂和润湿剂，Cr^{3+}被氧化成Cr^{6+}(更可溶)
NP法	用硝酸和高锰酸盐预处理						
APAC法	碱性高锰酸盐处理后，经漂洗再用柠檬酸铵处理	无腐蚀，可去掉AP处理后残留的腐蚀膜	严重腐蚀，与金属基体发生化学反应				碱性高锰酸盐处理后，柠檬酸铵浸蚀残留的腐蚀膜。对碳钢有腐蚀，存在严重的再沉淀问题
APACE法	碱性高锰酸盐处理后用水漂洗，再用柠檬酸铵加EDTA进行处理	无腐蚀	与金属基体发生化学反应				添加EDTA可改善工艺，并能防止污染物的再沉淀
AP Citrox法	碱性高锰酸盐处理后用水漂洗，再用柠檬酸和草酸的混合物进行处理	无腐蚀			柠檬酸和草酸的混合物可去除腐蚀膜		柠檬酸和草酸的混合物用于去除残留的MnO_2
AP Sul法	碱性高锰酸盐处理后用水漂洗，再用氨基磺酸处理	无腐蚀	无腐蚀		无腐蚀		氨基磺酸处理可防止沉淀物的产生，因而可防止再沉淀
APOX法	碱性高锰酸盐处理后用草酸处理	无腐蚀	腐蚀				草酸用于去除残余的MnO_2腐蚀膜，可能形成不溶性沉淀物，并会降低效果
盐酸去污法	用100 g/L浓度的水溶液作一步处理	腐蚀	腐蚀	无腐蚀			具强侵蚀性，对不锈钢和碳钢有腐蚀
草酸去污法	一般用100 g/L浓度的水溶液作一步处理	无腐蚀		与金属基体发生化学反应			可有效去除锈斑，与钢反应生成难溶的草酸铁沉淀物
硝酸去污法	用100 g/L浓度的水溶液进行一步处理	无腐蚀	与金属基体发生化学反应	与金属基体发生化学反应		无腐蚀	添加0.1%的HF可提高去污系数
硫酸去污法	用100 g/L浓度的水溶液作一步处理	强腐蚀	强腐蚀				腐蚀严重

续表

化学试剂和方法	试剂、方法及处理步骤	金属材料					备注
		不锈钢	碳钢	铜合金	因科镍合金	铝合金	
草酸加过氧化物法	用 2 g/L 草酸和 5 g/L H_2O_2 作一步处理	无腐蚀	无腐蚀	与金属基体发生化学反应	无腐蚀	无腐蚀	主要用于去除铀、钍氧化物和钚膜层
磷酸法	用 100 g/L 的磷酸水溶液作一步处理		腐蚀	无腐蚀			如果在系统中停留时间太长，可能产生再沉淀
氨基磺酸法	用 90 g/L 的氨基磺酸水溶液作一步处理		无腐蚀	无腐蚀		无腐蚀	不像磷酸那样有效，但不产生再沉淀

机械(物理)去污可分为表面净化(如清扫、擦洗、洗涤)或去除表面(如喷沙、剥离等)。机械去污可作为化学去污的替代方法，也可与化学去污法同时使用或者先后使用。机械去污可用于任何表面，并能取得较好的去污效果。如果同化学去污法一起使用，其效果更佳。

物理法去污的具体方法很多，例如：水冲洗、喷水法、高压水枪法、擦洗、刷洗、蒸汽净化法、可剥离涂层法、喷沙法、喷丸法、研磨法、剥离法等等。比如，高压水去污法是利用喷枪或喷射器的喷嘴喷出高压水，喷洗被污染的表面，以达到去污的目的。在一般的实际应用中，常用 35～70 MPa 的水压、20～80 L/min 的流量，喷洗时间为 10～25 min，其去污效果较好[5]。

虽然机械去污的具体方法很多，但是要选取最有效的方法，还要综合考虑多种可变的因素，如污染的种类和性质，被污染物的材质性质，要求去污的程度、费用、安全性等。对于大型复杂的去污系统需要进行可行性研究之后才能确定实施方案。

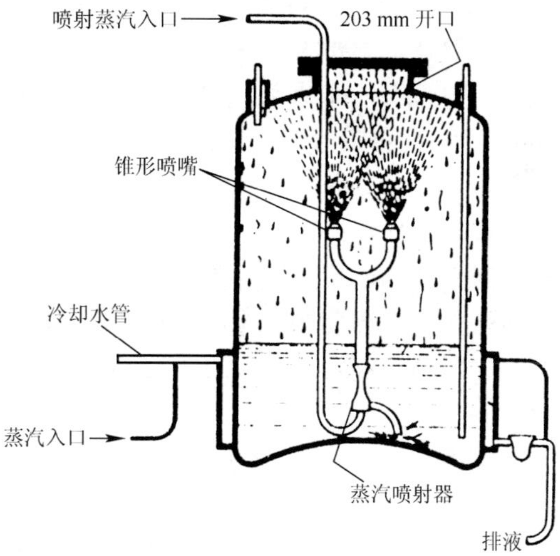

图 15-1　加热去污液并通过插入容器内部的喷嘴喷淋容器内表面的示意图

为了实施这些机械去污方法和化学去污方法，有的制造了专用的设备，有的制成专用工器具，也有的在设备中或在设备室内设置了喷洗、加热、搅拌等设施。图 15-1 就是插入容器内部的一种喷嘴喷淋装置[3]。将加热到 80 ℃左右的去污剂，以 0.1 MPa 左右的压力对设备内表面进行喷淋冲洗，每次去污剂用量为设备全容积的 20%～30%。

这种方法对单个设备去污效果较好，试剂用量少。这种方法对回收附着在设备壁上的铀和钚金属更为有利。

浸泡蒸煮法和加热-搅拌法也是化学去污法同物理去污法相结合的方法[1]。浸泡蒸煮法是将去污剂充入设备中，用蒸汽鼓泡搅拌，当加热到 80 ℃左右时改用压缩空气搅拌。这种方法用于不易喷洗的设备(如混合澄清槽)和去污到后期放射性难以去除的设备。这种方法对于有蒸汽加热的设备更为有效。

利用加热-搅拌法,要注意加热温度不能过高,搅拌压力不能过大,防止发生冒槽、串液、污染空气或损坏设备的事故。实践结果指出,碱液洗涤温度控制在 100 ℃以下,酸洗液温度控制在 80 ℃以下,搅拌空气压力不超过 9.8×10^4 Pa 为宜[1]。

随着科学技术的发展,去污技术也在不断提高,一些新的去污方法应用于工业实践。现在,电抛光技术已在核工业的表面预处理和去污方面流行。电抛光对导电材料的去污特别有效。超声波净化法是可以用来从固体表面上去除放射性微粒的一种有效方法。还有许多去污新技术尚处于开发阶段[2]。

二、设备去污

美国爱达荷化学处理工厂的去污经验表明,下列去污的顺序可能是有效的和合理的,用 10%的硝酸清洗设备使其放射性水平降低到 6.5×10^{-3} C/(kg・h)。接着用 10%氢氧化钠-2.5%酒石酸($C_4H_6O_6$)与 10%硝酸交替清洗,使设备的放射性降到 2.58×10^{-4} C/(kg・h)。最后用 3% NaF-20% HNO_3 清洗,使设备的放射性水平降到 7.7×10^{-6} C/(kg・h)[4]。

通常贮槽类容器是比较容易清洗去污的,一般经几次清洗后,就可使其放射性水平降低为 2.58×10^{-4} C/(kg・h)。再将设备去污到 7.7×10^{-6} C/(kg・h)要花费较长的时间。在较大的容器中设置图 15-1 所示的溶液循环喷射器,有的设置内喷雾环都是非常有利于去污的。经验还证明,用蒸汽夹套直接加热的容器比仅用蒸汽搅拌器或蒸汽喷射器加热的容器更容易去污。图 15-2 为爱达荷厂料液回收槽的去污资料[4]。

脉冲萃取柱是主要的设备,它和贮槽类容器一样,较易去污到 2.58×10^{-4} C/(kg・h),但是要使其放射性水平降低到 7.7×10^{-6} C/(kg・h)左右却要困难得多。图 15-3 为爱达荷厂一循环脉冲萃取柱,借助于蒸汽脉冲搅拌的作用,经过 21 次清洗去污,接触剂量才降低到 1.3×10^{-6} C/(kg・h)。对去污溶液的 γ 分析结果告诉我们,放射性主要来自于 Zr-Nb[4]。

蒸发器是后处理厂常用的设备。通常蒸发器比贮槽类容器去污要困难一些。图 15-4 是爱达荷厂对一循环产品蒸发器的去污资料[4]。这是一种热虹吸型蒸发器。由于热虹吸的作用可使得去污剂在高温下连续地通过蒸发器,构成了内循环。这将大大加速蒸发器的去污作用。为了减轻去污剂对蒸发器列管的腐蚀,尽量不采用强腐蚀性去污剂,而且要减少去污剂同列管的接触时间。

溶解器是比较容易去污的一种设备。法国马库尔厂的一个溶解器,在焊缝处出现了泄漏。将设备倒空后,该设备室内的剂量率为$(5.2\sim6.2)\times10^{-1}$ C/(kg・h)。对该溶解器进行三个阶段的清洗去污,首先在沸腾温度下用硝酸清洗,再用碱溶液溶解硅沉淀物,最后用络合溶液清洗。这样,共用了约 70 m^3 的清洗液,即溶解器容积的 30 倍以上,经过这几步的清洗,使该溶解器的放射性降低到 10^{-4} C/(kg・h)水平。此后在该设备室墙上打开洞用遥控的切割机和焊接机对溶解器进行检修。

从清洗去污到检修完毕,共花了约 7 个星期的时间[6]。

美国萨凡那河后处理厂的经验表明,离心机的去污时间为 4~8 个月,溶解器的去污维修时间为 2~6 个月,而蒸发器所需的时间为 3 个月[7]。

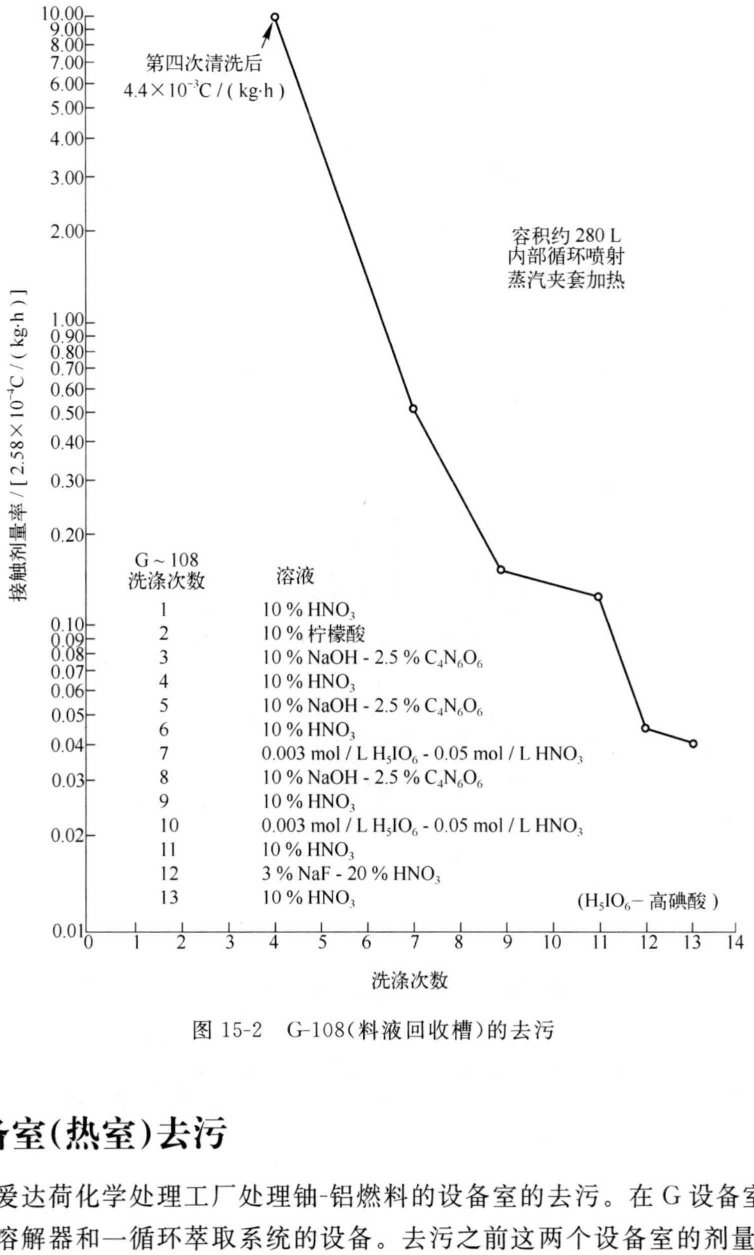

图 15-2　G-108(料液回收槽)的去污

三、设备室(热室)去污

首先介绍爱达荷化学处理工厂处理铀-铝燃料的设备室的去污。在 G 设备室和 H 设备室中安放着连续溶解器和一循环萃取系统的设备。去污之前这两个设备室的剂量率为 0.52 C/(kg·h)左右，经过 46 次清洗去污后为 $5.2\times10^{-6}\sim7.7\times10^{-6}$ C/(kg·h)。其中 22 次基本上为清洗这两个设备室中的全部设备，另外 24 次清洗个别设备或设备的某些部位。去污操作间断地进行了三个半月，共花费了 1 440 个工时。

表 15-2 例举了所用清洗去污剂和每种溶液在去污期间的使用次数[4]。

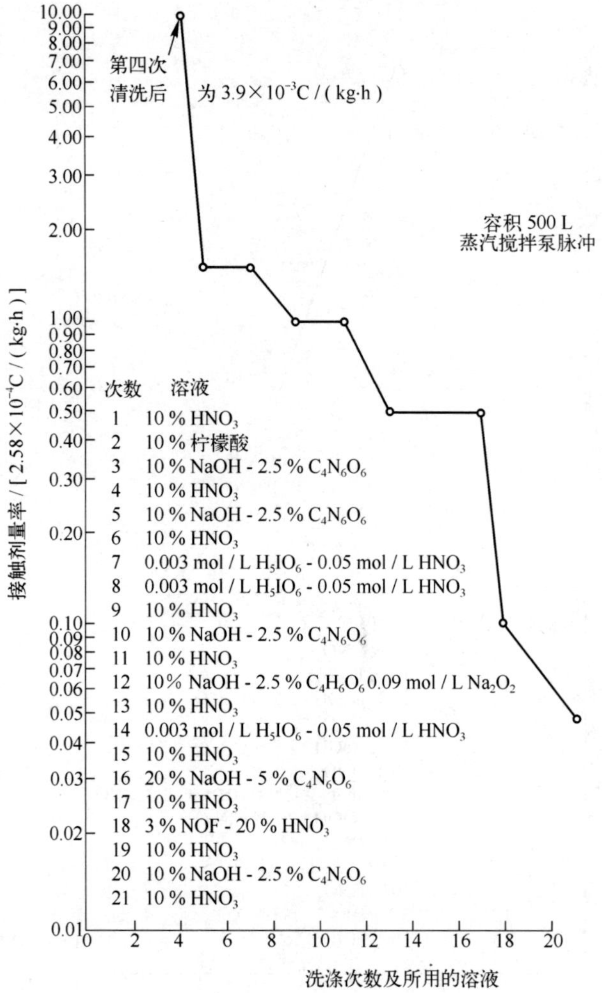

图 15-3 G-111(一循环萃取柱)的去污

表 15-2 G 和 H 设备室设备去污资料

去 污 剂	设备全部清洗次数	设备局部清洗次数
10%柠檬酸	1	0
10%硝酸	11	9
10% NaOH-2.5%酒石酸	5	4
20% NaOH-5%酒石酸	1	0
0.003 mol/L 高碘酸-0.05 mol/L 硝酸	2	4
3% NaF-20%硝酸,接着用 2.2 mol/L 硝酸铝	1	4
10% NaOH-2.5%酒石酸-0.09 mol/L Na_2O_2	1	2
10%草酸	0	1

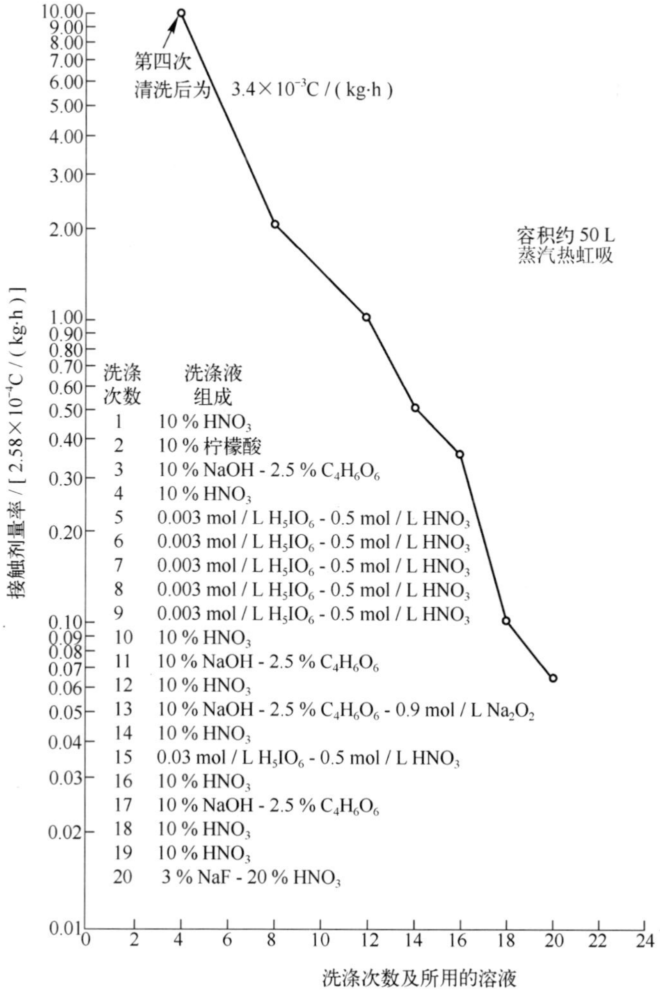

图 15-4 H-110(一循环产品蒸发器)的去污

表 15-2 中所用去污剂的去污效果如下：10%柠檬酸，在对设备清洗后，该溶液的分析结果为 3.0×10^{6} β计数/(min·mL)。接着用苛性钠—酒石酸清洗设备，分析测量结果为 1.4×10^{7} β计数/(min·mL)。因此停止使用柠檬酸，因为它不如其他去污剂有效。单用 10%硝酸在去污开始时是有效的。当清洗到活度接近 10^{5} β计数/(min·mL)时，去污效果就不明显了。当溶液的放射性降到 10^{3} β计数/(min·mL)，设备的接触剂量为 $(2.58\sim12.9)\times10^{-4}$ C/(kg·h)时，10% NaOH-2.5% $C_4H_6O_6$ 是最有效的去污剂。如果用 10% HNO_3 与之交替使用，去污效果会更好一些。

20% NaOH-5% $C_4H_6O_6$ 比 10% NaOH-2.5% $C_4H_6O_6$ 的去污效果强不了多少。使用 0.003 mol/L 高碘酸-0.05 mol/L 硝酸总是和 10% HNO_3 结合使用，目的是为了洗掉任何残留的高碘酸。用该去污剂洗涤反萃取柱的效果就不明显，而清洗洗涤柱 H-100 时就有一定的效果，去污前为 1.3×10^{-4} C/(kg·h)，用高碘酸清洗以后为 0.9×10^{-4} C/(kg·h)。

当接触剂量低于 2.58×10^{-4} C/(kg·h)时，3% NaF-20% HNO_3 是最有效的去污剂。由

于该溶液对不锈钢有腐蚀，在用 NaF 清洗设备后，应立即用 2.2 mol/L 硝酸铝冲洗，以便络合掉残留的氟化钠。还应指出，该去污剂只应用于其他去污剂都不起作用时。

使用结果证明，10% NaOH-2.5% $C_4H_6O_6$-0.09 mol/L Na_2O_2 比 10% NaOH-2.5% $C_4H_6O_6$ 的去污效果强不了多少。10%草酸曾用于降低某设备(G-106)的局部剂量，结果无效。

总之，去污的实际结果表明，在所使用的去污剂中，通常最有效的溶液为 10% HNO_3，10% NaOH-2.5% $C_4H_6O_6$ 和 3% NaF-20% HNO_3[4]。

德国卡尔斯鲁厄厂的经验表明，将设备室的放射性活度降低到 6.5×10^{-3} C/(kg・h)，需要通过冷铀过渡，硝酸清洗，苛性钠清洗三道工序，所用去污剂数量高达 4 260 m^3，约需要 26 天。如果要使设备室的放射性降低到 1.2×10^{-3} C/(kg・h)，还必须用热的 HNO_3 和 NaOH 交替清洗去污。为了达到可以进行人员直接维修的 2.6×10^{-4} C/(kg・h)的放射性水平，还必须使用络合剂清洗，总共需要花费去污时间约为 100 天[7]。

表 15-3 给出了机械首端热室(尺寸为 12 m×6 m×7 m)更换溶解器过程中，设备去污和拆除所需要的时间和所产生的废物量。

表 15-3　首端热室去污[7]

程　序	所需时间/月	放射性废物			照射量/[C/(kg・h)]
		中放废液/m^3	中放固体/m^3	低放固体/m^3	
工艺设备内部去污	4[1)]	63			12.9×10^{-2}
远距离拆除	10		86		2.58×10^{-3}
远距离去污	2	38			1.03×10^{-4}
直接去污	3.5	80	10	17	0.08×10^{-4}

注：1)去污这段时间包括在远距离拆除之内。

该热室在正常运行时的放射性剂量为 10^2 Gy/h 左右，将设备远距离拆除搬走之后，辐射剂量降低到 0.1 Gy/h，再经过远距离去污和直接去污之后，辐射剂量降低到 0.3 mGy/h 水平。这一剂量率下可以重新安装首端设备[8]。

在法国 UP3 后处理厂，设计时采用了小设备室原则，设备室去污时间为 1 年，放射性剂量由 10^{-2} Sv 降低到 2×10^{-4} Sv[7]。

英国温茨凯尔二厂于 1997 年按计划停车整修，更换溶解器和蒸发器。工厂清洗去污时间为两周，将工艺设备和容器倒空后进行去污。溶解器热室使用了多种去污剂清洗，热室内的辐射水平降低了，总的去污系数达 10^4 以上[9]。

不论是设备去污和设备室(热室)去污，还是去污其他一些设施，还有一条重要的经验，随着去污次数的增多，去污越来越困难。第一次去污时用较弱的去污剂就可能得到较高的去污系数。以后再去污时，同样的试剂就可能不起什么作用了[3]。

第二节　设备故障

由于设备处于连续运转之中，容易出现这样或那样的问题，特别是那些处于高温和强腐蚀环境下的设备，其故障率更高一些。

欧化公司核燃料后处理厂，高浓铀循环间蒸发器，钚循环间蒸发器和低浓铀循环间蒸发器都发生过泄漏故障。第一个蒸发器的泄漏是由安装在循环管内的热阱引起的。在钢板的垂直方向上发现一个 0.1 mm 的腐蚀孔，在钢板的表面则有严重的晶间腐蚀。分析结果认为，蒸发器所用材料是 AIAI-316，而不是专用材料 AISI-304L。

欧化厂共去污萃取柱的供料管线曾发生过堵塞故障。其原因是由溶解液中的 ZrO_2 颗粒造成的。后来使用高压水喷枪（2.9×10^7 Pa）才将管道疏通[10]。

印度特朗贝后处理厂故障率较高的项目是隔膜计量泵和取样系统。造成故障的原因对于隔膜计量泵而言是隔膜破裂。管线堵塞或取样针弯曲是造成取样系统故障的原因。被计量的液流中存在着细小的砂粒，由于泵吸入管线的错误配置而对隔膜产生不利的水力学应力，是隔膜破裂的主要原因。当隔膜计量泵出现故障后，用硝酸和蒸汽清洗去污，使放射性降低到允许接触的水平后，再对隔膜进行维修和更换。取样系统是用蒸汽清洗去污的，在去污和修理工作中不存在什么困难。

特朗贝厂的放射性工艺管线上的气动截止阀门也发生过一些故障，对该工艺管线和相关的设备清洗去污到允许接触的水平，再修理或更换这些故障阀门[16]。

日本东海后处理厂由于溶解器和酸回收蒸发器的腐蚀曾多次迫使工厂较长时间地中断运行[12]。因为工厂的部分设备是在高温（100～110 ℃）下使用浓硝酸，如溶解器和酸回收蒸发器，是用 25%Cr-20% Ni-0.25% Nb 的不锈钢制造的。尽管这是一种非常好的耐腐蚀材料，但是在强腐蚀环境下使用，焊缝也不可避免出现砂眼。酸回收蒸发器在运行了 6 000 h 后发生了泄漏事故。检查出了 5 个砂眼，它们都出现在焊接部位。工厂更换的一台新蒸发器，在运行 13 000 h 后，在再沸器的两根加热管上发生了腐蚀而引起泄漏。经过清洗去污，花了大约 8 个月换上了一台新的再沸器[13]。

酸回收精馏塔在加热蛇管部分，在使用了 13 000 h 后曾发生了腐蚀泄漏。修理工作花了 1 个半月时间。后来又将加热器换上了一台新的。这台老的精馏塔运行 13 000 h 后，将旧的拆除换上了一台新的。新精馏塔的加热器部分安装了可拆卸的加热蛇管，以便于维修[14]。

东海厂于 1982 年 4 月，两台溶解器中的一台（R11）发生了泄漏。1983 年 2 月，另一台溶解器（R10）也发生了泄漏事故。在溶解器的筒体焊接处出现了针孔。为了修复溶解器，开发了远距离修理技术，并于 1983 年 11 月成功地修复了两台溶解器[13,14]。

原来的钚溶液蒸发器运行 10 000 h 后在洗涤段发现一针孔，经过修复后运行到 1984 年累计达 12 000 h 后，更换了整个蒸发器。新蒸发器的洗涤段用 Ti-5% Ta 合金制造，以期延长使用寿命。这次在设备室更换钚溶液蒸发器的工作用 3 个月时间完成[14]。

德国卡尔斯鲁厄后处理厂的溶解器，于 1980 年 5 月由于腐蚀而泄漏。用热室吊车和机械手将其拆除。为安装新的溶解器，对热室进行了清洗去污。热室的“热点”剂量率为 0.5 Gy/h，最初采用遥控操作去污，当剂量率降低到人可进入热室时，开始安装新的溶解器和其他设备，安装工作用了 2 680 工时。

1978 年发现第一萃取循环后的铀溶液蒸发器回流管有腐蚀，有裂痕，将其拆除换上了一台新的蒸发器。后来，在 1987、1990 和 1991 年，由于新的 ICU 蒸发器又出现了泄漏，这几次都是在热室里用焊接方法处理了这些漏缝[15]。

英国为支持镁诺克斯（Magnox）反应堆的运行而建造了温茨凯尔二厂进行后处理[16]。该厂安装了南、北两台溶解器。原来的南侧溶解器由于腐蚀，使得溶解器蒸汽部分有针孔泄漏，致使蒸汽捕集性能恶化，终于在1978年退役。全部溶解工作由北侧溶解器承担。为了确保镁诺克斯乏燃料的处理，英国当局于1997年利用8个月的停车时间对南侧溶解热室进行了清洗去污，拆除了损坏了的溶解器等6台设备，更换了数千米的管道和辅助容器。安装了新的溶解器及其他的设备，提供了新的生产能力。

原来厂房里安装使用的两台钛材质钚溶液蒸发器受到了显著的腐蚀。1992年B205中钚蒸发器的一次意想不到的损坏造成硝酸钚泄漏。利用1997年这次长时间停车，以模件型的锆制容器更换钛材质的钚蒸发器[9]。

第三节　维修

一、维修的原则和方法

维修是维持正常生产运行的必不可少的重要环节。对于乏燃料后处理厂，维修的方式和方法大体上有三类，即直接维修，间接维修和混合式维修。

直接维修是指工作人员亲临待修理、拆除或拟更换的设备或设施的现场进行工作，为此，在开始检修工作之前应将设备及其周围环境去污到允许的剂量水平。为了便于去污和维修，对于直接维修的工厂，在设计和安装时就应创造直接维修的条件。美国爱达荷化学处理厂在这方面有着丰富的经验，很有代表性。该厂采用的直接维修原则为：第一，采用全焊接结构。工艺管道和设备之间的所有连接全部采用焊接法。这样可以避免工艺设备的外表面污染。第二，在工艺容器中设内喷雾器，在工艺设备室内安装喷淋装置，便于内表面去污，并且能节约去污试剂。第三，在设备室内设置爬梯或永久性梯架，这样可以缩短进出设备室的时间，有利于检修和进行放射性测量。第四，要按照放射性水平和机械复杂程度，分别将设备安装布置在不同的设备室中，这样有利于去污和检修。第五，根据设备损坏的难易程度，对于较易损坏的设备，要适当地安装备用设备，这样可以减少抢救性维修，可以降低工作人员的辐射剂量水平[4]。

德国卡尔斯鲁厄后处理厂不但承担运行任务，而且还要进行大量的研究和革新，所以该厂设计为直接维修的工厂。但是乏燃料解体、剪切、溶解和供料这几个工序是在遥控操作的热室内完成的，该热室具备有一定的远距离维修能力[8]。

卡尔斯鲁厄厂于1971年9月启动，到1990年12月停止运营，共处理了104 t轻水堆乏燃料和103 t重水堆乏燃料。处理乏燃料的燃耗达40 GW·d/t。除了每年计划运行200天外，还有长达165天的工厂改进和维修时间。在这将近20年时间里，卡尔斯鲁厄共进行了旨在革新改造，增设安全补救措施和修理更换设备等为主要内容的整治项目有200项。据其中的10次整治工作统计，整治时间在4～28个月不等[15,17]。

这些整治项目都是经过严格的筛选和论证后确定的。整治工作通常是把整治项目和系统的年度检修结合在一起进行的[7]。这种有机的结合也是一条重要的维修经验。这种结合不但可以节省停工时间，提高开工率，而且还可以节约去污剂、降低工作人员的剂量率等。

在直接维修工作中遇到的首要问题是如何降低人身受照问题。正因为这一问题有时使本来是简单的维修工作变得复杂了。

日常维修和停车维修工作量都是不小的，但是日常维修往往比停车维修更困难。因为在生产过程中，生产设备或部件发现损坏，有时启用备用设备，要求在不停车状态下维修，有时只能局部临时停车，要求在限时内完成检修任务。在这种情况下，经过清洗去污的设备往往超过放射性污染限值，短时间内又去污不到限值以下，有时就不得不进行补救性维修。这种意外故障是造成人员超常照射和空气污染的主要原因。

在直接维修工作中，除了注意提高维修质量，设法降低人身γ照射外，还应特别注意β辐照问题。监测结果表明，裂变产物的β剂量率比γ剂量率高2～3个数量级，又因为许多核素β射线的能量比γ射线的能量高，所以在维修高中放设备时，不但要监测γ剂量，还一定要监测β剂量。如果β剂量率较高，应采取相应的防护措施，否则容易造成维修人员的手部β灼伤。

在维修钚生产线的设备，特别是进入钚线设备室时，应特别注意α气溶胶的监测和防护。如果维修区域的α气溶胶浓度在短时间内达不到额定限值，可采取如下防护措施：加大该区域的排风量；对参加维修的人员打预防针、喷洒药物；佩戴特制高效防护口罩并穿戴防护气衣等[1]。

直接维修多适用于工厂规模不大，不但有生产任务，而且有科研开发工作的工厂。直接维修的投资少，技术比较可靠。当然，直接维修的工厂停工时间长，去污试剂用量较多，废液贮存和处理量较大，人员受照剂量较高。

间接维修（或称远距离维修）是采用维修器械如吊车、机械手、机器人对待维修的设备或部件进行修理、拆卸或更换，以及对管道的切割或焊接等项工作。操作人员在有屏蔽的工作间或操纵台上通过窥视镜或电视系统遥控操作。

为降低放射性污染水平和提高生产开工率，对那些被污染严重的，难以清洗去污的设备，如乏燃料首端处理、共去污、强放废液浓缩、固化等设备更有必要实施间接维修。

对于需要间接维修的设备和装置，必须在设计、制造和安装时创造间接维修的条件。

（1）设备、设备室和设备之间的安装位置必须极为准确，设备加工及安装尺寸的精度应在1～2 mm之内。

（2）设备安装在有导向装置或销钉的台架或基座上，设备有凹槽或耳环，有起吊用的抓钩。固定设备用的大螺母可用电动扳手松紧。

（3）设备之间、设备与墙壁之间应有300～600 mm的间距，设备布置和安装时不能在垂直方向上互相重叠。

（4）设备的管道和电气线路都应通过标准管接头或跨接接头联接，用电动扳手或机械手夹具就可进行装配或拆卸。

采用间接维修的后处理厂，它们的设备布置方式大体上有两种，一是峡谷式设备室，二是热室。

美国汉福特厂和萨凡那河厂采用峡谷式的大型设备室。工艺设备安装在台架上，用遥控操作安装和更换台架。萨凡那河厂把强放设备和低放设备各布置在一排峡谷中。高放设备室的吊车司机在有屏蔽的司机室内通过潜望镜观察操作情况，而低放设备的吊车司机是靠目视操作的。萨凡那河厂为了提高维修质量，建立了1∶1的模拟维修车间；为节约生产费用，将一些拆卸下来的设备进行遥控去污和修复。美国乔克河工厂曾报道，每花1美元的去污费可节约15美元的设备费[3]。

汉福特和萨凡那河厂的间接维修经验是：（1）更换主要的工艺设备所需的时间在2天到2周间不等；（2）设备去污和维修的费用为设备原值的10%～15%；（3）吊车、吊钩、扳手等维修工具经过去污后可直接维修[3,7]。

热室有大小之分，许多后处理厂的首端常采用大热室。德国设计的 WA-350 厂的热室长 90 m，宽 12 m，高 19.5 m。一般大热室的长度和高度都在 10 m 以上，宽度在 5 m 以上。维修的工具为吊车和机械手，多数热室有窥视窗，有的还配备电视系统进行观察。

美国西谷厂[7]、德国卡尔斯鲁厄厂[8,17]、日本东海厂[7,14]、英国温茨凯尔二厂[9]等后处理厂都采用大热室来安装首端处理设备，采用间接维修。

美国和德国提出的全远距离维修方式，尚处于开发阶段[7]。

间接维修的优点是，待维修的设备和部件不必清洗去污到检修允许的放射性污染限值，因此产生的废液量少；维修人员接受的辐射剂量低；维修的时间较短，生产开工率可达到 80%左右。间接维修的缺点有，由于设备和管路不能重叠布置，所以设备室或热室庞大，造价较高，维修用机具比较复杂，又有比较复杂的遥控执行机构，投资高，技术先进，对维修人员的素质要求较高。

由于直接维修、间接维修各具有上述优缺点，所以近年来设计和建造的后处理厂采用了间接维修和直接维修相结合的方式，称作混合维修。

混合维修主要依据待维修的设备、设施的放射性污染的程度高或低加以区别，对于放射性污染水平较高，清洗去污困难的设备，将设备制造成组合式或模块式的，装配在一个或几个设备室（或热室）内，或者安放在台架上再排布到设备室内。室内配有摄像机、电视机、吊车、机械手等维修工器具。有的使用可移动式的检修容器，将拆除的设备或部件装在其中进行吊装或转运。有的使用屏蔽小车或机器人，驶向待维修的设备或部件，用主从机械手或重型机械手进行拆卸或安装。

对于那些放射性污染水平不高，不需要经常维修的和容易清洗去污的设备或部件，采用直接维修的方式。

美国的西谷厂是一座多用途的商业后处理厂，它也是一座典型地采用混合维修方式的工厂[18]。西谷厂的机械处理室长宽高为 15.9 m×3.7 m×7.6 m，设备室墙厚 1.7 m，墙上有 5 个玻璃防护窗。在此室进行乏燃料的处理。它装有电视机和插入式潜望镜，2 台 2 t 的吊车，一只重型机械手和 4 对模拟机械手。该室同一机修间相通，中间被半高防护门隔开，吊车和重型机械手可送到这里维修。

通用室用以收集机械处理室剪切好的乏燃料块和碎屑，并进行物料输送。该室为 13.9 m×3.4 m×5.9 m。设备室墙为 1.2 m 的重混凝土。该室装有 3 个玻璃窥视窗，一台 2 t 吊车，一只重型机械手，2 只模拟机械手等。此室也附设有机修间。

化学处理室用于燃料溶解，料液制备和废液蒸发。该室的尺寸为 28.4 m×6.7 m×13 m。化学处理室墙厚为 1.8 m 的普通混凝土结构，室内装有 2 台吊车，上层为 15 t 吊车，并备用一台 2 t 的电葫芦，下层为 1 台 2 t 的电葫芦和一只重型机械手。为了便于吊车和机械手的操作，配备有潜望镜、电视机和 4 个窥视窗。化学处理室采用间接维修，它的旁边有两个去污区，吊车和机械手都可在其中去污和修理。化学处理室的任何设备都可以通过底部的滑门送入设备去污间。

在化学处理室的旁边设有 3 个直接维修的设备室，大多数溶剂萃取的设备都安装在这三个设备室中。与这 3 个设备室相邻的还有 3 个产品纯化和运输区。它们都属于直接维修区。

自西谷厂之后，世界上商业后处理厂几乎都采用了混合维修方式，如法国的 UP2-400，

UP3 和 UP2-800[7,19,20]，英国的温茨凯尔二厂、THORP 厂[7,9]，日本的东海厂[7,14]，德国的卡尔斯鲁厄厂[7,8,15]等。其中法国阿格厂的混合维修很有特色。

阿格厂将维修分为两种情况，一是日常的和预防性的维修，以确保各种设备处于完好的工作状态；二是补救性维修，使事故得到补救，使设备恢复到正常的运行状态。

阿格厂将设备分为三类：一类是槽罐类没有磨损的运动部件的成型设备，根据放射性水平，将设备安装在不同的设备室里。这些设备大多数属于不要进行维修的设备，尽管如此，还是设置了必要的应急措施。第二类是标准工艺设备，如各种泵、阀、加热器、喷射器、过滤器等。它们需要定期维修。为了便于维修，将这类设备都设计成模块式的。设备基本上由两部分构成，一部分是不移动的设备本体，另一部分为可拆除和更换的芯体。可使用“移动式检修容器”(MERC)完成这类设备的拆卸和更换。第三类为特种机械设备，如剪切机、干燥器、焙烧炉、乏燃料运转设备、废物处理系统的装置等。这些设备都按模块化设计并安装在具有窥视窗的专用设备室里。这类设备要在远距离维修热室中维修。维修热室装有吊车和机械手，可将损坏的工艺部件进行拆卸、清洗去污和检修[7,19,20]。

阿格厂的化学热室或设备室是采用直接维修的。它采取了下列措施：一是采用小设备室原则，一个设备室里只放一台设备，例如共去污循环的三个脉冲柱分别放置在三个设备室里，三台强放废液蒸发器也分别置于三个设备室中。二是采用易损坏设备的备用原则，如三台强放废液蒸发器，两台工作，一台为备用。三是采用管道备用原则，普通管道按 30%备用，主管道按 1∶1 备用，特别重要的管道按二重或三重备用；四是采用优质材料，提高设备的制造质量。

对于直接维修的设备，在检修前先用机器人进行遥控去污，达到限值后再进人去污和维修。

法国阿格厂(包括 UP2-400，UP3，UP2-800)在寻求最佳维修策略方面完成了许多开拓性的工作[7,19,20]。

二、维修设备及机具

对于远距离维修而言，主要的维修设备为维修热室或机修车间，使用的维修机具是吊车、机械手(动力机械手、主从机械手、伺服机械手等)和冲击扳手。观察系统有的采用窥视窗，有的采用潜望镜，有的利用工业电视。法国使用动力机械手、模拟机械手、电动扳手配以吊车，对管道跨接器进行拆装。德国采用吊车、自动切割机、自动焊管机和冲击扳手，利用管道跨接器，对管道系统进行维修[7]。

法国 UP3 开发并应用了两种可移动式的检修容器。它们的主要优点是密封性能好，采用双门或双闸门结构，可防止气溶胶扩散出操作检修区。对于检修小型设备可采用装筒式的 MERC，它有三个腔室，可拆换最大直径为 150 mm 的芯体(如真空过滤器、喷射器等)。旋转式 MERC 的操作过程如图 15-5 所示。移动闸门式检修容器，可检修外径不大于 650 mm、最大长度不大于 2 m 的设备。它主要是由一个筒状运输容器和一个密封顶罩组成，如图 15-7 和图 15-8 所示。运输容器主要用于更换和运走已损坏的设备。密封顶罩主要是装在待更换设备的设备室上方，起密封作用。闸门式 MERC 检修容器的工作过程如图 15-6 所示[7,20]。

利用可移式检修容器(MERC)，由于它备有密封装置，不但可以保护环境，而且可以降低工作人员的辐照剂量。

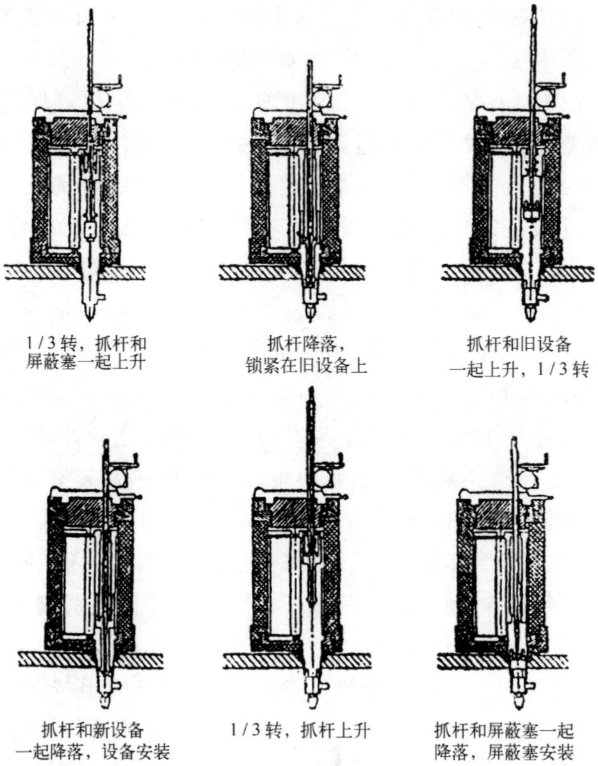

图 15-5 “旋转式”MERC 操作过程

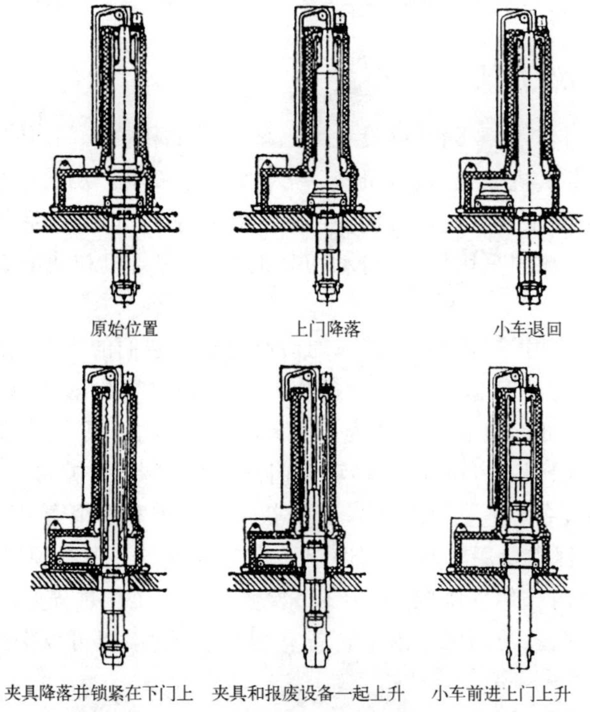

图 15-6 “闸门式”MERC 设备拆卸过程

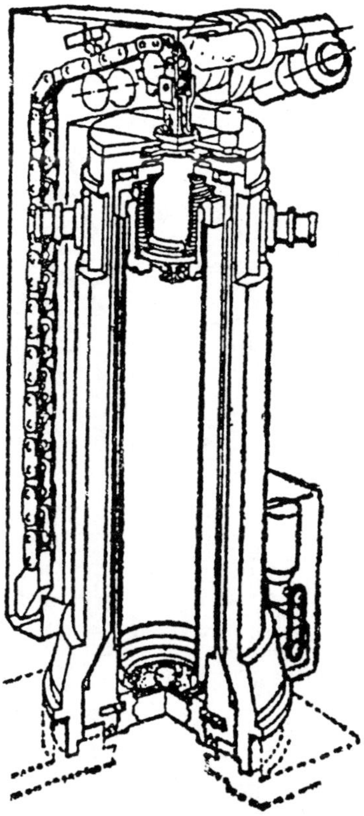

图 15-7　运输容器

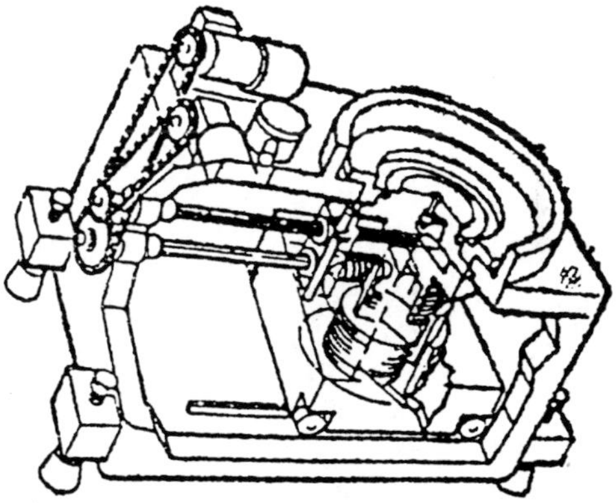

图 15-8　密封顶罩

参考文献

1　姜圣阶,任凤仪等编著. 核燃料后处理工学. 北京:原子能出版社. 1995

2　美国能源部主编. 核设施退役手册. 核科学技术情报研究所. 1996

3　[美]J. T. 朗著,杨云鸿译. 核燃料后处理工程. 北京:原子能出版社. 1980

4　TID-7534(B_K-3)

5　中国核学会化工分会编. 核设施退役技术经验交流会论文集. 2001

6　Recent French Experience in Reprocessing. International Conference, Constructire Use of Atomic Energy. 265～274. 1968

7　核工业第二研究设计院,核工业科技情报研究所编. 动力堆乏燃料后处理资料汇编. 1988

8　RECOD'87. 77～82

9　蒋云清主编. 乏燃料后处理'98. p37～44. 核科学技术情报研究所. 2000

10　A/CONF. 49/P/028

11　Operating Experience with the Fuel ax Reprocessing Plantat Trombay. Nuclear Engineering Partxx. 20～25. 1969

12　Proceedings ISEC'86. Vol. 1. 91～98

13　RECOD'87. 195～202

14 RECOD'91. 49～54

15 RECOD'91. 55～63

16 A/CONF. 49/P/492. 1971

17 RECOD'87. 203～209

18 Nuclear Engineering-PartXX, Chemical Engineering Progress Symposium Series. Vol. 65. No. 94. 53～60. 1969

19 RECOD'87. 171～184

20 RECOD'87. 1 255～1 262

附　录

英国原子能管理局 J. H. Miles 先生在“核燃料后处理的前景”一文中写到，法国 UP3 厂和英国 THORP 厂的投入运营应是核燃料后处理技术发展的里程碑。含浓缩铀的氧化物燃料取代了天然铀金属燃料；燃耗也从约 5 GW・d/t 增加到约 40 GW・d/t；铝包壳、镁诺克斯包壳已由锆合金和不锈钢包壳取代；乏燃料冷却时间从 180 天增加到约 5 年。主要萃取设备已用脉冲柱取代了混合澄清槽；萃取循环已由 4 个减至 3 个，有的工厂已由 3 个减为 2 个；用四价铀取代二价铁可有效地进行 U/Pu 分离。工业规模的高放废液玻璃固化工厂正在运行。放射性废物量大大降低。

我们很高兴能看到 Purex 流程这样大范围的发展。

为了能比较全面系统地了解这些变化，本书特将 UP3 厂和 THORP 厂的概况编为附录，以馈读者。

附录 A　法国 UP3 厂的概况

一、设计与建设[1~6]

长期以来，法国的战略是闭合燃料循环，这就促使法国发展后处理工业。20 世纪 70 年代的石油危机促使法国制定了以轻水堆为基础的发展核动力的计划，以便摆脱对外国能源的过分依赖。UP3 后处理厂就是这个发展计划的一项新建重大工程，工厂设计处理氧化物燃料每年 800 t。

UP3 厂的设计原则是确保工厂安全和经济地运行，尽量减少工作人员的辐照剂量。采用高度可靠的工艺和装备，提高维修质量，使工厂达到经济运行。在工厂设计上必须留有更新改造的余地，延长运行寿期。

UP3 厂于 1981 年开始工程设计，1984 年基本完成施工设计并开始了工程建设，1989 年建成并于 11 月第一次启动，1990 年 3，4 月第二次启动，1990 年 8 月 UP3 厂的首端装置（T1）启动，到 1991 年 1 月 UP3 厂全线投入运行。UP3 工程连同 UP2-800 工程总投资为 500 亿法郎。土方量 500 万立方米，混凝土 100 万立方米，不锈钢管道 4 000 t，约为 1 000 km 长，总工时量为 8 100 万工时。

UP3 厂的厂房布局如图 A-1 所示[3]。

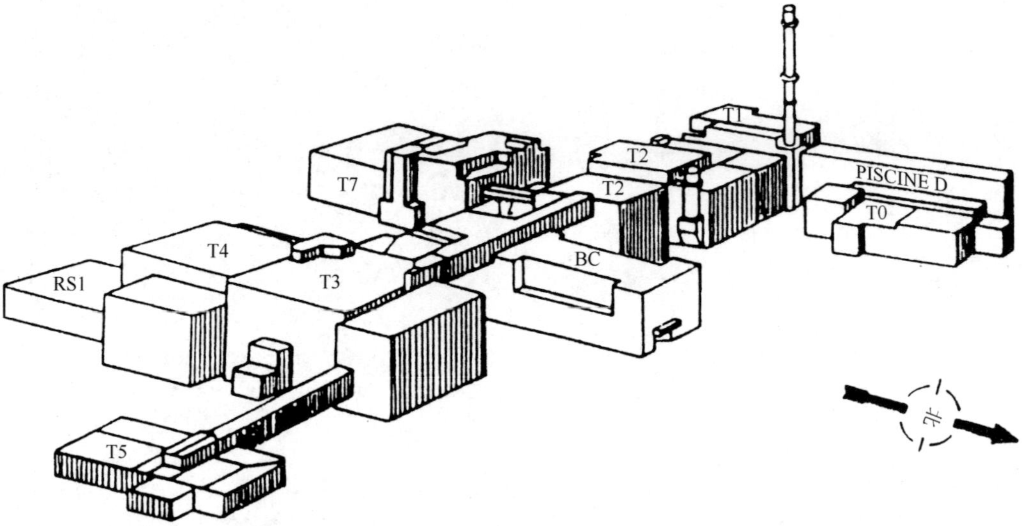

图 A-1　UP3 立体图

T0—干法卸料间；T1—机械化学首端；T2—共去污循环；T3—铀纯化循环；T4—钚线及尾端；T5—铀产品贮存；T7—玻璃固化；RS1—钚产品贮存；BC—分析与控制

二、乏燃料的运输和贮存[1,3,7~9]

法国的乏燃料运输由核运输公司承办，下设公路运输公司和铁路运输公司。第三种运输方式：海运来的元件容器运到瑟堡港，由此用火车运到中转站，再用汽车运进厂；用火车运来的元件容器送达中转站，再用汽车送入厂区；法国本土阿格厂附近核电站的元件容器用汽车直接送入厂区。法国决定使用大装载量的 TN12，TN13 型容器运输乏燃料。

阿格厂有两种卸料方式：一种是湿法卸料，另一种为干法卸料。湿法卸料是利用水下卸料车间 NPH 的吊车把燃料组件容器吊入 NPH 池中，首先进行抽气检查，如元件完好无损，则将其放入清洗坑清洗并冷却，然后套上不锈钢外套转入水下卸料池卸料。4 个组件装入 1 个吊篮，装满元件的吊篮通过旋转门送到运输小车上，再送入贮存水池。干法卸料车间 T0 的卸料容量为 800 t。燃料组件运到 T0 热室，用机械手取出组件放入冷却坑冷却，再装入吊篮中，然后用运输小车将吊篮送入 D 贮存水池。

阿格厂现有 A+B，C，D 和 E 四座贮存水池。阿格厂现有的这些贮存水池批准的贮存能力为 14 400 t。

阿格后处理厂水法贮存装置如图 A-2 所示[3,8]。贮存水池设池内热交换器，保持水温为 25～35 ℃。池水用阴/阳离子交换柱净化，放射性活度≤1.85×10^{7} Bq/m^{3}。

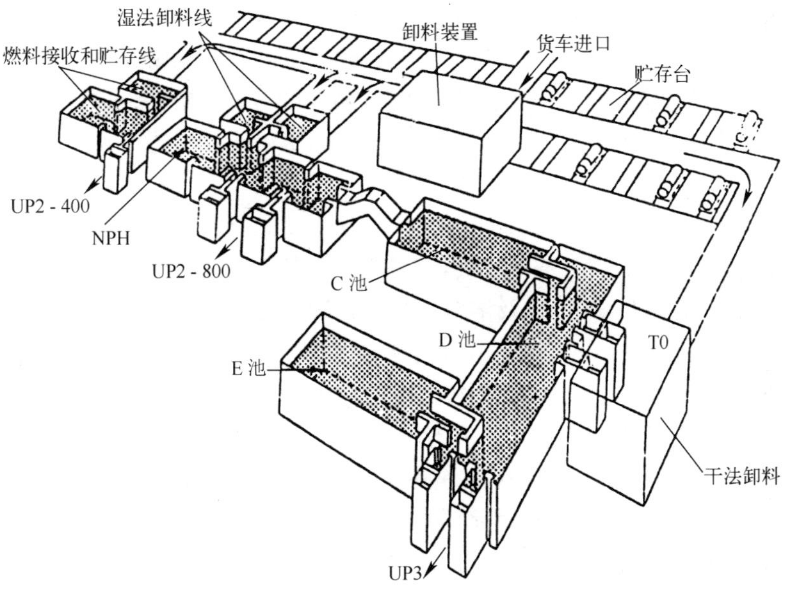

图 A-2　阿格后处理厂的水法贮存装置

三、工厂的启动与试运行

UP3 厂的启动和试运行是很有特点的，其中也有不少经验值得借鉴。

UP3 厂是分步启动的，第一步启动是酸试。通过酸试发现有一台锆制溶解器泄漏，在试车阶段更换了这台设备。第二步是铀、钚纯化循环及尾端处理的试车。乏燃料在 UP2-400 厂进行剪切、溶解，并进行共去污萃取操作，再将经过初步净化的铀、钚溶液送入 UP3 厂的铀、钚纯化循环，经过尾端处理，获得了合格的产品。这段共使用 100 t 燃料进行试车，由于采取了逐步启动方式，并进行了少量的改进。试车证明，结果是满意的，每个装置都是有效的。第三步进行强放射性部分——机械化学首端的启动和试车。由于首端有A、B两条生产线,在B线进行铀试车后,在两条生产线上都进行了修改和组装工作。做好准备工作后再转入正式启动。在这一步试车过程中采用的是放射性活度逐步增加的方式。首先用铀、钚的稀溶液在容器间倒空一段时间,以检查设备的完好性。接着选用低燃耗(16 000 MW·d/t)和长冷却期(10 a)的乏燃料作为首次剪切、溶解对象。切割燃料组件的数量也是逐次增加的,从1/3根增加到17根。由首端溶解的料液,第一批用$UO_2(NO_3)_2$溶液稀释到1/10,第二批稀释到1/4,分别送到下道工序萃取精制。以后就不再稀释直接转入T2厂房处理。初次用160 t乏燃料试车,也暴露了一些问题,如把废包壳从清洗器排入装桶站,溶解器供料溜槽较低部位的清洗等问题都必须进行整治。

总的来讲,这次启动试车主工艺部分运行得比较正常,萃取分离效果良好,一循环铀的去污系数达80万(设计值为2 500),钚的去污系数达70万(设计值为1 250)。试车期间,工作人员的集体剂量相当低($<10^{-1}$人·Sv),这是一个很大的进步。

四、工艺流程[3~5,10~14]

UP3是一座全新的后处理厂。它吸取了UP2-400厂和马库尔厂的经验,把安全性和可利用性作为选择流程的主要目标。在选择流程时采用了下列基本原则:尽可能选用连续流程;流程的可靠性和灵活性要高,要有足够的安全裕度,要有恰当的控制系统;对于设备的设计、制造和安装要尽量地达到最高的可靠性;要确保临界安全,尽可能优先选用几何安全设备。

(一)机械化学首端

UP3厂的首端设有A,B两条生产线,每条生产线都具有4 t/d的生产能力。

乏燃料的转送、剪切和溶解,以及溶解尾气的处理如图A-3所示[11]。

贮存篮中的乏燃料组件由运输小车送到首端,在送料热室取出并经翻转机送到燃耗测定井测燃耗(目前法国轻水堆乏燃料的平均燃耗为33 GW·d/t)。然后水平地送入卧式剪切机进行整束切割,锆包壳的燃料块落入溶解器中。UP3厂采用几何安全的锆制连续回转式溶解器,如图A-4所示[11]。稍加浓UO_2燃料块在这个带有12个戽斗的勺轮扁平槽中溶解。经溶解后废包壳从溶解器转轮中落入连续清洗器中。经过清洗的废包壳和端头配件进入不锈钢桶,经过测定其中的易裂变物质含量合格后,然后将水泥浆灌入桶中,经监测合格后将盖焊封好后送去贮存,待最终处置。

溶解尾气的处理流程和主要装置已在图A-3上示意。详细内容请参阅本书第三章第五、六节。

溶解液首先经过一个扁平的除碘解吸器,用NO_x对沸腾温度下的溶解液鼓泡,以便能够比较完全地除去碘,防止碘扩散到后续流程。

采用DPC 900型悬挂式离心机澄清料液,它具有排渣、漂洗操作性能可靠的优点。

(二)溶剂萃取循环

UP3厂采用改进型的Purex流程。铀和钚在第一循环中实现共去污和分离。UP3厂的1A采用环形脉冲柱。铀与钚的分离采用混合澄清槽(1B),用四价铀-硝酸肼作还原剂。1BS和1C反萃铀,以及用稀释剂洗涤清洗1BP及1CU都是在混合澄清槽中实现的。此处增设了

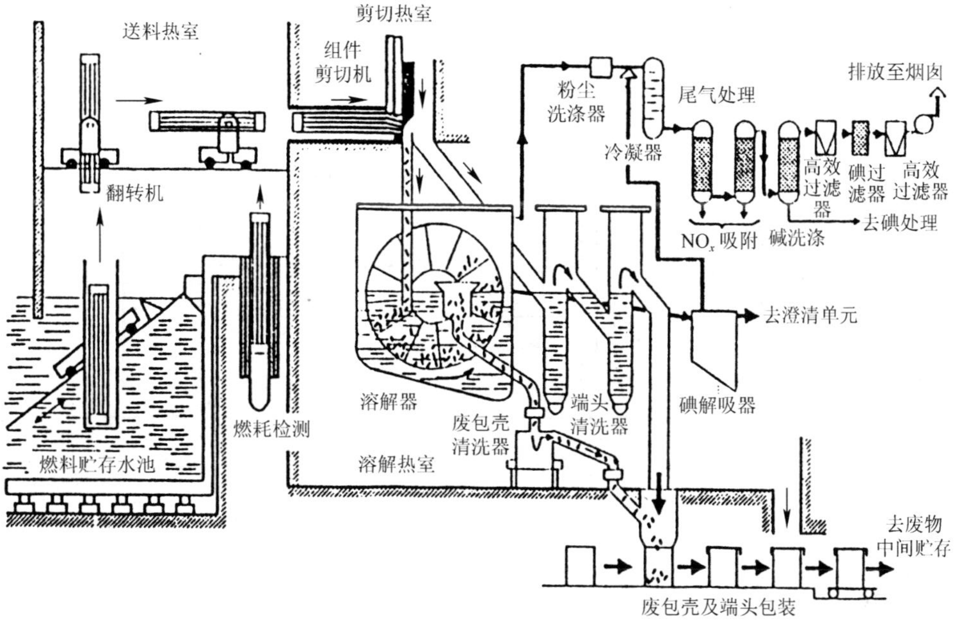

图 A-3 剪切和溶解流程简图

一个钚的补充反萃系统(又称钚屏障系统),采用四价铀-肼作还原剂,使用混合澄清槽,进一步从 1BU 中还原反萃钚。

铀、钚分离后,对于铀和钚各设了两个纯化循环。钚二、三循环的 2A,3A 采用装有折流板的脉冲柱。UP3 工厂的运行经验表明:使用传统的脉冲筛板柱运行性能的下降与筛板浸润性能的变化有关,经常发生操作失效,设折流板的脉冲柱不但可以消除沟流现象和连续相的变化,而且还有利于污物和固体颗粒的排除。在钚线二、三循环的萃取、洗涤、反萃,以及稀释剂洗涤萃余液都是采用脉冲柱,而补充反萃钚,稀释剂洗涤钚溶液采用的是图 A-5 所示的扁平混合澄清槽[12]。在钚的纯化循环选用硝酸羟铵-肼作还原剂。UP3 运行结果表明,在脉冲柱中使用硝酸羟胺的效果是可靠有效的。

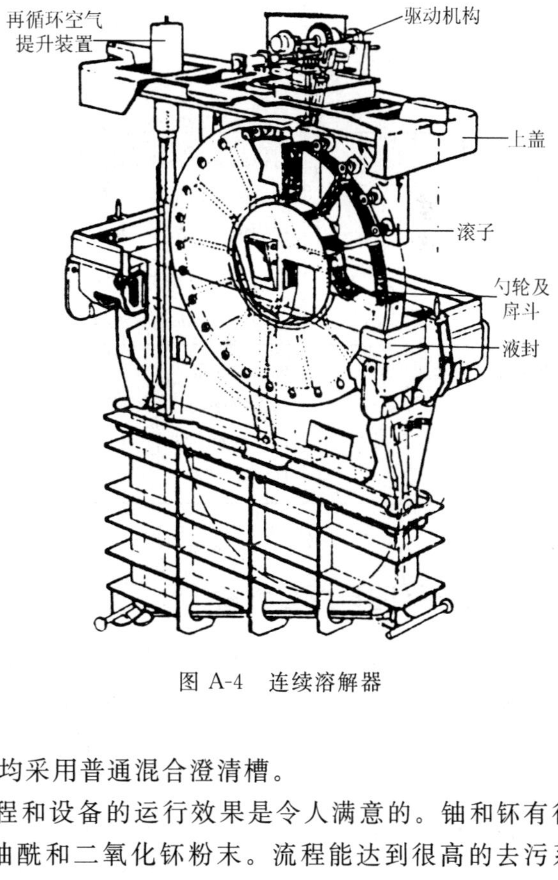

图 A-4 连续溶解器

铀线二、三循环和流程中污溶剂的洗涤均采用普通混合澄清槽。

UP3 厂经过长期运行证明它选用的流程和设备的运行效果是令人满意的。铀和钚有很高的回收率,达 99.88%,最终产品为硝酸铀酰和二氧化钚粉末。流程能达到很高的去污系

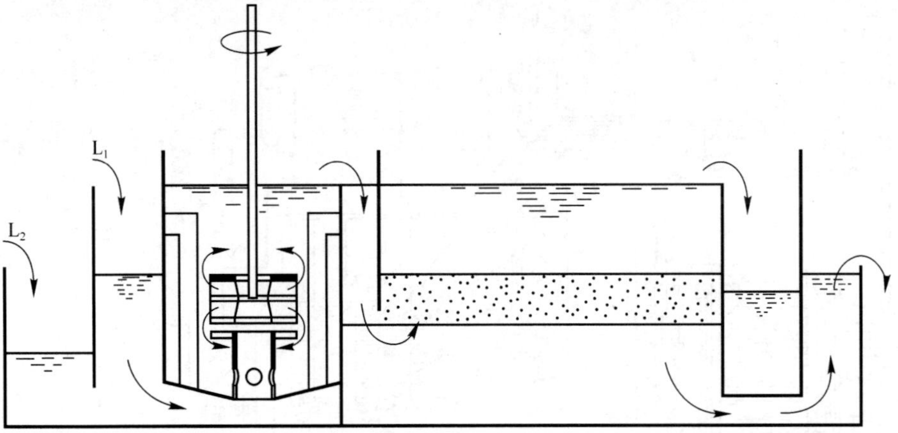

图 A-5 混合澄清槽

L_1—轻相；L_2—重相

数，为设计值的 100 倍，详见表 A-1[4]。

表 A-1 UP3 厂的操作性能(萃取循环)

工艺装置	工艺项目	实际达到的值	设计值
第一纯化分离循环	对裂片的去污系数 DF_{fp}	U：$>2\times10^5$ Pu：$>8\times10^4$	2 500 1 250
	铀钚分离	<10 μgPu/kgU	1 mg Pu/kgU
铀纯化循环	对镎的去污系数 DF_{Np}	100～250	指标：除铀以外的 α 活度$<$15 000 dpm/gU
	对钚的去污系数 DF_{Pu}	不多	
	铀中的 β，γ 活度	$<7.4\times10^4$ Bq/kg	$<9.3\times10^5$ Bq/gU
钚纯化循环	对裂片的去污系数 DF_{fp}	100～1 600	
	钚中的 β，γ 活度	$<3.7\times10^4$ Bq/gPu	指标：$<3.0\times10^5$ Bq/gPu
有机废物处理	残余物量	约 1%	5%
	残余物中的 β，γ 活度	$<7.4\times10^6$/L	6.7×10^8/L
	回收稀释剂中的 TBP	<200 ppm	<200 ppm
	回收溶剂	80%TBP	60%TBP

(三)流程的特点与创新

UP3 厂的工艺流程除了上述的共去污分离循环、铀和钚的各两个纯化循环外，还有废液浓缩和回收硝酸的蒸发系统，溶剂精馏系统。

从表 A-1 的结果可见，UP3 厂铀线只用一个纯化循环就可以达到满意的结果，所以铀线第三纯化循环已经停止使用。

该流程除了上面谈及的创新之处外，还有：

(1)在第一循环把锝和氚洗下来，防止它们扩散到流程的后段而产生有害的作用。洗涤流程、设备和工艺条件如图 A-6 所示[13]。

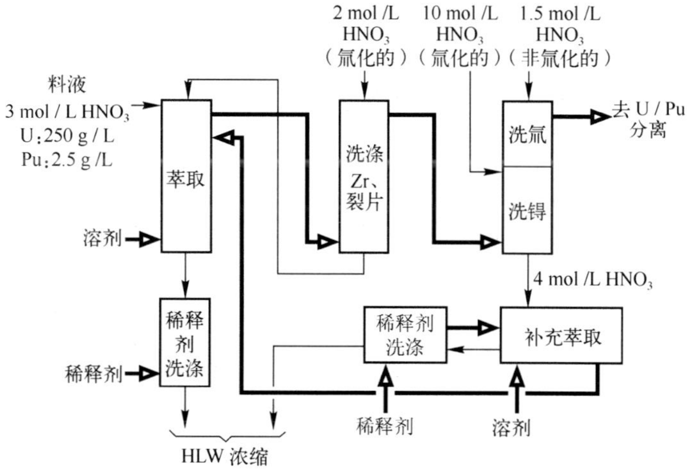

图 A-6　第一萃取循环：Tc 和^{3}H 的洗涤

(2)用稀释剂洗涤来自萃取循环的所有水相，以便除去夹带的 TBP，改善废液蒸发的安全性。

(3)用亚硝气使钚在填料柱中被氧化。

(4)用氢气的催化还原法来生产作为钚还原反萃剂的 $U(NO_3)_4$。

(5)在铀的纯化循环中通过添加适当的还原剂，并精确地控制操作条件将残留的钚和镎除去。

(6)污溶剂在流程中除了用 Na_2CO_3、NaOH 和 HNO_3 进行清洗去污外，还设立了一套蒸馏装置纯化污溶剂，实现有机溶剂的返循环。

(四)溶剂蒸馏

UP3 厂使用的萃取剂为 30%TBP，稀释剂为氢化四丙烯(TPH)，即含支链的十二烷。

为了回收纯净的稀释剂和浓的 TBP 并循环使用，选用了如图 A-7 所示的蒸馏流程[14]。

首先用直立管式蒸发器，使污溶剂脱水。用薄膜蒸发器在减压下操作，缩短溶剂受热停留时间避免溶剂较为严重的降解。95%左右的溶剂被回收。5%左右的残渣主要是一些重降解产物，作有机废物处理。蒸发出的溶剂进入精馏塔，精馏后得到纯净的稀释剂和浓度为 60%左右的 TBP。返回使用精馏回收的 TBP 和稀释剂的性能表明，与新鲜溶剂和稀释剂的性质很接近，比工厂日常使用的溶剂好得多。

五、废物处理[1～4,15～17]

目前法国的研究重点已从 Purex 工艺为核心转移到废液的管理工艺和废物整备工艺。

UP3 厂将放射性废物分为三类，采用不同的方法处理或处置。放射性活度低于 3.7 GBq/t 的非 α 废物为 A 类，适于浅地层埋藏处置；放射性活度大于 3.7 GBq/t 的 α 废物，采用深地层地质处置，称为 B 类废物；C 类为含 α、β、γ 的高放废物，必须采用深地层地质处置。

UP3 将溶解料液离心分离得到的残渣同含裂变产物和次要锕系元素的高放废液浓缩液

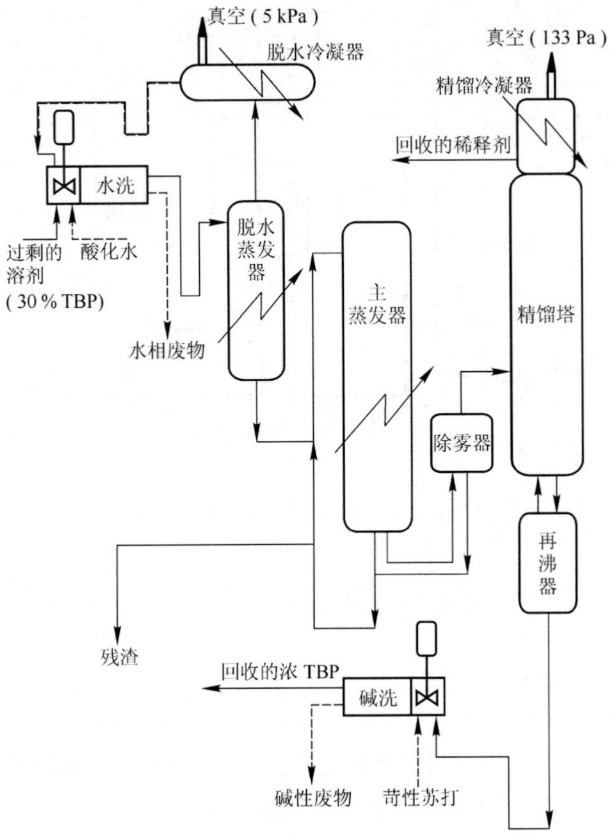

图 A-7　蒸馏流程图

合并,贮存一年以上进行冷却,然后进行玻璃固化。将玻璃固化块装入高放密封容器,送去暂存,待进一步处理或最终处置。

UP3 原来将经过清洗并检测合格的废包壳和端头浇注在不锈钢容器中,每吨乏燃料的废包壳和端头水泥固化后得到 600 L 适于最终处置的废物。后来法国执行了尽可能减少去最终处置的废物体积的策略,开发了一系列减容的新技术。采用 ACC 压实装置,将每吨乏燃料的废包壳和端头压实为 150 L 左右。

其他废物则根据它们的放射性活度和来源分别处理。1996 年 7 月 UP3 厂的 UCD 装置(集中化 α 废物装置)投入运行。它采用浸出流程从废物中清除钚,经过这样处理的废物即可作非 α 废物处理,可处置于浅地层处置库。

UP3 设置了三套新的蒸发装置和一套专门处理实验室废液的装置,蒸发浓缩所有无盐的酸性废液和某些含盐废液,再将其浓缩液进行玻璃固化。

工厂正在着手执行一个新的废物管理计划(称为 NGD—短寿命技术废物的创新管理计划)。通过准确测定废物的放射性种类,将不同废物严格地区分开来,再对于不同的废物分别采用压实、焚烧和熔融等方法处理,可以大大地减少废物体积。

UP3 厂从 1991 年到 2001 年产生的废料总容量如图 A-8 所示[27]。

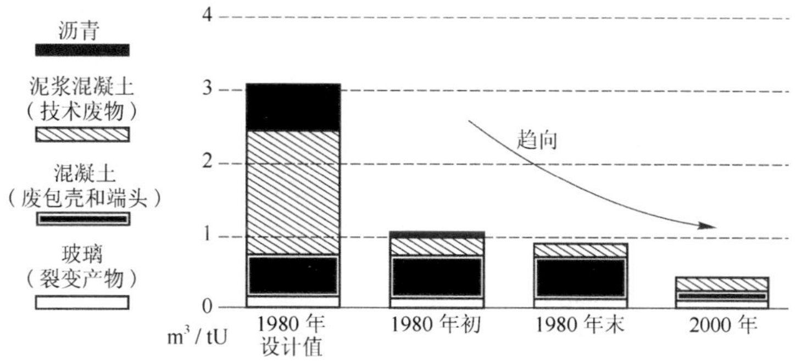

图 A-8　UP3 废料总容量（整备后长寿命废物——tU）

六、检测与控制[3,18～20]

随着法国阿格基地后处理工业的发展，工厂的检测系统和控制系统同步发生了巨大的变化。法国开发了一系列核监测方法和技术，主要是有源、无源的中子监测和 γ 探测法。

每个燃料组件在剪切之前都要测定其燃耗，只有测定值和核电站报来的燃耗值相符后，才能切割和溶解。在燃耗测定井，在一无水的小室中，通过两台准直的高纯锗探头，沿组件轴向进行 γ 测量。测量燃料中 ^{134}Cs 和 ^{137}Cs γ 放射性比值计算出燃耗值。还用了两种辅助测量方法：总中子计数和 ^{137}Cs 峰的绝对值测量。

在乏燃料块溶解过程中，还利用超声技术和 γ 测量法监控溶解器溜槽是否堵塞，用 γ 测量法监控废包壳清洗器供料系统是否堵塞，用 γ 强度变化监控加料斗的堵塞情况等等。

UP3 厂首端（T1）的核监测系统如图 A-9 所示[18]。

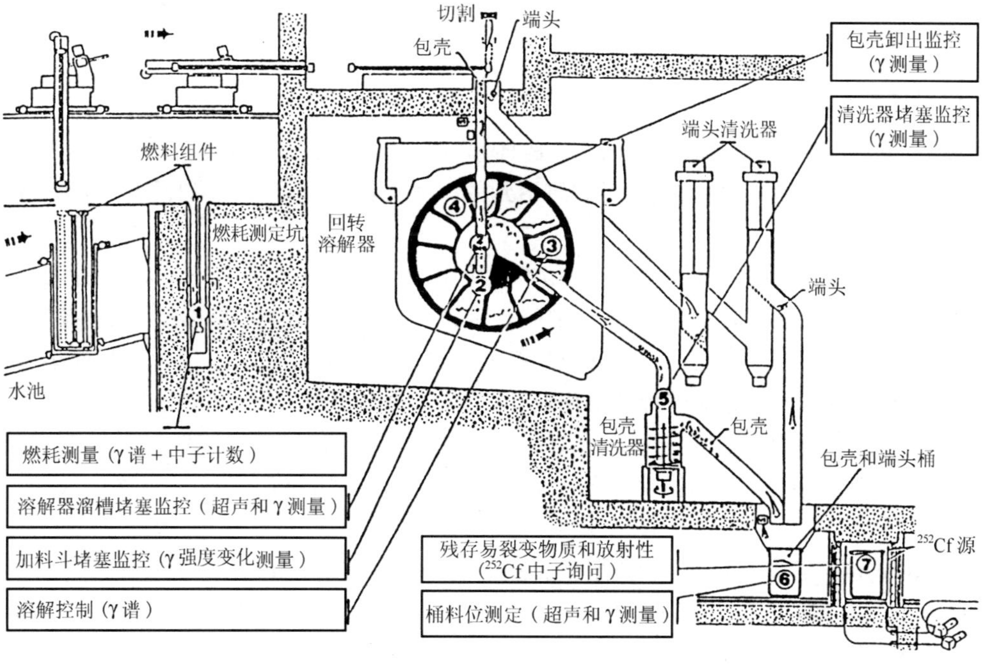

图 A-9　UP3/T1 的超声和核测量系统

UP3 厂在运行期间，每个月大约有 10 000 个样品需要分析。最近几年最常用的对工艺或环境不产生危害的破坏分析方法之一是离子交换色谱。表 A-2 列出了离子交换色谱法能够分析的离子及其介质[19]。

UP3 厂非破坏性在线分析也获得了广泛应用。利用 K 边技术测定液用铀、钚浓度范围。其原理是，当 X 射线穿过溶液时，其能量衰减与铀中 K 层能级的跃迁相一致，与铀浓度成正比。由 Pu/U 比率中铀的测量值，就可计算出钚的浓度。

利用 L 射线的 X 射线荧光光谱法测定溶液中 U、Np 和 Pu 的浓度。其原理是在测量装置中设一石墨单色过滤器过滤掉其他射线，只让 U、Pu 和 Np 跃迁来的 L 射线通过。

用闪烁探测器测量水相或有机相中的低浓钚。用闪烁探测器测量 β-γ 污染。用无源中子计数法测量 U、Pu 浓度，以及它们在脉冲柱中的浓度分布，等等。

UP3 厂将辐射控制监测；分析实验室的取样及送样控制；试剂的配制及分配的控制；火灾探测；过程控制等监测和控制功能集中设在中央控制室中，如图 A-10 所示[20]。

表 A-2　水相样品中离子组分的分析

分析	
阴离子	阳离子
1. 氟化物	1. 肼
2. 氯化物	2. 羟胺
3. 硝酸盐	3. 钠
4. 亚硝酸盐	4. 铯
5. 硫酸盐	5. 锶
6. 磷酸盐	6. 铀(Ⅵ)
7. 草酸盐	
8. 叠氮化合物	
液流	
水相样品	
—贮存水池	
—流出物	
—工艺液流	

七、维修[3,15,21,22]

UP3 厂将维修设计分为两种情况，一是日常维修和预防性维修，其目的是为了维持正常生产的顺利运行；二是补救性维修，对意想不到的事故加以补救，对损破的设备进行检修，以便恢复到正常运行状态。

为实现最佳维修，他们将设备分为三类，采用不同的维修方式。对于成型设备，如槽罐类设备，它们没有易磨损的运动部件，按照放射性活度的高低将它们安装在不同的设备室中。它们属于不进行维修的设备，但是为检修或更换它们准备了应急措施。对于乏燃料的运转装置、剪切机、烘干器和煅烧炉等都进行模块化设计，并安装在带有窥视窗、机械手的专用设备室里，可进行远距离去污和维修。对于那些泵、阀、过滤器、加热器、混合器、喷射器等需要定期维修的标准设备，将它们都设计成模块式的。如发现损坏，可利用移动式检修容器(MERC)进行更换。

可移动式检修容器有两类，一类用于更换直径不大于 150 mm 的设备芯体。这种桶装式 MERC 有三个腔室，可一次性完成损坏芯体的拆除和新芯体的安装工作。移动闸门式检修容器可更换直径不大于 650 mm，高度不超过 2 m 的设备。

UP3 厂安装了约 3 000 台标准设备。在满负荷下，需要 5 台桶装式 MERC，14 台闸门式

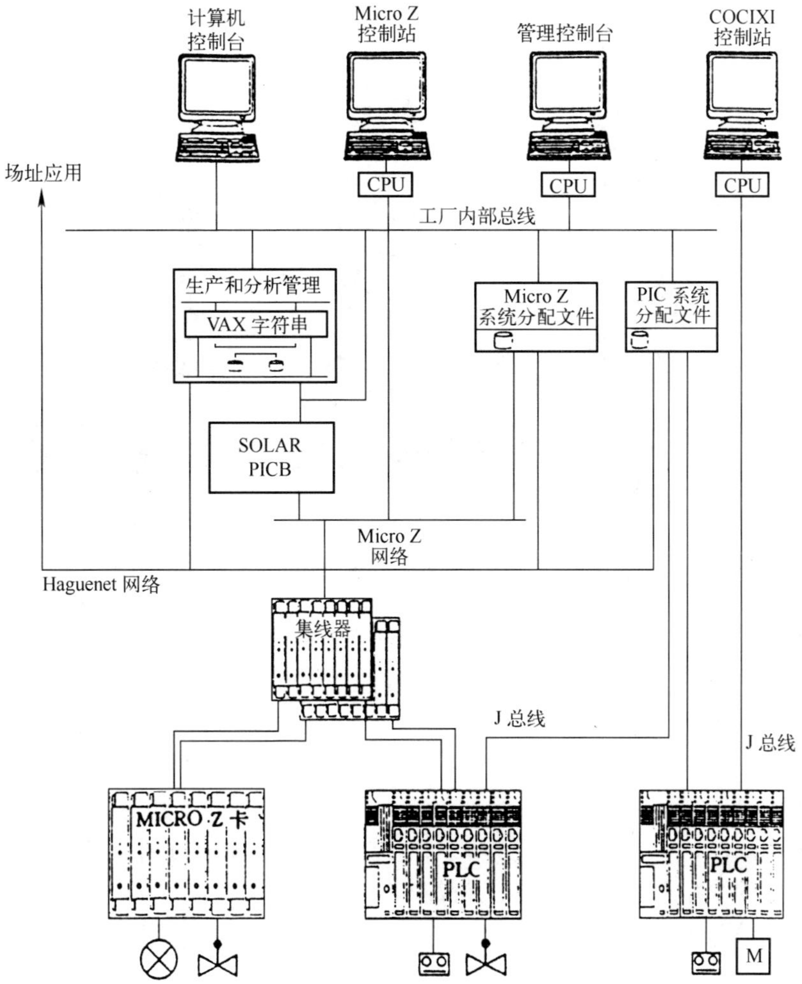

图 A-10 UP3 控制系统的典型构成

MERC 为其服务。

使用 MERC 的经验表明：MERC 是很可靠的。操作 MERC 的辐照剂量接近探测的阈值，使用 MERC 时没有造成污染。这两种可移动式检修容器的操作程序如图 A-11 和图 A-12 所示[15,22]。

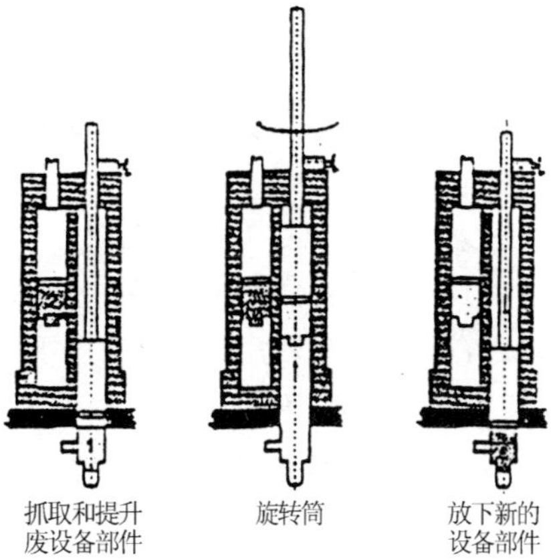

图 A-11 桶装式 MERC 操作程序

八、核保障[3,23,24]

UP3 厂接受欧洲原子能联营(EURATOM)和国际原子能机构(IAEA)的联合核保障。

UP3 厂共有 4 个核材料衡算区(MBA)。

第一区(MBA1)包括 1 个容器贮存区，2 个水下卸料单元，1 个干法卸料热室，5 个贮存容量

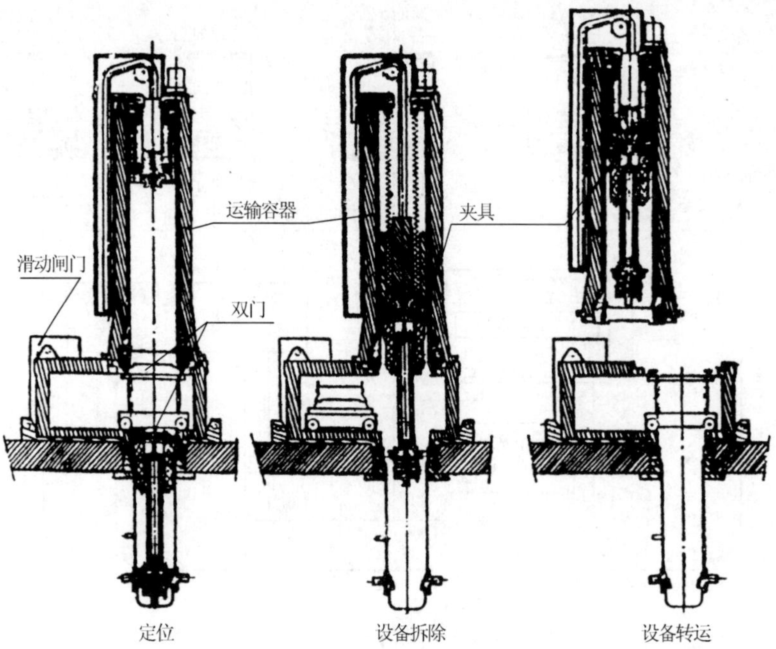

图 A-12 “闸门式”MERC

可达 14 400 t 的乏燃料贮存水池。

第二区(MBA2)包括两条乏燃料切割和溶解生产线,计量槽及其辅助设备。

第三区(MBA3)包括 T2、T3、T4 和 T5 四个工艺工段,在此对铀、钚进行萃取和纯化,实现 $UO_2(NO_3)_2$ 的浓缩和贮存,完成钚的沉淀和转形。

第四区(MBA4)为 PuO_2 产品贮存区。

在 MBA1 区安装了一套监测和记录乏燃料的燃耗和移动情况的综合系统。用一台激光摄像电视装置进行乏燃料存量的核查。MBA1 区的特点是对件料的监测与核查。

MBA2 区的特点是核材料存在于液体中,主要的监测措施是衡算计量槽,同时还要核查废包壳中易裂变材料的残存量。视察人员用 K 边界仪测定样品中铀、钚的含量及密度。

在 MBA3 区,纯化后的 $UO_2(NO_3)_2$ 溶液贮存在贮槽里,通过专用浸入测量管测量体积。运输前从运输容器取样分析。在 PuO_2 调整转形区采取了特殊的核保障措施,调整转形时必须有视察人员在场。PuO_2 装罐和制备样品时有摄像机监视。PuO_2 的称重量要记录在视察人员的记录仪中。视察人员用无损分析法分析调整转形期间的样品。

在 MBA4 区用无损分析法核查 PuO_2 的质量和特性。

总之,运营方和视察方主要通过下列措施来实现核保障,即对核设施的核材料实行衡算制,并核实衡算报告;对设施中现存的核材料进行实物核实;采用专用设施监测核材料。UP3 厂所用的封隔和监视装置如表 A-3 所示[23]。

表 A-3 UP3 厂核保障系统所有的封隔和监视装置

核材料衡算区	电视摄像机	探测器	数据记录器或处理机
1	23	4	1
2	10	2	7
3	4		14
4	13	2	
合计	50	8	22

九、产品的运输[25]

UP3厂的最终产品是硝酸铀酰溶液和二氧化钚粉末。它们被送到皮埃尔拉特厂，进行转化或浓缩加工，制备铀、钚混合氧化物燃料元件(MOX)。

(一)硝酸铀酰溶液的运输

法国用圆柱状罐形容器运输硝酸铀酰溶液。LR65罐的参数如下。

ISO 20′罐形容器；IP2型包装；容积为14 300 L；运输溶液中铀含量：400 g/L；^{235}U最大浓缩度：2%；外形尺寸：6 058 mm×2 438 mm×2 438 mm；总重(载物时)：30.5 t。

LR65罐的容量为17 m^3，通过铁路运输硝酸铀酰溶液。

(二)氧化钚粉末的运输

采用FS47容器装二氧化钚。FS47容器要确保辐射防护(中子)和传热，装料实现全自动操作，对容器要有高度可靠的实体保护。

FS47的参数为：容量：13.6～17.0 kg Pu；外形尺寸：直径742 mm，高2 055 mm；总重(装料后)：1.5 t；中子屏蔽：128～160 mm；热功率：129～307 W。

运输时将10个FS47容器装到一个转运架上，然后再用标准矩形集装箱保护起来，装到专门设计的保险卡车上，进行公路运输。在运输时采取专门的保护措施：全系统的护卫，实时跟随容器旅程的监测网。

法国核材料的运输，包括运输硝酸铀酰溶液和二氧化钚粉末，现在已经达到了工业化阶段。

十、阿格联合企业对环境的影响[2,4,15,17,26]

因为UP3是坐落在阿格地区，在UP3之前有UP2-400厂的长期运营，UP3投入不久，1994年UP2-800厂也投入运营，所以不能单独讨论UP3厂对周围环境的影响，而论述阿格联合企业对环境的影响更有意义。

阿格两座后处理厂从设计时起一直到正常运行都采取了严格的安全措施，不仅在正常的工况下，而且在维护修理时，都执行有关封闭的措施；在设计和运行中，考虑并实行尽可能减少废物的方针表A-4列出阿格气体释放的批准限值[28]。

表 A-4　阿格气体释放的批准限值(放射性活度以 Bq 为单位)

放射性核素	批准的限值	1966	1976	1988	1996
Kr-85(×10^{15})	480	0.48	1.3	27	260
H-3(×10^{12})	2 200	(*)	1.8	21	75
I-129(×10^{9})	110	(*)	0.21	21	38
C-14(10^{12})	-	0.53(* *)	2.36(* *)	4.26(* *)	21(* *)
气溶胶(×10^{10})	3.8				

注：*：未测过，1971 年前未测过氚。1976 年前未测过碘-129；
* *：计算值。

阿格联合企业按照安全的要求实施工厂的修改，这样就使得工厂的放射性物质的释放量和工作人员的职业受照量均保持在低于限值水平。安全地进行了液态、气态和固态废物的在线固化。由于工厂实行遥控、自动化操作，以及利用可移动式检修容器进行维修作业，使维修人员接受照射剂量接近于零。

阿格联合企业由于废物管理的改进，每年排入海洋的液体废物稳定且持续减少，如图 A-13 所示[27]。即单位处理量向海洋排放的 β,γ 放射性活度下降了两个数量级还多些。

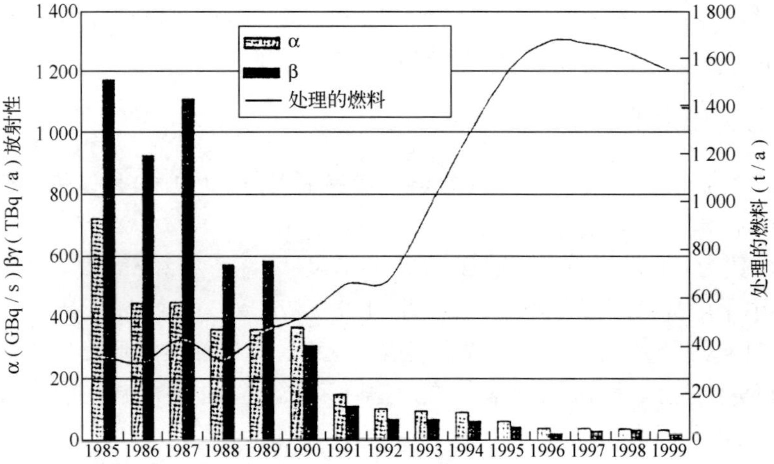

图 A-13　阿格厂液体废物的排放

阿格向环境的放射性释放量减少了 9/10，例如 1996 年仅为 0.02 mSv，相当于天然本底的 1%。工作人员的实际平均受照剂量已从 1980 年的 3 mSv/a 减少到 0.2 mSv/a，大大低于限值 50 mSv/a。

参考文献

1　乏燃料管理及后处理. 1996, No. 2
2　乏燃料管理及后处理. 1998, No. 1
3　各国乏燃料后处理厂的工艺流程[1]. 核科学技术情报研究所. 1992

4　RECOD'98. 27～33
5　RECOD'91. 25～31
6　RECOD'87. 97～102
7　核电厂乏燃料的运输.核科学技术情报研究所.1991
8　黄钟.乏燃料中间贮存的现状与今后发展前景.核科学技术情报研究所.1991
9　RECOD'94. 392～398
10　动力堆乏燃料后处理综合调研报告.核科学技术情报研究所.1991
11　RECOD'91. 95～99
12　RECOD'91. 89～94
13　RECOD'91. 83～88
14　RECOD'91. 1 101～1 105
15　蒋云清主编.乏燃料后处理'94. 核科学技术情报研究所.1995,310～316
16　蒋云清主编.乏燃料后处理'94. 核科学技术情报研究所.1995,372～376
17　乏燃料管理及后处理.1997.No.4.核科学技术情报研究所.1997
18　RECOD'91. 125～130
19　蒋云清主编.乏燃料后处理'94.核科学技术情报研究所.1995,240～246
20　蒋云清主编.乏燃料后处理'94.核科学技术情报研究所.1995,247～254
21　RECOD'87. 1 255～1 262
22　核工业第二研究设计院.核科学技术情报研究所.动力堆乏燃料后处理资料汇编.1988
23　RECOD'91. 524～527
24　蒋云清主编.乏燃料后处理'94.核科学技术情报研究所.1995,288～292
25　蒋云清主编.乏燃料后处理'94.核科学技术情报研究所.1995,392～398
26　蒋云清主编.乏燃料后处理'94.核科学技术情报研究所.1995,346～349
27　国外核新闻.核科学技术情报研究所.2002.5
28　蒋云清主编.乏燃料后处理'98.核科学技术情报研究所.2000,255～260

附录 B　英国热堆氧化物燃料后处理厂(THORP)概况

一、建设规模[1~4]

1974 年英国政府决定在塞拉菲尔德基地建造一座大型动力堆乏燃料后处理厂。1981 年开始施工设计，1983 年开工建设，1992 年 2 月建成。历时约 20 年，耗资约 28 亿英镑的热堆氧化物燃料后处理厂(THORP)，于 1994 年 3 月首次剪切辐照燃料，1997 年 8 月取得运行许可证，正式投入商业运行。THORP 厂设计寿命为 25 年。

THORP 厂主要处理来自英国、日本和欧洲的轻水堆和先进气冷堆乏燃料。图 B-1 为该厂的各工段及主要建筑物[1]。表 B-1 列出了该厂的一些技术数据[1]。在 500 m 长、150 m 宽和 50 m 高的建筑物中，包容了约 15 000 个工艺容器、300 000 m 管道、3×10^6 m 电气和仪表电缆和 14 000 个仪表回路。

表 B-1　英国 THORP 后处理工厂的技术数据

工厂通过能力		土建	
年最大处理量	1 200 tU	混凝土	425 000 t
日最大处理量		钢筋	34 000 t
首端间断操作	7 tU	结构钢	26 000 t
连续溶剂萃取	5 tU	不锈钢覆面	27 000 m^2
燃料特性		顶板和墙壁覆面	54 000 m^2
最大燃耗	40 000 MW·d/tU	设备	
最大功率	40 MW/tU	容器总数	2 370
冷却时间	堆外 5 年	预制单元装备	15 000
建筑物规模		管道	
体积	1×10^6 m^3	不锈钢管	270 000 m
占地面积	31 000 m^2	通风管	23 000 m
设备室-热室数	90	管接头	250 000
动力需求		管道/容器模件	200
电力(电功率)	15 MW	其他	
冷却(热功率)	24 MW	电缆	32 000 km
		钢筋网格和钢通道	50 000 m

二、乏燃料的运输与贮存[1,2,5,6]

英国核燃料公司除了用火车和汽车运输乏燃料外，主要是靠乏燃料运输专用船，远洋运输用 5 000 t 级专用船，欧洲范围内近海运输用的是 3 000 t 级船。

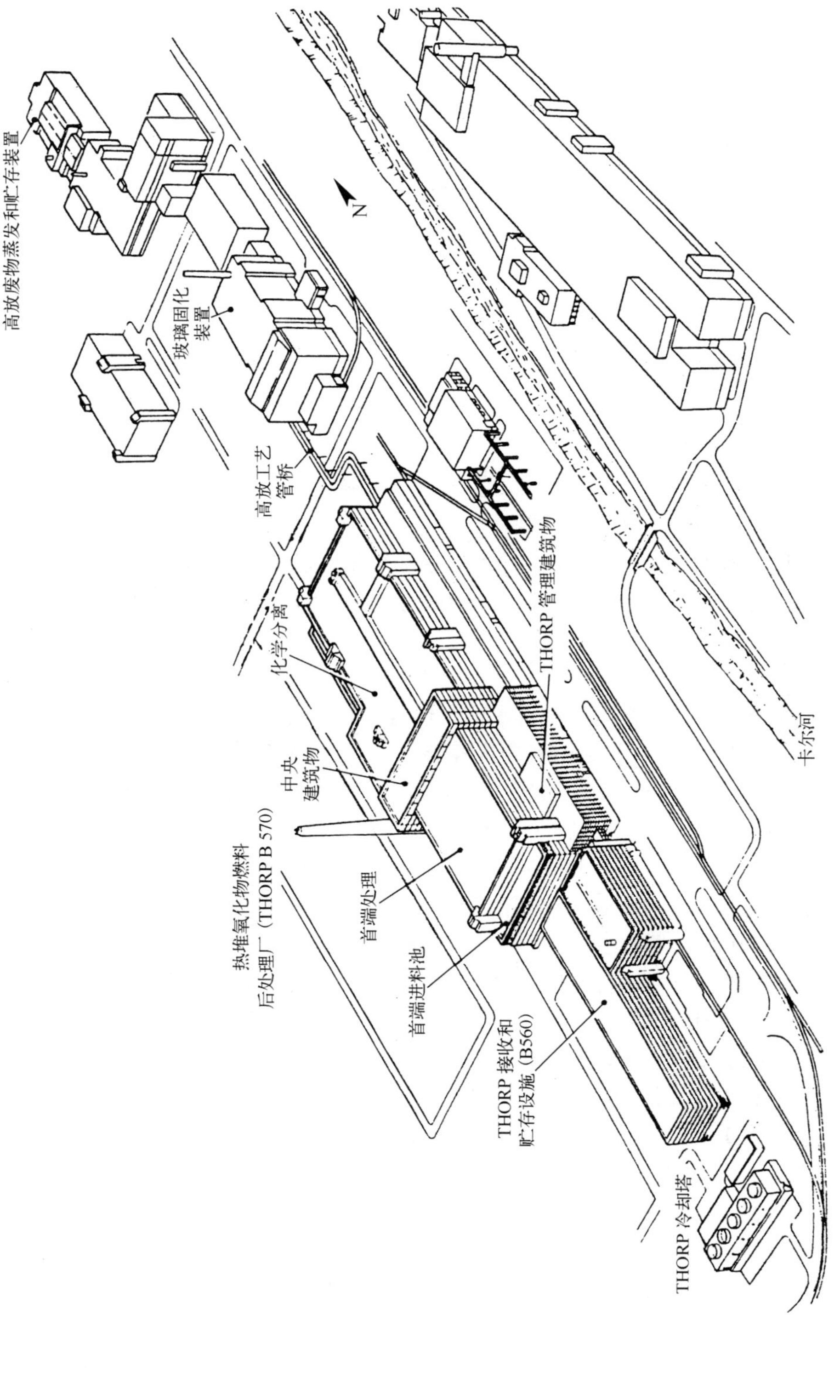

图B-1 THORP厂及有关建筑物

几种运输容器的主要特征如表 B-2 所示。主要有两种，Excellox 型容器的散热介质是水，称为湿型容器，TN 系列容器称为干型容器，其散热介质是气体。

表 B-2 BNFL 用于乏燃料运输的几种容器的主要特征

	Excellox-3B		Excellox-4		Excellox-6	TN-12	TN-17
	BWR	PWR	BWR	PWR	PWR	PWR	PWR
装载重/t	75.2	73.7	93.4	92.6	97	97	80
容器长/mm	5 994	5 994	6 269	6 269	6 685	5 285	6 000
容器最大直径/mm	2 114	2 114	2 362	2 362	2 150	2 285	2 000
装燃料组件数	14	5	15	7	6	12	7
最大热负荷/kW	24	30	40	40	40		
燃料平均燃耗/(GW·d/tU)	30	40	30	40	50	45	55
冷却时间/d	300	400	180	400	360	14 个月	180

THORP 厂接收乏燃料的贮存水池大厅长 100 m，宽 43 m，高 35 m，其中第一座贮存水池长 72 m，宽 24 m，深 8 m，可贮存乏燃料 1 500 t。

与第一个贮存水池规模相等的第二个贮存水池也相继建成并投入使用。THORP 厂的乏燃料贮存能力已达 3 000 t。池水用板式换热器进行二段冷却，热交换能力为 8 MW。

三、首端处理[1,2,6~8]

贮存水池的乏燃料用吊篮运到供料水池。供料水池长 37 m、宽 10 m、深 8 m，卸料坑深 14 m。经过排气和冲洗之后，将乏燃料罐或容器打开(改进型气冷堆元件在专用工作站拆散并装在特制的容器中)，取出燃料，核实燃料组件编号，测量燃耗。通过带屏蔽的提升机将燃料提出水池送入干式剪切热室。用供料推进器将燃料水平地推进剪切机。

单台剪切力为 400 t 的剪切机靠一根穿顶的推杆驱动设备室中的剪切单元将锆合金包壳的氧化铀燃料剪切为小段。此剪切机备有三套相同的剪切单元，目的是使其能被替代下来进行维修，以便提高剪切机的利用率。

THORP 厂选择的是立式(指刀具垂直进退)剪切机。他们认为选用立式剪切机好处为：减少燃料碎屑的存留量；主要部件可垂直吊出，有利于实现远距离维修；可采用 V 型压紧块来适应各种各样的燃料加料系统。

被剪切的燃料小段及其相连的结构件沿斜溜槽落入三台溶解器中的任一台的吊篮中。每台溶解器的容量为 1.7 t。因为英国改进型气冷堆和轻水堆氧化物燃料都是稍加浓的(^{235}U 浓缩度为 1.6%～4%)，故采用加入中子毒物钆来控制临界。采用批式溶解法，将 7 mol/L HNO_3 加入溶解器中，加热到 90 ℃开始溶解，最后升温到 105 ℃确保溶解完全。溶解过程完成后，将溶解料液转走，然后从溶解器底部抽出未溶解的残渣，对其进行洗涤并转走清液。再用新酸洗涤空包壳，将其从篮框里倒出来，送去监测残余燃料量。经监测合格的空包壳送到第二封装厂(EP2)去进行水泥固化。

为了避免在溶剂萃取过程中料液中含有的极细的不溶性裂变产物和包壳碎屑颗粒的不良影响，将溶解料液用一台悬鼓式离心机过滤澄清，滤饼经洗涤后也送第二封装厂固化处理。

溶解器的尾气是来自剪切机通风空气与溶解器溶解乏燃料时放出的气体的混合物，每小时的排出量大约为 400 m^3。溶解尾气净化系统如图 B-2 所示[2]。

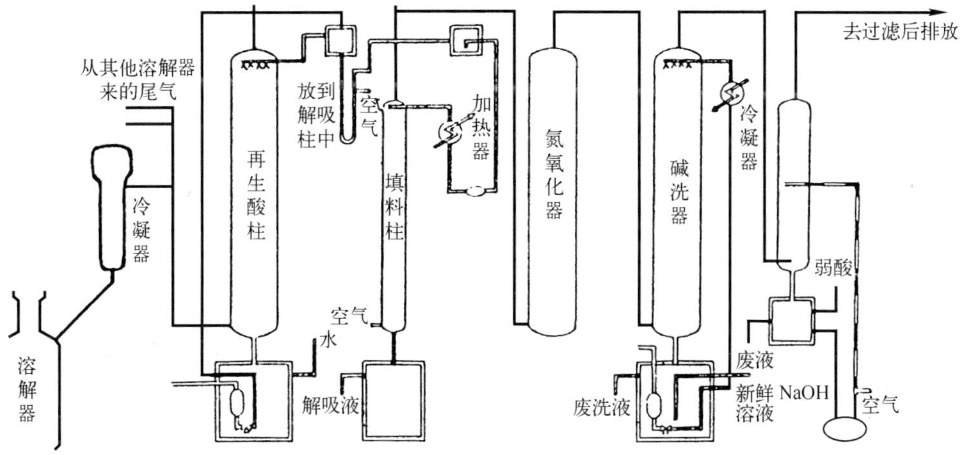

图 B-2　THORP 的溶解尾气系统

每台溶解器排出的尾气经过各自的专用回流冷凝器，然后合并起来进入再生酸柱，在此用 6 mol/L HNO_3 洗涤，从尾气中除去大部分氮氧化物。柱底部的两块挡板可将尾气夹带的大部分粉尘除掉。

在洗涤器中少量的碘也被洗涤液吸收，将洗涤液返回利用之前，必须将其中的碘除去。将洗涤液加热，并在填料柱中与空气对流，碘被从洗涤液中解吸出来，将含碘的空气并入尾气继续处理。

尾气进入氮氧化器，一氧化氮在此几乎全被空气中的氧气氧化为二氧化氮。随后这种尾气在碱性洗涤器中洗涤，可将尾气中的氮氧化物浓度降低到 1 000 ppm 以下，并使 ^{129}I 和 ^{14}C 的浓度各降低到约 1/100 以下。尾气再经水洗，除去夹带的碱性液滴，再经过滤器过滤，除去尾气中夹带颗粒，然后排入大气。

四、铀、钚的萃取、分离及尾端处理[1,2,4,9,10]

THORP 厂在溶剂萃取和化学分离中贯彻了下列三条原则：(1)采用无盐流程，大大降低废物排放总量；(2)通过精心设计、开发与验证，铀、钚在第一循环实现共去污和分离，铀和钚只经过一个纯化循环和尾端处理，即可获得合格产品；(3)用脉冲筛板柱作为高放循环和钚纯化循环的萃取设备，以确保临界安全，并能减轻溶剂的降解。

THORP 厂原设计有 5 个循环，经过多年的开发和验证，决定缩减为 3 个循环，如图 B-3 所示[4]。一循环使用脉冲柱完成铀和钚的共去污和分离。在 1BX 和 1BS 柱中用肼稳定的 U(Ⅳ)作还原剂，实现铀、钚分离。为了提高铀中去钚的分离系数(或称为提高钚的回收率)，对在脉冲柱中经过还原反萃的有机相在 1BXX 混合澄清槽再次用肼稳定的 U(Ⅳ)还原反萃(请注意此处不同于常规的流程编排)钚，此后有机相再进入 1C 混合澄清槽用稀硝酸反萃铀。在铀纯化循环，用 20%TBP/OK 作萃取剂，为了从铀中除镎，2DF 要进行氧化调料并加热，使镎转变为不易被萃取的 Np(Ⅴ)，在 UP1 混合澄清槽使铀与镎分离。为了进一步从铀中除钚，特设了 UP2 混合澄清槽，用硝酸羟胺作洗涤剂将钚还原为 Pu(Ⅲ)，使钚与铀分离。并且用 TBP/OK 补充萃取洗涤液中的铀，以便提高铀的回收率。

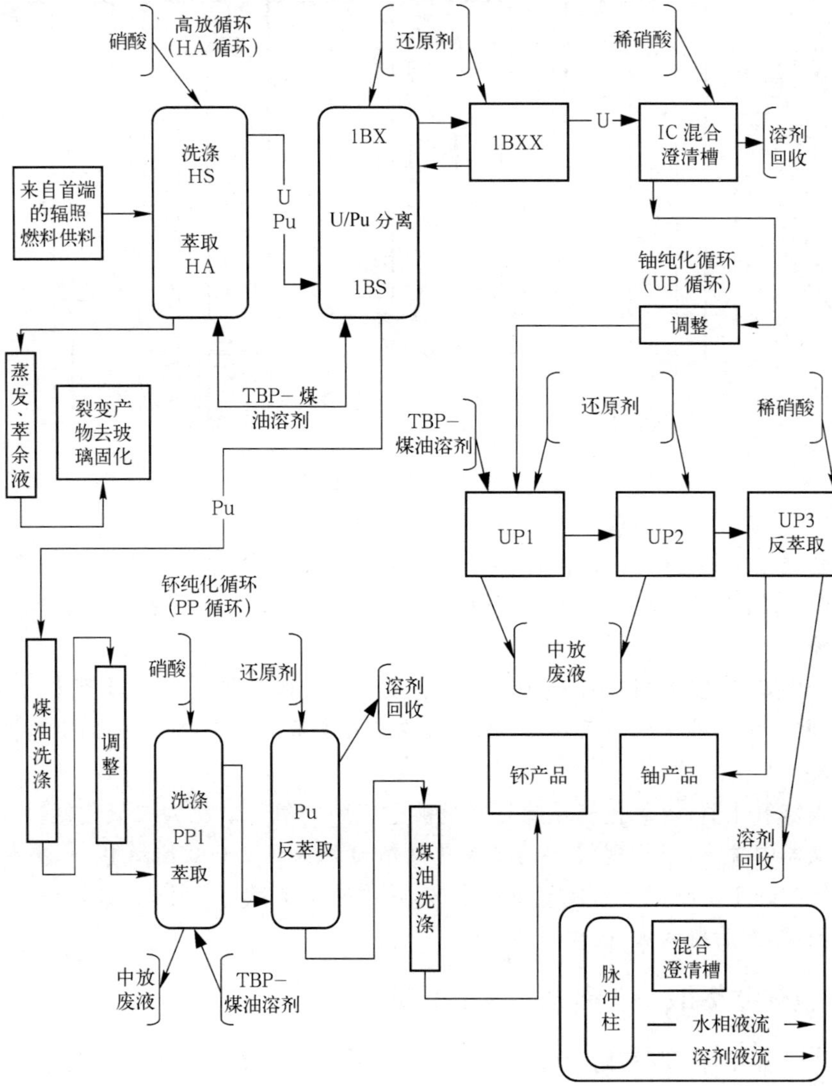

图 B-3　三循环 Purex 流程

还原反萃得到的 1BSP 首先用煤油(OK)洗涤，除去夹带的溶剂。在调整罐中用 NO_x 与料液逆流接触，在分解其中肼的同时将 Pu(Ⅲ)氧化为 Pu(Ⅳ)。料液中的 NO_x 在另外一个塔中用空气赶走，料液经冷却后进入 PP1 脉冲柱，用 30%TBP/OK 萃取钚，镅留在水相中。然后用硝酸羟胺作还原洗涤剂，还原反萃钚，并可与残留的铀、钌、铯和铈分离。

从钚纯化循环分批送来的硝酸钚溶液在调料槽中用过氧化氢将钚的价态调节为 Pu(Ⅳ)。调好的料液溢流进稀释罐中加入硝酸稀释，加热并鼓泡搅拌。从稀释罐溢流出的料液进到两台分流的恒体积加料泵中，将 4 份相等的料液分别加到 4 台玻璃沉淀器中。再将预热过的草酸加入沉淀器,加热并进行搅拌,沉淀出草酸钚。草酸钚沉淀浆液溢流到回转式真空过滤机中过滤,洗涤滤饼除去其中的草酸和硝酸。将滤饼送入干燥炉进行干燥,然后在煅烧炉中在600 ℃下煅烧成粉末状 PuO_2 产品。PuO_2 粉末在掺混器中经掺混后,每 20 kg 为一批被放入三重密封的不锈钢包装中,送入产品库贮存。

钚的纯化和尾端处理流程如图 B-4 所示[1]。

从铀纯化循环来的硝酸铀酰溶液进入蒸发器浓缩,当流入热脱硝缓冲槽时,用硫酸调整一下溶液。然后将此溶液喷入流化床中脱硝,热分解制得 UO_3 粉末。在灌装站将 UO_3 粉末按200 kg 一份装入不锈钢桶,送产品库贮存。

铀的纯化循环和尾端处理流程如图 B-5 所示[1]。

五、调试与热运行[1,4,11]

THORP 厂从 1992 年 3 月开始水、酸溶液调试,从 1993 年 9 月允许用冷铀进行调试,1994 年 9 月投入热料开始试运行,1997 年年中完成了热调试试验,同年 8 月获得全面营运许可证。

文献[4]报道,THORP 溶剂萃取设施以富有创新的方式,实现了以最少的溶剂萃取循环数满足了产品质量要求。

表 B-3 列出了 HA 和 HS 脉冲柱对裂变产物的净化系数(DF),并同设计指标进行了比较。表 B-4 和表 B-5 分别给出了铀产品和钚产品对裂变产物的去污结果,并同设计值进行了对比。表 B-6 示出了铀、钚产品中,U/Pu 分离系数的实测值与设计值的比较[4]。从表 B-3 到表 B-6 的数据可见,THORP 厂工艺流程的性能是很好的。

表 B-3 HA/HS 段裂变产物实测 DF 同流程设计值的比较

裂变产物	流程设计的 DF	测得的 DF
^{99}Tc	1.0	1.0～1.3
^{106}Ru	1.0×10^3	$1.2\times10^3\sim7.0\times10^3$
$^{134}Cs+^{137}Cs$	4.5×10^3	$6.9\times10^4\sim1.9\times10^5$
^{144}Ce	3.3×10^3	$1.1\times10^4\sim1.7\times10^5$

表 B-4 沾污物实测 DF 同流程设计值的比较(铀到 UO_3 产品)

沾污物	流程设计的 DF	UO_3 产品中测得 DF
^{99}Tc	4.0×10^3	$8.17\times10^3\sim1.16\times10^4$
^{106}Ru	8.7×10^5	$4.32\times10^6\sim1.33\times10^7$
$^{137}Cs+^{134}Cs$	6.5×10^8	$5.66\times10^9\sim1.38\times10^{10}$
^{144}Ce	3.3×10^7	$9.36\times10^5\sim4.96\times10^6$
^{237}Np	1.5×10^4	$3.31\times10^4\sim6.76\times10^4$
Pu	5.0×10^6	$8.60\times10^6\sim2.03\times10^7$

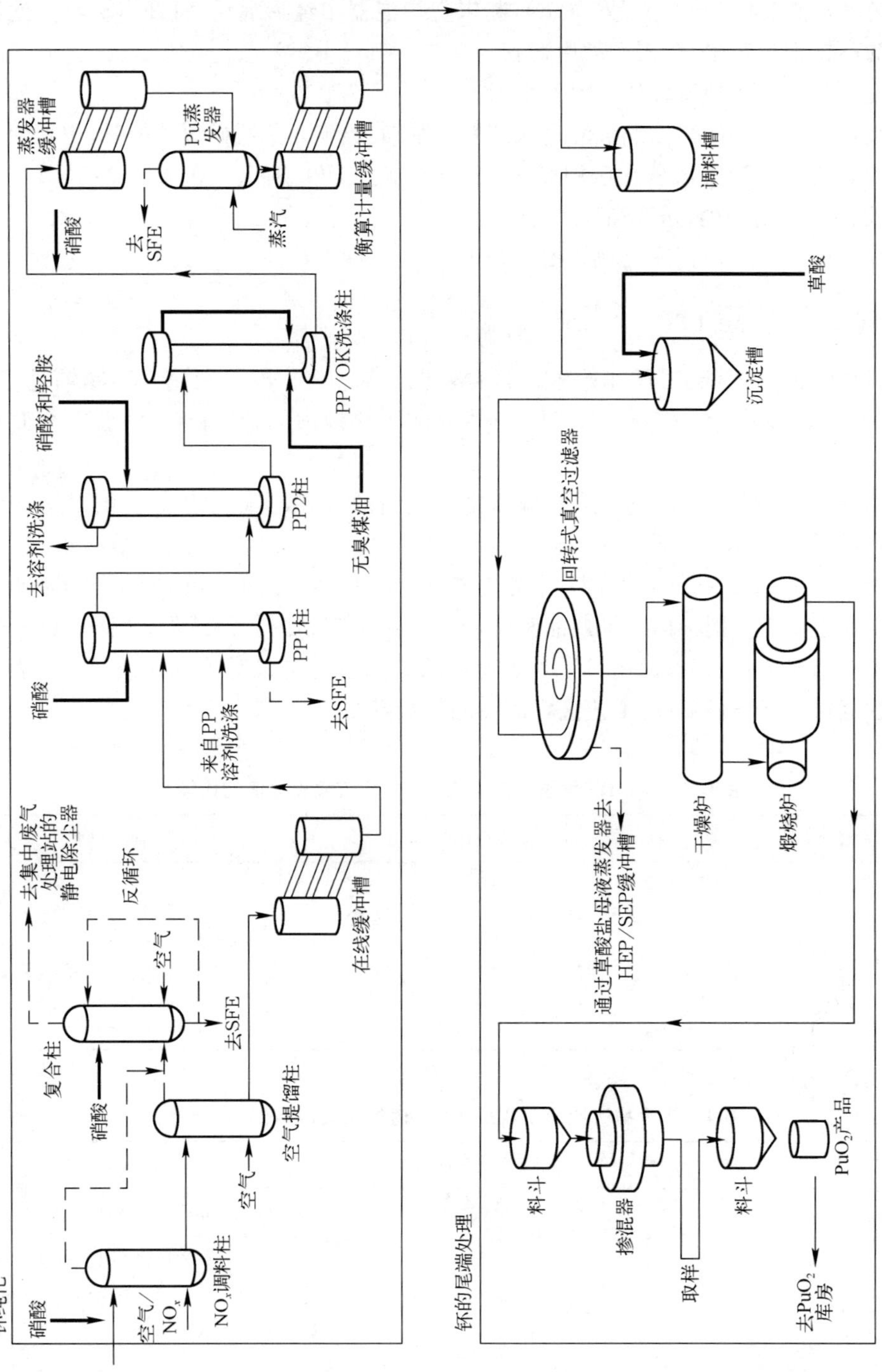

图B-4 钚的纯化和尾端处理

—— 钚；━━ 试剂；－－－ 流出物；

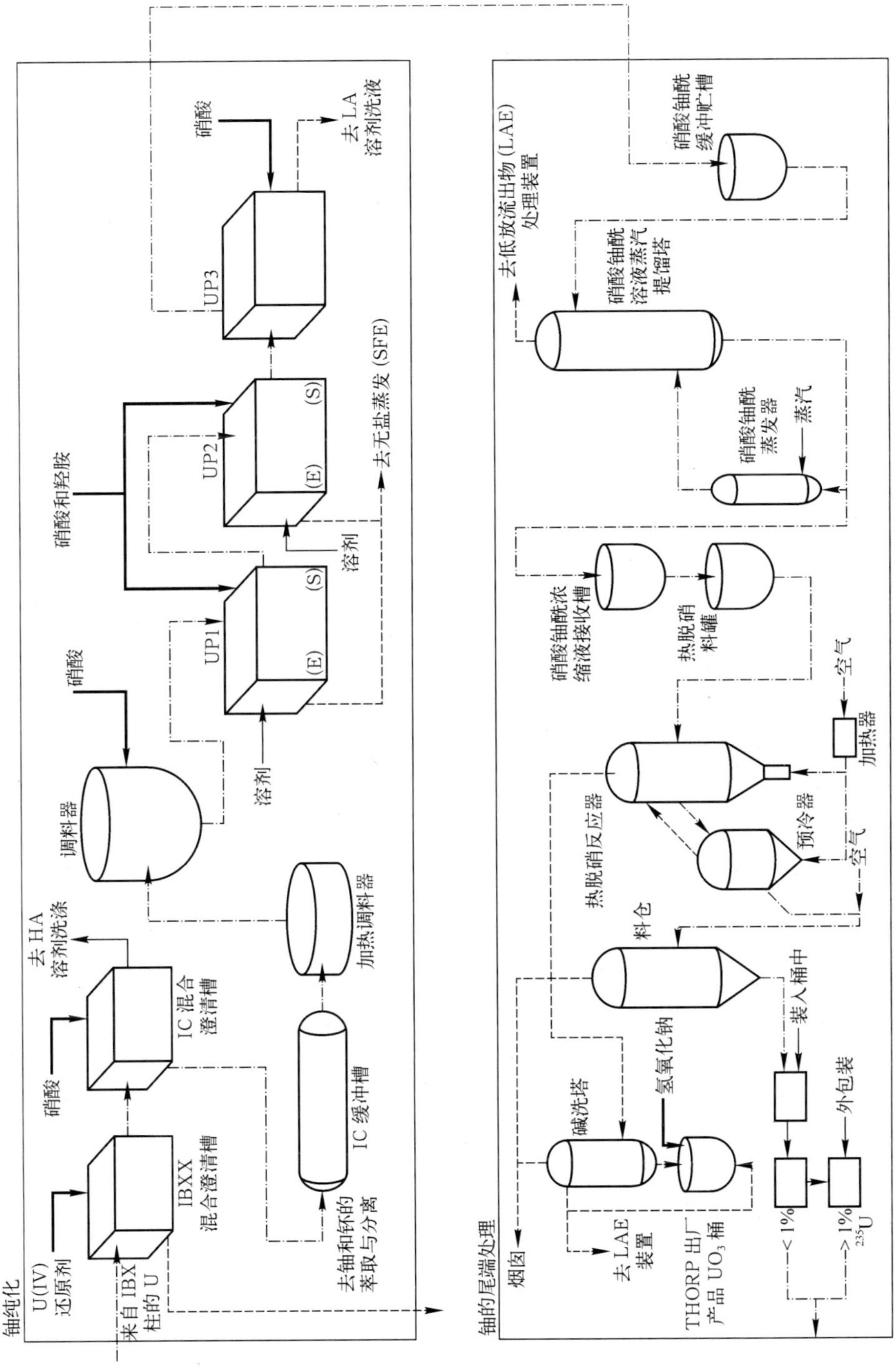

图B-5　铀的纯化和尾端处理

—·—·— 铀；———— 试剂；------- 流出物

表 B-5　沾污物实测 DF 同流程设计值的比较(钚到 $Pu(NO_3)_4$ 和 PuO_2 产品)

沾污物	流程设计的 DF	$Pu(NO_3)_4$ 产品的实测 DF 平均值	PuO_2 产品的实测 DF
总裂变产物	2.8×10^8		$3.37\times10^8\sim7.06\times10^8$
^{99}Tc	1.0×10^2	1.00×10^2	
^{106}Ru	3.2×10^5	1.04×10^6	
$^{134}Cs+^{137}Cs$	5.0×10^6	1.31×10^8	
^{144}Ce	3.7×10^6	2.10×10^7	
^{237}Np	4.5×10	6.60×10	
U(到硝酸钚)	4.2×10^3	4.62×10^4	
U(到 PuO_2)	2.1×10^5		$5.80\times10^6\sim5.55\times10^8$

表 B-6　U/Pu 分离系数实测值与流程设计值的比较

	流程设计 DF	实测 DF
U 产品中除 Pu*	3.3×10^3	$1.4\times10^4\sim6.5\times10^4$
Pu 产品中除 U#	2.1×10^3	$4.5\times10^3\sim8.4\times10^4$

注:表中,$* \mathrm{DF}=\dfrac{\text{乏燃料中每克铀的钚总量}}{\text{每克铀产品中的钚总量}}$

$\# \mathrm{DF}=\dfrac{\text{乏燃料中每克钚的铀总量}}{\text{每克钚产品中的铀总量}}$

六、测量与控制[1,7,12]

在工厂中经常进行燃料元件、元件的残余物、固体和液体废物、铀、钚产品的输送等项操作,为了保证这些操作能够安全、经济地进行,为了对核材料提供足够精确的数据,必须对各设备、各物流的关键测量点设置专用监测系统进行测量或控制。例如,乏燃料溶解后,要对废包壳进行监测,以确保其中的残留燃料含量降低到容许水平。为此采用了一系列程序逻辑控制器来进行控制,并装有燃料监测器和废包壳监测器。采用的是有源中子质询方法和高分辨率的 γ 谱仪测量法。

钚存量测量系统(PIMS)由 87 个三氟化硼中子探测器组成,外面包着镉和聚乙烯慢化层,安放在厂房战略监测点上。这些探测器测到的中子是由厂内很多工艺容器发射出来的。这些数据经过去叠合处理,就可以得出每个容器发出的中子数,就可获得每个工艺容器中钚的质量数。

表 B-7[12]列出了 THORP 厂使用的一些专用放射性测量仪表。此外,THORP 厂还在冷却水监测、γ 联锁监测和流出液监测等方面,大量使用了常规的放射性测量仪表。

表 B-7　THORP 厂仪器仪表的应用及其所采用的物理方法

装　置	应　用	物理方法
溶解器钆监测器	测定 THORP 厂乏燃料溶解器的钆含量	测 γ 射线
进料池监测器	测定剪切前乏燃料的冷却时间、辐照情况、初始和最终浓缩度	高分辨率 γ 谱仪、无源和有源中子法
绝对中子监测器	在 THORP 厂分离后测量 Pu 的浓度	快中子探测
XRF 监测器	测定 THORP 厂各液流的 Pu 和 U 浓度	X 射线荧光分析
PIMS(钚存量测量系统)	监测 THORP 厂尾端线 Pu 滞留量	快中子探测
产品容器装料量监测器	在贮存设施中监测 Pu	无源中子符合计数和高分辨率 γ 谱仪
液位探测器	各工艺阶段的贮槽和容器的装料量	测 γ 射线
OMLOM(草酸母液浓度监测)	监测 THORP 厂草酸盐母液	无源中子符合计数
硝酸铀酰浓缩度监测器	查对硝酸盐中 ^{235}U 的浓度是否过高	高分辨率 γ 谱仪、透射和直接测 ^{235}U
铀沉淀监测器	监测混合澄清槽中 U 的沉积	测 γ 射线
氧化铀桶浓缩度监测器	测运输前 ^{235}U 的浓缩度	高分辨率 γ 谱仪
废包壳监测器	测定浸取后燃料包壳中易裂变物质和裂变产物的含量	有源中子质询和高分辨率 γ 谱仪
集装箱监测器	处置前大集装箱中易裂变材料探测	无源中子符合计数和高分辨率 γ 谱仪
易裂变材料探测器	测定各种 β/γ 放射性废物中间易裂变材料含量	有源中子质询

THORP 厂建立了一种从结构上分层次的控制和仪器仪表系统。这种分层次的控制包括:一台化学分厂信息计算机、一台首端处理中心计算机、一套自动取样控制系统、工艺过程分布式控制系统、辐射防护系统和许多可编程电子系统。

THORP 厂的中央控制室(见图 B-6[1])长 40 m,其中有 7 个操纵员控制台和 1 个主任控制台。用于工艺过程控制的每个控制台装有 3 个形象化单元,每个显示单元可直观显示 3 000 多个模拟控制系统。

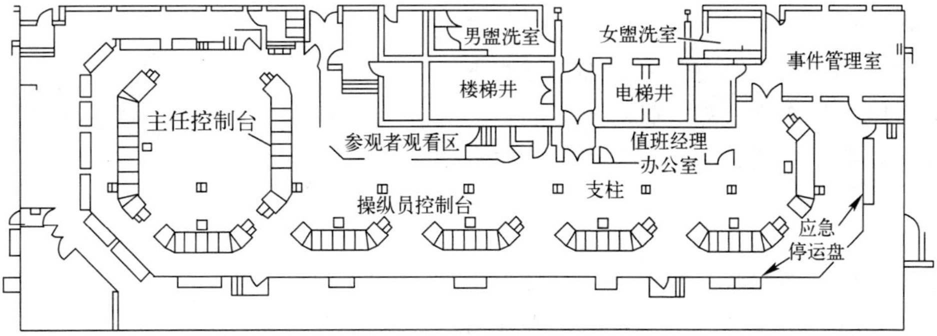

图 B-6　THORP 厂的中央控制室

七、更换溶解器篮筐[63]

THORP厂将乏燃料剪切为长度为25～100 mm的小段（短节），短节通过一个斜溜槽落入多孔篮筐，篮筐悬浮在90 ℃左右的7 mol/L HNO_3 中。由于操作的需要，THORP厂使用了7个乏燃料篮筐，篮筐长度为5.3 m，头部的直径为1 m，重约2 t。篮筐具有双层结构，其内层为孔径8 mm，厚度为19 mm的筐体，以承受乏燃料短节从剪切机下落时的冲击力并能保留未溶解的包壳碎片，与内层焊在一起的衬套是具有2 mm孔径、3 mm厚的外层薄板，该多孔外层薄板的作用是保留剪切操作产生的细小颗粒。

硝酸从乏燃料短节中浸取氧化物燃料。篮筐内层板和外层板上的小孔尺寸和它们之间的相互关系是经过优选的，以便最优化保留小颗粒并使硝酸弥散开来，图B-7示出了溶解器篮筐的双层结构。

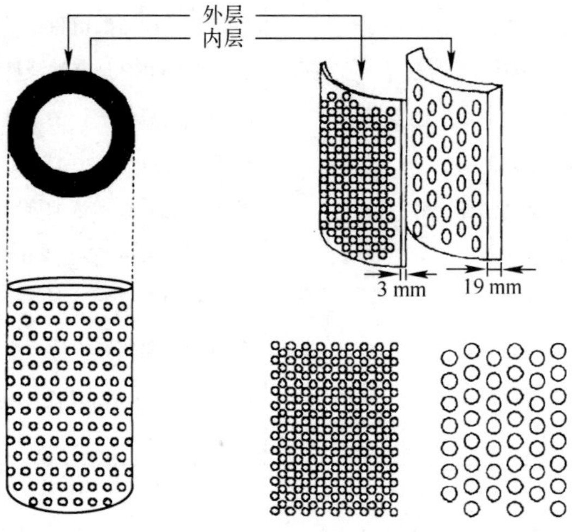

图B-7　THORP厂溶解器篮筐结构示意图

在THORP厂运行开始时曾预言，溶解器篮筐将遭受腐蚀。为了及时掌握腐蚀情况，在研制和安装篮筐时使之能够做到隔着生物屏蔽层进行远距离检查。检查是通过安装在设备室侧墙上的穿墙潜望镜来实现的（见图B-8）。潜望镜在设备室内的部分为活节连接，使之可以观察到篮筐的上部和下部。从篮筐的顶部计算，上部约为1 900 mm高，它将受到硝酸蒸汽的作用。从篮筐的底部开始计算，下部分约长2 910 mm，这部分篮筐将浸没在硝酸溶液中。

检查监测系统为特勒里斯（Teleris）静态摄像机，它是用电子成像传感器代替感光底片，结果可在就近计算机监测器上显示。例行检查已经证实，篮筐下部分的孔洞受到了腐蚀。检查还表明，溶解器篮筐的上部分已为不同量的固体沉积物所覆盖。在某些部位一些孔洞已完全被堵死，并且只有少量部位才能看到篮筐的真实面目。

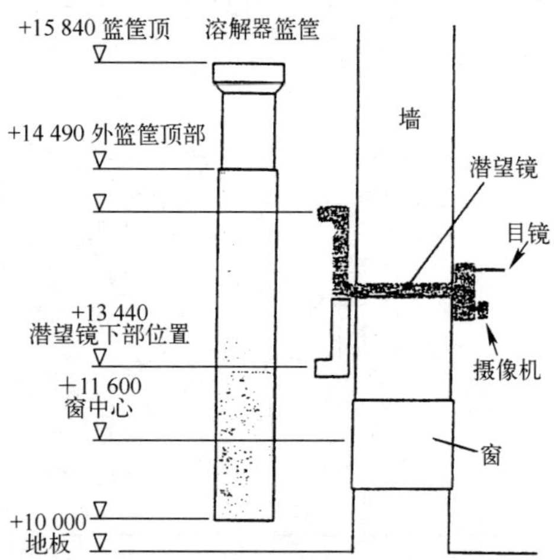

图B-8　地板篮筐潜望镜屏蔽室示意图

检查篮筐外层发现，下部溶液区中的孔洞尺寸已随使用时间的延长有所增大。篮筐受到了晶间腐蚀并在板内部发生了深粒贯穿腐蚀。这种腐蚀是一系列因素联合作用的结果。

在篮筐上部气相区已经发现有固体材料的积累，对此采用激光诱导解体光谱测定

(LIBS)法进行检查。LIBS 是一种原子发射光谱可进行远距离操作的新技术。它使用一种脉冲激光器作为激励源,可用于对高放射性材料进行元素组分的特性测定。图 B-9 是 LIBS 基本原理示意图。2001 年 9 月采用实用光子学技术发射的激光,穿过用于辐射屏蔽的铅玻璃窗,在放射性设备室内部,对篮筐进行了第一次远距离分析(见图 B-10)分析结果表明,篮筐上部的污染主要是钼酸锆组成,它是一种不易溶于硝酸的化合物。

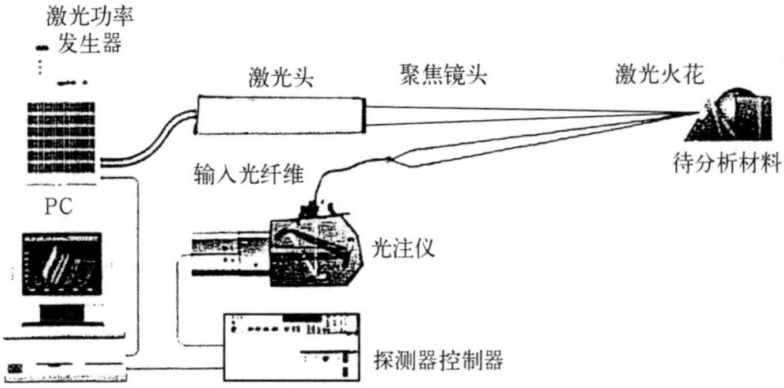

图 B-9　LIBS 基本原理示意图

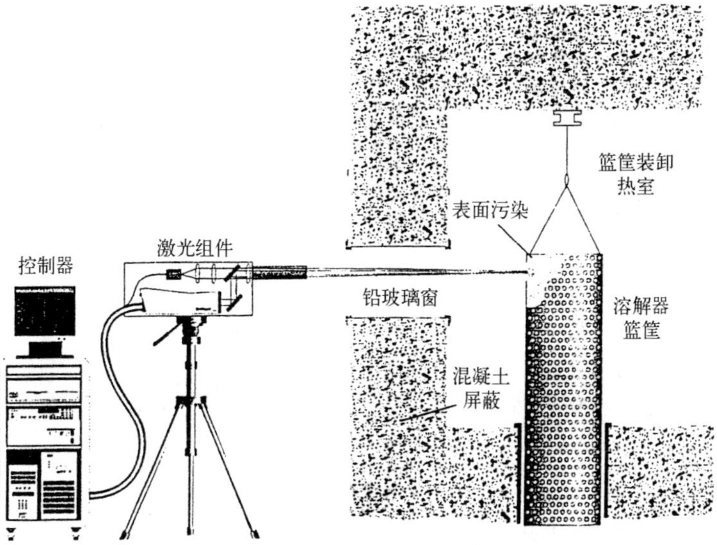

图 B-10　LIBS 在工厂的部署示意图

由于现在还没有简单的可用于修复已受到腐蚀篮筐的方法,而且也不可能通过改变工艺参数来防止或减轻篮筐进一步腐蚀,所以切实可行的方法是更换篮筐。选用的方法是在 THORP 厂的设备室内把已经腐蚀的篮筐拆卸下来,通过运输通道将其运送到适宜的贮存设施中去。

篮筐是装在专用运输容器进行转运的,容器约重 40 t,具有足够的放射性屏蔽和包容能力。运输容器具有可移除的顶盖和底座。用 42 t 吊车垂直地从篮筐装卸区的顶部吊起,放入一个支持机构之中,该支持机构包括一辆水平转运的小车,容器底座的升降组件就安装在小车上。支持组件支撑着运输容器的底座，而底座的螺钉是可以拆除的。当底座除去了，篮筐就可以提起。由于在装卸区安装了附加的存取平台，所以可以保证操作人员的安全。

对于已经去除了螺栓和除去了篮筐顶盖的设备，可用专用吊车起吊，将冗余篮筐提起并装入运输容器，再将运输容器装到道路运转车上，将篮筐运至在址贮存设施，最后从运输容器中取出篮筐并将其放入预制好的贮存格架上。

经过多年的观测之后，决定从 2003 年 2 月初开始更换篮筐，用 10 周时间，所有 7 个冗余篮筐都得到了更换，并且未发生任何事故。

7 个新的篮筐被安装在设备内，THORP 厂于 2003 年 4 月又投入运行。

八、废物管理及工厂的安全性[1,2,4,7,8,13]

英国早期对放射性废物的管理不严格。但是现在英国政府已做出决定，实施降低放射性排放的战略。从 1986 年起制定并执行了新的放射性废物排放限值。英国核燃料有限公司采取“最实用措施”加强了对废物的管理并减少了排放量。

THORP 厂产生的高放废液在该基地的温茨凯尔玻璃固化厂处理。

THORP 厂溶解工序产生的废包壳和料液离心澄清得到的滤饼，送到第二封装厂（现称废物封装厂），用水泥灌浆在 500 L 的不锈钢桶中。

后处理厂的低放酸性废水送到锕系元素强化分离厂，在此采用絮凝沉淀和超过滤技术处理后，在废物封装包容厂里，向盛絮凝物的不锈钢桶中加干水泥粉并用桨叶搅拌，将废物封装好，待最终处置。

THORP 厂的低放液体废物由许多装置进行处理，尽量将其中的放射性除去（像锕系元素强化分离厂那样），然后将废水稀释后排入大海。表 B-8 给出了 THORP 厂 1997 年废液排放的放射性总量占塞拉菲尔德基地每年排放限值的百分比[4]。与 20 世纪 70 年代排放顶峰时期相比，塞拉菲尔德的 β 放射性物质排放不到其顶峰时的 1%，而 α 排放仅为顶峰时期的0.06%[15]。

THORP 厂的低放固体废物放置在钢桶中，经过挤压后放入标准容器里，然后将这些容器埋入基地附近的德里格处置场的水泥地下室中。

表 B-8　1997 年 THORP 首端和化学分离设施排放的液态废物

治　污　物	（排放的放射性/基地的排放限值）/%
U	0.49
总 α	3.50
总 β	0.22
^{99}Tc	0.08
^{106}Ru	0.22
^{134}Cs	0.27
^{137}Cs	0.36
^{144}Ce	0.29
^{241}Am	8.67
^{14}C	3.75
^{60}Co	0.09

THORP 厂的安全性不仅体现在生产操作的职业安全上，也体现在其运行期间对环境的影响方面。THORP 厂气态流出物都要经过废气处理系统进行处理。液态流出物经上面述及的一些配套设施处理后，经分析确认符合要求之后才允许排放。固体废物经封装车间或固化厂处理封装之后，暂时贮存或送最终处置场处置。

经过监测和评价，THORP 厂正常运行时，每年的气态流出物对关键居民组（系指处于给定排放带来最大危险的当地居民组）造成的剂量为 22 μSv，液态排放造成的剂量为 23 μSv，都很低。英国居民从天然本底接受的剂量年人均为2.6 mSv。

THORP厂的工作人员接受的剂量均很好地处于允许值之内(设计值为15 mSv/a)。

九、问题与改进

从上面的论述可见,THORP厂经过两年的水洗、酸试和冷铀试,又经过三年半的热料试运行,才获准正式营运。现在看来,THORP厂全面营运以来生产并不顺利,该厂的设计能力为1 200 t/a,因为一些不可预见的技术故障,经营者希望该厂头10年的乏燃料处理量达到7 000 t,可是到2000年底才完成3 150 t。1998年12月,由于不可溶的裂变产物和燃料包壳的细小碎片造成了输液管道被堵塞而停止运行。经过清除被堵物使管道畅通后,1999年4月再次投入运行[3]。1999/2000年度,THORP厂创造了处理879 t乏燃料的记录。但是到2000年9月29日该厂又被迫停运,这是因为一台蒸发器不能正常浓缩来自化学分离工序的液体高放废物。从10月初开始用酸液清洗该蒸发器排除故障,2001年2月以后才又开车运行[14]。由于溶解器篮筐被腐蚀,2003年2月到4月更换了7个冗余篮筐[16]。

从2004年7月开始,发现衡算罐B液体泄漏的速率在逐步增大,直到2005年1月衡算罐B的进料管道完全破裂(分析认为是疲劳应力作用的结果)。在这期间还处理了德国等国家的乏燃料,泄漏的83 m^{3}溶液主要来自这些乏燃料。经过对工厂的改造,工厂决定仅用衡算罐A重新启动工厂,衡算罐B和破裂的管道将永远封存[17]。

面对安全运行和向环境排放方面的严格法规性控制,英国核燃料有限公司仍然继续致力于近期、中期和长期的改进工作,以便提高工厂的处理量、扩展处理燃料的类型、减少对环境的排放并降低成本。政策和工艺的改进项目正在实施之中[13]。

参考文献

1　乏燃料管理及后处理.1994,No.2.核科学技术情报研究所

2　各国乏燃料后处理厂的工艺流程(Ⅰ).核科学技术情报研究所.1992

3　乏燃料管理及后处理.1997,No.4.核科学技术情报研究所

4　RECOD'98.19～26

5　乏燃料管理及后处理.1997,No.5.核科学技术情报研究所

6　动力堆乏燃料后处理综合调研报告.核科学技术情报研究所.1991

7　蒋云清主编.乏燃料后处理'94.核科学技术情报研究所.1995,299～309

8　乏燃料管理及后处理.1999,No.2.核科学技术情报研究所

9　乏燃料管理及后处理.1993,No.2

10　蒋云清主编.乏燃料后处理'94.核科学技术情报研究所.1995,114～119

11　乏燃料管理及后处理.1996,No.7

12　蒋云清主编.乏燃料后处理'94.核科学技术情报研究所.1995,255～263

13　乏燃料管理及后处理.2000,No.10

14　乏燃料管理及后处理.2001,4,总第109期

15　国外核新闻.核科学技术情报研究所.2002.5

16　Nuclear Engineering International. Vol.48. No.592 15-17.2003

17　中国核科技信息与经济研究院. 乏燃料管理及后处理. 2005,No.3